Lambacher Schweizer 9

Mathematik für Gymnasien

Ausgabe A

bearbeitet von
Christina Drüke-Noe
Edmund Herd
Andreas König
Michael Stanzel
Andrea Stühler

Ernst Klett Verlag
Stuttgart · Leipzig

Begleitmaterial:
Zu diesem Buch gibt es ergänzend:
– Lösungsheft (ISBN 978-3-12-734893-4),

1. Auflage 1 5 4 3 2 1 | 2012 11 10 09 08

Alle Drucke dieser Auflage sind unverändert und können im Unterricht nebeneinander verwendet werden. Die letzten Zahlen bezeichnen jeweils die Auflage und das Jahr des Druckes.

Autoren: Manfred Baum, Martin Bellstedt, Dr. Dieter Brandt, Heidi Buck, Detlef Dornieden, Christina Drüke-Noe, Prof. Rolf Dürr, Hans Freudigmann, Dieter Greulich, Prof. Dr. Heiko Harborth, Dr. Dieter Haug, Edmund Herd, Thorsten Jürgensen-Engl, Andreas König, Rolf Reimer, Reinhard Schmitt-Hartmann, Ulrich Schönbach, Andrea Stühler, Dr. Peter Zimmermann
Berater: Michael Stanzel
Redaktion: Andreas Marte, Nadine Meitner

Gestaltung: Claudia Rupp, Stuttgart; Andreas Staiger, Stuttgart
Zeichnungen/Illustrationen: Uwe Alfer, Waldbreitbach; Sibylle Gückel, Stuttgart; Helmut Holtermann, Dannenberg; Annette Liese, Dortmund
Bildkonzept Umschlag: SoldanKommunikation, Stuttgart
Titelbild: Getty Images (image bank), München; Avenue Images GmbH (Stockbyte), Hamburg
DTP/Satz: media office gmbh, Kornwestheim; topset Computersatz, Nürtingen
Reproduktion: Meyle + Müller, Medien-Management, Pforzheim
Druck: Himmer AG, Augsburg
Printed in Germany
ISBN: 978-3-12-734891-0

9 783127 348910

Moderner Mathematikunterricht mit dem Lambacher Schweizer

Mathematik – vielseitig und schülerorientiert

Ein zeitgemäßer Mathematikunterricht soll den Jugendlichen neben Rechenfertigkeiten zahlreiche weitere Fähigkeiten vermitteln, die grundlegend für die Allgemeinbildung sowie hilfreich zum Verstehen ihrer Umwelt sind. Das Erlernen solcher fachlicher und überfachlicher **Basisfähigkeiten** wird im Lambacher Schweizer in einem vielfältigen Aufgabenangebot für die Schülerinnen und Schüler ermöglicht. Auf den Seiten „Wiederholen – Vertiefen – Vernetzen" und im Sachthema werden zudem die Inhalte der Kapitel bzw. des Buches für integriertes und vernetzendes Lernen aufbereitet. Das Sachthema behandelt unter dem Oberthema „Freiburg" Inhalte aus vielen Kapiteln des Buches oder schult Fähigkeiten wie das Argumentieren und das Begründen. Es lässt sich sowohl nutzen, um in ein Kapitel einzusteigen, als auch als Wiederholung und Festigung im Anschluss an die Kapitel.

Leitideen

Den Inhalten des Mathematikunterrichts sind fünf zentralen und schülerverständlichen **Leitideen** zugeordnet, die über die gesamte Gymnasialzeit hin Bestand haben und sich im Lambacher Schweizer durchgängig wieder finden: Zahl, Messen, Raum und Form, Funktionaler Zusammenhang sowie Daten und Zufall. Dies bietet für die Schülerinnen und Schüler die Chance, Zusammenhänge über die Kapitel hinaus herzustellen und damit ein größeres Verständnis für die Mathematik zu erlangen.

Basiswissen

Um grundlegende Fertigkeiten und Inhalte, also das **Basiswissen**, bei den Schülerinnen und Schülern langfristig zu sichern, werden mit der Frage „Kannst du das noch?" Aufgaben zu früheren Themen eingestreut. Weitere Möglichkeiten zum selbst kontrollierten Üben sind unter „Bist du sicher?" und in den „Trainingsrunden" am Ende eines jeden Kapitels gegeben.

Exkursionen

Die Exkursionen am Ende eines Kapitels stehen im inhaltlichen Bezug zum Kapitel und bieten Vertiefungen, Erweiterungen und andere Blickwinkel auf die Mathematik an. Dabei werden die Inhalte des Kapitels gefestigt. Die Exkursionen sind in drei Bereiche unterteilt, in Horizonte, Entdeckungen und Geschichten. Auf den **Horizonte**-Seiten wird das im Kapitel Behandelte verwendet, um weiter zu arbeiten, also den Horizont zu erweitern. Es werden Exkursionen in die Geschichte der Mathematik, in Kunst und Architektur sowie in die Musik unternommen. Die **Entdeckungen**-Seiten bieten die Möglichkeit mit Dynamischer Geometrie-Software, dem Taschenrechner oder einem Tabellenkalkulationsprogramm zu experimentieren.

Einsatz des Computers in Klasse 9

Tabellenkalkulationsprogramme können im Kapitel über reelle Zahlen eingesetzt werden, um schwierige Fragestellungen zu bearbeiten oder Zusammenhänge zu entdecken. Im Kapitel zu Daten und beschreibender Statistik wird gezeigt, wie ein Tabellenkalkulationsprogramm zur Auswertung und Darstellung von Daten eingesetzt werden kann.

Geometrieprogramme eignen sich für entdeckendes Lernen und das Anleiten zum Experimentieren. So bietet sich z. B. der Einsatz von Geometrieprogrammen im Kapitel zu quadratischen Funktionen und quadratischen Gleichungen zum Zeichnen von quadratischen Funktionen an.

Inhaltsverzeichnis

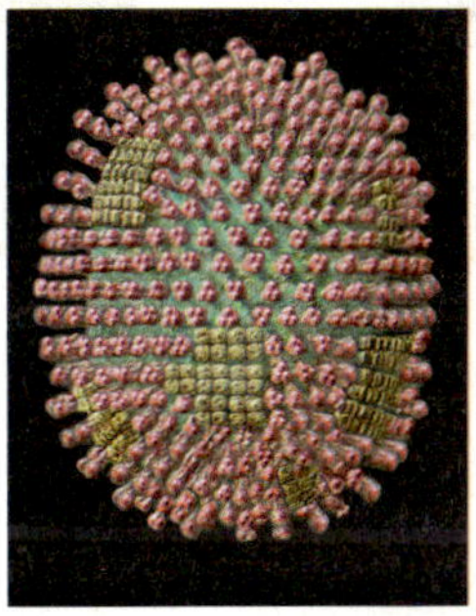

Lernen mit dem Lambacher Schweizer

Liebe Schülerinnen und Schüler,

auf diesen zwei Seiten stellen wir euer neues Mathematikbuch vor, das euch im Mathematikunterricht begleiten und unterstützen soll.

Wie ihr im Inhaltsverzeichnis sehen könnt, besteht das Buch aus sieben **Kapiteln** und einem **Sachthema**. In den Kapiteln lernt ihr nacheinander neue mathematische Inhalte kennen. Im Sachthema trefft ihr wieder auf die Inhalte aller Kapitel, allerdings versteckt in Geschichten, die ihr in eurem Alltag erleben könnt. Ihr seht also, der Mathematik begegnet man nicht nur im Mathematikunterricht.

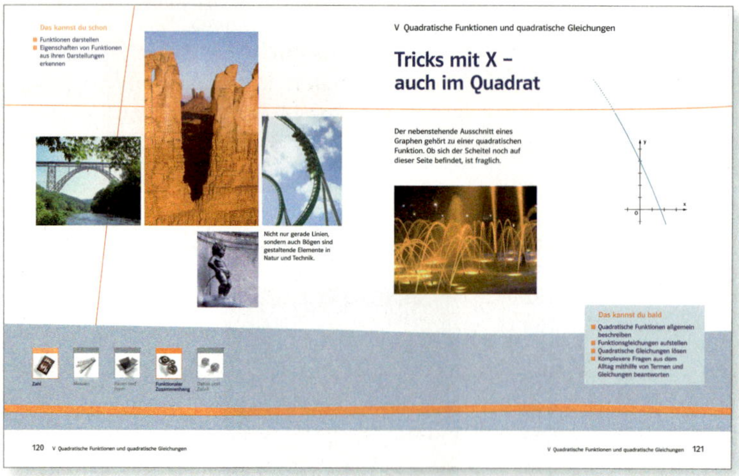
Das kannst du schon
- Funktionen darstellen
- Eigenschaften von Funktionen aus ihren Darstellungen erkennen

Nicht nur gerade Linien, sondern auch Bögen sind gestaltende Elemente in Natur und Technik.

Zahl | Funktionaler Zusammenhang

V Quadratische Funktionen und quadratische Gleichungen

Tricks mit X – auch im Quadrat

Der nebenstehende Ausschnitt eines Graphen gehört zu einer quadratischen Funktion. Ob sich der Scheitel noch auf dieser Seite befindet, ist fraglich.

Das kannst du bald
- Quadratische Funktionen allgemein beschreiben
- Funktionsgleichungen aufstellen
- Quadratische Gleichungen lösen
- Komplexere Fragen aus dem Alltag mithilfe von Termen und Gleichungen beantworten

120 V Quadratische Funktionen und quadratische Gleichungen

V Quadratische Funktionen und quadratische Gleichungen 121

In den Kapiteln geht es darum, neue Inhalte kennen zu lernen, zu verstehen, zu üben und zu vertiefen.
Sie beginnen mit einer **Auftaktseite**, auf der ihr entdecken und lesen könnt, was euch in dem Kapitel erwartet.

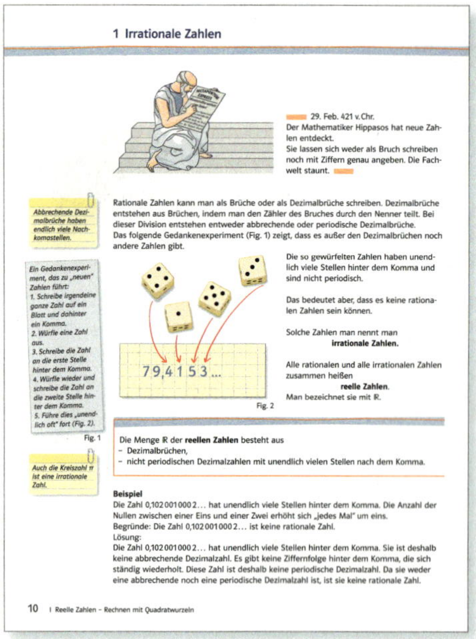
1 Irrationale Zahlen

29. Feb. 421 v. Chr.
Der Mathematiker Hippasos hat neue Zahlen entdeckt.
Sie lassen sich weder als Bruch schreiben noch mit Ziffern genau angeben. Die Fachwelt staunt.

Abbrechende Dezimalbrüche haben endlich viele Nachkomastellen.

Rationale Zahlen kann man als Brüche oder als Dezimalbrüche schreiben. Dezimalbrüche entstehen aus Brüchen, indem man den Zähler des Bruches durch den Nenner teilt. Bei dieser Division entstehen entweder abbrechende oder periodische Dezimalbrüche.
Das folgende Gedankenexperiment (Fig. 1) zeigt, dass es außer den Dezimalbrüchen noch andere Zahlen gibt.

Ein Gedankenexperiment, das zu „neuen" Zahlen führt:
1. Schreibe irgendeine ganze Zahl auf ein Blatt und dahinter ein Komma.
2. Würfle eine Zahl aus.
3. Schreibe die Zahl an die erste Stelle hinter dem Komma.
4. Würfle wieder und schreibe die Zahl an die zweite Stelle hinter dem Komma.
5. Führe dies „unendlich oft" fort (Fig. 2).

Fig. 1

79,4153...

Fig. 2

Die so gewürfelten Zahlen haben unendlich viele Stellen hinter dem Komma und sind nicht periodisch.

Das bedeutet aber, dass es keine rationalen Zahlen sein können.

Solche Zahlen man nennt man **irrationale Zahlen.**

Alle rationalen und alle irrationalen Zahlen zusammen heißen **reelle Zahlen**.
Man bezeichnet sie mit $\mathbb{R}$.

Die Menge $\mathbb{R}$ der **reellen Zahlen** besteht aus
- Dezimalbrüchen,
- nicht periodischen Dezimalzahlen mit unendlich vielen Stellen nach dem Komma.

Auch die Kreiszahl π ist eine irrationale Zahl.

Beispiel
Die Zahl 0,102 001 000 2... hat unendlich viele Stellen hinter dem Komma. Die Anzahl der Nullen zwischen einer Eins und einer Zwei erhöht sich „jedes Mal" um eins.
Begründe: Die Zahl 0,102 001 000 2... ist keine rationale Zahl.
Lösung:
Die Zahl 0,102 001 000 2... hat unendlich viele Stellen hinter dem Komma. Sie ist deshalb keine abbrechende Dezimalzahl. Es gibt keine Ziffernfolge hinter dem Komma, die sich ständig wiederholt. Diese Zahl ist deshalb keine periodische Dezimalzahl. Da sie weder eine abbrechende noch eine periodische Dezimalzahl ist, ist sie keine rationale Zahl.

10 I Reelle Zahlen – Rechnen mit Quadratwurzeln

Die Kapitel sind in **Lerneinheiten** unterteilt, die euch immer einen mathematischen Schritt voranbringen. Zum **Einstieg** findet ihr stets eine Anregung oder eine Frage zu dem Thema. Ihr könnt euch dazu alleine Gedanken machen, es in der Gruppe besprechen oder mit der ganzen Klasse gemeinsam mit eurer Lehrerin oder eurem Lehrer diskutieren.

Im **Merkkasten** findet ihr die wichtigsten Inhalte der Lerneinheit zusammengefasst. Ihr solltet ihn deshalb sehr aufmerksam lesen.

Vor den Aufgaben findet ihr **Beispiel**aufgaben. Sie führen euch vor, wie ihr die nachfolgenden Aufgaben lösen sollt. Hilfreiche Hinweise sind in kursiver Schrift ergänzt.

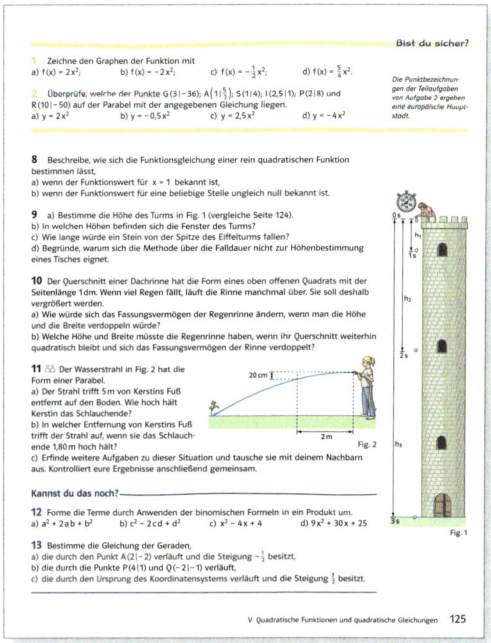

Bist du sicher?

1 Zeichne den Graphen der Funktion mit
a) $f(x) = 2x^2$; b) $f(x) = -2x^2$; c) $f(x) = -\frac{1}{2}x^2$; d) $f(x) = \frac{5}{4}x^2$.

2 Überprüfe, welche der Punkte $G(3|-36)$; $A(1|\frac{5}{2})$; $S(1|4)$; $I(2{,}5|1)$; $P(2|8)$ und $R(10|-50)$ auf der Parabel mit der angegebenen Gleichung liegen.
a) $y = 2x^2$ b) $y = -0{,}5x^2$ c) $y = 2{,}5x^2$ d) $y = -4x^2$

Die Punktbezeichnungen der Teilaufgaben von Aufgabe 2 ergeben eine europäische Hauptstadt.

8 Beschreibe, wie sich die Funktionsgleichung einer rein quadratischen Funktion bestimmen lässt,
a) wenn der Funktionswert für $x = 1$ bekannt ist,
b) wenn der Funktionswert für eine beliebige Stelle ungleich null bekannt ist.

9 a) Bestimme die Höhe des Turms in Fig. 1 (vergleiche Seite 124).
b) In welchen Höhen befinden sich die Fenster des Turms?
c) Wie lange würde ein Stein von der Spitze des Eiffelturms fallen?
d) Begründe, warum sich die Methode über die Falldauer nicht zur Höhenbestimmung eines Tisches eignet.

10 Der Querschnitt einer Dachrinne hat die Form eines oben offenen Quadrats mit der Seitenlänge 1 dm. Wenn viel Regen fällt, läuft die Rinne manchmal über. Sie soll deshalb vergrößert werden.
a) Wie würde sich das Fassungsvermögen der Regenrinne ändern, wenn man die Höhe und die Breite verdoppeln würde?
b) Welche Höhe und Breite müsste die Regenrinne haben, wenn ihr Querschnitt weiterhin quadratisch bleibt und sich das Fassungsvermögen der Rinne verdoppelt?

11 Der Wasserstrahl in Fig. 2 hat die Form einer Parabel.
a) Der Strahl trifft 5 m von Kerstins Fuß entfernt auf den Boden. Wie hoch hält Kerstin das Schlauchende?
b) In welcher Entfernung von Kerstins Fuß trifft der Strahl auf, wenn sie das Schlauchende 1,80 m hoch hält?
c) Erfinde weitere Aufgaben zu dieser Situation und tausche sie mit deinem Nachbarn aus. Kontrolliert eure Ergebnisse anschließend gemeinsam.

Fig. 2

Fig. 1

Kannst du das noch?

12 Forme die Terme durch Anwenden der binomischen Formeln in ein Produkt um.
a) $a^2 + 2ab + b^2$ b) $c^2 - 2cd + d^2$ c) $x^2 - 4x + 4$ d) $9x^2 + 30x + 25$

13 Bestimme die Gleichung der Geraden,
a) die durch den Punkt $A(2|-2)$ verläuft und die Steigung $-\frac{1}{2}$ besitzt,
b) die durch die Punkte $P(4|1)$ und $Q(-2|-1)$ verläuft,
c) die durch den Ursprung des Koordinatensystems verläuft und die Steigung $\frac{3}{2}$ besitzt.

V Quadratische Funktionen und quadratische Gleichungen 125

In dem Aufgabenblock **Bist du sicher?** könnt ihr alleine testen, ob ihr die grundlegenden Aufgaben zu dem neu gelernten Stoff lösen könnt. Die Lösungen dazu findet ihr hinten im Buch.

In den Aufgaben, die mit 8̊8̊ oder 8̊8̊8̊ gekennzeichnet sind, bietet es sich besonders an, mit einem Partner oder in einer Gruppe zu arbeiten.

Mit den **Kannst-du-das-noch?**-Aufgaben könnt ihr altes Wissen wiederholen. Oft bereitet es euch auf das nächste Kapitel vor. Die Lösungen für diese Aufgaben findet ihr hinten im Buch.

Wiederholen – Vertiefen – Vernetzen

Auf den Seiten **Wiederholen – Vertiefen – Vernetzen** findet ihr Aufgaben, die den Lernstoff verschiedener Lerneinheiten und manchmal auch der Kapitel miteinander verbinden.

Rückblick

Training Runde 1

Am Ende des Kapitels findet ihr jeweils zwei Seiten, die euch helfen, das Gelernte abzusichern. Auf den **Rückblick**seiten sind die wichtigsten Inhalte des Kapitels zusammengefasst. Und in den **Trainingsrunden** könnt ihr noch einmal üben, was ihr im Kapitel gelernt habt. Sie eignen sich auch gut als Vorbereitung für Klassenarbeiten. Die Lösungen dazu findet ihr auf den hinteren Seiten des Buches.

Exkursion *Horizonte*

Exkursion *Entdeckungen*

Besonders viel Spaß wünschen wir euch bei den **Exkursionen** Horizonte und Entdeckungen am Ende der Kapitel.
Auf den **Horizonte**-Seiten könnt ihr beispielsweise Interessantes aus der Geschichte der Mathematik erfahren und Hilfreiches zur Statistik mit dem Computer.
Interessante **Entdeckungen** könnt ihr zum Beispiel machen, indem ihr Mogeleien mit Graphen und Diagrammen entlarvt.
Vielleicht werdet ihr manchmal staunen, wie alltäglich Mathematik sein kann.

Ihr könnt euch also auf euer Mathematikbuch verlassen. Es gibt euch viele Hilfestellungen für den Unterricht und die Klassenarbeiten und vor allem möchte es euch zeigen: Mathematik ist sinnvoll und kann Freude machen.

Wir wünschen euch viel Erfolg!
Das Autorenteam und der Verlag

Das kannst du schon

- Zahlen als Dezimalbrüche und Brüche schreiben
- Mit den rationalen Zahlen rechnen

$\sqrt{2} = 1{,}414\,213\,562\ldots$

$\sqrt{2000} = 44{,}721\,359\,55\ldots$

$2{,}718\,281\,828\,459\ldots$

$22{,}020\,022\,000\,222\ldots$

Zahl | Messen | Raum und Form | Funktionaler Zusammenhang | Daten und Zufall

Die Neuen kommen!

Auf der Jagd
Manche Zahlen beschäftigen die Menschen besonders – beispielsweise die Länge der Diagonalen in einem Quadrat mit Seitenlänge 1 oder die Kreiszahl π. Es werden immer wieder neue Rekorde aufgestellt, indem immer mehr Nachkommastellen dieser faszinierenden Zahlen berechnet werden. Und manche Menschen gehen so weit zu behaupten, dass wenn man jede Nachkommastelle von π als Buchstaben interpretieren und eine bestimmte Ziffer als Trennzeichen nehmen würde (zur Unterscheidung ein- und zweistelliger Zahlen), man jeden beliebigen Text, geschrieben oder noch nicht geschrieben, dort wiederfinden kann.

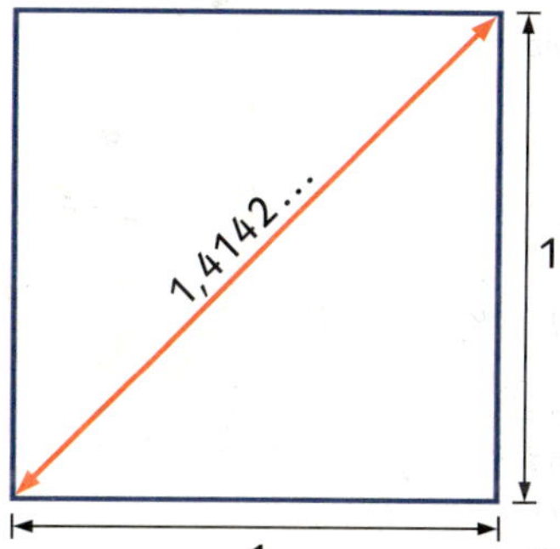

Das kannst du bald
- Quadratwurzeln ziehen
- Näherungsweise Quadratwurzeln ziehen
- Mit reellen Zahlen rechnen
- Terme mit Quadratwurzeln umformen
- Mithilfe von Quadratwurzeln und anderen reellen Zahlen Probleme lösen

1 Irrationale Zahlen

29. Feb. 421 v. Chr.
Der Mathematiker Hippasos hat neue Zahlen entdeckt.
Sie lassen sich weder als Bruch schreiben noch mit Ziffern genau angeben. Die Fachwelt staunt.

Abbrechende Dezimalbrüche haben endlich viele Nachkomastellen.

Rationale Zahlen kann man als Brüche oder als Dezimalbrüche schreiben. Dezimalbrüche entstehen aus Brüchen, indem man den Zähler des Bruches durch den Nenner teilt. Bei dieser Division entstehen entweder abbrechende oder periodische Dezimalbrüche.
Das folgende Gedankenexperiment (Fig. 1) zeigt, dass es außer den Dezimalbrüchen noch andere Zahlen gibt.

Ein Gedankenexperiment, das zu „neuen" Zahlen führt:
1. Schreibe irgendeine ganze Zahl auf ein Blatt und dahinter ein Komma.
2. Würfle eine Zahl aus.
3. Schreibe die Zahl an die erste Stelle hinter dem Komma.
4. Würfle wieder und schreibe die Zahl an die zweite Stelle hinter dem Komma.
5. Führe dies „unendlich oft" fort (Fig. 2).

Fig. 1

Fig. 2

Die so gewürfelten Zahlen haben unendlich viele Stellen hinter dem Komma und sind nicht periodisch.

Das bedeutet aber, dass es keine rationalen Zahlen sein können.

Solche Zahlen man nennt man **irrationale Zahlen.**

Alle rationalen und alle irrationalen Zahlen zusammen heißen **reelle Zahlen**.
Man bezeichnet sie mit $\mathbb{R}$.

Auch die Kreiszahl π ist eine irrationale Zahl.

Die Menge $\mathbb{R}$ der **reellen Zahlen** besteht aus
- Dezimalbrüchen,
- nicht periodischen Dezimalzahlen mit unendlich vielen Stellen nach dem Komma.

Beispiel
Die Zahl 0,102 001 000 2... hat unendlich viele Stellen hinter dem Komma. Die Anzahl der Nullen zwischen einer Eins und einer Zwei erhöht sich „jedes Mal" um eins.
Begründe: Die Zahl 0,102 001 000 2... ist keine rationale Zahl.
Lösung:
Die Zahl 0,102 001 000 2... hat unendlich viele Stellen hinter dem Komma. Sie ist deshalb keine abbrechende Dezimalzahl. Es gibt keine Ziffernfolge hinter dem Komma, die sich ständig wiederholt. Diese Zahl ist deshalb keine periodische Dezimalzahl. Da sie weder eine abbrechende noch eine periodische Dezimalzahl ist, ist sie keine rationale Zahl.

Aufgaben

1 Auf der vorigen Seite wird ein Zufallsversuch beschrieben, mit dem man irrationale Zahlen erzeugen kann.
a) Überlege dir zusammen mit deinem Nachbarn zwei weitere Zufallsversuche, mit denen man irrationale Zahlen erzeugen kann.
b) Führt die beiden Versuche durch und schreibt die beiden Zahlen jeweils bis zur zehnten Stelle hinter dem Komma auf.
c) Addiert die beiden aufgeschriebenen Zahlen aus b). Ist diese Summe eine irrationale Zahl? Begründet eure Antwort.

2 Die Dezimalzahl 0,101 001 000... hat nach der ersten Eins eine Null, nach der zweiten Eins zwei Nullen, ... nach der hundertsten Eins hundert Nullen usw.
a) Schreibe diese Dezimalzahl mit den ersten 20 Stellen hinter dem Komma auf.
b) Begründe: Diese Zahl kann man nicht als Bruch aufschreiben.
c) Erfinde selbst drei irrationale Zahlen.

3 Betrachtet wird die Zahl 0,102 003 000 400 005 000 00..., die rechts vom Komma nach der Eins eine Null, nach der Zwei zwei Nullen, nach der Drei drei Nullen, ... , nach der Neun neun Nullen, nach den beiden Ziffern „10" zehn Nullen, nach den beiden Ziffern „11" elf Nullen usw. hat.
a) Schreibe diese Zahl mit 30 Stellen hinter dem Komma auf.
b) Wie lautet bei dieser Zahl die 110. Stelle hinter dem Komma?
c) Betrachte die Summe 0,101 001 000 100 001... + 0,102 003 000 400 005... + ...
Wie lautet die 55. Stelle hinter dem Komma?

4 Betrachtet werden die irrationale Zahl 0,101 001 0001..., bei der hinter dem Komma nach der ersten Eins eine Null, nach der zweiten Eins zwei Nullen usw. kommen, und die irrationale Zahl 1,010 110 111 0..., bei der hinter dem Komma nach der ersten Null eine Eins, nach der zweiten Null zwei Einsen usw. kommen.
a) Begründe: Die Summe der beiden Zahlen ist eine rationale Zahl.
b) Erfinde selbst zwei weitere irrationale Zahlen, deren Summe eine rationale Zahl ist.

5 In Fig. 1 sind Teile von zwei Kreisen mit gleich großen Radien gezeichnet.
a) Begründe: Der Mittelpunkt der roten Strecke gehört zu einer rationalen Zahl der Zahlengeraden.
b) Tobias behauptet: „Alle Punkte der roten Strecke gehören zu rationalen Zahlen der Zahlengeraden." Stimmt dies? Begründe deine Antwort.

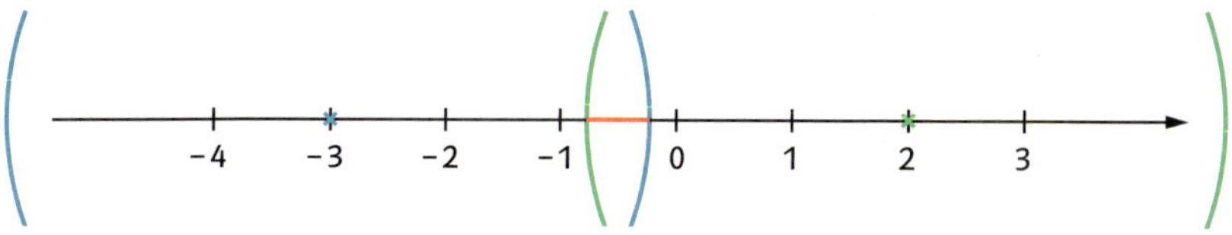

Fig. 1

6 a) Nenne eine Zahl, die zwischen 7,4 und 7,5 liegt. Dein Nachbar soll eine Zahl angeben, die zwischen deiner Zahl und 7,5 liegt. Nun nennst du eine Zahl, die zwischen der Zahl deines Nachbarn und 7,5 liegt. Führt dies fort, bis jeder vier Zahlen genannt hat.
b) Begründe: Zwischen zwei reellen Zahlen liegt immer eine reelle Zahl.
c) Begründe: Es gibt keine positive kleinste reelle Zahl.
d) Begründe: Es gibt keine größte negative reelle Zahl.

2 Quadratwurzeln

> Ein Spiel für drei Spieler:
>
> Spieler 1 nennt eine Zahl zwischen 1 und 20.
>
> Spieler 2 und Spieler 3 müssen innerhalb von 20 Sekunden eine Zahl angeben, die quadriert möglichst so groß ist, wie die Zahl von Spieler 1.
>
> Wer am nächsten dran ist, erhält einen Punkt und nennt dann selbst eine Zahl zwischen 1 und 20 usw.

Thomas, Anne und Stella spielen nun schon 20 Minuten.
Stella meint schließlich: „Komisch! Entweder findet man sofort eine Zahl, deren Quadrat genauso groß ist wie die ursprüngliche, oder man kann beim nächsten Versuch immer noch eine bessere finden, aber wirklich treffen kann man die richtige wohl nie …"

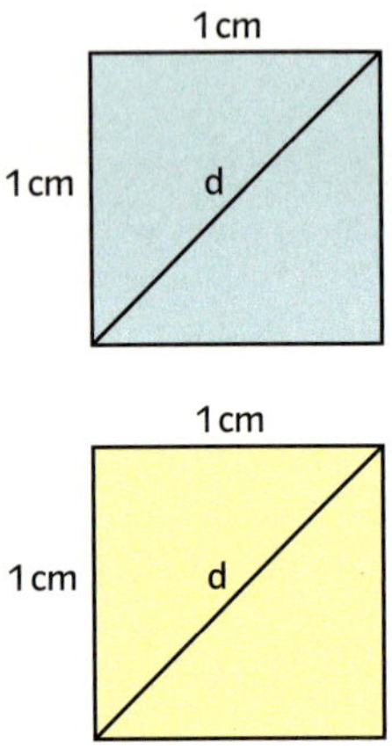

Fig. 1

$x^2 = 2$
$x \approx 1{,}41$

Ein Quadrat hat den Flächeninhalt $1\,\text{cm}^2$. Will man die Länge seiner Diagonale d bestimmen, so kann man wie folgt vorgehen: Man teilt zwei solche Quadrate (Fig. 1) entlang ihrer Diagonalen. Die vier entstandenen Dreiecke kann man zu einem großen Quadrat (Fig. 2) zusammenlegen. Dessen Seiten sind genauso lang wie die Diagonalen der kleinen Quadrate. Sein Flächeninhalt beträgt $2\,\text{cm}^2$.

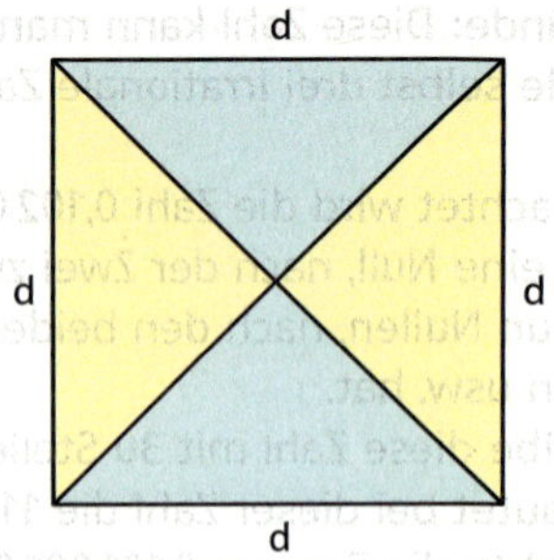

Fig. 2

Gesucht ist also eine Zahl x, für die $x^2 = 2$ gilt. Mithilfe des Taschenrechners findet man Näherungswerte für x:

$1^2 = 1$	und	$2^2 = 4$,	also gilt	$1 < x < 2$.
$1{,}4^2 = 1{,}96$	und	$1{,}5^2 = 2{,}25$,	also gilt	$1{,}4 < x < 1{,}5$.
$1{,}41^2 = 1{,}9881$	und	$1{,}42^2 = 2{,}0164$,	also gilt	$1{,}41 < x < 1{,}42$.
$1{,}414^2 = 1{,}999\,396$	und	$1{,}415^2 = 2{,}002\,225$,	also gilt	$1{,}414 < x < 1{,}415$ usw.

Mit dieser Methode kann man x so genau bestimmen, wie man möchte. Man erhält dabei „immer mehr" Stellen hinter dem Komma, jedoch lässt sich keine Periode erkennen. Die gesuchte Zahl x ist vermutlich kein abbrechender oder periodischer Dezimalbruch und somit auch keine rationale Zahl.

Eine Zahl mit sich selbst multiplizieren, nennt man ***Quadrieren.***

Dass diese Vermutung tatsächlich richtig ist, zeigen die folgenden Überlegungen:
Wäre die Zahl x rational, so könnte man sie als vollständig gekürzten Bruch $\frac{p}{q}$ schreiben.
Die Zahl x ist keine natürliche Zahl. Deshalb ist der Nenner des Bruches $\frac{p}{q}$ nicht gleich 1.
Quadriert man $\frac{p}{q}$, so erhält man $\left(\frac{p}{q}\right)^2 = \frac{p}{q} \cdot \frac{p}{q} = \frac{p \cdot p}{q \cdot q}$. Der Bruch $\frac{p \cdot p}{q \cdot q}$ lässt sich ebenfalls nicht kürzen und sein Nenner ist nicht gleich 1, da $q \neq 1$ ist.
Wegen $\frac{p \cdot p}{q \cdot q} = x^2$ bedeutet das aber, dass x^2 keine natürliche Zahl ist. x^2 ist also nicht gleich 2. Deshalb kann x keine rationale Zahl sein.
Die Zahl x nennt man die **Quadratwurzel** aus 2. Man schreibt $x = \sqrt{2}$ und liest „x gleich Wurzel aus 2". Es ist also $(\sqrt{2})^2 = 2$.

Statt Quadratwurzel sagt man auch kurz ***Wurzel.***

Die obigen Überlegungen lassen sich auf beliebige natürliche Zahlen a übertragen:
Ist a eine Quadratzahl, so ist $\sqrt{a}$ eine natürliche Zahl. $\sqrt{4} = 2$; $\sqrt{9} = 3$ usw.
Ist a keine Quadratzahl, so ist $\sqrt{a}$ keine natürliche Zahl.

Wenn man jetzt wie oben annimmt, dass die Zahl rational ist, dann muss sie sich als vollständig gekürzter Bruch $\frac{p}{q}$ mit $q \neq 1$ schreiben lassen. Das Quadrat eines solchen Bruches ist aber, wie oben gezeigt, niemals eine ganze Zahl. Das ist ein Widerspruch zur Annahme.

Mit $x = \sqrt{a}$ wird diejenige nicht negative Zahl bezeichnet, deren Quadrat a ergibt.
Wurzeln aus natürlichen Zahlen sind entweder natürliche oder irrationale Zahlen.
Der Wert einer Wurzel ist stets nicht negativ.
Aus negativen Zahlen kann man keine Wurzeln ziehen.

*Statt „berechne den Wert der Wurzel" sagt man auch kurz **„ziehe die Wurzel"**.*

Quadrieren ist die Umkehrung des Wurzelziehens.
Die Gleichungen $\sqrt{49} = 7$ und $(\sqrt{49})^2 = 49$ sind also gleichwertig (äquivalent).
Dagegen ist Wurzelziehen nur für nicht negative Zahlen die Umkehrung des Quadrierens.
Es ist $\sqrt{5^2} = 5$, aber $\sqrt{(-5)^2} \neq -5$.

Es ist $(\sqrt{a})^2 = a$, aber $\sqrt{a^2} = a$ gilt nur für $a \geqq 0$.

Jeder reellen Zahl entspricht ein Punkt auf der Zahlengeraden.
In Fig. 1 wird gezeigt, wie man den Punkt auf der Zahlengerade findet, der zur irrationalen Zahl x mit $x^2 = 2$ gehört.

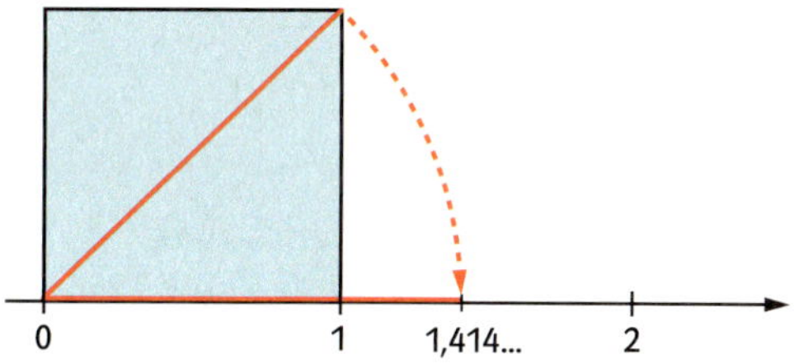

Fig. 1

Beispiel 1
a) Zeichne ein Quadrat mit dem Flächeninhalt $8\,cm^2$ und miss seine Seitenlänge.
b) Überprüfe deine Messung durch Rechnung.
Lösung:
a) *Das gesuchte Quadrat besteht aus acht entlang der Diagonalen geteilten Quadraten mit je $1\,cm^2$ Flächeninhalt (Fig. 2).*
b) $s = 2 \cdot \sqrt{2}\,cm \approx 2{,}83\,cm$

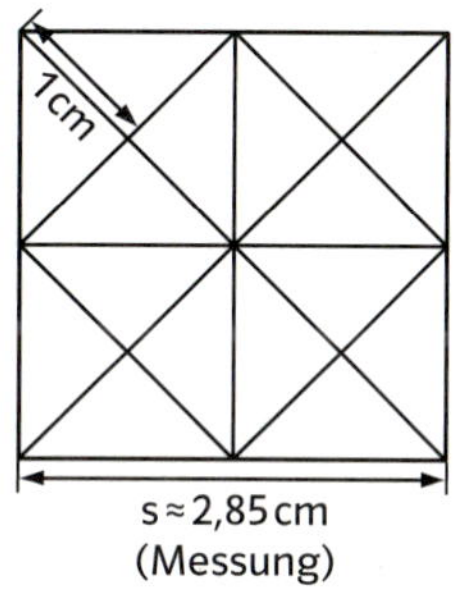

Fig. 2

Beispiel 2
Ziehe die Wurzel zunächst ohne Taschenrechner und überprüfe anschließend dein Ergebnis mit dem Taschenrechner.
a) $\sqrt{169}$ b) $\sqrt{175}$ c) $\sqrt{\sqrt{625}}$
Lösung:
ohne Taschenrechner:
a) $\sqrt{169} = 13$, weil $13^2 = 169$
b) $13^2 = 169$ und $14^2 = 196$, also liegt $\sqrt{175}$ näher bei 13 als bei 14. Durch Ausprobieren erhält man $\sqrt{175} \approx 13{,}2$.
c) $\sqrt{\sqrt{625}} = \sqrt{25} = 5$
mit Taschenrechner:
Mithilfe der Taste $\boxed{\sqrt{x}}$ erhält man:
a) $\sqrt{169} = 13$ b) $\sqrt{175} \approx 13{,}22875656$ c) $\sqrt{\sqrt{625}} = 5$.

Aufgaben

1 Jemand hat mit den folgenden Überlegungen eine Zahl x gesucht, für die gilt: x^2 ist eine natürliche Zahl. Wie heißt diese natürliche Zahl x^2?

a) $2 < x < 3$
$2{,}6 < x < 2{,}7$
…

b) $4 < x < 5$
$4{,}4 < x < 4{,}5$
…

c) $8 < x < 9$
$8{,}1 < x < 8{,}2$
…

2 a) Wie lang ist die Diagonale eines Quadrats mit der Seitenlänge 3 cm?
b) In Fig. 1 auf Seite 125 wurde gezeigt, wie man $\sqrt{2}$ auf der Zahlengeraden findet. Finde durch eine ähnliche Zeichnung den Punkt, der zu $\sqrt{32}$ gehört.

3 Gib die Länge der Diagonale des Quadrats mithilfe einer Dezimalzahl auf drei Stellen hinter dem Komma genau an. Beschreibe deine Überlegungen in einem kleinen Aufsatz.

a)
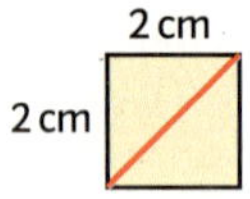

b)
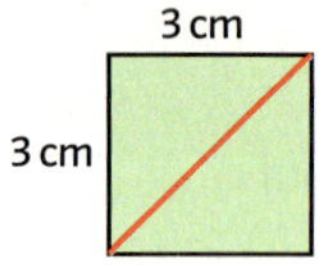

c)
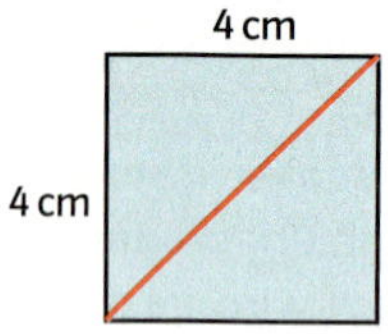

Quadrieren →	
x	x^2
1,0	1
1,1	1,21
1,2	1,44
1,3	1,69
1,4	1,96
1,5	2,25
1,6	2,56
1,7	2,89
1,8	3,24
1,9	3,61
2,0	4
2,1	4,41
2,2	4,84
2,3	5,29
2,4	5,76
2,5	6,25
2,6	6,76
2,7	7,29
2,8	7,84
2,9	8,41
← Wurzelziehen	

4 Berechne ohne Taschenrechner.
a) $\sqrt{64}$ b) $\sqrt{121}$ c) $\sqrt{225}$ d) $\sqrt{256}$ e) $\sqrt{625}$ f) $\sqrt{900}$

5 a) $\sqrt{1{,}21}$ b) $\sqrt{0{,}09}$ c) $\sqrt{0{,}16}$ d) $\sqrt{4{,}41}$ e) $\sqrt{0{,}81}$ f) $\sqrt{0{,}0004}$
g) $\sqrt{\frac{1}{4}}$ h) $\sqrt{\frac{1}{9}}$ i) $\sqrt{\frac{64}{9}}$ j) $\sqrt{\frac{9}{100}}$ k) $\sqrt{\frac{16}{25}}$ l) $\sqrt{\frac{49}{16}}$

6 a) $(\sqrt{16})^2$ b) $(\sqrt{1{,}73})^2$ c) $\left(\sqrt{\frac{17}{19}}\right)^2$ d) $(-\sqrt{7})^2$ e) $(-\sqrt{11})^2$ f) $(-\sqrt{23})^2$

7 Wie lang sind die Seiten eines Quadrats mit dem Flächeninhalt
a) $12{,}25\,m^2$, b) $5\,m^2$, c) 10,10 ha, d) $900\,cm^2$, e) $0{,}009\,m^2$, f) $1\,km^2$?
Verwende den Taschenrechner, falls es sinnvoll ist.

8 Ein quadratischer Bauplatz ist $841\,m^2$ groß. Er soll mit einem Bauzaun umgeben werden. Für die Einfahrt sollen 4 m frei bleiben. Wie viel Meter Zaun benötigt man?

9 Bestimme alle Zahlen x mit
a) $x^2 = 169$, b) $x^2 = 0{,}09$, c) $x^2 = 8{,}41$, d) $x^2 = 1$, e) $x^2 = 0$.

10 Johanna besitzt 127 CDs. Sie will von diesen CDs die quadratischen Cover in Form eines großen Quadrats an die Wand heften. Ist das möglich?
Wenn nein, gib die größte mögliche Anzahl ihrer Cover an, die sie in Form eines Quadrats anordnen kann. Wie viele Cover liegen bei diesem Quadrat an jeder Seite?

11 Annas Katze ist auf einen Baum geklettert und traut sich nicht mehr herunter. Anna und ihr Freund Tobias finden im Keller eine Leiter, die man auf 4 m Länge ausziehen kann. Sie stellen die vollständig ausgezogene Leiter an den Baum, um der Katze zu helfen (Fig. 1).
Wie hoch ist die Katze auf den Baum geklettert?

Fig. 1

12 Erfinde für deinen Nachbarn sieben Gleichungen wie in Aufgabe 9. Fünf der Gleichungen sollen lösbar sein und zwei der Gleichungen sollen keine Lösungen haben. Tausche anschließend mit deinem Nachbarn die Aufgaben und löse sie bzw. begründe, warum die jeweilige Aufgabe nicht lösbar ist. Wer ist zuerst fertig?

Bist du sicher?

1 Bestimme. a) $\sqrt{81}$ b) $\sqrt{0{,}01}$ c) $(\sqrt{1{,}7})^2$ d) $(-\sqrt{3})^2$

2 Gib die Lösungen der Gleichung an.
a) $x^2 = 9$ b) $x^2 = 0{,}09$ c) $x^2 = 0{,}0009$ d) $x^2 = 0{,}009$

13 Bestimme die Kantenlänge a eines Würfels, dessen Oberflächeninhalt
a) $120\,cm^2$, b) $4{,}8\,cm^2$, c) $1000\,cm^2$
beträgt.

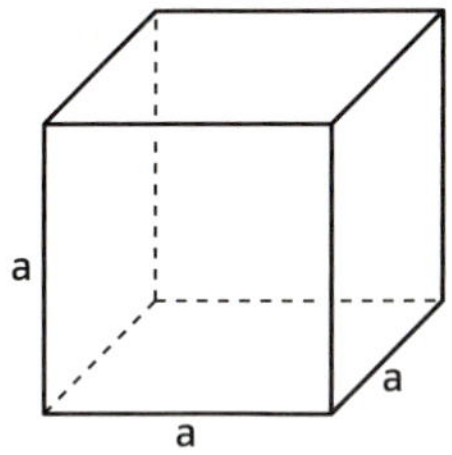

14 Setze die folgende Gleichungskette fort. Wie lautet die erste Gleichung, die lösbar ist?
$x^2 + 7 = -2$; $x^2 + 7 = -1$; $x^2 + 7 = 0$; $x^2 + 7 = 1$; $x^2 + 7 = 2$ ...

15 a) Wie musst du a wählen, damit die Gleichung $x^2 = a$ zwei Lösungen hat?
b) Finde je ein Beispiel, bei dem die Lösungen rationale bzw. irrationale Zahlen sind.

16 Welche dieser Wurzeln $\sqrt{0{,}01}$; $\sqrt{0{,}0001}$; $\sqrt{0{,}1}$; $\sqrt{0{,}001}$ kannst du im Kopf bestimmen, welche nicht? Schreibe für deinen Nachbarn eine Regel auf, nach der man solche im Kopf lösbaren Aufgaben stellen kann.
Tauscht eure aufgestellten Regeln aus und überprüft sie an Beispielen.

17 Schreibe als Wurzel.
a) 12 b) 300 c) 0,7 d) $\frac{5}{7}$ e) $\frac{1}{18}$

18 Welche Zahlen sind gleich? Schreibe als Gleichungsketten.
a) 16; 2^2; $4 \cdot 4$; $\sqrt{4}$; 2; $\sqrt{16}$; $2 \cdot 2$ b) 0,1; $\frac{1}{100}$; $\frac{1}{10}$; 0,01; $\sqrt{\frac{1}{100}}$; $\left(\frac{1}{10}\right)^2$; $\frac{10}{100}$; $\sqrt{0{,}01}$

19 Berechne den Wert der Wurzel.
a) $\sqrt{\sqrt{81}}$ b) $\sqrt{\sqrt{16}}$ c) $\sqrt{\sqrt{256}}$ d) $\sqrt{\sqrt{1296}}$ e) $\sqrt{\sqrt{1}}$

20 Wie lang ist eine Seite eines Quadrats, das denselben Flächeninhalt hat wie ein Rechteck mit den folgenden Seiten a und b?
a) a = 3,2 cm; b = 0,8 cm b) a = 9 dm; b = 2,25 dm c) a = 0,8 m; b = 1,8 m

Info

Dass man die Seitenlänge s des Quadrats mit dem Flächeninhalt 2 nicht als Bruch darstellen kann, wurde auch schon in der Antike von Euklid gezeigt. Fig. 1 zeigt diesen Beweis in heutiger Sprechweise.

Es wird angenommen, dass es eine Darstellung von s als Bruch gibt. Also kann im Schritt (1) s auch als ein gekürzter Bruch $\frac{p}{q}$ geschrieben werden.
Mit den Schritten (2)-(5) wird gezeigt, dass p eine gerade Zahl ist.
Mit den Schritten (6)-(8) wird gezeigt, dass auch q eine gerade Zahl ist.
(5) und (8) ergeben einen Widerspruch zu (1), wonach $\frac{p}{q}$ ein gekürzter Bruch ist.
Dieser Widerspruch zeigt:
Es kann keine Darstellung von s als Bruch geben; s kann keine rationale Zahl sein.

s mit $s^2 = 2$ ist keine rationale Zahl.
Beweis des Euklid
(1) Annahme: $s = \frac{p}{q}$ mit teilerfremden Zahlen p und q
(2) $s^2 = 2 = \frac{p^2}{q^2}$
(3) $2q^2 = p^2$
(4) p^2 ist durch 2 teilbar.
(5) p ist durch 2 teilbar. Setze $p = 2r$.
(6) $q^2 = 2r^2$
(7) q^2 ist durch 2 teilbar.
(8) q ist durch 2 teilbar.
Dies ist mit (5) ein Widerspruch zu (1).

Fig. 1

Euklid (um 300 v. Chr.) lehrte Mathematik in Alexandria. Von ihm stammt die bedeutendste Gesamtdarstellung der antiken griechischen Mathematik, die „Elemente". Der Beweis von Fig. 1 steht im 10. Buch der Elemente.

21 a) Zeige nach der Methode von Euklid, dass $\sqrt{5}$ nicht rational ist.
b) Begründe ebenso, dass alle Wurzeln aus Primzahlen irrational sind.
c) Jürgen versucht mit dem Verfahren von Euklid zu zeigen, dass $\sqrt{4}$ eine irrationale Zahl ist. An welcher Stelle wird er scheitern?

22 Tobias findet in einem Mathematikbuch diese Überlegungen:

Arithmetik IV: Methodische Überlegungen 523

Es gibt keine rationale Zahl x mit $x^2 = 10$, denn:
Wäre x eine rationale Zahl, dann könnte man x als vollständig gekürzten Bruch $\frac{a}{b}$ schreiben.
Es wäre dann also $\left(\frac{a}{b}\right)^2 = 10$. Also wäre $a^2 = 10b^2$.
Multipliziert man b^2 mit 10, dann endet das Ergebnis rechts mit einer ungeraden Anzahl von Nullen, also mit einer oder drei oder fünf ... Nullen.
Weil $a^2 = 10b^2$ müsste auch a^2 rechts mit einer ungeraden Anzahl von Nullen enden.
Es gibt keine natürliche Zahl a mit dieser Eigenschaft.
Also ist x keine rationale Zahl.

a) Erläutere die Aussagen mit deinen Worten.
b) Begründe auf ähnliche Weise, dass es keine rationale Zahl gibt, die quadriert 1000 ergibt.

23 1024 farbige, quadratische Mosaiksteinchen sind zu einem großen Quadrat angeordnet. Nun soll zwischen je zwei farbige Steinchen ein hellgraues gelegt werden; Fig. 2 zeigt einen Ausschnitt. Wie viele hellgraue Steinchen werden benötigt?

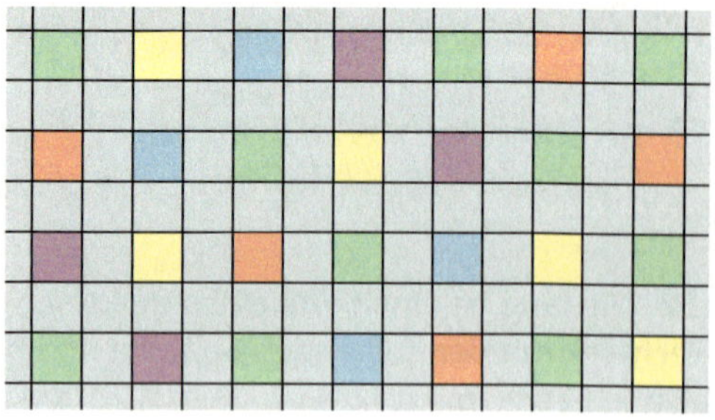

Fig. 2

3 Näherungsweises Wurzelziehen

Serkan denkt sich eine ganze Zahl zwischen 0 und 100 aus und Aisha soll sie erraten. Serkan sagt bei falschen Zahlen nur, ob die gedachte Zahl größer oder kleiner ist. Wenn Aisha mehr als sieben Versuche benötigt, hat sie verloren.
Serkan: „Da hast du keine Chance!"
Aisha: „Abwarten …"

Alle Zahlen zwischen a und b und die Zahlen a und b selbst bilden das **Intervall** [a; b]. Die Länge des Intervalls [a; b] ist b − a.

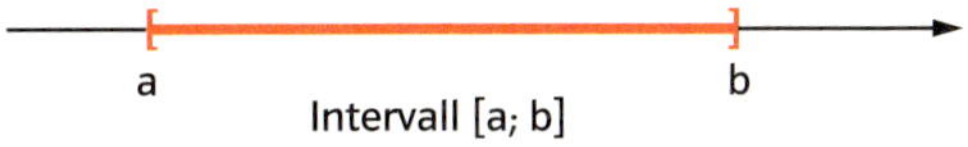

Fig. 1

Die Lage von $\sqrt{2}$ auf der Zahlengeraden kann durch Konstruktion mithilfe der Diagonale eines Quadrats bestimmt werden. Nun soll der Wert von $\sqrt{2}$ mithilfe von Intervallen **näherungsweise** bestimmt werden.

$\sqrt{2}$ liegt im Intervall	weil
[1; 2]	$1^2 < 2 < 2^2$
[1,4; 1,5]	$1{,}4^2 < 2 < 1{,}5^2$
[1,41; 1,42]	$1{,}41^2 < 2 < 1{,}42^2$
[1,414; 1,415]	$1{,}414^2 < 2 < 1{,}415^2$
[1,4142; 1,4143]	$1{,}4142^2 < 2 < 1{,}4143^2$
…	…

Die Intervalle dieser Tabelle schachteln $\sqrt{2}$ immer enger ein, d.h.,
- jedes Intervall liegt in dem vorherigen,
- ihre Längen werden immer kleiner und
- in allen Intervallen liegt $\sqrt{2}$.

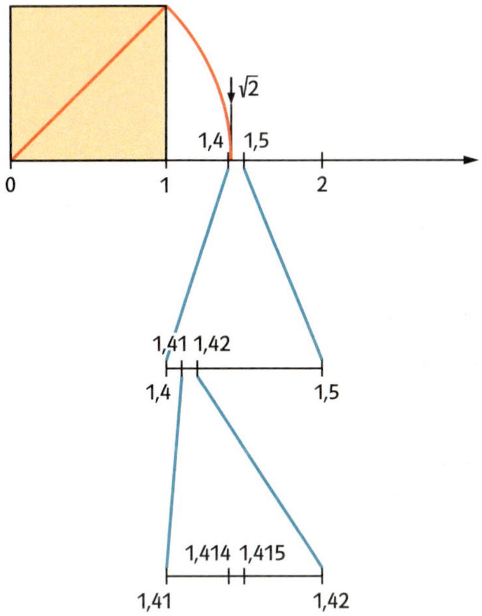

Fig. 2

Eine solche Folge von Intervallen, bei denen immer das nächste im vorherigen liegt und die Intervalllängen beliebig klein werden, nennt man **Intervallschachtelung**.
Weil die Intervalle beliebig klein werden, kann es nur eine einzige Zahl a geben, die in allen Intervallen enthalten ist. Wenn es noch eine andere Zahl b gäbe, die auch in allen Intervallen enthalten wäre, dann dürften die Längen der Intervalle nicht kleiner als |b − a| werden.

Reelle Zahlen kann man durch **Intervallschachtelungen** beliebig genau bestimmen.
Für jede Intervallschachtelung gilt:
Es gibt nur eine Zahl, die in allen Intervallen dieser Intervallschachtelung enthalten ist.

Beispiel 1
Bestimme mit dem Taschenrechner einen Wert für $\sqrt{8}$. Gib damit die ersten sechs Intervalle einer Intervallschachtelung für $\sqrt{8}$ mit den Längen 1; 0,1; 0,01; ...; 0,000 01 an.
Lösung:
Intervallschachtelung:
[2; 3], [2,8; 2,9], [2,82; 2,83], [2,828; 2,829],
[2,8284; 2,8285], [2,828 42; 2,828 43] ...

Beispiel 2
Bestimme ein Intervall der Länge 0,01, in dem $\sqrt{5}$ liegt.
Lösung:
Fasse die Ergebnisse in einer Tabelle zusammen.

Näherung	Quadrat der Näherung	Vergleich	Intervall	Länge des Intervalls	*Erläuterungen*
2	4	$2 < \sqrt{5}$			*Einschachtelung zwischen ganzen Zahlen*
3	9	$3 > \sqrt{5}$	[2; 3]	1	
2,1	4,41	$2{,}1 < \sqrt{5}$	[2,1; 3]	0,9	*Einschachtelung auf Zehntel genau*
2,2	4,84	$2{,}2 < \sqrt{5}$	[2,2; 3]	0,8	
2,3	5,29	$2{,}3 > \sqrt{5}$	[2,2; 2,3]	0,1	
2,21	4,8841	$2{,}21 < \sqrt{5}$	[2,21; 2,3]	0,09	*Einschachtelung auf Hundertstel genau*
2,22	4,9284	$2{,}22 < \sqrt{5}$	[2,22; 2,3]	0,08	
2,23	4,9729	$2{,}23 < \sqrt{5}$	[2,23; 2,3]	0,07	
2,24	5,0176	$2{,}24 > \sqrt{5}$	[2,23; 2,24]	0,01	

$\sqrt{5}$ liegt im Intervall [2,23; 2,24].

Aufgaben

1 Gib die ersten fünf Intervalle einer zugehörigen Intervallschachtelung an.
a) 0,666 666... b) 2,236 067... c) 8,030 05... d) 0,047 513...

2 Gib die ersten vier Stellen der Dezimalzahl an, die auf der Zahlengeraden in Fig. 1 dem Punkt P zugeordnet ist.

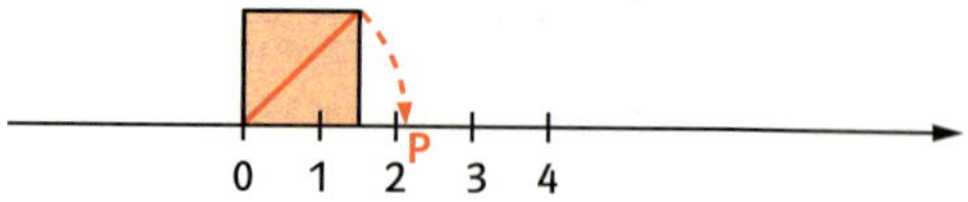

Fig. 1

3 Zwischen welchen aufeinanderfolgenden natürlichen Zahlen liegt
a) $\sqrt{50}$, b) $\sqrt{250}$, c) $\sqrt{720}$, d) $\sqrt{1000}$, e) $\sqrt{1500}$?

4 a) Entscheide, welche der folgenden Zahlen $\sqrt{7}$ am besten annähert:
2; 3; 2,1; 2,2; 2,3; ...; 2,9.
b) In welchem Intervall der Länge 0,1 liegt $\sqrt{7}$?

5 Bestimme möglichst geschickt ein Intervall der Länge 0,01, in dem die Zahl liegt.
a) $\sqrt{14}$ b) $\sqrt{6}$ c) $\sqrt{11}$ d) $\sqrt{13}$ e) $\sqrt{15}$

6 Bestimme wie in Beispiel 1 sechs Intervalle einer Intervallschachtelung für
a) $\sqrt{3}$, b) $\sqrt{17}$, c) $\sqrt{50}$, d) $\sqrt{70}$, e) $\sqrt{98}$.

4 Der Heron-Algorithmus

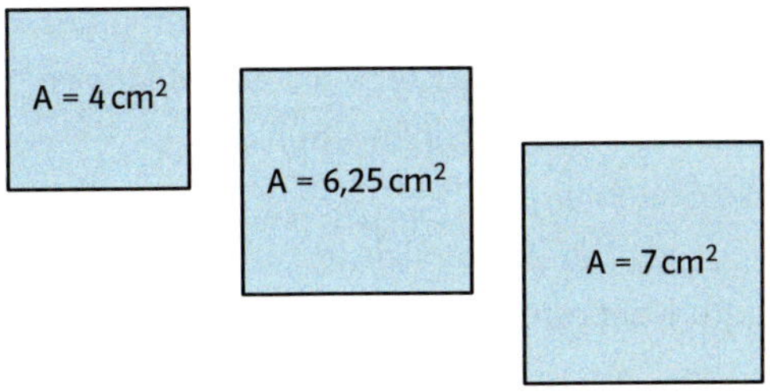

Quadrate zeichnen – das ist nicht schwer!
Manche Bedingungen lassen sich aber gar nicht so einfach erfüllen.

Will man ein Quadrat mit dem Flächeninhalt $9\,cm^2$ zeichnen, so weiß man, dass das gesuchte Quadrat die Seitenlänge 3 cm hat. Wie groß ist aber die Seitenlänge eines Quadrats mit dem Flächeninhalt $12\,cm^2$?
In einem ersten Schritt kann man anstelle des Quadrats ein Rechteck mit dem gleichen Flächeninhalt zeichnen, zum Beispiel ein Rechteck mit den Seitenlängen 2 cm und 6 cm (Fig. 1).

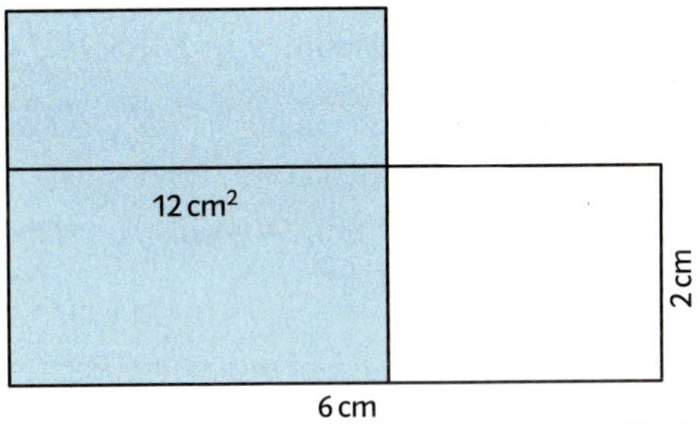

Fig. 1

In weiteren Schritten konstruiert man nun Rechtecke, bei denen der Unterschied der Seitenlängen immer kleiner wird. Dazu wählt man eine neue Seitenlänge des Rechtecks das arithmetische Mittel von 2 cm und 6 cm, also $\frac{2\,cm + 6\,cm}{2} = 4\,cm$. Die andere Seite muss dann 3 cm lang sein, damit der Flächeninhalt wieder $12\,cm^2$ ist. Dieses Rechteck hat schon eher die Form eines Quadrats.

Eine Seitenlänge des nächsten Rechtecks soll wieder das arithmetische Mittel der beiden Seitenlängen des vorherigen Rechtecks sein, nämlich $\frac{4\,cm + 3\,cm}{2} = 3{,}5\,cm$. Die andere Seitenlänge muss dann $\frac{12}{3{,}5}\,cm \approx 3{,}43\,cm$ sein, da $\frac{12}{3{,}5}\,cm \cdot 3{,}5\,cm = 12\,cm^2$. Fig. 2 zeigt, wie sich diese Rechtecke einem Quadrat mit dem Flächeninhalt $12\,cm^2$ immer mehr annähern. Nach drei Schritten erhält man für die Seitenlänge des gesuchten Quadrats den Näherungswert 3,46 cm, den man durch Fortsetzen des Verfahrens immer weiter verbessern kann.

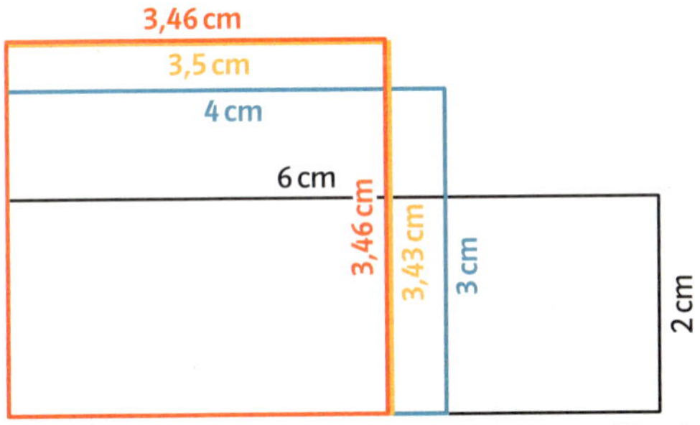

Fig. 2

Der Name Algorithmus geht auf den persischen Mathematiker Muhamad Ibn Musa Al-Chwarizmi (ca. 780 bis ca. 850) zurück, der insbesondere am Hofe des Kalifen von Bagdad arbeitete. Seine Bücher wurden ins Lateinische übersetzt. Aus einem der Titel leitete sich dabei auch der Begriff „Algebra" ab.

Damit hat man den Wert von $\sqrt{12}$ näherungsweise bestimmt – nichts anderes bedeutet nämlich die Bestimmung der Seitenlänge eines Quadrats mit dem Flächeninhalt $12\,cm^2$.

Dieses Verfahren zur näherungsweisen Berechnung von Quadratwurzeln geht auf Heron von Alexandria zurück und heißt daher **Heron-Algorithmus**. Das Verfahren soll auch schon von den Babyloniern verwendet worden sein; es wird deshalb auch babylonisches Wurzelziehen genannt.

Heron von Alexandria gilt als der bedeutendste Vertreter der angewandten Mathematik und Technik in der griechischen Antike. Er entdeckte auch viele physikalische Prinzipien. Man nimmt an, dass er im ersten Jahrhundert nach Christus gelebt hat, weil er in einer Arbeit die Mondfinsternis von 62 n. Chr. beschreibt.

Diese Überlegungen kann man ohne weiteres verallgemeinern. Sucht man den Wert von $\sqrt{a}$, also die Seitenlänge eines Quadrats mit dem Flächeninhalt a, und beginnt die Näherung mit x_0 und y_0 als Seitenlängen eines Rechtecks $(x_0 \cdot y_0 = a)$, so hat das folgende, flächengleiche Rechteck die Seitenlängen $x_1 = \frac{x_0 + y_0}{2}$ und $y_1 = \frac{a}{x_1}$. Für die Seitenlängen des nächsten Rechtecks ergeben sich $x_2 = \frac{x_1 + y_1}{2}$ und $y_2 = \frac{a}{x_2}$. Das (n + 1)-te Rechteck hat dann die Seitenlängen $x_{n+1} = \frac{x_n + y_n}{2}$ und $y_{n+1} = \frac{a}{x_{n+1}}$. Setzt man $y_n = \frac{a}{x_n}$ in die Gleichung für x_{n+1} ein, so ergibt sich $x_{n+1} = \frac{1}{2}\left(x_n + \frac{a}{x_n}\right)$. Mit dieser Gleichung kann man sehr schnell gute Näherungswerte für $\sqrt{a}$ erhalten.

Näherungswerte für $\sqrt{a}$ kann man nach Vorgabe eines Startwerts x_0 mit dem Heron-Algorithmus berechnen: $\mathbf{x_{n+1} = \frac{1}{2}\left(x_n + \frac{a}{x_n}\right)}$.

Benutzt man ein Tabellenkalkulationsprogramm, so kann man leicht beliebige Startwerte testen und Wurzeln schnell auf jede gewünschte Genauigkeit berechnen lassen.

	A	B	C
1	Berechnung von Wurzel 8		
2			
3	a	x_n	x_n+1
4	8	2	3
5	8	3	2,83333333
6	8	2,83333333	2,82843137
7	8	2,82843137	2,82842712
8	8	2,82842712	2,82842712

Beispiel
Berechne mit dem Heron-Algorithmus Näherungswerte für $\sqrt{8}$. Veranschauliche das Verfahren durch Rechtecke.
Lösung:
Man beginnt zum Beispiel mit einem Rechteck mit den Seitenlängen 2 cm und 4 cm.
Der Heron-Algorithmus liefert bereits nach drei Schritten den Näherungswert s ≈ 2,83 cm für die Seitenlänge des gesuchten Quadrats (Fig. 1).

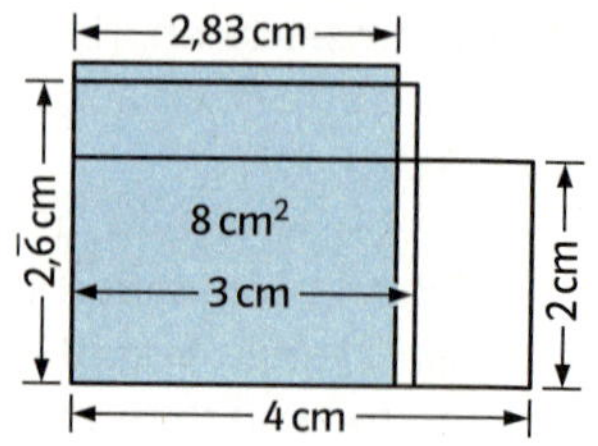

Fig. 1

Aufgaben

1 Berechne mit dem Heron-Algorithmus Näherungswerte für $\sqrt{a}$. Veranschauliche das Verfahren durch Rechtecke.
a) a = 5 b) a = 11 c) a = 16 d) a = 19

2 💻 Berechne mit dem Heron-Algorithmus $\sqrt{7}$ auf 5 Nachkommastellen genau. Nimm 3 (1; 7) als Startwert. Runde, sobald sich die ersten 6 Nachkommastellen nicht mehr ändern.

3 💻 Berechne die Werte der Wurzeln mit dem Heron-Algorithmus auf 6 Nachkommastellen genau. Benutze dazu ein Tabellenkalkulationsprogramm. Kontrolliere dein Ergebnis mit dem Taschenrechner.
a) $\sqrt{13}$ b) $\sqrt{30}$ c) $\sqrt{1000}$ d) $\sqrt{1259}$ e) $\sqrt{1946}$ f) $\sqrt{5036}$

4 a) Mathis hat sich bei der Berechnung von $\sqrt{2}$ nach dem Heron-Algorithmus zwischendurch einmal auf dem Taschenrechner vertippt und ohne zu verbessern weitergerechnet. Kommt er trotzdem zum richtigen Ergebnis? Wie wirkt sich der Fehler aus?
b) Teste die Auswirkungen eines Tippfehlers am Beispiel der Berechnung von $\sqrt{3}$.

5 💻 Marina hat beschlossen, immer mit dem Startwert 1 zu beginnen.
a) Probiere verschiedene Startwerte mithilfe eines Tabellenkalkulationsprogramms aus.
b) Ist es vorteilhaft, immer mit Startwert 1 zu beginnen?

5 Zahlbereiche

Elisabeth schreibt die Anfänge von Dezimalzahlen mit unendlich vielen Stellen auf. „Da sind Regelmäßigkeiten zu erkennen", sagt sie schmunzelnd zu Herbert. Als der die Regeln erkennt, überlegt er, ob es also rationale Zahlen sind.

0,123 112 233 111 222 333 ...

7,151 551 555 155 551 555 ...

4,112 358 132 134 558 9...

2,357 111 317 192 329 313 7...

Fügt man zu den natürlichen Zahlen ihre Gegenzahlen hinzu, so erhält man die ganzen Zahlen. Die Menge der rationalen Zahlen enthält alle ganzen Zahlen und alle Brüche. Brüche wandelt man in Dezimalbrüche um, indem man den Zähler durch den Nenner teilt. Dabei entstehen immer abbrechende oder nicht abbrechende periodische Dezimalbrüche. Jeder rationalen Zahl ist ein Punkt auf der Zahlengeraden zugeordnet.

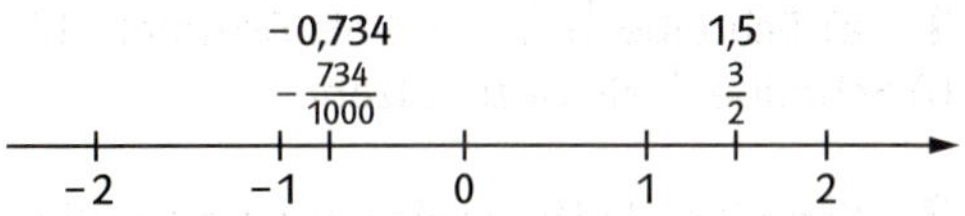

Fig. 1

Dezimalbrüche sind abbrechende oder nicht abbrechende periodische **Dezimalzahlen.** Nicht abbrechende und nicht periodische Dezimalzahlen sind irrationale Zahlen. Wie Fig. 1 auf Seite 125 am Beispiel der irrationalen Zahl $\sqrt{2}$ zeigt, haben auch die irrationalen Zahlen ihren Platz auf der Zahlengeraden.

Im Bereich der rationalen Zahlen sind, abgesehen von der Division durch null, alle vier Grundrechenarten (Addition, Subtraktion, Multiplikation und Division) uneingeschränkt ausführbar. Wurzelziehen aus positiven Zahlen gelingt erst uneingeschränkt im Bereich der reellen Zahlen.

	Zahlbereich	**Immer ausführbar**	**Nicht immer ausführbar**
$\mathbb{N}$	**Natürliche Zahlen** z.B. 0; 7; 120	Addition, Multiplikation	Subtraktion (z.B. 4 − 7) Division (z.B. 3 : 4) Wurzelziehen (z.B. $\sqrt{2}$)
$\mathbb{Z}$	**Ganze Zahlen** z.B. −15; 7; 0	Addition, Subtraktion, Multiplikation	Division (z.B. 3 : 4) Wurzelziehen (z.B. $\sqrt{2}$)
$\mathbb{Q}$	**Rationale Zahlen** z.B. −2; 7; −0,25; $\frac{2}{7}$	Addition, Subtraktion, Multiplikation, Division (außer durch 0)	Wurzelziehen (z.B. $\sqrt{2}$)
$\mathbb{R}$	**Reelle Zahlen** z.B. 3; $-\frac{7}{32}$; $0,\overline{17}$ $\sqrt{23}$; π	Addition, Subtraktion, Multiplikation, Division (außer durch 0), Wurzelziehen aus positiven Zahlen (z.B. $\sqrt{2}$)	Wurzelziehen (z.B. $\sqrt{-1}$)

$A \subset B$ bedeutet: A ist eine Teilmenge von B, d.h., alle Elemente von A sind auch Elemente von B.

Jede natürliche Zahl ist auch eine ganze Zahl.
Jede ganze Zahl ist auch eine rationale Zahl.
Jede rationale Zahl ist auch eine reelle Zahl.
Man schreibt dafür: $\mathbb{N} \subset \mathbb{Z} \subset \mathbb{Q} \subset \mathbb{R}$.

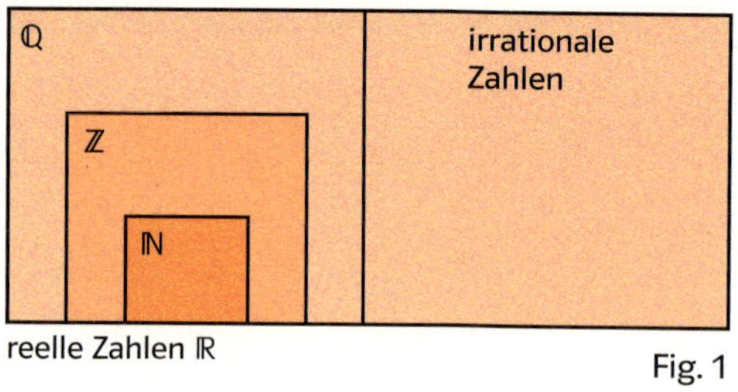

Fig. 1

Beispiel
Ordne nach der Größe: $\sqrt{2{,}9}$; 1,7; $1{,}7\overline{03}$; $\frac{109}{64}$.
Lösung:
Stelle die Zahlen als Dezimalzahlen dar und vergleiche. Benutze bei der Quadratwurzel den Taschenrechner.
$\sqrt{2{,}9} = 1{,}702\,938\,6\ldots$; 1,7; $1{,}7\overline{03} = 1{,}703\,030\,303\ldots$; $\frac{109}{64} = 1{,}703\,125$
Also: $1{,}7 < \sqrt{2{,}9} < 1{,}7\overline{03} < \frac{109}{64}$

Aufgaben

1 a) Schreibe $\frac{1}{7}$; $\frac{2}{7}$; …; $\frac{6}{7}$ als Dezimalzahl. Vergleiche die Ergebnisse.
b) Schreibe $\frac{1}{17}$ als Dezimalzahl.

2 Schreibe als Dezimalzahlen und stelle sie an einer Zahlengeraden dar.
a) $1{,}\overline{5}$; $\frac{5}{3}$; $\sqrt{2{,}5}$; 1,6
b) $\frac{3}{10}$; 0,3; $\frac{1}{3}$; $\sqrt{0{,}09}$; $\sqrt{0{,}1}$

3 Welche Zahl ist größer?
a) $\sqrt{2}$ oder $1{,}41\overline{42}$
b) $\sqrt{3}$ oder $1{,}732\,332\,233\,322\,2\ldots$
c) $\sqrt{8}$ oder $\frac{31}{11}$

4 Wie lang ist die Strecke $\overline{AB}$ in Fig. 2? Gib einen auf vier Nachkommastellen genauen Näherungswert an.

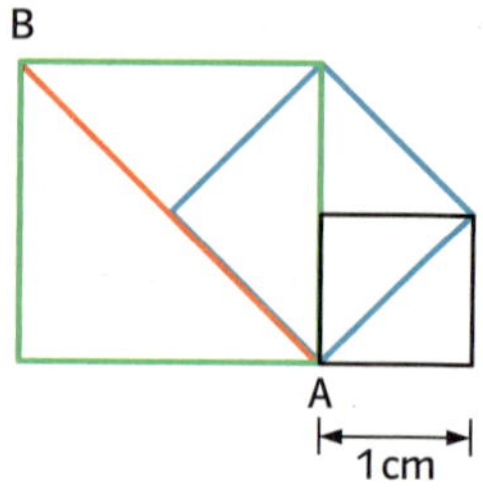

Fig. 2

5 Übertrage die Tabelle in dein Heft und fülle sie aus.

	natürliche Zahl	ganze Zahl	Dezimalbruch	rationale Zahl	irrationale Zahl	Dezimalzahl	reelle Zahl
−3	nein	ja	ja	ja	nein	ja	ja
$2{,}\overline{6}$							
356							
$x > 0$ mit $x^2 = 16$							
$x > 0$ mit $x^2 = 7$							
$x < 0$ mit $x^3 = -8$							
$x < 0$ mit $x^2 = 5$							
x mit $x^2 = -26$							
0,010 020 003							
$\frac{3}{17}$							

6 Rechnen mit Quadratwurzeln

„Mein Taschenrechner zeigt bei allen drei Termen den gleichen Wert an."
„Ja, aber nur wenn du dich geschickt vertippst!"

In einem Ausdruck wie $\sqrt{a}$ heißt a, also der Term unter dem Wurzelzeichen, der **Radikand**. Zwischen Wurzelziehen und Quadrieren bestehen die folgenden Zusammenhänge:

Zur Erinnerung:
$\sqrt{a}$ ist diejenige nicht negative Zahl, deren Quadrat gleich a ist.

Für $a \geqq 0$ gilt $(\sqrt{a})^2 = a$.
Für alle a gilt $\sqrt{a^2} = |a|$.

Der Term $\sqrt{a}$ ist nur für $a \geqq 0$ definiert, und damit ist auch der Term $(\sqrt{a})^2$ nur für $a \geqq 0$ definiert.
Nur für $a \geqq 0$ gilt, dass $\sqrt{a^2} = a$ ist, denn es gilt z.B. $\sqrt{(-5)^2} = 5$.

Bei Berechnungen können Terme mit Quadratwurzeln vorkommen wie etwa $\sqrt{x}$, $\sqrt{a^2+b}$, $\sqrt{x}+\sqrt{y}$, $\sqrt{5}\sqrt{x+y}$, $3\sqrt{x^2 y}$. Es gibt Rechenregeln, mit denen man manche Wurzelterme vereinfachen kann. Die folgenden Umformungen zeigen die Begründung solcher Rechenregeln.

$\sqrt{9}\sqrt{16} = \sqrt{3^2}\sqrt{4^2} = 3 \cdot 4 = \sqrt{(3 \cdot 4)^2} = \sqrt{3^2 \cdot 4^2} = \sqrt{9 \cdot 16}$
$\sqrt{144} : \sqrt{16} = \sqrt{12^2} : \sqrt{4^2} = 12 : 4 = \sqrt{(12 : 4)^2} = \sqrt{12^2 : 4^2} = \sqrt{144 : 16}$
$2\sqrt{5} + 7\sqrt{5} = (2+7)\sqrt{5} = 9\sqrt{5}$
$\sqrt{16} + \sqrt{9} = 4 + 3 = 7$, aber $\sqrt{16+9} = \sqrt{25} = 5$, also $\sqrt{16} + \sqrt{9} \neq \sqrt{16+9}$
$\sqrt{16} - \sqrt{9} = 4 - 3 = 1$, aber $\sqrt{16-9} = \sqrt{7}$, also $\sqrt{16} - \sqrt{9} \neq \sqrt{16-9}$

Beachte:
Ein Term mit Quadratwurzeln ist nur definiert, wenn keiner der Radikanden negativ ist.

$\sqrt{b^2+c^2} \neq b + c$,
denn
$(b+c)^2 \neq b^2 + c^2$

Oft lässt sich der Radikand so als Produkt schreiben, dass man die Wurzel aus wenigstens einem der Faktoren leicht bestimmen kann. Wie bei der Umformung von $\sqrt{9}\sqrt{16}$, nun jedoch in umgekehrter Richtung, kann man **Wurzeln teilweise ziehen**. So gilt etwa
$\sqrt{75} = \sqrt{25 \cdot 3} = \sqrt{25}\sqrt{3} = 5\sqrt{3}$ oder $\sqrt{3a^2} = \sqrt{3}\sqrt{a^2} = |a|\sqrt{3}$.

Multiplikationsregel:	$\sqrt{a}\sqrt{b} = \sqrt{ab}$ für $a, b \geqq 0$
Divisionsregel:	$\frac{\sqrt{a}}{\sqrt{b}} = \sqrt{\frac{a}{b}}$ für $a, b \geqq 0$ und $b \neq 0$
Teilweises Wurzelziehen:	$\sqrt{b a^2} = \sqrt{b}\sqrt{a^2} = a\sqrt{b}$ für $a, b \geqq 0$
Ausklammern:	$x\sqrt{a} + y\sqrt{a} = (x+y)\sqrt{a}$ für alle x, y und $a \geqq 0$

Bemerkung:
Man schreibt $a + \sqrt{x}$ anstatt $\sqrt{x} + a$ und $a\sqrt{x}$ anstatt $\sqrt{x}\,a$. Das ist bei handschriftlichen Aufzeichnungen sicherer (sonst könnte a plötzlich auch unter das Wurzelzeichen „rutschen").

Beispiel 1

Forme in einen Term ohne Wurzelzeichen um.

a) $\sqrt{(-6)^2}$ b) $\sqrt{(r+s)^2}$ c) $\sqrt{25x^2y^2}$ d) $(\sqrt{4x})^2$

Lösung:

a) $\sqrt{(-6)^2} = |-6| = 6$ b) $\sqrt{(r+s)^2} = |r+s|$

c) *Zuerst muss man den Radikanden als Quadrat schreiben.*

$\sqrt{25x^2y^2} = \sqrt{(5xy)^2} = |5xy|$

d) $(\sqrt{4x})^2 = 4x$ für $x \geqq 0$

Beispiel 2

Ziehe teilweise die Wurzel und vereinfache.

a) $\sqrt{175}$ b) $\sqrt{5b^2}$ c) $3\sqrt{7} - 2\sqrt{7}$ d) $\frac{\sqrt{57}}{\sqrt{19}}$

Lösung:

Man zerlegt bei a) und b) den Radikanden so in Faktoren, dass man aus möglichst vielen dieser Faktoren leicht die Wurzel ziehen kann.

a) $\sqrt{175} = \sqrt{25 \cdot 7} = 5\sqrt{7}$

b) $\sqrt{5b^2} = \sqrt{5}\sqrt{b^2} = |b|\sqrt{5}$

c) $3\sqrt{7} - 2\sqrt{7} = (3-2)\sqrt{7} = \sqrt{7}$

d) $\frac{\sqrt{57}}{\sqrt{19}} = \sqrt{\frac{57}{19}} = \sqrt{3}$

Beispiel 3

Vereinfache durch Ausklammern oder Ausmultiplizieren.

a) $\sqrt{x} + \sqrt{xy}$ b) $\sqrt{xy} + \sqrt{xz}$ c) $(2-\sqrt{3})^2$ d) $(5-\sqrt{3})(5+\sqrt{3})$

Lösung:

a) $\sqrt{x} + \sqrt{xy} = (1 + \sqrt{y})\sqrt{x}$

b) $\sqrt{xy} + \sqrt{xz} = (\sqrt{y} + \sqrt{z})\sqrt{x}$

c) $(2-\sqrt{3})^2 = 4 - 4\sqrt{3} + (\sqrt{3})^2 = 4 - 4\sqrt{3} + 3 = 7 - 4\sqrt{3}$

d) $(5-\sqrt{3})(5+\sqrt{3}) = 25 - (\sqrt{3})^2 = 25 - 3 = 22$

Aufgaben

1 Schreibe einfacher.

a) $\sqrt{(-8)^2}$ b) $\sqrt{(a-b)^2}$ c) $\sqrt{10\,000}$ d) $\sqrt{10^5}$

2 Vereinfache.

a) $\sqrt{32} : \sqrt{8}$ b) $\sqrt{98} : \sqrt{2}$ c) $\sqrt{180} : \sqrt{5}$ d) $\sqrt{52} : \sqrt{0{,}13}$

e) $\sqrt{8a^2 + a^2}$ f) $\sqrt{10b^2 - b^2}$ g) $\sqrt{100x^2 + 21x^2}$ h) $\sqrt{168x^2 + 156x^2}$

3 Ziehe teilweise die Wurzel, sodass der verbleibende Radikand eine möglichst kleine natürliche Zahl wird.

a) $\sqrt{24}$ b) $\sqrt{48}$ c) $\sqrt{288}$ d) $\sqrt{2000}$

4 Zerlege den Radikanden in ein Produkt von Quadratzahlen. Berechne so die Wurzel.

a) $\sqrt{1089}$ b) $\sqrt{4225}$ c) $\sqrt{576}$ d) $\sqrt{1296}$

5 Vereinfache die Terme durch teilweises Wurzelziehen und Ausklammern.

a) $\sqrt{8} + \sqrt{2}$ b) $\sqrt{12} - \sqrt{3}$ c) $\sqrt{242} - \sqrt{288}$ d) $4\sqrt{5} - \sqrt{125}$

Bist du sicher?

1 Schreibe, wenn möglich, einfacher.

a) $5\sqrt{3} - 2\sqrt{27}$ b) $7\sqrt{2} - \sqrt{98}$ c) $\frac{\sqrt{3}}{\sqrt{5}} - \sqrt{\frac{3}{25}}$ d) $\sqrt{3}\sqrt{7} - \sqrt{53}$

6 Vereinfache die Terme durch Ausmultiplizieren.

a) $(2 + \sqrt{5})\sqrt{5}$ b) $(\sqrt{7} - 3)\sqrt{7}$ c) $\sqrt{5}(\sqrt{3} - \sqrt{5})$ d) $(\sqrt{6} - \sqrt{5})\sqrt{6}$

7 Auf Seite 23 wurde an einem Beispiel gezeigt, dass die Gleichung $\sqrt{a} + \sqrt{b} = \sqrt{a + b}$ nicht erfüllt ist. Eine der beiden Ungleichungen $\sqrt{a} + \sqrt{b} < \sqrt{a + b}$ bzw. $\sqrt{a} + \sqrt{b} > \sqrt{a + b}$ ist jedoch für alle positiven Zahlen a und b erfüllt. Überlege dir, welche der beiden Ungleichungen erfüllt ist. Denke dir für deinen Nachbarn eine Erklärung aus, warum diese Ungleichung erfüllt ist. Die Zeichnung in Fig. 1 kann dir hierbei helfen.

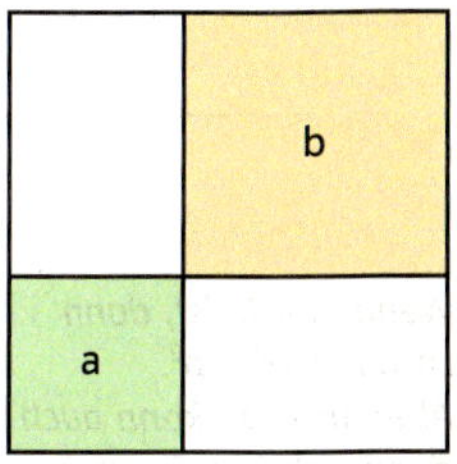

Fig. 1

Info

Manchmal braucht man keinen Taschenrechner

Den Wert von Termen mit Quadratwurzeln im Nenner kann man manchmal schneller im Kopf überschlagen als mit dem Taschenrechner bestimmen, zum Beispiel $\frac{1}{\sqrt{2}} = \frac{1 \cdot \sqrt{2}}{\sqrt{2} \cdot \sqrt{2}} = \frac{\sqrt{2}}{2}$. Dieses Vorgehen nennt man auch **Rationalmachen des Nenners**.

Wenn man benutzt, dass $\sqrt{2} \approx 1{,}4$ ist, dann weiß man, dass $\frac{1}{\sqrt{2}} \approx \frac{1{,}4}{2}$ und somit $\frac{1}{\sqrt{2}} \approx 0{,}7$ ist. Es ist also manchmal sinnvoll, Brüche mit Quadratwurzeln im Nenner so zu erweitern, dass im Nenner keine Quadratwurzeln mehr auftreten.

8 Berechne die Wurzelterme und vergleiche. Begründe das Ergebnis durch geeignete Umformungen.

a) $2\sqrt{5}$; $\frac{10}{\sqrt{5}}$ b) $\frac{4}{\sqrt{8}}$; $\sqrt{2}$ c) $4 - 2\sqrt{3}$; $\frac{2}{\sqrt{3} + 2}$ d) $\frac{\sqrt{3} - \sqrt{2}}{\sqrt{2} + \sqrt{3}}$; $5 - 2\sqrt{6}$

9 Du bestimmst die Näherungswerte für die Aufgaben a) bis e) im Kopf mithilfe von Tab. 1, dein Nachbar bestimmt sie mit dem Taschenrechner.
Bei den Aufgaben f) bis j) geht ihr umgekehrt vor.
Bei welchen Aufgaben ist der Taschenrechner ganz bestimmt nicht nötig?

a) $\frac{1}{\sqrt{2}}$ b) $\frac{3}{\sqrt{5}}$ c) $\frac{4}{\sqrt{7}}$ d) $\frac{2}{\sqrt{6}}$ e) $\frac{2\sqrt{3}}{\sqrt{5}}$

f) $\frac{1}{\sqrt{3}}$ g) $\frac{1}{\sqrt{6}}$ h) $\frac{3}{\sqrt{12}}$ i) $\frac{\sqrt{3}}{\sqrt{18}}$ j) $\frac{1}{\sqrt{500}}$

n	Näherung für $\sqrt{n}$
2	1,41
3	1,73
5	2,24
6	2,45
7	2,65
8	2,83
10	3,16
11	3,32
12	3,46
13	3,61

Tab. 1

Kannst du das noch?

10 a) Konstruiere drei rechtwinklige Dreiecke, deren Hypotenusen 9,5 cm lang sind.
b) Konstruiere ein gleichseitiges Dreieck mit der Seitenlänge $a = 5{,}5$ cm. In einem zweiten Dreieck ist eine Seite ebenfalls 5,5 cm lang. Es ist nicht gleichseitig. Sein Flächeninhalt stimmt mit dem des ersten Dreiecks überein. Konstruiere ein solches Dreieck.

11 Konstruiere ein gleichschenkliges Dreieck mit der Schenkellänge $a = 10$ cm und der Basislänge 6 cm. Konstruiere ein Parallelogramm, das kein Rechteck ist. Sein Flächeninhalt soll mit dem des Dreiecks übereinstimmen.

7 Wurzelgleichungen

Zahlenrätsel:

Addiere 1 zu einer Zahl und quadriere das Ergebnis. So erhältst du die Zahl 4.

Wie lautet die ursprüngliche Zahl?

Dirk: „Ist doch ganz leicht. Da kommt -3 raus."
Nina: „Blödsinn, die Lösung ist 1!"

Wenn $a = b$ ist, dann ist auch $a^2 = b^2$. Aber $a^2 = b^2$ kann auch dann richtig sein, wenn $a \neq b$ ist.

Die Gleichung $2x + 9 = 3$ hat die Lösung $x = -3$. Multipliziert man die Terme auf beiden Seiten der Gleichung jeweils mit sich selbst, so entsteht die Gleichung $(2x + 9)^2 = 9$. Diese Gleichung wird für $x = -3$ erfüllt, aber auch $x = -6$ ist eine Lösung der Gleichung. Durch Quadrieren können Gleichungen entstehen, die mehr Lösungen haben als die ursprüngliche Gleichung. **Quadrieren** ist also **keine Äquivalenzumformung**.

Gleichungen wie $\sqrt{x^2 + 27} = 2x$ nennt man Wurzelgleichungen. Wurzelgleichungen kann man lösen, wenn man durch Quadrieren eine Gleichung ohne Wurzel erzeugt. Das gelingt immer dann, wenn auf einer Seite der Gleichung die Wurzel alleine steht.

$$\begin{aligned} \sqrt{x^2 + 27} &= 2x && |\text{quadrieren} \\ x^2 + 27 &= 4x^2 && |-x^2 \;|:3 \\ x^2 &= 9 \\ x &= 3 \text{ oder } x = -3 \end{aligned}$$

Setzt man 3 in die Ursprungsgleichung ein, so erhält man $\sqrt{3^2 + 27} = 2 \cdot 3$, also $\sqrt{36} = 6$. Also ist $x = 3$ eine Lösung der Gleichung. Beim Einsetzen von $x = -3$ ergibt sich aber $\sqrt{36} = -6$. Deshalb ist $x = -3$ nicht Lösung der ursprünglichen Gleichung. Wenn man beim Lösen von Gleichungen quadriert hat, muss man unbedingt **überprüfen**, ob die erhaltenen Zahlen auch Lösung der ursprünglichen Gleichung sind.

Beim Quadrieren „verliert" man keine Lösungen.

Lösen von Wurzelgleichungen:
- Forme die Gleichung so um, dass die Wurzel alleine auf einer Seite steht.
- Quadriere die Terme auf beiden Seiten der Gleichung.
- Löse die entstandene Gleichung.
- Prüfe, ob die Lösungen der entstandenen Gleichung auch Lösungen der ursprünglichen Gleichung sind.

Beispiel 1

Löse die Gleichung $\sqrt{x - 6} + 2 = 5$.

Lösung:

$$\begin{aligned} \sqrt{x - 6} + 2 &= 5 && |-2 \\ \sqrt{x - 6} &= 3 && |\text{quadrieren} \\ x - 6 &= 9 \\ x &= 15 \end{aligned}$$

Die Überprüfung ergibt:

$\sqrt{15 - 6} + 2 = \sqrt{9} + 2 = 3 + 2 = 5$,

$L = \{15\}$.

Beispiel 2

Bestimme die Lösungsmenge der Gleichung.

a) $5\sqrt{x+1} = \sqrt{x-23}$, b) $\sqrt{x^2+5} = x+1$.

Lösung:

In beiden Fällen steht jeweils nur eine Wurzel auf wenigstens einer Seite der Gleichung, sodass der erste Lösungsschritt hier entfällt.

a) $5\sqrt{x+1} = \sqrt{x-23}$ | quadrieren

Ein Produkt wird quadriert, indem man beide Faktoren quadriert.

$25(x+1) = x - 23$

$25x + 25 = x - 23$ | $-x - 25$

$24x = -48$ | $: 24$

$x = -2$

Zwei Terme der Wurzelgleichung sind für $x = -2$ nicht definiert.

Also

$L = \{\,\}$

b) $\sqrt{x^2+5} = x+1$ | quadrieren

Ein Term wie $x + 1$ wird mithilfe der 1. binomischen Formel quadriert.

$x^2 + 5 = x^2 + 2x + 1$ | $-x^2$

$5 = 2x + 1$ | -1

$4 = 2x$ | $:2$

$x = 2$

Überprüfung:

Linke Seite: $\sqrt{2^2+5} = \sqrt{9} = 3$

Rechte Seite: $2 + 1 = 3$

$L = \{2\}$

Aufgaben

1 Löse die Gleichung im Kopf.

a) $\sqrt{x} = 10$ b) $\sqrt{x} = 2{,}5$ c) $\sqrt{x} = \frac{1}{2}$ d) $\sqrt{x} = -4$
e) $\sqrt{x} = 0$ f) $\sqrt{x} - 3 = 5$ g) $\sqrt{2x} = 1$ h) $\sqrt{2x} = \frac{1}{2}$
i) $\sqrt{-x} = 3$ j) $\sqrt{-x} = -3$ k) $-\sqrt{x} = 3$ l) $-\sqrt{x} = -3$

2 Löse die Gleichungen.

a) $\sqrt{2x-3} - 5 = 0$ b) $\sqrt{2x+3} + 5 = 4$ c) $3 - \sqrt{5x+2} = 7$ d) $\sqrt{\frac{x}{2} - 6} + 5 = 2$
e) $\sqrt{2-3x} + \frac{1}{2} = 8$ f) $\sqrt{2-3x} - 5 = 0$ g) $3\sqrt{4x-5} = 12$ h) $4 = 2\sqrt{\frac{x}{3} - 5}$

3 a) $\sqrt{2x-1} = \sqrt{x}$ b) $\sqrt{-4x+3} = \sqrt{-x}$ c) $\sqrt{x+5} = 4\sqrt{x}$
d) $\sqrt{5x-2} = 2\sqrt{x}$ e) $\sqrt{-5x} + 2 = 2 - \sqrt{4-x}$ f) $\frac{1}{2}\sqrt{-2-5x} - 2 = \frac{2}{3}\sqrt{2-3x} - 2$

4 a) $\sqrt{x^2-16} = x - 2$ b) $\sqrt{x^2+4} = x + 2$ c) $\sqrt{x^2-1} = x - 1$
d) $\sqrt{4x^2+5} = 2x - 1$ e) $2\sqrt{x^2-0{,}5x} - 2x - 1 = 0$ f) $2\sqrt{x^2-0{,}5x} + 2x + 1 = 0$

5 a) $\sqrt{x^2+5x+2} = \sqrt{x^2+27}$ b) $\sqrt{9x^2+x-8} = 3\sqrt{x^2+2x-1}$
c) $\sqrt{\frac{1}{4}x^2+16} = \frac{1}{2}\sqrt{x^2+5x-1}$ d) $\sqrt{x^2+6x+9} = \sqrt{x^2-1}$
e) $\sqrt{x^2-6x+4} = \sqrt{x^2-3}$ f) $\sqrt{2x^2-4x+16} = \sqrt{2(x+3)^2}$

6 a) Löse die Gleichung $x - 6 = \sqrt{x^2+12}$.
b) Zeige: Wenn $a > 0$ und $b > 0$, dann hat die Gleichung $x - a = \sqrt{x^2+b}$ keine Lösung.

7 a) Löse die Gleichung $\sqrt{x+1} = \sqrt{x-1} + 1$.
b) Löse die Gleichung $\sqrt{x+1} = \sqrt{x-1} + \sqrt{2}$.
c) Löse die Gleichung $\sqrt{x+1} = \sqrt{x-1} + 2$.
d) Zeige: Für $a > \sqrt{2}$ hat die Gleichung $\sqrt{x+1} = \sqrt{x-1} + a$ keine Lösung.

Manchmal muss man zweimal quadrieren!

Wiederholen – Vertiefen – Vernetzen

1 Bestimme die Seitenlänge eines Quadrats mit dem Flächeninhalt $5\,\text{cm}^2$. Gib die Seitenlänge näherungsweise als Dezimalzahl mit drei Stellen nach dem Komma an.

2 Begründe, dass es keine rationale Zahl x mit $x^2 = 6$ gibt. Benutze dazu das Verfahren von Euklid.

3 Bestimme auf der Zahlengeraden den Punkt, der zur positiven Zahl x mit $x^2 = 50$ gehört. Betrachte dazu die Diagonale in einem Rechteck.

4 Gib die fehlende Zahl im Kästchen auf drei Stellen nach dem Komma an (Fig. 1).

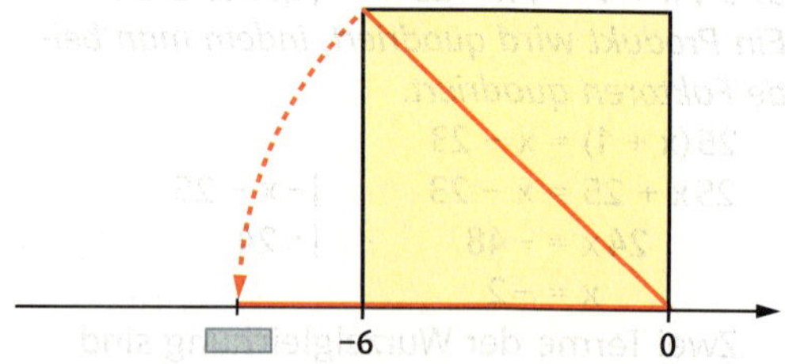

Fig. 1

5 Ziehe die Wurzel.

a) $\sqrt{196}$ b) $\sqrt{75}$ c) $\sqrt{9{,}61}$ d) $\sqrt{51}$ e) $\sqrt{0{,}04}$ f) $\sqrt{\frac{144}{298}}$

6 Wie lang sind die Seiten eines Quadrats mit dem angegebenen Flächeninhalt? Benutze den Taschenrechner, wenn es sinnvoll ist.

a) $324\,\text{cm}^2$ b) $10{,}24\,\text{m}^2$ c) $20{,}25\,\text{ha}$ d) $0{,}004\,\text{dm}^2$ e) $0{,}361\,\text{m}^2$

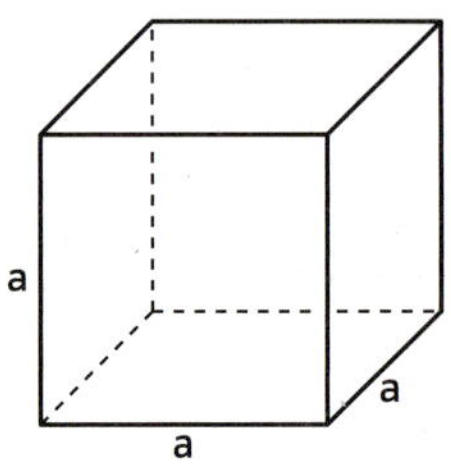

Fig. 2

7 Bestimme die Kantenlänge a eines Würfels (Fig. 2), wenn sein Oberflächeninhalt

a) $180\,\text{cm}^2$, b) $0{,}96\,\text{dm}^2$, c) $12\,\text{cm}^2$

beträgt.

8 Welche Zahl ist größer?

a) $\sqrt{2}$ oder $1{,}41\overline{42}$ b) $\sqrt{3}$ oder $1{,}732\,332\,233\,322\,2\ldots$ c) $\sqrt{8}$ oder $\frac{37}{11}$

9 Gib ein Intervall der Länge 0,1 (0,01; 0,001) an, in dem $\sqrt{10}$ liegt.

10 Bestimme mithilfe des Taschenrechners 5 Intervalle einer Intervallschachtelung für

a) $\frac{1}{7}$, b) $\sqrt{\frac{1}{7}}$, c) $\sqrt{14}$, d) $\sqrt{1{,}8}$, e) $-\sqrt{2}$.

11 Bestimme mithilfe des Heron-Algorithmus auf drei Nachkommastellen genau.

a) $\sqrt{1{,}3}$ b) $\sqrt{12{,}8}$ c) $\sqrt{34{,}82}$ d) $\sqrt{127{,}5}$ e) $\sqrt{0{,}59}$

12 Gib eine rationale Zahl an, deren Quadratwurzel

a) zwischen 2 und 3, b) zwischen 1 und $\sqrt{2}$, c) zwischen $\sqrt{2}$ und $\sqrt{3}$

liegt.

13 Beim Messen der Länge und Breite des Tisches in Fig. 3 hat man die Maße 0,8 m und 2,0 m erhalten. Berechne den sich hieraus ergebenden Flächeninhalt der Tischplatte. Um wie viel m^2 weicht das Ergebnis von dem Flächeninhalt ab, der sich aus den Maßen in Fig. 3 ergibt? Wie viel Prozent macht die Abweichung aus?

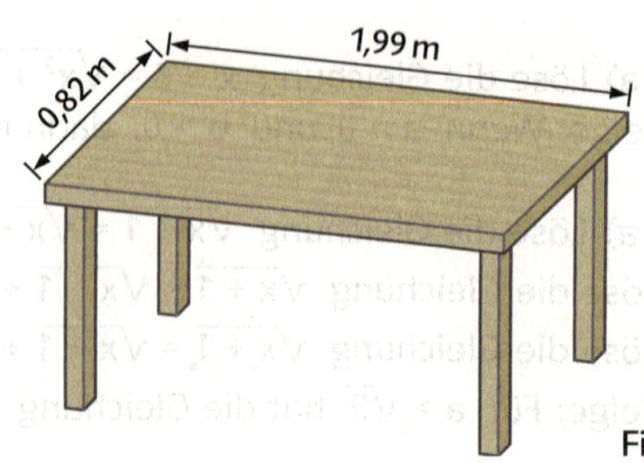

Fig. 3

14 a) Mit dem Heron-Algorithmus soll $\sqrt{45}$ auf drei Nachkommastellen genau berechnet werden. Wie viele Schritte sind notwendig, wenn man mit 7 als Startwert x_0 beginnt? Wie viele Schritte sind notwendig, wenn man 6 als Startwert wählt?
b) Wie ändert sich in a) die Berechnung von $\sqrt{45}$ mit dem Startwert 6, wenn man beim 2. Schritt zu x_2 willkürlich 0,8 addiert und mit $x_2 + 0{,}8$ statt mit x_2 weiterrechnet? Welche Eigenschaft hat der Heron-Algorithmus, wenn ein Zwischenwert falsch berechnet wird?

15 Vereinfache durch Ausklammern.
a) $11\sqrt{5} - 3\sqrt{5}$ b) $0{,}1\sqrt{7} - \sqrt{7}$ c) $\frac{3}{5}\sqrt{2} - \frac{1}{2}\sqrt{2}$

16 Vereinfache die Terme durch teilweises Wurzelziehen und Ausklammern.
a) $\sqrt{28} + \sqrt{245}$ b) $\sqrt{0{,}48} - \sqrt{0{,}03}$ c) $\sqrt{a^2b} + \sqrt{ab^2}$

17 Vereinfache die Terme so weit wie möglich durch Ausmultiplizieren.
a) $(3 - \sqrt{2})^2$ b) $\left(\frac{1}{2} - \sqrt{8}\right)\left(\sqrt{8} + \frac{1}{2}\right)$ c) $(4\sqrt{5} + 5\sqrt{3})(5\sqrt{3} - 4\sqrt{5})$

18 Vereinfache so weit wie möglich.
a) $(\sqrt{8} + \sqrt{2})\sqrt{2}$ b) $\sqrt{5}(\sqrt{125} - \sqrt{80})$ c) $(\sqrt{80} + \sqrt{20}) : \sqrt{5}$
d) $(\sqrt{108} - \sqrt{48}) : \sqrt{3}$ e) $2\sqrt{3}(\sqrt{24} - \sqrt{32})$ f) $(\sqrt{28} - \sqrt{7}) : \sqrt{7}$

19 Forme so um, dass im Nenner keine Wurzel mehr auftritt. Vereinfache so weit wie möglich. Gib, falls nötig, einschränkende Bedingungen an.
a) $\frac{7}{\sqrt{5}}$ b) $\frac{\sqrt{3}}{\sqrt{15}}$ c) $\frac{2}{\sqrt{7} - 3}$ d) $\frac{\sqrt{7} - 3}{\sqrt{7} + 3}$ e) $\frac{5}{3 - \sqrt{a}}$ f) $\frac{x}{3 + \sqrt{2x}}$

20 Begründe.
a) Zwischen zwei rationalen Zahlen gibt es immer eine rationale Zahl.
b) Addiert man eine rationale und eine irrationale Zahl, erhält man eine irrationale Zahl.

21 a) Der arabische Mathematiker Al-Karkhi (um 1000) schrieb in einem Lehrbuch der Algebra: $\sqrt{8} + \sqrt{18} = \sqrt{50}$. Beweise die Gültigkeit dieser Gleichung.
b) Gib allgemein an, wann sich die Summe $\sqrt{a} + \sqrt{b}$ $(a, b \in \mathbb{N})$ zu einer Wurzel zusammenfassen lässt.

22 a) Zeige: Die Summe zweier irrationaler Quadratwurzeln mit Radikanden aus $\mathbb{Q}$ ist wieder irrational.
b) Gilt der Satz in a) auch für das Produkt zweier solcher Quadratwurzeln?

23 Berechne ohne Benutzung des Taschenrechners.
a) $10 - \sqrt{81}$ b) $\sqrt{4{,}41} + \sqrt{0{,}81}$
c) $4\sqrt{2{,}25}$ d) $\sqrt{256} : 6$

24 In Fig. 1 ist M der Mittelpunkt der Strecke $\overline{PQ}$. Berechne die Längen der Strecken $\overline{PQ}$, $\overline{RQ}$, $\overline{RP}$ und $\overline{RM}$. Gib deine Ergebnisse mit Quadratwurzeln an. Berechne dazu jeweils auch Näherungen auf zwei Nachkommastellen genau.

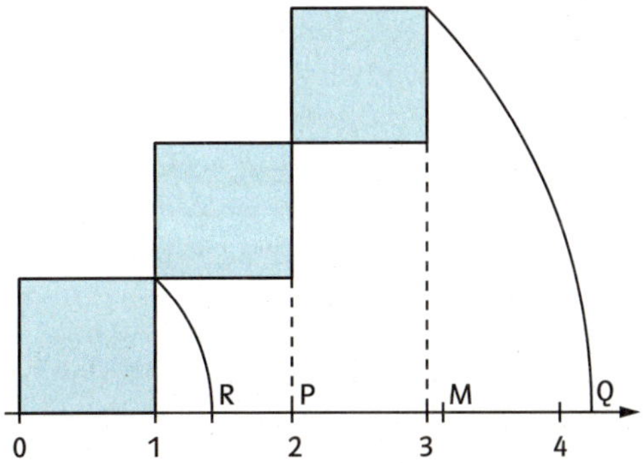

Fig. 1

25 Welche der Produkte sind irrational?

a) $\sqrt{0{,}36}\,\sqrt{1{,}21}$ b) $\sqrt{37}\,\sqrt{37}$ c) $25\sqrt{5}$ d) $(2+\sqrt{2})^2$ e) $(2+\sqrt{2})(\sqrt{2}-2)$

26 Begründe.

a) Zu jeder reellen Zahl gibt es eine größere (eine kleinere) reelle Zahl.
b) Zu jeder positiven reellen Zahl gibt es eine kleinere reelle positive Zahl.
c) Es gibt keine größte negative reelle Zahl.
d) Zwischen zwei reellen Zahlen liegt stets mindestens eine weitere.
e) Zwischen zwei reellen Zahlen liegt stets mindestens eine rationale Zahl.

27 Begründe in einem kleinen Aufsatz: Die Diagonale des Quadrats in Fig. 1 und eine Seite dieses Quadrats kann man nicht so in gleich große Stücke aufteilen, dass es keine Reste gibt.
Tipp: Denke dir zunächst eine Seite des Quadrats in gleich große Stücke aufgeteilt. Warum kann die Länge eines solchen Teils immer mit einer rationalen Zahl angegeben werden? Kann man die Diagonale aus solchen Teilen zusammensetzen?

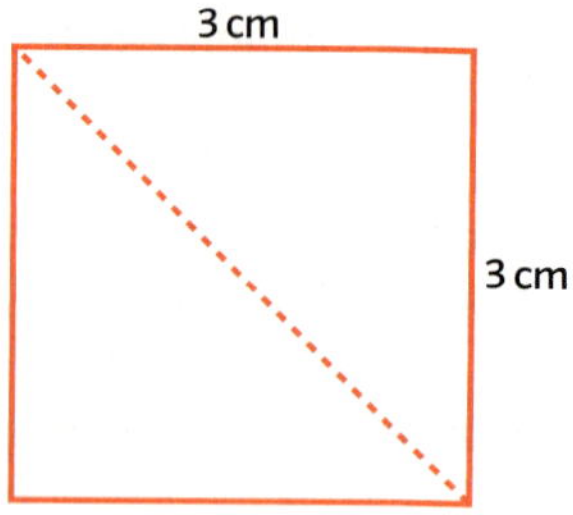

Fig. 1

Hinweis zu Aufgabe 28: *Aus gleicher Höhe würden unterschiedliche Körper gleich lang fallen, wenn sie die Luft nicht unterschiedlich stark bremsen würde. Sieht man von diesem Luftwiderstand ab, so kann man die jeweilige Falldauer t in Abhängigkeit von der Fallhöhe h ungefähr so bestimmen:* $t \approx \sqrt{0{,}2 \cdot h}$. *Hierbei wird t in Sekunden und h in Meter gemessen.*

28 a) Wie lange ist man jeweils bei einem Sprung von einem 3-m-Brett bzw. einem 5-m-Turm bzw. einem 10-m-Turm (Fig. 2) ungefähr „in der Luft“?
b) Stelle eine Wertetabelle zu der Zuordnung *Fallhöhe → Falldauer* auf und zeichne den zugehörigen Graphen.
c) Beschreibe in einem kleinen Aufsatz, wie sich die Falldauer bei zunehmenden Höhen verändert. Überlege, wie man dies erklären könnte.

Fig. 2

29 a) Wie müssen die Länge a und die Breite b eines Rechtecks gewählt werden, damit beim Halbieren (Fig. 3) zwei Rechtecke des gleichen „Formats“, also mit dem gleichen Seitenverhältnis, entstehen?
b) Die bekannten DIN-Formate bei Schreib- oder Zeichenpapier (etwa DIN A4) entsprechen der in a) genannten Vorschrift. Miss die Seiten eines Heftblattes; vergleiche mit dem Ergebnis in a).
c) Ein Rechteck des Formats DIN A0 hat den Flächeninhalt $1\,m^2$. Wie groß ist der Flächeninhalt beim Format DIN A1 (DIN A2; …; DIN A5)?

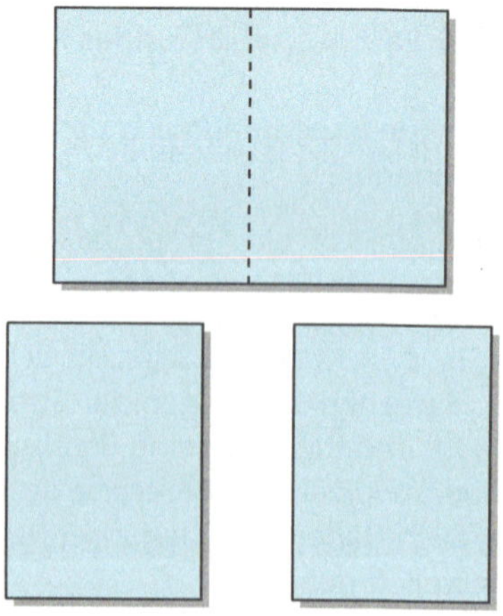
Fig. 3

Wurzelziehen per Hand

Wurzeln kann man mithilfe eines Taschenrechners ohne Mühe so genau berechnen, wie es der Taschenrechner erlaubt. Mit einem PC sind noch genauere Werte möglich. Intervallschachtelungen liefern theoretisch beliebig genaue Wurzelwerte. In der Praxis ist die Rechnung aber mühsam. Deshalb musste man noch vor nicht allzu langer Zeit, als es weder Taschenrechner noch Computer gab, nach einigermaßen brauchbaren schriftlichen Rechenverfahren suchen.

Bei **Wurzeln aus natürlichen Zahlen** kann man wie folgt vorgehen:
Will man zum Beispiel $\sqrt{139\,876}$ berechnen, so stellt man zunächst fest, wie viele Stellen der Wert der Wurzel hat: $10\,000 < 139\,876 < 1\,000\,000$, daher liegt $\sqrt{139\,876}$ zwischen 100 und 1000, ist also dreistellig. In diesem Fall kann man schreiben:
$\sqrt{139\,876} = 100 \cdot a + 10 \cdot b + c$.
Dabei sind a; b und c die Ziffern der gesuchten Zahl.
Mithilfe von Fig. 1 erkennt man:
$139\,876 = \left(\sqrt{139\,876}\right)^2 = (100\,a)^2 + (2 \cdot 100\,a + 10\,b) \cdot 10\,b + (2 \cdot 100\,a + 2 \cdot 10\,b + c) \cdot c$
$= a^2 \cdot 10\,000 + (2 \cdot 10\,a + b) \cdot 100\,b + (2 \cdot (100\,a + 10\,b) + c) \cdot c$.
Um a; b und c zu berechnen, muss man zunächst a so groß wählen, dass beim Subtrahieren des ersten Summanden von 139 876 keine negative Zahl entsteht (1). Dann wählt man b so groß, dass sich beim Subtrahieren des zweiten Summanden vom Rest keine negative Zahl ergibt (2). Wendet man das Verfahren zur Berechnung von c an, wird der Rest null (3).

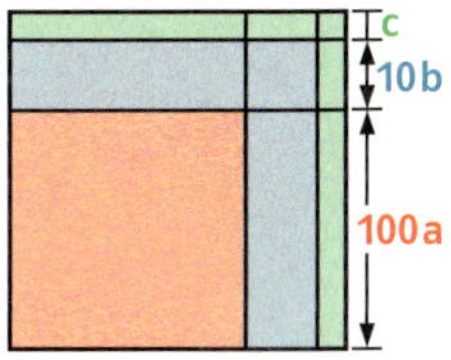

Fig. 1

(1) $139\,876 - a^2 \cdot 10\,000$ bleibt für $a^2 \leqq 13$ positiv. Das bedeutet $a = 3$ und damit $13\,876 - 3^2 \cdot 10\,000 = 49\,876$.
(2) Damit $49\,876 - (2 \cdot 10 \cdot 3 + b) \cdot 100\,b = 49\,876 - (60 + b) \cdot 100\,b$ positiv bleibt, muss auf jeden Fall $498 - (60 + b) \cdot b$ positiv werden. Das ist für $b \leqq 7$ richtig. Man wählt also $b = 7$ und damit $49\,876 - (60 + 7) \cdot 7 \cdot 100 = 49\,876 - 469 \cdot 100 = 2976$.
(3) $2976 - (2 \cdot (100 \cdot 3 + 10 \cdot 7) + c) \cdot c = 2976 - (740 + c) \cdot c$. Dies ergibt für $c = 4$ null.

Fig. 2 zeigt, wie man die Schritte (1) bis (3) als abgekürzte schriftliche Rechnung aufschreiben kann. Dabei teilt man von den Einern beginnend immer Blöcke mit zwei Ziffern ab. Die gedruckten Zahlen und die Pfeile erläutern, wie die einzelnen Zahlen zustande kommen. Die Nebenrechnungen sind nicht aufgeschrieben.

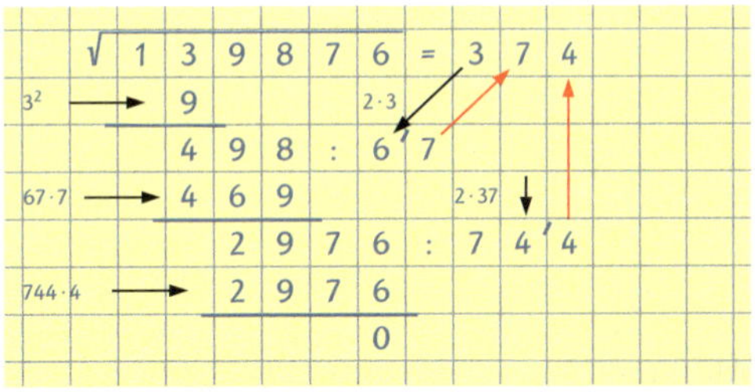

Fig. 2

1 Vergleiche die Rechnung in Fig. 2 mit den oben beschriebenen drei Rechenschritten.

2 Berechne nach diesem Verfahren $\sqrt{70\,140\,625}$.

Dieses Verfahren kann man auch dann anwenden, wenn der Wert der Wurzel eine irrationale Zahl ist. Man schreibt die Zahl mit Komma und hängt paarweise Nullen an. Im Ergebnis setzt man das Komma an der entsprechenden Stelle.

3 Berechne $\sqrt{5}$ auf drei Nachkommastellen genau.

Zur Geschichte der reellen Zahlen

Der Begriff der Zahl kommt vom (Ab-)Zählen. So war mit einer Zahl ursprünglich eine Anzahl gemeint, also eine natürliche Zahl. Heute lernt man in der Grundschule das Rechnen mit natürlichen Zahlen. Schon vor 4000 Jahren benutzten die **Ägypter** einfache Brüche zur Beschreibung von Bruchteilen.
Die **Babylonier** verwendeten 60stel-Brüche zur Beschreibung rationaler Zahlen, eine Einteilung, die heute noch bei der Einteilung von Stunden in Minuten und Minuten in Sekunden oder bei der Einteilung der Winkel gebräuchlich ist.
Während die Ägypter erstmals Näherungswerte bei Flächenberechnungen benutzten, findet man in alten babylonischen Texten auch Näherungen für $\sqrt{2}$:
$\sqrt{2} \approx 1 + \frac{25}{60}$ und $\sqrt{2} = 1 + \frac{24}{60} + \frac{51}{3600} + \frac{10}{216\,000}$.
Die erste Näherung ist auf 0,002 genau, die zweite Näherung sogar auf 0,000 000 6 genau (rechne nach!).

Obwohl die **Griechen** im praktischen Rechnen die Bruchrechnung der Babylonier übernommen hatten, versuchten sie die Welt allein durch natürliche Zahlen zu beschreiben. **Pythagoras von Samos** soll gesagt haben: *„Alles ist Zahl."* Die Griechen waren zugleich die Ersten, die Mathematik als eine grundlegende Wissenschaft auffassten. Dabei zählten sie zur Mathematik (griechisch: mathemata, das zu Lernende) die Arithmetik, die Geometrie, die Astronomie und die Musik (!).

Ausgangspunkt waren die natürlichen Zahlen, die mit Rechensteinen dargestellt wurden. Die Griechen legten damit Muster und entdeckten dabei viele interessante Zusammenhänge.
In der Geometrie benötigt man zum Messen von Streckenlängen Zahlen.
So ist in Fig. 1 die Strecke a 7-mal so lang wie die Strecke s.

Fig. 1

Nicht immer ist aber die Länge einer Strecke ein Vielfaches der Länge einer anderen Strecke (Fig. 2). In diesem Fall verglichen die Griechen beide Strecken mit einem gemeinsamen Maß s.

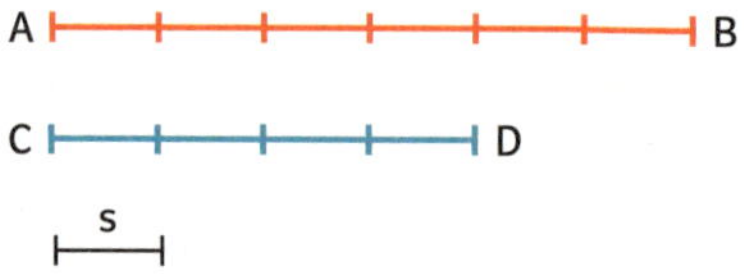

Fig. 2

In Fig. 2 ist $\overline{AB} = 6\,s$ und $\overline{CD} = 4\,s$, die Strecken $\overline{AB}$ und $\overline{CD}$ haben das gemeinsame Maß s. Hierfür schrieben sie das Zahlverhältnis 6 : 4 und sie konnten so Strecken mithilfe natürlicher Zahlen vergleichen.
Die Griechen glaubten, dass man zu zwei Strecken immer ein solches gemeinsames Maß finden kann. Man nehme dazu einfach nur eine genügend kleine Strecke.

In der Astronomie erkannte schon **Thales**, dass bei einer Sonnenfinsternis die Sonne durch den Mond verdeckt wird. Seine richtige Vorhersage der Sonnenfinsternis des Jahres 585 v. Chr. brachte ihm großen Ruhm ein. Er konnte recht gut die Umlaufbahnen der Gestirne berechnen, wobei er allerdings annahm, dass sich die Sonne wie der Mond um die Erde drehte. Für Sonnendurchmesser und Durchmesser der Kreisbahn der Sonne gab er das Verhältnis 1 : 720 an, ebenfalls für Monddurchmesser und Mondbahn.
Die Griechen nahmen an, dass auch für alle anderen astronomischen Daten solche einfachen Zahlenverhältnisse herrschen müssten.

Zur Geschichte der reellen Zahlen

Einfache Zahlenverhältnisse waren somit für die Griechen gleichbedeutend mit Harmonie. Sie glaubten, die Musik, die Geometrie, die ganze Welt sei auf Harmonie, d.h. auf einfachen Zahlverhältnissen, gegründet.

Hippasos von Metapont (um 470 vor Christus), einem Schüler von Pythagoras, wird die Entdeckung zugeschrieben, dass es Strecken ohne gemeinsames Maß gibt. Damit zerstörte er zugleich das griechische Weltbild, man könne alles durch natürliche Zahlen und Verhältnisse natürlicher Zahlen beschreiben.

Mit der Erkenntnis, dass es Strecken ohne gemeinsames Maß gibt, waren zugleich die irrationalen Zahlen entdeckt. **Platon** (427 – 347 v. Chr.) berichtet von der Irrationalität von $\sqrt{3}, \sqrt{5}, \ldots, \sqrt{17}$.
Ein algebraischer Beweis der Irrationalität von $\sqrt{2}$ findet sich zuerst bei **Euklid** (um 300 v. Chr.)
Ein Rechnen mit den irrationalen Zahlen ist bei den griechischen Mathematikern nicht zu finden, es tritt erstmals bei arabischen Mathematikern auf (um 1000 n. Chr.).

Im **Mittelalter** wird die Bezeichnung „numeri irrationales“ gebräuchlich, also „Zahlen wider die Vernunft (= Ratio)“. Der deutsche Theologe und Mathematiker **Michael Stifel** (1487 – 1567) diskutierte in seiner „Arithmetica integra“ (1544) die Frage, ob die irrationalen Zahlen „wirkliche Zahlen“ seien. Er kommt zu der Ansicht, dass sie einerseits der Wirklichkeit entsprechen, da sie in der Geometrie auftreten, andererseits sie sich aber einer „exakten Berechnung“ entziehen.

Die Beschreibung der reellen Zahlen als Punkte der Zahlengeraden stammt von dem französischen Philosophen und Mathematiker **René Descartes** (1596 – 1650). Er erklärte dann auch geometrisch, wie man reelle Zahlen addiert und multipliziert.

Cantor

Erst in der zweiten Hälfte des 19. Jahrhunderts entwickelte man exakte Erweiterungen der Menge der rationalen Zahlen zu der Menge der reellen Zahlen.

Dies geschah mit Cauchy-Folgen durch **Charles Méray** (1835 – 1911) schon 1869 und durch **Georg Cantor** (1845 – 1918) dann 1883.

Weierstraß

Karl Weierstraß (1815 – 1897) definierte 1872 die reellen Zahlen als Dezimalbruchentwicklungen, also als unendliche Summen von Dezimalbrüchen.

Richard Dedekind (1831 – 1916) benutzte 1872 ganz abstrakt Einteilungen der Menge der rationalen Zahlen in zwei verschiedene Mengen. Als „Schnitt“ dieser beiden Mengen ergeben sich die irrationalen Zahlen. Diese Einteilungen werden heute „Dedekind-Schnitte“ genannt. Die beiden Schriften von Dedekind „Stetigkeit und irrationale Zahlen“ (1872) und „Was sind was sollen die Zahlen?“ (1883) sind noch heute von Bedeutung. Besonders die Überlegungen von Cantor und von Dedekind über Mengen haben einen starken Einfluss auf die mathematische Grundlagenforschung gehabt.

Schließlich hat **Paul Bachmann** (1837 – 1920) erstmals 1892 in seinen „Vorlesungen über die Natur der Irrationalzahlen“ die Beschreibung der reellen Zahlen durch Intervallschachtelungen gelehrt.

Horizonte

Exkursion

Ein Geheimbund zerbricht

Pythagoras von Samos (etwa 580–500 v. Chr.)

Vor etwa 2500 Jahren gab es im südlichen Italien einen ganz besonderen Geheimbund. Er ist heute bekannt unter der Bezeichnung „die Pythagoreer". Dieser Bund wird nach einem Mann namens Pythagoras benannt. Er war der Gründer dieses Geheimbundes.

Fig. 1

Pythagoras wurde um 580 vor Christus auf der Insel Samos geboren. Er besuchte zu Studienaufenthalten längere Zeit Ägypten und Mesopotamien. Anschließend ließ er sich in Kroton nieder, das damals politisch zu Griechenland gehörte. In Kroton wurde er zum Gründer eines Kreises von wohlhabenden Wissenschaftlern. Dieser Kreis entwickelte sich immer mehr zu einer Art Geheimbund, der Philosophie studierte, politisch aktiv war und auch viele wichtige Forschungen zur Mathematik betrieb.

Die Pythagoreer hielten fest zusammen, jeder konnte sich auf die anderen verlassen. Friedrich Schiller hat diese enge Freundschaft in seinem Gedicht „Die Bürgschaft" beschrieben. In diesem Gedicht stehen die Pythagoreer Damon und Phintias angesichts der Todesstrafe füreinander ein. Andererseits waren die Pythagoreer auch sehr hochnäsig. Sie hielten sich für etwas Besonderes und blickten zum Beispiel auf Handwerker und Bauern arrogant herab.

„Ich bin", spricht jener, „zu sterben bereit
Und bitte nicht um mein Leben:
Doch willst du Gnade mir geben,
Ich flehe dich um drei Tage Zeit,
Bis ich die Schwester dem Gatten gefreit;
Ich lasse den Freund dir als Bürgen,
Ihn magst du, entrinn ich, erwürgen."

Auszug aus Schillers „Die Bürgschaft"

Fig. 2

Es ist fast unglaublich, aber diese anscheinend so verschworene Gemeinschaft ist wegen einer irrationalen Zahl zerbrochen. Dies kam so: Man bearbeitete früher vorwiegend geometrische Probleme. Die Pythagoreer waren fest davon überzeugt, dass die Welt auf einer Art Harmonie der Zahlen aufgebaut ist. Sie untersuchten zum Beispiel, welche Töne gut zusammen passen. Hierzu verglichen sie die Töne, die man mit gleichartigen, aber verschieden langen Saiten erzeugen kann.

Sie stellten fest, dass die Töne gut zusammen klingen, wenn die Längen der Saiten im Verhältnis ganzer Zahlen stehen. Das heißt, teilt man die Länge einer Saite durch die Länge einer mit ihr gut klingenden Saite, dann erhält man eine rationale Zahl. Dies kannst du mit einem Monochord nachprüfen. Vielleicht besitzt deine Schule ein solches Monochord; frage deinen Musiklehrer danach.

Ein Geheimbund zerbricht

„Das Wesen der Welt besteht in der Harmonie der Zahlen, das heißt, man kann die Welt mit Verhältnissen ganzer Zahlen ausdrücken – das ist ein göttliches Prinzip." So oder so ähnlich dachten die Pythagoreer. Ihr göttliches Prinzip bedeutete auch, dass es nur rationale Zahlen geben kann, denn ein Verhältnis ganzer Zahlen kann stets als Bruch geschrieben werden.

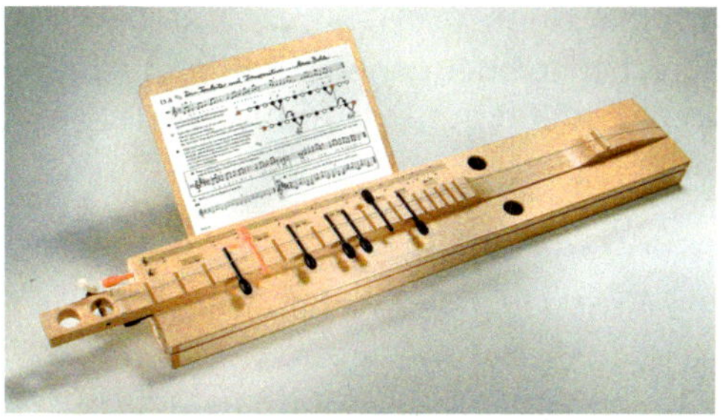

Die Töne passen gut zueinander, wenn die jeweiligen Saitenlängen in einem der folgenden Verhältnisse stehen:

2:1 Heute nennt man so ein Tonintervall Oktave.

2:3 Heute nennt man so ein Tonintervall Quinte.

3:4 Heute nennt man so ein Tonintervall Quarte.

Fig. 1

Das Verhängnis begann nach dem Tode von Pythagoras. Er starb etwa 500 v. Chr. Der Geheimbund bestand jedoch weiter. Er hatte als Geheimzeichen ein Pentagramm (Fig. 1), also ein regelmäßiges Fünfeck. Viele Jahre nach dem Tod von Pythagoras untersuchte der Pythagoreer Hippasos solche regelmäßigen Fünfecke und stellte fest, dass das Verhältnis einer Diagonale und einer Seite eines Fünfecks nicht mit ganzen Zahlen ausgedrückt werden kann. Wir würden heute sagen, dieses Verhältnis ist eine irrationale Zahl.

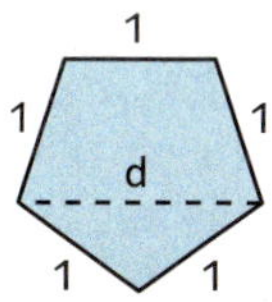

Im regelmäßigen Fünfeck mit der Seitenlänge 1 haben die Diagonalen die Länge $d = \frac{1+\sqrt{5}}{2}$. Diese „Goldene Zahl" kommt in Kunst und Mathematik vielfach vor (vgl. Seite 206 f.).

Der Nachweis, den Hippasos am Fünfeck durchführte, ist für dich noch etwas schwierig. Bei einem Quadrat jedoch kannst du es.
Begründe: Das Verhältnis der roten Diagonale und einer Seite des Quadrats ist eine irrationale Zahl.

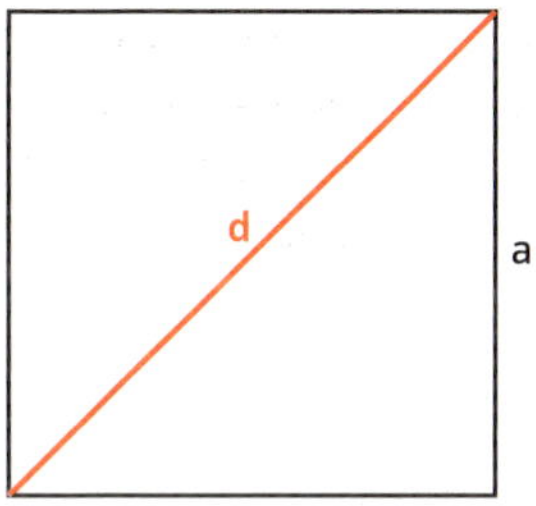

Fig. 2

Hippasos teilte seine Entdeckung Leuten mit, die nicht zu den Pythagoreern gehörten. Einige der Pythagoreer empfanden dies als Gotteslästerung und ärgerten sich maßlos über Hippasos. Es gibt nun verschiedene Überlieferungen, wie es weiter ging. Eine davon berichtet, dass Hippasos bei einem Schiffsunglück ums Leben kam. Seine Gegner sollen hierin die Strafe der Götter gesehen haben. Sicher überliefert ist, dass sich die Pythagoreer in zwei Gruppen aufspalteten, die Akusmathiker und die Mathematiker. Die Akusmathiker beharrten auf der alten Lehre. Die Mathematiker betrieben Geometrie im Sinne von Hippasos, ohne sich an die alte Lehre zu halten.

*Die Bezeichnung Akusmathiker kommt von **akuo** (griech.) – ich höre. Ihre Lehre bestand aus Sprüchen, die nicht begründet wurden.*

*Die Bezeichnung Mathematiker kommt von **manthano** (griech.) – ich lerne, verstehe. Ihre Lehre baute auf formalen Schlüssen und Begründungen auf. Sie fühlten sich als die wahren Nachfolger von Pythagoras und empfanden die Akusmathiker als Schwätzer.*

Rückblick

Irrationale Zahlen
Rationale Zahlen sind abbrechende oder periodische Dezimalbrüche. Irrationale Zahlen sind nicht abbrechende nicht periodische Dezimalzahlen.

$\frac{3}{4} = 0{,}75$ und $\frac{2}{7} = 0{,}\overline{285714}$ sowie $\sqrt{6{,}25} = 2{,}5$ sind rational.
$0{,}101101110111110\ldots$ ist irrational.

Quadratwurzeln
Mit $x = \sqrt{a}$ wird diejenige nicht negative Zahl bezeichnet, deren Quadrat a ergibt.
Wurzeln aus natürlichen Zahlen sind entweder auch natürliche Zahlen oder sie sind irrationale Zahlen.

$\sqrt{1024} = 32$; $\sqrt{\frac{4}{9}} = \frac{2}{3}$
$\sqrt{7}$ ist irrational.

Intervallschachtelungen
Irrationale Zahlen kann man durch Intervallschachtelungen beliebig genau bestimmen. Für jede Intervallschachtelung gilt:
Es gibt nur eine Zahl, die in allen Intervallen dieser Intervallschachtelung enthalten ist.

$\sqrt{7} \approx 2{,}64575$
Intervallschachtelung für $\sqrt{7}$:
[2 ; 3]
[2,6 ; 2,7]
[2,64 ; 2,65]
[2,645 ; 2,646] usw.

Reelle Zahlen
Rationale und irrationale Zahlen bilden zusammen den Bereich der reellen Zahlen. Jeder reellen Zahl ist eine Stelle auf der Zahlengeraden zugeordnet.
Reelle Zahlen kann man als Dezimalbrüche, durch Intervallschachtelungen und als Punkte auf der Zahlengeraden darstellen.

reelle Zahlen
rationale Zahlen — irrationale Zahlen

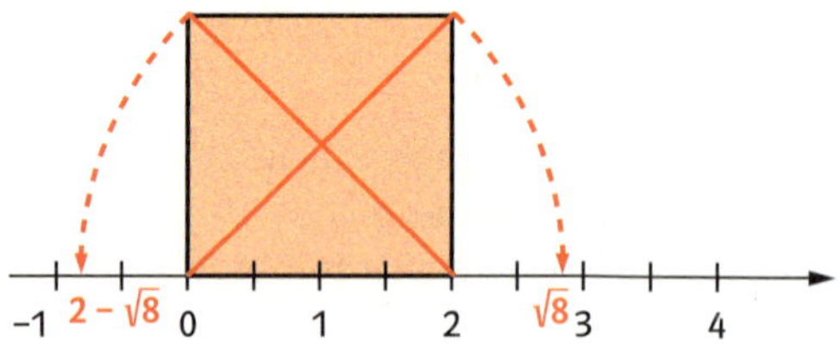

Rechnen mit Quadratwurzeln
Multiplikationsregel: $\sqrt{a}\,\sqrt{b} = \sqrt{ab}$ für $a, b \geqq 0$
Divisionsregel: $\frac{\sqrt{a}}{\sqrt{b}} = \sqrt{\frac{a}{b}}$ für $a, b \geqq 0$ und $b \neq 0$
Teilweises Wurzelziehen: $\sqrt{ba^2} = \sqrt{b}\,\sqrt{a^2} = a\sqrt{b}$ für $a, b \geqq 0$

Ausmultiplizieren: $\sqrt{a}\,(x + y) = x\sqrt{a} + y\sqrt{a}$ für alle $a \geqq 0$

Ausklammern: $x\sqrt{a} + y\sqrt{a} = (x + y)\sqrt{a}$ für alle x, y und $a \geqq 0$

1. Produkte von Wurzeln
$\sqrt{2} \cdot \sqrt{18} = \sqrt{2 \cdot 18} = \sqrt{36} = 6$
2. Quotienten von Wurzeln
$\frac{\sqrt{72}}{\sqrt{8}} = \sqrt{\frac{72}{8}} = \sqrt{9} = 3$
3. Teilweises Wurzelziehen
$\sqrt{50} = \sqrt{25 \cdot 2} = \sqrt{25} \cdot \sqrt{2} = 5 \cdot \sqrt{2}$
4. Ausmultiplizieren
$\sqrt{3} \cdot (\sqrt{27} - \sqrt{12}) = \sqrt{3} \cdot \sqrt{27} - \sqrt{3} \cdot \sqrt{12}$
$= \sqrt{81} - \sqrt{36} = 9 - 6 = 3$
5. Ausklammern
$11 \cdot \sqrt{7} + 3 \cdot \sqrt{7} = (11 + 3) \cdot \sqrt{7} = 14 \cdot \sqrt{7}$

Lösen von Wurzelgleichungen
- Wurzel isolieren
- Quadrieren
- Entstandene Gleichung lösen
- Lösungen der entstandenen Gleichung überprüfen

$\sqrt{x^2 + 15} = x - 5$
$x^2 + 15 = x^2 - 10x + 25$
$-10 = -10x$
$x = 1$
$\sqrt{1^2 + 15} = 4;\ 1 - 5 = -4$
$L = \{\ \}$

Training

Runde 1

1 Bestimme alle Dezimalzahlen x auf drei Nachkommastellen genau, für die gilt:
a) $x^2 = 3$, b) $x^2 = 16$, c) $x^2 = 250$, d) $x^2 = 725$, e) $x^2 = 100\,000$.

2 Die Dezimalzahl 1,305 003 000 5... hat hinter dem Komma zwischen den abwechselnden Ziffern 3 und 5 jeweils Nullen. Die Anzahl dieser Nullen nimmt jeweils um eins zu.
a) Schreibe diese Dezimalzahl mit den ersten 25 Stellen hinter dem Komma auf.
b) Begründe: Hätte man unendlich viel Zeit zum Aufschreiben dieser Zahl, so erhielte man eine Dezimalzahl mit unendlich vielen Stellen nach dem Komma. Diese Dezimalzahl ist jedoch keine rationale Zahl.

3 Beantworte die Frage. Falls deine Antwort „ja" ist, gib ein Beispiel an, falls deine Antwort „nein" ist, begründe deine Antwort.
a) Gibt es Zahlen, die man als Dezimalzahlen, aber nicht als Brüche aufschreiben kann?
b) Gibt es Zahlen, die man als Brüche, aber nicht als Dezimalzahlen aufschreiben kann?

4 Ein Quadrat hat eine Seitenlänge von 6 cm. Bestimme über den Flächeninhalt die Länge der Diagonale d.

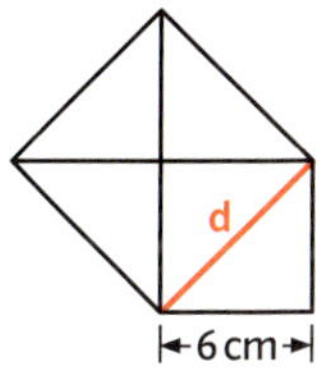

Fig. 1

5 Vereinfache zuerst und bestimme dann auf zwei Stellen hinter dem Komma den Wert des Terms.
a) $7\sqrt{13} - 13\sqrt{325}$ b) $\sqrt{5} - \sqrt{3} - 2\sqrt{5} + 2\sqrt{3} + 10(\sqrt{5} + \sqrt{3})$

Runde 2

1 Stelle die Zahlen auf der Zahlengeraden dar.
a) $1{,}\overline{5}$; $\frac{5}{3}$; $\sqrt{2{,}5}$; 1,6 b) $\frac{3}{10}$; $0{,}\overline{3}$; $\frac{1}{3}$; $\sqrt{0{,}09}$; $\sqrt{0{,}1}$

2 Gib eine Zahl an, die
a) eine rationale Zahl und gleichzeitig keine ganze Zahl ist,
b) eine ganze Zahl und gleichzeitig keine natürliche Zahl ist,
c) ein Bruch und gleichzeitig keine positive Zahl ist,
d) weder eine positive noch eine negative Zahl ist,
e) eine reelle Zahl, jedoch keine rationale Zahl ist.

3 In Fig. 2 wurde eine Zahl bestimmt. Der Punkt P auf der Zahlengeraden gehört zu dieser Zahl. Erläutere, welche Zahl zum Punkt P gehört.

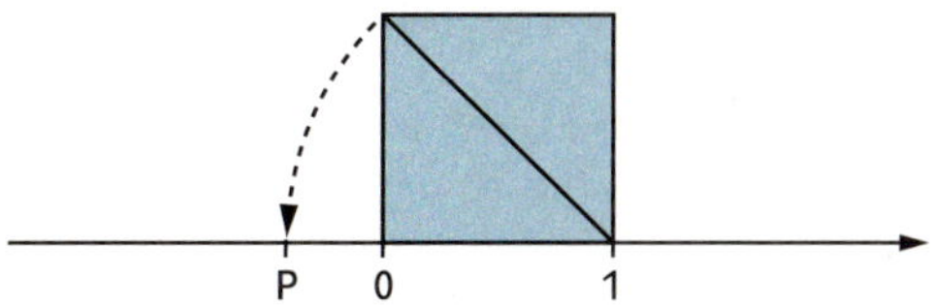

Fig. 2

4 Bestimme für ein Rechteck mit dem Flächeninhalt A die fehlende Seitenlänge.
a) $a = 2{,}5\,cm$; $A = \sqrt{10}\,cm^2$ b) $b = \sqrt{6}\,cm$; $A = \sqrt{24}\,cm^2$

5 Für Fig. 3 gilt: Das große Quadrat hat einen Flächeninhalt von $9\,dm^2$, das mittlere Quadrat von $4\,dm^2$ und das kleine Quadrat von $1\,dm^2$. Wie lang sind alle roten Striche zusammen?

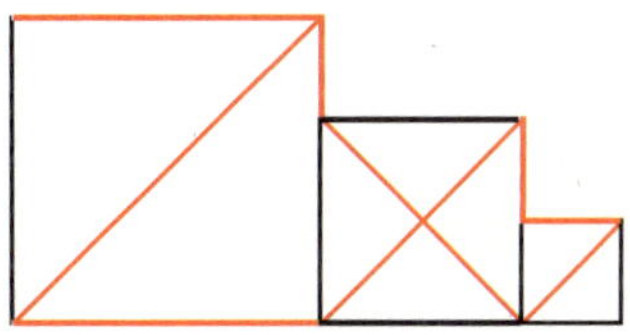
Fig. 3

Das kannst du schon

- Quadratwurzeln ziehen
- Streckenlängen von Körpern durch maßstabsgerechte Zeichnungen bestimmen
- Seitenlängen von Quadraten mit beliebigem Flächeninhalt berechnen
- Definieren und beweisen

Zahl

Messen

Raum und Form

Funktionaler Zusammenhang

Daten und Zufall

II Die Satzgruppe des Pythagoras

$a^2 + b^2 = c^2$

Die Wahrheit, sie besteht in Ewigkeit,
Wenn erst die blöde Welt ihr Licht erkannt;
Der Lehrsatz, nach Pythagoras benannt,
Gilt heute, wie er galt zu seiner Zeit.

Ein Opfer hat Pythagoras geweiht
Den Göttern, die den Lichtstrahl ihm gesandt;
Es taten kund, geschlachtet und verbrannt,
Einhundert Ochsen seine Dankbarkeit.

Die Ochsen, seit dem Tage, wenn sie wittern,
Dass eine neue Wahrheit sich enthülle,
Erheben ein unmenschliches Gebrülle;

Pythagoras erfüllt sie mit Entsetzen;
Und machtlos, sich dem Licht zu widersetzen,
Verschließen sie die Augen und erzittern.

Adelbert von Chamisso, 1835

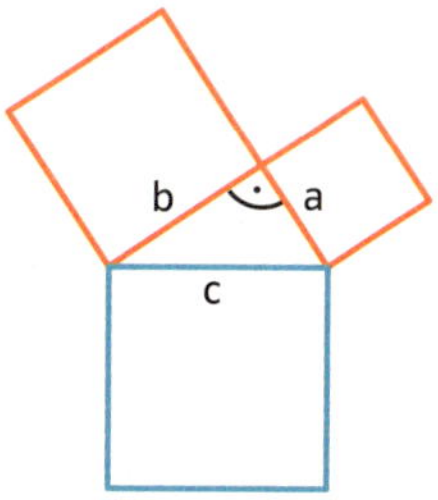

Das kannst du bald

- In rechtwinkligen Dreiecken die Länge einer Seite aus den anderen berechnen
- Den Satz des Pythagoras, den Kathetensatz und den Höhensatz anwenden
- Quadrate mit einem vorgegebenen Flächeninhalt konstruieren
- Mit dem Satz des Pythagoras, dem Kathetensatz und dem Höhensatz Strecken in Figuren und Körpern berechnen
- Sätze für rechtwinklige Dreiecke beweisen

1 Der Kathetensatz

„Der Flächeninhalt des Dreiecks ist genau halb so groß wie der des Rechtecks." „Klar, die Spitze liegt ja auch genau in der Mitte der oberen Seite!"

__hypo__ (griech.): unter
__teino__ (griech.): ich spanne
__káthetos__ (griech.): die herabgelassene, d.h. senkrechte Linie

Bei einem rechtwinkligen Dreieck nennt man die dem rechten Winkel gegenüberliegende Seite **Hypotenuse**, die beiden anderen Seiten **Katheten**. Die Hypotenuse wird durch die zugehörige Höhe in zwei **Hypotenusenabschnitte** zerlegt.

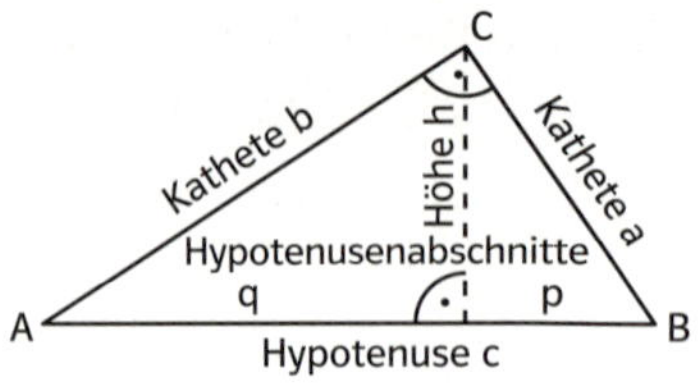

Fig. 1

Anstatt „Quadrat mit der Seite $\overline{AC}$" sagt man auch „Quadrat über der Kathete $\overline{AC}$".

Figuren mit gleichem Flächeninhalt nennt man flächeninhaltsgleich oder kurz __flächengleich__.

Das Quadrat ACDE über der Kathete $\overline{AC}$ ist zum Parallelogramm ABKE flächengleich, denn die Seite $\overline{AE}$ des Parallelogramms ist eine Seite des Quadrats und die Höhe auf der Seite $\overline{AE}$ ist die Seite $\overline{AC}$ des Quadrats. Dreht man das Parallelogramm ABKE wie in Fig. 2 um 90°, so entsteht das Parallelogramm AHLC. Wenn man die Seite $\overline{LC}$ nun so weit verschiebt, dass L auf G fällt, erhält man das Rechteck AHGF. Dieses Rechteck hat mit dem Parallelogramm AHLC die Seite $\overline{AH}$ gemeinsam. Die Seite $\overline{AF}$ des Rechtecks ist die Höhe des Parallelogramms auf $\overline{AH}$. Deshalb sind Parallelogramm und Rechteck flächengleich.

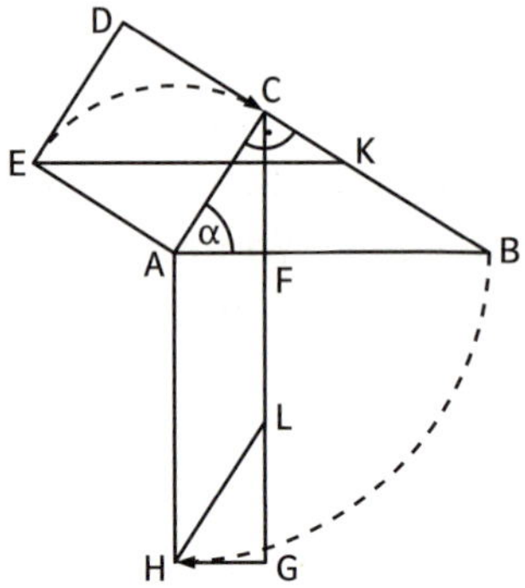

Fig. 2

Verwendet man die Bezeichnungen aus Fig. 1, so erhält man $b^2 = cq$.
Analog kann man für das Quadrat über der Kathete a zeigen: $a^2 = cp$.

Kathetensatz
Für jedes rechtwinklige Dreieck gilt:
Das Quadrat über einer Kathete ist flächengleich zum Rechteck aus der Hypotenuse und dem anliegenden Hypotenusenabschnitt.

$\mathbf{a^2 = cp}$ $\mathbf{b^2 = cq}$

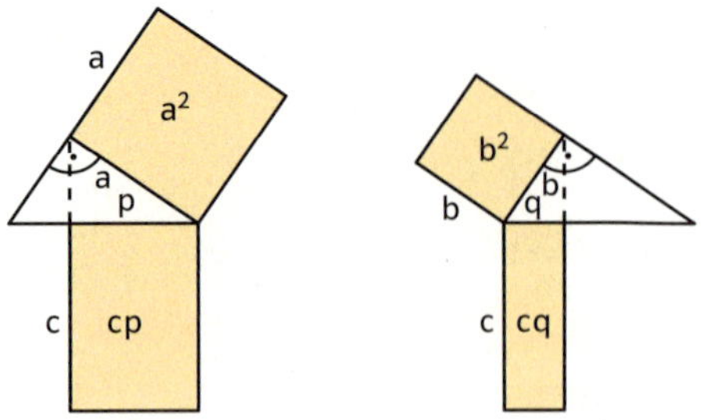

Beispiel 1

Konstruiere zu einem gegebenen Rechteck ABCD ein Quadrat mit gleichem Flächeninhalt.
Beschreibung der Konstruktion:
Hat das Rechteck die Seiten a und b mit $a > b$, so konstruiert man ein rechtwinkliges Dreieck mit der Hypotenuse a und dem Hypotenusenabschnitt b. Nach dem Kathetensatz ist das zugehörige Kathetenquadrat flächengleich zum gegebenen Rechteck.

1. Gegeben ist das Rechteck ABCD. Verlängere die kürzere Seite $\overline{AD}$ bis zu einem Punkt E, sodass $\overline{AE} = \overline{AB}$.
2. Zeichne den Thaleskreis über $\overline{AE}$. Die Verlängerung von $\overline{CD}$ schneidet den Thaleskreis in F.
3. Zeichne das rechtwinklige Dreieck AEF.
4. Zeichne das Quadrat über der Kathete $\overline{AF}$.

Das Kathetenquadrat ist flächengleich zum Rechteck ABCD.

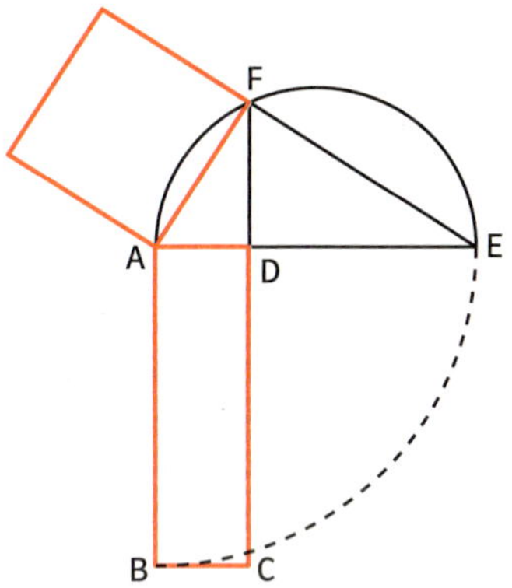

Fig. 1

*Im antiken Griechenland versuchte man Flächeninhalte zu bestimmen, indem man ein flächengleiches Quadrat konstruierte. Dies nennt man **Quadratur**. Der Kathetensatz ermöglicht die Quadratur des Rechtecks.*

Beispiel 2

Berechne zu einem rechtwinkligen Dreieck mit den Hypotenusenabschnitten $p = 2{,}5\,\text{cm}$ und $q = 7{,}5\,\text{cm}$ die Längen der Dreiecksseiten.
Lösung:
Für die Hypotenuse c gilt $c = p + q = 2{,}5\,\text{cm} + 7{,}5\,\text{cm} = 10{,}0\,\text{cm}$.
Für die Katheten a und b gelten nach dem Kathetensatz
$a^2 = cp = 10\,\text{cm} \cdot 2{,}5\,\text{cm} = 25\,\text{cm}^2$; $a = \sqrt{25\,\text{cm}^2} = 5{,}0\,\text{cm}$,
$b^2 = cq = 10\,\text{cm} \cdot 7{,}5\,\text{cm} = 75\,\text{cm}^2$; $b = \sqrt{75\,\text{cm}^2} \approx 8{,}7\,\text{cm}$.

Aufgaben

1 Zeichne ein Rechteck mit den Seiten a und b. Konstruiere dazu ein Quadrat mit gleichem Flächeninhalt. Beschreibe deine Konstruktion.
a) $a = 4{,}5\,\text{cm}$; $b = 2{,}0\,\text{cm}$ b) $a = 6{,}0\,\text{cm}$; $b = 2{,}5\,\text{cm}$ c) $a = 1{,}5\,\text{cm}$; $b = 5{,}0\,\text{cm}$

2 Konstruiere ein Quadrat mit dem Flächeninhalt
a) $12\,\text{cm}^2$, b) $20\,\text{cm}^2$, c) $28\,\text{cm}^2$, d) $35\,\text{cm}^2$, e) $7\,\text{cm}^2$.
Zeichne zunächst ein Rechteck mit gleichem Flächeninhalt.

3 Konstruiere nach dem Verfahren von Aufgabe 2 eine Strecke der Länge
a) $\sqrt{6}\,\text{cm}$, b) $\sqrt{15}\,\text{cm}$, c) $\sqrt{24}\,\text{cm}$, d) $\sqrt{26}\,\text{cm}$, e) $\sqrt{13}\,\text{cm}$.

4 Konstruiere ein Parallelogramm ABCD mit
a) $a = 6{,}0\,\text{cm}$; $h_a = 3{,}5\,\text{cm}$; $\alpha = 60°$,
b) $a = 4{,}5\,\text{cm}$; $h_a = 6{,}0\,\text{cm}$; $\alpha = 70°$.
Konstruiere dazu ein flächengleiches Quadrat. Wie lang ist eine Quadratseite?

5 Konstruiere ein Dreieck ABC mit
a) $a = 6{,}4\,\text{cm}$; $\beta = 60°$; $h_a = 5\,\text{cm}$, b) $c = 7\,\text{cm}$; $\alpha = 50°$; $h_c = 6{,}3\,\text{cm}$.
Verwandle das Dreieck in ein flächengleiches Quadrat. Wie lang ist eine Quadratseite?

Bist du sicher?

1 Ein rechtwinkliges Dreieck hat die Hypotenusenabschnitte $p = 2\,cm$ und $q = 9\,cm$. Berechne die Längen der Dreieckseiten.

2 Verwandle ein Rechteck mit den Seiten $a = 3{,}4\,cm$ und $b = 7\,cm$ in ein flächengleiches Quadrat.

3 Konstruiere nach dem Kathetensatz ein Quadrat mit dem Flächeninhalt $10\,cm^2$.

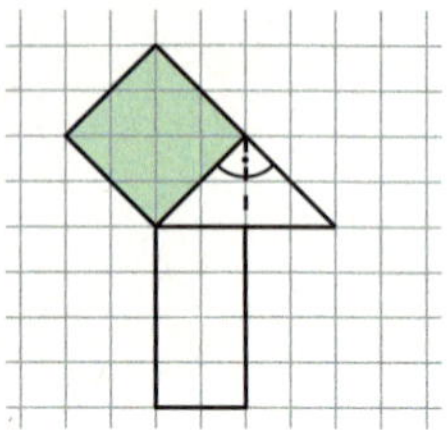

Fig. 1

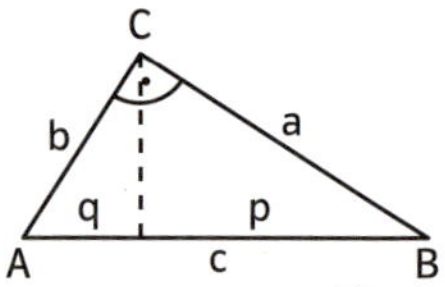

Fig. 2

6 Das gefärbte Quadrat in Fig. 1 hat eine Seitenlänge von 1cm. Bestimme mithilfe des Kathetensatzes die Länge der Diagonale dieses Quadrats.

7 Berechne die fehlenden Größen für ein rechtwinkliges Dreieck ABC mit der Hypotenuse c (Fig. 2). Dein Tischnachbar konstruiert das Dreieck in einem geeigneten Maßstab und misst die fehlenden Größen. Vergleicht eure Ergebnisse.

a) $b = 6{,}4\,cm$; $q = 3{,}2\,cm$ b) $p = 2{,}40\,m$; $q = 3{,}60\,m$ c) $c = 85\,cm$; $p = 72\,cm$
d) $c = 150\,m$; $q = 44\,m$ e) $a = 5{,}0\,cm$; $c = 15{,}0\,cm$ f) $b = 35\,mm$; $c = 7{,}0\,cm$

8 In einem rechtwinkligen Dreieck hat das Quadrat über der Kathete den Flächeninhalt $56{,}25\,cm^2$. Der zugehörige Hypotenusenabschnitt ist 2,5cm lang. Berechne die Länge der Hypotenuse.

9 Berechne die Seitenlängen des Rechtecks in Fig. 3.

10 Berechne zu dem Halbkreis mit dem Durchmesser $\overline{OP}$ die Längen der Strecken $\overline{OA}$, $\overline{OB}$, … , $\overline{OG}$ (Fig. 4).

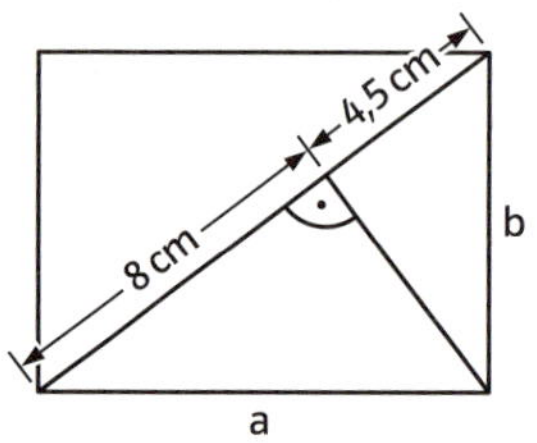

Fig. 3

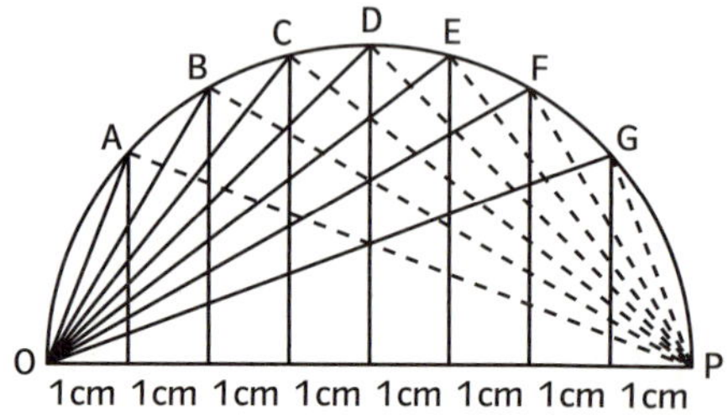

Fig. 4

11 Beweise den Kathetensatz durch die Flächenzerlegung in Fig. 5. Hierbei sind alle Trennlinien parallel oder senkrecht zu einer der Dreieckseiten.
Zeige dazu, dass gleich gefärbte Teilflächen kongruent sind. Überlege, welche Winkel gleich groß und welche Strecken gleich lang sind.

12 a) Beweise, dass die in Fig. 6 und 7 gleich gefärbten Dreiecke kongruent sind.
b) Welchen Satz hast du damit bewiesen? Begründe.

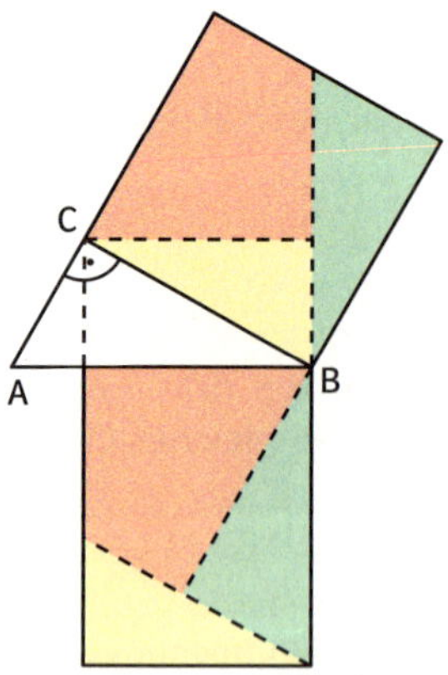

Fig. 5

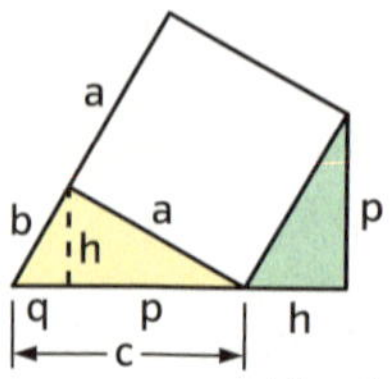

Fig. 6

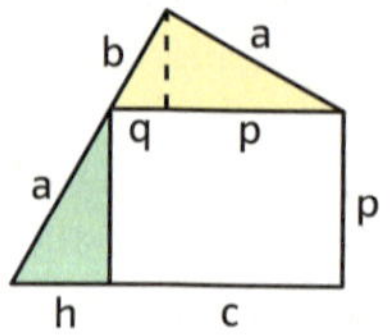

Fig. 7

2 Der Satz des Pythagoras

Kerstin will eine von Opas alten Briefmarken zerschneiden. Opa rauft sich die Haare und schreit „Neiiin!"

Bei geometrischen Berechnungen benötigt man häufig die Länge einer Strecke, die nicht gegeben oder nicht messbar ist. Handelt es sich dabei um eine Seite eines rechtwinkligen Dreiecks, bei dem die Längen der anderen beiden Seiten gegeben oder messbar sind, so kann man die Länge der dritten Seite berechnen.
Für das rechtwinklige Dreieck ABC (Fig. 1) gilt nach dem Kathetensatz.: $a^2 = c\,p$ und $b^2 = c\,q$.
Daraus ergibt sich
$a^2 + b^2 = c\,p + c\,q = c(p + q) = c \cdot c = c^2$.
Dieser Sachverhalt wird **Satz des Pythagoras** genannt.

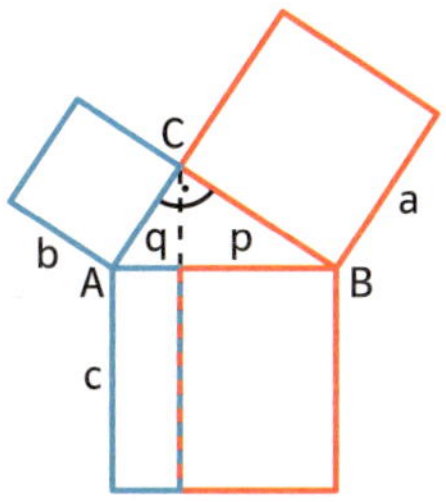

Fig. 1

Pythagoras von Samos lebte von 580 bis 500 v. Chr.

Satz des Pythagoras
Für jedes rechtwinklige Dreieck gilt:
Die beide Kathetenquadrate haben zusammen den gleichen Flächeninhalt wie das Hypotenusenquadrat.

$\mathbf{a^2 + b^2 = c^2}$

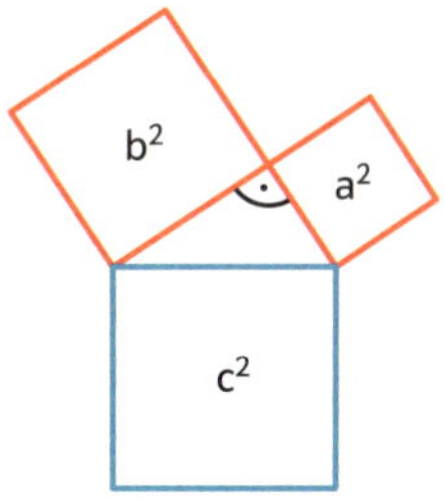

Beispiel 1
Berechne die Länge der Diagonale des Rechtecks ABCD in Fig. 2.
Lösung:
Das Teildreieck ABC ist rechtwinklig, also kann der Satz des Pythagoras angewendet werden.
$d^2 = a^2 + b^2$
$d^2 = (12\,\text{cm})^2 + (5\,\text{cm})^2 = 169\,\text{cm}^2$
$d = \sqrt{169\,\text{cm}^2} = 13\,\text{cm}$

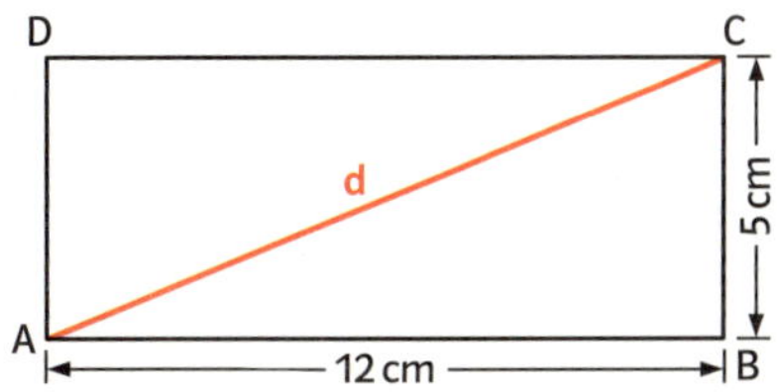

Fig. 2

Beispiel 2

Berechne die Höhe h_a des Dreiecks ABC.

Lösung:

Da das Dreieck gleichschenklig ist, halbiert die Höhe h_a die Grundseite $\overline{BC}$. Im Teildreieck ABD gilt der Satz des Pythagoras:

$h_a^2 + \overline{BD}^2 = \overline{AB}^2$; $h_a^2 = \overline{AB}^2 - \overline{BD}^2$

$h_a^2 = (10\,\text{cm})^2 - (3{,}5\,\text{cm})^2 = 87{,}75\,\text{cm}^2$

$h_a = \sqrt{87{,}75\,\text{cm}^2} \approx 9{,}4\,\text{cm}$

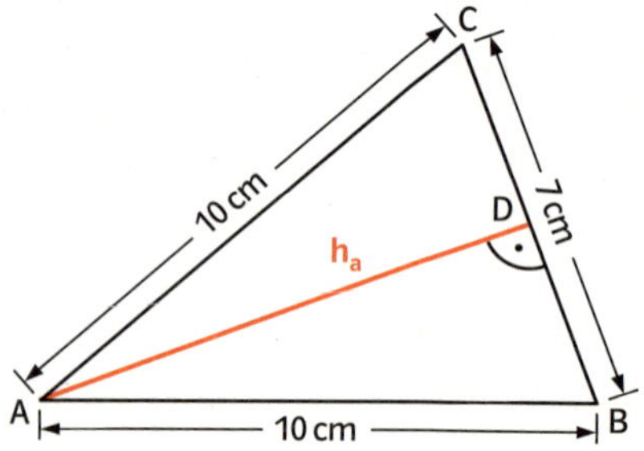

Beispiel 3

Berechne den Flächeninhalt des Dreiecks.

Lösung:

1. Berechne v mithilfe des Satzes des Pythagoras.

$v^2 + w^2 = u^2$; $v^2 = u^2 - w^2$

$v^2 = (17\,\text{cm})^2 - (8\,\text{cm})^2 = 225\,\text{cm}^2$; $v = 15\,\text{cm}$

2. Berechne den Flächeninhalt.

$A = \frac{1}{2} \cdot v \cdot w$

$A = \frac{1}{2} \cdot 15\,\text{cm} \cdot 8\,\text{cm} = 60\,\text{cm}^2$

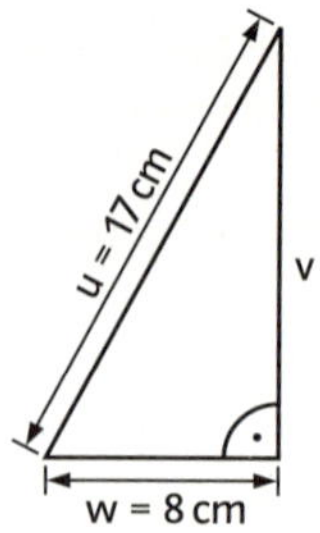

Aufgaben

1 Formuliere den Satz des Pythagoras für die abgebildete Figur.

a)

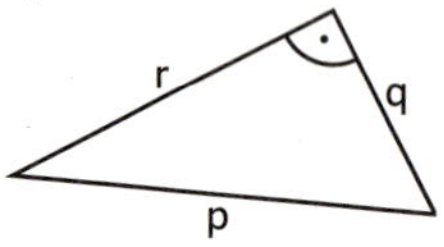

b)

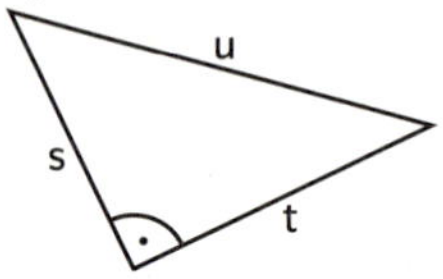

c)

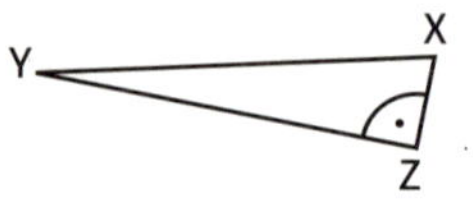

d)

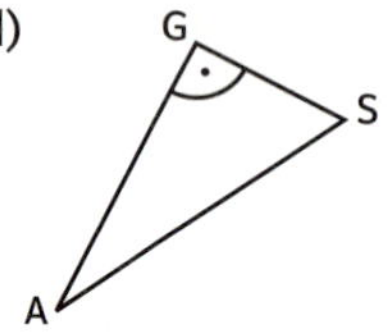

2 Berechne x im Kopf.

a) $3^2 + x^2 = 10$ b) $5 + x^2 = 3^2$ c) $20 + 4^2 = x^2$ d) $x^2 + 12^2 = 13^2$

3 Berechne die Länge der fehlenden Seite.

a)

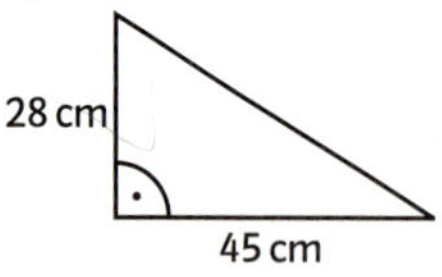

b)

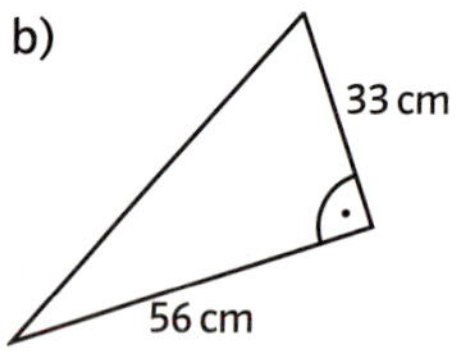

c)

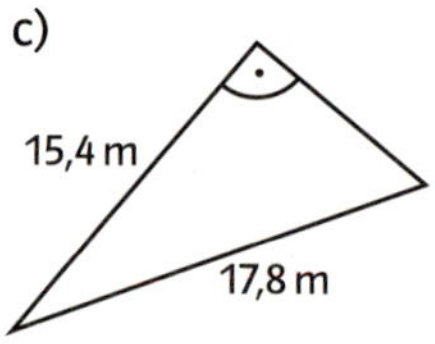

d)

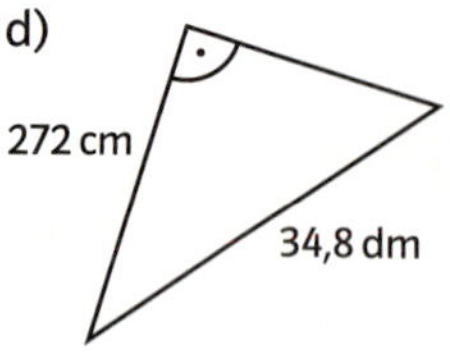

4 Formuliere für alle rechtwinkligen Teildreiecke den Satz des Pythagoras.

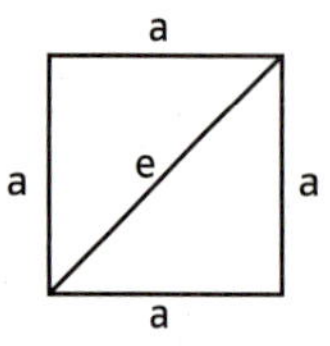

Quadrat

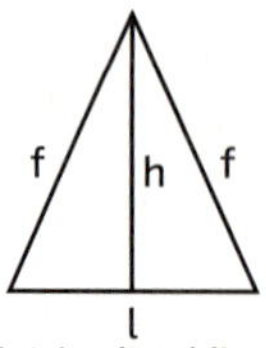

gleichschenkliges Dreieck

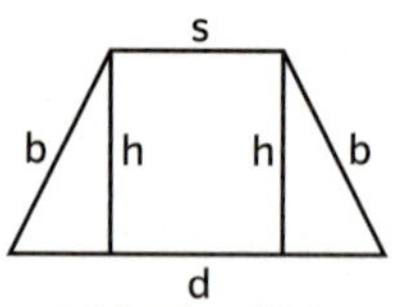

gleichschenkliges Trapez

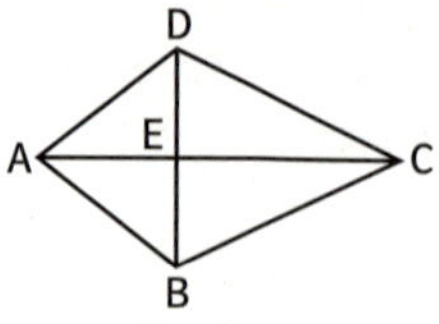

Drachen

5 Berechne für rechtwinklige Dreiecke die Länge der fehlenden Seite.

	a)	b)	c)	d)	e)	f)	g)	h)	i)
Kathete a	40 cm	39 m	8 km	24 m		5 mm	6 cm	65 m	
Kathete b	9 cm	80 m	12 km		35 cm	4 mm			10 km
Hypotenuse c				25 m	37 cm		10 cm	97 m	20 km

Bist du sicher?

1 a) In einem rechtwinkligen Dreieck sind die beiden Katheten 6,5 cm und 15,6 cm lang. Wie lang ist die Hypotenuse?
b) In einem rechtwinkligen Dreieck ist eine Kathete 6,5 cm lang und die Hypotenuse 15,6 cm. Wie lang ist die zweite Kathete?

2 Eine Raute hat die Seitenlänge 12 cm. Eine der beiden Diagonalen ist 10 cm lang. Berechne die Länge der anderen Diagonale.

6 Ein rechtwinkliges Dreieck hat die Kathete $r = 6\,cm$ und die Hypotenuse $t = 15\,cm$. Berechne die andere Kathete und den Flächeninhalt des Dreiecks.

7 Wie lang ist die Diagonale eines Rechtecks mit den Seiten
a) $a = 35\,cm$; $b = 12\,cm$, b) $u = 1{,}25\,m$; $v = 80\,cm$?

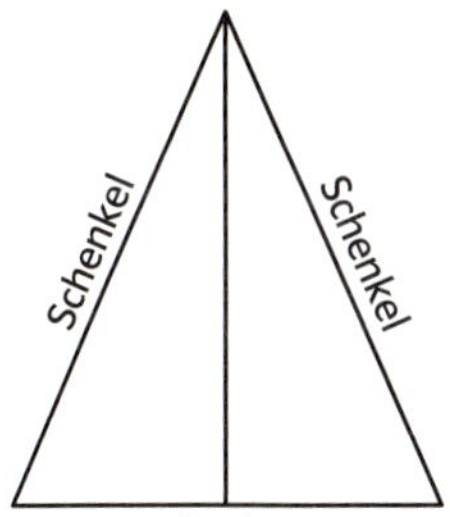

8 Berechne für ein gleichschenkliges Dreieck mit der Basis g und der Höhe h_g die Länge der Schenkel.
a) $g = 16\,cm$; $h_g = 150\,cm$ b) $g = 1{,}2\,m$; $h_g = 70\,cm$

9 Berechne für ein gleichschenkliges Dreieck mit den Schenkeln a und b und der Höhe h_c die Länge der Basis.
a) $a = 37\,cm$; $h_c = 35\,cm$ b) $b = \frac{1}{2}\,m$; $h_c = 24\,cm$

10 Ein gleichschenkliges Dreieck hat eine 18 cm lange Basis und 12 cm lange Schenkel. Berechne die Höhe zur Basis.

11 Berechne den Flächeninhalt des gleichschenkligen Dreiecks mit den Seiten
a) $a = 13\,cm$; $b = 13\,cm$; $c = 10\,cm$, b) $a = 4{,}8\,cm$; $b = 3{,}4\,cm$; $c = 3{,}4\,cm$.

12 In einem gleichschenkligen Dreieck ABC mit dem Flächeninhalt von $27\,dm^2$ ist die Basis $\overline{AB}$ 90 cm lang. Berechne die Höhe h_c und die Länge der Schenkel des Dreiecks.

13 Wahr oder falsch?
a) Wenn ein Dreieck gleichschenklig ist, dann gilt der Zusammenhang $a^2 + b^2 = c^2$ nie.
b) Wenn in einem Dreieck der Zusammenhang $a^2 + b^2 = c^2$ gilt, dann kann das Dreieck nicht gleichseitig sein.

14 a) Berechne den Abstand der Punkte $A(-2|-1)$ und $B(1|3)$ in einem Koordinatensystem mit der Längeneinheit 1 cm. Überprüfe deine Rechnung zeichnerisch.
b) Gib eine Formel für den Abstand der Punkte $P(x_1|y_1)$ und $Q(x_2|y_2)$ an.
c) Die Punkte $A(-2|-1)$; $B(2|0)$ und $C(4|6)$ bilden ein Dreieck. Berechne die Seitenlängen des Dreiecks und seinen Flächeninhalt.

15 Von einem Punkt P werden zwei Tangenten an den Kreis um M mit dem Radius r gezeichnet (Fig. 1). Berechne die Tangentenabschnitte $\overline{PA}$ und $\overline{PB}$ für
a) $r = 4{,}0\,cm$, $\overline{MP} = 5{,}8\,cm$,
b) $r = 9{,}5\,cm$, $\overline{MP} = 13\,cm$.

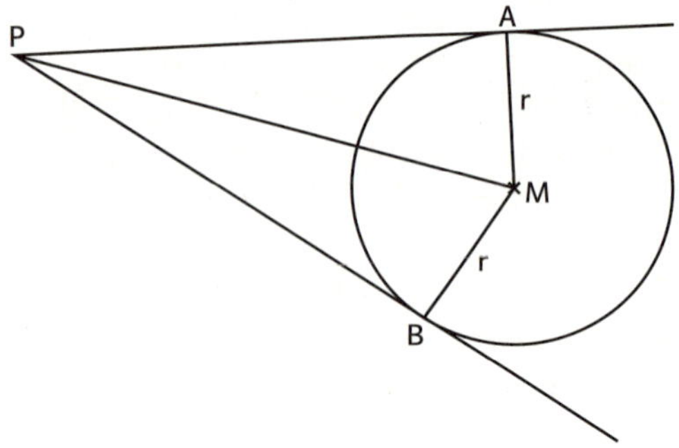

Fig. 1

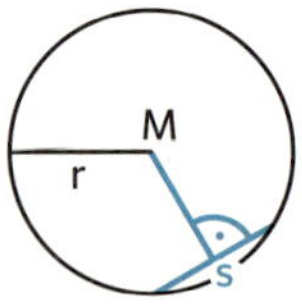

16 Ein Kreis mit dem Radius r hat eine Sehne der Länge s. Welchen Abstand hat die Sehne vom Mittelpunkt des Kreises?
a) $r = 10\,cm$, $s = 12\,cm$ b) $r = 1{,}5\,cm$, $s = 80\,cm$

17 Ein rechtwinkliges Dreieck hat die Katheten $a = 8\,cm$ und $b = 4\,cm$.
a) Berechne den Flächeninhalt des Dreiecks, die Hypotenuse c und daraus die Höhe h_c des Dreiecks.
b) Wie lang sind die Hypotenusenabschnitte?

18 a) In einem rechtwinkligen Dreieck mit einer 40 cm langen Hypotenuse ist eine Kathete doppelt (dreimal) so lang wie die andere. Wie lang sind die beiden Katheten?
b) In einem Rechteck ist die Diagonale dreimal so lang wie eine der Seiten. Wie lang ist die andere Seite?

19 a) Wie lang sind die Seiten eines Quadrats mit der Diagonale $d = 7{,}5\,cm$?
b) Berechne die Länge der Seite eines gleichseitigen Dreiecks mit der Höhe $h = 3{,}6\,cm$.

20 Das Trapez in Fig. 2 ist gleichschenklig, d.h., es ist $\overline{AD} = \overline{BC}$. Berechne die Länge der Schenkel und der Diagonale $\overline{AC}$ für
a) $a = 18{,}0\,cm$; $c = 6{,}0\,cm$; $h_a = 8{,}0\,cm$,
b) $a = 1{,}40\,m$; $c = 70\,cm$; $h_a = 54\,cm$.

21 a) Berechne die Höhe h_a des gleichschenkligen Trapezes in Fig. 2 mit den parallelen Seiten $a = 30\,cm$; $c = 12\,cm$ und den Schenkeln $b = 15\,cm$.
b) Wie groß ist der Flächeninhalt dieses Trapezes?

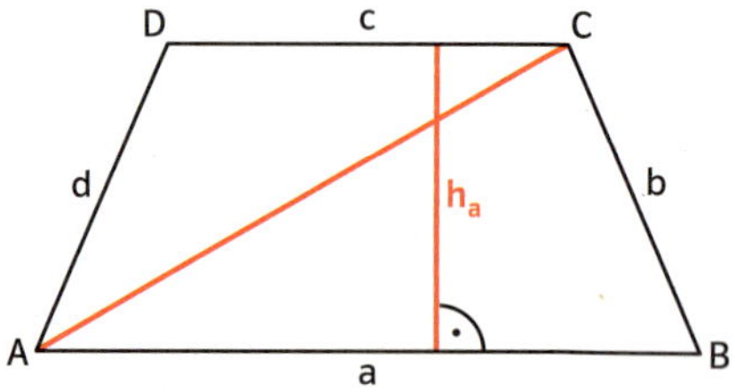

Fig. 2

22 Gegeben sind zwei Quadrate mit den Seitenlängen 7 cm und 4 cm. Konstruiere ein Quadrat, dessen Flächeninhalt
a) gleich der Summe, b) gleich der Differenz
der Flächeninhalte der beiden gegebenen Quadrate ist.

23 Zeichne ein Quadrat. Konstruiere ein Quadrat mit doppeltem (dreifachem) Flächeninhalt.

24 a) Zeige, dass die farbigen Strecken in Fig. 3 die angegebenen Längen haben.
b) Setze diese „Wurzelschnecke" bis $\sqrt{10}$ fort. Wähle als Längeneinheit 2 cm.

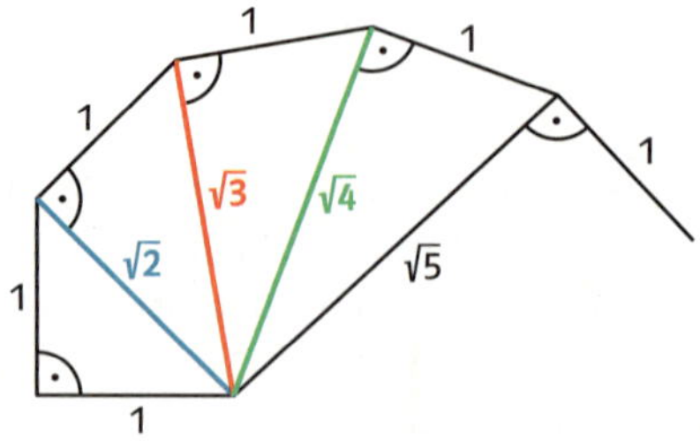

Fig. 3

Weitere Beweise für den Satz des Pythagoras

Vom Satz des Pythagoras kennt man über 200 Beweise. Hier findest du einige besonders interessante Beispiele.

25 Der Beweis von Euklid
a) Vergleiche in Fig. 1 die Flächeninhalte des Kathetenquadrats FBAG mit dem des Dreiecks FBC, des Dreiecks ABD und des Rechtecks mit den Seiten $\overline{BD}$ und $\overline{DL}$. Gehe entsprechend mit dem zweiten Kathetenquadrat vor.
b) Vergleiche diesen Beweis mit dem Beweis des Kathetensatzes.

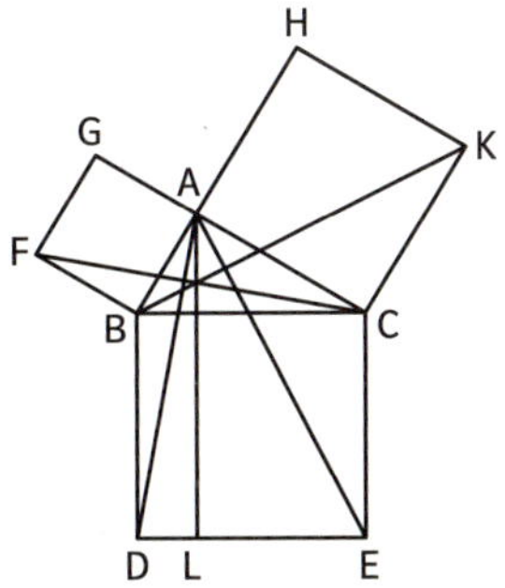

Fig. 1

Fig. 1 stammt aus den „Elementen" von Euklid (300 v. Chr.), der bedeutendsten Darstellung der griechischen Mathematik, insbesondere der Geometrie.

26 „Der Stuhl der Braut"
a) Wo befindet sich in Fig. 2 das rechtwinklige Dreieck, wo die Kathetenquadrate, wo das Hypotenusenquadrat?
b) Ergänze das gelbe Fünfeck auf zwei Arten. Zeige so, dass das Hypotenusenquadrat zerlegungsgleich zu den beiden Kathetenquadraten ist.

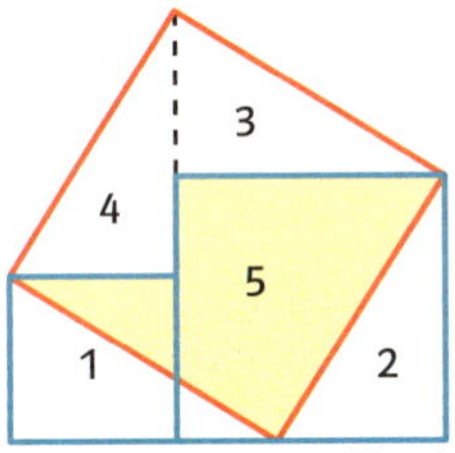

Fig. 2

Der „Stuhl der Braut" stammt aus Indien, etwa 900 n. Chr. Diese merkwürdige Bezeichnung entstand möglicherweise durch einen Übersetzungsfehler. In einer alten chinesischen Schrift heißt eine ähnliche Figur „Figur des Seiles".

27 Beweis durch Fächenberechnung
Drücke zu Fig. 3 den Flächeninhalt des Hypotenusenquadrats durch die Flächeninhalte der Teilflächen aus. Vereinfache die sich ergebende Gleichung.

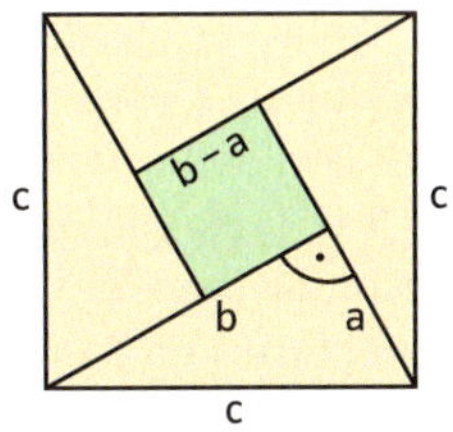

Fig. 3

Fig. 3 findet sich bei dem indischen Mathematiker Bhaskara (1114 – 1191), allerdings ohne genaue Erläuterung.

28 Beweis von Leonardo da Vinci
a) Welche Symmetrieeigenschaften hat das blau (grün) umrandete Sechseck in Fig. 4?
b) Zeige, dass man eine Hälfte des einen Sechsecks durch eine Drehung in eine Hälfte des anderen Sechsecks überführen kann. Was folgt daraus für die Flächeninhalte beider Sechsecke bzw. der drei Quadrate?

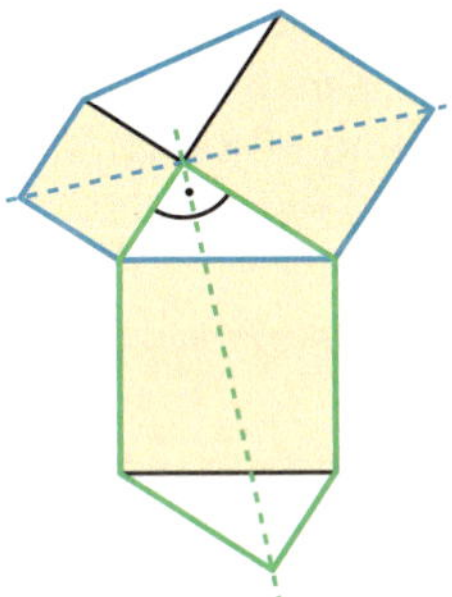
Fig. 4

Der berühmte italienische Maler, Bildhauer und Architekt Leonardo da Vinci (1452 – 1519) befasste sich auch mit Philosophie und Mathematik, insbesondere mit der Geometrie.

29 Zerlegungsbeweis von Schopenhauer
In Fig. 5 sind alle Trennlinien parallel zu einer der Dreieckseiten. Zeige: Die Dreiecke bzw. Vierecke 1, 2, 3, 4 und 5 sind jeweils kongruent. Überlege, wie man die Dreiecke bzw. Vierecke aufeinander abbilden kann.

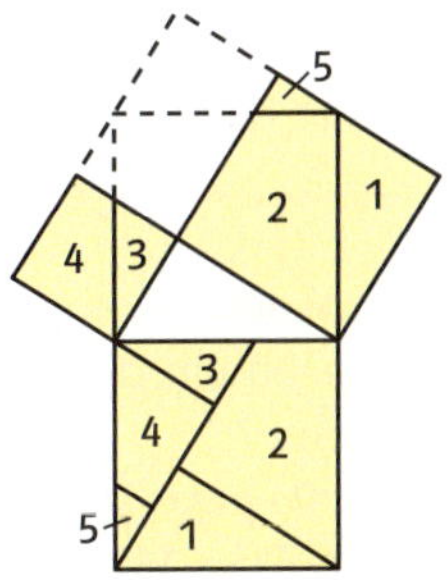

Fig. 5

Der Philosoph Arthur Schopenhauer (1788 bis 1860) kritisierte die Unanschaulichkeit vieler Beweise in der Mathematik. Aufgabe 29 zeigt, wie er es besser machen wollte.

30 Beweis von Garfield
Berechne den Flächeninhalt des Trapezes PQRS in Fig. 6 auf zwei Arten, mit der Flächenformel und als Summe der Dreiecke. Vereinfache die sich ergebende Gleichung.

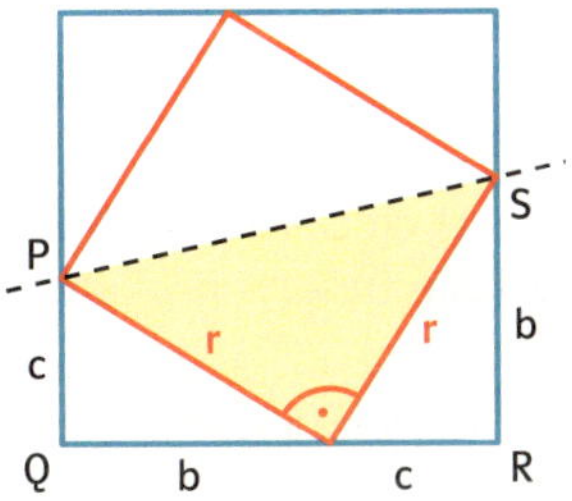

Fig. 6

James Garfield (1831 bis 1881) war der 20. Präsident der USA. Im Jahre 1876 bewies er den Satz des Pythagoras wie in Aufgabe 30.

3 Die Umkehrung des Satzes von Pythagoras

„Wenn die Bodenplatte nicht rechtwinklig ist, dann passt das Fertighaus nie drauf."
„Maurer haben wohl große Geodreiecke?"
„Mein Vater sagt, dass er rechte Winkel mit seinem Zollstock und einer langen Schnur misst."

Schreibt man den Satz des Pythagoras in der Wenn-dann-Form, so lautet er:
„Wenn ein Dreieck rechtwinklig mit der Hypotenuse c ist,
dann gilt für die Seiten a, b, c des Dreiecks $a^2 + b^2 = c^2$."

Die folgende Überlegung zeigt, dass die Umkehrung dieses Satzes auch eine wahre Aussage ist: Wenn in einem Dreieck ABC mit den Seiten a, b und c die Gleichung $a^2 + b^2 = c^2$ gilt, dann stehen a und b senkrecht zueinander.

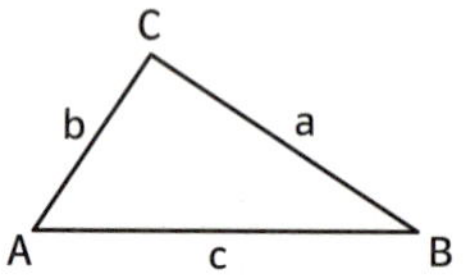

Fig. 1

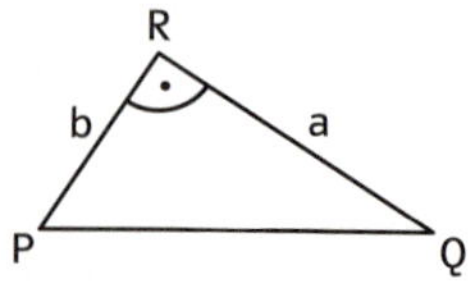

Fig. 2

Kongruenzsatz sss: Wenn zwei Dreiecke in allen drei Seiten übereinstimmen, sind sie kongruent.

Zwei Strecken a und b kann man stets so zusammenlegen, dass sie einen rechten Winkel bilden. So entsteht das Dreieck PQR (Fig. 2). In diesem Dreieck gilt nach dem Satz des Pythagoras $\overline{PQ}^2 = a^2 + b^2$. Das bedeutet: $\overline{PQ}^2 = c^2$, also $\overline{PQ} = c$.
Die Dreiecke ABC (Fig. 1) und PQR (Fig. 2) stimmen in allen drei Seiten überein. Sie sind kongruent. Das Dreieck ABC hat folglich an der Ecke C einen rechten Winkel.

Umkehrung des Satzes von Pythagoras
Wenn für die Seiten eines Dreiecks die Gleichung $a^2 + b^2 = c^2$ gilt, dann bilden die Seiten a und b einen rechten Winkel.

Beispiel 1
Prüfe, ob ein Dreieck mit den Seiten $x = 40\,cm$; $y = 41\,cm$; $z = 9\,cm$ rechtwinklig ist.
Lösung:
Im Falle eines rechtwinkligen Dreiecks muss die längste Seite die Hypotenuse sein.
Es ist $41^2 = 1681$; $40^2 = 1600$; $9^2 = 81$; also $41^2 = 40^2 + 9^2$; das Dreieck ist somit rechtwinklig.

Beispiel 2
Ein gleichschenkliges Dreieck mit der Schenkellänge $s = 5\,cm$ soll nur spitze Winkel haben. Wie lang darf die Basis b höchstens sein?
Lösung:
Es muss $s^2 + s^2 > b^2$ sein. Das bedeutet $b^2 < 50\,cm^2$, also $b < \sqrt{50}\,cm$. Die Länge der Basis muss demnach kleiner als $\sqrt{50}\,cm$ sein.

Aufgaben

1 a) Überprüfe rechnerisch, ob Dreiecke mit diesen Seitenlängen rechtwinklig sind.
(I) 17 cm; 8 cm; 15 cm (II) 13 cm; 1 dm; 17 cm (III) 20 m; 101 m; 99 m (IV) 77 km; 83 km; 36 km
b) Begründe, dass das Dreieck mit den Seitenlängen 16 cm; 62 cm; 64 cm nicht rechtwinklig ist. Ändere eine Seite so ab, dass es rechtwinklig wird. Finde verschiedene Möglichkeiten.

2 Die Figuren 1 und 2 zeigen Dreiecke mit ihren Seitenquadraten.
a) Warum sind beide Dreiecke nicht rechtwinklig?
b) Welche Gestalt hat ein Dreieck mit den Seiten a, b, und c, für das die Beziehung $a^2 + b^2 > c^2$ gilt?
c) Welche Aussage über die Winkel eines Dreiecks kannst du machen, wenn für die Seiten a, b, c die Ungleichung $a^2 + b^2 < c^2$ gilt?

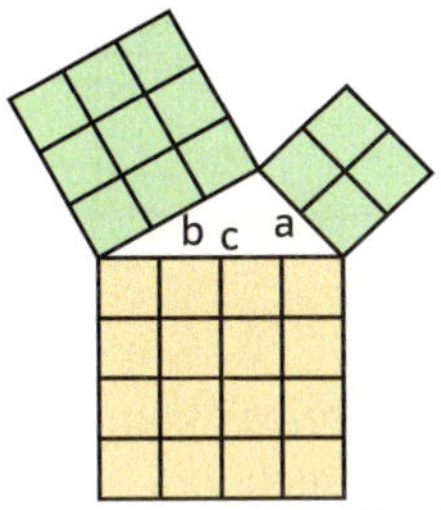

Fig. 1

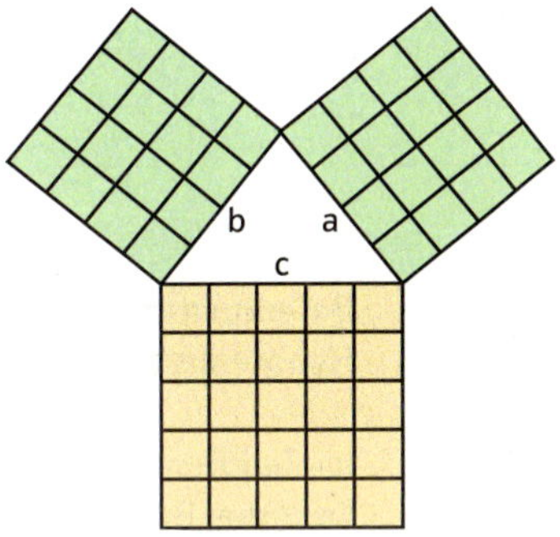

Fig. 2

3 Um zwei sich berührende Leisten rechtwinklig auszurichten, misst der Tischler auf der einen Leiste 90 cm und auf der anderen 120 cm ab und markiert diese Stellen. Dann werden die beiden Leisten so ausgerichtet, dass die Markierungen 150 cm Abstand haben. Erkläre dieses Verfahren.

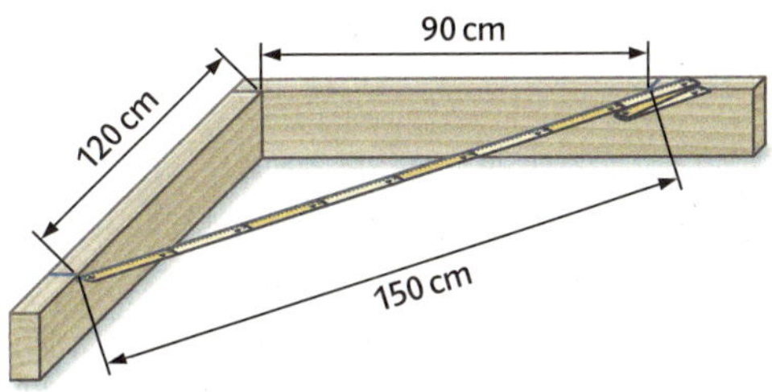

Fig. 3

4 a) Im alten Ägypten (um 2000 v. Chr.) mussten nach der jährlichen Nilschwemme die Felder neu vermessen werden. Die „Seilspanner" benutzten dazu eine Knotenschnur mit Knoten in gleichen Abständen (Fig. 4). Zeichne ein solches Dreieck. Miss die Winkel.
b) Zeichne rechtwinklige Dreiecke mithilfe von Knotenschnüren, bei denen die Anzahl der Knoten nicht mit der in Fig. 4 übereinstimmt.

Fig. 4

5 a) Beweise: Für alle natürlichen Zahlen m, n mit $m > n$ ist das Dreieck in Fig. 5 ein rechtwinkliges Dreieck.
b) Setze für m und n natürliche Zahlen ein. Gib so fünf Beispiele für „pythagoreische Zahlen" a, b, c an.

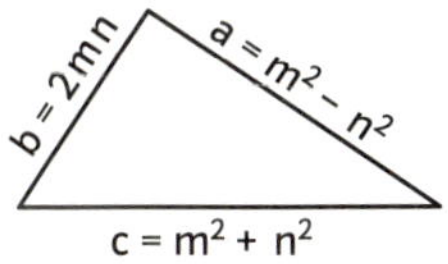

Fig. 5

6 a) Beweise: Wenn $a^2 = yc$ und $b^2 = xc$ in dem Dreieck von Fig. 6 gilt, dann ist das Dreieck rechtwinklig.
b) Lässt sich die Rechtwinkligkeit auch beweisen, wenn man nur weiß, dass $a^2 = yc$ gilt?

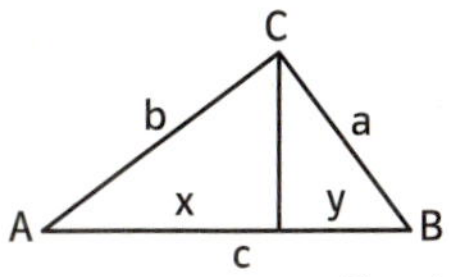

Fig. 6

4 Der Höhensatz

Endlich hat Familie Sommer für ihr neues Haus die richtige Dachform gefunden.
Frau Sommer: „Können wir später den Dachboden ausbauen?“
Herr Sommer: „Das Haus ist 8 m breit. Das reicht bestimmt.“
Frau Sommer: „Vielleicht bauen wir sicherheitshalber doch etwas breiter...“

Bei einem rechtwinkligen Dreieck kann man die Höhe des Dreiecks direkt aus den Hypotenusenabschnitten berechnen.

Im Teildreieck ADC (Fig. 1) gilt nach dem Satz des Pythagoras

(I) $h^2 = b^2 - q^2$.

Im Dreieck ABC gilt nach dem Kathetensatz

(II) $b^2 = cq = (q + p)\,q$.

Einsetzen von (II) in (I) ergibt

$h^2 = (q + p)q - q^2 = q^2 + pq - q^2 = pq$.

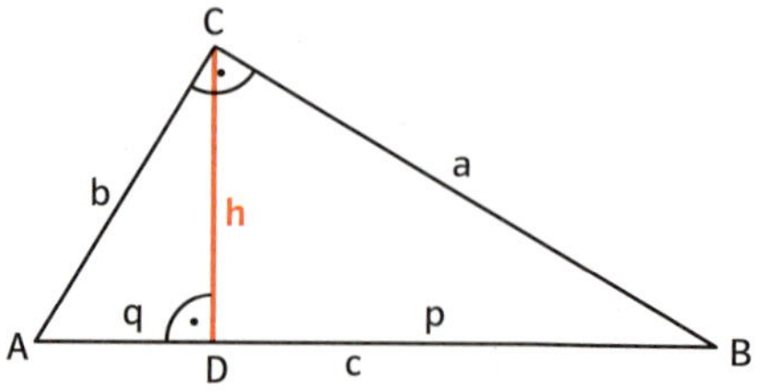

Fig. 1

Höhensatz
Für jedes rechtwinklige Dreieck gilt:
Das Quadrat über der Höhe ist flächengleich zum Rechteck aus den beiden Hypotenusenabschnitten.

$\mathbf{h^2 = pq}$

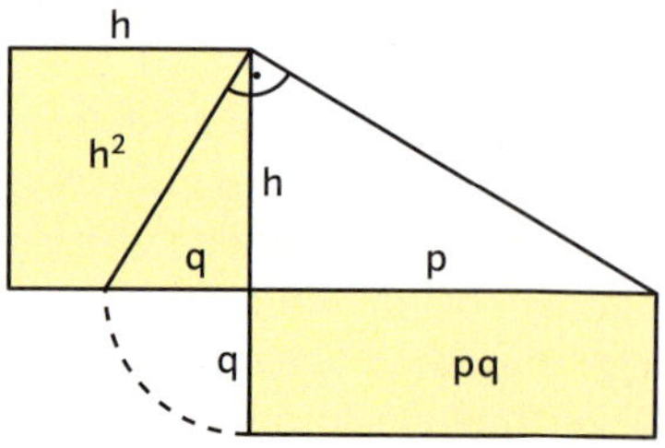

Beispiel 1
Konstruiere mithilfe des Höhensatzes zu einem gegebenen Rechteck ABCD ein Quadrat mit gleichem Flächeninhalt.
Lösung:
1. Verlängere eine Seite des Rechtecks um die andere Seite. Die Gesamtstrecke ist die Hypotenuse eines rechtwinkligen Dreiecks.
2. Zeichne den Thaleskreis über dieser Gesamtstrecke.
3. Zeichne passend zu den Hypotenusenabschnitten die Höhe des Dreiecks. Diese Höhe ist die gesuchte Quadratseite.

Konstruktion:

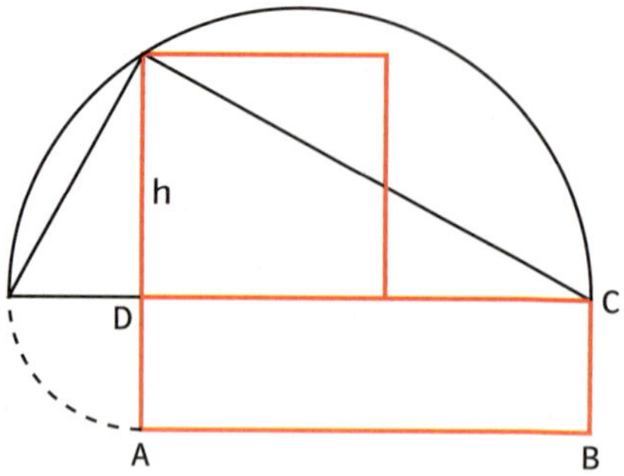

Fig. 2

Beispiel 2

Von einem rechtwinkligen Dreieck sind $h = 4{,}0\,\text{cm}$ und $q = 1{,}5\,\text{cm}$ bekannt.
Berechne die fehlenden Stücke (Fig. 1).

Lösung:

1. Nach dem Höhensatz ist $h^2 = pq$; $p = \frac{h^2}{q}$; $p = \frac{16}{1{,}5}\,\text{cm} = 10{,}\overline{6}\,\text{cm} \approx 10{,}7\,\text{cm}$.
2. Für die Hypotenuse gilt $c = q + p$; $c = 1{,}5\,\text{cm} + 10{,}\overline{6} = 12{,}1\overline{6}\,\text{cm} \approx 12{,}2\,\text{cm}$.
3. Für die Katheten gilt nach dem Kathetensatz

$a^2 = cp$; $a^2 = 12{,}1\overline{6}\,\text{cm} \cdot 10{,}\overline{6}\,\text{cm} = 129{,}\overline{7}\,\text{cm}^2 \approx 129{,}8\,\text{cm}^2$; $a \approx \sqrt{129{,}8\,\text{cm}^2} \approx 11{,}4\,\text{cm}$,
$b^2 = cq$; $b^2 = 12{,}1\overline{6}\,\text{cm} \cdot 1{,}5\,\text{cm} = 18{,}25\,\text{cm}^2$; $b = \sqrt{18{,}25\,\text{cm}^2} \approx 4{,}3\,\text{cm}$.

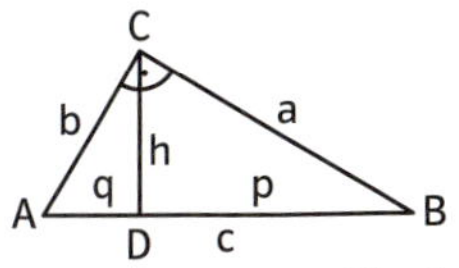

Fig. 1

Aufgaben

1 Zeichne ein Rechteck mit den Seiten a und b. Konstruiere dazu mithilfe des Höhensatzes ein Quadrat mit gleichem Flächeninhalt. Miss die Quadratseite.
a) $a = 5{,}0\,\text{cm}$; $b = 1{,}8\,\text{cm}$ b) $a = 4{,}2\,\text{cm}$; $b = 2{,}8\,\text{cm}$
c) $a = 2{,}0\,\text{cm}$; $b = 4{,}7\,\text{cm}$ d) $a = 3{,}6\,\text{cm}$; $b = 4{,}4\,\text{cm}$

2 Verwandle ein Rechteck mit den Seitenlängen 6,0 cm und 3,5 cm
a) mit dem Höhensatz, b) mit dem Kathetensatz
in ein Quadrat mit gleichem Flächeninhalt.

3 Verwandle ein Quadrat mit der Seite $a = 5\,\text{cm}$ nach dem Höhensatz in ein flächengleiches Rechteck, das 3 cm breit ist.

4 Konstruiere mit dem Höhensatz Strecken der Länge
a) $\sqrt{8}\,\text{cm}$, b) $\sqrt{10}\,\text{cm}$, c) $\sqrt{15}\,\text{cm}$, d) $\sqrt{7}\,\text{cm}$, e) $\sqrt{11}\,\text{cm}$.

5 Konstruiere ein Dreieck ABC mit $b = 5{,}4\,\text{cm}$; $h_b = 4{,}8\,\text{cm}$; $s_b = 5\,\text{cm}$. Verwandle das Dreieck in ein flächengleiches Rechteck und dieses in ein flächengleiches Quadrat. Miss die Länge einer Quadratseite. Überprüfe das Messergebnis rechnerisch.

6 In einem rechtwinkligen Dreieck (Fig. 1) sind die beiden folgenden Größenangaben gegeben. Berechne die restlichen Größen sowie den Flächeninhalt des Dreiecks.
a) $p = 3{,}2\,\text{cm}$; $q = 5{,}0\,\text{cm}$ b) $h = 6{,}0\,\text{cm}$; $p = 4{,}0\,\text{cm}$ c) $a = 8{,}0\,\text{cm}$; $h = 3{,}0\,\text{cm}$
d) $q = 4{,}0\,\text{cm}$; $c = 7{,}0\,\text{cm}$ e) $a = 4{,}5\,\text{cm}$; $c = 6{,}0\,\text{cm}$ f) $p = 1{,}2\,\text{cm}$; $c = 7{,}2\,\text{cm}$

7 a) Konstruiere ein rechtwinkliges Dreieck, dessen Höhe h doppelt so lang ist wie der Hypotenusenabschnitt p. Miss die beiden Hypotenusenabschnitte und vergleiche sie.
b) Zeige: Wenn $h = kp$ in einem rechtwinkligen Dreieck mit den Hypotenusenabschnitten p und q und der Höhe h gilt, dann ist $q = k^2 p$.

8 Zeichne eine Strecke der Länge 4 cm. Konstruiere nach dem Höhensatz eine Strecke der Länge $\frac{1}{4}\,\text{cm}$.

9 Beweise den Höhensatz, indem du in Fig. 2 den Satz des Pythagoras auf das Dreieck MCD anwendest.

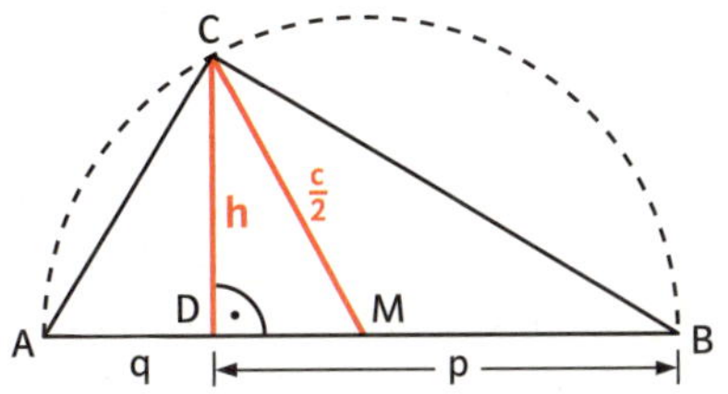

Fig. 2

5 Berechnungen an Figuren

In einer Zeitschrift liest Stefan, dass die größte ägyptische Pyramide, die Cheopspyramide (erbaut um 2600 v. Chr.), eine regelmäßige vierseitige Pyramide ist. Ihre Grundkanten sind rund 230 m und ihre Seitenkanten rund 213 m lang. Für ihre Höhe werden 205 m angegeben. Das glaubt Stefan nicht.

Mithilfe des Satzes von Pythagoras, des Kathetensatzes und des Höhensatzes kann man in vielen Figuren oder Körpern Streckenlängen berechnen. Dazu muss man oftmals rechtwinklige Teildreiecke finden, bei denen eine Seite die gesuchte Strecke ist.
Die folgenden Formeln werden häufig benötigt:

Der Winkel im Dreieck ACG bei C in Fig. 3 ist ein rechter Winkel. Im Schrägbild erscheint er jedoch nicht als rechter Winkel.

Höhe im gleichseitigen Dreieck
$\mathbf{h = \frac{a}{2}\sqrt{3}}$

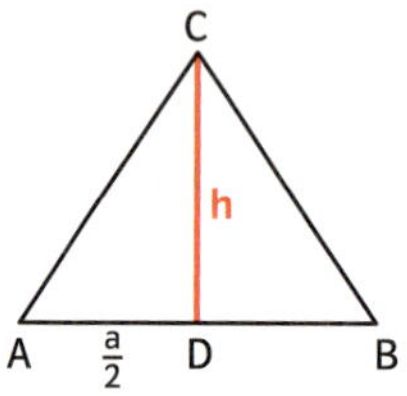

Fig. 1

Wendet man den Satz des Pythagoras auf das Dreieck ADC an, so ergibt sich
$h^2 + \left(\frac{a}{2}\right)^2 = a^2$,
also $h^2 = \frac{3}{4}a^2$
und damit $h = \frac{a}{2}\sqrt{3}$.

Diagonale eines Quadrats
$\mathbf{d = a\sqrt{2}}$

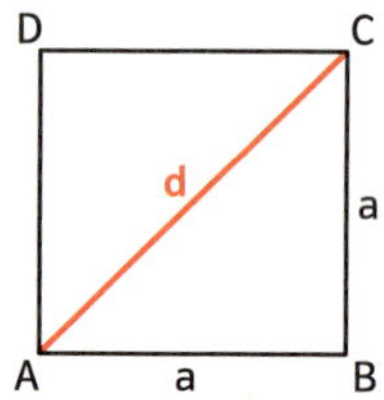

Fig. 2

Wendet man den Satz des Pythagoras auf das Dreieck ABC an, so ergibt sich
$a^2 + a^2 = d^2$,
also $d^2 = 2a^2$
und damit $d = a\sqrt{2}$.

Raumdiagonale eines Würfels
$\mathbf{d = a\sqrt{3}}$

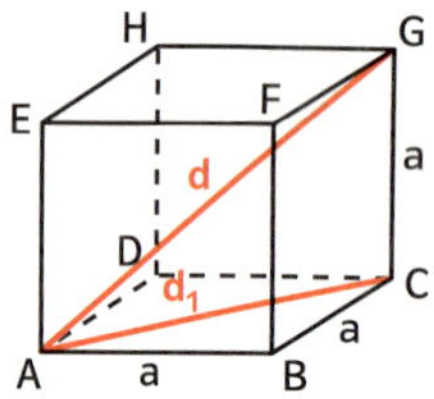

Fig. 3

Wendet man den Satz des Pythagoras auf das Dreieck ACG an, so ergibt sich
$d_1^2 + a^2 = d^2$. Einsetzen von
$d_1 = 2a^2$ ergibt $3a^2 = d^2$
und damit $d = a\sqrt{3}$.

Zur **Berechnung von Strecken in Figuren** ist folgende Vorgehensweise sinnvoll:
- Fertige eine Skizze an und benenne alle gegebenen und alle gesuchten Strecken.
- Suche nach rechtwinkligen Teildreiecken, in denen die Längen zweier Seiten bekannt sind. Eventuell müssen dazu Hilfslinien eingezeichnet werden.
- Berechne mithilfe des Satzes von Pythagoras, des Kathetensatzes oder des Höhensatzes die Längen der gesuchten Seiten. Oft müssen auch die Längen der Hilfslinien berechnet werden.

Beispiel 1

Berechne den Flächeninhalt eines regelmäßigen Sechsecks, das einem Kreis mit dem Radius $r = 8{,}0\,cm$ einbeschrieben ist.

Lösung:

Das Sechseck besteht aus sechs gleichseitigen Dreiecken mit den Seiten $r = 8{,}0\,cm$.

$A = 6 \cdot \frac{1}{2} \cdot r \cdot h = 6 \cdot \frac{1}{2}r \cdot \frac{r}{2}\sqrt{3} = \frac{3}{2}r^2\sqrt{3}$

$A = \frac{3}{2} \cdot 64 \cdot \sqrt{3}\,cm^2 = 96 \cdot \sqrt{3}\,cm^2 \approx 166\,cm^2$

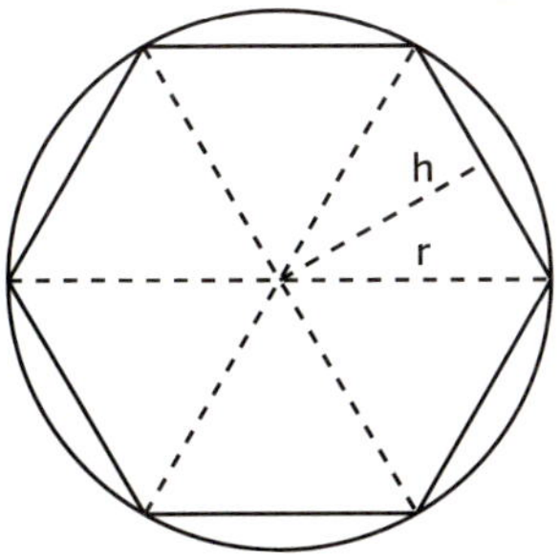

Fig. 1

Hier wird die Formel für die Höhe im gleichseitigen Dreieck benutzt.

Beispiel 2

Berechne die Körperhöhe h und die Höhe k einer Seitenfläche für die quadratische Pyramide in Fig. 2, wenn die Seite $a = 6{,}0\,cm$ der Grundfläche und die Länge $s = 9{,}0\,cm$ der Seitenkanten gegeben sind.

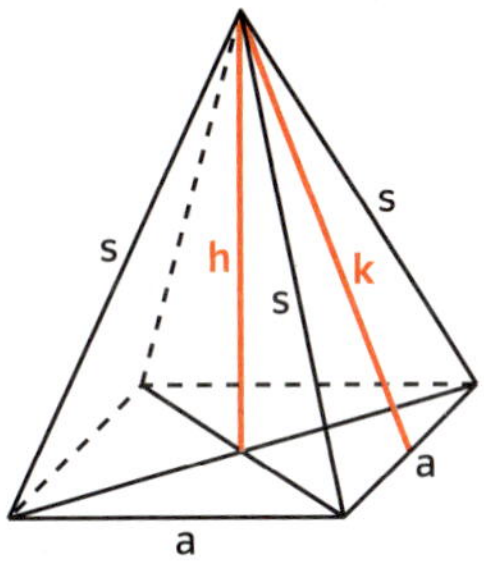

Fig. 2

Lösung:

1. Berechnung der Körperhöhe h

Für die Diagonale der Grundfläche gilt $d = a\sqrt{2}$.

Anwenden des Satzes des Pythagoras auf das Dreieck aus Körperhöhe, halber Diagonale und Seitenkante: $h^2 + \left(\frac{a\sqrt{2}}{2}\right)^2 = s^2$; $h^2 = s^2 - \frac{a^2}{2}$

Einsetzen: $h^2 = 81\,cm^2 - \frac{36}{2}\,cm^2 = 63\,cm^2$; $h = \sqrt{63\,cm^2} \approx 7{,}9\,cm$

2. Berechnung der Seitenhöhe k

Nach dem Satz des Pythagoras gilt $k^2 + \left(\frac{a}{2}\right)^2 = s^2$; $k^2 = s^2 - \frac{a^2}{4}$.

Einsetzen: $k^2 = 81\,cm^2 - \frac{36}{4}\,cm^2 = 72\,cm^2$; $k = \sqrt{72\,cm^2} \approx 8{,}5\,cm$

Aufgaben

1 Berechne die Länge der Diagonale eines Quadrats mit der Seite

a) $a = 4\,cm$, b) $a = 1{,}5\,cm$, c) $a = \sqrt{2}\,dm$.

2 a) Die Diagonale eines Quadrats ist 7 cm lang. Zeichne das Quadrat. Miss seine Seitenlänge. Kontrolliere dein Ergebnis durch eine Rechnung.

b) Ein Rechteck ist 15,5 cm lang und 7,2 cm breit. Wie lang sind seine Diagonalen?

3 a) Welchen Flächeninhalt hat ein gleichseitiges Dreieck mit einem Umfang von 1 m?

b) Welchen Umfang hat ein gleichseitiges Dreieck mit einem Flächeninhalt von $1\,m^2$?

4 Berechne die Höhe und den Flächeninhalt eines gleichseitigen Dreiecks mit der Seite $a = 10\,cm$.

5 a) In einem gleichschenkligen Trapez sind die Längen der beiden parallelen Seiten a und c sowie die Höhe h bekannt (Fig. 3). Stelle eine Formel auf, mit der man aus den gegebenen Strecken die Länge der Diagonale d berechnen kann.

b) Berechne d für $a = 9{,}0\,cm$; $c = 6{,}0\,cm$ und $h = 4{,}5\,cm$.

c) Berechne den Flächeninhalt des Trapezes für $a = 9{,}0\,cm$; $c = 6{,}0\,cm$ und $d = 10{,}2\,cm$.

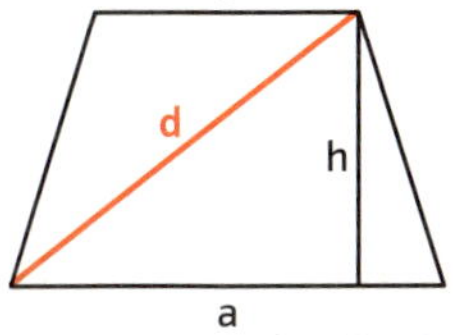

Fig. 3

6 a) Berechne die Länge der Raumdiagonale eines Würfels mit der Kante $a = 8\,cm$ $(4\frac{1}{2}\,m;\ 2\sqrt{3}\,m)$.
b) Berechne die Kantenlänge eines Würfels mit der Raumdiagonale $d = 8\,cm$ $(4\frac{1}{2}\,m;\ 2\sqrt{3}\,m)$.

Ein Quader, bei dem alle Seitenlängen, Flächen- und Raumdiagonalen ganzzahlig sind, ist bis heute unbekannt.

7 Zeichne das Schrägbild eines Quaders mit den Kantenlängen 8 cm; 5 cm und 3 cm.
a) Zeichne eine Flächendiagonale ein. Wie viele verschiedene gibt es? Berechne ihre Längen.
b) Zeichne eine Raumdiagonale ein. Berechne ihre Länge.
c) Gebt einen Schätzwert für die Länge der größten Strecke in eurem Klassenzimmer an. Messt die nötigen Größen und berechnet sie anschließend. Um wie viel Prozent weicht euer Schätzwert vom errechneten Wert ab?

Bist du sicher?

1 In Fig. 1 ist der Querschnitt eines 3,20 m hohen Damms dargestellt. Die Dammkrone ist 8,50 m breit, die Böschungslinien sind 5,25 m lang. Wie breit ist die Dammsohle?

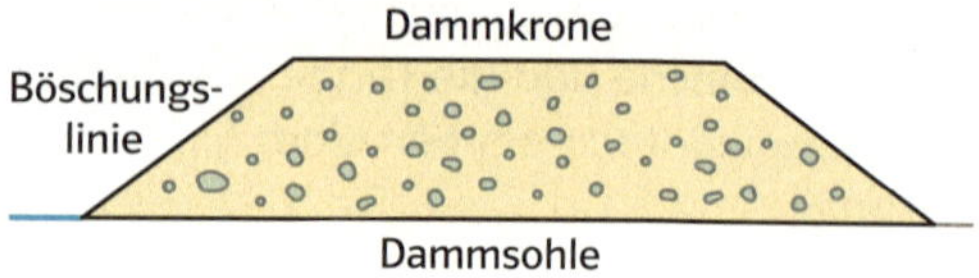

Fig. 1

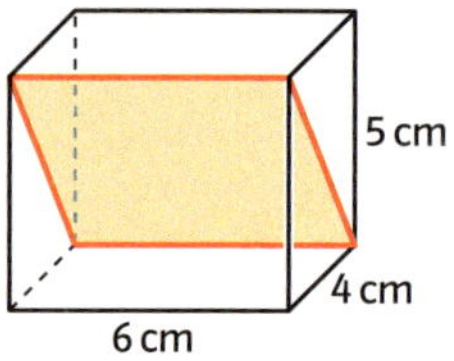

Fig. 2

2 Eine Tür ist 2 m hoch und 80 cm breit. Kann man durch sie eine 5,20 m lange und 2,10 m breite Holzplatte transportieren?

3 Berechne den Flächeninhalt der Schnittfläche in Fig. 2.

8 Zeichne ein Rechteck mit den Seitenlängen 6 cm und 4 cm. Markiere die vier Seitenmitten und verbinde sie. Welche Eigenschaft hat das neue Viereck? Berechne seine Seitenlängen.

9 a) Gib für den Flächeninhalt des Trapezes in Fig. 3 eine Formel an.
b) Wie groß ist a, wenn der Flächeninhalt des Trapezes $13{,}5\,cm^2$ ist?

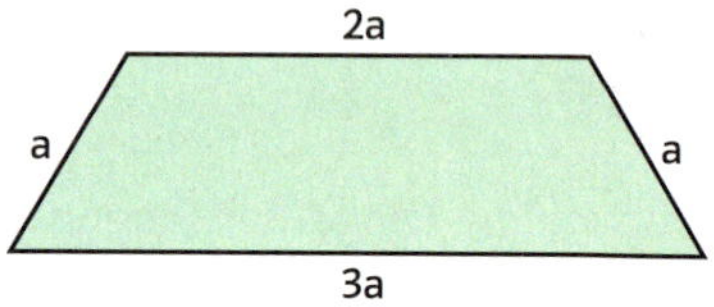

Fig. 3

10 Wie verändern sich die Seitenlänge und der Flächeninhalt eines Quadrats, wenn man seine Diagonale verdoppelt? Begründe auf verschiedene Arten.

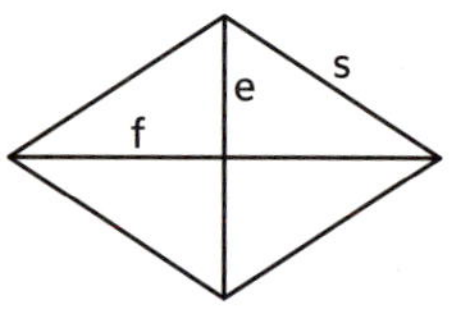

Fig. 4

11 a) Drücke die Seite s einer Raute durch die Diagonalen e und f aus (Fig. 4).
b) Berechne s für $e = 8{,}5\,cm$ und $f = 4{,}0\,cm$.

12 Einem Kreis mit dem Radius r sind ein regelmäßiges Achteck und ein Quadrat einbeschrieben worden (Fig. 5).
a) Welchen Flächeninhalt hat das Quadrat?
b) Bestimme den Flächeninhalt der orangefarbenen Dreiecke und damit den Flächeninhalt A des Achtecks.
c) Drücke die Seite a des Achtecks durch r aus und berechne A und a für $r = 5{,}0\,cm$.

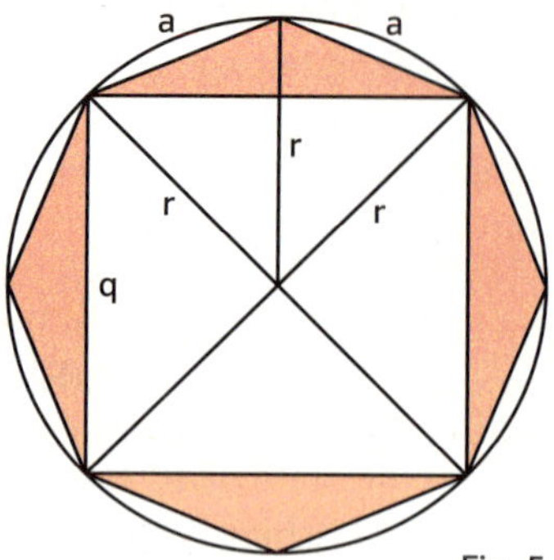

Fig. 5

13 Ein Turm erhält ein kegelförmiges Dach. Die Turmspitze liegt 6 m über der Grundfläche des Daches, die einen Durchmesser von 5,00 m hat. Wie lang müssen die Dachsparren werden, wenn sie an der Dachtraufe 20 cm überstehen sollen?

14 Wie hoch darf der Schrank in Fig. 1 höchstens sein, damit man ihn wie angegeben aufstellen kann?

Fig. 1

15 Fig. 2 zeigt die Giebelseite des Daches eines älteren Hauses. Berechne die Längen x und y.

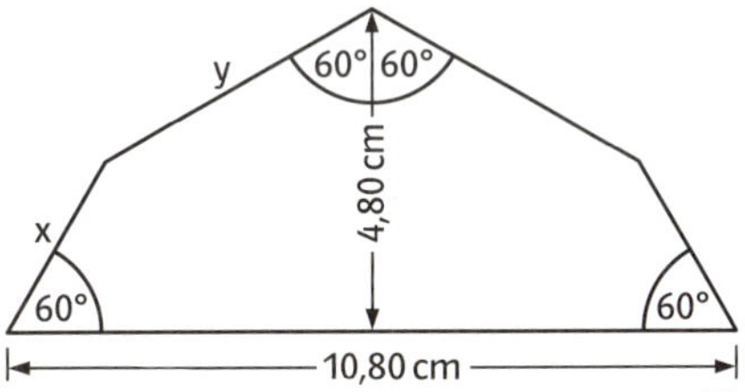

Fig. 2

16 In einem Glockenturm hängt das Seil zum Läuten der Glocke. Wenn man das Ende des Seils um 2 m seitlich aus der Ruhelage bewegt, so hebt sich das Seilende dabei um 10 cm (Fig. 3). Berechne die Länge des gespannten Seils.

17 a) An einer Küste steht ein Leuchtturm der Höhe h. Zeige an Fig. 4, dass für die Sichtweite s gilt: $s = \sqrt{2rh + h^2}$.
b) Berechne die Sichtweite für einen Leuchtturm mit $h = 30\,m$ (für die Augenhöhe mit $h = 1{,}6\,m$; für ein Flugzeug mit der Flughöhe $h = 8\,km$).
Benutze für den Erdradius $r = 6370\,km$.
c) Wie weit ist ein Schiff mindestens entfernt, dessen 20 m hohe Mastspitze „hinter dem Horizont" verschwindet?
d) Warum kann man als „Faustformel" $s = \sqrt{2rh}$ benutzen?

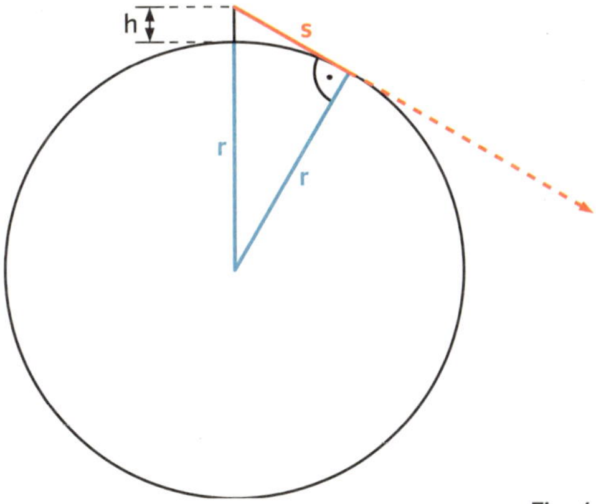

Fig. 4

Fig. 3

18 Eine Zahnradbahnstrecke ist auf einer Landkarte 13,3 cm lang (Maßstab 1 : 25 000). Sie überwindet auf dieser Strecke gleichmäßig einen Höhenunterschied von 475 m. Wie lang ist die Zahnradbahnstrecke?

19 a) Fig. 5 zeigt eine regelmäßige vierseitige Pyramide; ihre Grundfläche ist ein Quadrat. Berechne den Oberflächeninhalt (d.h. den Flächeninhalt des Netzes) einer solchen Pyramide mit der Grundkante $a = 12\,cm$ und der Seitenkante $s = 10\,cm$.
b) Welchen Oberflächeninhalt hat eine solche Pyramide, wenn jede der acht Kanten 8 cm (a cm) lang ist?

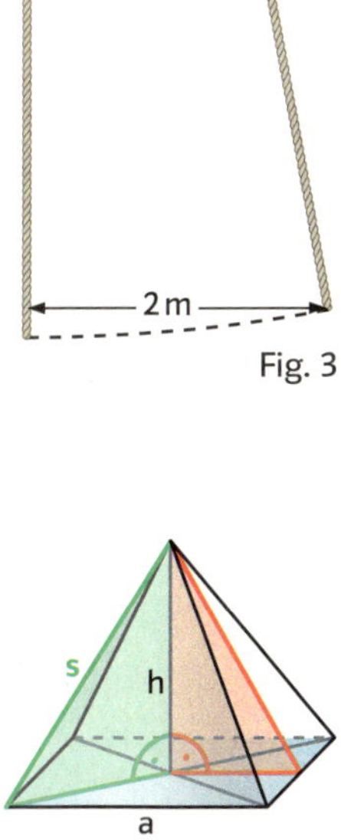

Fig. 5

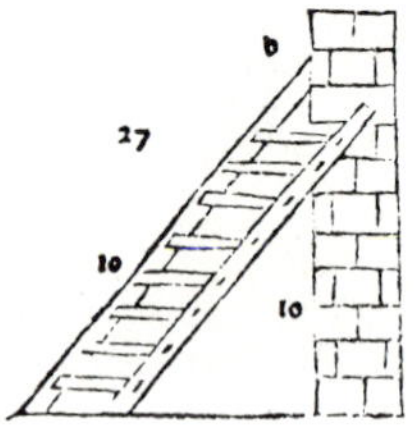

Fig. 1

20 Bereits in einem altbabylonischen Text (um 2000 v. Chr.) findet sich das Problem der „angelehnten Leiter". Eine Leiter (Balken, Rohr) steht an einer Wand, die so hoch ist wie die Leiter; nun wird die Leiter von der Wand weggezogen.
In einem syrischen Text aus dem 4. Jahrhundert v. Chr. heißt es dazu: Ein Rohr an einer Wand hochgerichtet. Wenn ich 3 Ellen herabgegangen bin, 9 Ellen lässt es (unten) frei. Was ist das Rohr, was die Wand? (Fig. 1 stammt aus dem 15. Jahrhundert.)

21 Aus der „Coß" des Christoff Rudolff (1553): Zwen Thurn stehen auff einer ebenen velde 60 eln von ein ander. Der ein ist 50 eln hoch der ander 40 eln hoch. Zwischen den zweyen Thurnen steht ein Brunne gleych weyt von den spitzen der zweyen Thurnen. Ist die frag wie fern steht der Brunne vnden von yedem Thurn (Fig. 2)?

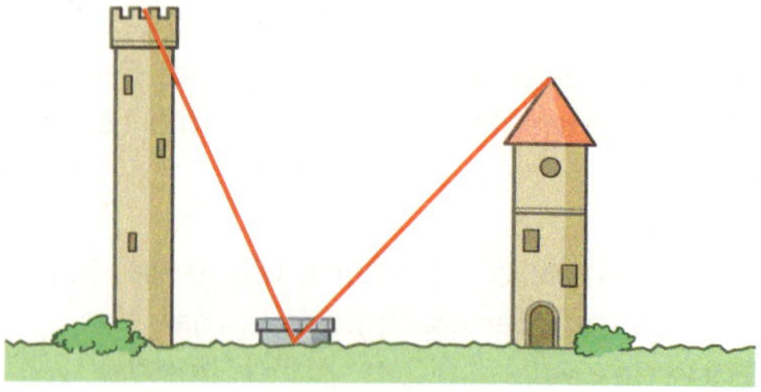
Fig. 2

22 a) Ein **Oktaeder** (Fig. 3) ist ein regelmäßiger Körper mit acht gleichseitigen Dreiecken als Seitenflächen. Bestimme die Körperhöhe h. Berechne sie für $a = 4{,}5\,\text{cm}$.
b) Bestimme den Oberflächeninhalt des Oktaeders.

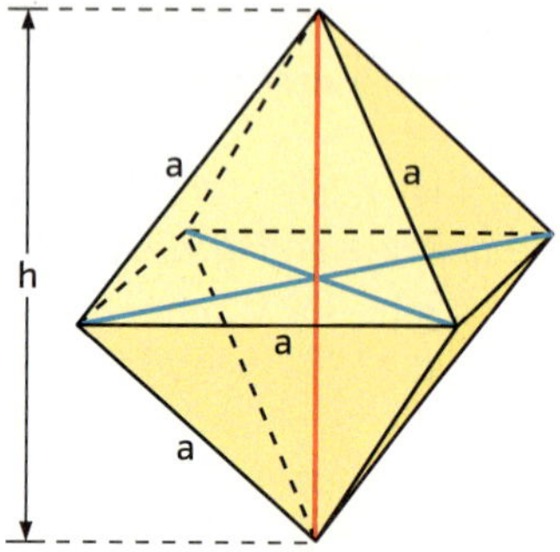

Fig. 3

23 Ein **Tetraeder** (Fig. 4) ist eine regelmäßige dreiseitige Pyramide, deren Kanten alle gleich lang sind. Seine Oberfläche besteht also aus vier gleichseitigen Dreiecken.
a) Bestimme den Oberflächeninhalt eines Tetraeders mit der Kante a.
Berechne ihn für $a = 7{,}5\,\text{cm}$.
b) Bestimme die Körperhöhe h des Tetraeders. Benutze dazu, dass sich die Seitenhalbierenden eines Dreiecks im Verhältnis 2 : 1 teilen. Berechne h für $a = 7{,}5\,\text{cm}$.
c) Es soll ein 10 cm hohes Tetraeder hergestellt werden.
Wie lang müssen die Kanten werden?
d) Wie viele Zentimeter ist ein Tetraeder mit dem Oberflächeninhalt von $1\,\text{m}^2$ hoch?

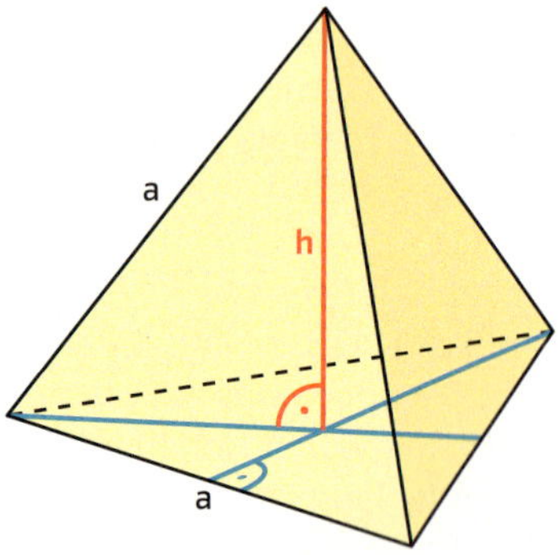

Fig. 4

Kannst du das noch?

24 Zeichne ein Dreieck mit den Eckpunkten $A(-4|-2)$; $B(-1|1)$ und $C(-3|4)$.
a) Spiegele das Dreieck an der y-Achse.
b) Spiegele das Dreieck an der x-Achse.
c) Spiegele das Dreieck am Punkt $N(0|0)$.
d) Drehe das Dreieck um 45° gegen den Uhrzeigersinn um die Ecke C.
e) Drehe das Dreieck um 180° um den Punkt $(0|0)$.

1 Von den in Fig. 1 angegebenen Größen eines rechtwinkligen Dreiecks sind jeweils zwei gegeben. Berechne die restlichen.
a) $q = 12{,}0\,\text{cm}$; $p = 5{,}0\,\text{cm}$
b) $q = 8{,}0\,\text{cm}$; $h = 6{,}0\,\text{cm}$
c) $b = 37\,\text{cm}$; $q = 12\,\text{cm}$

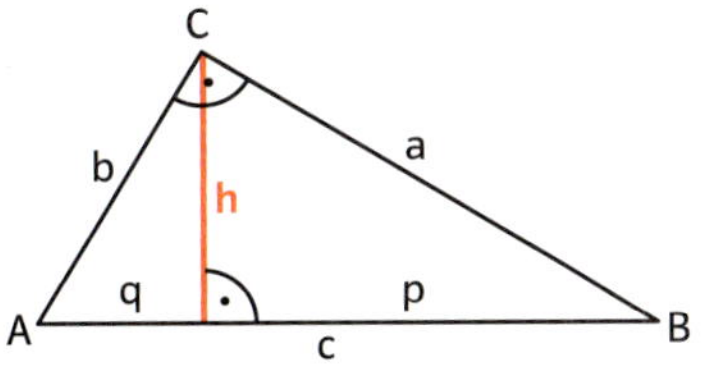

Fig. 1

2 Berechne für ein Parallelogramm ABCD die Längen der Diagonalen e und f sowie den Flächeninhalt A, wenn
a) $a = 10{,}0\,\text{cm}$; $b = 6{,}0\,\text{cm}$; $h_a = 4{,}0\,\text{cm}$,
b) $a = 8{,}0\,\text{cm}$; $b = 3{,}0\,\text{cm}$; $h_a = 3{,}0\,\text{cm}$.

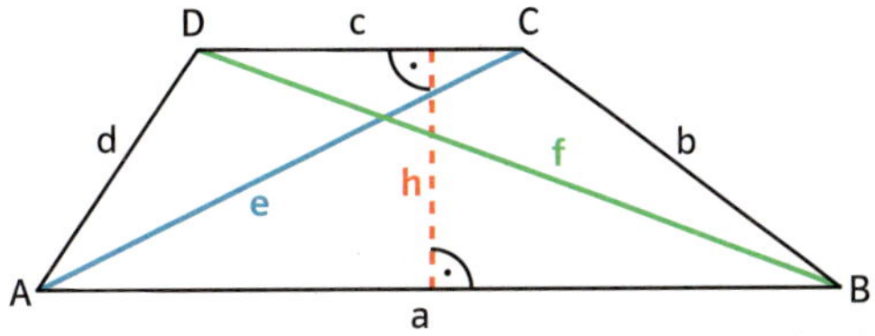

Fig. 2

3 a) In einem Trapez (Fig. 2) ist $a = 10{,}0\,\text{cm}$; $b = 5{,}0\,\text{cm}$; $c = 4{,}0\,\text{cm}$; $h = 3{,}0\,\text{cm}$. Berechne die Längen der Diagonalen e und f sowie den Flächeninhalt A.
b) Berechne h und e eines gleichschenkligen Trapezes mit $b = d = 4{,}0\,\text{cm}$; $a = 8{,}4\,\text{cm}$; $c = 3{,}6\,\text{cm}$. Zeige durch eine Rechnung, dass das Teildreieck ABC nicht rechtwinklig ist.

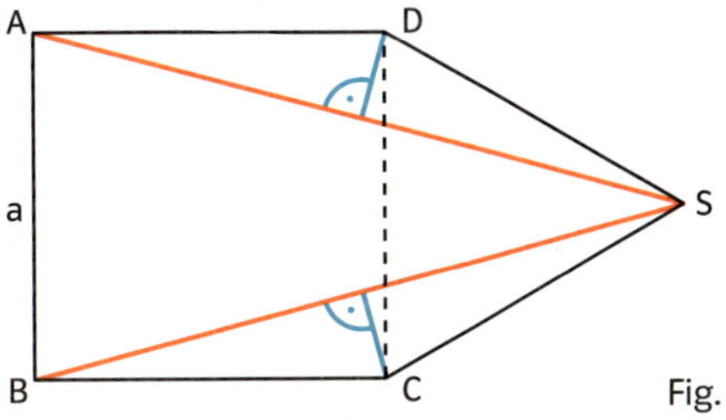

Fig. 3

4 Das Fünfeck in Fig. 3 besteht aus einem Quadrat und einem gleichseitigen Dreieck. Gib einen Term für die Länge von $\overline{AS}$ und für den Abstand von D zu $\overline{AS}$ an.

5 Einem Kreis mit gegebenem Radius r ist ein regelmäßiges Achteck einbeschrieben (Fig. 4).
a) Gib einen Term für den Flächeninhalt A und den Umfang U des Achtecks an.
b) Berechne A und U für $r = 7{,}5\,\text{cm}$.

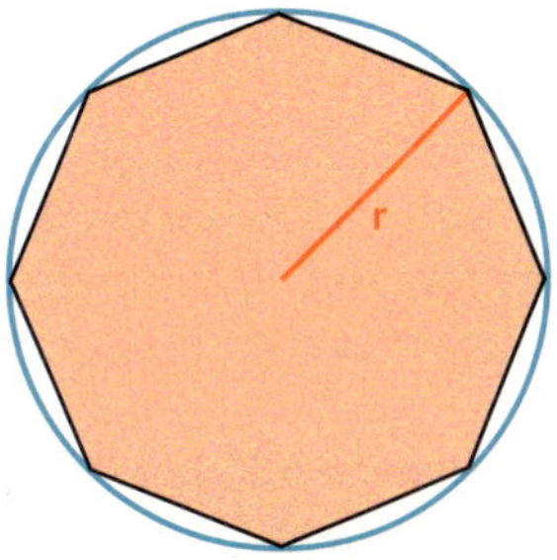

Fig. 4

6 Ein gleichschenkliges Dreieck ABC hat die Seiten $a = b = 13\,\text{cm}$ und $c = 10\,\text{cm}$. Berechne die Höhe h_c und daraus die Höhe h_a (= h_b).

7 a) Die Pyramide in Fig. 5 hat als Grundfläche ein regelmäßiges Sechseck. Jede Grundkante ist $a = 4{,}0\,\text{cm}$, jede Seitenkante $s = 10{,}0\,\text{cm}$ lang. Berechne die Höhe h und den Oberflächeninhalt O der Pyramide.
b) Berechne die Seitenkante s und den Oberflächeninhalt O einer Pyramide mit einem regelmäßigen Sechseck als Grundfläche für $a = 8{,}0\,\text{cm}$ und $h = 15{,}0\,\text{cm}$.

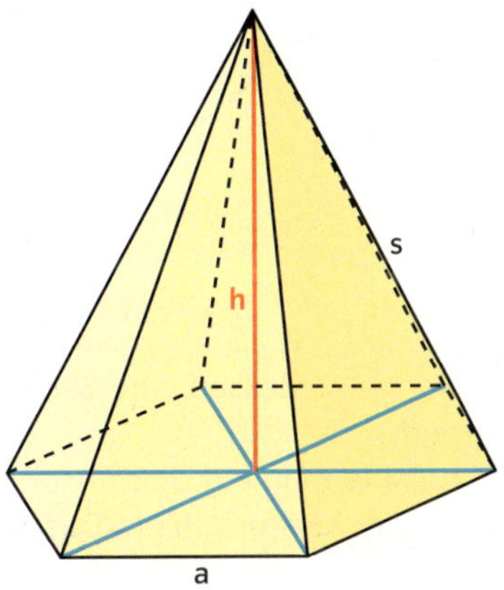

Fig. 5

8 Der Körper in Fig. 1 besteht aus einem Würfel und einer aufgesetzten Pyramide. Alle Kanten des Körpers haben die gleiche Länge $a = 4{,}0\,\text{cm}$.
a) Berechne die Höhe des Körpers.
b) Konstruiere das Dreieck ERS. Ermittle damit die Höhe des Körpers zeichnerisch; vergleiche mit dem Ergebnis von a).
c) Ermittle zeichnerisch die Entfernung der Ecken A und S. Berechne $\overline{AS}$; vergleiche mit deiner Zeichnung.
d) Berechne die Höhe der Seitenflächen der aufgesetzten Pyramide.
e) Zeichne ein Netz des Körpers von Fig. 1. Berechne den Oberflächeninhalt O.

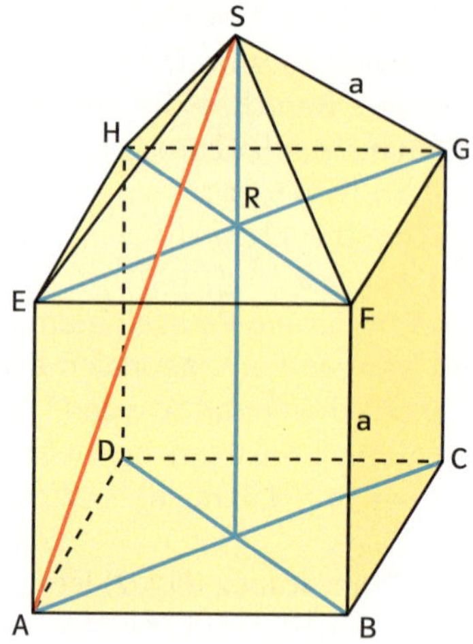

Fig. 1

9 Zeichne eine beliebige Strecke der Länge a cm. Konstruiere mithilfe des Kathetensatzes eine Strecke der Länge $\frac{1}{a}$ cm.

10 Berechne alle in Fig. 2 angegebenen Strecken des rechtwinkligen Dreiecks ABC aus folgenden Angaben:
a) $h_1 = 5{,}4\,\text{cm}$; $h_2 = 7{,}2\,\text{cm}$,
b) $h = 12\,\text{cm}$; $h_1 = 9{,}6\,\text{cm}$.

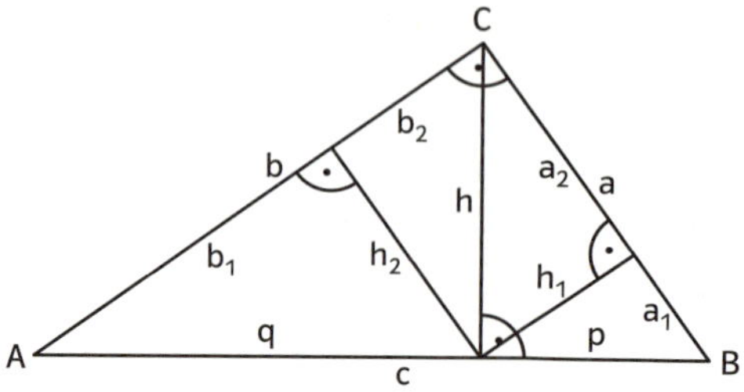

Fig. 2

Fig. 3

11 a) Wie lang ist die Diagonale eines Rechtecks mit den Seiten $a = 24\,\text{cm}$ und $b = 7\,\text{cm}$?
b) Kann man eine 2,4 m lange und 1,85 m breite rechteckige Spanplatte durch eine 1,20 m breite und 1,40 m hohe rechteckige Fensteröffnung transportieren?
c) Wie weit ragt der 20 cm lange Strohhalm in Fig. 3 mindestens aus der Dose, wenn diese 11 cm hoch ist und einen Durchmesser von 6 cm hat?

12 Hat ein Dreieck ABC bei C einen rechten Winkel, dann liegt C auf dem Halbkreis über $\overline{AB}$. Warum?
Wende den Satz des Pythagoras auf das Teildreieck MCD in Fig. 4 an und beweise damit den Höhensatz.

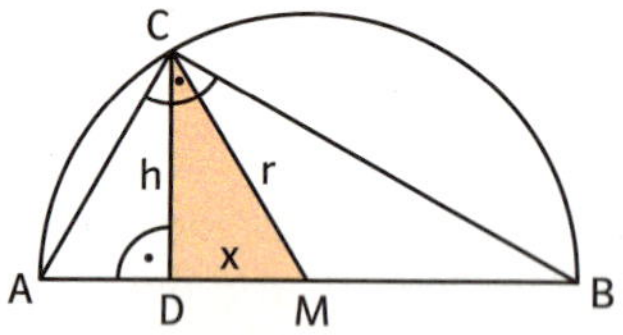

Fig. 4

13 a) Zeige: In Fig. 5 sind das Rechteck und das Quadrat flächengleich.
b) Verwandle wie in Fig. 5 ein Quadrat mit der Seitenlänge von 2,5 cm in ein flächengleiches Rechteck, dessen eine Seitenlänge 6 cm beträgt.
c) Warum kann man auf diese Art nicht umgekehrt ein Rechteck in ein Quadrat verwandeln?

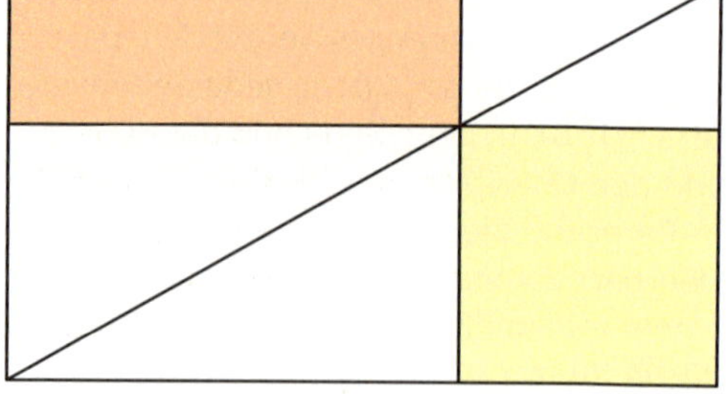
Fig. 5

14 Konstruiere ein Dreieck ABC mit
a) $a = 6{,}4\,cm$; $\beta = 60°$; $h_a = 5{,}0\,cm$, b) $c = 7{,}0\,cm$; $\alpha = 50°$; $h_c = 6{,}3\,cm$.
Verwandle das Dreieck in ein flächengleiches Rechteck und dieses in ein flächengleiches Quadrat. Miss die Länge einer Quadratseite. Überprüfe das Ergebnis rechnerisch.

15 a) Konstruiere zu einem Rechteck mit den Seitenlängen $a = 3{,}0\,cm$ und $b = 7{,}0\,cm$ ($a = 4{,}2\,cm$ und $b = 3{,}7\,cm$) ein flächengleiches Quadrat. Berechne auch die Seitenlänge des Quadrats.
b) Zu zwei positiven Zahlen a und b nennt man $\sqrt{ab}$ das geometrische Mittel von a und b.
Zeige an Fig. 1 für $a < b$:
$a < \sqrt{ab} < b$.
c) In Fig. 1 ist M der Mittelpunkt von $\overline{AB}$. Berechne die Länge von $\overline{CM}$.
Zeige damit:
Das geometrische Mittel $\sqrt{ab}$ ist für $a \neq b$ kleiner als das arithmetische Mittel $\frac{a+b}{2}$.

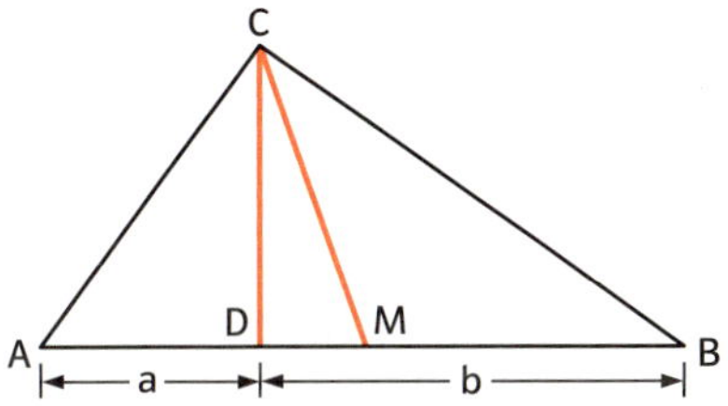

Fig. 1

16 Vierzehn gleich große Kugeln mit dem Radius r werden wie in Fig. 2 aufeinander geschichtet, sodass sich benachbarte Kugeln berühren. Wie hoch ist der Stapel?
Anleitung: Verbinde in Gedanken die Mittelpunkte der vier Kugeln in den „Ecken" der untersten Kugelschicht mit dem Mittelpunkt der obersten Kugel. Berechne dann erst einmal die Höhe dieses „Kantenmodells" eines Körpers.

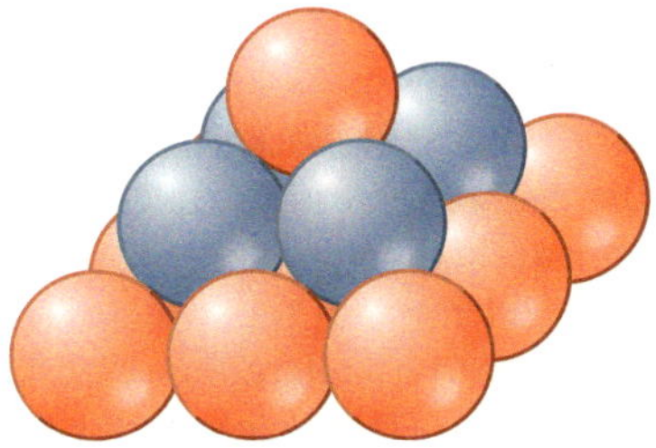
Fig. 2

17 Konstruiere eine Strecke der Länge
a) $\sqrt{5}\,cm$, b) $\sqrt{10}\,cm$, c) $\sqrt{15}\,cm$, d) $\frac{3}{2}\sqrt{7}\,cm$.

18 Gegeben sind drei Quadrate mit den Seiten a_1, a_2, a_3 ($a_1 < a_2 < a_3$). Konstruiere ein Quadrat mit dem Flächeninhalt
a) $a_2^2 - a_1^2$, b) $a_2^2 + a_3^2 - a_1^2$, c) $a_1^2 - a_2^2 + a_3^2$.

19 Konstruiere ein Quadrat mit dem Flächeninhalt
a) $43\,cm^2$ ($43 = 64 + 4 - 25$), b) $66\,cm^2$ ($66 = 81 + 49 - 64$),
c) $42\,cm^2$, d) $38\,cm^2$, e) $35\,cm^2$, f) $39\,cm^2$, g) $40\,cm^2$.

20 a) Zeichne ein Rechteck mit den Seiten $a = 3\,cm$ und $b = 2\,cm$ sowie ein zweites Rechteck mit den Seiten $c = 4\,cm$ und $d = 2{,}5\,cm$. Konstruiere ein Quadrat, dessen Fläche gleich groß ist wie die Flächen der beiden Rechtecke zusammen.
b) Bestimme die Länge der Quadratseite durch Rechnung. Vergleiche.

21 Stelle die Oberfläche eines Würfels mit 2 cm Kantenlänge in Form eines Quadrats dar.

22 Beweise den Höhensatz mit Fig. 1.
Anleitung: Zeige zuerst, dass die vier markierten Winkel gleich groß sind. Damit liegen E, D und F auf einer Geraden.
Begründe dann die Ergänzungsgleichheit des Höhenquadrats und des Rechtecks aus den Hypotenusenabschnitten.

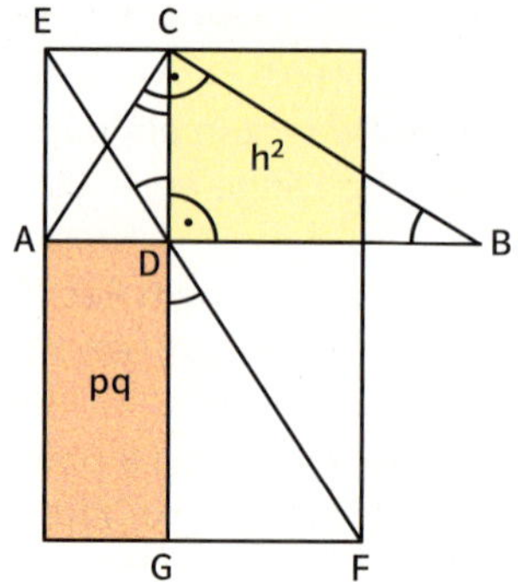

Fig. 1

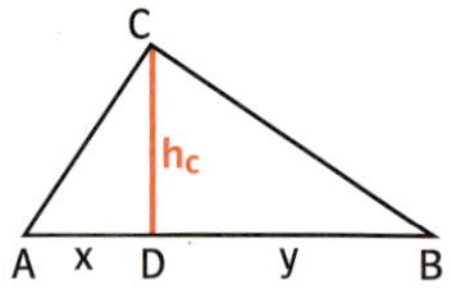

Fig. 2

23 Beweise: Wenn im Dreieck ABC (Fig. 2) $h_c^2 = xy$ gilt, dann ist es rechtwinklig (Umkehrung des Höhensatzes).

24 Fließt elektrischer Strom durch einen Draht, so wird dieser erwärmt. Dadurch verlängert sich der Draht, ein angehängter Körper sinkt (Fig. 3).
Berechne die Längenänderung eines 50 cm langen Drahtes, wenn der Körper um 8 cm sinkt.

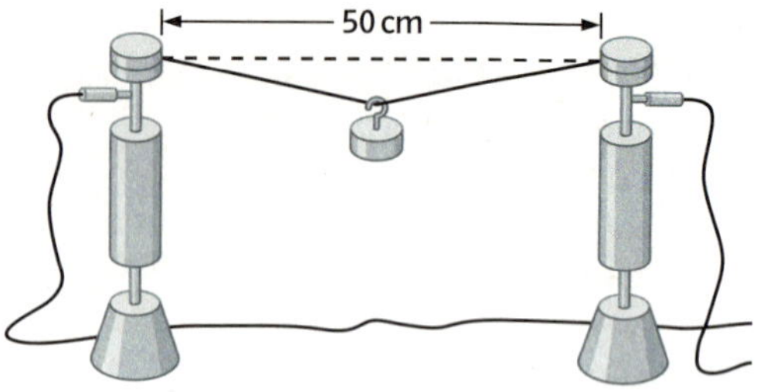

Fig. 3

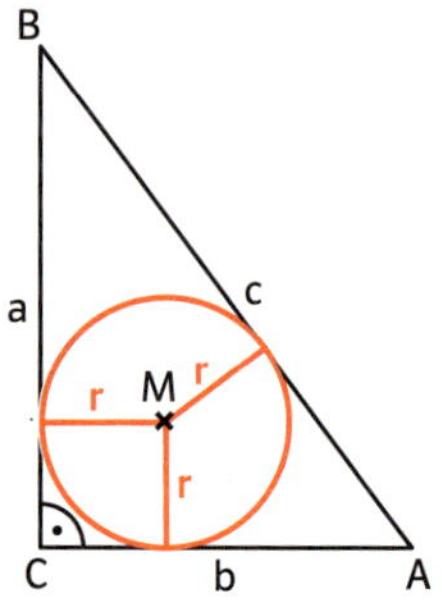

Fig. 4

25 Rechtwinklige Dreiecke mit ganzzahligen Seitenlängen heißen pythagoreische Dreiecke. Die drei zugehörigen Zahlen nennt man pythagoreische Zahlentripel.
a) Zeige, dass die Zahlentripel (3; 4; 5); (5; 12; 13) und (8; 15; 17) pythagoreische Zahlentripel sind. Zeichne die zugehörigen rechwinkligen Dreiecke und konstruiere jeweils den Inkreis. Miss den Inkreisradius. Was fällt dir auf?
b) Berechne den Flächeninhalt des Dreiecks in Fig. 4 mit und ohne Verwendung von r und zeige damit $r = \frac{ab}{a+b+c}$.
c) Zeige: In jedem rechtwinkligen Dreieck gilt $\frac{ab}{a+b+c} = \frac{1}{2}(a + b - c)$.
d) Zeige: In einem pythagoreischen Dreieck ist $(a + b - c)$ immer eine gerade Zahl. (Hinweis: Quadriere den Term.) Welche Aussage über die Länge des Inkreisradius folgt hieraus? Vergleiche mit deiner Vermutung in Teil a).
e) Aus den Ergebnissen aus b), c) und d) kann man einen Zusammenhang zwischen dem Produkt zweier pythagoreischer Zahlen und der Summe der drei Zahlen in einem pythagoreischen Tripel erkennen. Formuliere diesen Zusammenhang in einem Satz.

26 Ein Turm am Fluss ist 40 Fuß hoch, der Fluss 30 Fuß breit (Fig. 5). Wie lang ist das Seil?

27 Ein 60 Fuß hoher Baum ist umgeknickt (Fig. 6). Er ragt jetzt über den 30 Fuß breiten Fluss. In welcher Höhe ist der Baum umgeknickt?

Die Zeichnungen in Fig. 5 und 6 stammen aus dem handgeschriebenen und reich bebilderten Rechenbuch des Fillipo Calandri aus dem Jahre 1491. Es wird in der Bibliothek von Florenz aufbewahrt.

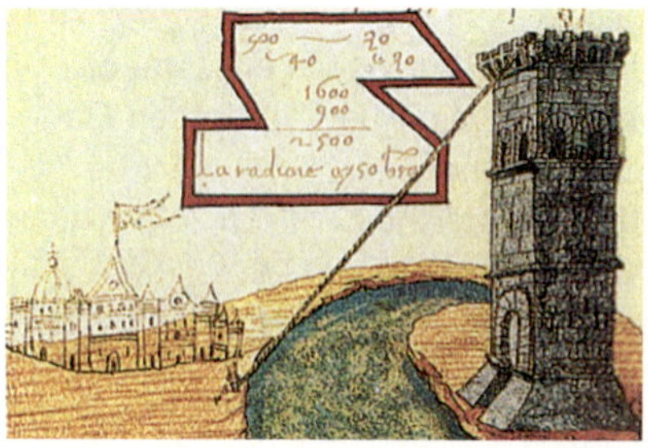

Fig. 5

Fig. 6

Quadraturen

Unter der **Quadratur** einer Fläche versteht man die Konstruktion eines flächengleichen Quadrats.

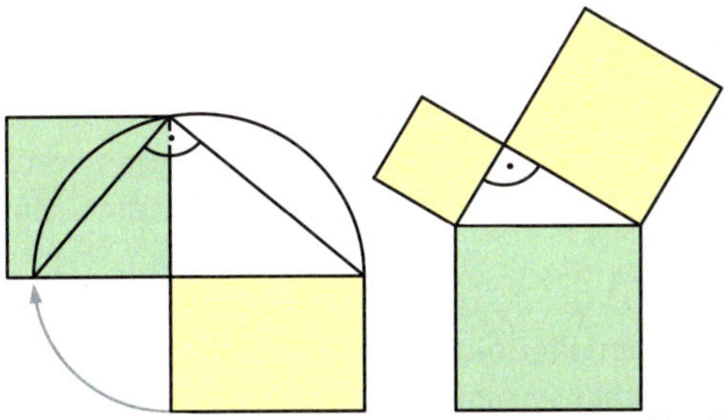

Fig. 1

1 Welche Quadraturen sind in Fig. 1 dargestellt? Begründe, dass jeweils die gelbe Fläche den gleichen Flächeninhalt hat wie das grüne Quadrat.

2 Zeige, dass die gelbe Fläche den gleichen Inhalt wie die grüne hat. Gib auch die Seitenlänge eines Quadrats mit gleichem Inhalt an.

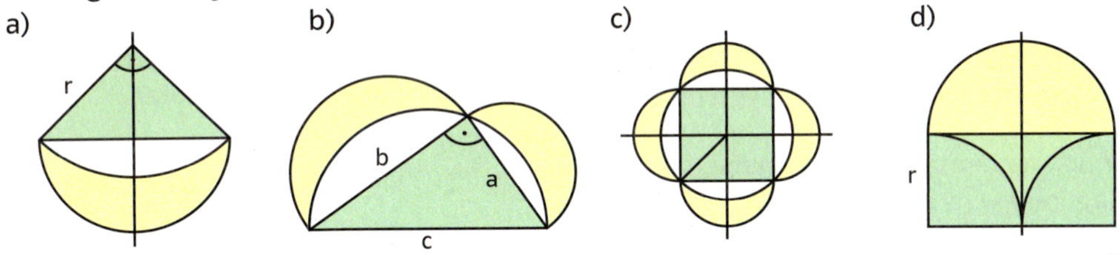

Fig. 2

Die gelben Flächen in a) bis c) heißen auch „Möndchen des Hippokrates" nach Hippokrates von Chios, um 440 v. Chr.

3 Zeige, dass in Fig. 3 der Kreis und die „Sichel" den gleichen Flächeninhalt haben.

4 Welche Seitenlänge hat ein Quadrat, das den gleichen Flächeninhalt hat wie ein Kreis mit dem Radius $r = 1$?

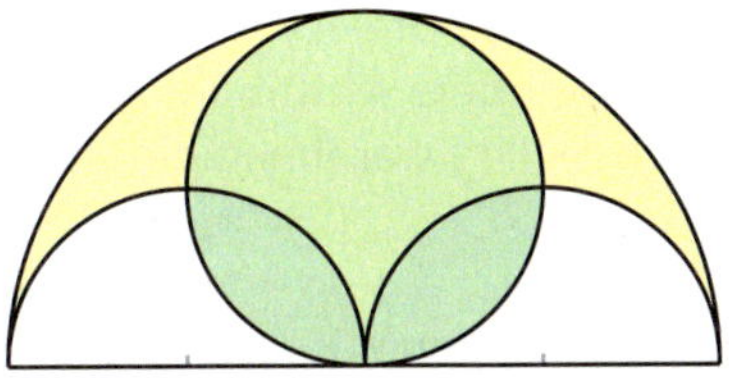

Fig. 3

Zu den berühmtesten geometrischen Problemen der Antike gehört die **Quadratur des Kreises** mit Zirkel und Lineal. Besondere Teile des Kreises wie in Fig. 2 kann man so in ein flächengleiches Quadrat verwandeln. Für den ganzen Kreis ist dies nicht möglich, wie erst 1882 der deutsche Mathematiker Carl Lindemann beweisen konnte. Er zeigte, dass man π (und damit auch $\sqrt{\pi}$) nicht mit Zirkel und Lineal konstruieren kann.

Wenn etwas als unmöglich gilt, vergleicht man dies häufig mit der Quadratur des Kreises.

5 Eine besonders gute Näherungskonstruktion für π stammt von A. Kochanski (1685):

(1) Zeichne einen Kreis um M mit dem Durchmesser $\overline{AA'}$ und die Tangente in A.

(2) Konstruiere mihilfe eines gleichseitigen Dreiecks einen Winkel von 30° an $\overline{MA}$. Nenne den Schnittpunkt des zweiten Schenkels mit der Tangente C.

(3) Trage auf der Tangente von C aus dreimal den Radius r ab. Nenne den Endpunkt D.

Dann gilt $\overline{A'D} \approx r \cdot \pi$.

a) Führe die Konstruktion für einen Kreis mit $r = 5\,\text{cm}$ aus. Miss die Länge von $\overline{A'D}$ und bestimme damit eine Näherung für π.

b) Begründe an den Dreiecken CAM und A'AD: $\overline{A'D} = r \cdot \sqrt{13\frac{1}{3} - 2\sqrt{3}}$.

Wie genau ist die Näherung $\pi \approx \sqrt{13\frac{1}{3} - 2\sqrt{3}}$?

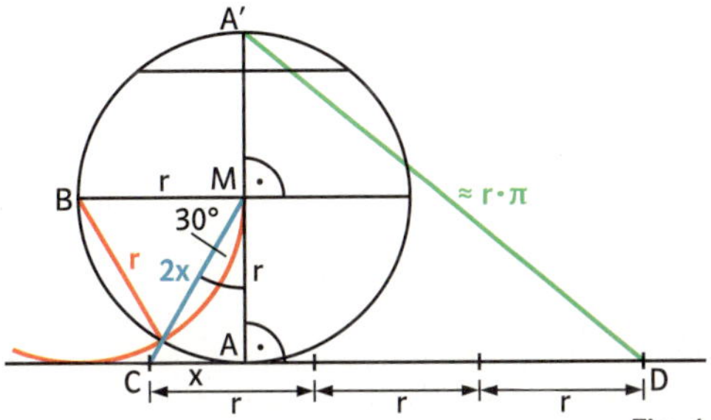

Fig. 4

Pythagoreische Zahlen

Pythagoras von Samos (etwa 580–500 v. Chr.)

Der Satz des Pythagoras ist ein bei geometrischen Berechnungen oft benötigter Satz. Fragt man jemanden, der schon länger nicht mehr zur Schule geht, was er noch aus dem Mathematikunterricht weiß – an den Satz des Pythagoras kann er sich meistens noch erinnern. Manche denken, Pythagoras von Samos war der bedeutendste griechische Mathematiker, vielleicht der bedeutendste Mathematiker überhaupt.

Von seinen Zeitgenossen wurde Pythagoras eher als religiöser Prophet betrachtet. Ihm wurden allerlei Wundergeschichten nachgesagt. Belegt ist, dass er 530 v. Chr. vor dem Tyrannen Polykrates nach Kroton in Süditalien floh. Dort sammelte er einen Kreis von Frauen und Männern um sich, die ihn als religiösen Führer verehrten. Er predigte die Unsterblichkeit der Seele, forderte eine bescheidene Lebensführung und lehrte Astronomie, Mathematik, Musik und Philosophie.

Das zentrale Anliegen von Pythagoras und seinen Schülern (man bezeichnet sie heute als „die Pythagoreer") war das Streben nach **Harmonie**, und zwar auf allen Gebieten.

Über die mathematischen Tätigkeiten der Pythagoreer wird berichtet, dass sie sich mit (Rechen-)Steinchen beschäftigten. Archimedes schrieb später, dass sie „Zahlen in die Gestalt von Dreiecken und Vierecken stellten". Besonders wichtig (man könnte fast sagen: heilig) war ihnen die „Tetraktys" (Fig. 1).

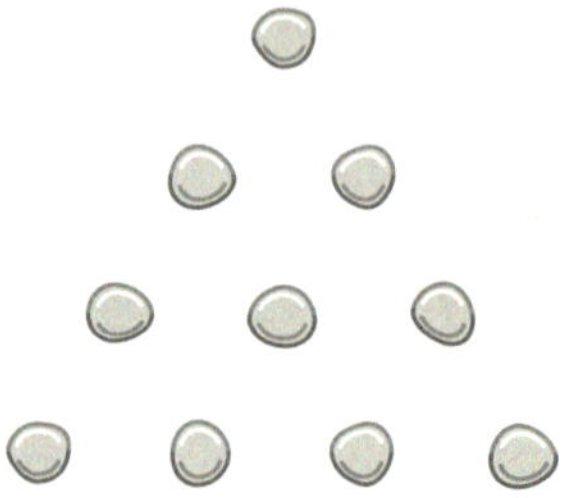

Fig. 1

Dieses „vollkommene Dreieck" stellt dar: $1 + 2 + 3 + 4 = 10$. Pythagoras soll einmal einen Freund gebeten haben zu zählen. Nach 1, 2, 3, 4 unterbrach er ihn: „Siehst du? Was du für 4 hältst, ist 10, ein vollkommenes Dreieck, und unser Eid."

Dann wurden Folgen von Steinchen in Dreiecken, Vierecken usw. gelegt. Die Anzahlen von Steinchen heißen Dreieckszahlen (Fig. 2), Quadratzahlen (Fig. 3) usw. Man hoffte, durch diese besonderen Zahlen tiefere Einsichten in die Ordnung der Welt zu erhalten.

Dreieckzahlen

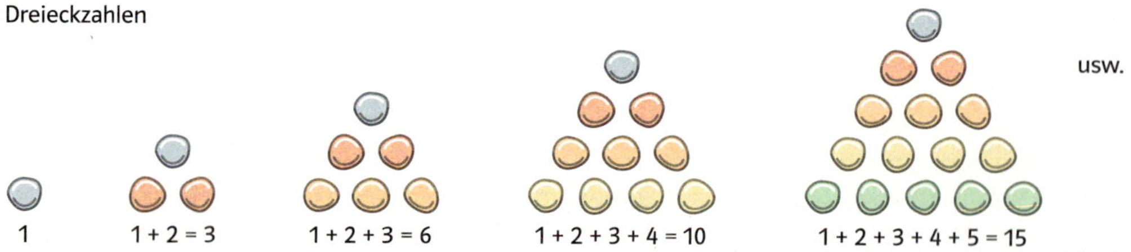

Fig. 2

Quadratzahlen

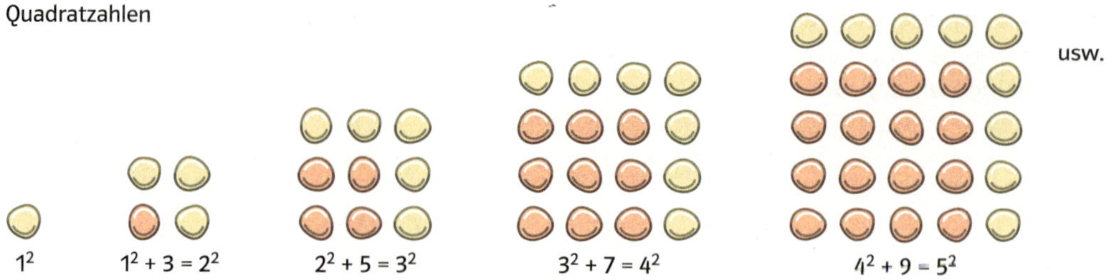

Fig. 3

Pythagoreische Zahlen

Mit einer etwas anderen Anordnung der Dreieckszahlen entdeckten die Pythagoreer die Summenformel für die Summe der ersten n natürlichen Zahlen: Sie legten immer zwei Dreiecke zusammen und erhielten ein Rechteck mit $n(n + 1)$ Steinen (Fig. 1).
Also gilt (Fig. 1): $1 + 2 + 3 + \ldots + n = \frac{1}{2}n(n + 1)$.
Bei den Quadratzahlen entdeckten sie (Fig. 2): $n^2 + 2n + 1 = (n + 1)^2$.
Wenn man die Quadratzahl n^2 und $2n + 1$ addiert, erhält man die nächste Quadratzahl $(n + 1)^2$. Kann dabei $2n + 1$ selbst eine Quadratzahl sein? Es ist $2n + 1$ eine ungerade Zahl, die also höchstens Quadrat einer ungeraden Zahl m sein kann. Sie nahmen einmal an, es gibt eine ungerade Zahl m mit
(1) $2n + 1 = m^2$.
Löst man diese Gleichung nach n auf, so ergibt sich
(2) $n = \frac{1}{2}(m^2 - 1)$.
Addiert man auf beiden Seiten 1, so erhält man
(3) $n + 1 = \frac{1}{2}(m^2 + 1)$.
Quadriert man beide Seiten von Gleichung (3), so ergibt sich $n^2 + 2n + 1 = \left(\frac{m^2 + 1}{2}\right)^2$.
Einsetzen der Gleichungen (2) und (1) führt zu $\left(\frac{m^2 - 1}{2}\right)^2 + m^2 = \left(\frac{m^2 + 1}{2}\right)^2$.

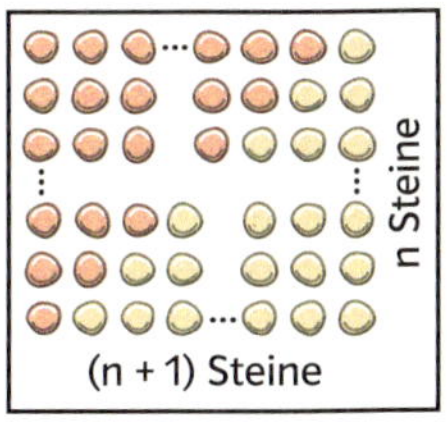

Fig. 1

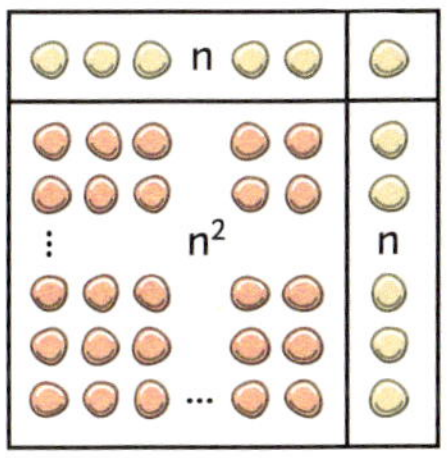

Fig. 2

Damit waren für jede ungerade Zahl m drei Quadratzahlen a^2, b^2 und c^2 gefunden, die mit $a = \frac{m^2 - 1}{2}$, $b = m$ und $c = \frac{m^2 + 1}{2}$ die Formel aus dem Satz des Pythagoras erfüllen.

m	a	b	c
3	4	3	5
5	12	5	13
7	24	7	25
9	40	9	41
11	60	11	61
usw.			

Tab. 1

Für $m = 3; 5; 7; \ldots$ ergeben sich für a, b und c die Zahlen von Tab. 1.
Solche ganzen Zahlen a, b, c mit $a^2 + b^2 = c^2$ nennt man **pythagoreische Zahlen** oder ein **pythagoreisches Zahlentripel (a, b, c)**.
Dazu gehören also rechtwinklige Dreiecke mit ganzzahligen Seitenlängen.
Sind a, b, c alle durch die gleiche Primzahl p teilbar, so ist $\left(\frac{a}{p}, \frac{b}{p}, \frac{c}{p}\right)$ auch ein pythagoreisches Zahlentripel. Ist dies nicht der Fall, so spricht man von einem **primitiven pythagoreischen Zahlentripel** oder einem **primitiven pythagoreischen Dreieck.**
Alle primitiven pythagoreischen Dreiecke erhält man mit $a = m^2 - l^2$, $b = 2ml$, $c = m^2 + l^2$, wenn $m > l$, wenn eine der Zahlen m und l gerade und die andere ungerade ist und wenn $\frac{m}{l}$ nicht ganzzahlig gekürzt werden kann.
Es gibt also unendlich viele Lösungstripel für die Gleichung $a^2 + b^2 = c^2$.

Im Jahr 1637 schrieb Fermat bei der Lektüre der ARITHMETICA von Diophantos neben den Satz des Pythagoras folgende Zeilen als Randbemerkung in seine Ausgabe dieses Buchs: *„Es ist unmöglich, einen Kubus in zwei Kuben zu zerlegen oder ein Biquadrat in zwei Biquadrate oder allgemein irgendeine Potenz größer als die zweite in Potenzen gleichen Grades. Ich habe hierfür einen wahrhaft wunderbaren Beweis gefunden, doch ist der Rand hier zu schmal, um ihn zu fassen."*
Der wunderbare Beweis wurde nie gefunden. Diese Vermutung, dass $a^n + b^n = c^n$ für $n \geqq 3$ keine ganzzahligen Lösungstripel besitzt, wurde als der große Fermat'sche Satz bekannt.
Erst 1994 gelang es dem britischen Mathematiker Andrew Wiles zusammen mit seinem Schüler Richard Taylor, für den großen Fermat'schen Satz einen sehr umfangreichen Beweis zu finden.

Pierre de Fermat

Rückblick

Kathetensatz

Für jedes rechtwinklige Dreieck gilt:
Das Quadrat über einer Kathete ist flächengleich zum Rechteck aus der Hypotenuse und dem anliegenden Hypotenusenabschnitt.

$\mathbf{a^2 = cp}$

$\mathbf{b^2 = cq}$

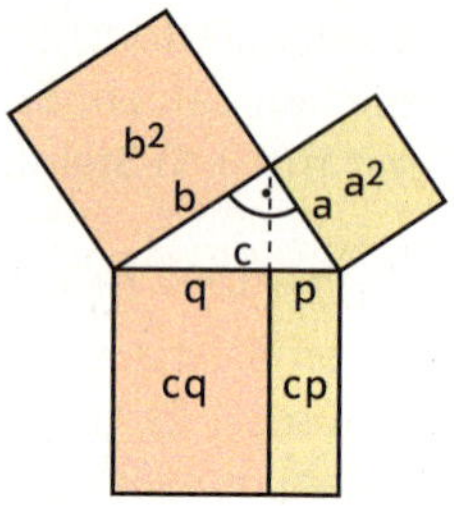

$cp = a^2$

$p = \frac{a^2}{c} = \frac{6^2}{7{,}5}\,cm$

$= 4{,}8\,cm$

$cq = b^2$

$q = \frac{b^2}{c} = \frac{4{,}5^2}{7{,}5}\,cm$

$= 2{,}7\,cm$

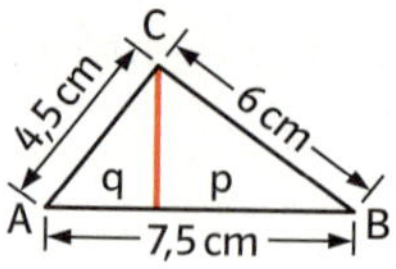

Satz des Pythagoras

Für jedes rechtwinklige Dreieck gilt:
Die beide Kathetenquadrate haben zusammen den gleichen Flächeninhalt wie das Hypotenusenquadrat.

$\mathbf{a^2 + b^2 = c^2}$

Umkehrung des Satzes von Pythagoras

Wenn für die Seiten eines Dreiecks die Gleichung $a^2 + b^2 = c^2$ gilt, dann bilden die Seiten a und b einen rechten Winkel.

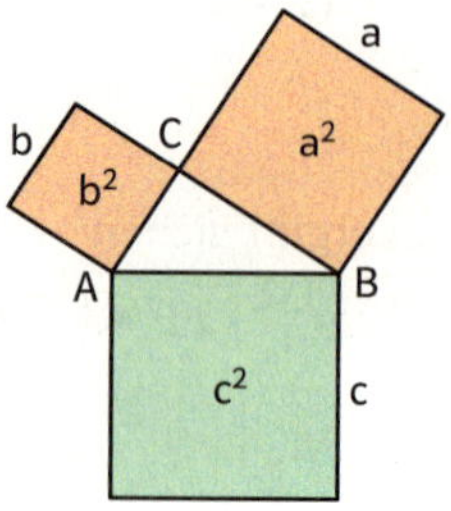

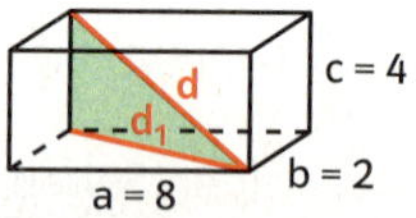

Ist d_1 die Diagonale der Grundfläche, so gilt nach dem ***Satz des Pythagoras***

$d_1^2 = a^2 + b^2$.

Für das markierte Dreieck gilt nach dem ***Satz des Pythagoras***

$d^2 = d_1^2 + c^2$.

Einsetzen ergibt

$d^2 = a^2 + b^2 + c^2$,

$d = \sqrt{a^2 + b^2 + c^2} \approx 9{,}2\,cm$.

Höhensatz

Für jedes rechtwinklige Dreieck gilt:
Das Quadrat über der Höhe ist flächengleich zum Rechteck aus den beiden Hypotenusenabschnitten.

$\mathbf{h^2 = pq}$

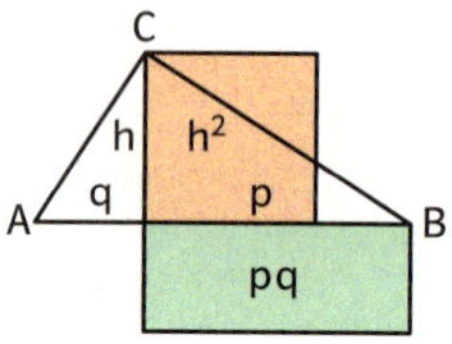

$h^2 = pq$

$= 4{,}8 \cdot 2{,}7\,cm^2$

$h = \sqrt{12{,}96\,cm^2}$

$= 3{,}6\,cm$

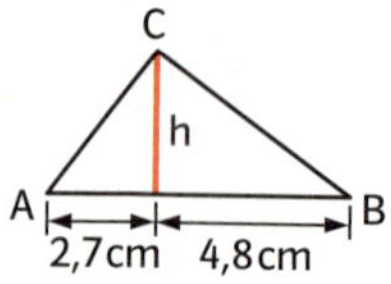

Nützliche Formeln

Diagonale d eines Quadrats mit der Seitenlänge a:

$d = a\sqrt{2}$

Höhe h im gleichseitigen Dreieck mit der Seite a:

$h = \frac{a}{2}\sqrt{3}$

Raumdiagonale d eines Würfels mit der Kante a:

$d = a\sqrt{3}$

Berechnungen an Figuren

- Skizze anfertigen und darin die Strecken benennen
- rechtwinklige Teildreiecke suchen, eventuell Hilfslinien zeichnen
- gesuchte Strecken berechnen

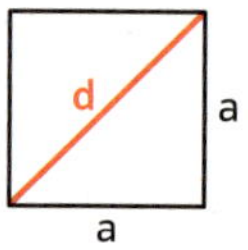

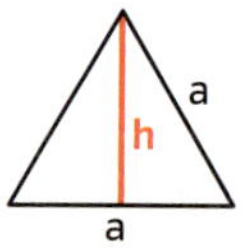

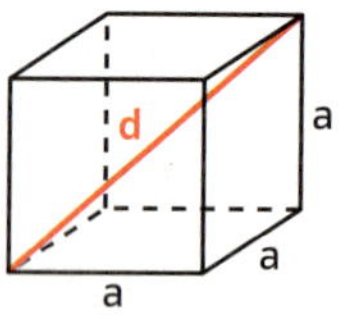

Berechnung der Länge der Diagonale d für a = 8 cm.

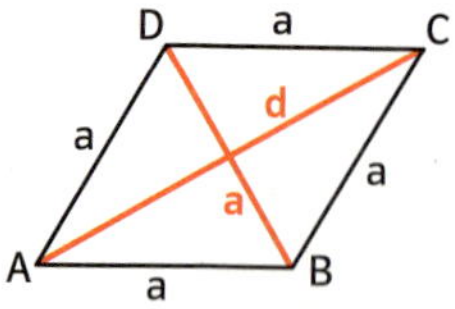

Das Dreieck BCD ist gleichseitig, die Höhe h des Dreiecks ist die halbe Diagonale der Raute.

$\frac{d}{2} = \frac{a}{2}\sqrt{3}$

$d = a\sqrt{3}$

$= 8\sqrt{3}\,cm \approx 13{,}9\,cm$

Training

Runde 1

1 Verwandle nach dem Kathetensatz ein 4,8 cm langes und 2,5 cm breites Rechteck in ein flächengleiches Quadrat.

2 In einem Dreieck ist eine Seite 18 cm lang, eine andere 24 cm. Finde eine dritte Seite so, dass ein rechtwinkliges bzw. spitzwinkliges Dreieck entsteht.

3 In einem rechtwinkligen Dreieck hat das Quadrat über einer Kathete den Flächeninhalt $90{,}25\,cm^2$. Der dazugehörige Hypotenusenabschnitt ist 3,5 cm lang. Berechne die Länge der Hypotenuse.

4 Konstruiere ein Quadrat mit dem Flächeninhalt $13\,cm^2$.

5 Zeichne ein Quadrat mit $a = 2\,cm$ und konstruiere ein Quadrat mit doppeltem Flächeninhalt.

6 Konstruiere nach dem Höhensatz ein Quadrat, das flächengleich zu einem Rechteck mit $a = 4{,}4\,cm$ und $b = 3{,}6\,cm$ ist.

7 a) Die Höhe h_c eines gleichseitigen Dreiecks beträgt 20 cm. Wie lang sind seine Seiten?
b) Für die Raute in Fig. 1 gilt $\alpha = 60°$ und $f = 20\,cm$. Zeige: e und s sind gleich lang.
c) Berechne den Flächeninhalt der Raute.

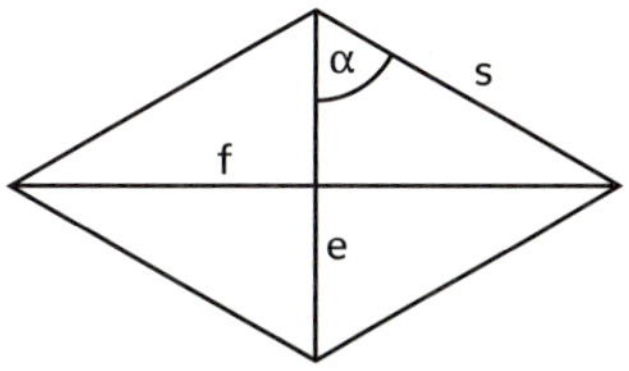

Fig. 1

Runde 2

1 Verwandle ein 4,8 cm langes und 2,5 cm breites Rechteck in ein flächengleiches Quadrat nach dem Höhensatz.

2 In einem Dreieck ist eine Seite 7 cm lang, eine andere 15 cm. Finde eine dritte Seite so, dass ein rechtwinkliges bzw. stumpfwinkliges Dreieck entsteht.

3 Berechne für ein gleichschenkliges Dreieck mit den Schenkeln a und der Grundseite c den Flächeninhalt.
a) $a = 13\,cm$; $h_c = 12\,cm$ b) $a = 17\,cm$; $h_c = 15\,cm$

4 Konstruiere ein Quadrat mit dem Flächeninhalt $7\,cm^2$.

5 Ein Kreis mit dem Radius $r = 6{,}5\,cm$ hat eine Sehne der Länge $s = 6{,}3\,cm$ (Fig. 2). Berechne den Abstand des Kreismittelpunktes von der Sehne.

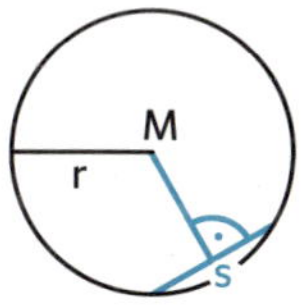

Fig. 2

6 Konstruiere nach dem Kathetensatz ein Quadrat, das flächengleich zu einem Rechteck mit $a = 3{,}5\,cm$ und $b = 2{,}2\,cm$ ist.

7 a) Die Grundkante einer quadratischen Pyramide ist 20 cm lang. Die Pyramide ist 15 cm hoch. Wie lang ist ihre Seitenkante?
b) Ein Quader ist 12 cm lang und 5 cm breit. Seine Raumdiagonale ist 85 cm lang. Wie hoch ist der Quader?

Lösungen auf den Seiten 223 – 226.

Das kannst du schon

- Kongruenzen von Figuren nachweisen
- Mit Größen rechnen
- Konstruktionen durchführen

Zahl

Messen

Raum und Form

Funktionaler Zusammenhang

Daten und Zufall

III Ähnliche Figuren – Strahlensätze

Das sieht euch ähnlich

Ob Dinge sich ähneln, erkennen wir schnell, auch wenn sie nicht gleich sind. Es kommt auf Form und Größe an.

Das kannst du bald

- Ähnliche Figuren untersuchen
- Figuren vergrößern und verkleinern
- Mit Strahlensätzen Längen berechnen

1 Vergrößern und Verkleinern von Figuren – Ähnlichkeit

„Zieh doch mal den Projektor zurück, das ist mir alles zu klein, da kann man gar nichts mehr erkennen."
„Lieber nicht, dann ist das Bild doch total verzerrt!"
„Und unscharf wird's auch noch..."

Ob Modelleisenbahn, Foto, Mikroskop, Landkarte oder Kopierer – das Vergrößern oder Verkleinern hat jeder schon ausgenutzt. Aber ist auch klar, was sich beim Vergrößern oder Verkleinern ändert und was unverändert bleibt? Um dies zu erkennen, kann man z.B. ein Dreieck und seine mit dem Fotokopierer erzeugte Vergrößerung betrachten.

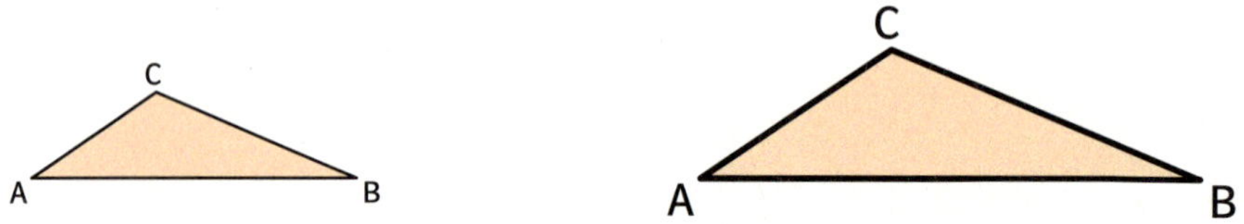

Man stellt fest: Die Winkel des Dreiecks wurden durch das Vergrößern nicht geändert, nur die Seitenlängen sind größer geworden. Misst man die Seitenlängen, erkennt man einen Zusammenhang:

	$\overline{AB}$	$\overline{BC}$	$\overline{AC}$
kleines Dreieck	3 cm	2 cm	1,4 cm
großes Dreieck	4,5 cm	3 cm	2,1 cm
Längenverhältnis	$4{,}5\,\text{cm} : 3\,\text{cm} = \frac{3}{2} = 3 : 2$	$3\,\text{cm} : 2\,\text{cm} = \frac{3}{2} = 3 : 2$	$2{,}1\,\text{cm} : 1{,}4\,\text{cm} = \frac{3}{2} = 3 : 2$

Auch bei Faktoren zwischen 0 und 1 spricht man von Vergrößerungsfaktoren. Bei einem solchen Vergrößerungsfaktor ergibt sich eine Verkleinerung.

Bildet man jeweils den Quotienten einander entsprechender Seiten, so erhält man stets den gleichen Wert $\frac{3}{2}$. Man sagt: Die Längen entsprechender Seiten stehen in einem festen **Längenverhältnis** zueinander. Dieses Verhältnis heißt **Maßstab** oder **Vergrößerungsfaktor**. Der Vergrößerungsfaktor $\frac{3}{2}$ bedeutet Maßstab 3 : 2.
Dies kann man auf beliebige Figuren übertragen. Figuren, bei denen die einander entsprechenden Winkel und die Längenverhältnisse einander entsprechender Seiten gleich bleiben, nennt man **ähnlich**.

Bei einer maßstäblichen Vergrößerung entstehen ähnliche Figuren.

Zwei Figuren heißen **ähnlich**, wenn die Längenverhältnisse einander entsprechender Seiten und die entsprechenden Winkel gleich sind.
$\frac{a}{w} = \frac{b}{x} = \frac{c}{y} = \frac{d}{z}$ und $\alpha = \alpha'$; $\beta = \beta'$; $\gamma = \gamma'$; $\delta = \delta'$

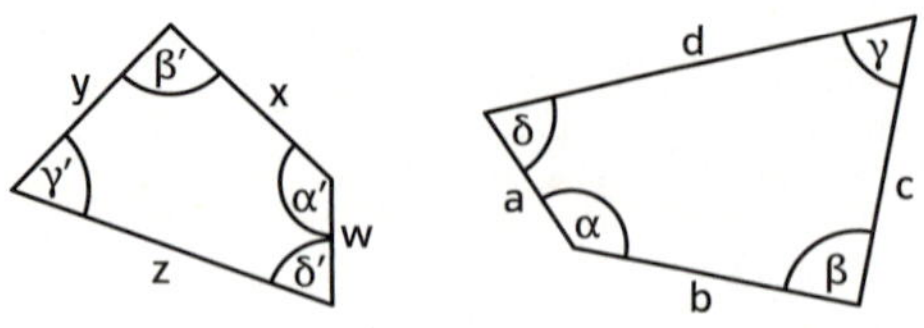

Beispiel

a) Untersuche, ob das Viereck in Fig. 1 zu dem Viereck in Fig. 2 oder Fig. 3 ähnlich ist.

b) Zeichne ein zum Viereck EFGH ähnliches Viereck mit dem Vergrößerungsfaktor 2.

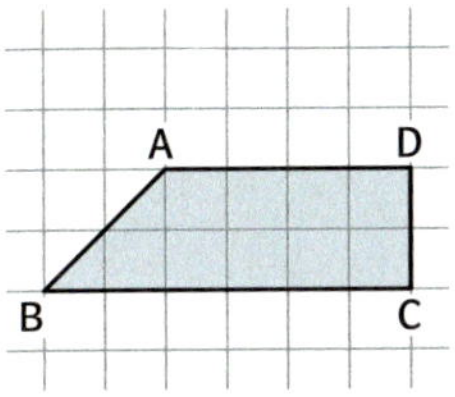

Fig. 1

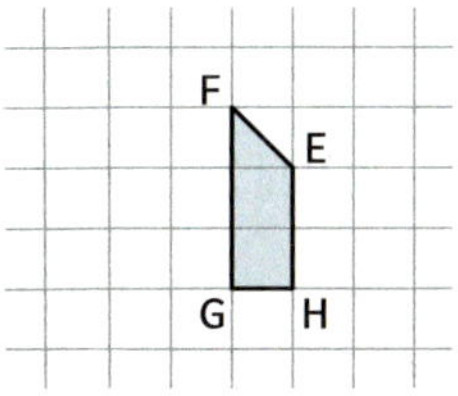

Fig. 2

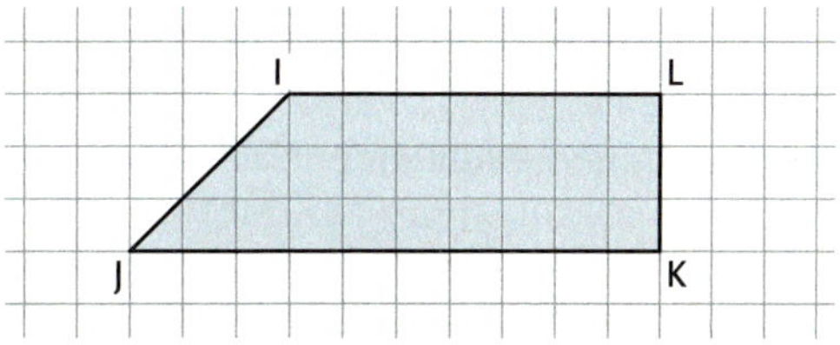

Fig. 3

Lösung:

a) Vergleich von Fig. 1 mit Fig. 2:

Winkel: Entsprechende Winkel sind gleich groß.

Dies erkennt man durch Vergleich der Kästchen oder durch Messen.

Seitenverhältnisse: $\frac{\overline{FG}}{\overline{BC}} = \frac{\overline{GH}}{\overline{CD}} = \frac{\overline{HE}}{\overline{DA}} = \frac{\overline{EF}}{\overline{AB}} = \frac{1}{2}$; daraus folgt: Die Vierecke ABCD und EFGH sind ähnlich.

Vergleich von Fig. 1 mit Fig. 3:

Seitenverhältnisse: $\frac{\overline{JK}}{\overline{BC}} = \frac{10}{6} = \frac{5}{3}$; $\frac{\overline{KL}}{\overline{CD}} = \frac{3}{2}$; die Seitenverhältnisse sind nicht gleich, also sind die Vierecke ABCD und IJKL nicht ähnlich.

b) *Die Winkel bleiben alle gleich groß.*

$\overline{G'H'} = 2 \cdot \overline{GH} = 1\,cm$

$\overline{H'E'} = 2 \cdot \overline{HE} = 2\,cm$

$\overline{F'G'} = 2 \cdot \overline{FG} = 3\,cm$

$\overline{E'F'} = 2 \cdot \overline{EF} = 2\sqrt{2}\,cm$

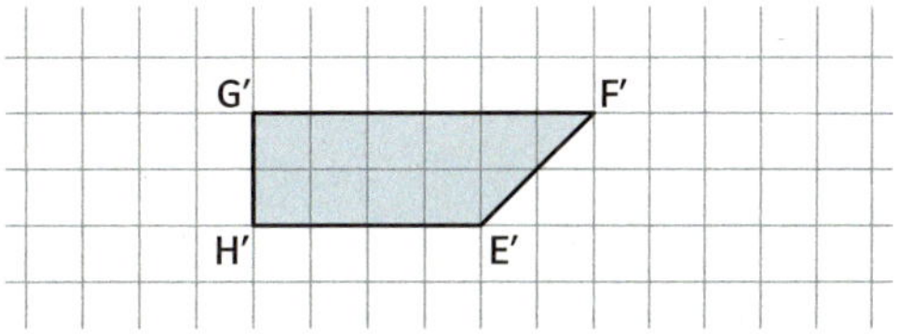

Aufgaben

1 Zeichne ähnliche Figuren mit dem angegebenen Vergrößerungsfaktor.

a) 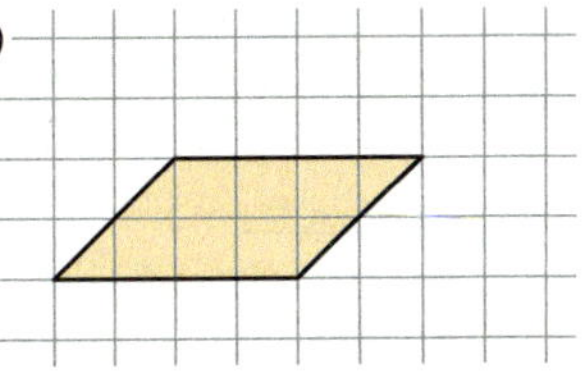

Vergrößerungsfaktor: 2

b) 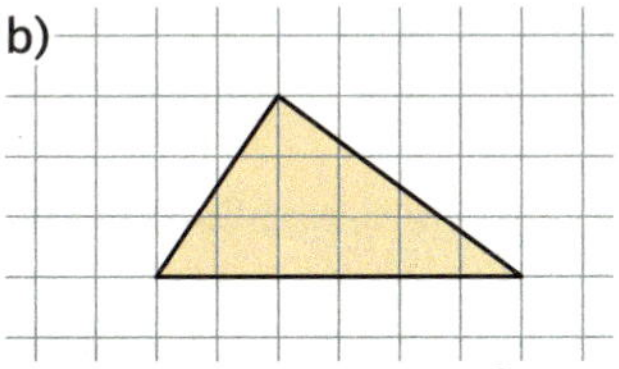

Vergrößerungsfaktor: $\frac{3}{2}$

c) 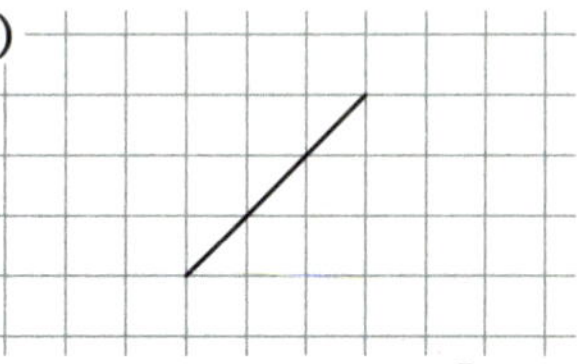

Vergrößerungsfaktor: $\frac{5}{2}$

Warum kann man einer Landkarte Himmelsrichtungen direkt entnehmen, während man Entfernungen erst umrechnen muss?

2 Zeichne die Figur ab und vergrößere sie zu einer ähnlichen Figur, sodass sie gerade noch in ein 10 cm × 10 cm großes Quadrat hineinpasst. Welcher Vergrößerungsfaktor ist zu wählen?

a) 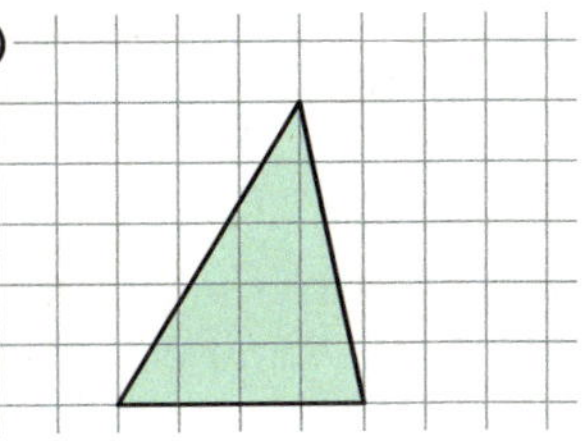

b) 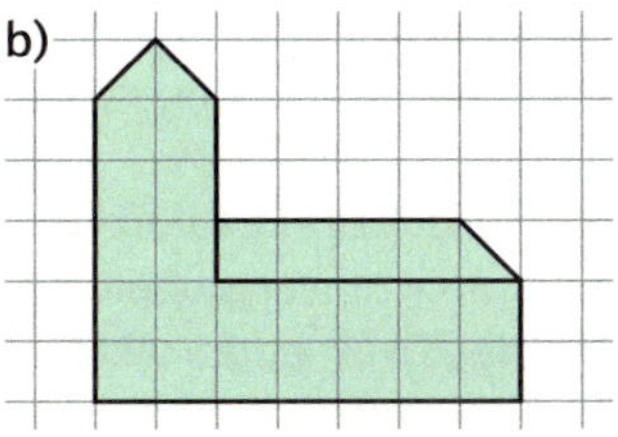

c) 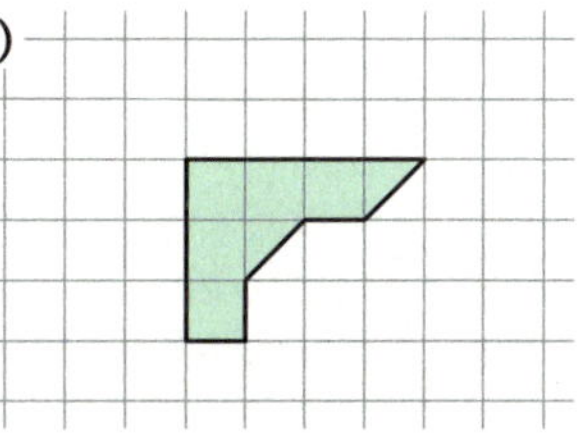

3 Prüfe, ob die drei übereinanderliegenden Rechtecke in Fig. 1 ähnlich sind. Bestimme gegebenenfalls den Vergrößerungsfaktor.

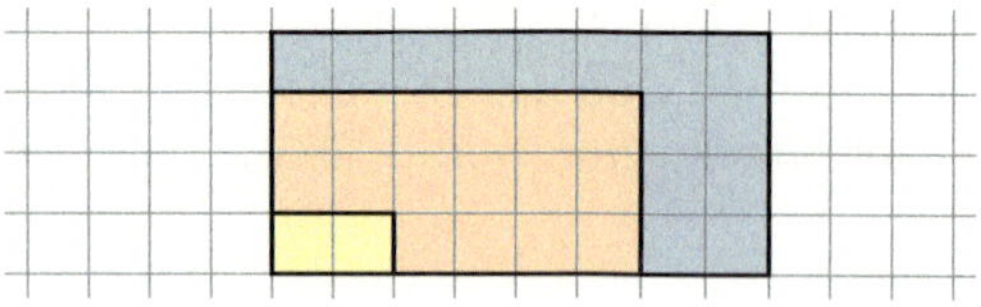

Fig. 1

4 Berechne die fehlenden Seitenlängen der ähnlichen Figuren.

a)

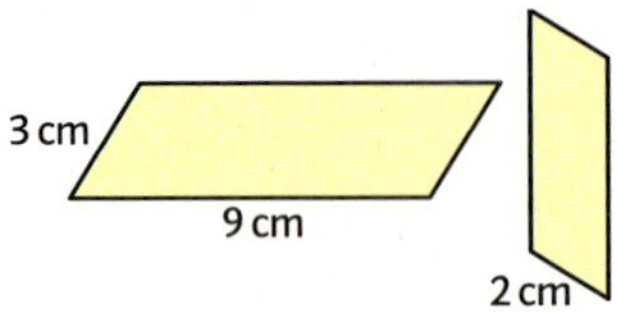

b)

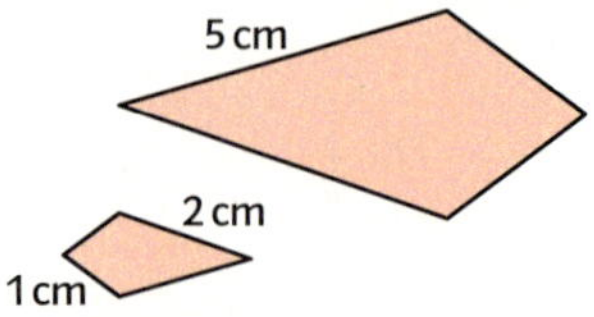

c)

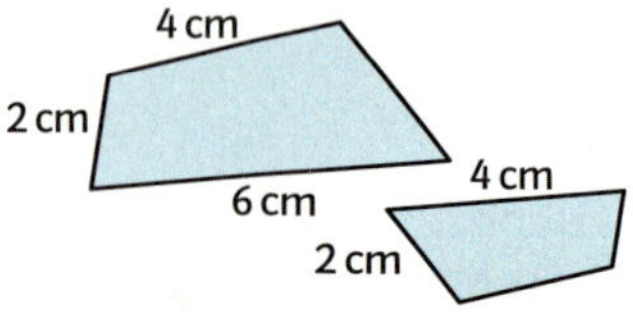

Bist du sicher?

1 Untersuche die beiden Figuren auf Ähnlichkeit. Bestimme gegebenenfalls den Vergrößerungsfaktor.

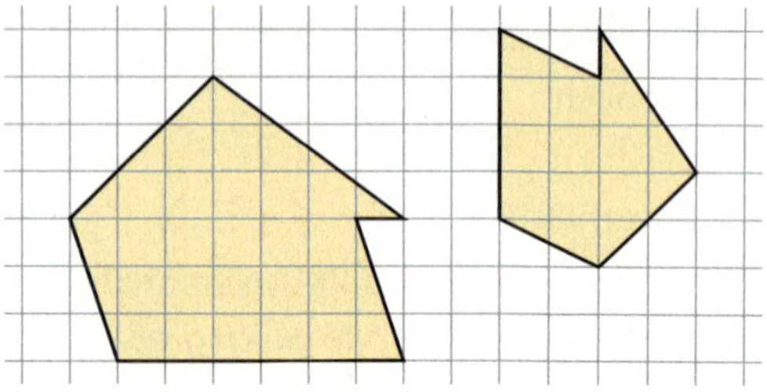

2 Ein Viereck ABCD ist durch die Punkte A(1|1); B(4|1); C(2|3) und D(2|2) gegeben. Zeichne ein zu ABCD ähnliches Viereck mit dem Vergrößerungsfaktor 3.

5 Auf den Bildern ist jeweils die Pyramide vor dem Louvre in Paris zu sehen.

a) Handelt es sich um eine maßstäbliche Vergrößerung des Fotos? Begründe.
b) Die beiden Bilder wurden mithilfe eines Computers bearbeitet. Wie entsteht das zweite Bild aus dem ersten? Erkläre, wie man mit dem Computer eine maßstäbliche Vergrößerung erzeugt.

6 Ein Kleinbildnegativ hat die Größe 24 mm × 36 mm. Fotos werden üblicherweise auf Papier in den Formaten 9 × 13, 10 × 15 oder 13 × 18 gefertigt (alle Angaben in cm).
a) Welche Papierformate sind zum Format des Negativs ähnlich?
b) Welche Folgen kann es haben, wenn Papierformat und Negativformat nicht ähnlich sind?
c) Nenne weitere Formate, die zum Format des Negativs ähnlich sind.

7 Zeichne eine Figur auf eine Folie. Lege die Folie auf den Overheadprojektor und richte diesen so ein, dass eine maßstäbliche Vergrößerung mit dem Vergrößerungsfaktor 6 entsteht. Auf welche Einstellungen des Overheadprojektors ist zu achten, damit die Bilder auf der Folie und an der Wand ähnlich sind? Erläutere.

2 Zentrische Streckungen

Mit Gummi und Stift wird ein Bild vergrößert.

Befestige das Gummi an einem Punkt und bewege den Stift so, dass der Knoten sich über die Linien der Vorlage bewegt.

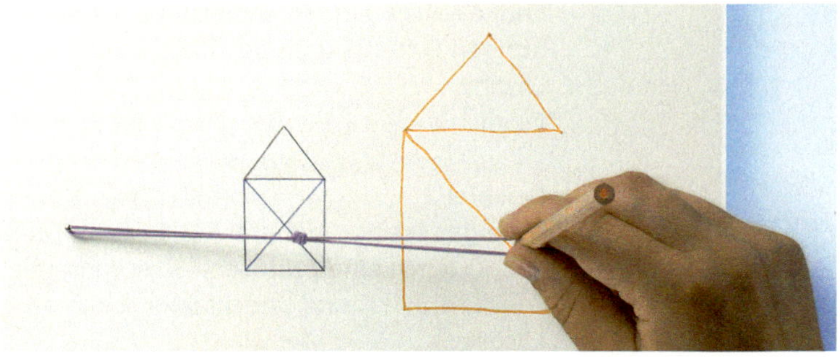

Bei einem Diaprojektor wird ein vergrößertes Bild durch die Lichtstrahlen, die von einer zentralen Beleuchtungsstelle ausgehen, erzeugt. Nach einem solchen Prinzip soll auch eine vergrößerte Figur konstruiert werden. Als Ausgangspunkt legt man dazu einen Punkt S fest. Verlängert man alle Strecken von S zu den Eckpunkten der Figur mit demselben Faktor k (z. B. k = 2), so erhält man die Eckpunkte der vergrößerten Figur.

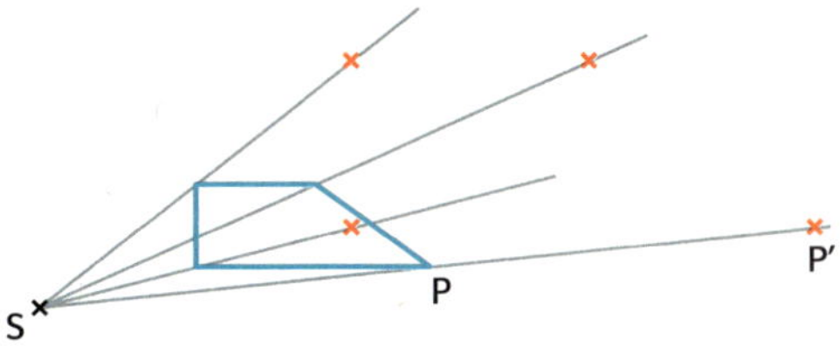

Eine solche Abbildung nennt man **zentrische Streckung** mit **Streckfaktor k** und **Streckzentrum S**.

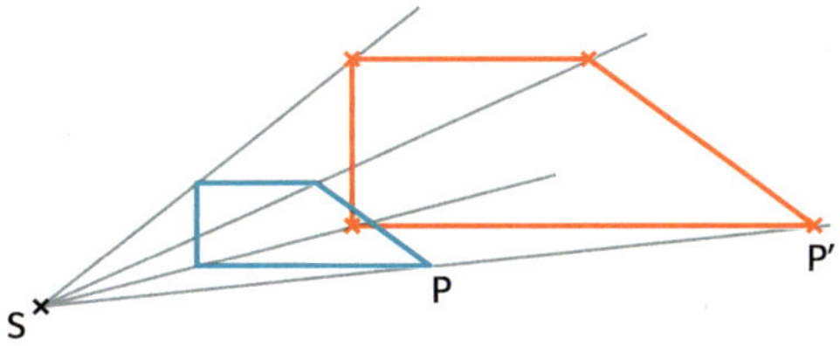

Vergleicht man die Ausgangsfigur mit der Bildfigur, so erkennt man:
- Einander entsprechende Winkel in beiden Figuren sind gleich groß.
- Die Seitenverhältnisse einander entsprechender Seiten sind gleich.

Ausgangs- und Bildfigur sind also ähnlich. Weiterhin sieht man:
- Die Seiten der Bildfigur haben jeweils die k-fache Länge der Seiten der Ausgangsfigur.
- Einander entsprechende Seiten in Ausgangs- und Bildfigur sind zueinander parallel.

Bei einer zentrischen Streckung mit Streckfaktor k und Streckzentrum S gilt:

- Zu jedem Punkt liegt das Bild auf dem von S ausgehenden Strahl durch den Punkt selbst.
- $\overline{SP'} = k \cdot \overline{SP}$; $\overline{SQ'} = k \cdot \overline{SQ}$; $\overline{SR'} = k \cdot \overline{SR}$
- $\overline{P'Q'} = k \cdot \overline{PQ}$; $\overline{P'R'} = k \cdot \overline{PR}$; $\overline{Q'R'} = k \cdot \overline{QR}$
- $\overline{P'Q'} \parallel \overline{PQ}$; $\overline{P'R'} \parallel \overline{PR}$; $\overline{Q'R'} \parallel \overline{QR}$

Eine Figur und die durch zentrische Streckung erzeugte Bildfigur sind ähnlich.

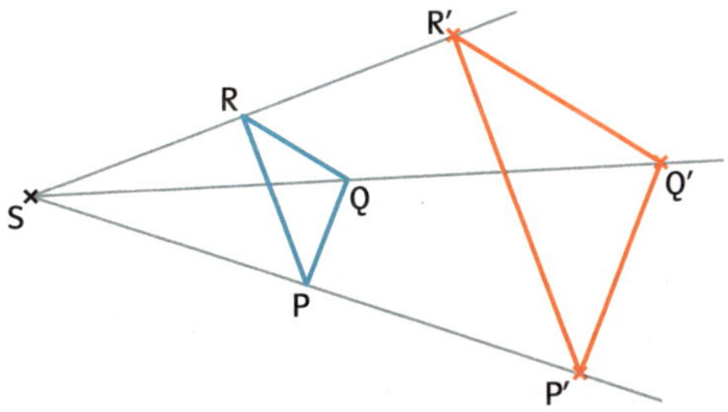

Beispiel 1
Eine zentrische Streckung bildet ein Dreieck ABC mit den Seitenlängen $a = 4\,\text{cm}$; $b = 5\,\text{cm}$ und $c = 7\,\text{cm}$ auf ein Dreieck A'B'C' mit $b' = 4\,\text{cm}$ ab. Berechne den Streckfaktor k und die übrigen Seitenlängen des Bilddreiecks.
Lösung:
Es gilt: $k = \frac{b'}{b} = \frac{4\,\text{cm}}{5\,\text{cm}} = 0{,}8$. Damit ist $c' = 0{,}8 \cdot 7\,\text{cm} = 5{,}6\,\text{cm}$ und $a' = 0{,}8 \cdot 4\,\text{cm} = 3{,}2\,\text{cm}$.

Beispiel 2
Bilde das Dreieck ABC mit A(3|1); B(5|4) und C(2|4) durch eine zentrische Streckung mit Zentrum S(1|1) und Streckfaktor $k = 2$ ab.
Lösung:
$\overline{SA} = 2\,\text{cm}$, also ist $\overline{SA'} = 2 \cdot 2\,\text{cm} = 4\,\text{cm}$ und A'(5|1). Mit dem Satz des Pythagoras erhält man $\overline{SB} = 5\,\text{cm}$, also ist $\overline{SB'} = 10\,\text{cm}$ und B'(9|7). $\overline{SC}$ lässt sich nicht exakt bestimmen. Da aber $\overline{B'C'} \parallel \overline{BC}$ und $\overline{B'C'} = 2 \cdot \overline{BC}$, hat C' die Koordinaten (3|7).

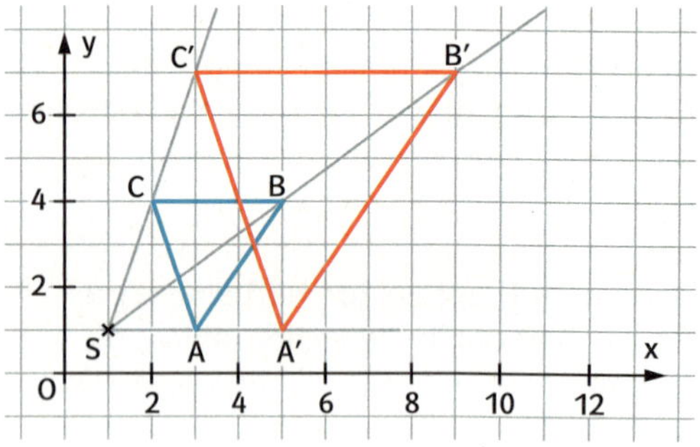

Fig. 1

Beispiel 3 Bestimmung des Streckzentrums
Untersuche, ob die größere Figur durch eine zentrische Streckung aus der kleineren Figur entstanden sein kann.

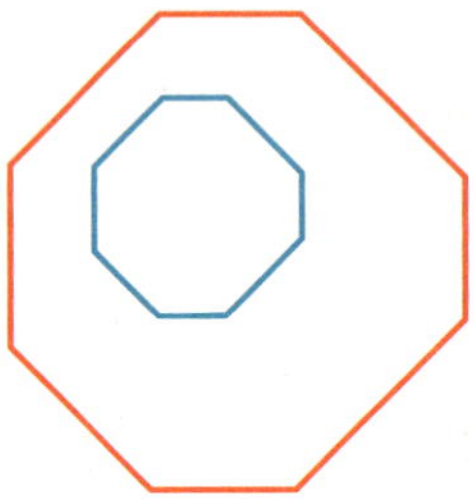

Lösung:

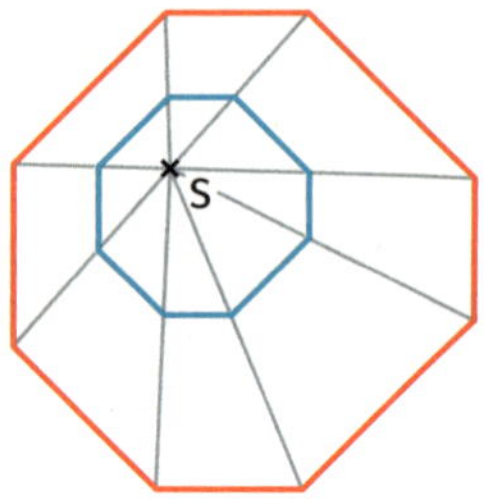

Zeichnet man durch die jeweils einander entsprechenden Punkte Linien, so schneiden sich diese in einem Punkt. Dieser Punkt ist das Streckzentrum S.
Die größere Figur ist durch eine zentrische Streckung aus der kleineren Figur entstanden.

Aufgaben

1 Übertrage die Figur ins Heft und führe die zentrische Streckung mit dem Streckfaktor k durch.

Für $k > 1$ wird eine Figur vergrößert, für $0 < k < 1$ verkleinert.

a) $k = 3$

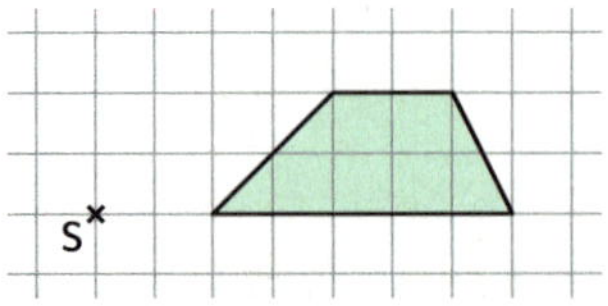

b) $k = 2$

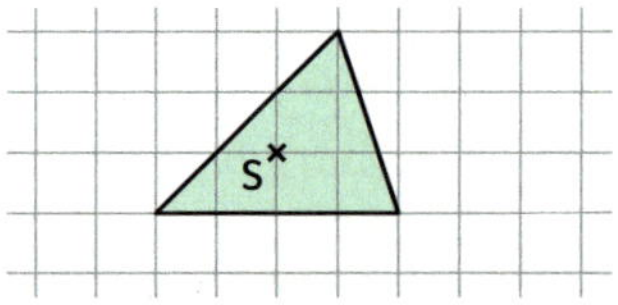

c) $k = \frac{1}{2}$

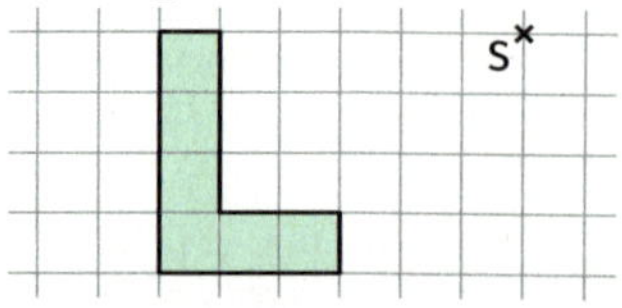

2 Zeichne das Dreieck ABC mit A(2|1); B(4|−1) und C(4|5). Bilde das Dreieck durch die zentrische Streckung mit Streckzentrum S und Streckfaktor k ab.
a) S(1|1); $k = 2$ b) S(4|1); $k = 0{,}5$ c) S(3|2); $k = 3$ d) S = B; $k = 1{,}5$

3 Die rote Figur ist durch zentrische Streckung aus der blauen entstanden. Bestimme das Streckzentrum und berechne den Streckfaktor.

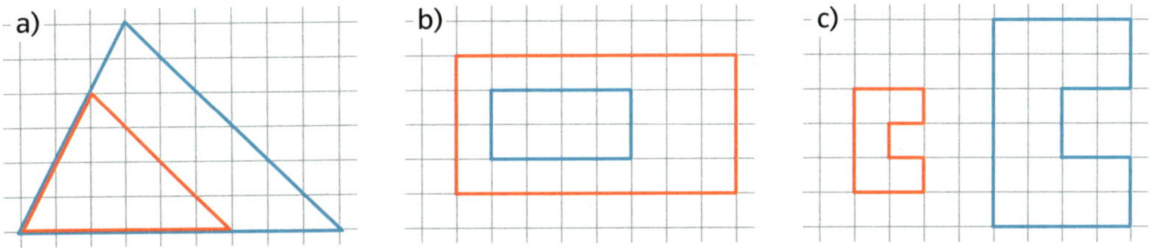

4 Kann das rote Viereck ein Bild des blauen Vierecks bei einer zentrischen Streckung sein? Begründe deine Antwort.

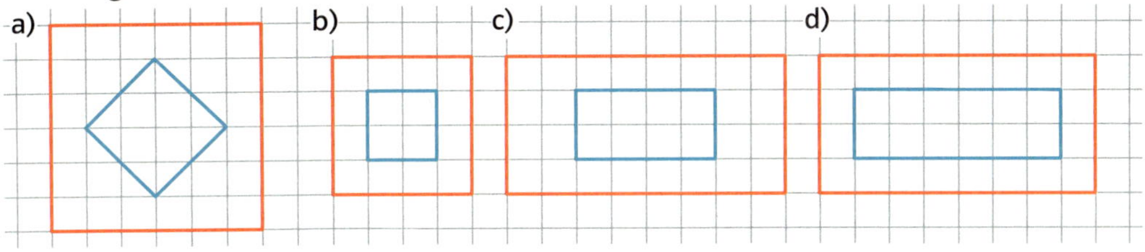

5 Ein Rechteck mit den Seitenlängen $a = 3\,cm$ und $b = 5\,cm$ wird durch eine zentrische Streckung abgebildet. Berechne die fehlende Seitenlänge für $a' = 1{,}8\,cm$ ($b' = 7{,}5\,cm$).

6 Zeichne das Viereck ABCD mit A(4|1); B(8|2); C(9|7) und D(3|6). Bei einer zentrischen Streckung wird der Eckpunkt C auf C′(12,5|10,5) und der Eckpunkt D auf D′(0,5|8,5) abgebildet. Konstruiere das Bildviereck A′B′C′D′.

Bist du sicher?

1 Übertrage die Figur in dein Heft und führe eine zentrische Streckung mit dem Streckfaktor $k = 3{,}5$ durch.

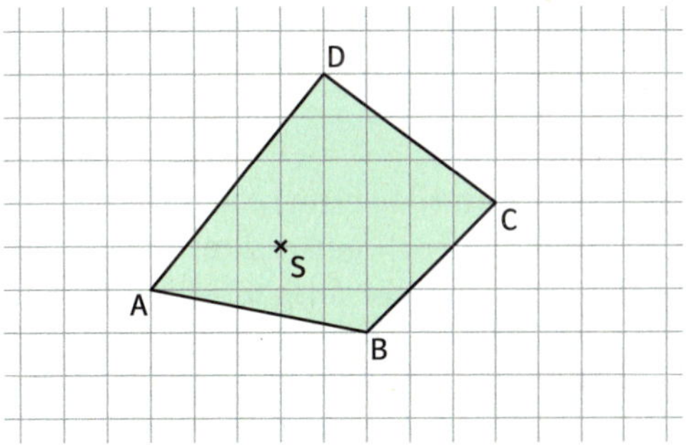

2 Die Punkte A(2|1); B(5|2) und C(1|3) bilden das Dreieck ABC, die Punkte A′(6|3); B′(15|6) und C′(3|9) das Dreieck A′B′C′. Prüfe, ob eine zentrische Streckung vorliegt. Gib gegebenenfalls das Streckzentrum S und den Streckfaktor k an.

7 a) Zeichne ein Fünfeck und führe für unterschiedliche Streckzentren und gleichen Streckfaktor $k = 2$ die zentrischen Streckungen durch.
b) Was kann man über die Lage der Bildfigur sagen, wenn das Streckzentrum innerhalb der Figur liegt? Gibt es weitere besondere Lagen für das Streckzentrum?

8 Zeichne ein Dreieck ABC mit den Seitenlängen $a = 6\,cm$; $b = 5\,cm$ und $c = 7\,cm$. Bilde das Dreieck – ohne zu rechnen – durch die zentrischen Streckung mit $k = 2$ ab. Wähle dabei als Streckzentrum den
a) Eckpunkt A,
b) Höhenschnittpunkt H,
c) Umkreismittelpunkt U,
d) Inkreismittelpunkt I.

Zur Erinnerung:
Der Umkreismittelpunkt U ist der Schnittpunkt der Mittelsenkrechten, der Inkreismittelpunkt I der Schnittpunkt der Winkelhalbierenden eines Dreiecks.

9 Bestimme das Streckzentrum und den Streckfaktor der zentrischen Streckung.

a)
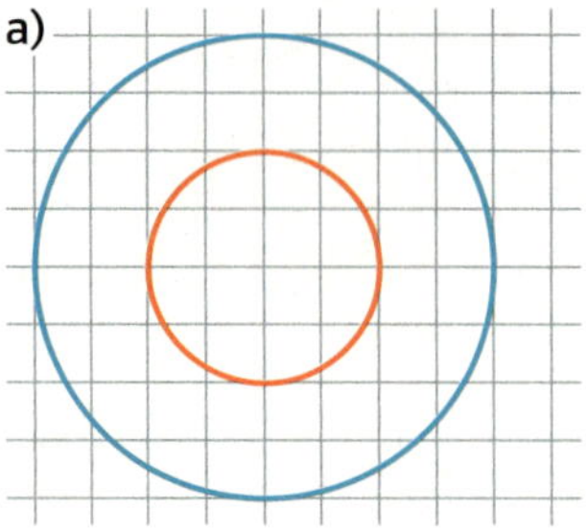
b)
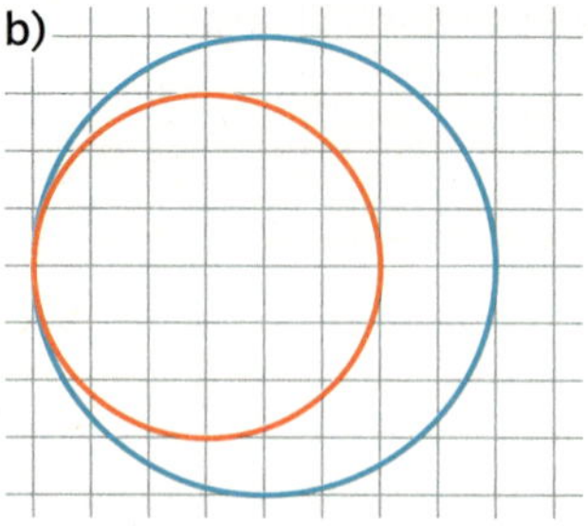
c)
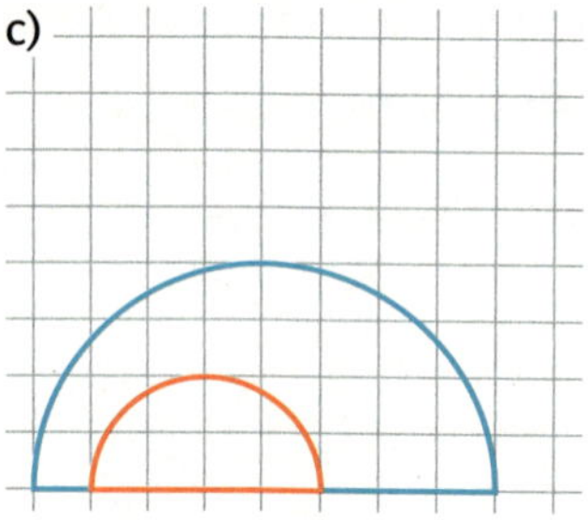

10 In das gleichseitige Dreieck ABC aus Fig. 1 wurde ein möglichst großes Quadrat eingezeichnet. Dies ist nicht so einfach, wie man vielleicht denkt. Fig. 2 zeigt eine Idee, wie man die Konstruktion durchführen könnte. Erläutere die Vorgehensweise.

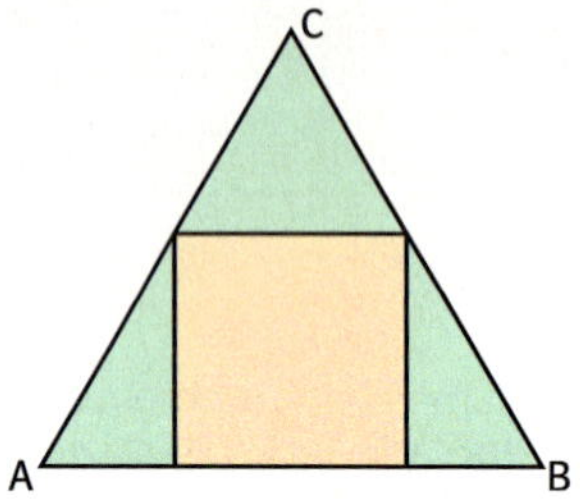

Fig. 1

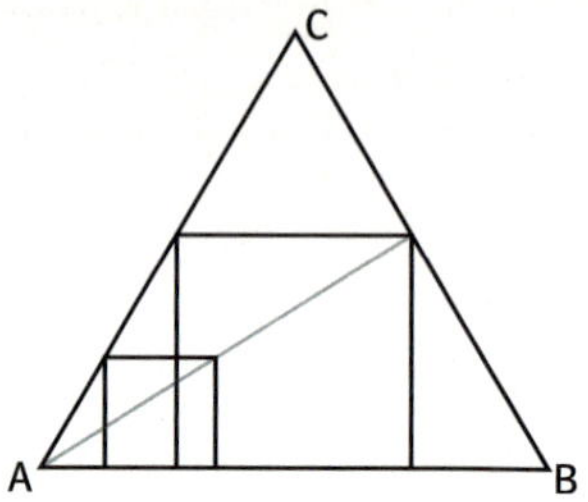

Fig. 2

11 a) Zeichne in ein gleichschenkliges Dreieck ein möglichst großes Quadrat ein. Nutze dabei die Idee, die in Fig. 3 dargestellt ist.
b) Suche nach weiteren Möglichkeiten, ein maximales Quadrat in ein gleichschenkliges Dreieck einzuzeichnen.

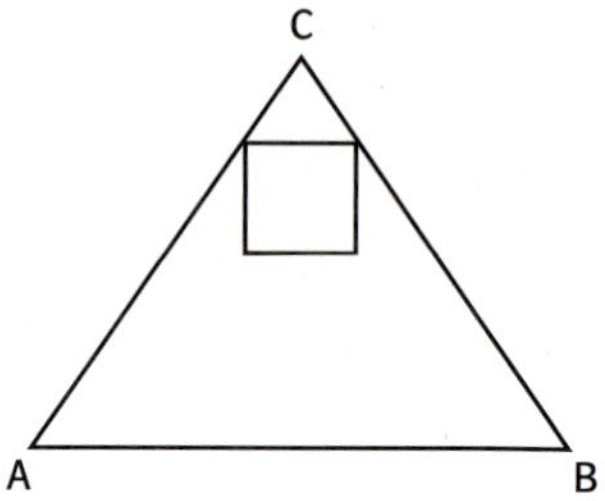

Fig. 3

12 In Fig. 4 wurde versucht, eine Figur und deren zentrisch gestrecktes Bild zu zeichnen. Sowohl die Ausgangsfigur als auch ihr Bild sind noch nicht vollständig gezeichnet.
a) Übertrage die Abbildung in dein Heft und vervollständige Ausgangsfigur und Bild.
b) Bestimme den Streckfaktor.

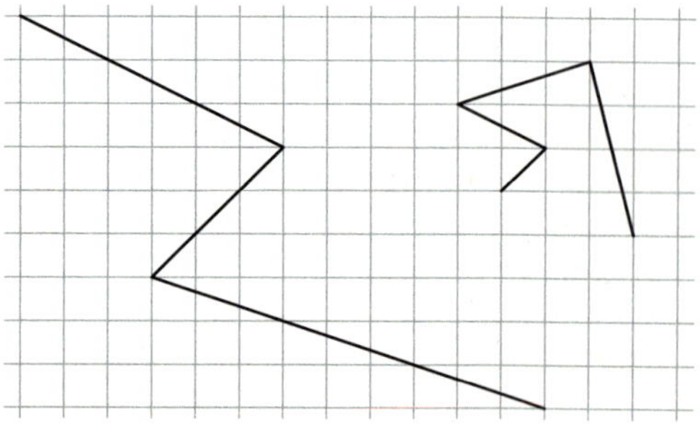
Fig. 4

13 Gibt es eine zentrische Streckung, die A auf A′ und zugleich B auf B′ abbildet? Wenn ja, bestimme das Streckzentrum S und den Streckfaktor k. Wenn nein, begründe deine Antwort.

a) A(3|3); A′(5|5); B(−1|0); B′(−4|−2)
b) A(5|5); A′(3|3); B(−4|−2); B′(−1|0)
c) A(3|−1); A′(4|−1); B(1|3); B′(1,5|4)
d) A(2|−2); A′(4|1); B(10|2); B′(10|5)

14 Begründe: Zentrische Streckungen bilden gleichseitige Dreiecke auf gleichseitige Dreiecke, Quadrate auf Quadrate und Rauten auf Rauten ab.

3 Flächeninhalte

Stolz präsentiert Herr Protz die Bilanz seiner Firma: „In nur einem Jahr haben wir unseren Umsatz verdoppelt. Die Grafik belegt dies eindeutig!“

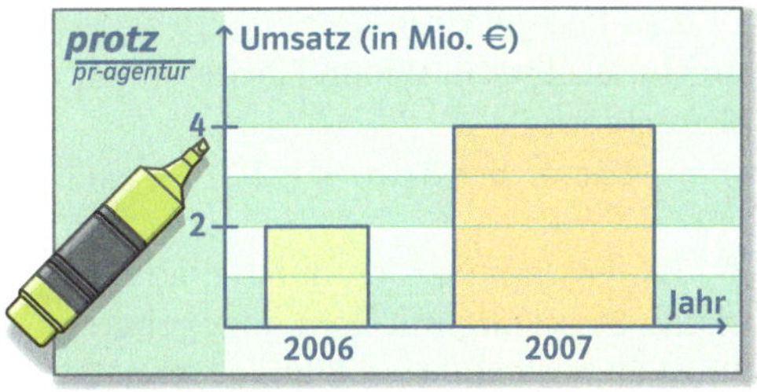

In Fig. 1 wurde ein Dreieck zentrisch gestreckt. Das Ausgangsdreieck hat den Flächeninhalt $A = \frac{1}{2} \cdot g \cdot h$, das Bilddreieck den Flächeninhalt $A' = \frac{1}{2} \cdot g' \cdot h'$. Ähnlich wie Streckenlängen stehen auch die Flächeninhalte in einem festen Verhältnis zueinander.

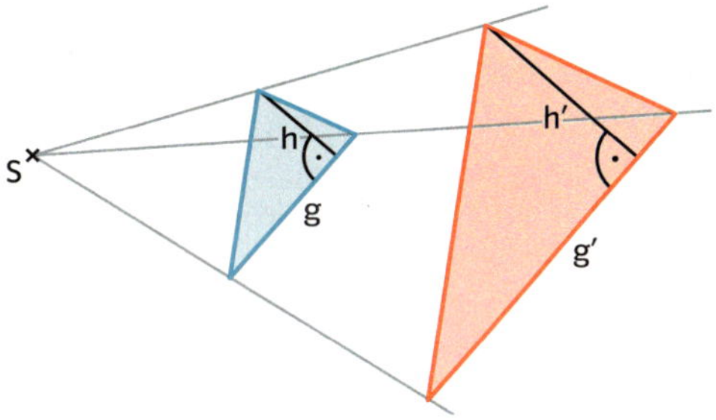

Fig. 1

Wird ein Dreieck mit der Grundseite g und der zugehörigen Höhe h durch eine zentrische Streckung abgebildet, so ändern sich die Größen der Winkel nicht. Im Bilddreieck ist h' senkrecht zu g' und ist damit Höhe auf g' (Fig. 1). Mit dem Streckfaktor k lassen sich im Bilddreieck die Längen von Grundseite g' und Höhe h' berechnen.
Es gilt: $h' = k \cdot h$ und $g' = k \cdot g$.
Damit erhält man:
$A' = \frac{1}{2} \cdot g' \cdot h' = \frac{1}{2} \cdot k \cdot g \cdot k \cdot h = k^2 \cdot \frac{1}{2} \cdot g \cdot h = k^2 \cdot A$

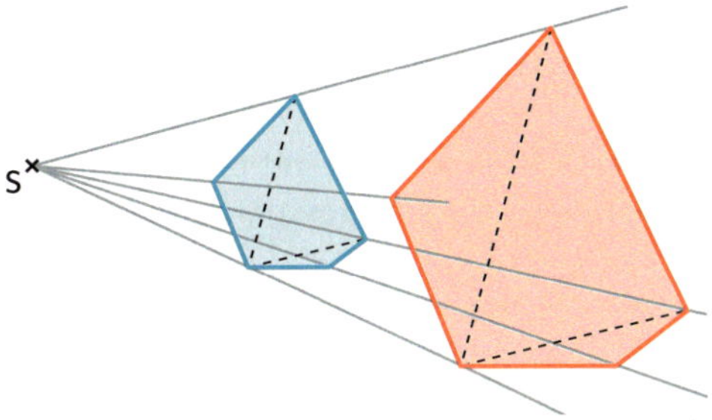

Fig. 2

Da sich jedes Vieleck in Dreiecke zerlegen lässt (Fig. 2), gilt dieser Zusammenhang für jedes Vieleck.

Wird eine Figur mit dem Flächeninhalt A durch eine zentrische Streckung abgebildet, so hat die Bildfigur den k^2-fachen Flächeninhalt: $\mathbf{A' = k^2 \cdot A}$.

Beispiel
Ein Dreieck mit dem Umfang U = 16 cm und dem Flächeninhalt A = 12 cm² wird zentrisch gestreckt. Das Bilddreieck hat den Umfang U' = 12 cm. Bestimme den Flächeninhalt A' des Bilddreiecks.
Lösung:
Berechne zunächst den Streckfaktor k.
$k = \frac{U'}{U} = \frac{12\,\text{cm}}{16\,\text{cm}} = \frac{12}{16} = \frac{3}{4}$
$A' = k^2 \cdot A = \left(\frac{3}{4}\right)^2 \cdot 12\,\text{cm}^2 = \frac{9 \cdot 12}{16}\,\text{cm}^2 = 6{,}75\,\text{cm}^2$

Der Umfang U einer Figur ist die Summe aller Seitenlängen. Es ist $U' = k \cdot U$.

Aufgaben

1 Das Rechteck mit den angegebenen Seitenlängen wird mit dem Streckfaktor k gestreckt. Bestimme seinen Flächeninhalt A und berechne daraus den Flächeninhalt A′ des Bildrechtecks.

a) $a = 4{,}5\,cm$; $b = 8\,cm$; $k = 2$

b) $a = 10\,cm$; $b = 5{,}5\,cm$; $k = 0{,}8$

2 Die Figuren werden durch eine zentrische Streckung mit dem angegebenen Streckfaktor k auf eine Bildfigur abgebildet. Bestimme die Flächeninhalte von Ausgangs- und Bildfigur.

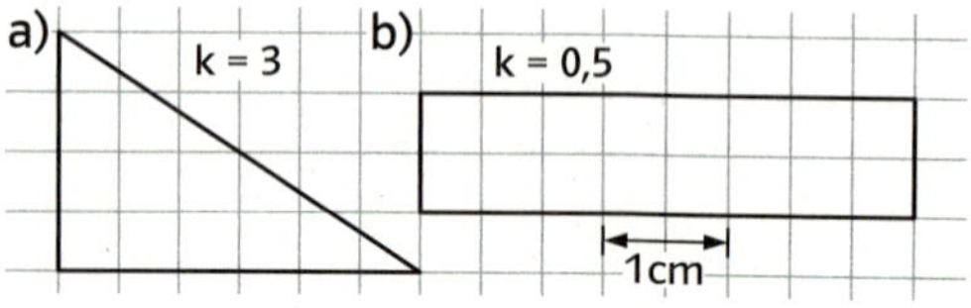

3 Wie ändert sich der Umfang U (Flächeninhalt A) eines Vielecks bei einer zentrischen Streckung mit Streckfaktor $k = 5$ bzw. $k = \frac{1}{2}$?

4 Ein Viereck mit dem Umfang $U = 20\,cm$ und dem Flächeninhalt $A = 22\,cm^2$ wird so zentrisch gestreckt, dass das Bildviereck den Umfang $U' = 15\,cm$ (28 cm) besitzt. Bestimme den Flächeninhalt A′ des Bildvierecks.

5 a) Zeichne das Dreieck ABC mit A(3|1); B(6|1) und C(5|3) und führe eine zentrische Streckung mit $k = 2$ durch. Bestimme die Flächeninhalte der Dreiecke.

b) Führe eine zentrische Streckung durch, sodass der Flächeninhalt des Bildes nur ein Viertel des Flächeninhaltes der Ausgangsfigur beträgt. Welcher Streckfaktor ist zu benutzen?

6 Zeichne eine Raute mit einer 8 cm langen und einer 4 cm langen Diagonale. Strecke die Raute so vom Diagonalenschnittpunkt S aus, dass sich der Flächeninhalt verdoppelt.

7 Ein Rechteck mit den Seitenlängen 15 cm und 24 cm ist zu einem Rechteck ähnlich, das eine 36 cm lange Seite hat. Welche Möglichkeiten gibt es für die andere Seitenlänge? Berechne jeweils den Flächeninhalt des Bildrechtecks.

Kannst du das noch?

8 Löse die Gleichungen nach x auf.

a) $x + 2 = 3x - 4$ b) $\frac{x}{3} = \frac{1}{2}$ c) $\frac{x}{2} = \frac{8}{x}$ d) $\frac{2x}{a} = \frac{5}{2a}$

9 Konstruiere das Dreieck ABC aus den gegebenen Angaben. Welcher Kongruenzsatz garantiert jeweils die eindeutige Konstruierbarkeit?

a) $a = 3\,cm$; $b = 5\,cm$; $c = 6\,cm$

b) $b = 7\,cm$; $\alpha = 35°$; $\gamma = 80°$

10 **Von der Fläche in den Raum**

a) Ein Würfel hat die Kantenlänge $a = 3\,cm$. Berechne das Volumen des Bildwürfels bei einer zentrischen Streckung mit Streckfaktor $k = 2$.

b) Ein Körper mit Volumen $V = 12\,cm^3$ wird durch eine zentrische Streckung auf einen Bildkörper mit Volumen $324\,cm^3$ abgebildet. Bestimme den Streckfaktor k der zentrischen Streckung.

c) Das mit $k = 3$ zentrisch gestreckte Bild eines Quaders hat das Volumen $V' = 1296\,cm^3$. Welche Abmessungen kann der Quader selbst haben?

4 Strahlensätze

Bei Sonnenschein kann man die Höhe des Baumes bestimmen. Bei schlechtem Wetter funktioniert dies so nicht ...

Viele nicht direkt messbare Strecken lassen sich bestimmen, wenn andere Längen bekannt sind. Oft kann man die Berechnung auf eine so genannte **Strahlensatzfigur** (Fig. 1) zurückführen. In ihr werden zwei Strahlen mit gemeinsamem Anfangspunkt S von zwei parallelen Geraden g und g′ geschnitten.

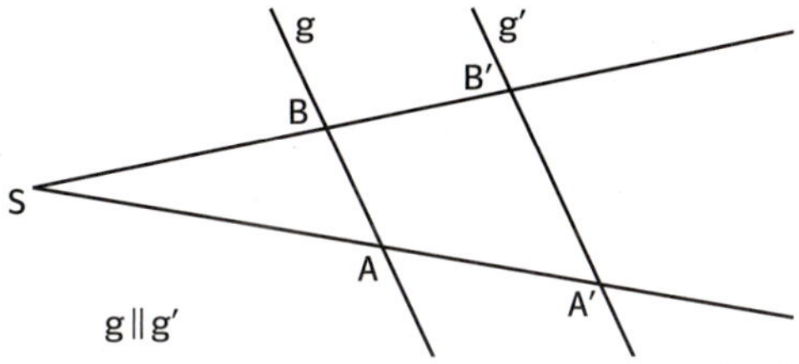

Fig. 1

Eine Halbgerade wird häufig auch Strahl genannt.

Da g und g′ parallel sind, gibt es eine zentrische Streckung mit Streckzentrum S und Streckfaktor k, die g auf g′ abbildet. A′ und B′ sind die Bilder der Punkte A und B.
Für die Länge der Strecke $\overline{SA'}$ gilt: $\overline{SA'} = k \cdot \overline{SA}$, also $\frac{\overline{SA'}}{\overline{SA}} = k$. Ebenso ergeben sich $\frac{\overline{SB'}}{\overline{SB}} = k$ und $\frac{\overline{A'B'}}{\overline{AB}} = k$. Für die Abschnitte auf den Strahlen folgt hieraus $\frac{\overline{SA'}}{\overline{SA}} = \frac{\overline{SB'}}{\overline{SB}}$.
Dieser Sachverhalt heißt auch **1. Strahlensatz**.
Für die Abschnitte auf den Strahlen und auf den Parallelen folgt: $\frac{\overline{A'B'}}{\overline{AB}} = \frac{\overline{SA'}}{\overline{SA}}$ und $\frac{\overline{A'B'}}{\overline{AB}} = \frac{\overline{SB'}}{\overline{SB}}$.
Dieser Sachverhalt heißt auch **2. Strahlensatz**.

1. Strahlensatz
In jeder Strahlensatzfigur verhalten sich die **Abschnitte auf einem Strahl** wie die von S aus gemessenen **entsprechenden Abschnitte auf dem anderen**: $\frac{\overline{SA'}}{\overline{SA}} = \frac{\overline{SB'}}{\overline{SB}}$.

2. Strahlensatz
In jeder Strahlensatzfigur verhalten sich die **Abschnitte auf den Parallelen** wie die **von S aus** gemessenen entsprechenden **Abschnitte auf jedem Strahl**:
$\frac{\overline{A'B'}}{\overline{AB}} = \frac{\overline{SA'}}{\overline{SA}}$ und $\frac{\overline{A'B'}}{\overline{AB}} = \frac{\overline{SB'}}{\overline{SB}}$.

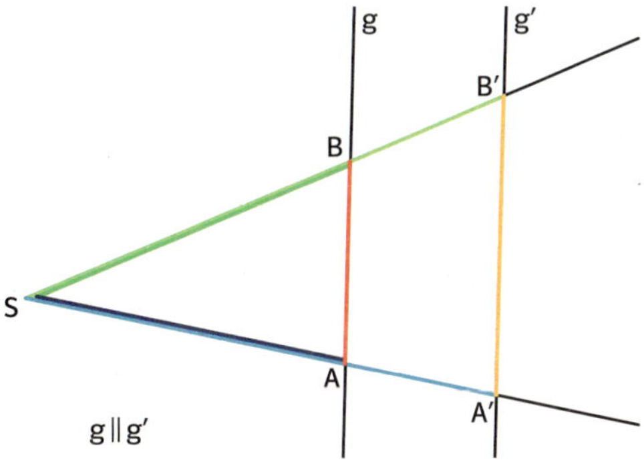

Folgerung aus dem 1. Strahlensatz:
Wegen $\overline{SA'} = \overline{SA} + \overline{AA'}$ und $\overline{SB'} = \overline{SB} + \overline{BB'}$ gilt $\frac{\overline{SA} + \overline{AA'}}{\overline{SA}} = \frac{\overline{SB} + \overline{BB'}}{\overline{SB}}$.
Durch Kürzen erhält man $1 + \frac{\overline{AA'}}{\overline{SA}} = 1 + \frac{\overline{BB'}}{\overline{SB}}$ und damit $\frac{\overline{AA'}}{\overline{SA}} = \frac{\overline{BB'}}{\overline{SB}}$.

Beispiel 1
In der Figur sind die Geraden g und h parallel.
Berechne die Längen der Strecke a und der Strecke b.

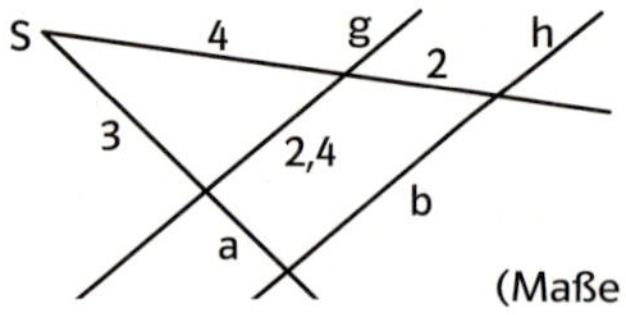

(Maße in cm)

Lösung:
Man berechnet a mit dem 1. Strahlensatz: $\frac{3+a}{3} = \frac{6}{4}$, also $3 + a = 4{,}5$ und $a = 1{,}5$.
Man berechnet b mit dem 2. Strahlensatz: $\frac{b}{2{,}4} = \frac{6}{4}$, also $b = 3{,}6$.

Beispiel 2
In ein Dachgeschoss mit einer Höhe von 4,80 m soll auf einer Höhe von 3,20 m eine Decke eingezogen werden. Wie lang muss ein durchgängiger Deckenbalken sein?

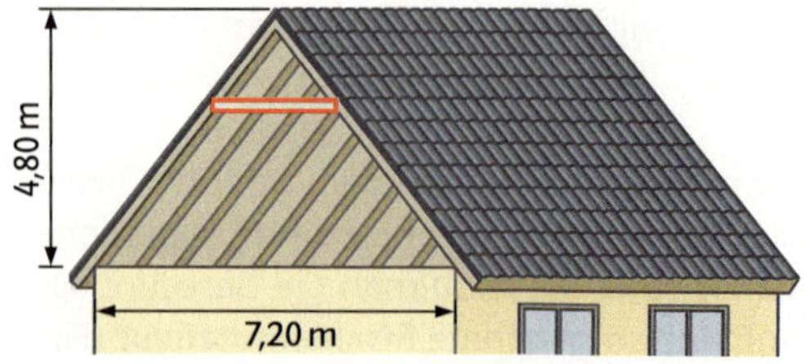

Lösung:
Skizze (Maße in cm):

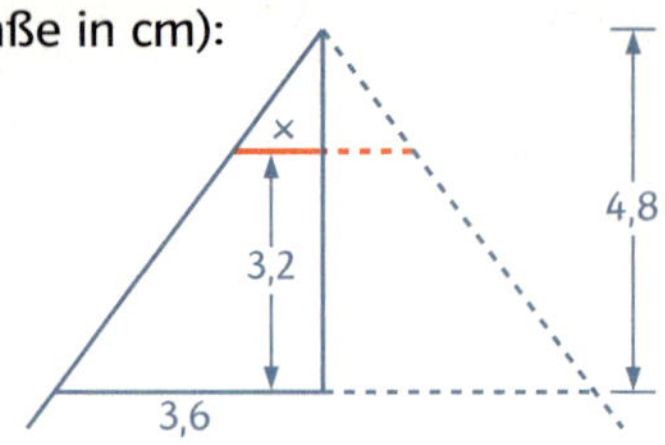

Decke und Boden sind parallel.
Ansatz mit 2. Strahlensatz:
$\frac{x}{3{,}6} = \frac{4{,}8 - 3{,}2}{4{,}8}$ und $x = \frac{1{,}6 \cdot 3{,}6}{4{,}8} = 1{,}2$
Der Deckenbalken muss 2,40 m lang sein.

Aufgaben

1 In der Zeichnung ist g parallel zu h. Berechne die fehlenden Längen (Maße in cm).

a)
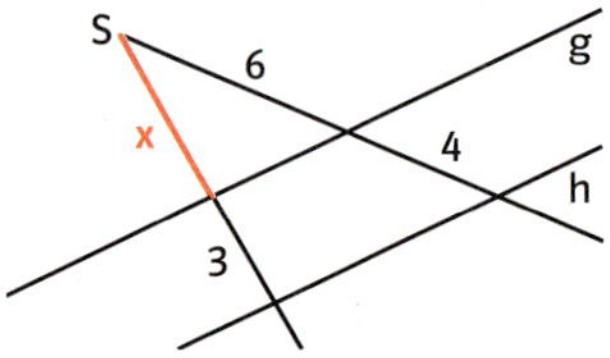

b)
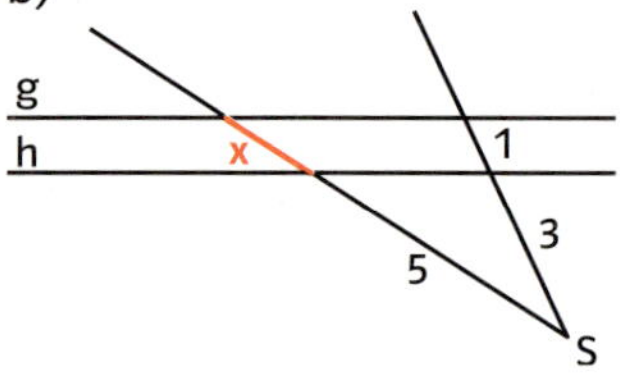

c)
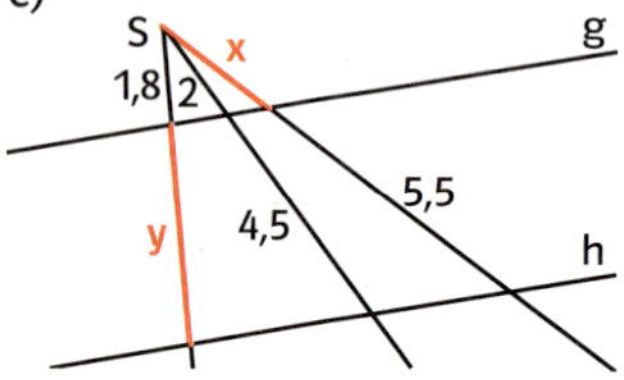

d)
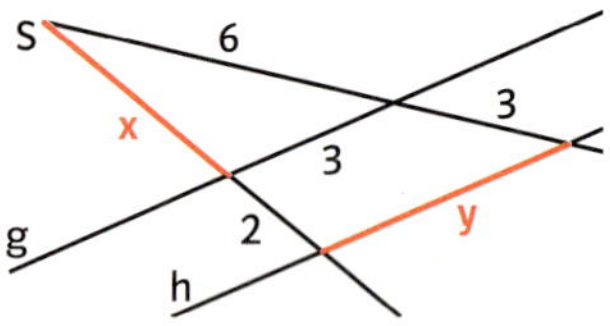

e)
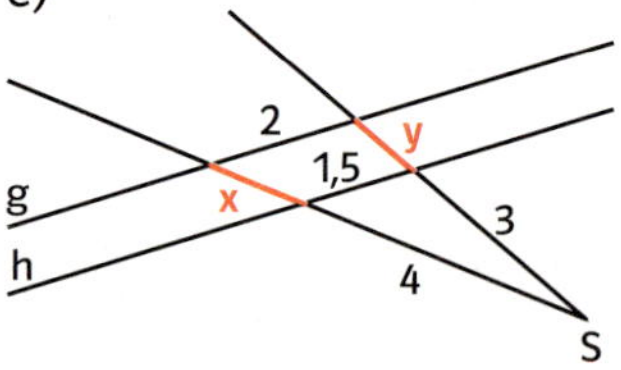

f)
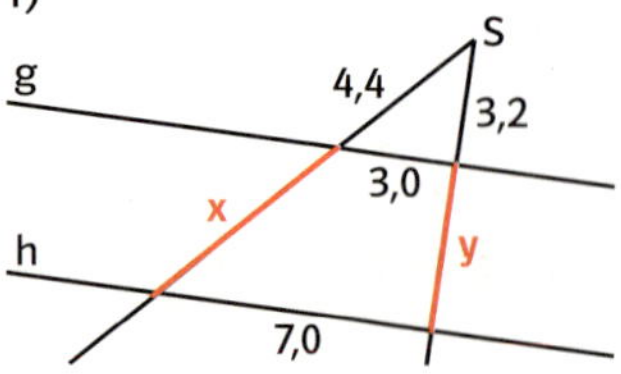

2 In der Zeichnung ist g parallel zu h. Welche Verhältnisse sind gleich?

a)
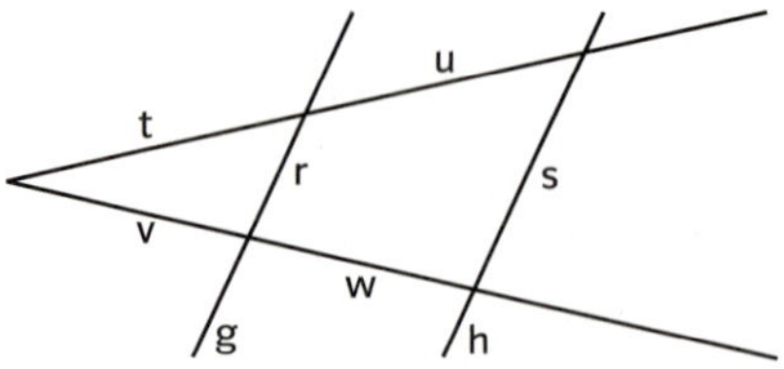

b)
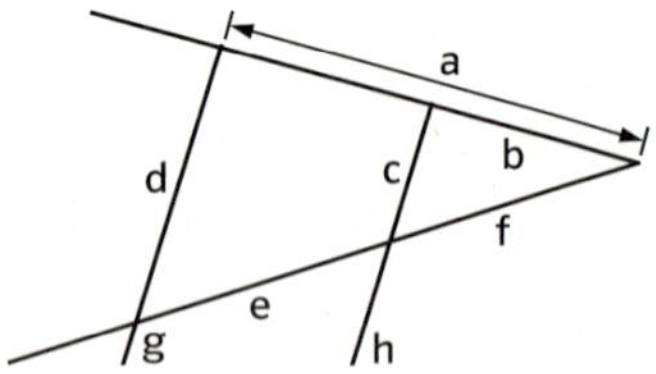

3 Berechne die Länge der Strecke über dem See.

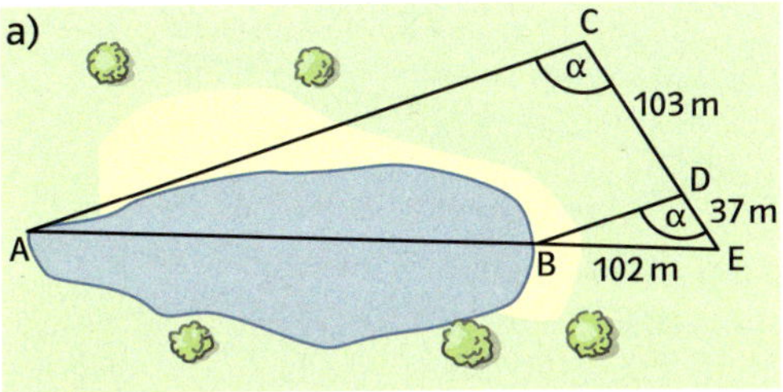

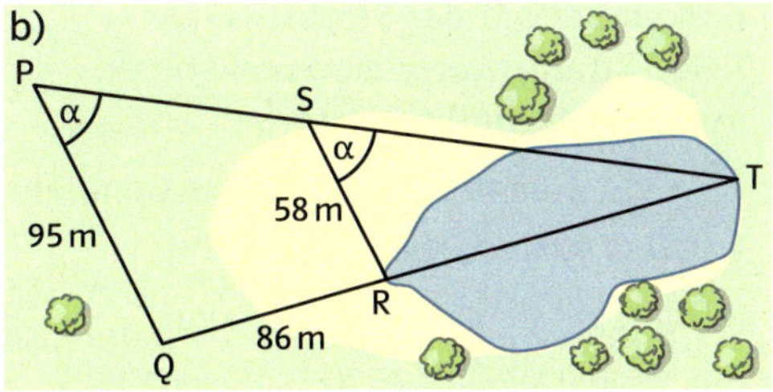

4 Um die Höhe des Kirchturmes zu ermitteln, werden zwei Stäbe $\overline{AB}$ und $\overline{CD}$ mit den Längen 1,4 m und 2,1 m so aufgestellt, dass über sie die Spitze des Kirchturmes angepeilt werden kann. Die Abstände $\overline{AC} = 1{,}5\,m$ und $\overline{CE} = 200\,m$ wurden gemessen. Wie hoch ist der Kirchturm?

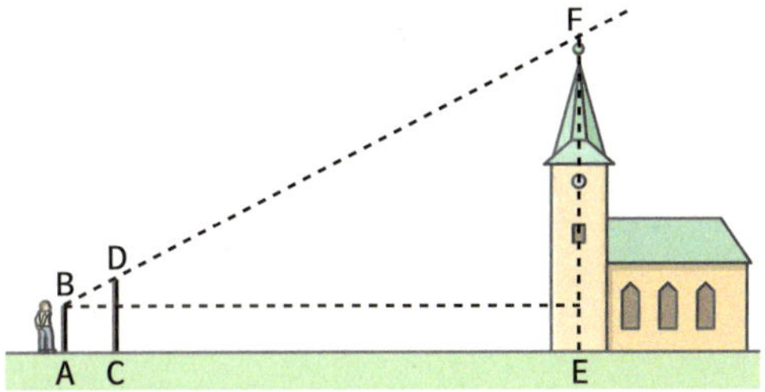

Bist du sicher?

1 Die Geraden g und h in Fig. 1 sind parallel. Berechne die Längen a und b.

2 Wie hoch ist der Fernsehturm in Fig. 2, wenn d = 1,8 cm; g = 64 cm und e = 2,6 km betragen?

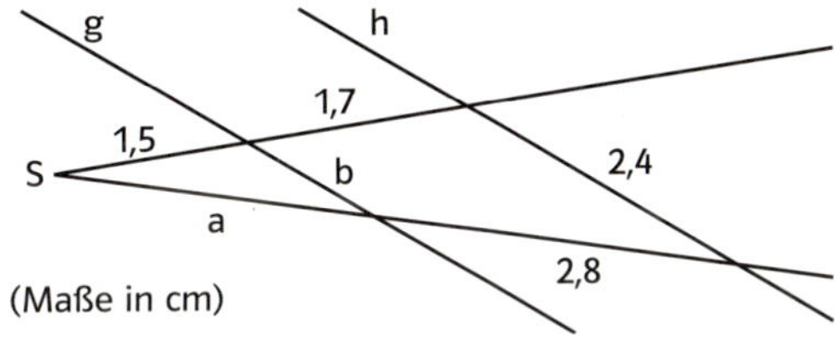

Fig. 1

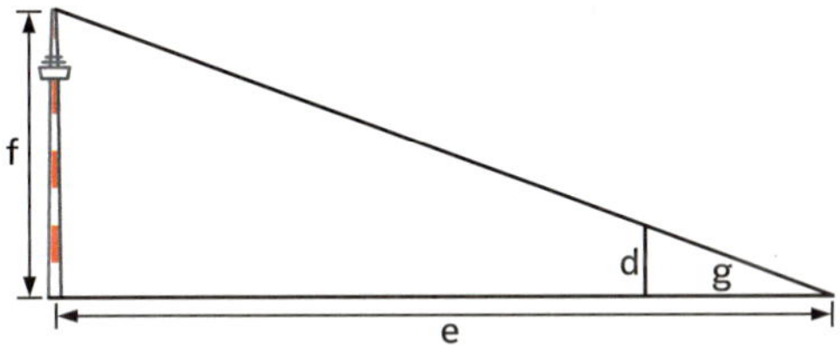

Fig. 2

5 Mit Messkeil und Messlehre kann man kleine Öffnungen und kleine Dicken messen. Bestimme die Weite der Öffnung des Werkstücks und die Dicke des Drahtes.

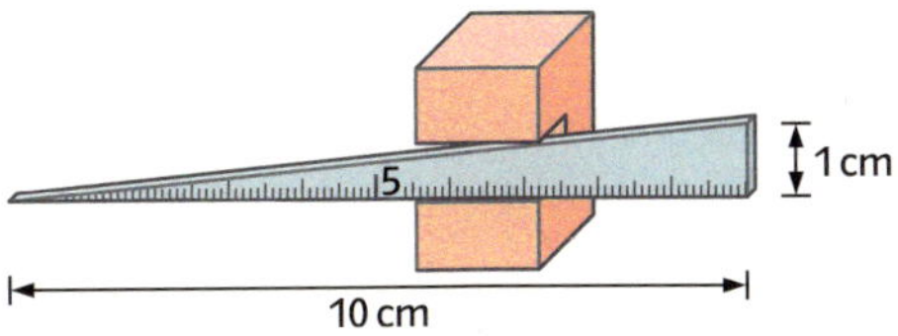

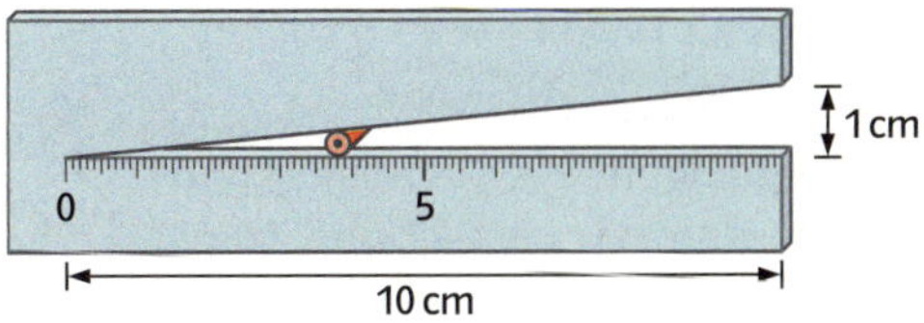

6 Begründe oder widerlege die folgenden Aussagen.

a) In jeder Strahlensatzfigur gilt $\frac{\overline{AA'}}{\overline{SA}} = \frac{\overline{A'B'}}{\overline{AB}}$.

b) In jeder Strahlensatzfigur gilt $\frac{\overline{A'B'}}{\overline{SA}} = \frac{\overline{AB}}{\overline{SA}}$.

c) In einer Figur sind stets entweder beide Strahlensätze anwendbar oder keiner.

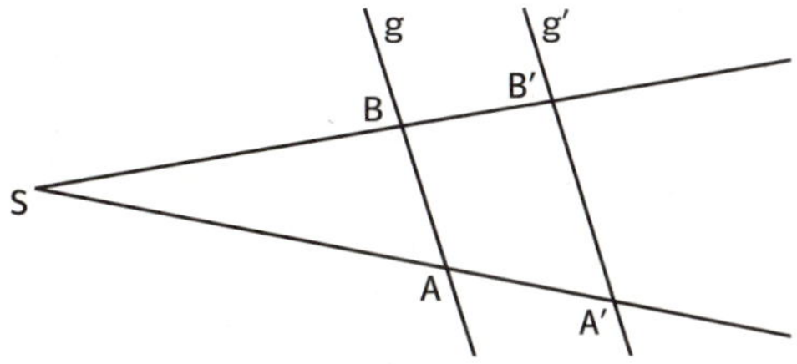

Ein mathematischer Satz ist umkehrbar, wenn man beim Vertauschen von Voraussetzung und Folgerung eine wahre Aussage erhält.

Info

Umkehrbarkeit der Strahlensätze

Beide Strahlensätze sind umkehrbar.
In Fig. 1 gilt für die Längenverhältnisse $\frac{\overline{SA'}}{\overline{SA}} = \frac{\overline{SB'}}{\overline{SB}}$. Hieraus folgt, dass die Geraden g und g′ zueinander parallel sind.
In Fig. 1 gilt ebenso $\frac{\overline{A'B'}}{\overline{AB}} = \frac{\overline{SA'}}{\overline{SA}}$ und $\frac{\overline{A'B'}}{\overline{AB}} = \frac{\overline{SB'}}{\overline{SB}}$.
Aus diesen Gleichungen folgt ebenfalls die Parallelität der Geraden g und g′.
In Fig. 2 gilt zwar $\frac{\overline{A'B'}}{\overline{AB}} = \frac{\overline{SA'}}{\overline{SA}}$, aber die zweite Beziehung ist nicht erfüllt: $\frac{\overline{A'B'}}{\overline{AB}} \neq \frac{\overline{SB'}}{\overline{SB}}$.
Die beiden Geraden g und g′ sind folglich nicht parallel. Hier sind nicht alle Voraussetzungen für eine Umkehrung des 2. Strahlensatzes erfüllt.

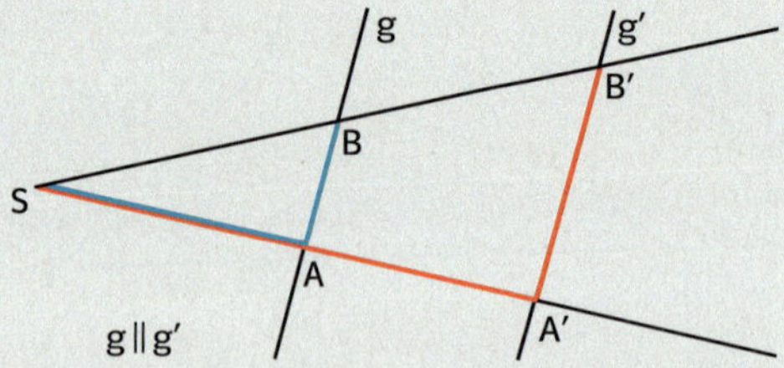

Fig. 1

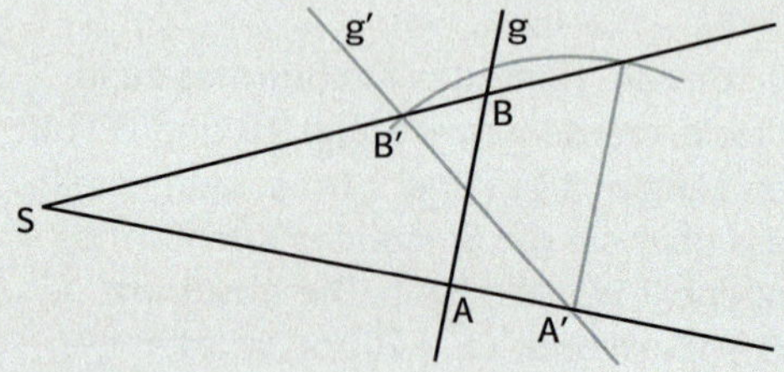

Fig. 2

7 Prüfe rechnerisch, welche der Geraden g, h, k in Fig. 3 zueinander parallel sind.

8 a) Begründe mithilfe eines Strahlensatzes, dass die Rechtecke ABCD und AB′C′D′ in Fig. 4 den gleichen Flächeninhalt haben.
b) Verwandle wie in Fig. 4 ein Rechteck mit a = 4 cm und b = 6 cm in ein flächengleiches Rechteck, bei dem eine Seite 3 cm lang ist.

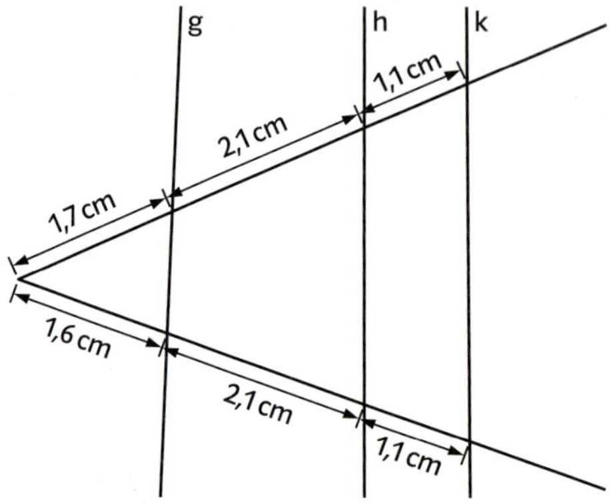

Fig. 3

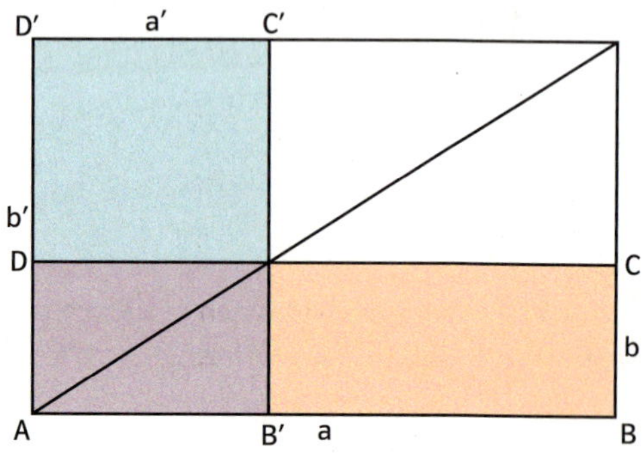

Fig. 4

9 Zeige: Wenn die Geraden g und h in Fig. 5 zueinander parallel sind, so gilt $\frac{a}{b} = \frac{c}{d}$.

10 Ein Mast steht in 90 m Entfernung von einer 8 m hohen Mauer. Steht man 15 m weit hinter der Mauer, so sieht man einen kleinen Teil des Masts über die Mauer ragen. Steht man 45 m weit hinter der Mauer, sieht man doppelt so viel vom Mast. Berechne die Höhe des Masts.

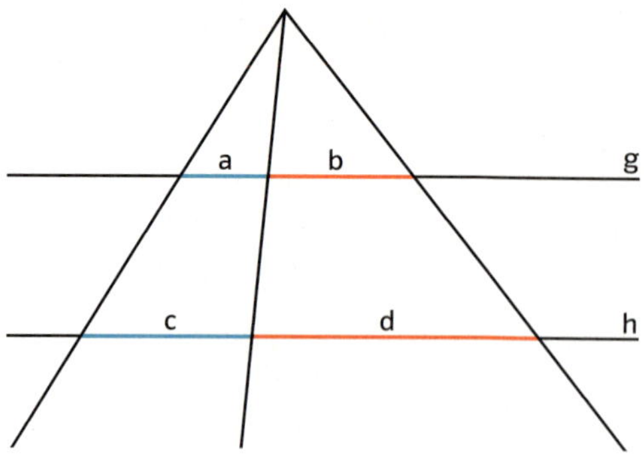

Fig. 5

5 Erweiterung der Strahlensätze

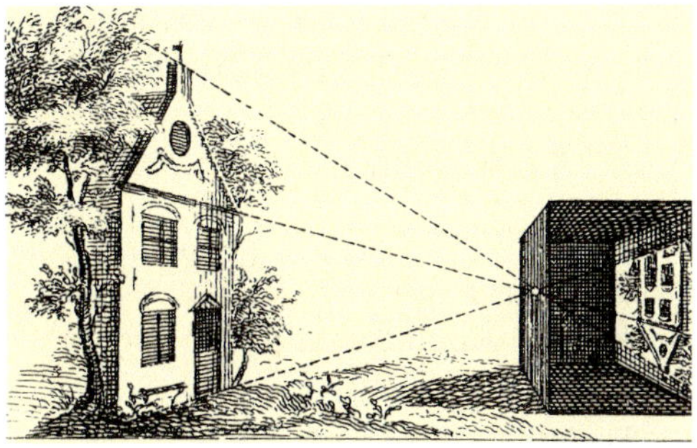

Mithilfe von so genannten Lochkameras wurden bereits im 16. Jahrhundert Landschaften und Gegenstände exakt verkleinert gezeichnet.

Werden zwei sich schneidende Geraden von zwei Parallelen g und g′ geschnitten (Fig. 1), lässt sich ebenfalls eine Strahlensatzfigur erzeugen. Durch Punktspiegelung an S wird die Gerade g zunächst auf g″ abgebildet (Fig. 2). Da g″ und g′ parallel sind, gelten die Strahlensätze:

$\frac{\overline{SA'}}{\overline{SA''}} = \frac{\overline{SB'}}{\overline{SB''}}$ sowie $\frac{\overline{A'B'}}{\overline{A''B''}} = \frac{\overline{SA'}}{\overline{SA''}}$ und $\frac{\overline{A'B'}}{\overline{A''B''}} = \frac{\overline{SB'}}{\overline{SB''}}$.

Bei Punktspiegelungen werden Längen von Strecken nicht verändert, also ist $\overline{SA''} = \overline{SA}$; $\overline{SB''} = \overline{SB}$ und $\overline{A''B''} = \overline{AB}$.

Die Strahlensätze gelten folglich auch für sich schneidende Geraden:

$\frac{\overline{SA'}}{\overline{SA}} = \frac{\overline{SB'}}{\overline{SB}}$ sowie $\frac{\overline{A'B'}}{\overline{AB}} = \frac{\overline{SA'}}{\overline{SA}}$ und $\frac{\overline{A'B'}}{\overline{AB}} = \frac{\overline{SB'}}{\overline{SB}}$.

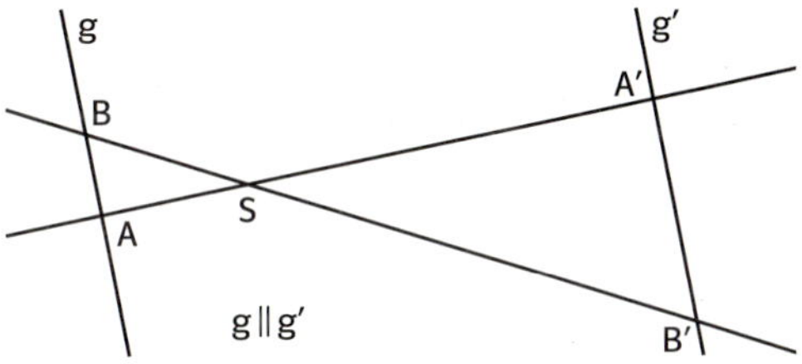

Fig. 1

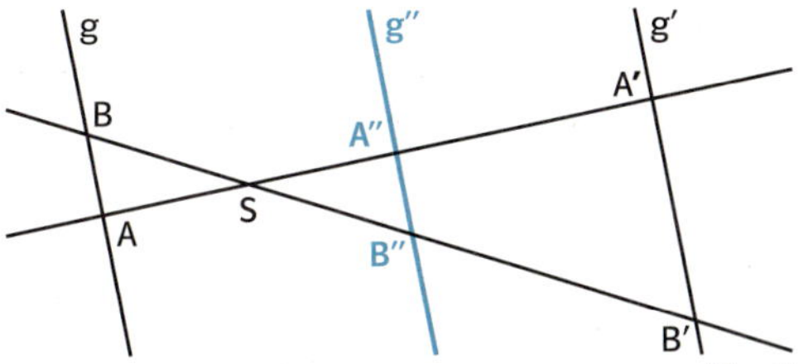

Fig. 2

Bei Achsenspiegelungen, Punktspiegelungen, Drehungen und Verschiebungen bleiben Streckenlängen und Winkelgrößen erhalten.

Strahlensätze
Werden zwei Geraden mit dem Schnittpunkt S von zwei Parallelen geschnitten, so gelten die Strahlensätze.

1. Strahlensatz: $\frac{\overline{SA'}}{\overline{SA}} = \frac{\overline{SB'}}{\overline{SB}}$

2. Strahlensatz: $\frac{\overline{A'B'}}{\overline{AB}} = \frac{\overline{SA'}}{\overline{SA}}$ und $\frac{\overline{A'B'}}{\overline{AB}} = \frac{\overline{SB'}}{\overline{SB}}$.

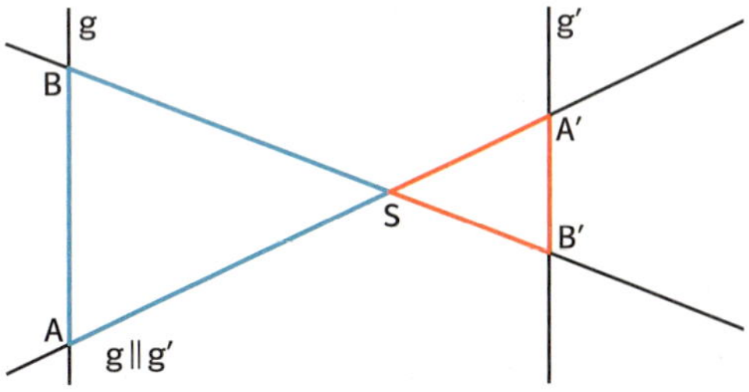

Beispiel 1
In der Figur ist a ∥ b. Berechne x und y.
Lösung:
Nach dem 1. Strahlensatz gilt
$\frac{y}{2} = \frac{5{,}5}{2{,}2}$, also $y = \frac{5{,}5 \cdot 2}{2{,}2} = 5$.
Nach dem 2. Strahlensatz gilt
$\frac{x}{4} = \frac{2{,}2}{5{,}5}$, also $x = \frac{2{,}2 \cdot 4}{5{,}5} = 1{,}6$.

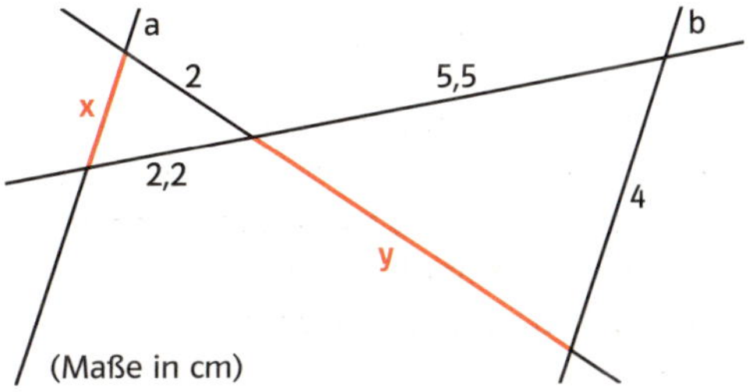

Beispiel 2

Die beiden Geländepunkte A und B sind durch einen See getrennt. Um die Entfernung zu bestimmen, wurde gepeilt und gemessen.

Berechne die Entfernung von A nach B.

Lösung:

Man erkennt eine Strahlensatzfigur mit dem Schnittpunkt B.

Nach dem 1. Strahlensatz gilt:

$\frac{x}{180} = \frac{560}{240}$, also $x = \frac{560 \cdot 180}{240} = 420$.

Die Entfernung zwischen den Geländepunkten A und B beträgt 420 m.

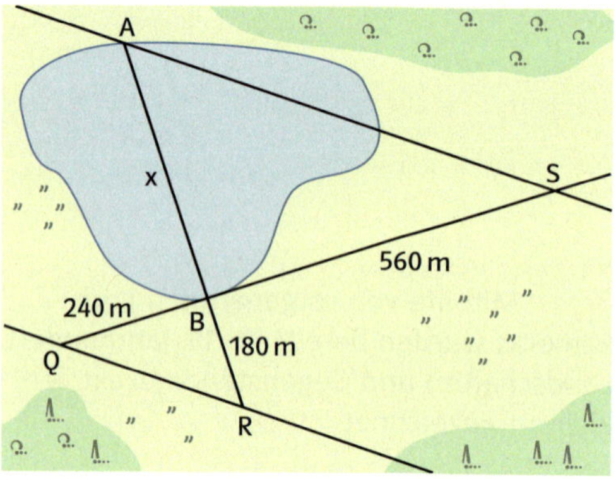

Aufgaben

1 Stelle mithilfe der Strahlensätze Verhältnisgleichungen für Fig. 1 auf.

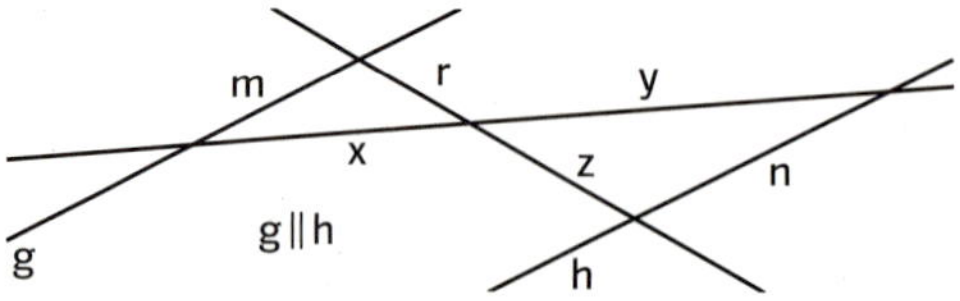

Fig. 1

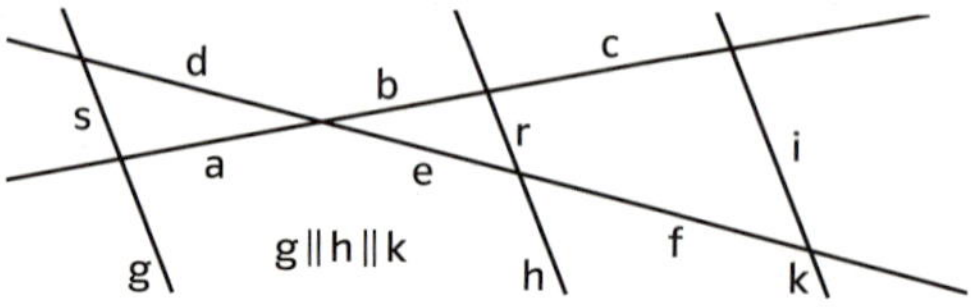

Fig. 2

2 Ergänze so, dass die Verhältnisgleichung für Fig. 2 erfüllt ist.

a) $\frac{a}{b} = \frac{\square}{e}$ b) $\frac{s}{i} = \frac{d}{\square}$ c) $\frac{a+b}{c} = \frac{\square}{f}$ d) $\frac{b}{\square} = \frac{r}{i}$ e) $\frac{a+b}{\square} = \frac{\square}{d}$ f) $\frac{b+c}{d} = \frac{i}{\square}$

3 Die Parallelen werden von zwei Geraden geschnitten. Berechne die fehlenden Längen (Maße in cm).

a)

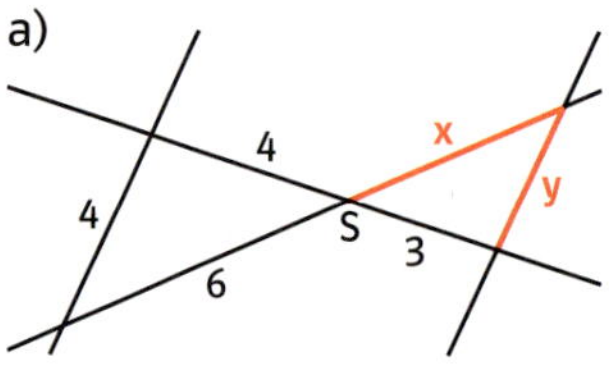

b)

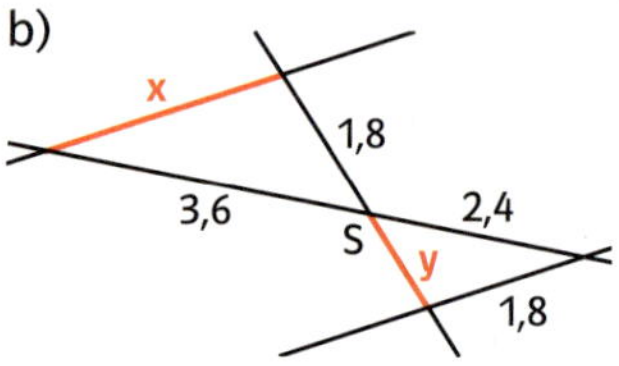

c)

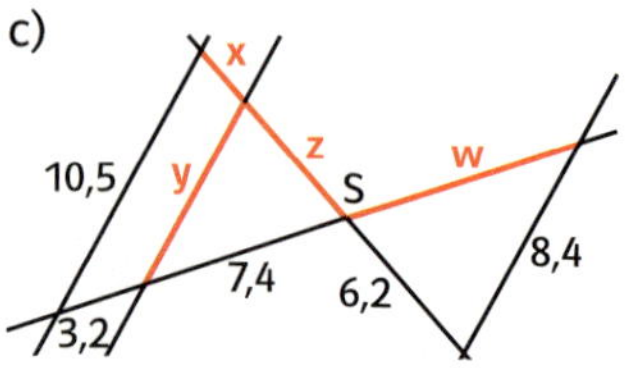

4 Zeichne das Dreieck ABC mit A(−2|−1); B(0|1) und C(−2|3). Bilde das Dreieck durch eine Punktspiegelung an S und anschließender zentrischer Streckung ab mit

a) S(1|1); k = 2, b) S(1|1); k = 0,5, c) S(1|2); k = 1.

5 Zeichne ein Rechteck ABCD mit A(−1|−1); B(−1|1); C(−4|1) und D(−4|−1). Bilde das Rechteck durch eine Punktspiegelung an S und anschließender zentrischer Streckung ab mit

a) S(0|−1); k = 0,5, b) S = B; k = 1,5, c) S(−2|1); k = $\frac{1}{2}$.

6 Die Punkte A und B liegen am Rand einer Schlucht. Im ebenen Gelände wurden Messungen zur Berechnung des Abstandes der Punkte durchgeführt (Fig. 3). Berechne den Abstand zwischen A und B.

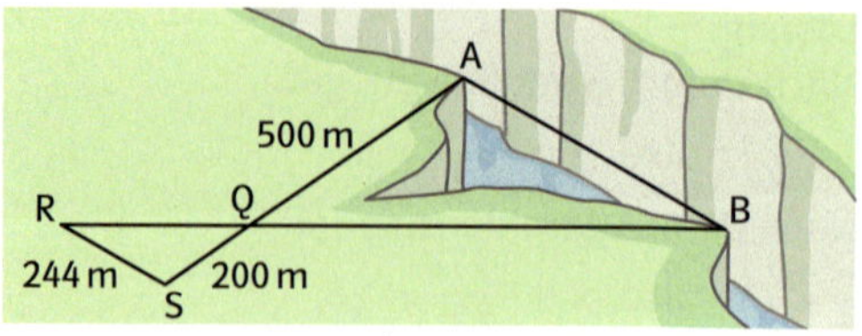

Fig. 3

7 Leonardo da Vinci (1452 – 1519) schlug vor, die Breite eines Flusses wie in der nebenstehenden Zeichnung zu bestimmen. Erläutere das Verfahren, mit dem man die Breite berechnen kann, und bestimme die Flussbreite, wenn die folgenden Größen gemessen werden:
$\overline{BC} = 1\,m$, $\overline{AB} = 20\,cm$, $\overline{AD} = 1{,}5\,m$.

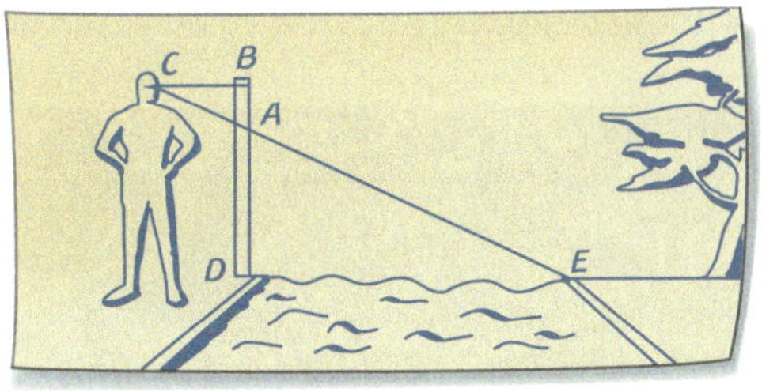

Bist du sicher?

1 Berechne x, y und z in Fig. 1 (Maße in cm).

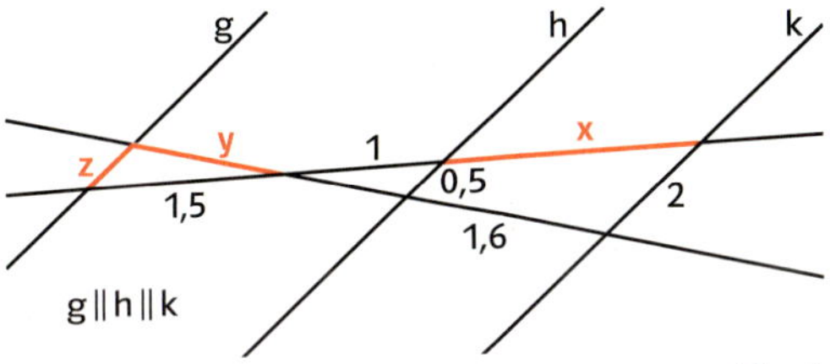

Fig. 1

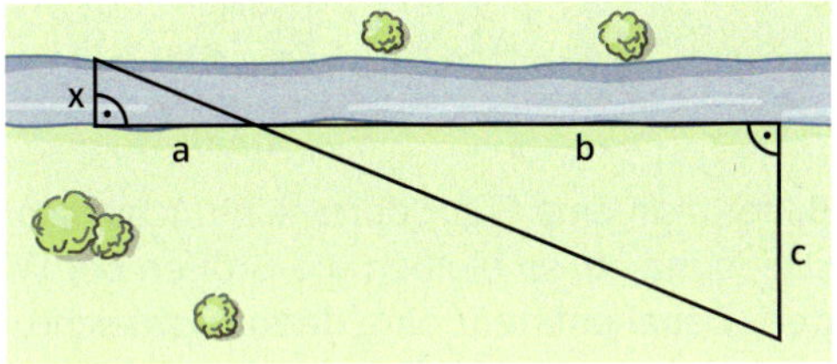

Fig. 2

2 Um die Breite eines Flusses von einer Uferseite aus zu bestimmen (Fig. 2), werden die Strecken $a = 15\,m$; $b = 60\,m$ und $c = 48\,m$ gemessen. Bestimme die Flussbreite.

8 In Fig. 3 ist die Wirkungsweise einer Lochkamera schematisch dargestellt. Mit G und B werden die Gegenstandsgröße und die Bildgröße bezeichnet, mit g und b die Gegenstandsweite und Bildweite.
Wie groß wird ein 114 m hoher Turm in 180 m Entfernung abgebildet, wenn die Bildweite 45 cm beträgt?

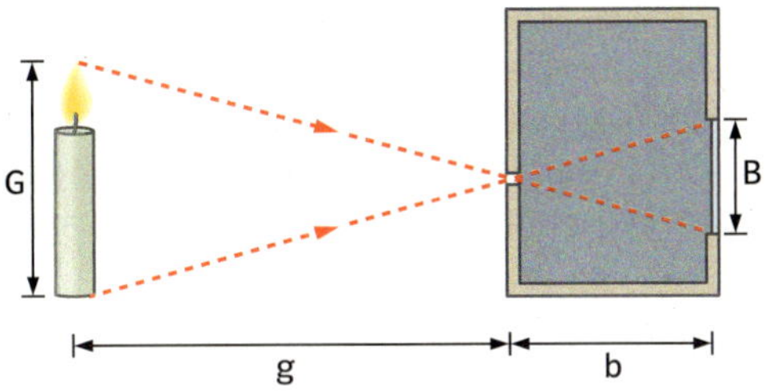

Fig. 3

9 Entfernungen im Gelände können mit dem so genannten Daumensprung abgeschätzt werden. Dabei peilt man einen Gegenstand nacheinander mit dem linken und dem rechten Auge an.
Ist eine Größe im Gelände bekannt, lässt sich die zweite mittels Augenabstand und Armlänge abschätzen.
a) Wie weit steht Anke vom Dorf entfernt, wenn sie es mit zwei Daumensprüngen abdeckt?
Augenabstand $a = 6\,cm$
Armlänge $l = 58\,cm$
Dorfbreite $z = 1{,}4\,km$
b) Miss deine Armlänge und deinen Augenabstand und schätze Entfernungen im Gelände.

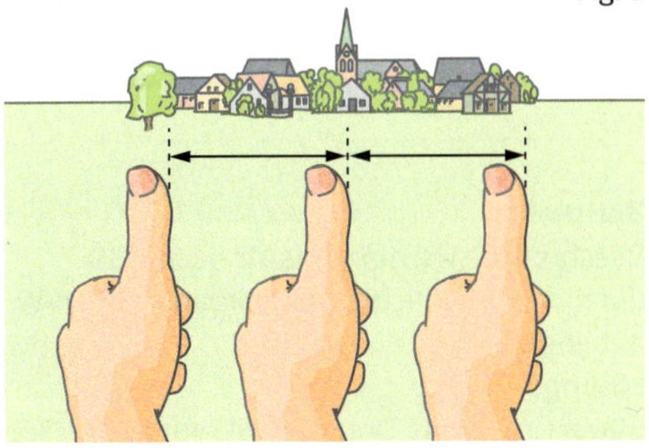

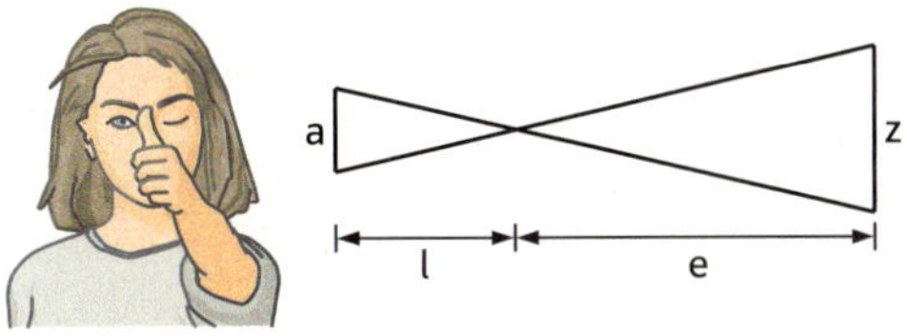

6 Ähnlichkeitsabbildungen

Der niederländische Grafiker M. C. Escher (1898 – 1972) zeichnete dieses Muster, das aus Rochen besteht.

Bildet man eine Figur durch eine Achsenspiegelung, Punktspiegelung, Drehung oder Verschiebung ab, so bleiben die Größen der Winkel und die Seitenlängen der Figur unverändert. Dabei entsteht eine deckungsgleiche, also kongruente Bildfigur. Diese Abbildungen heißen deshalb auch **Kongruenzabbildungen**. Zwei kongruente Figuren lassen sich immer durch Kongruenzabbildungen aufeinander abbilden.

Sind zwei ähnliche Figuren gegeben, so kann man stets eine der beiden Figuren durch eine zentrische Streckung so vergrößern oder verkleinern, dass das Bild zur anderen gegebenen Figur kongruent ist. Die gestreckte Figur lässt sich dann wie oben beschrieben durch eine Kongruenzabbildung auf die zweite Figur abbilden.

Führt man eine zentrische Streckung und eine Kongruenzabbildung hintereinander aus, so nennt man diese Verkettung eine **Ähnlichkeitsabbildung**. Durch Ähnlichkeitsabbildungen werden stets ähnliche Figuren erzeugt.

Werden zentrische Streckungen und Kongruenzabbildungen hintereinander ausgeführt, so sind Ausgangsfigur und Bildfigur zueinander ähnlich.
Eine Abbildung, die eine ähnliche Figur erzeugt, nennt man **Ähnlichkeitsabbildung**.

Beispiel 1
Beschreibe, wie man das Dreieck ABC durch eine Ähnlichkeitsabbildung auf UVW abbilden kann.
Lösung:
Streckt man das Dreieck ABC vom Zentrum $S(-0{,}5|1)$ aus mit dem Streckfaktor $k = 2$ und spiegelt anschließend das Zwischenbild an der y-Achse, so erhält man das Dreieck UVW.

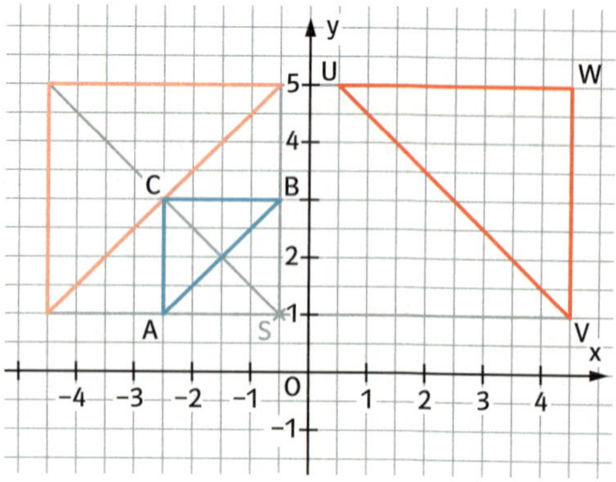

Beispiel 2

Zeichne das Dreieck ABC mit $A(-2|-2)$; $B(0|0)$; $C(-3|3)$ sowie $M(4|1)$ und $S(5|4)$. Bilde das Dreieck durch folgende Ähnlichkeitsabbildung ab: zentrische Streckung mit Streckzentrum S und $k = 0{,}5$, anschließende Drehung um 45° um M.

Beschreibung der Konstruktion:

1. Zeichne das Dreieck ABC und die Punkte M und S.

*2. Strecke ABC von S aus mit dem Streckfaktor $k = \frac{1}{2}$. Man erhält ein Dreieck A*B*C*.*

*3. Drehe A*B*C* um 45° um den Punkt M. Man erhält das Bilddreieck A'B'C'.*

Lösung:

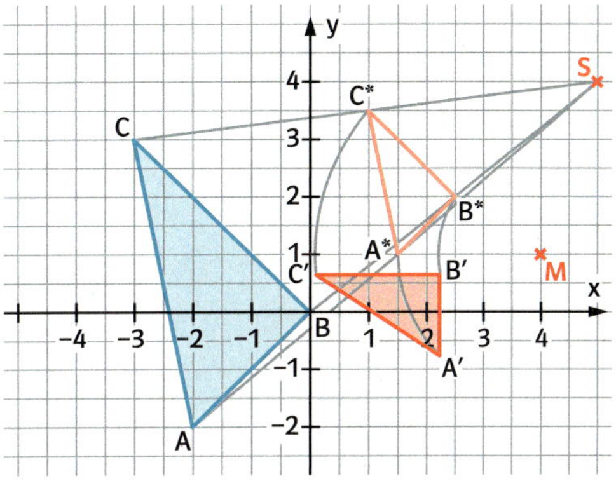

Aufgaben

1 Gib jeweils an, wie man das Dreieck ABC durch eine Ähnlichkeitsabbildung
a) auf das Dreieck ADE,
b) auf das Dreieck BFG
abbilden kann.

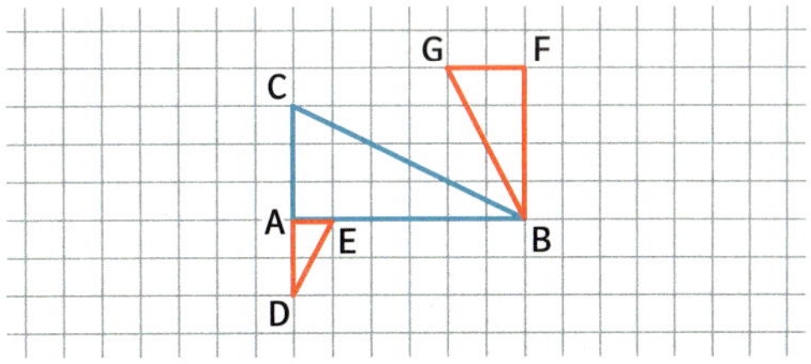

2 Begründe: Es gibt keine Ähnlichkeitsabbildung, die
a) das Rechteck ABCD auf das Rechteck A'B'C'D' abbildet,
b) ein Dreieck mit den Winkeln 32° und 68° auf ein rechtwinkliges Dreieck abbildet.

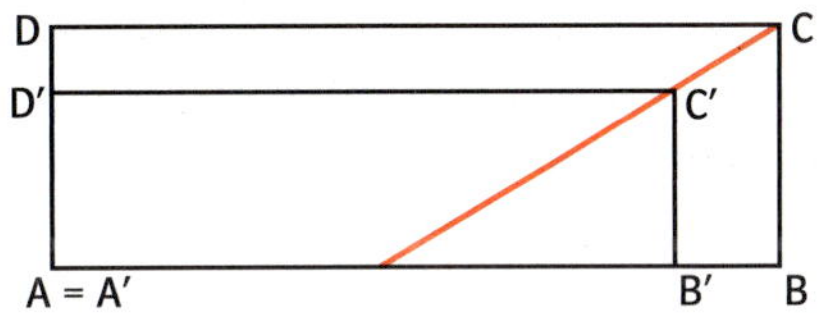

3 Zeichne das Dreieck ABC mit $A(4|4)$; $B(6|5)$ und $C(4|8)$ in ein Koordinatensystem. Bilde das Dreieck ABC durch folgende Ähnlichkeitsabbildung ab.
a) zentrische Streckung mit $S(2|5)$ und $k = 2$, Spiegelung an der Geraden durch A und C
b) zentrische Streckung mit Streckzentrum A und $k = \frac{1}{2}$, Drehung um A um 90°
c) Wie verhalten sich die Flächeninhalte der Bildfiguren aus a) und b) zueinander?
d) Welche Ähnlichkeitsabbildung bildet die Bildfigur aus b) direkt auf die aus a) ab?

4 a) Wie kann man durch eine Ähnlichkeitsabbildung das grüne Quadrat in Fig. 1 auf das rote bzw. das rote Quadrat auf das blaue abbilden?
b) Wie lässt sich das grüne Quadrat unmittelbar auf das blaue abbilden?
c) Wie verhalten sich die Flächeninhalte der drei Quadrate zueinander? Begründe.
d) Das grüne Quadrat ist $2\,\text{cm}^2$ groß. Welchen Flächeninhalt hat das 10. Quadrat, wenn man die Figur in gleicher Weise durch weitere Quadrate fortsetzt?

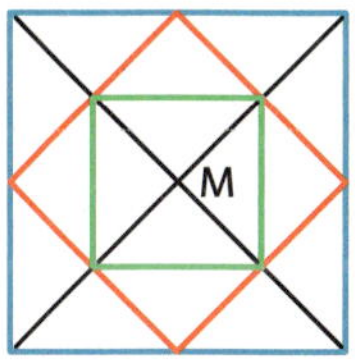

Fig. 1

5 Begründe oder widerlege die folgenden Aussagen:
a) Zwei kongruente Figuren sind stets ähnlich.
b) Jede Ähnlichkeitsabbildung ist eine Kongruenzabbildung.
c) Durch Ähnlichkeitsabbildungen werden die Seitenlängen einer Figur immer verändert.

7 Ähnliche Dreiecke

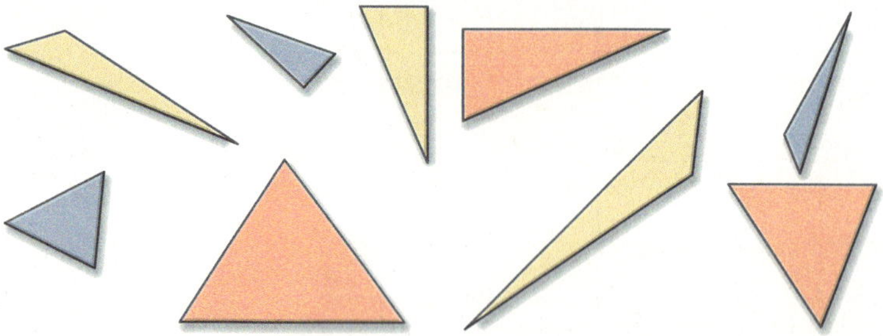

Gleiche Farbe heißt noch lange nicht ähnlich …

Um die Ähnlichkeit von zwei Figuren zu überprüfen, muss man sowohl die Winkel als auch die Seitenverhältnisse vergleichen. Bei Dreiecken genügt es jedoch, entweder die Seitenverhältnisse oder die Winkel zu vergleichen.

Zunächst wird der Fall betrachtet, dass die Dreiecke ABC und XYZ in allen drei Winkeln übereinstimmen. Durch eine zentrische Streckung wird das Dreieck ABC so gestreckt, dass die Bildstrecke $\overline{A'C'}$ des Bilddreiecks A′B′C′ so lang wie die Seite $\overline{XZ}$ ist. Die Winkel bleiben dabei unverändert. Nach dem Kongruenzsatz wsw sind die Dreiecke XYZ und A′B′C′ kongruent. Dreieck ABC und Dreieck A′B′C′ sind ähnlich, da sie aus einer zentrischen Streckung hervorgehen. Damit ergibt sich, dass die Dreiecke ABC und XYZ ähnlich sind.

Kongruenzsatz wsw: Zwei Dreiecke sind kongruent, wenn sie in einer Seite und zwei Winkeln übereinstimmen.

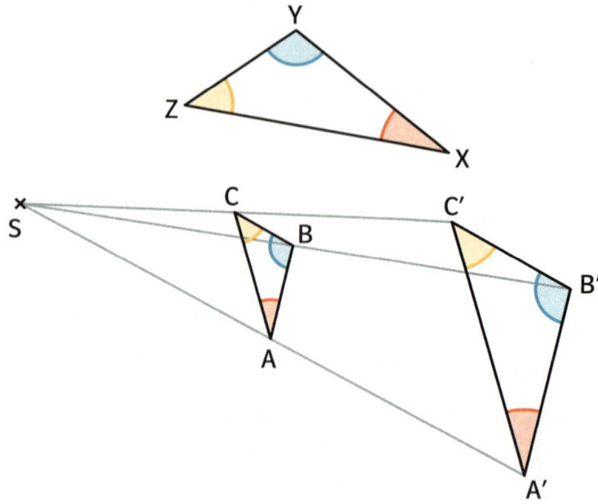

Nun wird der Fall betrachtet, dass in den Dreiecken ABC und XYZ einander entsprechende Seitenlängen das gleiche Verhältnis bilden.
Das Dreieck ABC kann dann durch eine zentrische Streckung so vergrößert werden, dass die Seiten des Bilddreiecks A′B′C′ die gleichen Längen haben wie die entsprechenden Seiten im Dreieck XYZ. Nach dem Kongruenzsatz sss sind die Dreiecke A′B′C′ und XYZ somit kongruent, stimmen also auch in allen Winkeln überein. Daraus folgt, dass die Dreiecke ABC und XYZ ähnlich sind.

Kongruenzsatz sss: Zwei Dreiecke sind kongruent, wenn sie in allen drei Seiten übereinstimmen.

Ähnlichkeitssätze für Dreiecke

1. Wenn zwei Dreiecke in allen drei Winkeln übereinstimmen, dann sind sie ähnlich.
2. Wenn in zwei Dreiecken die entsprechenden Seitenlängen das gleiche Verhältnis bilden, dann sind sie ähnlich.

Beispiel 1
a) Prüfe, ob ein Dreieck mit Winkeln der Größen 35° und 100° zu einem Dreieck mit Winkeln der Größen 35° und 45° ähnlich ist.
b) Prüfe, ob ein Dreieck mit den Seitenlängen 3 cm; 4 cm und 5 cm zu einem Dreieck mit den Seitenlängen 4,5 cm; 7,5 cm und 6 cm ähnlich ist.
Lösung:
a) Mit dem Winkelsummensatz berechnet man in beiden Dreiecken jeweils den dritten Winkel: $180° - (100° + 35°) = 45°$ und $180° - (35° + 45°) = 100°$.
Die Dreiecke sind ähnlich, da sie in allen drei Winkeln übereinstimmen.
b) Ordnet man die Seitenlängen der beiden Dreiecke jeweils der Größe nach, findet man die Seiten, die einander entsprechen. Ein Vergleich der Verhältnisse einander entsprechender Seiten ergibt $4{,}5 : 6 = 3 : 4$, $6 : 7{,}5 = 4 : 5$ und $7{,}5 : 4{,}5 = 5 : 3$.
Die Dreiecke sind ähnlich, da sie in den entsprechenden Seitenverhältnissen übereinstimmen.

Beispiel 2
Jedes Dreieck ABC mit rechtem Winkel bei C wird durch die Höhe $\overline{CD}$ in zwei rechtwinklige Teildreiecke ADC und BCD zerlegt (Fig. 1). Beweise an Fig. 1 den Kathetensatz, indem du geeignete Seitenverhältnisse ähnlicher Dreiecke vergleichst.
Lösung:
Ähnlichkeit:
α ist ein Winkel im Dreieck ADC und β ein Winkel im Dreieck BCD. Da beide Teildreiecke rechtwinklig sind, stimmen sie mit ABC in zwei (und damit in drei) Winkeln überein (Fig. 2).
Also sind die Dreiecke BCD und ADC zum Dreieck ABC ähnlich.
Seitenverhältnisse:
Dreieck ADC: $\frac{q}{b} = \frac{b}{c}$; also: $b^2 = c \cdot q$.
Dreieck BCD: $\frac{p}{a} = \frac{a}{c}$; also: $a^2 = c \cdot p$.

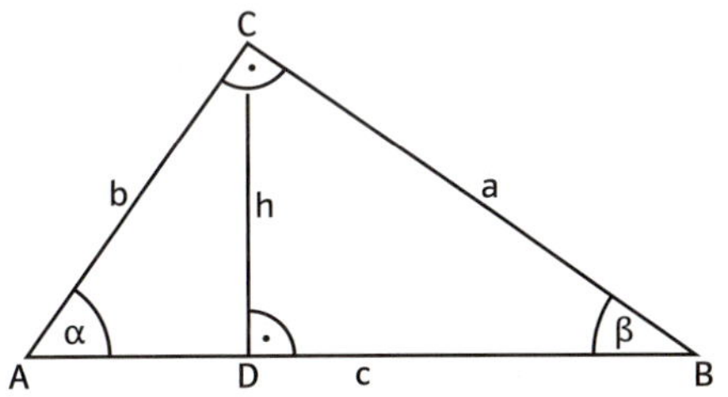

Fig. 1

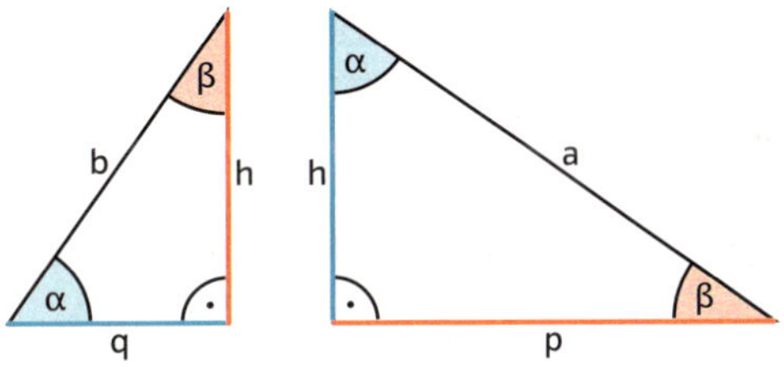

Fig. 2

Es kommen nur Seitenverhältnisse infrage, in denen h nicht vorkommt!

Aufgaben

1 Prüfe jeweils, ob das Dreieck mit den angegebenen Winkeln zu einem Dreieck mit Winkeln von 55° und 30° ähnlich ist.
a) $\alpha = 75°$; $\beta = 55°$ b) $\beta = 30°$; $\gamma = 95°$ c) $\alpha = 55°$; $\gamma = 105°$

2 Prüfe jeweils, ob das Dreieck mit den angegebenen Seitenlängen zu einem Dreieck mit den Seitenlängen 3 cm; 6 cm und 5 cm ähnlich ist.
a) 4 cm; 6 cm; 7 cm   b) 10 cm; 6 cm; 12 cm   a) 9 cm; 15 cm; 12 cm

3 Begründe mit einem Ähnlichkeitssatz.
a) Zwei rechtwinklig gleichschenklige Dreiecke sind stets zueinander ähnlich.
b) Zwei gleichseitige Dreiecke sind stets zueinander ähnlich.

Bist du sicher?

1 a) Begründe, dass die Dreiecke ACB und CDE ähnlich sind.
b) Berechne die fehlenden Seitenlängen für $\overline{AB} = 7{,}5\,cm$; $\overline{BC} = 19{,}5\,cm$; $\overline{CD} = 10{,}8\,cm$ und $\overline{DE} = 4{,}5\,cm$.

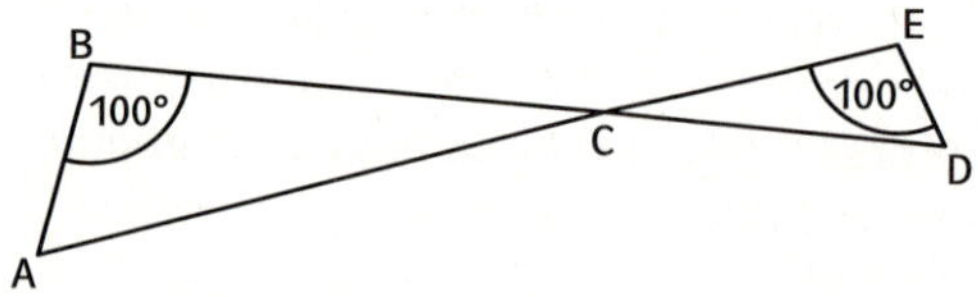

4 Ein Rechteck hat die Seitenlängen $a = 8\,cm$ und $b = 6\,cm$. Zeichnet man wie in Fig. 1 von A und C aus die Orthogonalen zur Diagonale, so erhält man verschiedene Dreiecke.
a) Welche Dreiecke sind ähnlich? Weise die Ähnlichkeit nach.
b) Berechne die Seitenlängen der Dreiecke AED und ABE.
c) Berechne die Länge von $\overline{DB}$.

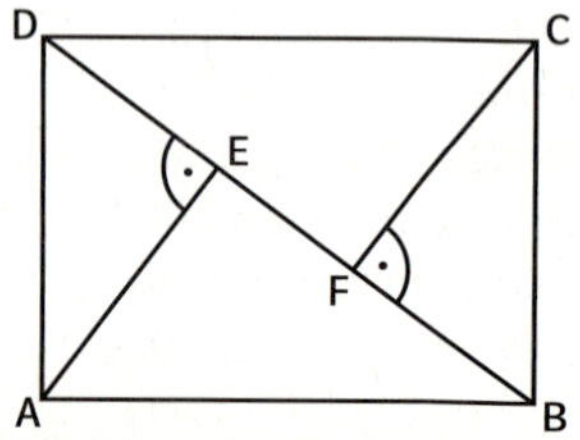

Fig. 1

5 a) Zeige, dass die vier Teildreiecke I bis IV in Fig. 2 ähnlich sind.
b) Berechne die Seitenlängen der Dreiecke.
c) In welchem Vergrößerungsverhältnis stehen die Dreiecke zueinander?

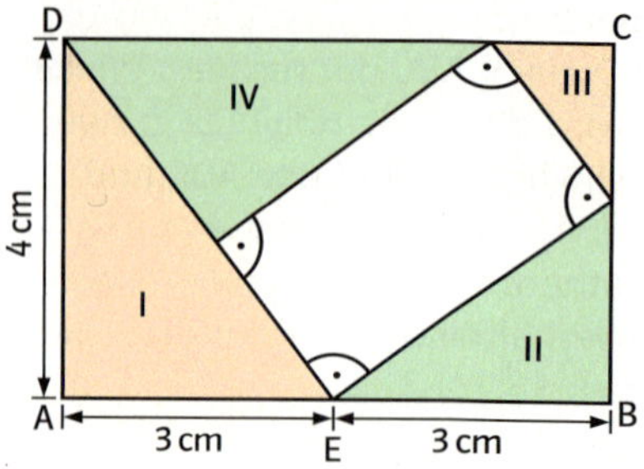

Fig. 2

6 Die Dreiecke ABC und ABD in Fig. 3 sind gleichschenklig mit $\overline{AC} = \overline{BC} = 4{,}1\,cm$ und $\overline{AB} = \overline{AD} = 2{,}9\,cm$.
a) Zeige, dass die Dreiecke ABC und ABD ähnlich sind.
b) Wie lang ist die Strecke $\overline{BD}$?

7 Zeichne ein Dreieck ABC mit $a = 6\,cm$, $b = 4\,cm$ und $c = 7\,cm$. Konstruiere über der Seite $\overline{AC}$ ein ähnliches Dreieck ACD, sodass der Seite $\overline{AB}$ im Dreieck ABC die Seite $\overline{AC}$ im Dreieck ACD entspricht.
Mit welchem Vergrößerungsfaktor wird das Dreieck ACD gezeichnet?
Wie verhalten sich die Flächeninhalte der beiden Dreiecke?

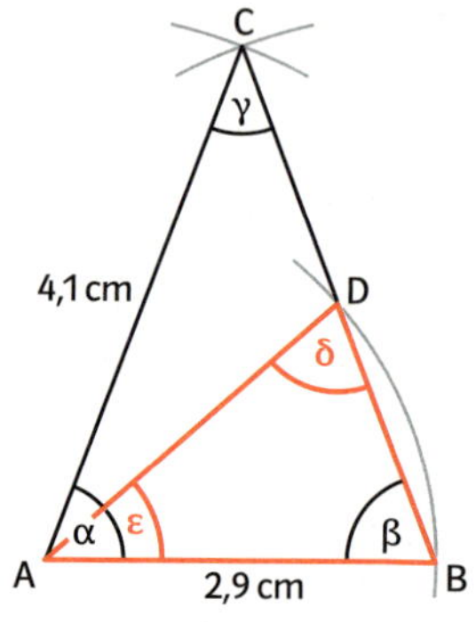

Fig. 3

8 Der Förster in Fig. 4 bestimmt die Höhe des Baumes mithilfe eines Geodreiecks.
a) Erkläre das Messverfahren.
b) Berechne die Baumhöhe in Fig. 4.
c) Bestimme mit dieser Methode die Höhe des Schulgebäudes.

9 Beweise mithilfe der Ähnlichkeitssätze für Dreiecke wie in Beispiel 2 den Höhensatz für rechtwinklige Dreiecke.

Höhensatz: $h^2 = p \cdot q$

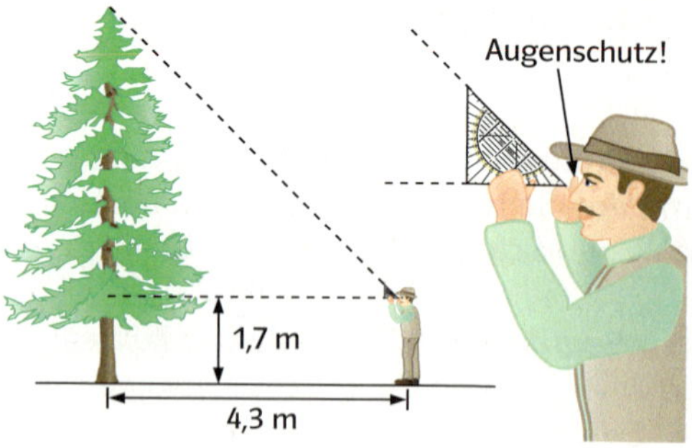

Fig. 4

1 Betrachte die beiden Bilder.
a) Bestimme den Vergrößerungsfaktor, mit dem das zweite Bild aus dem ersten hervorgeht.
b) Fertige von den Bildern eine Vergrößerung mit einem Kopierer an. Merke dir den eingestellten Vergrößerungsfaktor. Wie kann man aus Original und Kopie die Kopiereinstellung ermitteln?

2 Ein Baum wirft durch die Sonne einen Schatten der Länge 4,80 m. Die danebenstehende Person ist 1,80 m groß. Ihr Schatten misst 1,50 m. Berechne die Höhe des Baums. Nutze die Skizzen und beschreibe unterschiedliche Lösungswege.

a)

b)

3 Die vorgegebene Strecke $\overline{AB}$ soll zeichnerisch in vier gleiche Teile zerlegt werden.
a) Erläutere die abgebildete Methode der Streckenteilung mithilfe der Strahlensätze.
b) Teile eine 11 cm lange Strecke in vier gleiche Teile.
c) Teile eine Strecke der Länge 13 cm in fünf gleiche Teile. Zeichne den Punkt T auf der Strecke ein, der sie in zwei Teilstrecken mit dem Längenverhältnis 2 : 3 teilt.

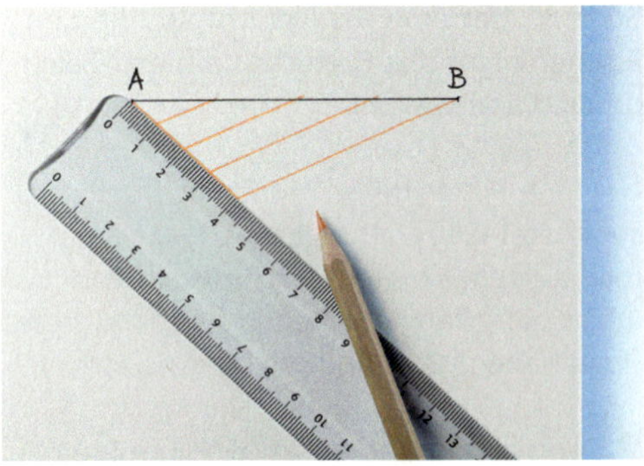

4 Eine Erbse von 6 mm Durchmesser verdeckt gerade den Vollmond (Fig. 1), wenn man sie 66 cm vom Auge entfernt hält. Berechne den Mondradius.

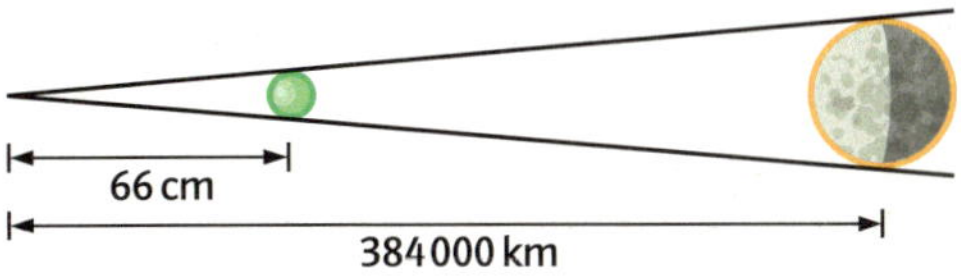

Fig. 1

5 Bei einer totalen Sonnenfinsternis verdeckt der Mond die Sonne und es entsteht auf der Erde ein Schatten des Mondes. Die Schattengröße hängt von der genauen Stellung der Himmelskörper zueinander ab. Berechne die Entfernung der Sonne von der Erde, wenn bei einem Schattendurchmesser von 245 km auf der Erde der Mond eine Entfernung von der Erdoberfläche von 384 000 km hat.

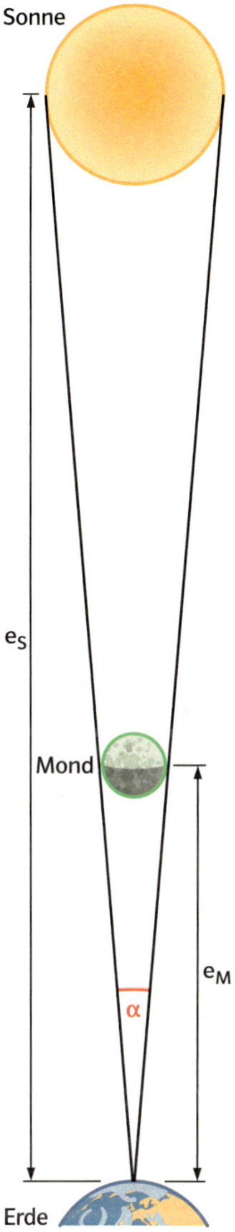

Sonnendurchmesser: 1 392 000 km
Monddurchmesser: siehe Aufgabe 4

6 Die Figur zeigt den Strahlenverlauf zur Bildentstehung an einer Sammellinse. Dabei ist g die Gegenstandsweite, b die Bildweite, G die Gegenstandsgröße und B die Bildgröße. Die Brennweite f wird durch Form und Glasart der Linse bestimmt.

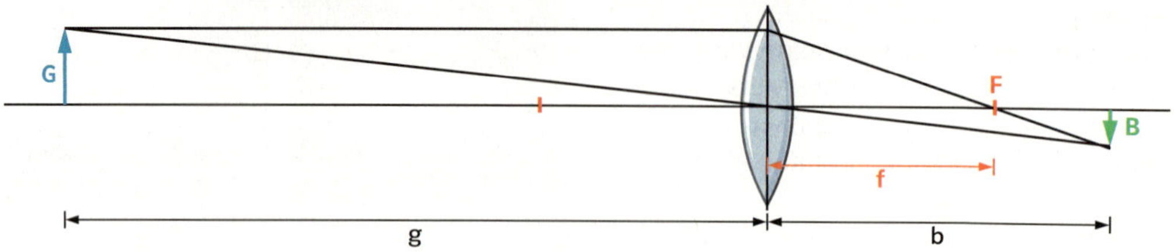

a) Suche nach Strahlensatzfiguren, die für eine Berechnung an der Sammellinse nutzbar sind.
b) Stelle einen Zusammenhang zwischen den Größen Gegenstandsweite g, Bildweite b, Gegenstandsgröße G und Bildgröße B auf.
c) Wie weit muss ein Gegenstand von der Sammellinse mit der Brennweite 20 mm entfernt sein, damit von einem 1,6 m hohen Gegenstand ein Bild der Größe 36 mm entsteht?

Ein Winkel von 0,5° wird durch eine Lupe betrachtet, die 4-fach vergrößert. In welcher Größe erscheint der Winkel?

7 a) In Fig. 1 sind M_1 und M_2 jeweils die Seitenmitten. Das Dreieck ABC hat den Flächeninhalt 5 cm². Wie groß ist der Flächeninhalt des Dreiecks CM_1M_2?
b) Zeichne ein Dreieck ABC mit $\overline{AB} = 6\,\text{cm}$ und $h_c = 4\,\text{cm}$. Welchen Abstand von der Seite $\overline{AB}$ hat eine Parallele zu $\overline{AB}$, die den Flächeninhalt des Dreiecks halbiert? Zeichne die Parallele ein.

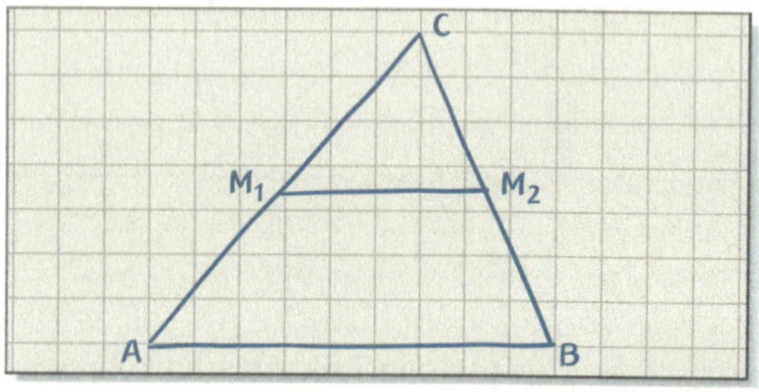

Fig. 1

8 Eine Pizza „Italia" mit 25 cm Durchmesser kostet 5,80 €. Die gleiche Pizza kann man auch mit einem Durchmesser von 28 cm bestellen. Welchen Preis sollte diese Pizza haben? Begründe deine Antwort.

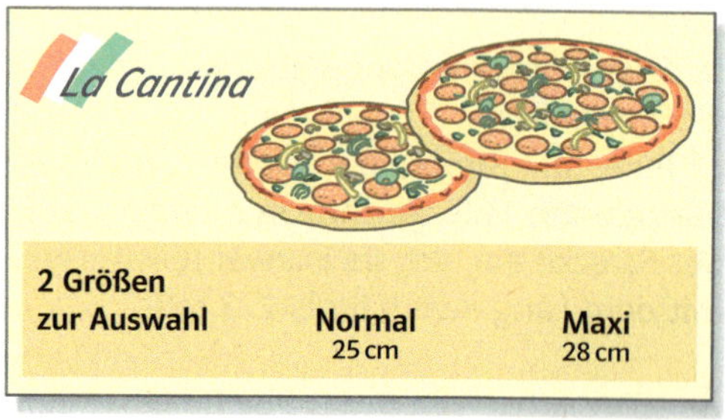

9 Von einer quadratischen Pyramide mit der Grundkante $a_1 = 40\,\text{cm}$ und der Mantelkante $m_1 = 50\,\text{cm}$ wird die Spitze abgeschnitten, deren Mantelkante $m_2 = 18\,\text{cm}$ beträgt.
Wie lang ist die Kante a_2 der Deckfläche des verbleibenden Pyramidenstumpfes?

10 Ein Kegel mit dem Radius $r_1 = 7{,}4\,\text{cm}$ und der Höhe $h_1 = 18{,}5\,\text{cm}$ soll so geschnitten werden, dass die Schnittfläche den Radius $r_2 = 2{,}6\,\text{cm}$ besitzt. In welcher Höhe muss der Kegel geschnitten werden?

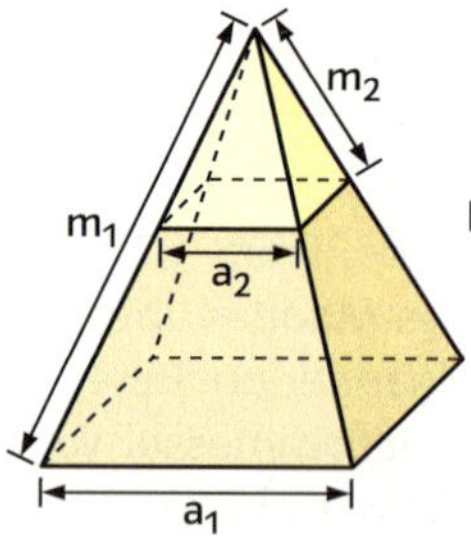

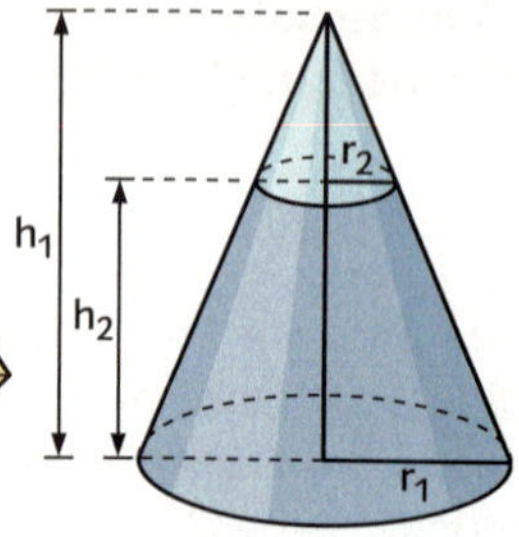

11 Im Gebirge sieht man häufig Straßenschilder, die die Steigung bzw. das Gefälle der Straße in Prozent angeben.
a) Welchen Höhenunterschied überwindet die Straße auf 2,3 km?
b) Was bedeutet 100 % Steigung?
c) Wie viel Prozent Gefälle hat eine Straße, die auf 3,8 km einen Höhenunterschied von 285 m überwindet?
d) Welche Strecke hat man in c) tatsächlich zurückgelegt?

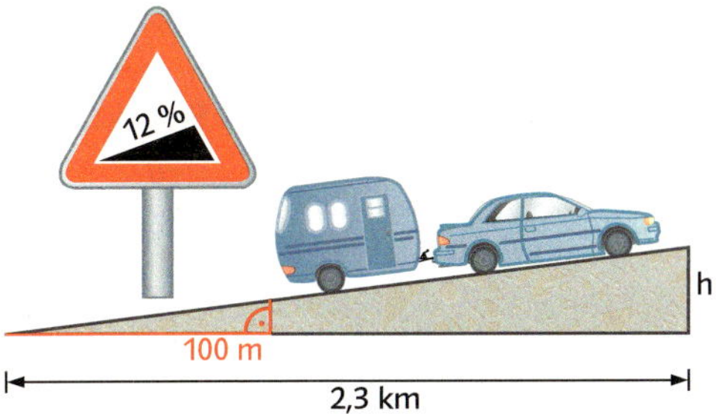

12 Schneide ein Rechteck aus und falte es entlang der kurzen Mittellinie einmal. Ist das entstandene Rechteck ähnlich zum Ausgangsrechteck? Probiere dies mit einem DIN-A4-Blatt.
Zeige, dass die Rechteckseiten im Verhältnis $a : b = \sqrt{2}$ stehen müssen, damit ähnliche Rechtecke beim Falten entstehen.

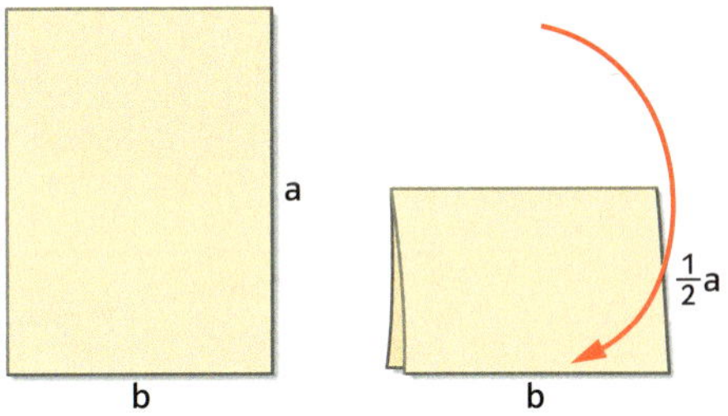

13 Mit den abgebildeten Geräten („Storchenschnabel" oder „Pantograph") kann man Zeichnungen vergrößern oder verkleinern.
a) Schreibe einen mathematischen Aufsatz zur Funktionsweise des Gerätes.
b) Mit welchem Streckfaktor arbeitet das Gerät aus Fig. 1? Mit welchem Streckfaktor arbeitet das Gerät aus Fig. 2?
c) Zum Bauen eines eigenen Pantographen kann man Teile des Metallbaukastens nutzen oder aus Holz Stäbe zurechtsägen. Versuche, eine Vergrößerungsmaschine zu bauen.

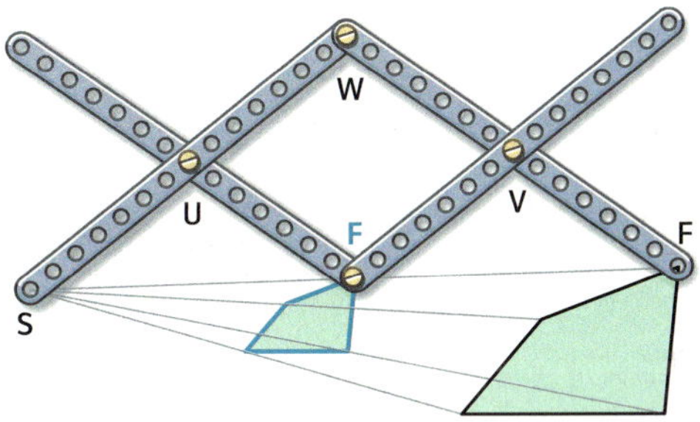

Fig. 1

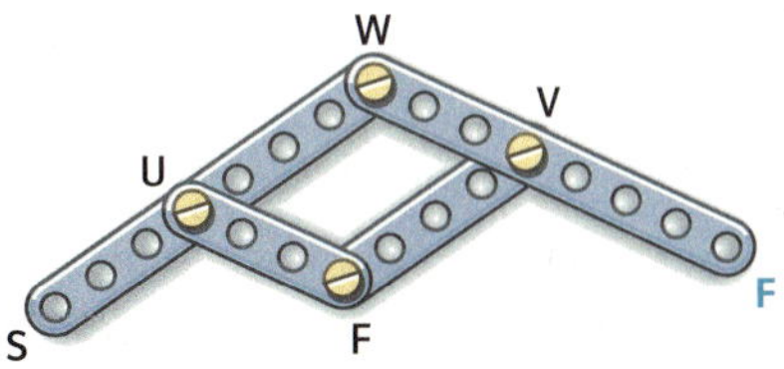

Fig. 2

14 Zeichne ein Trapez ABCD einschließlich der beiden Diagonalen. Erkennst du eine Strahlensatzfigur?
Beweise, dass sich die Diagonalen im Verhältnis der Grundlinien a und c teilen.

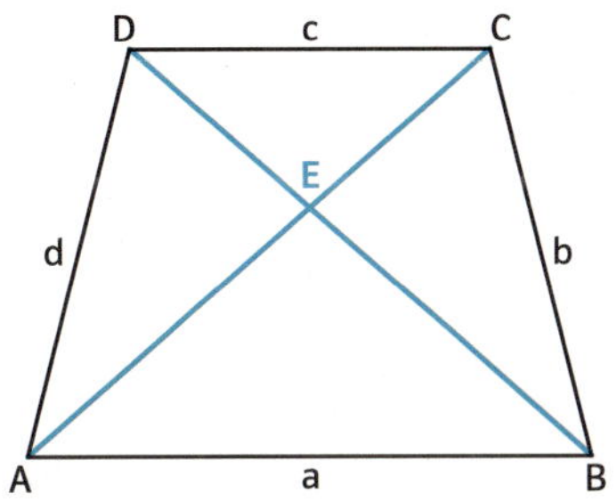

15 Zwei runde Säulen mit 2 m und 1,5 m Durchmesser haben einen Abstand (lichte Weite) von 7 m.
In welcher Entfernung zur Säule steht ein Betrachter, für den die dünnere Säule gerade die dickere Säule verdeckt?

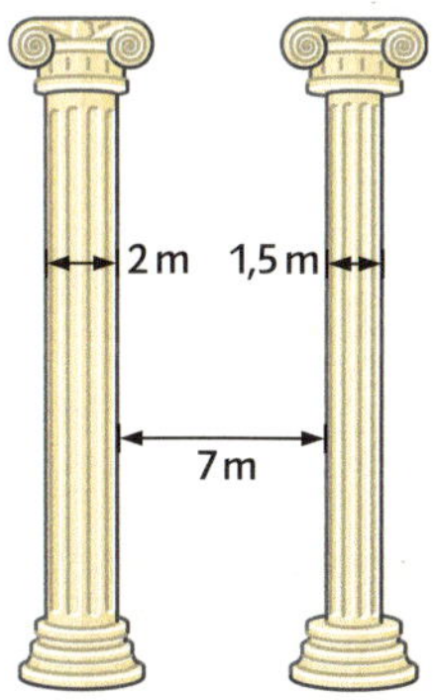

Experimentieren mit Geometrie

Gesetzmäßigkeiten und Zusammenhänge bei zentrischen Streckungen kann man durch das Experimentieren mit einem Geometrieprogramm erkennen.

Untersuchung der zentrischen Streckung

Zum Dreieck ABC wird eine zentrische Streckung konstruiert. Dazu legt man das Streckzentrum S und den Streckfaktor k als Verhältnis der Teilstrecken $\overline{EG}$ und $\overline{GF}$ fest (Fig. 1). Durch das Verschieben des Punktes G auf der Strecke $\overline{EF}$ kann der Streckfaktor $k = \frac{\overline{GF}}{\overline{EG}}$ zwischen 0 und unendlich verändert werden.

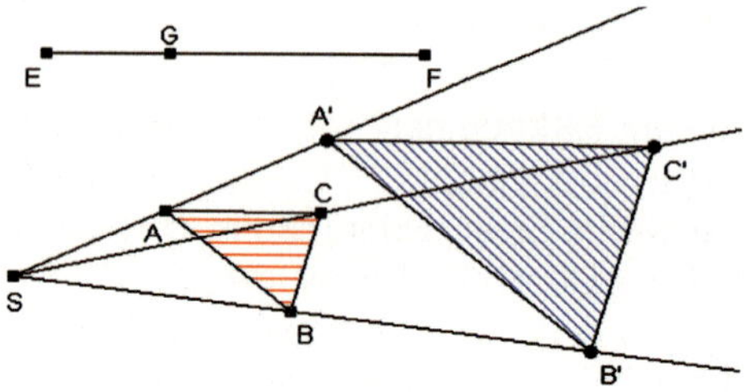

Fig. 1

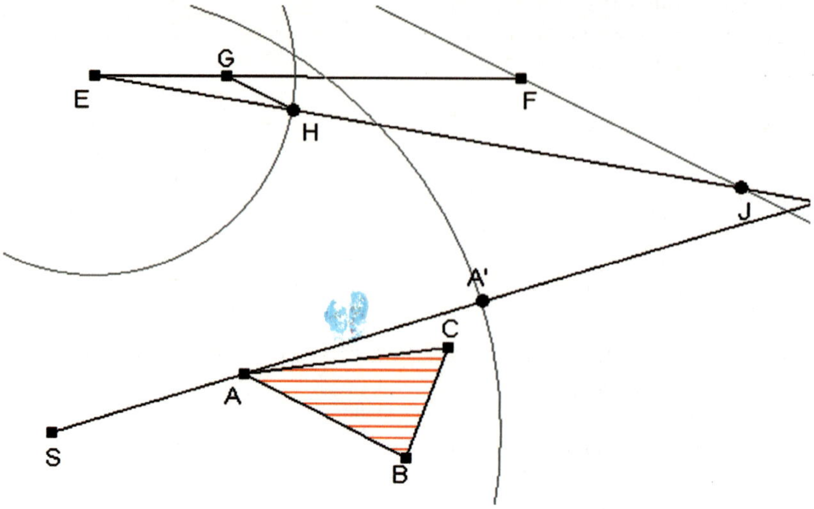

Fig. 2

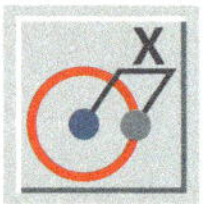

Einen Kreis mit Radius abtragen.

Um den Punkt A' zu konstruieren (Fig. 2), zeichnet man in E beginnend einen Strahl, auf dem die Länge $\overline{SA}$ von E aus abgetragen wird. Man erhält den Punkt H und $\overline{EH} = \overline{SA}$. Durch eine Parallele zur Strecke $\overline{GH}$ durch den Punkt F entsteht eine Strahlensatzfigur. Aus dem ersten Strahlensatz folgt: $\frac{\overline{GF}}{\overline{EG}} = \frac{\overline{HJ}}{\overline{EH}}$. Da $k = \frac{\overline{GF}}{\overline{EG}}$ ist, folgt $\overline{HJ} = k \cdot \overline{EH}$.
Die Länge der Strecke $\overline{SA'}$ entspricht damit der Länge der Strecke $\overline{HJ}$. Durch das Abtragen der Länge $\overline{HJ}$, beginnend im Punkt S, erhält man den Punkt A'. Nach dem Ausblenden der Hilfslinien konstruiert man in entsprechender Weise die Punkte B' und C'.

1 Konstruiere eine zentrische Streckung eines Dreiecks mit einem dynamischen Geometrieprogramm.

2 Wie verändert sich die Lage von Bild und Original zueinander, wenn die Lage des Streckzentrums verändert wird?

3 Wie ändert sich die Lage von Bild und Original zueinander, wenn der Streckfaktor verändert wird?

Experimentieren mit Geometrie

Ähnlichkeitssätze am Kreis

Zeichnet man in einen Kreis zwei Sehnen ein, so können diese sich wie in Fig. 1 schneiden. Dabei werden die Sehnen in vier Teilstrecken unterteilt. Beobachtet man die Längen der einzelnen Teilstrecken, so kann man Zusammenhänge feststellen.

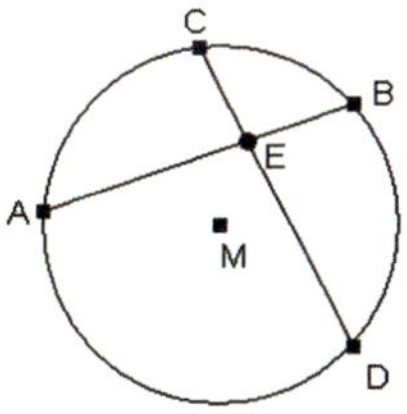

Fig. 1

4 a) Konstruiere einen Kreis mit zwei Sehnen wie in Fig. 1. Verändere die Lage der Sehnen und beobachte die Längen der Teilstrecken. Beschreibe den beobachteten Zusammenhang mithilfe einer Gleichung.
b) Formuliere den **Sehnensatz** als Erkenntnis aus den Untersuchungen an Fig. 1. Beginne wie folgt: „Schneiden sich zwei Sehnen in einem Punkt E im Kreisinneren, dann gilt: … "

5 a) Konstruiere einen Kreis mit zwei Sekanten wie in Fig. 2. Miss die Längen der Sekantenabschnitte $\overline{SA}$, $\overline{SB}$, $\overline{AA'}$, $\overline{BB'}$ und versuche, durch das Verändern der Figur Zusammenhänge zu erkennen.
b) Formuliere den **Sekantensatz** als Ergebnis deiner Beobachtungen mithilfe einer Verhältnisgleichung. Vergleiche mit einer Formelsammlung.

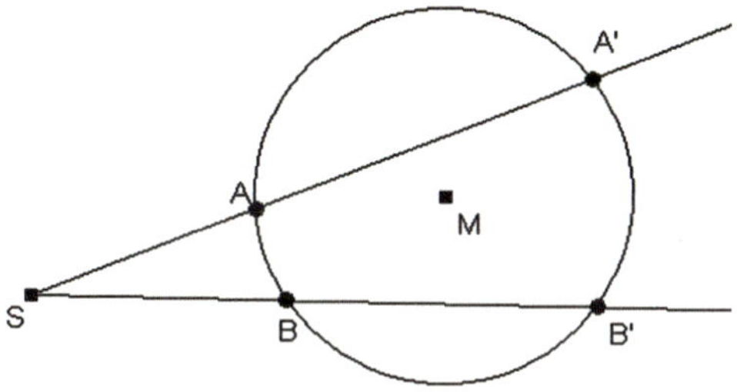

Fig. 2

6 a) Beweise den Sekantensatz. Zeige dazu zunächst, dass die Dreiecke SAB′ und SBA′ in Fig. 2 ähnlich sind.
b) Wie verändert sich die Aussage des Sekantensatzes, wenn eine Sekante die spezielle Lage einer Tangente annimmt?

Dieser Spezialfall des Sekantensatzes ist der ***Sekanten-Tangenten-Satz.***

Die Konstruktion eines maximalen Quadrats innerhalb einer vorgegebenen Figur

Soll in eine Figur ein maximales Quadrat eingezeichnet werden, so kann dies durch eine zentrische Streckung erfolgen. Streckzentrum und Ausgangsquadrat werden dabei so platziert, dass beim Zeichnen der gestreckten Figur ein maximales Quadrat innerhalb der vorgegebenen Figur entsteht. Um auf die richtige Lage des Ausgangsquadrats und des Streckzentrums zu kommen, kann man mit einem Geometrieprogramm experimentieren.

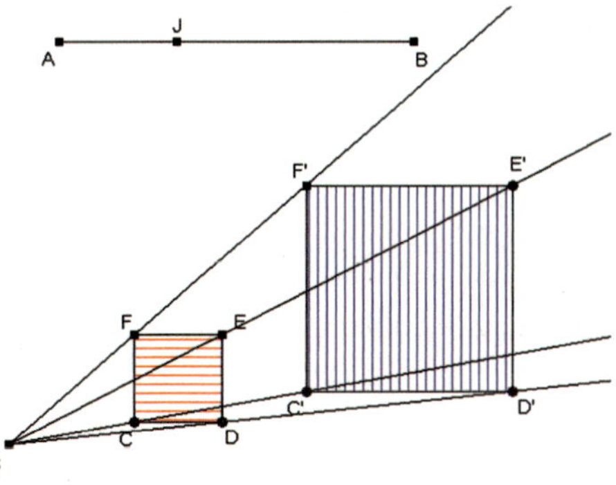

Fig. 3

7 Konstruiere eine zentrische Streckung eines Quadrats, bei der der Streckfaktor k durch das Verändern des Streckenverhältnisses $k = \frac{\overline{JB}}{\overline{AJ}}$ eingestellt werden kann (s. Fig. 3).

8 Suche für die Figuren Dreieck, Halbkreis, Kreissektor und Parallelogramm passende Streckzentren und Lagen des Ausgangsquadrats, um ein maximales Quadrat durch zentrische Streckung in die Figur zu konstruieren.

Exkursion

Der Goldene Schnitt

An vielen Gebäuden und Kunstwerken, aber auch an Objekten in der Natur, kann man ein bestimmtes Teilverhältnis entdecken, das als ästhetisch besonders ansprechend gilt: den so genannten **Goldenen Schnitt**.
Insbesondere in der Antike und in der Renaissance wurde der Goldene Schnitt häufig benutzt.

Der Turm des Alten Rathauses von Leipzig steht nicht in dessen Mitte, sondern so, dass er die Länge des Rathauses im Goldenen Schnitt teilt. Es gilt für die Teilstrecken:
$\frac{a}{b} = \frac{a+b}{a}$.
Das bedeutet: Eine Strecke s wird im Goldenen Schnitt geteilt, wenn sich die längere Teilstrecke a zur kürzeren Teilstrecke b genau so verhält wie die Gesamtstrecke s zur längeren Teilstrecke a.

Im Folgenden wird gezeigt, wie eine Strecke s im Goldenen Schnitt geteilt werden kann.

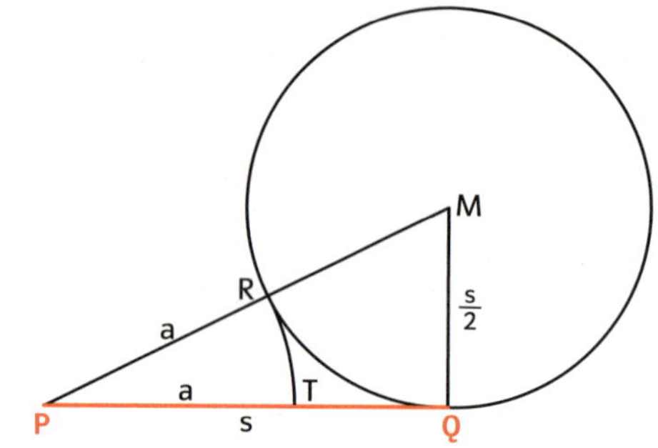

Benenne die Endpunkte der Strecke s mit P und Q und zeichne ein rechtwinkliges Dreieck PQM mit den Katheten $\overline{PQ}$ und $\overline{QM}$ so, dass $\overline{PQ}$ doppelt solang ist $\overline{QM}$.
Zeichne um M einen Kreis mit Radius $\overline{QM}$.
Der Kreis schneidet die Hypotenuse $\overline{PM}$ im Punkt R.
Trage die Länge der Strecke $\overline{PR}$ von P aus auf $\overline{PQ}$ ab. Man erhält so den Punkt T.
T teilt die Strecke $s = \overline{PQ}$ im Goldenen Schnitt.
Dies kann man mithilfe des Satzes von Pythagoras zeigen. Mit den Bezeichnungen $\overline{TQ} = b$ und $\overline{PR} = \overline{PT} = a$ gilt $s = a + b$. Für das Dreieck PQM gilt nach dem Satz des Pythagoras $\left(\frac{s}{2}\right)^2 + s^2 = \left(a + \frac{s}{2}\right)^2$ bzw. $\frac{5}{4}s^2 = \left(a + \frac{s}{2}\right)^2$. Wegen $a > 0$ und $s > 0$ folgt hieraus $\frac{\sqrt{5}}{2}s = a + \frac{s}{2}$ und weiter $s \cdot \left(\frac{\sqrt{5}}{2} - \frac{1}{2}\right) = a$. Mit $s = a + b$ erhält man $(a + b) \cdot \left(\frac{\sqrt{5} - 1}{2}\right) = a$ bzw. $a + b = a \cdot \left(\frac{2}{\sqrt{5} - 1}\right)$. Hieraus folgt $\frac{a+b}{a} = \frac{2}{\sqrt{5} - 1} = \frac{2 \cdot (\sqrt{5} + 1)}{(\sqrt{5} - 1) \cdot (\sqrt{5} + 1)} = \frac{2 \cdot (\sqrt{5} + 1)}{5 - 1} = \frac{\sqrt{5} + 1}{2}$.
Löst man $a + b = a \cdot \left(\frac{2}{\sqrt{5} - 1}\right)$ nach b auf, so erhält man $b = a \cdot \left(\frac{2}{\sqrt{5} - 1} - 1\right) = a \cdot \left(\frac{3 - \sqrt{5}}{\sqrt{5} - 1}\right)$
und damit $\frac{a}{b} = \frac{\sqrt{5} - 1}{3 - \sqrt{5}} = \frac{(\sqrt{5} - 1) \cdot (3 + \sqrt{5})}{(3 - \sqrt{5}) \cdot (3 + \sqrt{5})} = \frac{3\sqrt{5} + 5 - 3 - \sqrt{5}}{9 - 5} = \frac{2\sqrt{5} + 2}{4} = \frac{\sqrt{5} + 1}{2}$.
Es wurde gezeigt: $\frac{a}{b} = \frac{a+b}{a}$. Der Punkt T teilt die Strecke s also im Goldenen Schnitt. Das Teilverhältnis $\frac{1 + \sqrt{5}}{2} \approx 1{,}618$ wird auch mit Φ (phi) bezeichnet. Φ ist eine irrationale Zahl.

Entdeckt wurde Φ im Jahre 1225 vom italienischen Gelehrten Leonardo da Pisa, genannt Fibonacci.

Der Goldene Schnitt

Fig. 1

Fig. 2

Fig. 3

Fig. 4

Eine Geige (Fig. 1) besteht aus dem Resonanzkörper und dem Hals. Resonanzkörper und Hals teilen die Länge der Geige im Goldenen Schnitt.
Beim Parthenon (Fig. 2) teilt die Unterkante der Säulenauflage die Höhe des Tempels im Goldenen Schnitt.
In einem Selbstportrait Dürers (Fig. 3) teilt die waagerechte Linie, die die Locken nach unten begrenzt, die Höhe des Bildes gerade im Goldenen Schnitt.

Legt man um die Vorderseite des Parthenons oder um das Bild eines Hühnereis (Fig. 4) ein Rechteck, gilt für das Verhältnis der längeren Seite zur kürzeren Seite $\frac{a}{b} = \frac{\sqrt{5}+1}{2}$.
Man spricht daher von einem **Goldenen Rechteck**.
Auch die Front des UNO-Gebäudes in New York (Fig. 5) bildet ein Goldenes Rechteck.

Fig. 5

Fig. 6

1 Bei antiken Statuen (Fig. 6) teilt der Bauchnabel die Körperlänge ungefähr im Goldenen Schnitt.
Überprüfe durch Messungen, ob sich die Proportionen im Laufe der Zeit verändert haben. Gibt es Unterschiede zwischen Jugendlichen und Erwachsenen?

2 Finde (im Internet) weitere Beispiele aus dem Alltag, in denen der Goldene Schnitt oder die Zahl Φ eine Rolle spielen.

3 Der Goldene Schnitt tritt auch beim regelmäßigen Fünfstern, dem Pentagramm oder auch Drudenfuß, auf (Fig. 7). Zeichnet man in ein regelmäßiges Fünfeck alle Diagonalen ein, so bilden diese das Pentagramm.
Begründe: Jeder Schnittpunkt zweier Diagonalen teilt diese im Goldenen Schnitt.
Tipp: Zeige, dass das Viereck ABCE ein (gleichschenkliges) Trapez ist und suche in diesem Trapez eine Strahlensatzfigur.

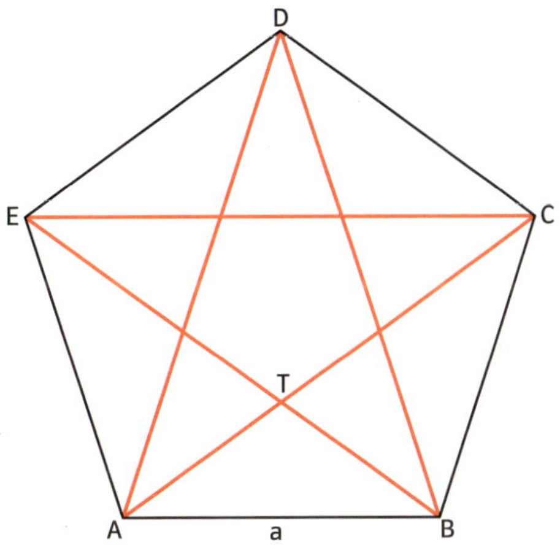

Fig. 7

Rückblick

Ähnliche Figuren
Zwei Figuren sind ähnlich, wenn die Längenverhältnisse entsprechender Seiten und die entsprechenden Winkel gleich groß sind.
$\frac{a}{w} = \frac{b}{x} = \frac{c}{y} = \frac{d}{z}$
und
$\alpha = \alpha'$; $\beta = \beta'$; $\gamma = \gamma'$; $\delta = \delta'$

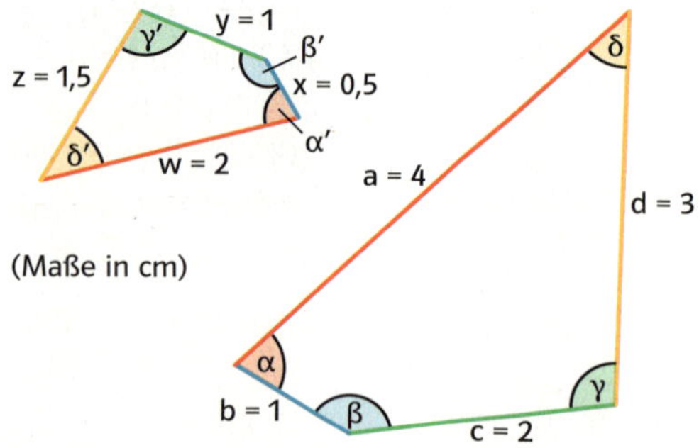

(Maße in cm)

$\frac{4}{2} = \frac{3}{1{,}5} = \frac{2}{1} = \frac{1}{0{,}5}$

Zentrische Streckungen
Bei einer zentrischen Streckung mit Streckfaktor k und Streckzentrum S gilt:
- Zu jedem Punkt liegt das Bild auf dem von S ausgehenden Strahl durch den Punkt selbst.
- $\overline{SP'} = k \cdot \overline{SP}$; $\overline{SQ'} = k \cdot \overline{SQ}$; $\overline{SR'} = k \cdot \overline{SR}$
- $\overline{P'Q'} = k \cdot \overline{PQ}$; $\overline{P'R'} = k \cdot \overline{PR}$; $\overline{Q'R'} = k \cdot \overline{QR}$
- $P'Q' \parallel PQ$; $P'R' \parallel PR$; $Q'R' \parallel QR$

Eine Figur und die durch zentrische Streckung erzeugte Bildfigur sind ähnlich.

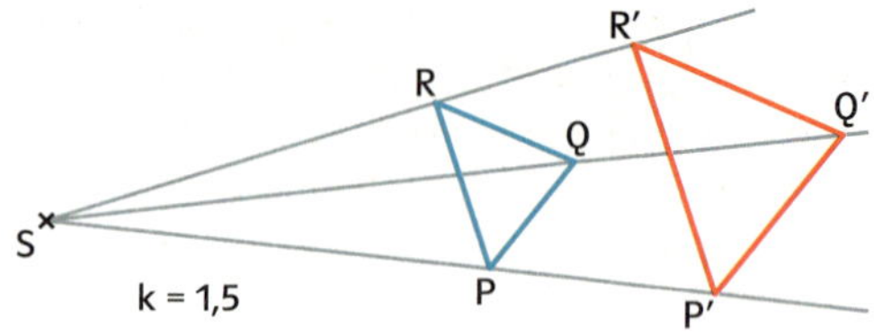

Strahlensätze
In jeder Strahlensatzfigur verhalten sich die Abschnitte auf einem Strahl wie die von S aus gemessenen entsprechenden Abschnitte auf dem anderen.
$\frac{\overline{SA'}}{\overline{SA}} = \frac{\overline{SB'}}{\overline{SB}}$ (1. Strahlensatz)
In jeder Strahlensatzfigur verhalten sich die Abschnitte auf den Parallelen wie die von S aus gemessenen entsprechenden Abschnitte auf jedem Strahl.
$\frac{\overline{A'B'}}{\overline{AB}} = \frac{\overline{SA'}}{\overline{SA}}$ und $\frac{\overline{A'B'}}{\overline{AB}} = \frac{\overline{SB'}}{\overline{SB}}$ (2. Strahlensatz)

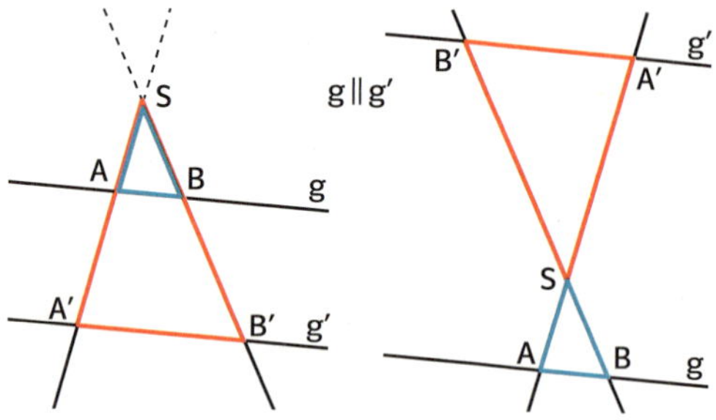

$\overline{AB} = 3{,}2\,cm$; $\overline{SB} = 5\,cm$; $\overline{SB'} = 12{,}5\,cm$
Mit dem 2. Strahlensatz gilt:
$\frac{\overline{A'B'}}{\overline{AB}} = \frac{\overline{SB'}}{\overline{SB}} = \frac{12{,}5\,cm}{5\,cm} = 2{,}5$, also
$\overline{A'B'} = 2{,}5 \cdot \overline{AB} = 2{,}5 \cdot 3{,}2\,cm = 8\,cm$

Ähnlichkeitsabbildungen
Werden zentrische Streckungen und Kongruenzabbildungen hintereinander ausgeführt, so sind Ausgangsfigur und Bildfigur zueinander ähnlich.
Eine Abbildung, die eine ähnliche Figur erzeugt, nennt man Ähnlichkeitsabbildung.

Ähnliche Dreiecke
Stimmen zwei Dreiecke in allen drei Winkeln überein, dann sind sie ähnlich: $\alpha = \alpha'$; $\beta = \beta'$; $\gamma = \gamma'$.
Stimmen zwei Dreiecke in allen einander entsprechenden Seitenverhältnissen überein, dann sind sie ähnlich: $\frac{a}{x} = \frac{b}{y} = \frac{c}{z}$.

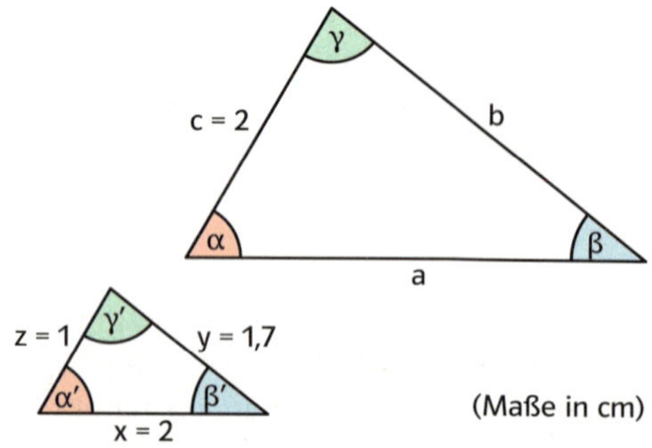

(Maße in cm)

$\frac{c}{z} = 2$, also ist $a = 2 \cdot x = 2 \cdot 2 = 4$
und $b = 2 \cdot y = 2 \cdot 1{,}7 = 3{,}4$.

Training

Runde 1

1 Zeichne in ein Koordinatensystem den Punkt S(1|1) und das Fünfeck ABCDE mit A(4|1); B(2|4); C(4|6); D(6|5) und E(7|3). Führe eine zentrische Streckung mit dem Streckzentrum S und dem Streckfaktor k = 2,5 für das Fünfeck aus.

2 Die Geraden g, h und l in Fig. 1 sind parallel. Berechne die Längen der Strecken x, y, z und w (Maße in cm).

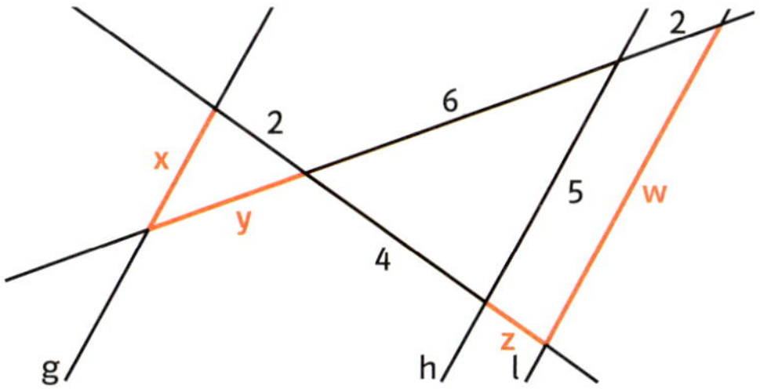

Fig. 1

3 In das Rechteck ABCD wurde ein rechter Winkel eingezeichnet (Fig. 2).
a) Zeige, dass die Dreiecke AED, DEC und EBC ähnlich sind.
b) Berechne die fehlenden Längenangaben (Maße in cm).

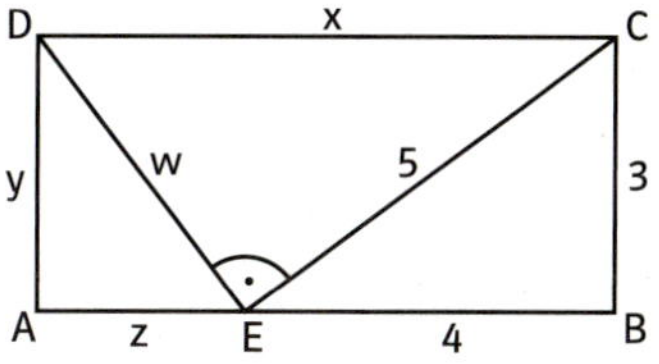

Fig. 2

4 Kathrin und Bernd peilen aus ihrem Zimmer heraus einen Lichtmast auf der anderen Straßenseite an. Um die Entfernung zu berechnen, haben sie die Strecken im Zimmer gemessen. Die Fensteröffnung beträgt 1,20 m. Welche Entfernung können die beiden für den Mast bestimmen?

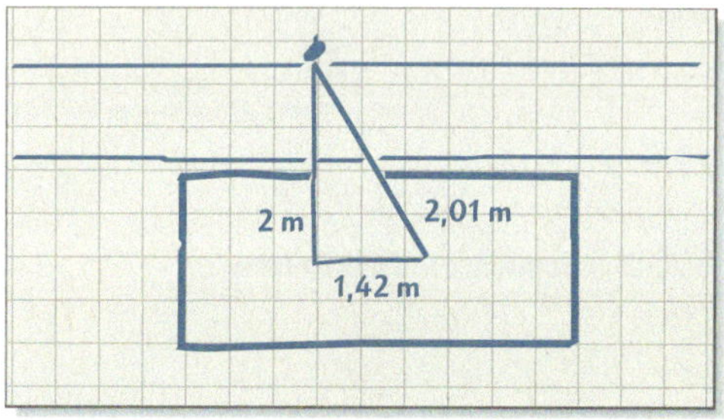

Runde 2

1 Jana hat in der Zeichnung in Fig. 3 geprüft, dass g||h ist, und sie hat die schwarz beschrifteten Längen gemessen (Maße in cm). Die in rot notierten Zahlen sind Ergebnisse ihrer Berechnung. Doch etwas kann nicht stimmen. Wo hat sich Jana verrechnet? Gib den Fehler möglichst genau an.

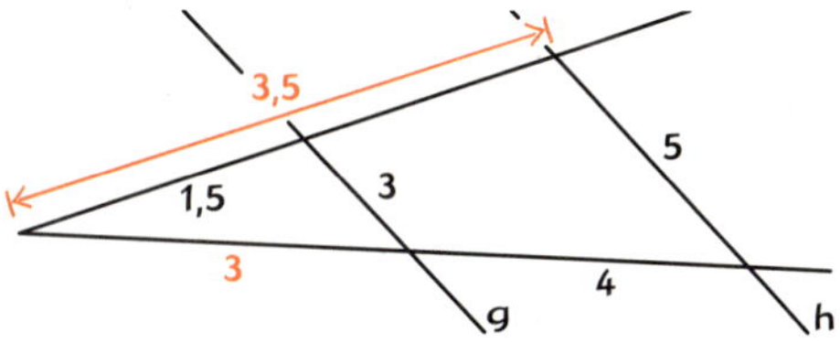

Fig. 3

2 Gegenüber einer Toreinfahrt hat sich ein Polizeiauto platziert, um das im Hof befindliche 10 m breite Hinterhaus zu observieren. In welcher Entfernung von der Toreinfahrt muss das Fahrzeug stehen, damit die gesamte Hausfront eingesehen wird?

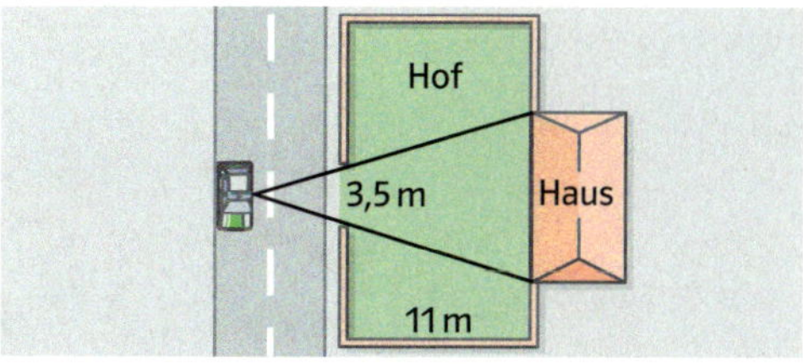

3 a) Eine Figur wird so verkleinert, dass sich alle Längen dritteln. Wie ändert sich der Flächeninhalt der Figur?
b) Von einem Bauplan wurde eine Kopie im Maßstab 1 : 5 gemacht. Auf wie viel Prozent hat sich der Flächeninhalt verkleinert?
c) Ein Bauplan soll so vergrößert werden, dass der Flächeninhalt 225 % des ursprünglichen ausmacht. Wie vergrößern sich die Längen?

Lösungen auf der Seite 227.

Das kannst du schon

- Zahlenlisten erstellen
- Säulen- und Kreisdiagramme erstellen
- Anteile in Prozent schreiben
- Mit relativen Häufigkeiten umgehen

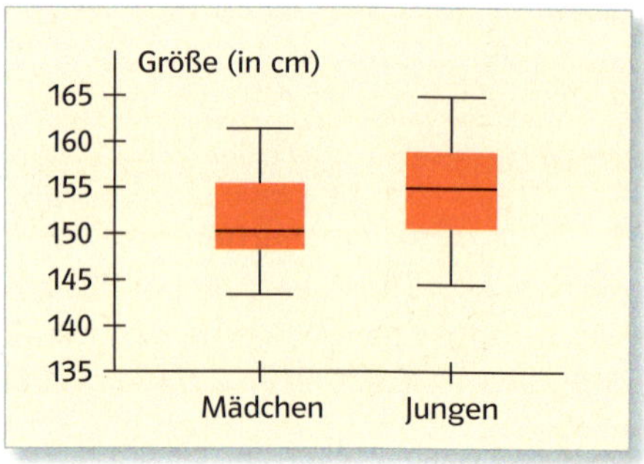

Zahl

Messen

Raum und Form

Funktionaler Zusammenhang

Daten und Zufall

Ein Bild sagt oft mehr als 1000 Worte

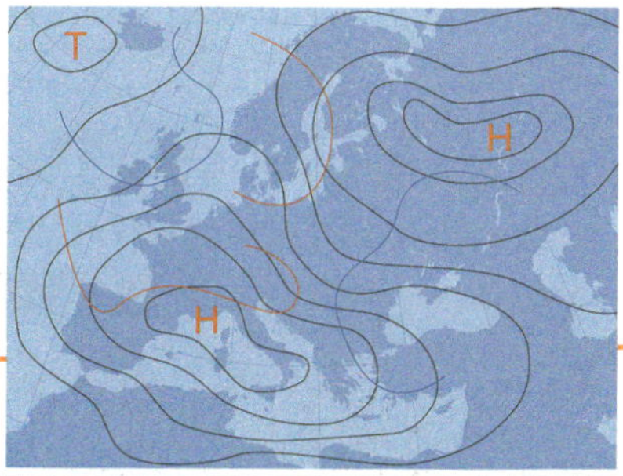

Wer nichts Unerwartetes erwartet,
wird das Unerwartete nicht finden,
weil es schwer aufspürbar und
unzugänglich ist.

Heraklit

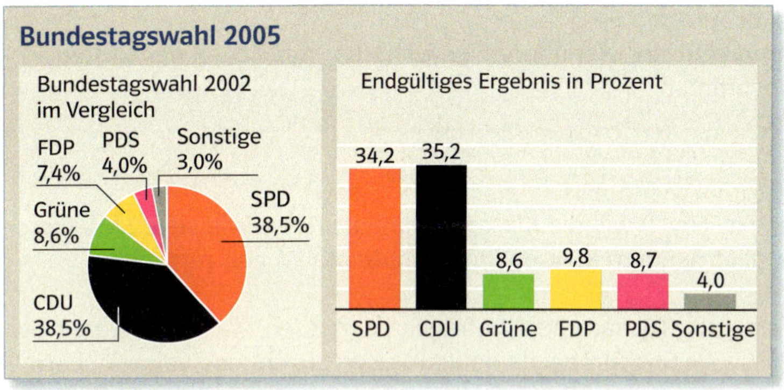

Das kannst du bald

- Zahlenlisten durch Kennzahlen charakterisieren
- Boxplots erstellen und lesen
- Daten kritisch beurteilen

1 Erhebung von Daten

„Jeder zweite Deutsche hat schon einmal die Unwahrheit gesagt."
„Meine Güte, in Deutschland wohnen circa 85 Millionen Menschen. Das muss ja sehr lange gedauert haben, bis man alle befragt hat."

Um genauere Informationen über die Gewohnheiten einer sehr großen Anzahl von Personen zu erhalten werden **statistische Erhebungen** durchgeführt. Beispiele für solche statistischen Erhebungen sind u. a. Umfragen oder Verkehrskontrollen. Häufig ist es zu aufwändig alle Personen zu befragen, daher wählt man gezielt eine kleinere Gruppe von Personen aus. Diese ausgewählte Teilgruppe nennt man **Stichprobe**. Sie muss die gleichen Eigenschaften wie die gesamte Gruppe – die so genannte **Gesamtheit** – aufweisen. Man befragt die Mitglieder der Stichprobe und überträgt deren Antworten auf die Gesamtheit.

Die Menge aller Personen oder Dinge, über die man etwas wissen möchte, nennt man **Gesamtheit**. Die Menge der ausgewählten Personen oder Dinge, die man befragt oder untersucht, nennt man **Stichprobe**.
Eine Stichprobe heißt **repräsentativ**, wenn ihre Eigenschaften mit denen der Gesamtheit weitgehend übereinstimmen.

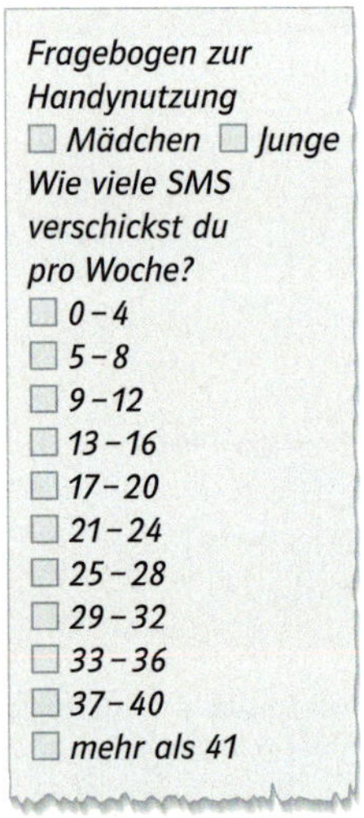
Fragebogen zur Handynutzung
☐ Mädchen ☐ Junge
Wie viele SMS verschickst du pro Woche?
☐ 0 – 4
☐ 5 – 8
☐ 9 – 12
☐ 13 – 16
☐ 17 – 20
☐ 21 – 24
☐ 25 – 28
☐ 29 – 32
☐ 33 – 36
☐ 37 – 40
☐ mehr als 41

Fig. 1

Zur Erinnerung:
Anteile werden häufig in Prozent angegeben.

Beispiel Handynutzung
Mithilfe eines Fragebogens (s. Fig. 1) will die Klasse 9b herausfinden, wie viele SMS die Schülerinnen und Schüler aller neunten Klassen ihrer Schule pro Woche versenden.
Lösung:
Um nicht den gesamten Jahrgang (Gesamtheit) befragen zu müssen, wählt die Klasse sich selbst und eine Parallelklasse als Stichprobe, da beide Klassen zusammen vergleichbare Eigenschaften wie die anderen neunten Klassen ihrer Schule aufweisen.
Eine Klasse allein wäre nicht repräsentativ.
Die Klasse sammelt die Ergebnisse in einer Tabelle und stellt sie grafisch dar.

Anzahl SMS/Monat	Häufigkeit Jungen	Häufigkeit Mädchen
0 bis 4	17	11
5 bis 8	3	2
9 bis 12	0	1
13 bis 16	0	4
17 bis 20	0	1
21 bis 24	0	1
25 bis 28	1	2
29 bis 32	1	0
33 bis 36	1	1
37 bis 40	0	0
41 und mehr	0	6

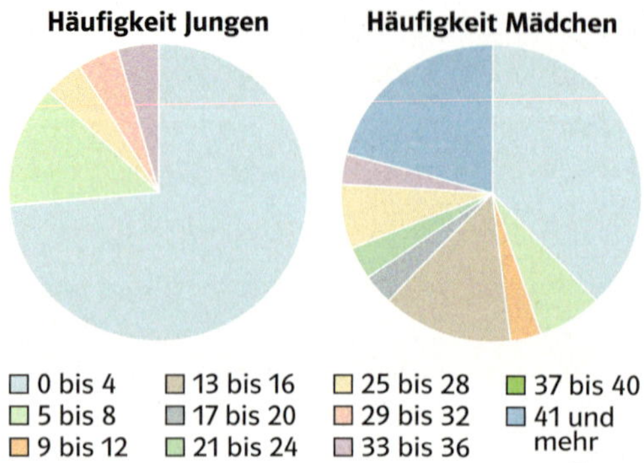

Fig. 2

Aus den Diagrammen kann man ablesen, dass etwa drei Viertel der Jungen nur 0 bis 4 SMS pro Monat verschicken. Bei den Mädchen beträgt dieser Anteil etwa ein Drittel. Man kann auch ablesen, dass etwa ein Fünftel der Mädchen, aber keiner der Jungen der Stichprobe 41 und mehr SMS monatlich verschickt. Insgesamt lässt sich bei dieser Stichprobe feststellen, dass die Mädchen mehr Kurznachrichten als die Jungen versenden. Da die Stichprobe repräsentativ ist, kann man diese Aussagen auf die gesamte Jahrgangsstufe übertragen.

Aufgaben

1 Um zu entscheiden, ob vor einer Schule eine Geschwindigkeitsbegrenzung eingeführt werden soll, ist die Durchführung einer Verkehrszählung geplant.
a) Was ist die Gesamtheit?
b) Wie sollte die Stichprobe gewählt werden? Begründe deine Antwort.

2 Schülerinnen und Schüler wählen in verschiedenen Bundesländern zu verschiedenen Zeiten ihre zweite Fremdsprache. In den vergangenen Jahren blieb das Wahlverhalten im Wesentlichen unverändert. Im letzten Schuljahr wählten an der Marie-Curie-Schule 84 Schüler Französisch, 59 wählten Latein. An dieser Schule findet die Wahl bereits am Ende des fünften Schuljahrs statt, da die Kinder bereits in der Grundschule Englisch hatten und die zweite Fremdsprache ab der sechsten Klasse unterrichtet wird.
a) Lassen sich die Erfahrungen zum Wahlverhalten aus den vergangenen Schuljahren auf die anstehende Wahl übertragen?
b) Falls man von gleich bleibendem Wahlverhalten ausgehen darf, wie viele Schüler werden wohl Französisch wählen, wenn der Jahrgang aus 134 Schülern besteht?

3 Überprüfe die folgenden Stichproben und gib jeweils an, ob sie für die Gesamtheit repräsentativ sind. Erläutere andernfalls, wie die Stichprobe verändert werden muss.
a) In einer Autowerkstatt wird einen Werktag lang jeder fünfte Kunde befragt, ob er mit den Arbeiten der Werkstatt zufrieden ist.
b) Herr Schmidt kauft eine Großpackung Glühbirnen. Um herauszufinden, ob alle Glühbirnen funktionieren, nimmt er die oberste Lage heraus und prüft diese.

Info

Ordnen von Daten einer Stichprobe
Kann man innerhalb einer Stichprobe Daten ordnen und auf diese Weise eine Reihenfolge festlegen, z. B. bei Schulnoten, Körper- oder Schuhgrößen, so entsteht eine **Ordinalskala**. Lassen sich die Daten nicht eindeutig in eine Reihenfolge bringen, so erhält man eine **Nominalskala**. Das ist z. B. bei Eigenschaften wie Farben oder Geschlecht der Fall. Große Datenmengen, die bei statistischen Erhebungen gewonnen werden, stellt man häufig in Diagrammen dar, um eine bessere Übersicht zu gewinnen oder um Prognosen anstellen zu können. Dazu ordnet man, sofern möglich, zuerst die Daten.

Beispiel Ordinalskala: Noten im Vokabeltest: 2, 4, 3, 1, 6, 3, 5, 2, 2, 2, 1, 4, 1, 4, 2, 1

Beispiel Nominalskala: Lieblingsfarbe: rot, blau, gelb, grün, grün, rot, weiß, blau, blau, blau, schwarz

4 An einer Blutspendeaktion nahmen 83 Personen mit Blutgruppe A, 31 Personen mit Blutgruppe B, 14 Personen mit Blutgruppe AB und 78 Personen mit Blutgruppe 0 teil.
a) Passen diese Zahlen zu der in Fig. 1 dargestellten Verteilung der Blutgruppen?
b) Was sind in diesem Beispiel die Stichprobe und die Gesamtheit?
c) Lässt sich das Merkmal „Blutgruppe" auf einer Nominal- oder einer Ordinalskala darstellen?

Blutgruppenverteilung

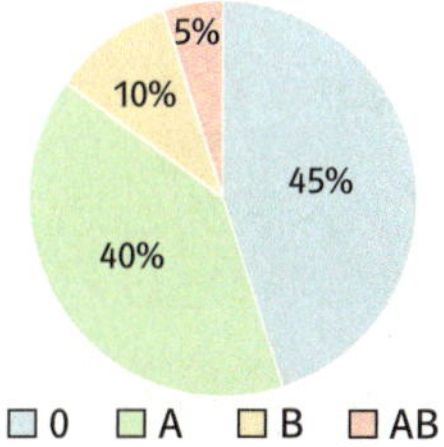

Fig. 1

2 Lagemaße

	Klasse 9a	Klasse 9b
1	–	12
2	4	–
3	11	–
4	14	–
5	3	–
6	–	12

*Der Durchschnitt heißt auch **arithmetisches Mittel**. Kurz:* $\bar{x}$

Angelina: „Oh je, der Notendurchschnitt unserer Mathearbeit beträgt nur 3,5." Berit: „Der Notendurchschnitt unserer Klasse ist auch 3,5, aber wir sind besser!"

Tina	Mareike
8,4 s	8,5 s
8,8 s	8,3 s
8,9 s	8,8 s
8,6 s	8,7 s
8,6 s	9,0 s
8,7 s	8,8 s
8,5 s	8,4 s

Zwischen Tina und Mareike soll sich entscheiden, wer von ihnen bei einem 50-m-Lauf für den Verein starten darf. Ihre durchschnittlichen Laufzeiten sind mit circa 8,6 s annähernd gleich und als Auswahlkriterium daher nicht geeignet. Ein genauerer Vergleich der Laufzeiten zeigt, dass Tina am häufigsten 8,6 s benötigte, Mareike hingegen 8,8 s. Diesen am häufigsten vorkommenden Wert nennt man **Modalwert**. Zudem fällt auf, dass Mareikes Laufzeiten stärker streuen als Tinas. Mareikes Werte streuen zwischen 8,3 s und 9,0 s, Tinas nur zwischen 8,4 s und 8,9 s. Sie lief insgesamt beständiger.
Ordnet man die jeweiligen Laufzeiten nach der Größe, so liegt bei Tina 8,6 s genau in der Mitte, bei Mareike 8,7 s. Diesen mittleren Wert nennt man **Zentralwert** oder **Median.** Tina darf starten, da ihr Modalwert und ihr Median kleiner sind und sie beständigere Leistungen zeigt.

Den Median kann man nur bei Ordinalskalen angeben.
*Den kleinsten Wert nennt man auch **Minimum** (kurz: Min), den größten Wert **Maximum** (kurz: Max).*

Modalwert, Median und arithmetisches Mittel bezeichnet man auch als **Lagemaße**.
Der **Modalwert** ist der häufigste Wert in einer Liste.
Der **Median** (Zentralwert) ist der in der Mitte liegende Wert einer geordneten Liste.
Der Median teilt einen Datensatz in zwei Hälften. Man schreibt dafür z.
Der Abstand zwischen dem größten und dem kleinsten Wert heißt **Spannweite**, kurz: s.

Beispiel 1 Ausgaben
Fabian notiert während einer Klassenfahrt seine Ausgaben.

Tag	1	2	3	4	5	6	7	8	9	10
Ausgaben in €	2,60	3,80	2,24	1,10	3,70	2,63	1,40	1,10	7,34	1,91

Geordnete Liste:
1,10 €; 1,10 €; 1,40 €; 1,91 €; 2,24 €; 2,60 €; 2,63 €; 3,70 €; 3,80 €; 7,34 €

Gib a) die Spannweite, b) den Modalwert und c) den Median an.
Lösung:
a) Niedrigste Ausgabe: Min = 1,10 €
Höchste Ausgabe: Max = 7,34 €.
Spannweite s = 7,34 € – 1,10 € = 6,24 €.
b) 1,10 € ist der Modalwert.

c) *Ist die Anzahl der Werte gerade, nimmt man als Median meistens das arithmetische Mittel der beiden mittleren Werte:*
Median: z = (2,24 € + 2,60 €) : 2 = 2,42 €

Beispiel 2 Übernachtungszahlen
Die Tabelle (s. Fig. 1) zeigt die Aufenthaltsdauern von Touristen in einer Urlaubsregion.
a) Welche Bedeutung hat der Modalwert?
b) Berechne das arithmetische Mittel der Aufenthaltsdauern.

Aufenthaltsdauer	Anzahl
Ein Tag	280
Wochenende	130
Eine Woche	112
Zwei Wochen	130
Drei Wochen	51

Fig. 1

Lösung:
a) Die meisten Touristen bleiben nur einen Tag.
b) $x = (280 \cdot 1 + 130 \cdot 2 + 112 \cdot 7 + 130 \cdot 14 + 51 \cdot 21) : (280 + 130 + 112 + 130 + 51) = 4215 : 703 \approx 6$
Im Mittel bleiben die Touristen ca. sechs Tage lang in dieser Urlaubsregion.

Aufgaben

1 In einer neunten Klasse werden die Gewichte aller Schülerinnen und Schüler erfasst:

Junge/Mädchen	J	J	M	J	M	J	M	M	J	J	J	J	J	M
Gewicht (in kg)	69,7	45	k.A.	47	45	62	42	43	59	43	k.A.	65	38	54

Junge/Mädchen	J	M	J	J	J	M	J	J	J	J	M	M	J	M
Gewicht (in kg)	40	52	70	58	79	55	41	58,5	43	40	50	45	k.A.	k.A.

a) Bestimme den Modalwert, das arithmetische Mittel, den Median und die Spannweite.
b) Welche dieser Werte verändern sich, wenn man das Gewicht der Lehrerin hinzunimmt? Begründe deine Antwort.

Tipp:
Um den größten und den kleinsten Wert einer Liste zu bestimmen, kann man mithilfe eines Tabellenkalkulationsprogramms die Werte ordnen lassen.

Die Abkürzung k.A. bedeutet „keine Angabe".

2 Lena schreibt in Latein in sechs Vokabeltests die Noten 2, 2, 5, 2, 3, 1. Welche Note sollte sie erhalten? Begründe deine Antwort unter Verwendung der Lagemaße und der Spannweite.

Bist du sicher?

1 Berechne den Modalwert, den Median und das arithmetische Mittel für den Notenspiegel der Klassenarbeit (s. Fig. 1).

Note	1	2	3	4	5	6
Häufigkeit	2	5	12	8	0	2

Fig. 1

3 Herr Sang notiert in einer Strichliste über mehrere Monate seinen Benzinverbrauch.

Verbrauch in l/100 km	5,8	6,0	6,1	6,5	6,6
Häufigkeit	IIII	II	III	IIII	I

a) Gib die Spannweite und mögliche Ursachen dafür an.
b) Berechne die Lagemaße und begründe, welches sich für die Angabe des durchschnittlichen Benzinverbrauchs eignet.
c) Herr Sang macht eine weitere Autobahnfahrt und verbraucht 7,0 l auf 100 km. Welche Lagemaße verändern sich?

4 Ein mathematisches Dorf
Stell dir vor, dass in einem kleinen Dorf 35 Personen wohnen. Sieben von ihnen verdienen monatlich 500 €, acht verdienen 1000 €, zwölf von ihnen 1500 € und acht verdienen 2000 €.
a) Bestimme die Lagemaße und gib die Spannweite an.
b) Wie verändern sich die Werte aus a), wenn eine weitere Person in das Dorf zieht, die ein monatliches Einkommen von 1 000 000 € hat?
c) Erläutere, warum manche Lagemaße von „Ausreißern" beeinflusst werden. Gib ein eigenes Beispiel an, bei dem sich die Lagemaße verändern, wenn Ausreißer hinzukommen.

5 a) Gib eine Stichprobe mit sieben Werten an, bei der das arithmetische Mittel und der Zentralwert übereinstimmen.
b) Welcher Mittelwert eignet sich zur Auswertung der Erhebung über die persönliche Lieblingsfarbe (s. Fig. 2)? Begründe.

Farbe	Anzahl
Rot	13
Grün	25
Gelb	12
Blau	20
Sonstige	7

Fig. 2

3 Boxplots

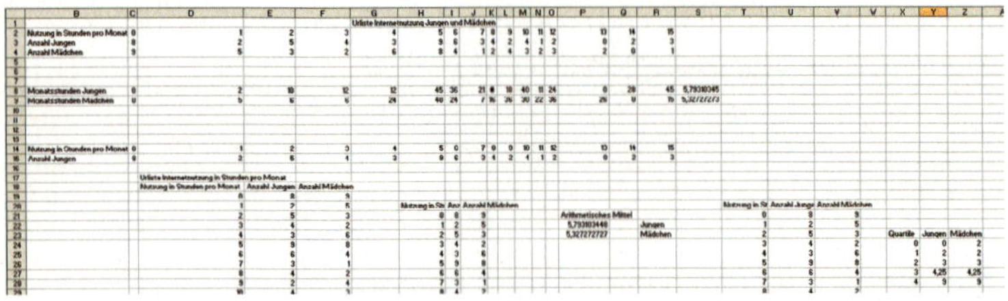

Ich habe gar keinen Überblick.

Unter Jugendlichen wurde in einer Umfrage erhoben, wie viele Stunden sie monatlich das Internet nutzen. Das Ergebnis der Umfrage ist in der Tabelle dargestellt.

Anzahl Stunden	0	1	2	3	4	5	6	7	8	9	10	11	12	13	14	15
Jungen	8	2	5	4	3	9	6	3	4	2	4	1	2	0	2	3
Mädchen	9	5	3	2	6	8	4	1	2	4	3	2	3	2	0	1

Die Jungen benutzen das Internet durchschnittlich etwa 5,8 h pro Monat, die Mädchen ca. 5,3 h. Da die arithmetischen Mittelwerte sich nicht deutlich voneinander unterscheiden, ergibt es Sinn, sich die Streuung und die Verteilung der Daten genauer anzuschauen. Dazu ordnet man sie nach ihrer Größe und stellt sie in einem Diagramm dar. Ein besonderes Diagramm, in dem der kleinste und der größte Wert sowie der Median erkennbar sind, ist der **Boxplot**. Um diesen zu zeichnen, ordnet man zunächst alle Werte der Größe nach, liest Minimum und Maximum ab und bestimmt den Median. Auf diese Weise erhält man die **obere** und die **untere Hälfte** aller Werte. Von beiden Hälften bestimmt man ebenfalls die Mediane und erhält so das **obere** und das **untere Viertel** sowie die **mittlere Hälfte** aller Daten.

*Die mittlere Hälfte aller Daten (die mittleren 50 %) wird mit einer **Box** dargestellt, das untere und das obere Viertel durch so genannte **Antennen**.*

Boxplots können waagerecht oder senkrecht dargestellt werden.

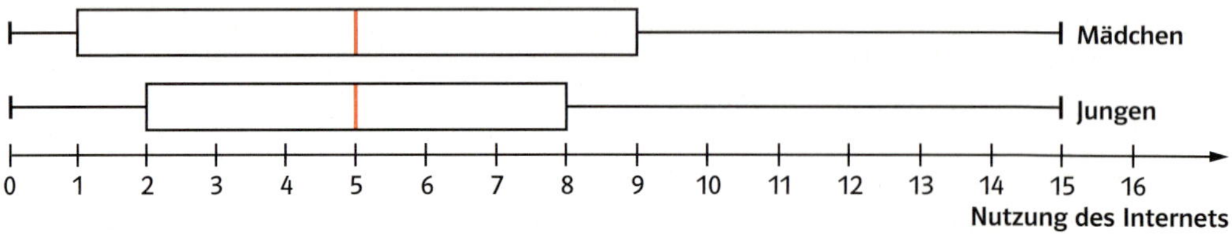

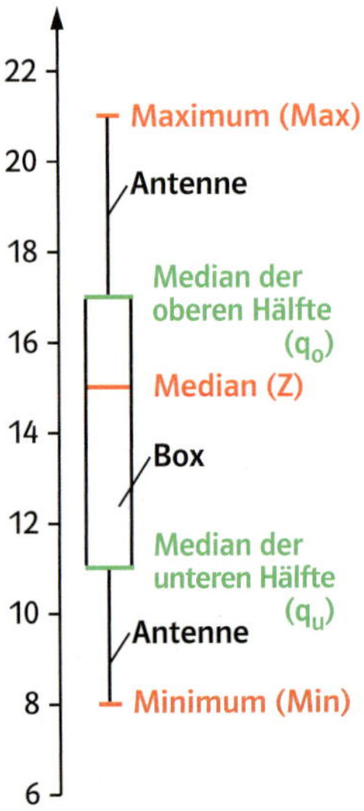

Man erkennt u.a., dass die größten und kleinsten Werte, die Spannweiten und die Mediane beider Gruppen gleich sind. Im Boxplot der Mädchen ist die Box mit der mittleren Hälfte der Daten länger als bei den Jungen. D.h., dass die Nutzungsdauern des Internets der mittleren 50 % der Mädchen stärker streuen, als die entsprechenden Zeiten der Jungen.

In einem **Boxplot** werden alle Daten einer Erhebung über einer Skala dargestellt.
1. Daten der Größe nach ordnen.
2. Kleinsten Wert (Minimum), größten Wert (Maximum) und den Median bestimmen.
3. Alle Daten in die obere und die untere Hälfte einteilen.
4. Mediane der oberen und der unteren Hälfte, auch **Quartilen** genannt, bestimmen.

Für den Median der unteren Hälfte schreibt man q_u, für den der oberen Hälfte q_o.
Die Daten der mittleren Hälfte werden durch eine **Box** dargestellt, die Daten des oberen und des unteren Viertels durch **Antennen**.

Beispiel Punkteverteilungen
Die Tabelle gibt an, welche Punktzahlen die Schülerinnen und Schüler in einer Mathematikarbeit erreicht haben. Zeichne die zugehörigen Boxplots und interpretiere sie.

Punkte	11	12	13	15	16	17	19	20	21	22	23	24	26	27	28	29	30	31	32	34	35	36	37	38
9a	0	1	1	1	2	1	0	2	1	2	2	0	2	2	1	1	1	1	0	0	0	1	0	0
9b	1	1	0	1	0	0	1	0	2	2	2	3	4	0	1	0	1	4	2	1	0	0	0	0

Lösung:

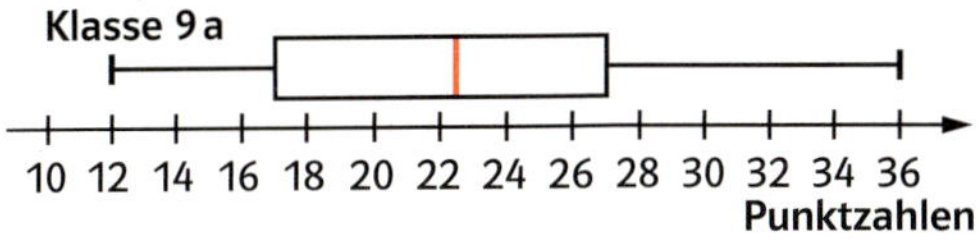

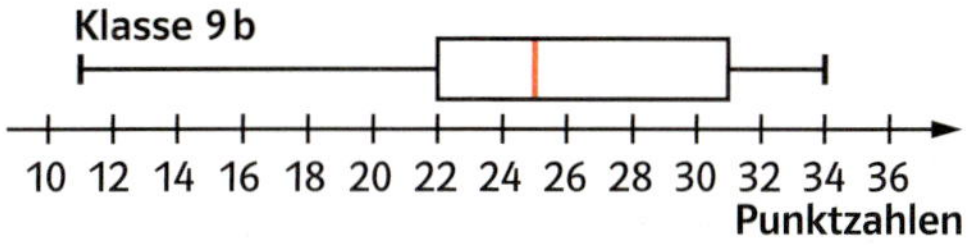

Der Boxplot der Klasse 9b zeigt, dass die erreichten Punktzahlen in der oberen Hälfte der Daten viel weniger streuen (von 25 bis 34 Punkten) als in der unteren Hälfte. Da in beiden Hälften gleich viele Daten liegen, müssen die im unteren Bereich erreichten Punktzahlen sehr weit auseinander liegen. Ein Vergleich der oberen Antennen beider Klassen zeigt, dass die Punktzahlen der besten 25 % der Schülerinnen und Schüler der Klasse 9a über neun Punkte streuen, die der Klasse 9b nur über drei Punkte.

Aufgaben

1 Zeichne die Boxplots zu den angegebenen Werten.
a) Min = 0; Median der unteren Hälfte: $q_u = 15$; Median: $z = 23$; Median der oberen Hälfte: $q_o = 27$; Max = 35.
b) 10; 3; 1; 4; 2; 2; 9; 8; 11; 2; 5; 8; 8.

2 a) Vergleiche die beiden dargestellten Boxplots. Betrachte dabei die Längen der Antennen und die Formen der Boxen. Was kann man über die Daten aussagen?

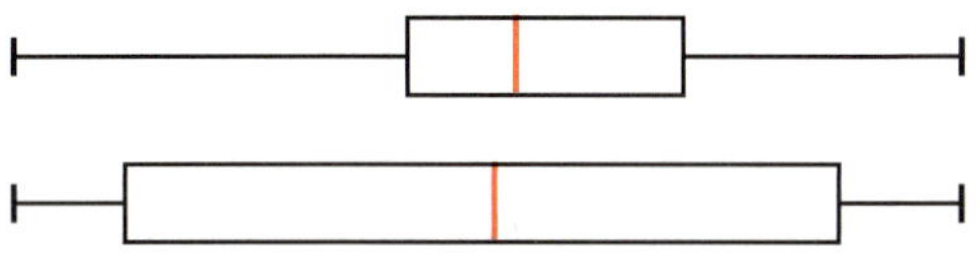

b) Die Daten der mittleren Hälfte einer Rangliste streuen stark um den Median. Die Daten im oberen Viertel streuen nur wenig und die Daten im unteren Viertel streuen stark. Skizziere einen passenden Boxplot.

Werden die Werte einer Liste der Größe nach sortiert, so bezeichnet man sie als ***Rangliste****. Ranglisten können nur von ordinalen Daten aufgestellt werden.*

3 Zeichne die Boxplots zu beiden Ranglisten. Was fällt dir auf?
a) 0; 3; 3; 3; 8; 8; 8; 10; 10; 10; 13; 13; 13 b) 0; 0; 0; 3; 3; 3; 8; 8; 8; 10; 10; 10; 13

4 Die Schüler einer Klasse wurden befragt, wie viele Stunden sie wöchentlich fernsehen. Die Antworten sind in der Urliste angegeben:
4; 51; 16; 100; 9; 16; 24; 9; 14; 5; 67; 12; 20; 67; 4; 80; 70; 15; 3; 6; 30; 31; 11; 9; 9; 5; 50; 20.
a) Zeichne ein Säulendiagramm und einen Boxplot.
b) Wie viele Schüler verbringen wöchentlich mehr als 7 Stunden mit Fernsehen?
c) Welche der folgenden Aussagen sind durch die Diagramme belegbar? Begründe.
- „Weniger als die Hälfte der Jugendlichen schaut höchstens 10 Stunden fern pro Woche."
- „Die meisten Jugendlichen schauen zu viel fern heutzutage."
- „Die Jugendlichen schauen jeden zweiten Tag eine Stunde fern."
- „Etwa ein Viertel der Schüler schaut wöchentlich zwischen 9 und 16 Stunden fern."

5 Beim Sportfest haben alle Klassen Geld gesammelt. In der Zeitung sollen einige Aussagen zum Spendenverhalten der Klassen erscheinen. Die gerundeten Beträge sind:
12 €; 16 €; 17 €; 17 €; 17 €; 19 €; 20 €; 20 €; 20 €; 20 €; 20 €; 20 €; 21 €; 21 €; 22 €; 29 €
a) Stelle die Daten in einem Säulendiagramm dar.
b) Erstelle für die Einnahmen einen Boxplot.
c) Vergleiche beide grafischen Darstellungen. Für welche Aussagen ist das Säulendiagramm und für welche Aussagen ist der Boxplot besser geeignet?

6 Neun Schüler haben ihren Pulsschlag über eine viertel Minute gezählt, zuerst ihren Ruhepuls, dann jeweils nach 10, 20, 30 Kniebeugen.
a) Veranschauliche die Daten der drei Spalten durch je einen Boxplot.
b) Untersuche, ob der Puls nach jeweils 10 Kniebeugen durchschnittlich um den gleichen Wert anwächst.
c) Führe dieses Experiment selber durch und fasse die „am eigenen Leib gemachten" Beobachtungen zusammen.

	Ruhe	10	20	30
Dennis	19	30	39	42
Oliver	22	35	39	41
Michael	21	34	38	40
Stefan	16	25	28	30
Tobi	18	32	33	35
Sven	19	28	32	35
Marc	23	35	40	40
Christopher	15	23	25	27
Thorsten	29	35	36	40

Bist du sicher?

1 a) Zeichne einen Boxplot zu der Zahlenliste −1; 3; 4; 4; 4; 5; 6; 6; 6; 6; 7; 8; 16; 20.
b) Muss der Median immer im Innern der Box liegen? Begründe.
c) Kann es Boxplots „ohne Antennen" geben? Begründe anhand von Zahlenbeispielen.

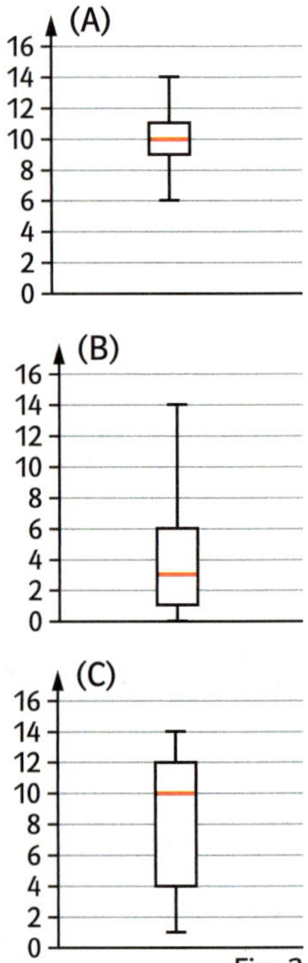

Fig. 3

7 Eine Maschine verpackt Pralinenpackungen zu 500 g. Vier verschiedene Einstellungen lieferten bei Kontrollen des Verpackungsgewichts die Boxplots aus Fig. 1.
Welche Einstellung ist besonders günstig
a) für die Pralinenfirma,
b) für den Kunden?
c) Wie sieht der Boxplot einer für den Produzenten idealen Verpackungsmaschine aus?

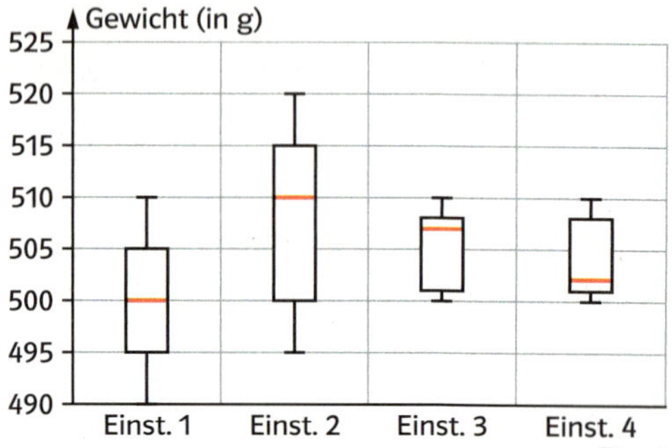

Fig. 1

8 Bei einem Test gab es maximal 16 Punkte. Fig. 2 zeigt die Ergebnisse in drei Klassen.
a) Beschreibe in Worten, wie der Test ausgefallen ist.
b) Welcher Boxplot gehört zu welchem Säulendiagramm (Fig. 3)? Begründe deine Antwort.

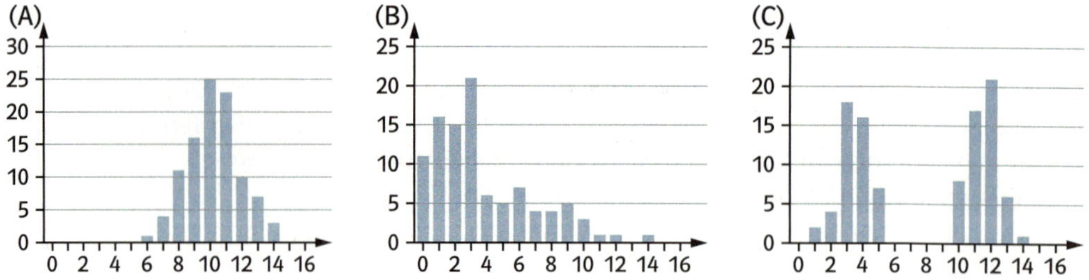

Fig. 2

4 Streuungsmaße

Im Mittel hat man an den Füßen eine angenehme Temperatur, wenn man einen Fuß in den Tiefkühlschrank und den anderen in kochendes Wasser hält.

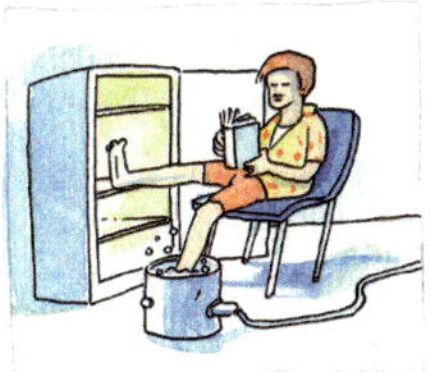

Im angesprochenen Fall ist der Körper möglicherweise einer Temperatur zwischen −18 °C und 100 °C ausgesetzt. Die beeinflussenden Temperaturen streuen also zwischen diesem Maximal- und Minimalwert. Diese bei den Boxplots bereits eingeführte Spannweite zeigt uns, zwischen welchen Grenzen die Werte liegen. Die ermittelten Werte weichen zumeist vom Mittelwert ab – man sagt auch dazu, sie „streuen" um den Mittelwert.
Die **Spannweite** als Differenz aus größtem und kleinstem Wert ist also ein Maß für die **Streuung der ermittelten Werte**.

Das folgende Beispiel wird zeigen, dass das Streuungsmaß „Spannweite" für die Beschreibung einer Messreihe nicht ausreichend ist.

Zwei Stichproben sollen verglichen werden:
Stichprobe I: 15, 14, 16, 13, 17 Stichprobe II: 15, 6, 16, 18, 20
Beide Stichproben haben denselben Durchschnitt $\bar{x} = 15$ und denselben Zentralwert (Median) $z = 16$. Trotzdem unterscheiden sie sich wesentlich.
So beträgt die Spannweite bei der Stichprobe I 4 und bei der Stichprobe II 14.
Die Spannweite wird aber nur vom größten und vom kleinsten Wert beeinflusst, die „Streuung" der Werte kann sich aber trotzdem noch stark unterscheiden. Neben dem Durchschnitt, dem Zentralwert und der Spannweite betrachtet man daher als ein weiteres Kennzeichen einer Stichprobe die „mittlere Abweichung vom Durchschnitt $\bar{x}$":

Stichprobe I

Werte x_i	Abweichung von $\bar{x} = 15$
15	0
14	1
16	1
13	2
17	2
75	6
$\bar{x} = \frac{75}{5} = 15$	$\frac{6}{5} = 1{,}2$

Stichprobe II

Werte x_i	Abweichung von $\bar{x} = 15$
15	0
6	9
16	1
18	3
20	5
75	18
$\bar{x} = \frac{75}{5} = 15$	$\frac{18}{5} = 3{,}6$

Die mittlere Abweichung vom Durchschnitt ist bei Stichprobe II größer als bei Stichprobe I. Man sagt dazu, die Werte von Stichprobe II „streuen" stärker als die von Stichprobe I.

Sind $x_1, x_2, \ldots, x_n$ die n Werte einer Stichprobe und $\bar{x}$ der Durchschnitt der Werte der Stichprobe, so heißt

$$\frac{|x_1 - \bar{x}| + |x_2 - \bar{x}| + \ldots + |x_n - \bar{x}|}{n}$$

die **mittlere Abweichung** vom Durchschnitt.

Beispiel

Von einer Lieferung Fahrradspeichen wurde von einer Stichprobe von 10 Speichen die genaue Länge (in mm) der Speichen gemessen:

269, 274, 269, 268, 272, 270, 269, 270, 268, 271.

a) Gib die Spannweite der Längen an.

b) Berechne die mittlere Abweichung vom Durchschnitt.

Lösung:

a) *Die Spannweite ist die Differenz aus größtem Wert und kleinstem Wert.*

Spannweite: 274 mm − 268 mm = 6 mm.

b) Die Summe der Speichenlängen beträgt 2700, ihr Durchschnitt also 270. Für die Abweichungen ergeben sich dann die Zahlen 1, 4, 1, 2, 2, 0, 1, 0, 2, 1 mit dem Durchschnitt 1,4. Die mittlere Abweichung beträgt also 1,4 mm.

Aufgaben

1 In einer Klasse wurden die Körpergewichte in zwei Stichproben gemessen.
Stichprobe I: Franzi 51 kg, Holger 59 kg, Dirk 53 kg, Andrea 55 kg und Kai 57 kg.
Stichprobe II: Johanna 37 kg, Mirco 78 kg, Lars 45 kg, Jens 55 kg und Julia 60 kg.
Berechne zu jeder Stichprobe den Durchschnitt der Gewichte, den Zentralwert, die Spannweite und die mittlere Abweichung vom Durchschnitt.

2 Die Anzahl der Regentage beträgt im langjährigen Mittel für Amsterdam bzw. Rangun:

Monat	Jan.	Feb.	März	April	Mai	Juni	Juli	Aug.	Sept.	Okt.	Nov.	Dez.
Amsterdam	10	8	11	8	9	9	11	11	10	13	11	13
Rangun	1	1	1	2	13	23	25	24	20	11	4	1

a) Stelle die Verteilung der Anzahl der Regentage grafisch dar.

b) Berechne für beide Messreihen den Durchschnitt der Anzahl der Regentage, die Spannweite und die mittlere Abweichung vom Durchschnitt.

3 In zwei Betrieben haben die Beschäftigten folgende Monatsgehälter (gerundet):

Gehalt in Euro	500	1000	1500	2000	2500	3000	3500	4000	5000	6000	7000
Beschäftigte in Betrieb I	1	6	10	5	2	–	3	1	–	2	–
Beschäftigte in Betrieb II	1	2	5	7	3	–	1	–	–	–	1

Berechne für beide Betriebe jeweils die durchschnittliche Höhe der Gehälter, die Spannweite und die mittlere Abweichung vom Durchschnitt.

4 Eine Fabrik hat die Wahl zwischen zwei gleich teuren Lieferanten von 10-mm-Bolzen. Sie hat aus den Produktionen jeweils eine Stichprobe von 12 Bolzen genommen und die Durchmesser genau vermessen. Bestimme für beide Firmen den durchschnittlichen Durchmesser der Bolzen, die Spannweiten der Durchmesser und die mittleren Abweichungen vom Durchschnitt. Welche Firma fertigt genauer?

Firma Faller GmbH:
Durchmesser in mm

10,16	10,09	9,99	10,03	10,00	10,04
9,85	10,00	10,02	9,95	9,90	9,97

Firma Geiger & Sohn:
Durchmesser in mm

10,03	9,90	9,87	10,01	9,99	9,91
10,10	9,85	9,95	10,08	10,15	10,16

5 Histogramme

In einer neunten Klasse wurde das monatliche Taschengeld erfasst und in einem Diagramm dargestellt. Sven argumentiert nun vor seinen Eltern, dass er mit monatlich 30 € zu wenig erhält, weil die meisten Schüler aus seiner Klasse mehr als 40 € erhalten.

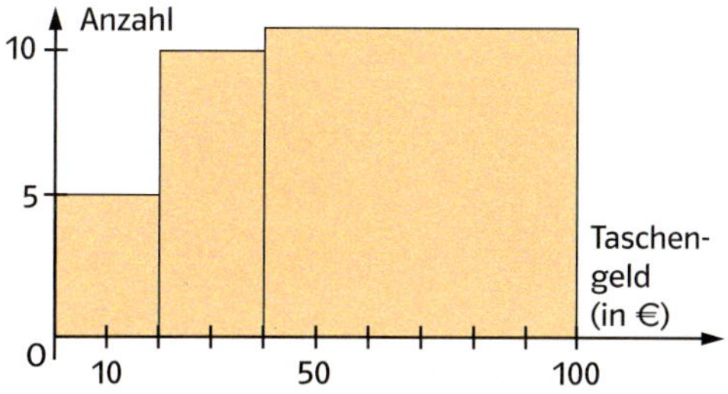

Die Anzahl der Schüler einer Klasse nennt man **absolute Häufigkeit**, der prozentuale Anteil dieser Anzahl an der Gesamtschülerzahl ist eine **relative Häufigkeit**. Man stellt sie zur besseren Übersichtlichkeit zu einer **Häufigkeitsverteilung** zusammen.
Häufigkeitsverteilungen werden auf unterschiedliche Weise **grafisch** veranschaulicht. Dies kann z. B. durch ein Kreisdiagramm oder ein Rechteckdiagramm geschehen.
In einem Stabdiagramm von Fig. 1 ist eingetragen, wie häufig welche Punktzahlen in einer Schülergruppe während eines Wettkampfs erreicht wurden. Diese Darstellung ist nicht sehr übersichtlich, da viele Ergebnisse auftreten. In solchen Fällen fasst man oft mehrere Ergebnisse zusammen, indem der Bereich der Ergebnisse in gleich breite Klassen eingeteilt wird.

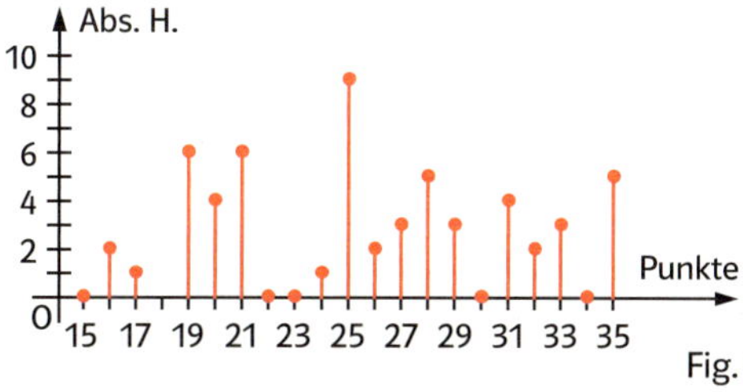

Fig. 1

Man erhält so ein Staffelbild, auch **Histogramm** genannt. Je nach Klasseneinteilung ergeben sich aus demselben Stabdiagramm ganz unterschiedliche Histogramme (vgl. Fig. 2 und 3).

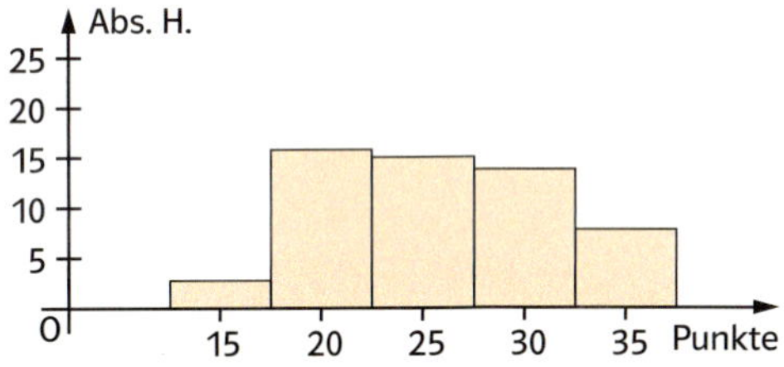

Fig. 2

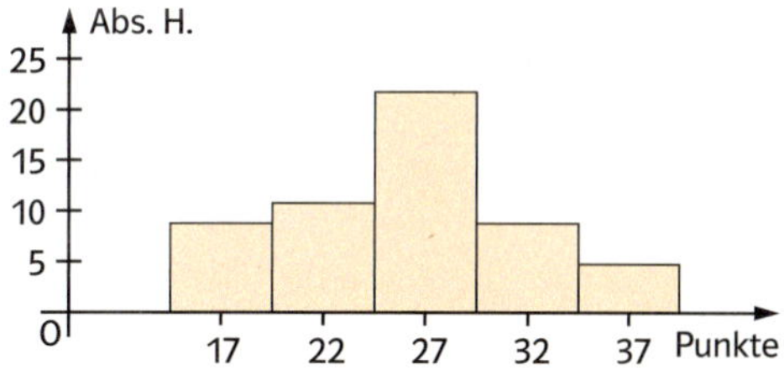

Fig. 3

Beide Histogramme zeigen dieselbe Situation, geben aber zu sehr unterschiedlichen Schlussfolgerungen Anlass. Histogramme sollten daher mit Umsicht erstellt und ausgewertet werden. Entscheidend ist die richtige Wahl der Klassengrenzen. Es empfiehlt sich, verschiedene Klasseneinteilungen vorzunehmen und Vergleiche zu ziehen.

Anschauliche **Histogramme,** die die reale Situation widerspiegeln, erhält man mit gleichen Klassenbreiten und relativen Häufigkeiten. Dabei verwendet man als Säulenhöhe den Quotienten aus relativer Häufigkeit und Klassenbreite, die so genannte **Häufigkeitsdichte.**

Urliste	km/h
1	14,0
2	13,2
3	19,7
4	13,7
5	11,7
6	30,3
...	...
1129	87,6
1130	13,2
1131	19,5
1132	22,4
1133	54,0
1134	25,3

Fig. 1

Fig. 1 zeigt den Ausschnitt aus einer Urliste mit Geschwindigkeiten, die bei 1134 Kraftfahrzeugen in der Nähe einer Grundschule gemessen wurden. Da diese Urliste unübersichtlich ist, fasst man „benachbarte" Geschwindigkeiten zu Klassen der Breite 15 zusammen und ermittelt die zugehörigen relativen Häufigkeiten.

Klasse (km/h)	$0 < v \leqq 15$	$15 < v \leqq 30$	$30 < v \leqq 45$	$45 < v \leqq 60$	$60 < v \leqq 75$	$75 < v \leqq 90$
Klassenmitte (km/h)	7,5	22,5	37,5	52,5	67,5	82,5
absolute Häufigkeit	90	424	444	164	10	2
rel. Häufigkeit (h)	7,9 %	37,4 %	39,2 %	14,5 %	0,9 %	0,2 %
rel. Häufigkeitsdichte (f)	0,005 29	0,024 93	0,026 10	0,009 64	0,000 59	0,000 12

Die Veranschaulichung kann über zwei Diagrammformen erfolgen.

Säulendiagramm
Wenn man die relativen Häufigkeiten als Längen von Säulen veranschaulicht, entsteht ein Säulendiagramm. Die Summe der Längen aller Säulen hat den Wert 1 (100 %).

Histogramm
Wenn man die relativen Häufigkeiten als Flächen von Rechtecken veranschaulicht, entsteht ein Histogramm. Die Summe der Flächeninhalte hat den Wert 1 (100 %).

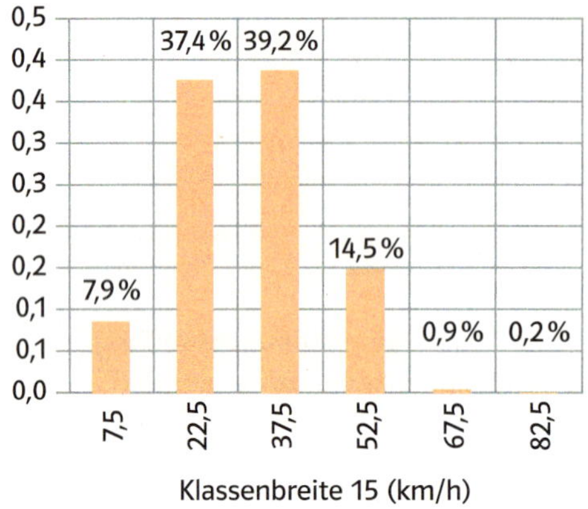

Fig. 2

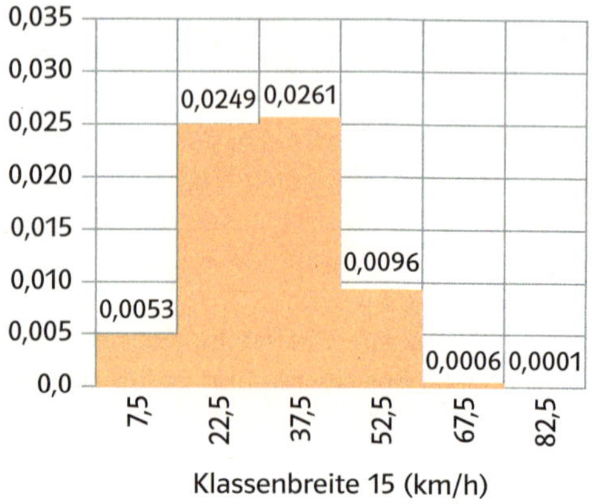

Fig. 3

Beispiel 1 (relative Häufigkeit – Häufigkeitsdichte)
a) Bei einem Test hatten 23 von 78 Teilnehmern eine Punktzahl X zwischen 12 und 15. Bestimmen Sie die Höhe des Histogramm-Rechtecks, also die Häufigkeitsdichte, über dem Intervall (12; 15].
b) Mit welcher relativen Häufigkeit lag die Punktzahl X im Intervall (8; 12], wenn die Häufigkeitsdichte den Wert 0,12 besitzt?
Lösung:
a) Für die relative Häufigkeit gilt $h = \frac{23}{78} \approx 0{,}295 = 29{,}5\,\%$. Die Häufigkeitsdichte ergibt sich zu $f = \frac{0{,}295}{3} \approx 0{,}098$. Das Rechteck hat die Breite 3 und die Höhe 0,098.
b) Für die gesuchte relative Häufigkeit h erhält man $h = 4 \cdot 0{,}12 = 0{,}48 = 48\,\%$.

Beispiel 2 (Erstellung eines Histogramms)
In der Klasse 9c mit 24 Schülern wurde mit einer Befragung ermittelt, wie hoch die Handygebühren im letzten Monat waren. Dabei ergab sich folgende Tabelle:

Gebühren in Euro	0 – 19,99	20 – 29,99	30 – 39,99	40 – 49,99	50 – 59,99
Anzahl	7	6	7	2	2

Berechne die Häufigkeitsdichte und zeichne ein Histogramm.

Lösung:

Gebühren in Euro	0–19,99	20–29,99	30–39,99	40–49,99	50–59,99
Anzahl	7	6	7	2	2
rel. Häufigkeit	0,292	0,25	0,292	0,083	0,083
rel. Häufigkeitsdichte	0,0146	0,025	0,0292	0,0083	0,0083

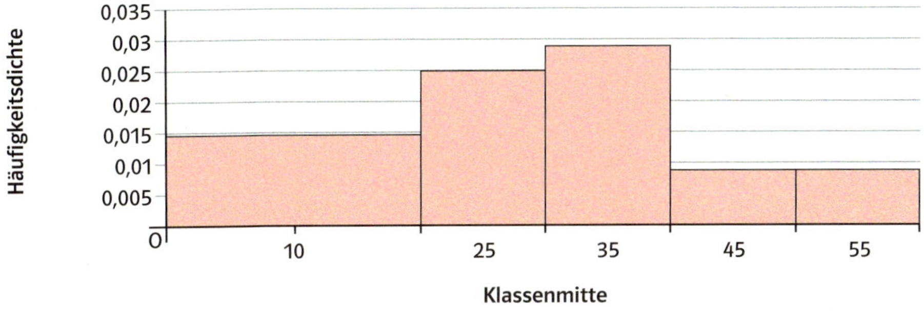

Fig. 1

Um die Anteile der einzelnen Klassen richtig einzuschätzen, muss man die Rechteckflächeninhalte vergleichen. Die Höhen können insbesondere bei unterschiedlichen Klassenbreiten zu Fehleinschätzungen führen.

Aufgaben

1 Bei sechs von 27 Schülern lagern die monatlichen Telefongebühren im Intervall (25 €; 50 €]. Berechne die zugehörige relative Häufigkeit und die Häufigkeitsdichte.

2 Übertrage die Tabelle aus Fig. 2 in dein Heft und fülle Sie aus.

Klassenbreite	3	6	1,5	0,4		
relative Häufigkeit	17 %		100 %		15 %	20 %
Häufigkeitsdichte		0,1		2	0,15	4

Fig. 2

3 Wandle das Stabdiagramm in Fig. 3 in zwei Histogramme um; vergleiche die optischen Eindrücke, die die beiden vermitteln. Benutze folgende Klasseneinteilung:
1. Histogramm: 2,5–7,5; 7,5–12,5; 12,5–17,5; …; 32,5–37,5
2. Histogramm: 4,5–9,5; 9,5–14,5; 14,5–19,5; 19,5–24,5; 24,5–29,5; 29,5–34,5

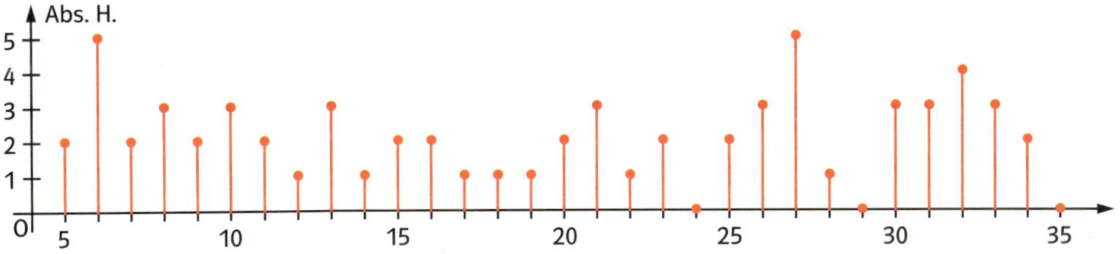

Fig. 3

1 In der Tabelle sind die jährlichen Niederschlagsmengen einiger Orte dargestellt.

Beobachtungsstation	Niederschlagsmenge (in l/m^2)
List auf Sylt	804
Greifswald	647
Lübeck	994
Hannover	802
Potsdam	766
Leipzig	591
Frankfurt a. M.	727
Trier	795
Regensburg	898
Freiburg i. Br.	989

a) Stelle die Niederschlagsmengen in einem Boxplot und in einem Säulendiagramm dar.
b) Beurteile auf der Grundlage beider Diagramme die regionale Verteilung der Niederschlagsmengen.
c) Angenommen, in Lübeck fiele im gleichen Beobachtungszeitraum doppelt so viel Niederschlag. Welche Lagemaße verändern sich, welche nicht? Wie verändert sich der Boxplot?

2 Eine Umfrage zur Anzahl der im Haushalt lebenden Tiere ergab folgende ungeordnete Liste: 6; 2; 0; 1; 1; 3; 2; 2; 1; 0; 0; 3; 4; 1; 1; 2; 2; 2; 5; 3; 2; 3; 4; 4.
a) Bestimme die Lagemaße.
b) Stelle die Anzahl der Haustiere pro Haushalt in einem geeignetem Diagramm dar.
c) Schreibe einen Artikel für die Schülerzeitung, in dem du die statistischen Angaben zu den in Haushalten lebenden Tieren unter Verwendung der Ergebnisse aus a) und b) schilderst.

3 An einem Sonntagnachmittag nehmen die Zuschauer eines Fußballspiels während der Halbzeit an einer Umfrage zum Freizeitverhalten teil. Mit dieser Umfrage will der veranstaltende Sportverein KSV 09 herausfinden, ob die Jugendarbeit im Verein verbessert werden kann. Die Zuschauer sollen u. a. folgende Fragen beantworten:
- Wie viele Kinder leben in Ihrem Haushalt?
- Ist wenigstens ein Elternteil Mitglied im KSV 09?
- Wie häufig nimmt Ihr Sohn/Ihre Tochter wöchentlich am Fußballtraining teil?

a) Beurteile die Aussagekraft dieser Umfrage.
b) Kann der Sportverein aus den Antworten schließen, ob es genügt, weiterhin nur dreimal pro Woche Fußballtraining für die Kinder anzubieten? Begründe.
c) Der Sportverein überlegt, mehr Werbung für eine Mitgliedschaft im KSV 09 zu machen. Kann der Verein dies mit den genannten Fragen herausfinden?

4 Die Notenspiegel zeigen den Ausfall einer Mathematikarbeit in drei neunten Klassen.

Klasse	Note 1	Note 2	Note 3	Note 4	Note 5	Note 6
9 a	2	5	10	9	3	0
9 b	2	6	11	7	3	0
9 c	0	4	12	3	1	0

Begründe mithilfe der Lagemaße, in welcher Klasse die Arbeit am besten ausfiel.

5 Die Gewichte von Schultaschen (Fig. 1) sollen im Rahmen einer Klassenarbeit *sinnvoll* grafisch dargestellt werden. Tim und Annika haben verschiedene Diagramme gezeichnet. Der Lehrer bewertet die beiden Diagramme sehr unterschiedlich.
a) Welches Diagramm bekommt vermutlich die geringere Punktzahl, weil es nach Auffassung des Lehrers sinnlos ist? Wie könnte die Begründung des Lehrers aussehen?
b) Versuche durch einen geeigneten Erläuterungstext den Lehrer umzustimmen, sodass er beide Diagramme gleich gut bewertet.

Annika	4,7 kg
Marc	6,2 kg
Tim	7,1 kg
Uschi	8,7 kg
Jessi	3,9 kg
Ügur	5,2 kg
Ayse	3,6 kg
Larissa	4,6 kg

Fig. 1

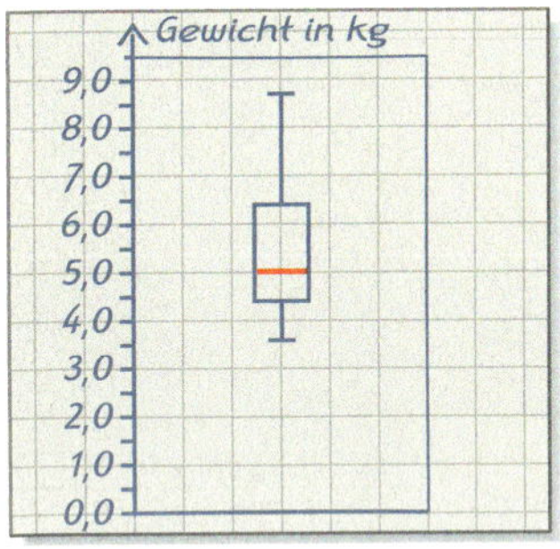

Tim

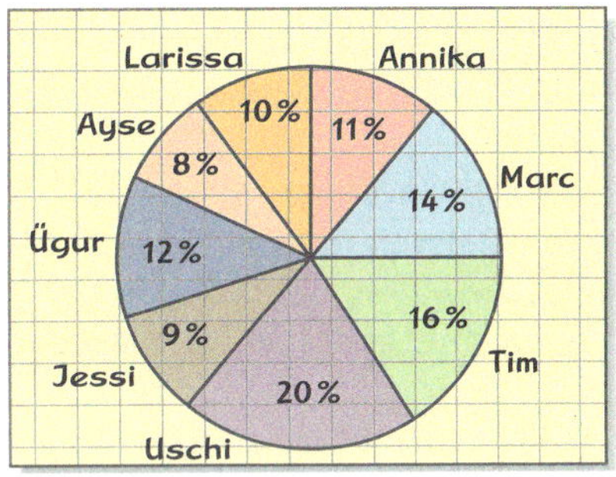

Annika

6 Fig. 2 veranschaulicht die Dauer von Sarahs und Judiths Telefongesprächen im Monat März.
a) Was kannst du über das Telefonierverhalten der drei Mädchen ablesen?
b) Wie schätzt du dein eigenes Telefonierverhalten ein? Zeichne einen Boxplot.
c) Judith hatte in dem Monat die höchste Telefonrechnung. Wie ist das möglich? Ist das überhaupt möglich?

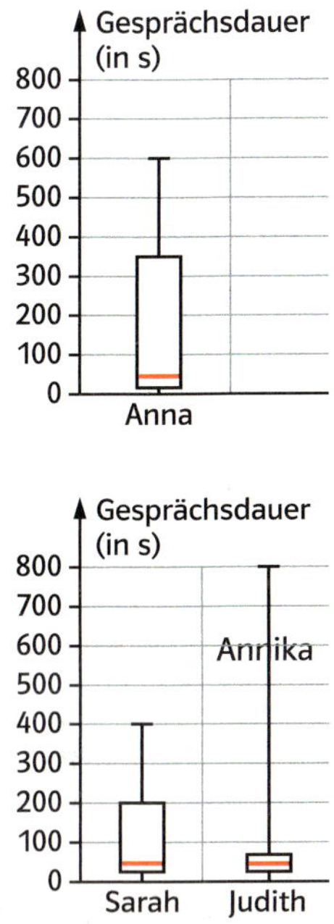

Fig. 2

7

Monat	Jan.	Feb.	März	April	Mai	Juni	Juli	Aug.	Sept.	Okt.	Nov.	Dez.
Niederschlag in mm	35	42	41	45	30	85	120	75	20	40	88	115

Berechne zu den gemessenen Niederschlagsmengen
a) den Durchschnitt,
b) den Zentralwert
b) die Spannweite,
d) die mittlere Abweichung vom Durchschnitt.

8 Fig. 3 zeigt die Häufigkeit, mit der verschiedene Altersgruppen in Unfälle verwickelt sind. Die Darstellung legt nahe, dass für die 18- bis 60-Jährigen der Straßenverkehr am gefährlichsten ist.
a) Trifft das in Wirklichkeit zu?
b) Erstelle ein neues Histogramm. Wähle dabei als konstante Klassenbreite „6 Jahre“ und verteile die Häufigkeiten aus Fig. 1 gleichmäßig auf die neuen kleineren Klassen. Welches der beiden Histogramme ist geeigneter?

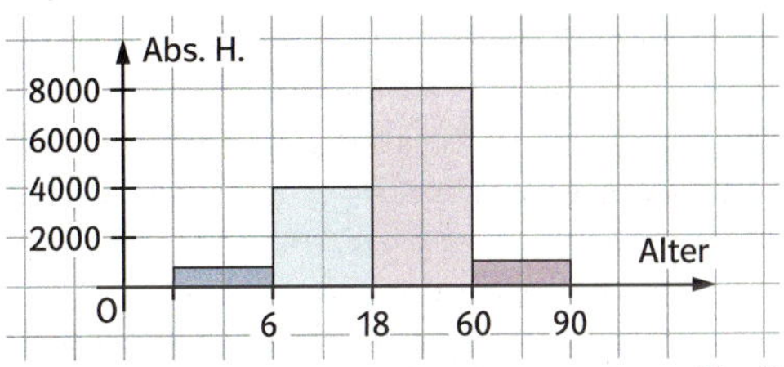

Fig. 3

c) Welche der Altersgruppen scheint nach dem neuen Histogramm am gefährdetsten zu sein? Trifft das in Wirklichkeit zu? Was wurde auch im neuen Histogramm nicht berücksichtigt?

Statistik mit dem Computer

Hier wird Excel benutzt, andere Tabellenkalkulationsprograme sind zum Durcharbeiten der Exkursion ebenso geeignet.

Mit **Tabellenkalkulationsprogrammen** kann man Daten schnell auswerten und grafisch darstellen. Grundlegende Schritte werden hier an Beispielen vorgestellt. Die Kenntnisse können bei der Aufbereitung von Ergebnissen und beim Kontrollieren von Aufgaben helfen. Arbeitet die folgenden Beispiele in kleinen Gruppen an einem PC durch.

Zahlenlisten auswerten

Wie man mit Excel Zahlenlisten auswertet, zeigt das folgende Beispiel: In Spalte A stehen die Namen, in Spalte B die Gewichte (in kg) der Schultaschen von acht Schülern.
Tippe die Tabelle ab.
Wenn man das mittlere Gewicht (das arithmetische Mittel) der Schultaschen ausrechnen möchte, geht man so vor:

1. Klicke z. B. auf Zelle B12 und gib die Formel =Mittelwert(B1:B8) ein. Wenn man auf eine andere Zelle klickt oder die Eingabe durch die Return-Taste „↵" abschließt, steht der ausgerechnete Mittelwert (5,5) in Zelle B12 (Fig. 1).

2. In A12 fügt man eine Beschriftung ein.

3. Entsprechend berechnet man den Median, den kleinsten und den größten Wert der Zahlenliste mit den Formeln aus Fig. 2. Diese Formeln kann man auch durch *Einfügen – Funktion – Statistik* aus einer von Excel vorgegebenen Liste auswählen, man braucht sie sich dann nicht zu merken.

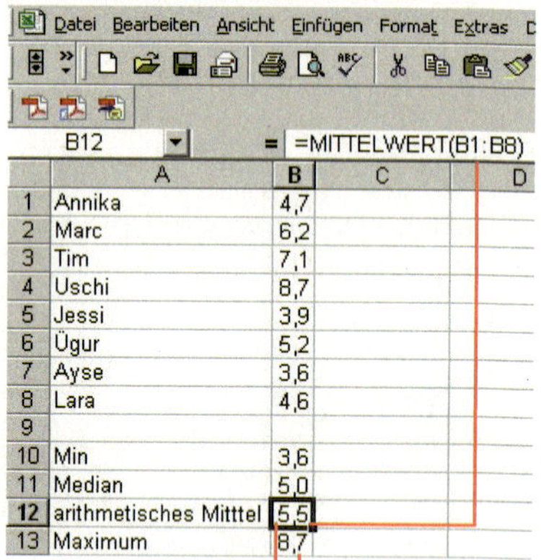

Fig. 1

=Mittelwert(B1:B8)
=Median(B1:B8),
=Min(B1:B8)
=Max(B1:B8)

Fig. 2

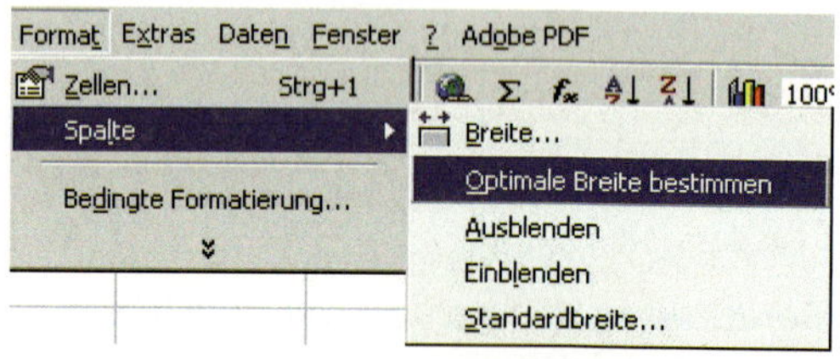

Fig. 3

Anmerkung:
Mitunter zeigt Excel in einzelnen Zellen nur ### an. Meist ist dann die Spaltenbreite zu klein, um Rechenergebnisse anzuzeigen. Man wählt dann Format – Spalte – Optimale Breite bestimmen *wie in Fig. 3 oder man zieht mit gedrückter Maustaste die Spalte breiter.*

Zahlenlisten nachträglich verändern – Excel „denkt mit"

Wenn man das Gewicht einer Tasche ändert, werden die berechneten Größen, wie z. B. der Mittelwert, automatisch neu berechnet. Probiere es aus!
Man kann nachträglich auch Zeilen einfügen, etwa zwischen Ayse und Lara. Dazu markiert man die Zeile 8, indem man auf die 8 in der linken Randspalte klickt (in Fig. 4 schwarz markiert). Dann wählt man *Einfügen – Zeilen*. Es entsteht eine Leerzeile, in die man einen weiteren Schüler (Jan, vgl. Fig. 1, Seite 115) einträgt. Der Mittelwert wird aktualisiert, gleichzeitig hat sich die Formel in der Zelle B12 zu =Mittelwert(B1:B9) verändert.

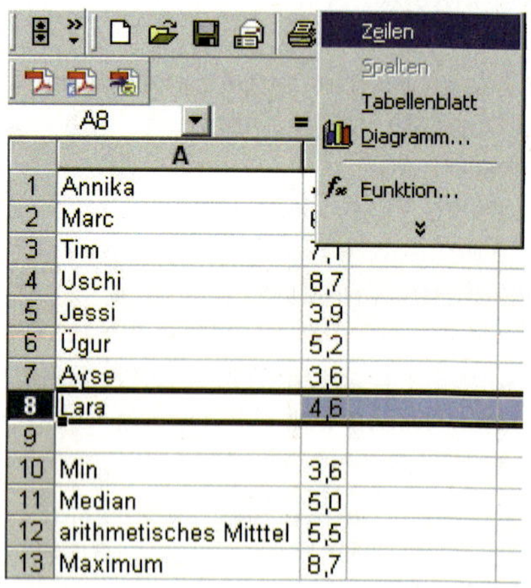

Fig. 4

Statistik mit dem Computer

Daten sortieren, Quartile berechnen
Excel kann Listen natürlich **sortieren.**
Das ist nützlich, wenn man die Quartile (als Median der unteren bzw. oberen „Hälfte") bestimmen möchte. Wie man vorgeht, zeigt Fig. 1.

1. Man markiert in der Tabelle den Bereich von A1 bis B9, der in Fig. 1 blau unterlegt ist, und wählt im Menü *Daten* die Option *Sortieren* (Fig. 2).

2. Man sortiert nach Spalte B (Fig. 1), also nach den Gewichten der Schultaschen und erhält Fig. 3.

Wie man sieht, wird die Berechnung der Kennwerte wie Mittelwert und Median durch das Sortieren nicht gestört.

3. Die **Quartile** berechnet man in der sortierten Liste als Median der unteren (oberen) Datenteile, die in Fig. 4 (mittels *Format – Zellen*) gelb markiert wurden. Für das **untere Quartil** in der Zelle B11 benutzt man die Formel =Median(B1:B4). Das **obere Quartil** berechnet man entsprechend mit =Median(B6:B9).

4. Näherungswerte für die Quartile berechnet Excel auch **ohne** vorherige **Sortierung** mit den Formeln =Quartile(B1:B9;1) („erstes Quartil") und =Quartile(B1:B8;3) („drittes Quartil").

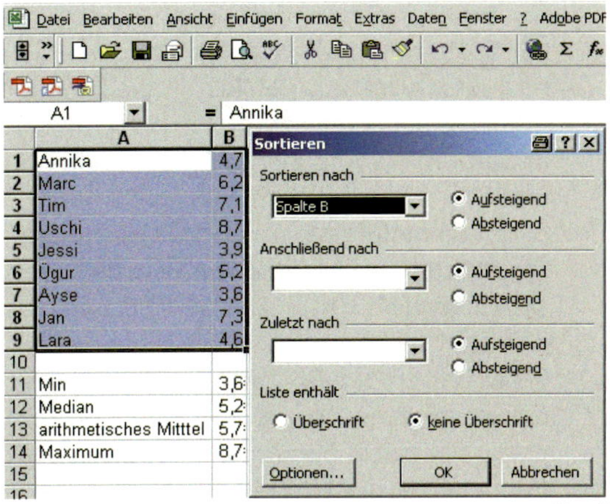

Fig. 1

Fig. 2

	A	B
1	Ayse	3,6
2	Jessi	3,9
3	Lara	4,6
4	Annika	4,7
5	Ügur	5,2
6	Marc	6,2
7	Tim	7,1
8	Jan	7,3
9	Uschi	8,7
10		
11	Min	3,6
12	Median	5,2
13	arithmetisches Mitttel	5,7
14	Maximum	8,7

Fig. 3

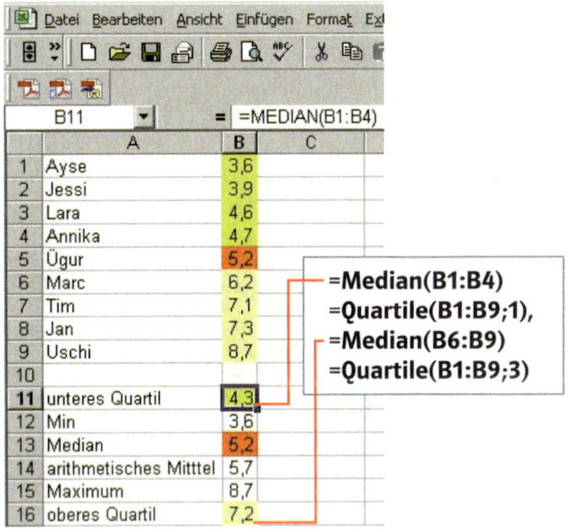

Fig. 4

1 Italienische und argentinische Zitronen werden in Beuteln zum gleichen Preis angeboten. Ein Käufer legt einige Beutel auf die Waage:
Sorte A:
526 g; 554 g; 516 g; 500 g; 526 g; 516 g; 516 g; 510 g; 544 g; 534 g
Sorte B:
528 g; 532 g; 502 g; 420 g; 510 g; 540 g; 492 g; 498 g; 516 g; 519 g; 480 g; 492 g; 492 g; 572 g; 522 g; 522 g; 516 g; 520 g; 518 g; 496 g; 524 g; 530 g
a) Bei welcher Sorte bekommt man im Mittel mehr Zitronen für sein Geld? Wie viel mehr?
b) Zeichne zu den Gewichten je einen Boxplot. Gib dann an, welche Sorte zu welchem Etikett gehört. Kommentiere deine Überlegungen.

Statistik mit dem Computer

Tipp:
Auch die Häufigkeitstabelle („Strichliste“) in Spalte E kann man durch Excel berechnen lassen:
1) Man markiert E2:E14,
2) man gibt die Formel =Häufigkeit(A2:A17;D2:D14) ein.
3) Durch Strg Alt Return wird die Eingabe abgeschlossen.
4) Als Ergebnis wird die komplette Spalte E1:E14 berechnet.
Formeln, die sich auf ganze Bereiche beziehen, heißen in Excel Vektorformen.

2 Schuhgrößen
Die Spalten A und B aus Fig. 1 zeigen – nach Geschlechtern getrennt – die Schuhgrößen einer Schulklasse.
a) Sortiere die Angaben aus den Spalten A und B.
b) Berechne für jede Spalte das arithmetische Mittel, den Median, die Quartile, den Quartilabstand sowie den größten und den kleinsten Wert.
c) Zeichne zu den Spalten A und B je einen Boxplot.
d) Die Spalten D bis E zeigen die absoluten Häufigkeiten der einzelnen Schuhgrößen – wieder für die beiden Geschlechter getrennt. Berechne die zugehörigen relativen Häufigkeiten.
e) Stelle die relativen Häufigkeiten in einem Säulendiagramm und in einem Kreisdiagramm dar.
f) Versuche herauszufinden, welche der Spalten A und E bzw. B und F zu den Mädchen, welche zu den Jungen gehören.

	A	B	C	D	E	F
1	Urliste			Häufigkeitsliste		
2	37	41,5		35	0	1
3	39,5	37,5		35,5	0	2
4	37,5	35,5		36	0	0
5	41	38,5		36,5	1	2
6	40	35		37	1	0
7	36,5	38,5		37,5	4	5
8	37,5	37,5		38	2	0
9	38	37,5		38,5	2	3
10	39	35,5		39	1	0
11	39,5	38,5		39,5	2	0
12	37,5	36,5		40	2	0
13	38,5	37,5		40,5	0	0
14	38	37,5		41	1	0
15	37,5	36,5				
16	38,5					
17	40					

Fig. 1

3 Führt in eurer Klasse eine Untersuchung wie in Aufgabe 2 durch und versucht durch einen Vergleich herauszufinden, ob es sich bei den Angaben in Fig. 1 um eine Klasse 9 oder eher um eine Klasse 5 oder 6 oder eher um eine Klasse 8 gehandelt hat.

Die Dateien zu den Aufgaben 4 und 5 findet ihr im Internet auf www.riemer-koeln.de.

4 Die Datei bjw.xls enthält Daten eines Sportfestes der Klassen 5 bis 7 einer Schule.
a) Vergleicht die 50-m-Laufzeiten der Jungen und Mädchen insgesamt.
b) Vergleicht die Weitsprunglängen der einzelnen Klassen 5a bis 7f.
c) Vergleicht die Weitsprunglängen der Klassenstufen 5, 6 und 7 insgesamt.

Vorschlag für eine Arbeitsteilung:
nachts
23–05 Uhr

Berufsverkehr morgens
05–08 Uhr

vormittags
08–12 Uhr

nachmittags
12–17 Uhr

Feierabendverkehr
17–19 Uhr

abends
19–23 Uhr

5 Die Datei Autobahn.xls enthält für jede Minute eines Werktages die Geschwindigkeiten auf den drei Spuren der A3.
a) Teilt die 24 Stunden des Tages (zwecks Arbeitsteilung) in „nachts, tags, Berufsverkehr“ und kopiert die Datenteile in je ein neues Tabellenblatt.
b) Berechnet Minimum, Maximum, Median und Quartile für die Geschwindigkeiten der drei Spuren. Tragt die Ergebnisse in eine gemeinsame Tabelle (zeichnet Boxplots wie in Fig. 2) und schreibt auf, was ihr dabei entdeckt.
c) Zeichnet 24 Boxplots wie in Fig. 2 für die 24 Stunden des Tages und untermauert eure Entdeckungen aus b) grafisch.

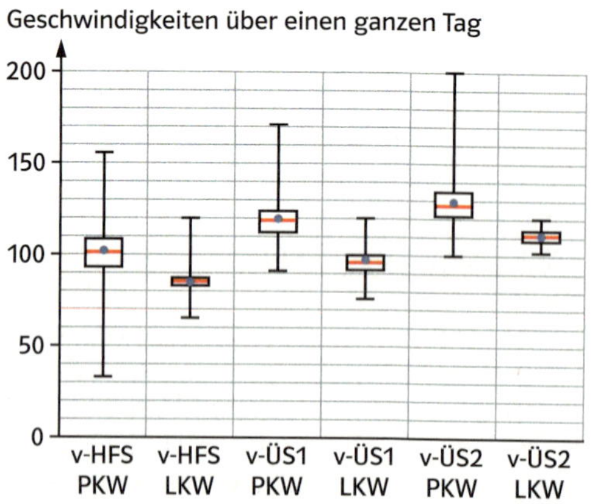

Fig. 2

Mit Graphen und Diagrammen mogeln

Funktionen werden in Fachbüchern, Zeitschriften oder Zeitungen häufig durch Graphen oder Diagramme dargestellt. Im Gegensatz zu Wertetabellen lassen sich so Eigenschaften der Funktionen gut ablesen. Man erkennt zum Beispiel auf einen Blick, wo Funktionswerte positiv oder negativ sind, wo sie ansteigen oder abfallen bzw. wo sie maximale oder minimale Werte annehmen. Die meisten verwendeten Graphen sind einwandfrei. Mitunter wird aber auch gemogelt, um beim Leser einen gewünschten Eindruck hervorzurufen.

Eine Firma erzielt beispielsweise für die zurückliegenden Jahre die Verkaufszahlen in der Tabelle.

Jahr	1997	1998	1999	2000	2001	2002	2003	2004	2005	2006	2007
Verkaufszahlen	8849	8853	8862	8863	8862	8871	8874	8879	8879	8873	8871

Aufgrund dieser Werte werden folgende Grafiken erstellt:

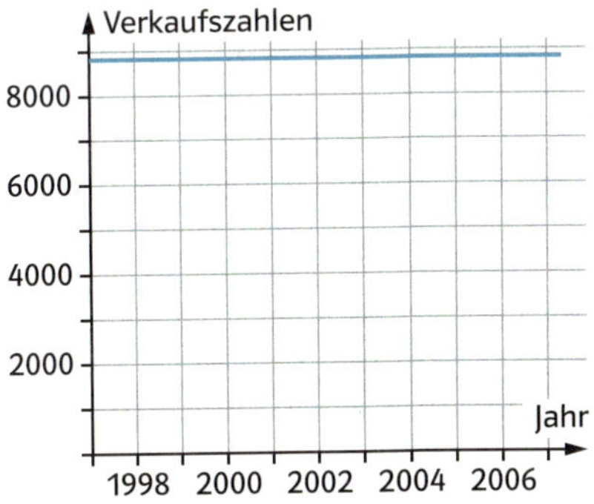

Fig. 1

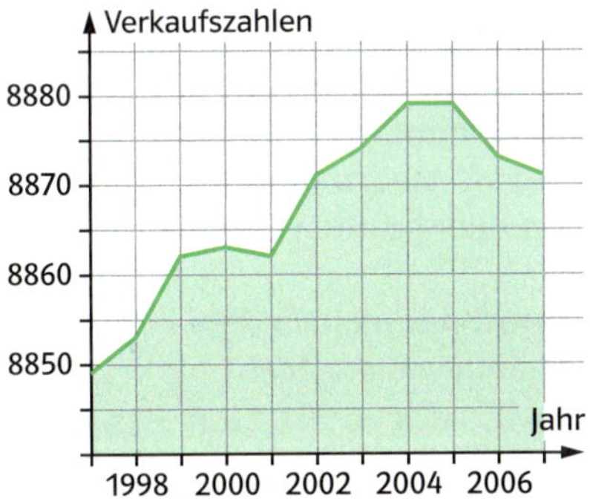

Fig. 2

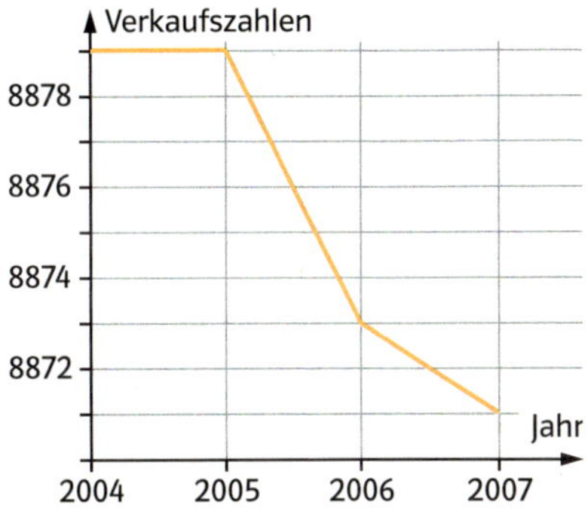

Fig. 3

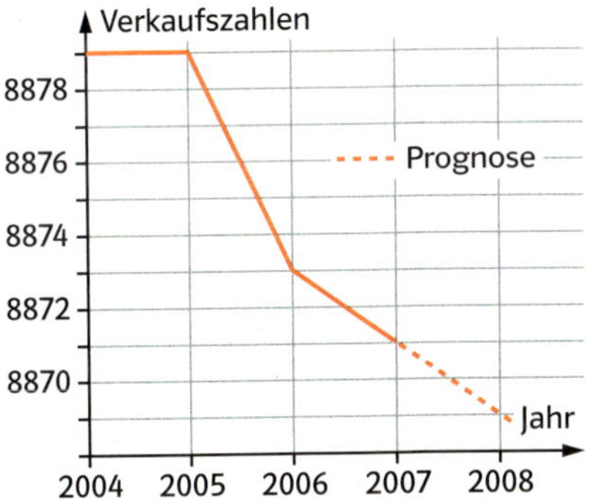

Fig. 4

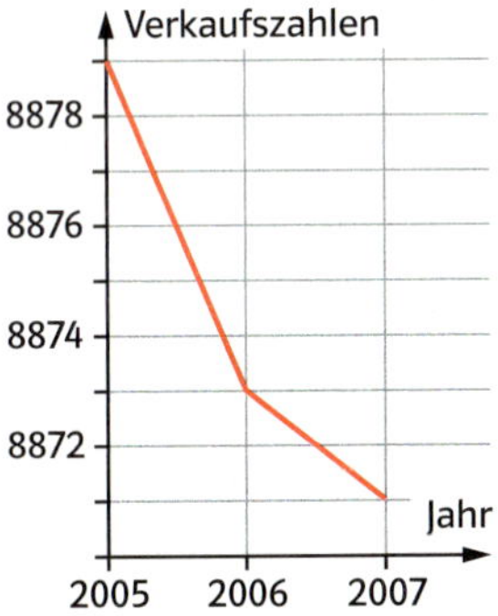

Fig. 5

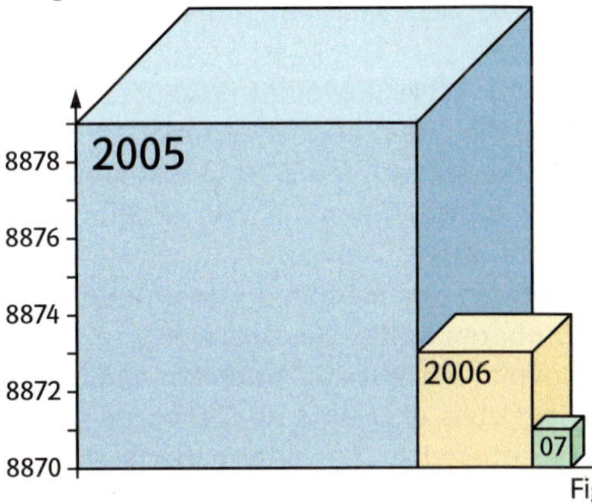

Fig. 6

1 Untersuche, ob die Graphen und Diagramme die Werte richtig wiedergeben.

2 Beschreibe, welchen Eindruck man bei den Graphen und Diagrammen gewinnen kann und wie dieser Eindruck erzeugt wird.

3 Überlege, welche Personen Interesse an den verschiedenen Darstellungen haben könnten. Schreibe aus Sicht dreier dieser Personen jeweils einen kurzen Zeitungsartikel zu der entsprechenden Grafik mit einer geeigneten Überschrift.

Rückblick

Bei **statistischen Erhebungen** werden anhand von Stichproben Daten gesammelt. Die **Stichprobe** ist eine Teilgruppe der **Gesamtheit**. Stimmt sie in ihren Eigenschaften weitgehend mit der Gesamtheit überein, so heißt sie **repräsentativ**. Die Aussagen über die Stichprobe können auf die Gesamtheit übertragen werden.

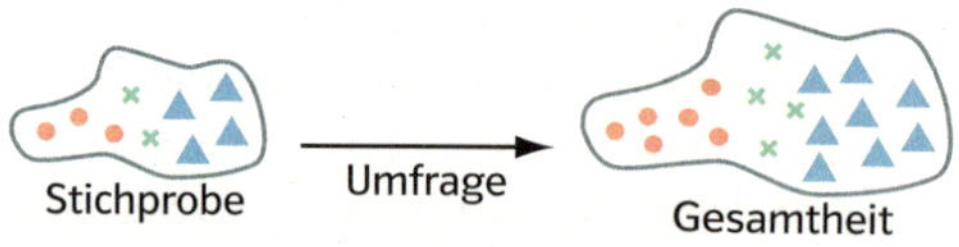

Meinungsumfragen und Verkehrzählungen sind Beispiele für statistische Erhebungen

Ordnen von Daten

Lassen sich Daten einer Stichprobe der Reihe nach ordnen, so erhält man eine **Ordinalskala**. Lässt sich keine Reihenfolge angeben, ergibt sich eine **Nominalskala**.

Merkmale: 15; 3; 6; 11; 16
Ordinalskala: 16; 15; 11; 6; 3
Merkmale: rot, blau, violett, gelb, grün
Nominalskala: Die Anordnung der Farben

Lagemaße

Lagemaße beschreiben die Verteilung von Daten einer Stichprobe genauer. Zu den Lagemaßen gehören der Modalwert, der Median und die Spannweite.
Der **Modalwert** ist der häufigste Wert in einer Liste.
Der **Median (Zentralwert)** liegt in der Mitte einer geordneten Liste. Man schreibt dafür z. Der Median teilt den Datensatz in zwei Hälften. Ist die Anzahl der Merkmale gerade, so nimmt man das arithmetische Mittel der beiden mittleren Werte als Median.
Die **Spannweite** s ist der Abstand zwischen dem größten und dem kleinsten Wert.
Das **arithmetische Mittel (Durchschnitt)** errechnet man, in dem man alle Werte addiert und durch ihre Anzahl dividiert. Man schreibt $\overline{x}$.

Urliste: 13; 12; 7; 6; 5; 14; 15; 11; 7; 7; 13; 16
7 ist der Modalwert.
Geordnete Liste:
5; 6; 7; 7; 7; 11; 12; 13; 13; 14; 15; 16
$z = \frac{12 - 11}{2} = 11{,}5$ *ist der Median.*
$s = 16 - 5 = 11$ *ist die Spannweite.*

Arithmetisches Mittel $= \frac{\text{Summe aller Werte}}{\text{Anzahl der Werte}}$
Werte: 13; 15; 2; 8
$\overline{x} = (13 + 15 + 2 + 8) : 4 = 9{,}5$
das ist der Durchschnitt

Boxplots

Boxplots veranschaulichen grafisch wesentliche Informationen einer Liste.
Schritte zur Erstellung eines Boxplots:

1. Ordne die Daten nach der Größe.
2. Ermittle den größten Wert (Maximum), den Median z und den kleinsten Wert (Minimum). Man erhält die obere und die untere Hälfte der Daten.
3. Bestimme den **Median** q_u **der unteren Hälfte** und den **Median** q_o **der oberen Hälfte** (die Quartilen).

Der Boxplot besteht aus **Antennen** und einer **Box**. Im Bereich der Box liegt etwa die Hälfte der Daten, im Bereich der Antennen liegen das **obere** bzw. das **untere Viertel** der Daten.

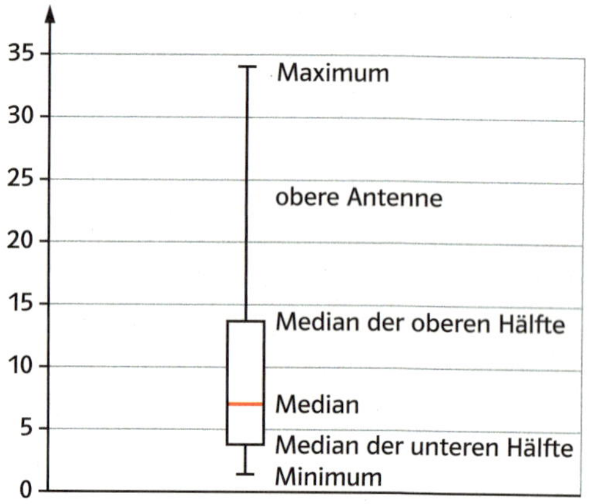

Histogramme

Histogramme veranschaulichen die Anteile nach Klasseneinteilung. Die relativen Häufigkeiten werden als Flächen von Rechtecken veranschaulicht, deren Summe 1 ist. Die Breite der Rechtecke entspricht der Klassenbreite, die Höhe berechnet man mit relativer Häufigkeit durch Klassenbreite.

Beispiel:

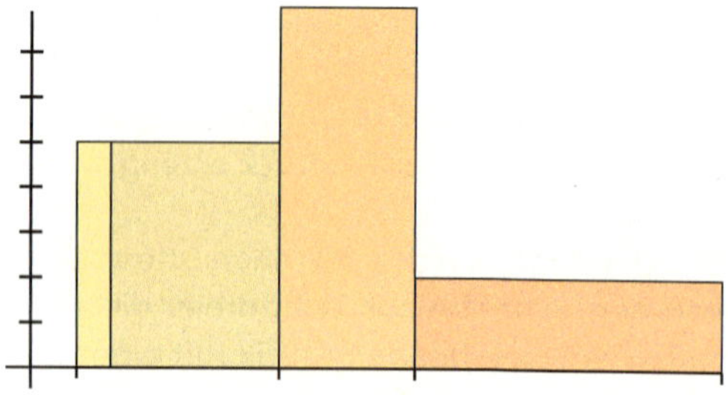

Training

Runde 1

1 Erstelle eine geordnete Liste der Erhebung und ermittle die Lagemaße:
2; 4; 4; 8; 10; 8; 2; 4; 6; 8; 10; 12; 10; 8; 6; 6; 6; 4; 4; 6; 2; 2; 4; 10; 8; 6; 6; 8; 10.

2 Bestimme für die in der Tabelle angegebenen Werte den Modalwert, den Median und das arithmetische Mittel.

Wert	10	20	30	40	50	60	70
Absolute Häufigkeit	13	14	21	23	13	19	7

3 Eine Befragung der Klasse 9d hat ergeben, dass 7 Schüler 12 Jahre alt sind, 10 Schüler 13 Jahre, 6 Schüler 14 Jahre und 1 Schüler 15 Jahre alt ist.
a) Erstelle ein Säulendiagramm mit den absoluten Häufigkeiten.
b) Erstelle einen Boxplot zur Altersstruktur dieser Klasse.
c) Welche Bedeutung haben hier der Modalwert, der Median und das arithmetische Mittel?

4 In der 9a kamen 12 Schüler mit dem Fahrrad, 9 Schüler mit dem Bus, 6 Schüler zu Fuß und 3 Schüler wurden mit dem Auto gebracht.
a) Berechne die zugehörigen relativen Häufigkeiten in Brüchen und in Prozent.
b) Zeichne ein Säulendiagramm zu den absoluten Häufigkeiten.
c) Zeichne ein Kreisdiagramm zu den relativen Häufigkeiten.

Runde 2

1 Die Geschwindigkeiten, die während eines Tages auf einer Straße in einer geschlossenen Ortschaft gemessen wurden, sind in nebenstehendem Diagramm veranschaulicht.
a) Wie viel Prozent der Autofahrer fuhren schneller als die erlaubten 50 km/h?
b) Wie viel Bußgeld wäre an diesem Tag fällig geworden, wenn die Polizei jeden Temposünder geblitzt hätte?
c) Denke dir ein Diagramm aus, mit dem du die Höhe der eingenommen Bußgelder gut veranschaulichen könntest.

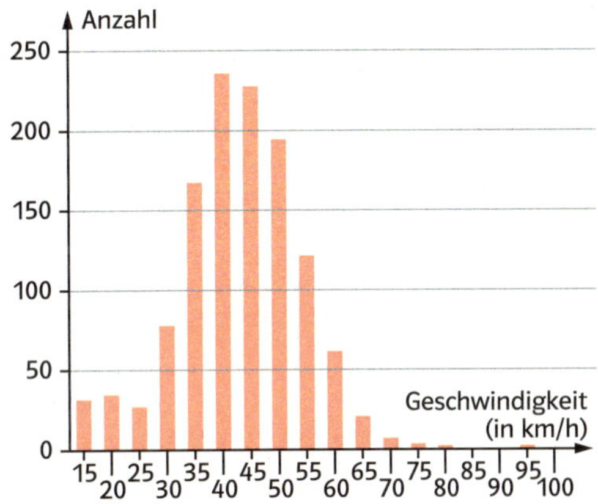

Bußgeldkatalog (2005): Eine Geschwindigkeitsüberschreitung kostet
bis 10 km/h 15 €
bis 25 km/h 25 €
bis 30 km/h 60 € 3P.
bis 40 km/h 100 € 3P.
bis 50 km/h 125 € 4P.
bis 60 km/h 175 € 4P.
In den letzten drei Fällen wird der Führerschein für ein bzw. zwei Monate eingezogen.

2 Veranschauliche durch ein selbst gewähltes Zahlenbeispiel, was mit folgenden Aussagen gemeint ist.
a) Durchschnittlich kamen 26 000 Zuschauer zu den Heimspielen.
b) Durchschnittlich wurden im Diktat 6,2 Fehler gemacht.
c) Bei jedem zweiten Fahrrad funktioniert die Beleuchtung nicht.

3 Berechne Mittelwert, Median, Quartilen und zeichne ein Boxplot zu den Größen.
a) Jungen (in cm): 154; 143; 144; 149; 166; 140; 160; 154; 156; 152; 147
b) Mädchen (in cm): 156; 142; 147; 156; 162; 149; 170; 147; 157; 170; 157; 153; 166; 158; 149; 156; 138; 143; 140
c) Vergleiche.

Diese Angaben stammen von einer 5. Klasse am Ende des Schuljahres.

Lösungen auf den Seiten 228–230.

Das kannst du schon

- Funktionen darstellen
- Eigenschaften von Funktionen aus ihren Darstellungen erkennen

Nicht nur gerade Linien, sondern auch Bögen sind gestaltende Elemente in Natur und Technik.

Zahl Messen Raum und Form **Funktionaler Zusammenhang** Daten und Zufall

Tricks mit X – auch im Quadrat

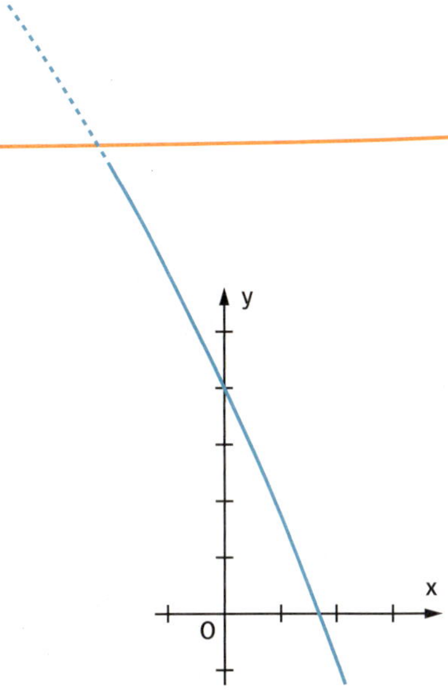

Der nebenstehende Ausschnitt eines Graphen gehört zu einer quadratischen Funktion. Ob sich der Scheitel noch auf dieser Seite befindet, ist fraglich.

Das kannst du bald

- Quadratische Funktionen allgemein beschreiben
- Funktionsgleichungen aufstellen
- Quadratische Gleichungen lösen
- Komplexere Fragen aus dem Alltag mithilfe von Termen und Gleichungen beantworten

1 Rein quadratische Funktionen

In der Fahrschule lernt man: Wenn man die Geschwindigkeit in km/h durch 10 dividiert und das Ergebnis quadriert, so ergibt sich der Bremsweg in Metern.

Die Tiefe eines Brunnens kann man bestimmen, indem man z.B. einen Stein in den Brunnen fallen lässt und die Falldauer stoppt.
Hat man die Falldauer t (in Sekunden) gemessen, lässt sich die Fallstrecke s (in Metern) näherungsweise mit der Gleichung $s(t) = 5t^2$ berechnen. Beträgt die Falldauer beispielsweise 1s, so ergibt sich für den Brunnen eine Tiefe von $s(1) = 5 \cdot 1^2 = 5$, also 5m, bei einer Falldauer von 2s eine Tiefe von $s(2) = 5 \cdot 2^2 = 20$, also 20m. Man erkennt: Verdoppelt sich die Falldauer, so wird die Fallstrecke nicht etwa ebenfalls verdoppelt, sondern vervierfacht. Dies liegt daran, dass der Stein beim Fallen beschleunigt wird. Die Strecke, die der Stein während des Fallens in jeweils einer Sekunde zurücklegt, nimmt zu.

Die Gleichung $s(t) = 5t^2$ gehört zu einer **rein quadratischen Funktion**. Setzt man für t verschiedene Werte ein, so erhält man die zugehörigen Werte für s. Die Wertepaare lassen sich in einer Wertetabelle darstellen. Man erkennt: Dem 2-, 3- bzw. n-Fachen der ersten Größe wird das 4-, 9- bzw. n^2-Fache der zweiten Größe zugeordnet.

t	−2	−1	0	1	2	3	4
s(t)	20	5	0	5	20	45	80

·(−2) ·2 ·3 ·4
·4 ·4 ·9 ·16

Fig. 1

Überträgt man die Werte in ein Koordinatensystem, so sieht man, dass die Punkte nicht auf einer Geraden liegen. Man darf diese Punkte deshalb nicht geradlinig verbinden.
Den genauen Verlauf des Graphen in Fig. 2 erhält man, indem man durch Einsetzen von Zwischenwerten für t weitere Wertepaare ermittelt.
Ein Graph dieser Art heißt **Parabel**.

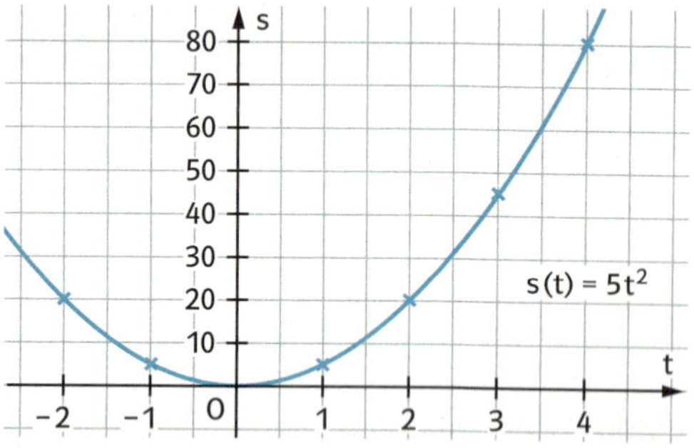

Fig. 2

Eine Funktion mit der Gleichung $\mathbf{f(x) = a x^2}$ heißt **rein quadratische Funktion**.
Ihr Graph ist eine Parabel.

Häufig verwendet man anstelle der Funktionsgleichung $f(x) = a x^2$ auch $y = a x^2$. Diese Schreibweise heißt **Gleichung der Parabel**.

Eigenschaften rein quadratischer Funktionen

1. Jede rein quadratische Funktion $f(x) = ax^2$ hat an der Stelle $x = 0$ den Funktionswert $f(0) = 0$. Die zugehörige Parabel verläuft also durch den Punkt $S(0|0)$. Dieser Punkt ist entweder der tiefste oder der höchste Punkt der Parabel und heißt **Scheitelpunkt** oder **Scheitel**.
2. Der Koeffizient a vor x^2 heißt **Streckfaktor** der Parabel. Verändert man a, so ändert die Parabel ihre Form. Je größer der Betrag von a ist, desto schmaler wird die Parabel. Sie wird in y-Richtung gestreckt. Für $a = 1$ lautet die Gleichung der Parabel $y = x^2$. Der zugehörige Graph heißt **Normalparabel**.
Ist der Betrag von a kleiner als 1, so wird die zugehörige Parabel breiter als die Normalparabel.
3. Ist der Wert von a positiv, so ist die Parabel nach oben geöffnet. Für negative Werte von a sind die Parabeln nach unten geöffnet.

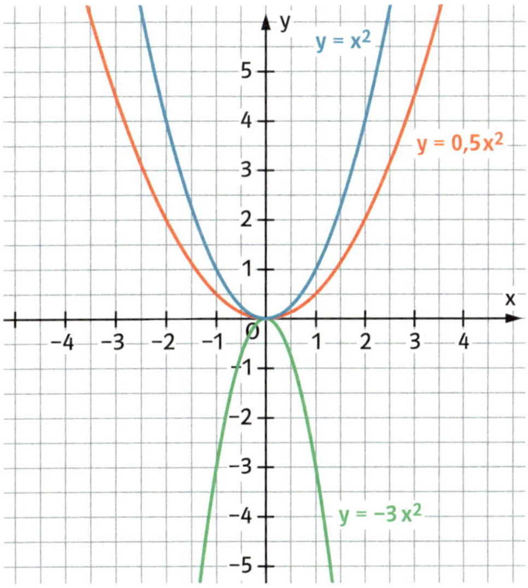

Für die Zeichnung einer Normalparabel gibt es spezielle Schablonen.

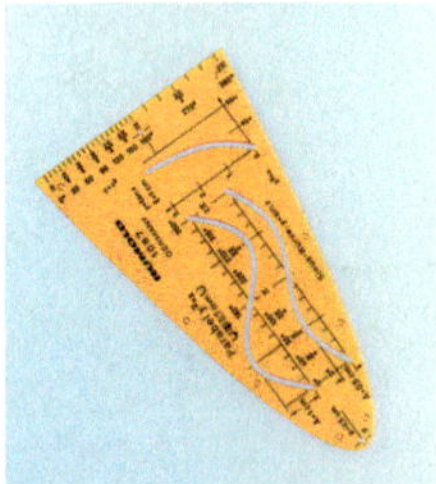

Schablonen können nur dann eingesetzt werden, wenn auf beiden Achsen eine Längeneinheit 1cm entspricht.

Beispiel 1 Parabeln zeichnen
Zeichne den Graphen der Funktion mit
a) $f(x) = -x^2$
b) $g(x) = 0{,}4x^2$.
Lösung:
a) Der Betrag des Streckfaktors ist 1, das Vorzeichen negativ, der Graph ist also eine nach unten geöffnete Normalparabel. Diese lässt sich mit der Schablone zeichnen.
b) Wertetabelle:

x	−3	−2	−1	0	1	2	3
g(x)	3,6	1,6	0,4	0	0,4	1,6	3,6

Den Graphen erhält man, indem man die Werte aus der Wertetabelle in ein Koordinatensystem überträgt und die Punkte zu einer Parabel verbindet.

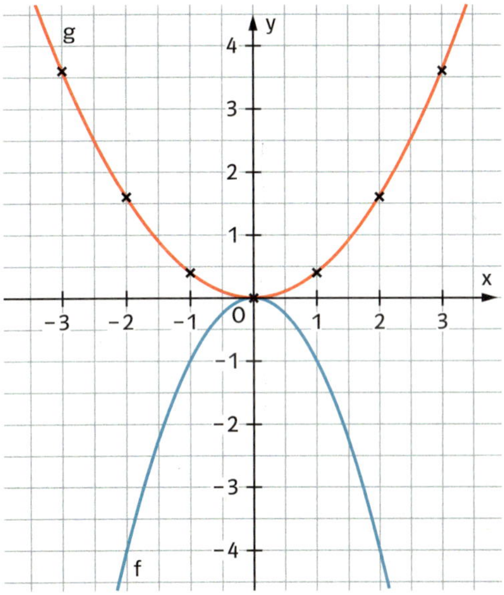

Beispiel 2 Punktprobe
Liegen die Punkte $P(5|10)$ und $Q\left(-2\middle|-\frac{8}{5}\right)$ auf der Parabel mit der Gleichung $y = \frac{2}{5}x^2$?
Lösung:
Für $x = 5$ ergibt sich $y = \frac{2}{5} \cdot 5^2 = \frac{2}{5} \cdot 25 = 10$. Daher liegt $P(5|10)$ auf der Parabel.
Für $x = -2$ ergibt sich $y = \frac{2}{5} \cdot (-2)^2 = \frac{2}{5} \cdot 4 = \frac{8}{5}$. Daher liegt $Q\left(-2\middle|-\frac{8}{5}\right)$ nicht auf der Parabel.
Dass Q nicht auf der Parabel liegen kann, lässt sich auch ohne Rechnung erkennen:
Da $a > 0$ ist, können die y-Werte der Punkte der Parabel nicht negativ werden.

Beispiel 3 Streckfaktor bestimmen
Die Gleichungen der Parabeln in Fig. 1 haben die Form $y = ax^2$. Bestimme jeweils a.
Lösung:
Lies die Koordinaten eines Punktes der Parabel ab (nicht den Scheitel wählen). Berechne mithilfe dieser Koordinaten a.
P(1,5 | 1,5) liegt auf der oberen Parabel.
$a \cdot (1{,}5)^2 = 1{,}5 \qquad | : (1{,}5)^2$
$a = \frac{2}{3}$
Q(1 | −4) liegt auf der unteren Parabel.
$-4 = a \cdot 1^2$
$a = -4$

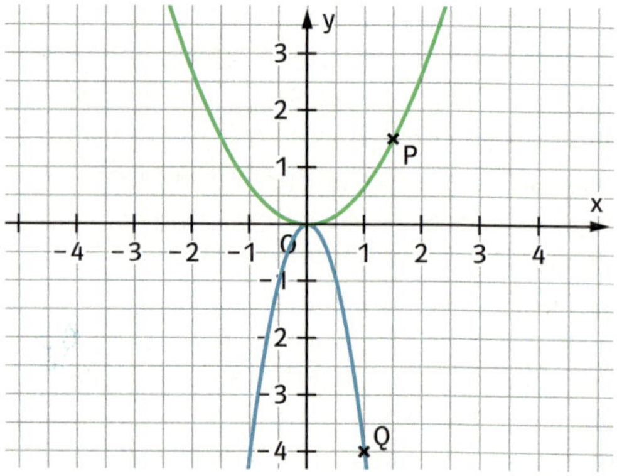

Fig. 1

Aufgaben

1 Zeichne die Parabel mit der Gleichung
a) $y = 3x^2$; b) $y = -2{,}5x^2$; c) $y = -x^2$; d) $x = \frac{3}{5}x^2$;
e) $y = 0{,}1x^2$; f) $y = -4x^2$; g) $y = -1{,}2x^2$; h) $y = 10x^2$.

2 Notiere drei Funktionsgleichungen zu rein quadratischen Funktionen und tausche sie mit deinem Nachbarn aus. Zeichne die Graphen der Funktionen deines Nachbarn. Überprüft eure Ergebnisse anschließend gemeinsam.

3 Welche der Punkte liegen auf der Parabel mit der Gleichung $y = 2{,}5x^2$?
A(2 | 10) B(−2 | 10)
C(7 | 122) D(4 | 40)
E($\sqrt{2}$ | 5) F($\sqrt{6{,}25}$ | −1)
G(0 | 2,5) H($-\sqrt{3}$ | −22,5)

4 Gib zu den Parabeln in Fig. 2 jeweils die Gleichung an.

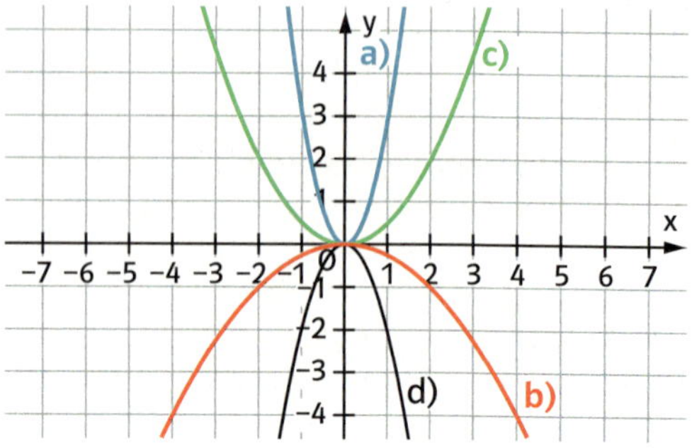

Fig. 2

5 Der Punkt P liegt auf der Parabel mit der Gleichung $y = \frac{3}{4}x^2$. Bestimme jeweils die fehlende Koordinate.
a) P(4 | y) b) P(−1 | y) c) P(x | 0) d) P(x | 3)
e) P(−1,5 | y) f) P(10 | y) g) P(x | 27) h) P(x | 12)

6 Der Graph einer rein quadratischen Funktion verläuft durch den Punkt P. Bestimme die zugehörige Funktionsgleichung und zeichne anschließend den Graphen.
a) P(1 | 3) b) P(−1 | −2) c) P(2 | 1) d) P(2 | −2)
e) P(3 | 27) f) P(−3 | −6) g) P(4 | 2) h) P(−4 | −5)

7 Eine Parabel hat den Scheitelpunkt S(0 | 0). Liegen die angegebenen Punkte jeweils auf derselben Parabel?
a) P(2 | 0,4); Q(−3 | 0,5) b) P(−1 | 3); Q(5 | 75); R(11 | 360)

Bist du sicher?

1 Zeichne den Graphen der Funktion mit
a) $f(x) = 2x^2$; b) $f(x) = -2x^2$; c) $f(x) = -\frac{1}{2}x^2$; d) $f(x) = \frac{5}{4}x^2$.

2 Überprüfe, welche der Punkte $G(3|-36)$; $A\left(1|\frac{5}{2}\right)$; $S(1|4)$; $I(2{,}5|1)$; $P(2|8)$ und $R(10|-50)$ auf der Parabel mit der angegebenen Gleichung liegen.
a) $y = 2x^2$ b) $y = -0{,}5x^2$ c) $y = 2{,}5x^2$ d) $y = -4x^2$

Die Punktbezeichnungen der Teilaufgaben von Aufgabe 2 ergeben eine europäische Hauptstadt.

8 Beschreibe, wie sich die Funktionsgleichung einer rein quadratischen Funktion bestimmen lässt,
a) wenn der Funktionswert für $x = 1$ bekannt ist,
b) wenn der Funktionswert für eine beliebige Stelle ungleich null bekannt ist.

9 a) Bestimme die Höhe des Turms in Fig. 1 (vergleiche Seite 124).
b) In welchen Höhen befinden sich die beiden oberen Fenster des Turms?
c) Wie lange würde ein Stein von der Spitze des Eiffelturms fallen?
d) Begründe, warum sich die Methode über die Falldauer nicht zur Höhenbestimmung eines Tisches eignet.

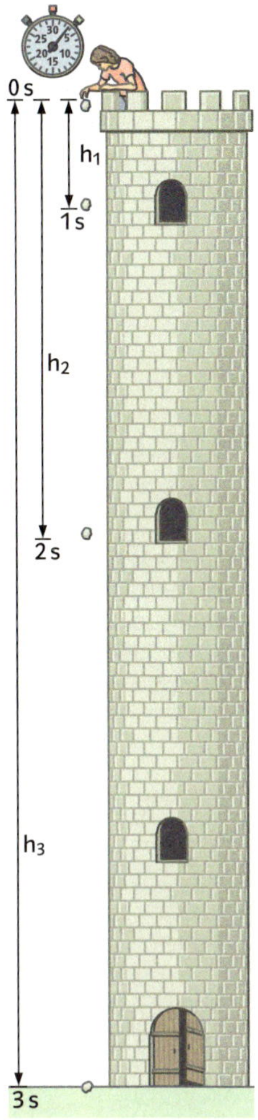

Fig. 1

10 Der Querschnitt einer Dachrinne hat die Form eines oben offenen Quadrats mit der Seitenlänge 1 dm. Wenn viel Regen fällt, läuft die Rinne manchmal über. Sie soll deshalb vergrößert werden.
a) Wie würde sich das Fassungsvermögen der Regenrinne ändern, wenn man die Höhe und die Breite verdoppeln würde?
b) Welche Höhe und Breite müsste die Regenrinne haben, wenn ihr Querschnitt weiterhin quadratisch bleibt und sich das Fassungsvermögen der Rinne verdoppelt?

11 Der Wasserstrahl in Fig. 2 hat die Form einer Parabel.
a) Der Strahl trifft 5 m von Kerstins Fuß entfernt auf den Boden. Wie hoch hält Kerstin das Schlauchende?
b) In welcher Entfernung von Kerstins Fuß trifft der Strahl auf, wenn sie das Schlauchende 1,80 m hoch hält?

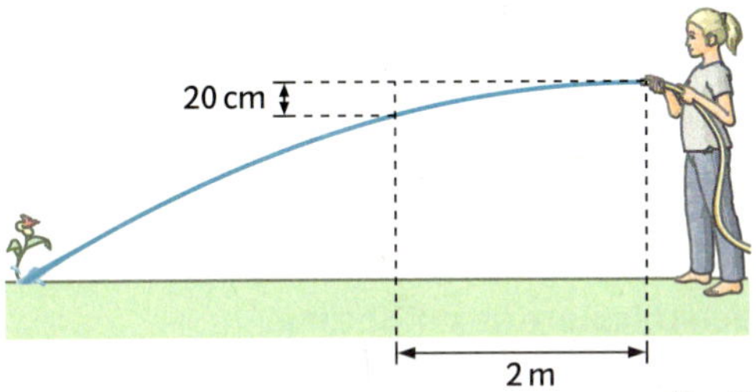

Fig. 2

c) Erfinde weitere Aufgaben zu dieser Situation und tausche sie mit deinem Nachbarn aus. Kontrolliert eure Ergebnisse anschließend gemeinsam.

Kannst du das noch?

12 Forme die Terme durch Anwenden der binomischen Formeln in ein Produkt um.
a) $a^2 + 2ab + b^2$ b) $c^2 - 2cd + d^2$ c) $x^2 - 4x + 4$ d) $9x^2 + 30x + 25$

13 Bestimme die Gleichung der Geraden,
a) die durch den Punkt $A(2|-2)$ verläuft und die Steigung $-\frac{1}{2}$ besitzt,
b) die durch die Punkte $P(4|1)$ und $Q(-2|-1)$ verläuft,
c) die durch den Ursprung des Koordinatensystems verläuft und die Steigung $\frac{3}{2}$ besitzt.

2 Allgemeine quadratische Funktionen

Lara: „Das sind ja Parabeln aus Wasser!"

Die Graphen rein quadratischer Funktionen sind Parabeln, deren Scheitel im Ursprung liegt. Gleichungen von **allgemeinen quadratischen Funktionen** beschreiben Parabeln, deren Scheitel nicht im Ursprung liegen muss.

Verschiebung in y-Richtung

Die rote Parabel ist gegenüber der blauen Normalparabel um eine Einheit nach oben verschoben, hat also den Scheitel S(0|1).

x	−3	−2	−1	0	1	2	3
$y = x^2$	9	4	1	0	1	4	9
	+1	+1	+1	+1	+1	+1	+1
$y = x^2 + 1$	10	5	2	1	2	5	10

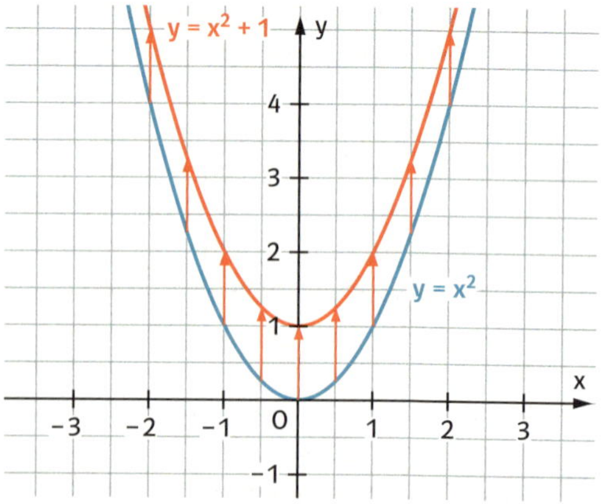

Positive Werte für e verschieben die Parabel nach oben, negative nach unten.

Alle Funktionswerte sind gegenüber denen der Funktion mit der Gleichung $f(x) = x^2$ jeweils um 1 erhöht. Die Gleichung der neuen Funktion lautet also $f(x) = x^2 + 1$. Die zugehörige Parabel hat die Gleichung $y = x^2 + 1$.
Allgemein: Verschiebt man die Parabel mit der Gleichung $y = x^2$ um e Einheiten parallel zur y-Achse, so erhält man die Parabel mit der Gleichung $y = x^2 + e$ und dem Scheitel S(0|e).

Verschiebung in x-Richtung

Die grüne Parabel ist gegenüber der blauen Normalparabel um eine Einheit nach rechts verschoben, hat also den Scheitel S(1|0).

x	−3	−2	−1	0	1	2	3
$y = x^2$	9	4	1	0	1	4	9
$y = (x-1)^2$	16	9	4	1	0	1	4

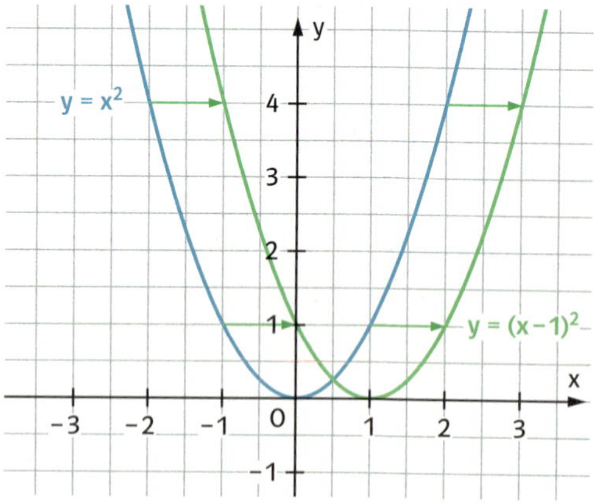

Positive Werte für d verschieben die Parabel nach rechts, negative nach links.

Die y-Werte der verschobenen Parabel stimmen mit denjenigen der Normalparabel überein, wenn man dort für x einen um 1 kleineren Wert einsetzt. Die neue Parabel hat deshalb die Gleichung $y = (x-1)^2$.
Allgemein: Verschiebt man die Parabel mit der Gleichung $y = x^2$ um d Einheiten parallel zur x-Achse, so erhält man die Parabel mit der Gleichung $y = (x-d)^2$ und dem Scheitel S(d|0).

Verschiebung in x- und in y-Richtung
Verschiebt man die Parabel mit der Gleichung $y = x^2$ wie in Fig. 1 um 3 Einheiten nach links, so erhält man die Parabel mit der Gleichung $y = (x - (-3))^2 = (x + 3)^2$.
Verschiebt man diese Parabel nun um 2 Einheiten nach unten, so erhält man die Parabel mit der Gleichung $y = (x + 3)^2 - 2$.
Ihr Scheitel liegt bei $S(-3|-2)$.

Gestreckte Parabeln werden wie Normalparabeln verschoben. Verschiebt man z. B. die Parabel mit der Gleichung $y = 0{,}5x^2$ um eine Einheit nach links und um 4 Einheiten nach oben, so erhält man die Parabel mit der Gleichung $y = 0{,}5(x + 1)^2 + 4$.
Ihr Scheitel liegt bei $S(-1|4)$.

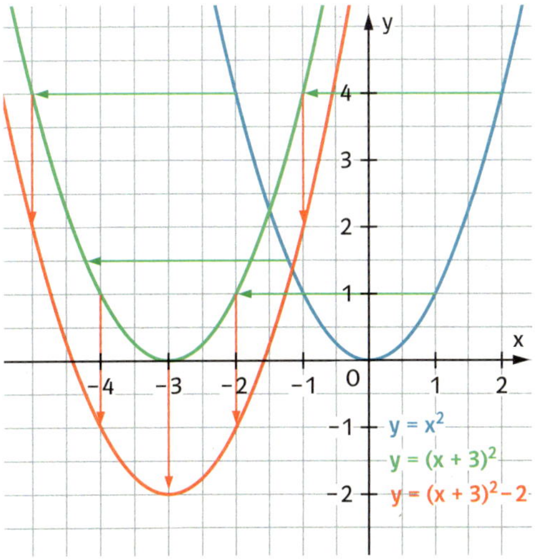

Fig. 1

Verschieben um 3 nach links bedeutet $d = -3$. Verschieben um 2 nach unten bedeutet $e = -2$.

Verschiebt man eine Parabel mit der Gleichung $y = ax^2$ um d Einheiten parallel zur x-Achse und um e Einheiten parallel zur y-Achse, so erhält man eine Parabel mit der Gleichung $y = a(x - d)^2 + e$. Der Scheitel der verschobenen Parabel liegt bei $S(d|e)$.
Die zugehörige Funktion mit der Funktionsgleichung $f(x) = a(x - d)^2 + e$ heißt **allgemeine quadratische Funktion** oder kurz **quadratische Funktion**.

Verschobene Parabeln können keinen, einen oder zwei Schnittpunkte mit der x-Achse besitzen. Die x-Koordinaten dieser Schnittpunkte sind die Nullstellen der zugehörigen quadratischen Funktion. Quadratische Funktionen können somit keine, eine oder zwei Nullstellen haben.

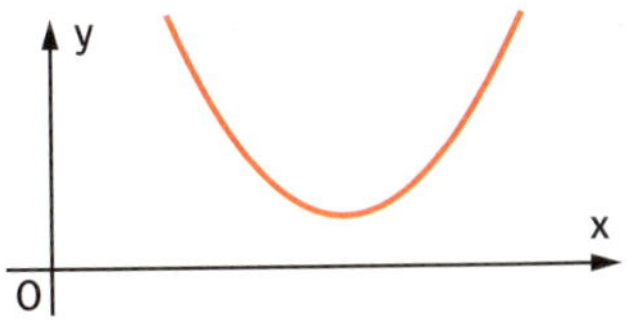

keine Nullstelle

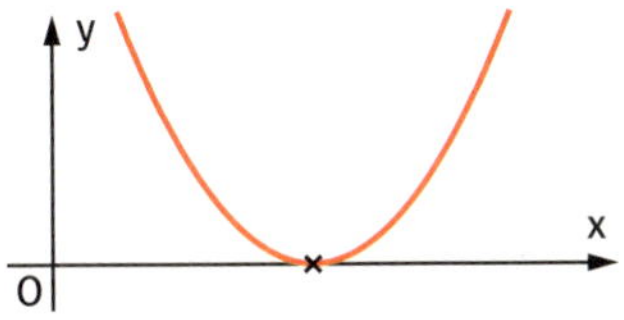

eine Nullstelle

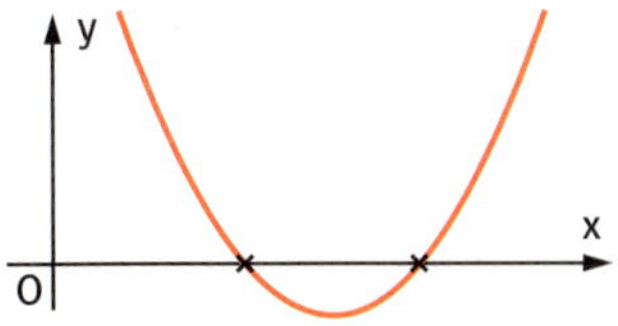

zwei Nullstellen

Beispiel 1 Gleichung einer verschobenen Parabel bestimmen
Eine Parabel hat den Scheitel $S(2|3)$ und verläuft durch den Punkt $P(4|-5)$.
Bestimme die Gleichung der Parabel.
Lösung:
Die Gleichung der Parabel lautet $y = a(x - 2)^2 + 3$. Der Streckfaktor a kann mithilfe des Punktes $P(4|-5)$ bestimmt werden; die Koordinaten von P werden in die Parabelgleichung eingesetzt.
$-5 = a(4 - 2)^2 + 3$ | ausmultiplizieren
$-5 = 4a + 3$ | -3 | $:4$
$a = -2$.
Die Gleichung der Parabel lautet also $y = -2(x - 2)^2 + 3$.

Beispiel 2 Parabel zeichnen
Zeichne die Parabel mit der Gleichung
a) $y = (x-2)^2 - 1$, b) $y = -2(x+1)^2 + 3$.
Lösung:
a) Siehe Fig. 1.
Die Parabel ist gegenüber der Normalparabel um zwei Einheiten nach rechts und um eine Einheit nach unten verschoben.
b) Siehe Fig. 1. *Die Parabel ist gegenüber der Parabel mit der Gleichung $y = -2x^2$ um eine Einheit nach links und um drei Einheiten nach oben verschoben.*

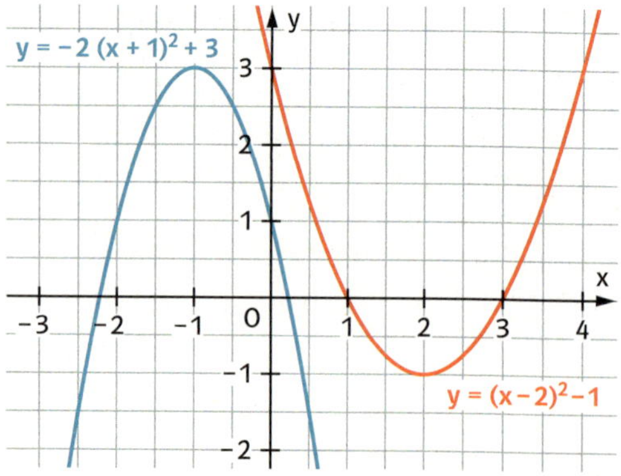

Fig. 1

Aufgaben

1 Zeichne die Parabel.
a) $y = x^2 - 3$ b) $y = -x^2 + 5$ c) $y = -(x+2)^2$ d) $y = (x-1)^2$
e) $y = -(x+2)^2 + 2$ f) $y = (x-3)^2 - 4$ g) $y = (x+5)^2 - 3$ h) $y = -(x+1)^2 + 7$

2 Beschreibe, wie die Parabel aus der Normalparabel entstanden ist.
a) $y = 2x^2 + 5$ b) $y = \frac{2}{3}(x-2)^2$ c) $y = 3(x+2)^2 + 3$ d) $y = \frac{2}{5}\left(x - \frac{1}{2}\right)^2 + 1$

3 Zeichne die Parabel.
a) $y = \frac{3}{2}x^2$ b) $y = \frac{3}{2}x^2 - 2$ c) $y = \frac{3}{2}(x-1)^2 - 2$ d) $y = -\frac{3}{2}(x-1)^2 - 2$

4 Gib die Gleichungen zweier Parabeln an, die S als Scheitelpunkt haben.
a) $S(1|1)$ b) $S(-5|-6)$ c) $S\left(-\frac{2}{5}\middle|\frac{3}{5}\right)$ d) $S(-4{,}5|0)$

5 Gib zu den Parabeln in Fig. 2 jeweils die Gleichung an.

6 Die Wertetabelle gehört zu einer quadratischen Funktion. Bestimme die zugehörige Funktionsgleichung.
a)

x	−5	−4	−3	−2	−1	0	1	2	3	4	5
f(x)	10	5	2	1	2	5	10	17	26	37	50

b)

x	−5	−4	−3	−2	−1	0	1	2	3	4	5
g(x)	59	44	31	20	11	4	−1	−4	−5	−4	−1

c)

x	−5	−4	−3	−2	−1	0	1	2	3	4	5
h(x)	−27	−13	−3	3	5	3	−3	−13	−27	−45	−67

d) Zeichne die Parabeln in ein gemeinsames Koordinatensystem.

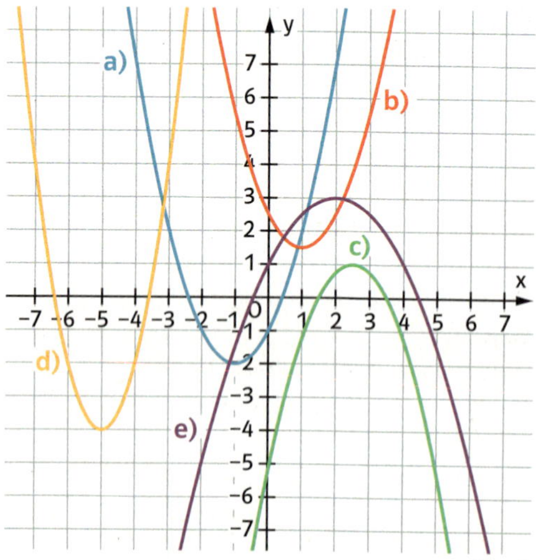

Fig. 2

7 a) Zeichne drei Parabeln in ein Koordinatensystem. Tausche die Zeichnung anschließend mit deinem Nachbarn und versuche, die zugehörigen Gleichungen zu bestimmen. Kontrolliert eure Ergebnisse gemeinsam.
b) Schreibe Wertetabellen von drei quadratischen Funktionen auf einen Zettel. Tausche die Wertetabellen anschließend mit deinem Nachbarn und versuche, die zugehörigen Funktionsgleichung zu bestimmen. Kontrolliert eure Ergebnisse gemeinsam.

8 Gib drei verschiedene quadratische Funktionen an, die
a) bei $x = 4$ die einzige Nullstelle haben, b) keine Nullstellen haben,
c) die beiden Nullstellen $x = -1$ und $x = 1$ haben.

Bist du sicher?

1 Gib die Gleichung der Funktion an, deren Graph eine
a) um 3 Einheiten nach oben,
b) um 2 Einheiten nach rechts,
c) um 1 Einheit nach unten und
d) um 5 Einheiten nach links
verschobene Normalparabel ist.

2 Gib zu den Parabeln in Fig. 1 jeweils eine Gleichung an.

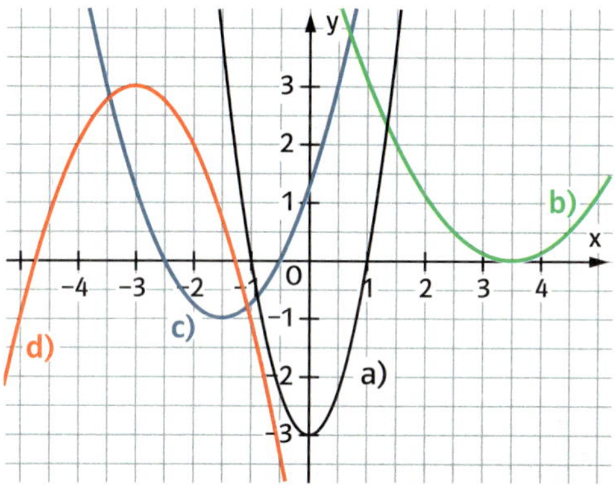

Fig. 1

3 Skizziere den Graphen der Funktion und lies die Nullstellen ab.
a) $f(x) = -2x^2 + 4{,}5$ b) $f(x) = 0{,}5(x - 0{,}5)^2$ c) $f(x) = 2(x + 2{,}5)^2 - 2$ d) $f(x) = -(x - 2)^2 - 1$

9 Was lässt sich über eine quadratische Funktion und ihren Graphen sagen, wenn
a) die beiden Nullstellen $x = -1$ und $x = 3$ sind,
b) sie nur eine Nullstelle hat,
c) der Scheitel $S(-4|1)$ und eine Nullstelle $x = -3$ ist?

10 Fig. 2 zeigt eine verschobene Parabel.
a) Bestimme die zugehörige Gleichung, wenn der Ursprung des Koordinatensystems im Punkt A (B, C) liegt.
b) Wo liegt der Ursprung des Koordinatensystems, wenn die zugehörige Gleichung $y = 2(x - 2)^2 - 2$ lautet?

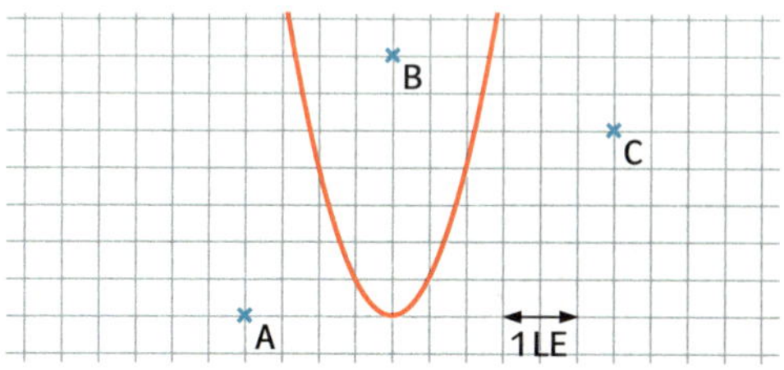

Fig. 2

11 Aus einem Quadrat mit Seite $s > 2\,cm$ werden an den Ecken Quadrate der Seitenlänge 1 cm herausgeschnitten. Es bleibt eine Fläche mit dem Inhalt A (in cm^2) übrig (Fig. 3).
Bestimme für die Funktion $s \rightarrow A(s)$ die Funktionsgleichung und zeichne den zugehörigen Graphen.

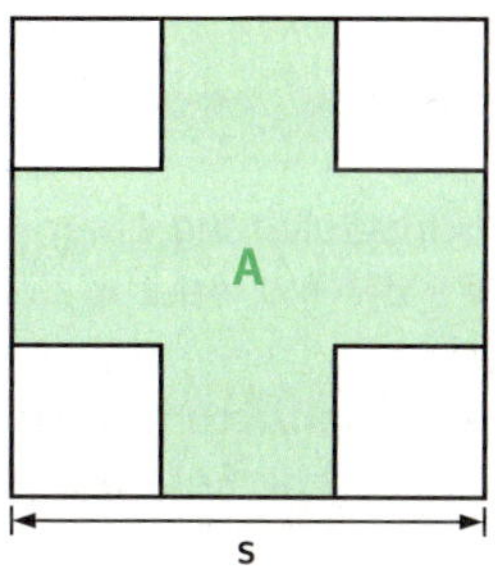

Fig. 3

3 Scheitelform und allgemeine Form

„Woher kennst Du den Verlauf der Parabel?“

Multipliziert man die Klammer im Funktionsterm von $f(x) = 2(x-1)^2 + 3$ aus, so erhält man

$$\begin{aligned} f(x) &= 2(x-1)^2 + 3 \\ &= 2(x^2 - 2x + 1) + 3 \\ &= 2x^2 - 4x + 5. \end{aligned}$$

Gleichungen quadratischer Funktionen sind häufig nicht in der **Scheitelform** $f(x) = a(x-d)^2 + e$, sondern in der **allgemeinen Form** $f(x) = ax^2 + bx + c$ gegeben. An der allgemeinen Form lässt sich zwar noch erkennen, wie die zugehörige Parabel gestreckt wurde, ihr Scheitel kann jedoch nicht mehr abgelesen werden. Die allgemeine Form erhält man aus der Scheitelform durch Ausmultiplizieren.
Umgekehrt lässt sich für jede quadratische Funktion durch **quadratische Ergänzung** aus der allgemeinen Form die Scheitelform erstellen. Hierbei wird der Funktionsterm so ergänzt, dass eine binomische Formel angewendet werden kann.

$f(x) = 2x^2 + 9x + 15$	*Den Faktor 2 aus den ersten beiden Summanden ausklammern*
$= 2\left[x^2 + \frac{9}{2}x\right] + 15$	*$\left(\frac{9}{4}\right)^2$ quadratisch ergänzen*
$= 2\left[x^2 + 2 \cdot \frac{9}{4}x\right] + 15$	
$= 2\left[x^2 + \frac{9}{2}x + \left(\frac{9}{4}\right)^2 - \left(\frac{9}{4}\right)^2\right] + 15$	
$= 2\left[x^2 + \frac{9}{2}x + \left(\frac{9}{4}\right)^2 - \left(\frac{9}{4}\right)^2\right] + 15$	*1. binomische Formel anwenden*
$= 2\left[\left(x + \frac{9}{4}\right)^2 - \left(\frac{9}{4}\right)^2\right] + 15$	*$\left(\frac{9}{4}\right)^2$ berechnen*
$= 2\left[\left(x + \frac{9}{4}\right)^2 - \frac{81}{16}\right] + 15$	*äußere Klammer ausmultiplizieren*
$= 2\left(x + \frac{9}{4}\right)^2 - \frac{81}{8} + 15$	*zusammenfassen*
$= 2\left(x + \frac{9}{4}\right)^2 + \frac{39}{8}$	

Der Scheitel der zu dieser Funktion gehörenden Parabel liegt bei $S\left(-\frac{9}{4} \middle| \frac{39}{8}\right)$.

Die Funktionsgleichung einer quadratischen Funktion kann in der Scheitelform $\mathbf{f(x) = a(x-d)^2 + e}$ oder in der allgemeinen Form $\mathbf{f(x) = ax^2 + bx + c}$ dargestellt werden.
Durch Ausmultiplizieren erhält man aus der Scheitelform die allgemeine Form.
Durch quadratische Ergänzung erhält man aus der allgemeinen Form die Scheitelform.

Beispiel 1
Ergänze den Term $x^2 - 10x + \square$ so, dass man eine binomische Formel anwenden kann.
Lösung:
Vergleiche $x^2 - 10x + \square$ mit $a^2 - 2ab + b^2$. Für $a = x$ erhält man $2b = 10$, also $b = 5$.

$$x^2 - 10x + \square = x^2 - 2 \cdot x \cdot 5 + 5^2$$
$$= (x - 5)^2$$

Beispiel 2
Beschreibe den Verlauf der Parabel, ohne sie zu zeichnen.
a) $y = x^2 - 3x + 7$
b) $y = -2(x + 8)^2 + 5$
Lösung:
a) $y = x^2 - 3x + 7$

$$= x^2 - 3x + \left(\tfrac{3}{2}\right)^2 - \left(\tfrac{3}{2}\right)^2 + 7$$
$$= \left(x - \tfrac{3}{2}\right)^2 + \tfrac{19}{4}$$

Der Scheitel liegt bei $S\left(\frac{3}{2}\middle|\frac{19}{4}\right)$. Der Streckfaktor ist $a = 1$, es handelt sich also um eine verschobene Normalparabel.

b) Der Scheitel liegt bei $S(-8|5)$.
Da der Streckfaktor a negativ ist, ist die Parabel nach unten geöffnet.
Wegen $|a| > 1$ ist sie schmaler als die Normalparabel.

Beispiel 3
Noel springt im Freibad vom Sprungbrett. Seine Flugbahn entspricht ungefähr einer Parabel mit der Funktionsgleichung $h(x) = -5x^2 + 2x + 3$. Hierbei ist h die Höhe über dem Wasser (in m) und x die horizontale Entfernung vom Absprungpunkt (in m).

a) Von welcher Höhe ist Noel abgesprungen?
b) Was ist Noels größte Höhe während des Fluges?
c) Gib eine Funktionsgleichung für einen Sprung aus einer anderen Höhe an.
Lösung:
a) Im Absprungpunkt ist $x = 0$. Der Funktionswert an dieser Stelle ist $h(0) = 3$.
Damit ergibt sich: Noel ist aus einer Höhe von 3 m abgesprungen.
b) Die Scheitelform der Funktionsgleichung lautet $h(x) = -5(x - 0{,}2)^2 + 3{,}2$. Die größte Höhe der Flugbahn entspricht der y-Koordinate des Scheitels, beträgt also 3,2 m.
c) Der gleiche Sprung aus 5 m Höhe hat die Gleichung $g(x) = -5x^2 + 2x + 5$.

Beispiel 4 Gleichung einer Parabel bestimmen
Eine Parabel mit der Gleichung $y = ax^2 + bx + 3$ verläuft durch die Punkte $P(1|0)$ und $Q(2|3)$. Bestimme die Gleichung der Parabel.
Lösung:
Setzt man die Koordinaten von P und Q in die Gleichung ein, so erhält man
I $a + b + 3 = 0$, also $b = -a - 3$
II $4a + 2b + 3 = 3$, also $b = -2a$
Durch Gleichsetzen erhält man $-a - 3 = -2a$, also $a = 3$. Daraus folgt $b = -6$.
Die Gleichung der Parabel lautet $y = 3x^2 - 6x + 3$.

Aufgaben

1 Ergänze die Terme so, dass man eine binomische Formel anwenden kann.

a) $x^2 - 6x + \square$
b) $y^2 - 3y + \triangle$
c) $z^2 + z + \bigcirc$
d) $u^2 + 1{,}6u + \square$
e) $s^2 + 4s + \triangle$
f) $t^2 + 5t + \bigcirc$
g) $g^2 - g + \square$
h) $h^2 - \frac{1}{3}h + \triangle$
i) $25p^2 + 20p + \bigcirc$
j) $4x^2 - 4x + \square$
k) $9k^2 + 6k + \triangle$
l) $16s^2 + 5s + \bigcirc$

2 Beschreibe den Verlauf der Parabel, ohne sie zu zeichnen.
a) $y = (x-1)^2 + 3$ b) $y = 2(x+5)^2 + 1$ c) $y = -2(x+4)^2 + 7$ d) $y = -(x-6)^2$
e) $y = -x^2 + 7$ f) $y = x^2 + 4x + 4$ g) $y = 3x^2 + 24x + 11$ h) $y = -x^2 + 4x + 10$

3 Bestimme den Scheitel der zu der Funktion gehörenden Parabel. Zeichne die Parabel.
a) $f(x) = x^2 - 4x + 1$ b) $f(x) = x^2 + 8x + 16$ c) $f(x) = x^2 + 4x$ d) $f(x) = x^2 + 6x + 7$
e) $f(x) = x^2 - 5x + \frac{9}{4}$ f) $f(x) = x^2 + 3x$ g) $f(x) = x^2 - x + \frac{1}{4}$ h) $f(x) = x^2 - 1{,}4x + 0{,}09$

4 Bestimme den Scheitel der Parabel.
a) $y = 2x^2 + 8x - 6$ b) $y = -2x^2 + 4x - 18$ c) $y = -x^2 + 4x - 10$ d) $y = 3x^2 - 27x + 9$
e) $y = -x^2 + 5x$ f) $y = \frac{1}{2}x^2 - 5x - 1$ g) $y = 8x - x^2$ h) $y = 3 - \frac{1}{4}x^2$

5 Bestimme aus den gegebenen Informationen die Funktionsgleichung der zugehörigen quadratischen Funktion $f(x) = ax^2 + bx + c$.
a) $a = 2$ und die Punkte $A(1|-1)$ und $B(3|22)$ liegen auf dem Graphen.
b) $b = 4$ und die Punkte $C(-1|-8)$ und $D(2|-5)$ liegen auf dem Graphen.
c) $c = 3$ und die Punkte $E(2|-8)$ und $F(-1|4)$ liegen auf dem Graphen.
d) Die Punkte $G(0|0)$, $H(-2|33)$ und $P(10|795)$ liegen auf dem Graphen.

6 Gegeben sind fünf Parabeln im Koordinatensystem (Fig. 1). Gib jeweils die Gleichung der zugehörigen quadratischen Funktion an.

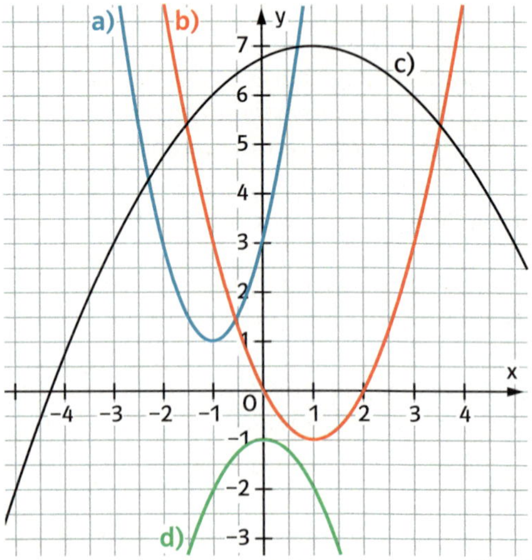

Fig. 1

7 Die Höhe h (in m) eines Balles, der fortgeschleudert wird, lässt sich mit der horizontalen Wurfweite s (in m) mit $h(s) = -\frac{1}{90}s^2 + s + 1{,}5$ berechnen.
a) Wie weit und wie hoch fliegt der Ball?
b) Gib eine Funktionsgleichung an, wenn der Ball höher und weiter geworfen wird.

8 Die Leistung P einer Turbine hängt von der Drehzahl n ab. Die Funktionsgleichung $P(n) = 300n - 0{,}8n^2$ gibt die Leistung der Turbine in der Einheit Watt (kurz: W) an.
a) Bei welcher Drehzahl hat die Turbine die maximale Leistung?
b) Mit welcher Umdrehungszahl muss sich die Turbine drehen, damit sie eine Leistung von mindestens 10 000 W erzielt?

Bist du sicher?

1 Ergänze die Terme so, dass man eine binomische Formel anwenden kann.
a) $x^2 + 6x + \square$ b) $4x^2 - 18x + \square$ c) $k^2 + 5k + \square$ d) $25x^2 - 20xy + \square$

2 Bestimme den Scheitel der Parabel.
a) $y = x^2 - 6x + 20$ b) $y = 2x^2 - 20x + 6$ c) $y = -x^2 + 16x - 8$ d) $y = 9x^2 - 12x - 5$

9 Ein Unternehmen verkauft Elektronikbauteile zu einem Stückpreis von 39,00 €. Eine Marktforschung ergab durch Kundenanalyse, dass sich der Gewinn G (in €) bei einem Verkaufspreis x (in €) mit folgender Formel berechnen lässt: $G = -x^2 + 70x - 1000$.
a) Das Unternehmen möchte zur Werbung eine Rabattaktion durchführen. Um wie viel Prozent darf der Preis gesenkt werden, wenn immer noch ein Gewinn erzielt werden soll?
b) Die Firma überlegt, durch eine Preiserhöhung den Gewinn zu steigern. Was könnt ihr dem Unternehmen empfehlen? Begründet eure Empfehlung in einer kurzen schriftlichen Stellungnahme oder Präsentation.

10 In Fig. 1 sind mehrere verschobene Normalparabeln abgebildet.
a) Wie lautet die allgemeine Gleichung für solche Parabeln?
b) Worin unterscheiden sich die roten von den blauen Graphen?
c) Gib den Scheitelpunkt aller Parabeln in Abhängigkeit von einem Parameter an.

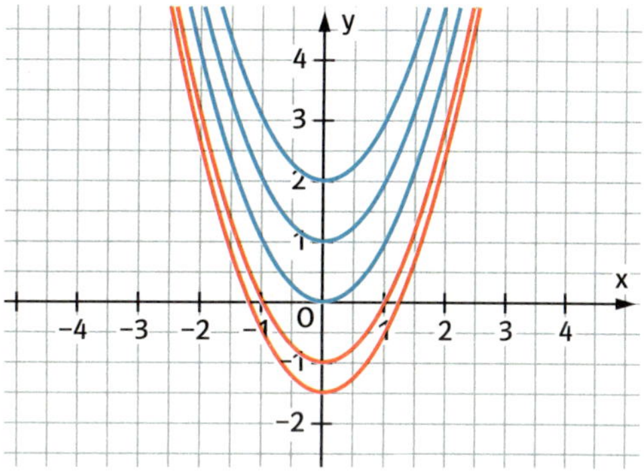

Fig. 1

11 Untersuche mit deinem Nachbarn verschiedene Parabeln mit der Gleichung $y = ax^2 + bx + c$. Welche Regelmäßigkeiten könnt ihr feststellen, wenn ihr
a) die Werte für a und b nicht verändert und c variiert,
b) nur den Wert für a verändert,
c) $b = 0$ setzt und die Werte für a und c variiert?

12 Fig. 2 zeigt neun Parabeln mit der Gleichung $y = ax^2$, wobei für a die Werte -5; -4; $-0{,}5$; $-0{,}2$; 1; 0,2; 0,4; 4 und 6 eingesetzt worden sind.
a) Ordne die angegebenen Werte für a dem jeweiligen Graph zu.
b) Was haben alle Graphen mit $a > 1$ und $a < -1$ im Vergleich zur Normalparabel (schwarzer Graph) gemeinsam?

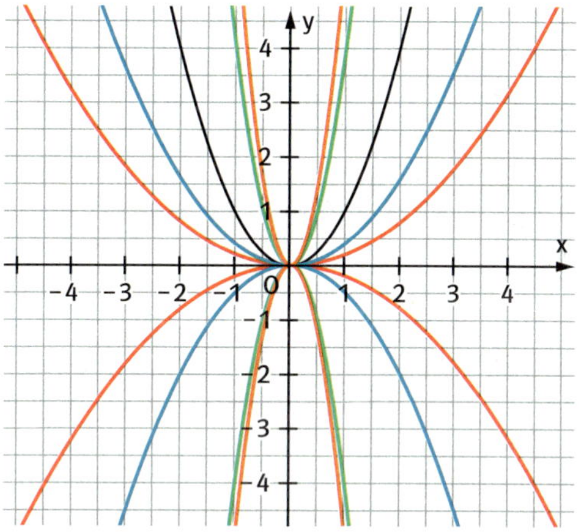

Fig. 2

c) Was haben alle Graphen mit $a > -1$ und $a < 1$ im Vergleich zur Normalparabel gemeinsam?
d) Welche Gemeinsamkeit haben alle Graphen mit $a > 0$ bzw. $a < 0$?

13 Beim Sportfest des Albert-Schweitzer-Gymnasiums ist eine Disziplin das Ballweitwerfen. Die Flugbahn eines Balls ist annähernd parabelförmig (Fig. 3). Daniela wirft ihren Ball in 2 m Höhe ab. Der Scheitel ihrer Wurfparabel liegt bei S(23 | 13,5).
a) Gib die Gleichung der Wurfparabel des Balls an.
b) Wie weit wirft Daniela ungefähr?

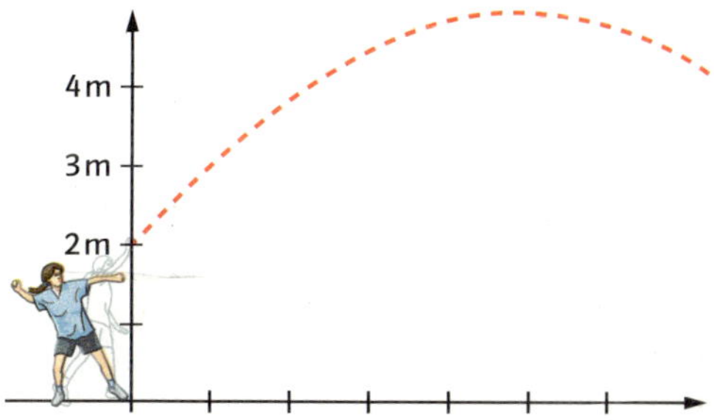

Fig. 3

14 Klippenspringer Carlos aus Acapulco wird von seinem Freund Pépe beim Sprung beobachtet. Anhand der Markierungen an der Klippe stellt Pépe folgende Messreihe für den Flug auf:

Flugzeit t (in s)	0	1	2
Höhe h (in m)	45	43	31

Als Carlos aus dem Wasser steigt, sagt er: „Ich könnte ewig fliegen." „Das waren noch nicht einmal vier Sekunden", erwidert Pépe. Hat Pépe Recht?

15 Die Flugbahn eines Fußballs ist nahezu parabelförmig. Jans Schuss kann durch die Parabel mit der Gleichung $y = -0{,}00625x^2 + 0{,}25x$ beschrieben werden. Hierbei entspricht x der horizontalen Entfernung vom Abschusspunkt in Metern und y der Höhe des Balles in Metern.

a) In welcher Höhe befindet sich der Ball, wenn er sich 1 m in horizontaler Richtung bewegt hat?

b) Welche Höhe erreicht der Ball bei diesem Schuss höchstens? Nach welcher Strecke (horizontal gemessen) hat er diese erreicht?

c) Ein Spieler steht 10 Meter entfernt. Kann er den Ball köpfen?

d) Nach welcher Strecke hat der Ball eine Höhe von 2 m erreicht?

e) Wie würde sich die Flugbahn des Balles ändern, wenn die Gleichung der zugehörigen Parabel $y = -0{,}004x^2 + 0{,}2x$ lautete?

Bremsverzögerungen für Pkw (jeweils in m/s² angegeben)

Asphalt	
trocken	*7,0*
nass	*5,75*
Pflaster	
trocken	*6,0*
nass	*5,0*
Neuschnee	
Sommerreifen	*2,3*
Winterreifen	*2,8*
Hartschnee	
Sommerreifen	*2,0*
Winterreifen	*2,5*
Glatteis	
ohne Schneeketten	*1,25*
mit Schneeketten	*2,75*
gut gestreut	*2,25*

16 Für die Bremsweglänge lehrt die Fahrschule den Zusammenhang $B = v^2 : 100$. Dabei ist B der Bremsweg in m und v die Geschwindigkeit in km/h. Genauer kann man den Bremsweg mit $D = (0{,}27v)^2 : (2b)$ berechnen, wobei b die Bremsverzögerung des Autos in m/s^2 ist. Sie gibt an, um wie viel die Geschwindigkeit pro Sekunde sinkt.

a) Peter liest in einem Buch: „Wenn die Geschwindigkeit sich verdoppelt, vervierfacht sich der Bremsweg." Stimmt das?

b) Für welchen Wert für b stimmen die beiden Funktionsgleichungen in etwa überein?

c) Zeichne für verschiedene Bremsverzögerungen (siehe Tabelle) die zu D gehörenden Graphen. Wie ändert sich der Bremsweg, wenn man die Werte für b variiert?

d) Ist die Formel der Fahrschule eine gute Näherung?

e) Vergleiche die Bremswege bei unterschiedlichen Straßenverhältnissen für $v = 30\,km/h$ und $v = 70\,km/h$.

17 Ersetze in der Rechnung die Platzhalter $\triangle$, $\bigcirc$ und $\square$ durch passende Terme.

$$f(x) = ax^2 + bx + c = a\left(x^2 + \frac{b}{a}x\right) + c = a\left(x^2 + \frac{b}{a}x + \left(\frac{b}{2a}\right)^2 - (\triangle)\right)^2 + c = a\left((x + \bigcirc)^2 - \left(\frac{b}{2a}\right)^2\right) + c$$

$$= a\left(\left(x + \frac{b}{2a}\right)^2 - \frac{b^2}{4a^2}\right) + c = a\left(x + \frac{b}{2a}\right)^2 - \square + c = a\left(x + \frac{b}{2a}\right)^2 + \left(c - \frac{b^2}{4a}\right)$$

4 Optimierungsaufgaben

Die Form ist für den Inhalt nicht entscheidend.

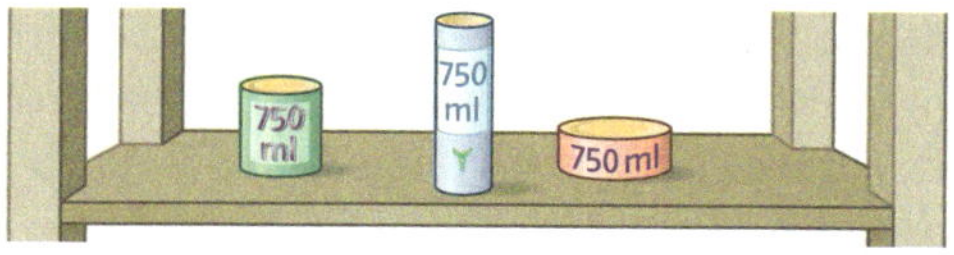

Häufig versucht man herauszufinden, wann eine Größe den kleinsten oder größten Wert annimmt. Bei Größen, die sich durch eine quadratische Funktion bestimmen lassen, können diese Werte mithilfe des Scheitels der zugehörigen Parabel berechnet werden.

Mit einem 12 m langen Zaun soll an einer Hauswand ein Rechteck eingezäunt werden. Wie müssen die Seiten des Rechtecks gewählt werden, damit sein Flächeninhalt möglichst groß wird?

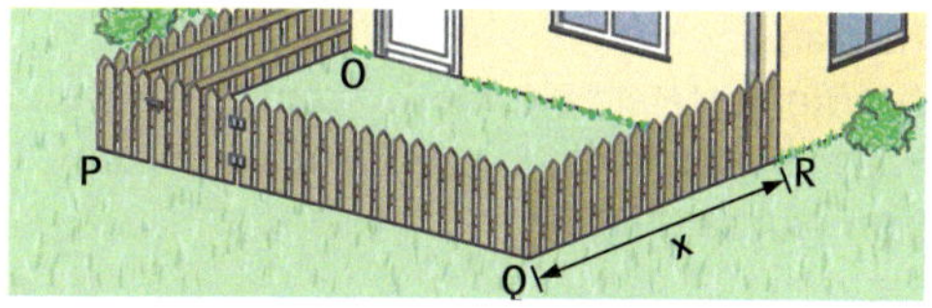

1 Verstehen der Aufgabe

Was ist gegeben?
Der Zaun ist 12 m lang. An der Hauswand wird kein Zaun benötigt.

Was ist gesucht?
Der Flächeninhalt soll maximal werden.

2 Zerlegen in Teilprobleme

Plan erstellen

1. Drücke die Seiten mithilfe einer Variablen aus.
2. Stelle eine Gleichung zur Berechnung des Flächeninhalts des Rechtecks auf.
3. Bestimme den Scheitel der zur quadratischen Funktion gehörenden Parabel.

3 Durchführen des Plans

1. *Einführen der Variablen*
   $\overline{OP} = \overline{QR} = x$; $\overline{PQ} = 12 - 2x$
2. *Aufstellen der Gleichung:*
   $A(x) = \overline{OP} \cdot \overline{PQ} = x \cdot (12 - 2x)$
   $= -2x^2 + 12x$
3. *Bestimmung des Scheitels*
   $A(x) = -2x^2 + 12x = -2(x^2 - 6x + 9 - 9)$
   $= -2(x - 3)^2 + 18$
   Der Scheitel der Parabel liegt bei $S(3|18)$.

4 Rückschau und Antwort

Kann das Ergebnis richtig sein?
Die Parabel ist nach unten geöffnet. Der Scheitel ist ihr höchster Punkt.

Antwortsatz:
Der Flächeninhalt wird für $\overline{OP} = 3\,m$ und $\overline{PQ} = 6\,m$ maximal. Er beträgt dann $18\,m^2$.

Schrittweises Lösen von Optimierungsaufgaben

1. **Verstehen der Aufgabe:** Was ist gegeben? Was ist gesucht?
2. **Zerlegen in Teilprobleme:** Rechenplan und Rechenreihenfolge festlegen
3. **Durchführen des Plans:** Variablen einführen, Gleichung der quadratischen Funktion aufstellen und Scheitel der zugehörigen Parabel bestimmen
4. **Rückschau und Antwort:** Ergebnis überprüfen und Antwort formulieren

Aufgaben

1 a) Welche beiden Zahlen, deren Summe 12 beträgt, haben das größte Produkt?
b) Welche beiden Zahlen, deren Differenz 2 beträgt, haben das kleinste Produkt?
c) Für welche Zahl wird das Produkt aus dem Dreifachen und der um 1 vergrößerten Zahl am kleinsten?

2 a) Dagmar will mit 11 m Maschendraht einen rechteckigen Platz für ihren Hund einzäunen. Sie benutzt die Wände von Garage und Haus (Fig. 1). Für welche Maße wird der Platz am größten? Gib diesen Inhalt an.
b) Wie hätte sie die Maße wählen müssen, wenn sie eine 3 m lange Mauer einbeziehen würde (Fig. 2)?

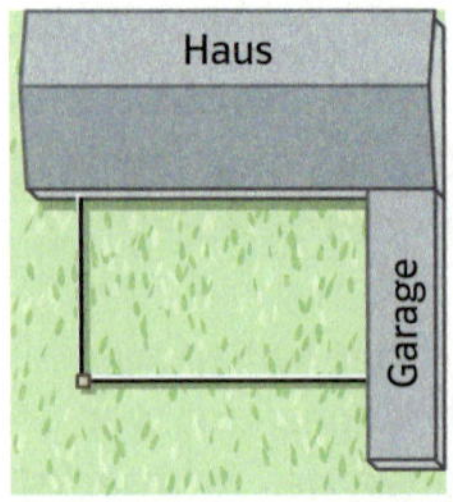

Fig. 1

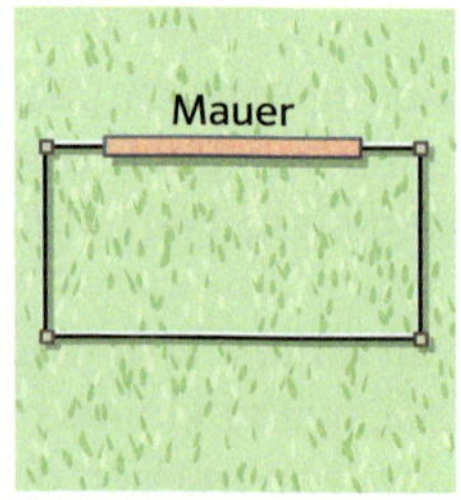

Fig. 2

3 Karin möchte aus einem Brett mit den Abmessungen 5 m × 0,4 m entsprechend Fig. 3 ein Regal mit maximalem Volumen bauen. Welche Maße hat das Regal?

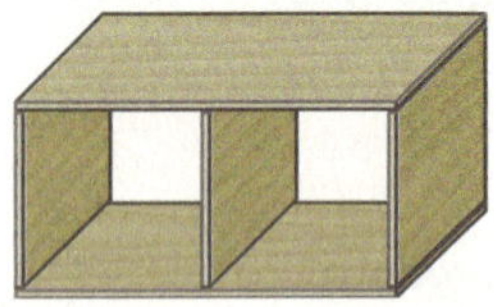
Fig. 3

4 Ein quadratischer Tisch mit der Seitenlänge 2 m soll entsprechend Fig. 4 mit zwei quadratischen Einlegearbeiten verziert werden. Aus Kostengründen soll dieser Flächenanteil möglichst klein werden.
Welche Maße bieten sich für die Einlegearbeiten an?

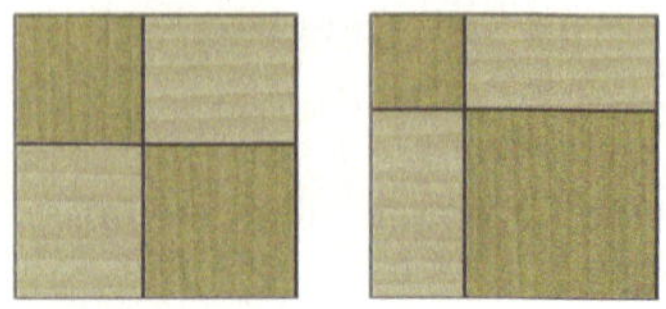
Fig. 4

5 Auf den Seiten des Rechtecks ABCD wird auf jeder Seite die Strecke x abgetragen (Fig. 5). Es entsteht das Viereck EFGH.
a) Welche besondere Form hat das Viereck EFGH? Begründe.
b) Für welche Länge x ist der Flächeninhalt des Vierecks EFGH am kleinsten?
Tipp: Überlege, welche Flächen von der Fläche des Rechtecks abgezogen werden müssen, um auf das Viereck EFGH zu kommen.

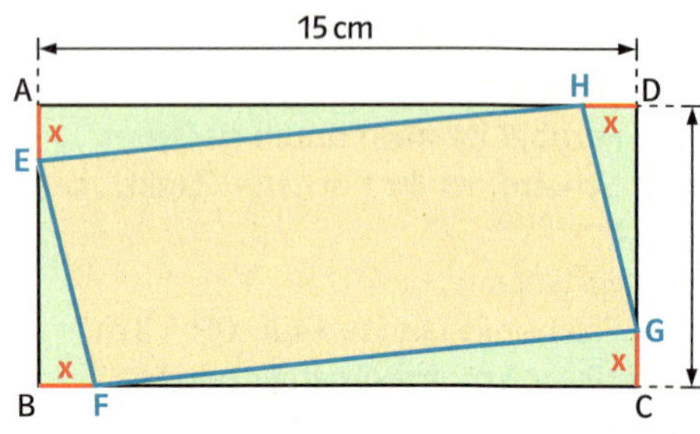

Fig. 5

6 Auf der in Fig. 6 abgebildeten dreieckigen Wiese soll ein Gebäude mit rechteckigem Grundriss so gebaut werden, dass es direkt an die Schlossallee und die Parkstraße grenzt. Eine Gebäudeecke soll die Badstraße berühren. Die verbleibenden Dreiecke sollen als Grünflächen genutzt werden. Welche Maße würdest du als Architekt für den Grundriss vorschlagen?

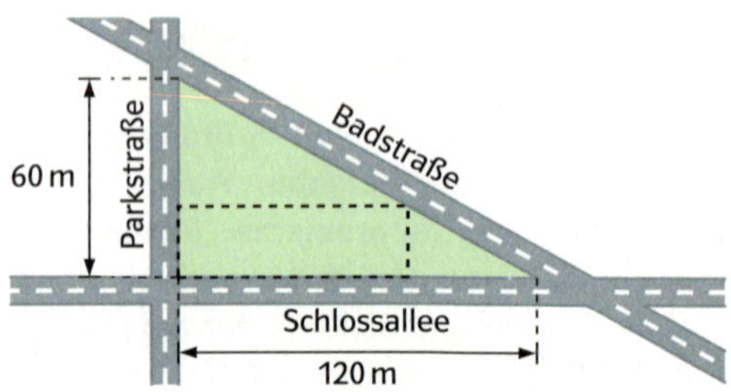

Fig. 6

5 Quadratische Gleichungen

In einem Geschichtsbuch lesen Michael und Peter, dass ein altgriechisches Stadion ein rechteckiges Feld war, das 6-mal so lang wie breit war. Insgesamt betrug der Flächeninhalt $6144\,m^2$.

Gleichungen wie $9x^2 + 5x + 1 = 0$ heißen **quadratische Gleichungen**. Quadratische Gleichungen lassen sich grafisch auf zwei Arten lösen. Dazu wird vorher die Gleichung durch Äquivalenzumformungen in **Normalform** $\mathbf{x^2 + px + q = 0}$ gebracht.

1. Möglichkeit
Die Lösungen der quadratischen Gleichung $x^2 + px + q = 0$ sind die Nullstellen der quadratischen Funktion $f(x) = x^2 + px + q$. Durch quadratische Ergänzung erhält man den Scheitel der verschobenen Normalparabel. Diese kann dann mit der Schablone gezeichnet werden. Die Nullstellen lassen sich nun am Graphen ablesen.

Für $f(x) = x^2 - 2x - 3$ erhält man die Scheitelpunktsform $f(x) = (x - 1)^2 - 4$, also $S(1|-4)$. Die Nullstellen sind $x = -1$ und $x = 3$.

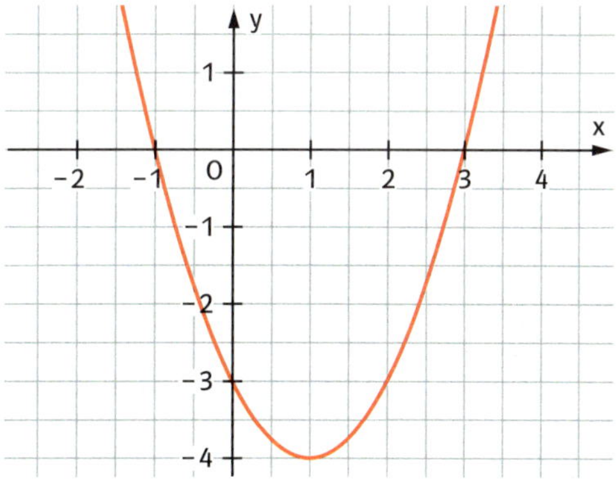

Fig. 1

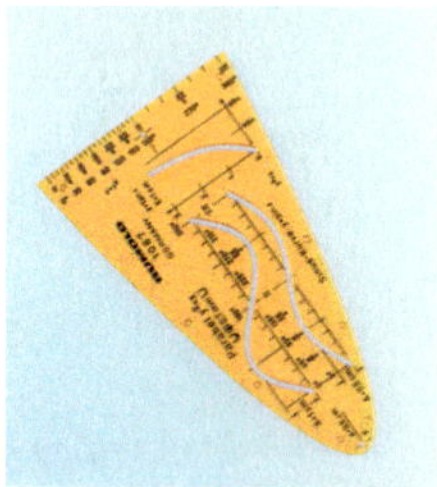

Zum Zeichnen der Normalparabel kann man eine Schablone verwenden.

2. Möglichkeit
Die quadratische Gleichung $x^2 + px + q = 0$ lässt sich zu $x^2 = -px - q$ umformen. Auf der linken Seite der Gleichung steht der Funktionsterm der zur Normalparabel gehörenden quadratischen Funktion, auf der rechten Seite der Term einer linearen Funktion.
Die Lösungen der quadratischen Gleichung $x^2 + px + q = 0$ sind also diejenigen Stellen, an denen die Normalparabel mit $y = x^2$ und die Gerade mit der Gleichung $y = -px - q$ den gleichen y-Wert annehmen. Das sind die x-Koordinaten der Schnittpunkte der beiden Graphen.

Aus $x^2 - 2x - 3 = 0$ ergibt sich $x^2 = 2x + 3$. Die Gerade mit der Gleichung $y = 2x + 3$ und die Normalparabel schneiden sich bei $x = -1$ und $x = 3$.

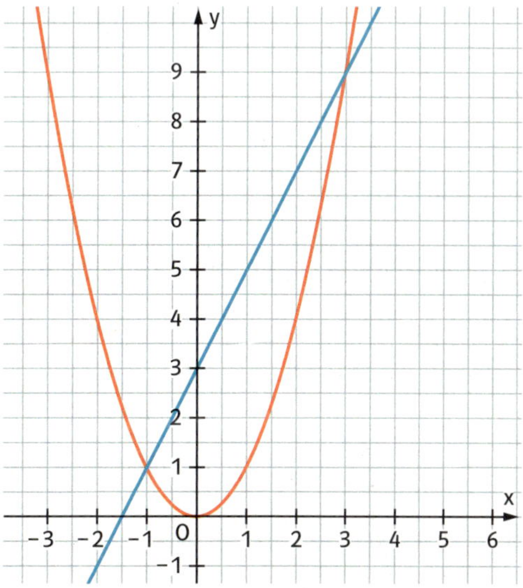

Fig. 2

Nicht jede quadratische Gleichung ist lösbar. Eine quadratische Gleichung besitzt entweder zwei Lösungen, eine Lösung oder keine Lösung, da die zugehörige quadratische Funktion entweder zwei Nullstellen, eine Nullstelle oder keine Nullstelle besitzt.

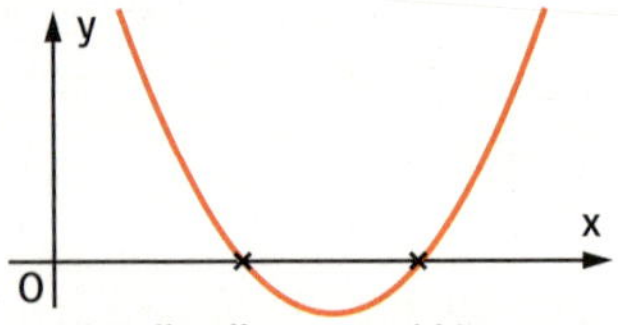

zwei Nullstellen – zwei Lösungen

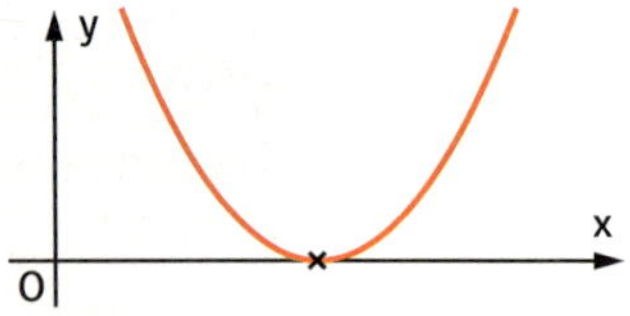

eine Nullstelle – eine Lösung

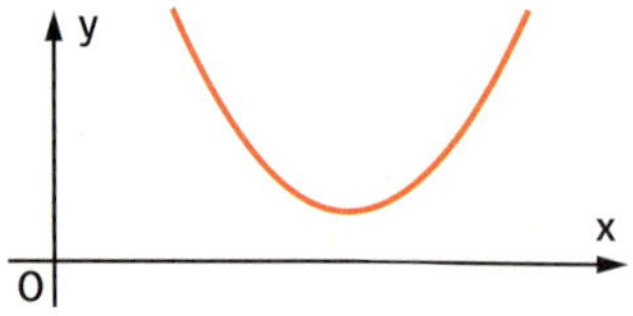

keine Nullstelle – keine Lösung

Die **Lösungen einer quadratischen Gleichung** sind die Nullstellen der zugehörigen quadratischen Funktion. Eine quadratische Gleichung hat entweder zwei Lösungen, eine Lösung oder keine Lösung.

Beispiel

Bestimme die Lösungsmenge.

a) $0{,}5x^2 - 2{,}5x + 2 = 0$ b) $-x^2 + 2x + 2 = 0$ c) $1 + x^2 = 0$

Lösung:

a) Die Normalform lautet $x^2 - 5x + 4 = 0$.
Wegen $x^2 - 5x + 4 = \left(x - \frac{5}{2}\right)^2 - \frac{9}{4}$ hat die zugehörige Parabel den Scheitel $S\left(\frac{5}{2}\middle|-\frac{9}{4}\right)$.
Am Graphen lassen sich die Nullstellen $x = 1$ und $x = 4$ ablesen. $L = \{1; 4\}$

b) Die verschobene Normalparabel hat den Scheitel $S(1|3)$ und ist nach unten geöffnet. Die Nullstellen lassen sich nur näherungsweise ablesen: $x \approx -0{,}7$ und $x \approx 2{,}7$.

c) Die Parabel mit der Gleichung $y = x^2 + 1$ ist eine um 1 Einheit nach oben verschobene Normalparabel. Sie hat keine Nullstellen, also ist $L = \{\ \}$.

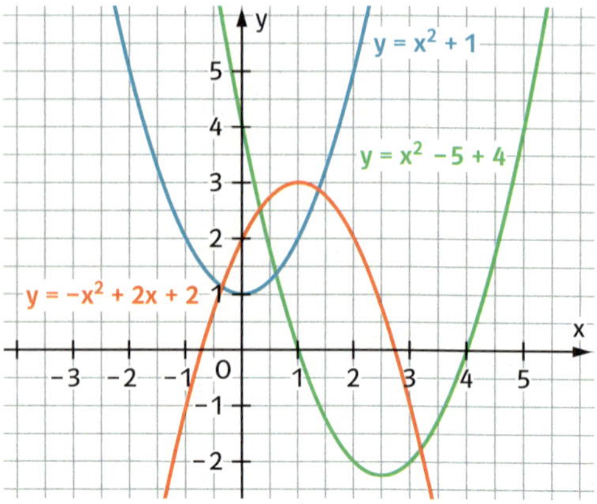

Aufgaben

1 Bestimme die Lösungen zeichnerisch.

a) $x^2 + 3x + 2 = 0$ b) $x^2 - 2x - 3 = 0$ c) $x^2 + 3x - 4 = 0$
d) $x^2 + 5x + 4 = 0$ e) $3x^2 + 12x + 9 = 0$ f) $20x^2 - 60x - 80 = 0$
g) $0{,}3x^2 - 0{,}3x - 0{,}6 = 0$ h) $1{,}5x^2 + 1{,}5x - 3 = 0$ i) $2{,}5x^2 - 2{,}5x - 30 = 0$

2 a) $x^2 = -5x - 6$ b) $x^2 = 2x + 8$ c) $x^2 = -x + 12$ d) $x^2 = -7x - 12$
e) $17x^2 = 17x + 204$ f) $0{,}2x^2 = -1{,}2x - 1{,}6$ g) $x^2 = -x + 4$ h) $0{,}5x^2 = -x + 4$

3 Bestimme die Lösungsmenge.

a) $x^2 + 4x + 4 = 0$ b) $x^2 + 4x + 4{,}5 = 0$ c) $x^2 = 6x - 9$ d) $x^2 = 6x - 9{,}7$
e) $0{,}2x^2 - 2x + 5 = 0$ f) $0{,}5x^2 + 4x + 8{,}5 = 0$ g) $4x^2 = 4x - 1$ h) $4x^2 = 4x - 1{,}2$

4 Bestimme die Lösungsmenge zeichnerisch möglichst genau.

a) $x^2 - x - 6 = 0$ b) $x^2 - x - 3 = 0$ c) $x^2 + 3x - 1 = 0$ d) $x^2 + x = 0$
e) $2x^2 + x = -9$ f) $0{,}5x^2 + 0{,}3x + 1 = 0$ g) $0{,}2x^2 + 0{,}7x + 0{,}5 = 0$ h) $-2x^2 = 3x$
i) $-\frac{1}{4}x^2 + \frac{1}{2}x = 2$ j) $-\frac{1}{2}x^2 + 3x - \frac{9}{2} = 0$ k) $-2x^2 - 4x + 6 = 0$ l) $3x^2 - 0{,}5x = 0$

Bist du sicher?

1 Bestimme die Lösungen der quadratischen Gleichung grafisch.

a) $6x^2 + 6x - 36 = 0$ b) $5x^2 - 10x + 5 = 0$ c) $-\frac{3}{2}x^2 + 6x - 6 = 0$ d) $x^2 - 2x = -1$

5 Gib eine Gleichung an, die mithilfe der Zeichnung gelöst werden kann. Bestimme die jeweilige Lösungsmenge.

a)

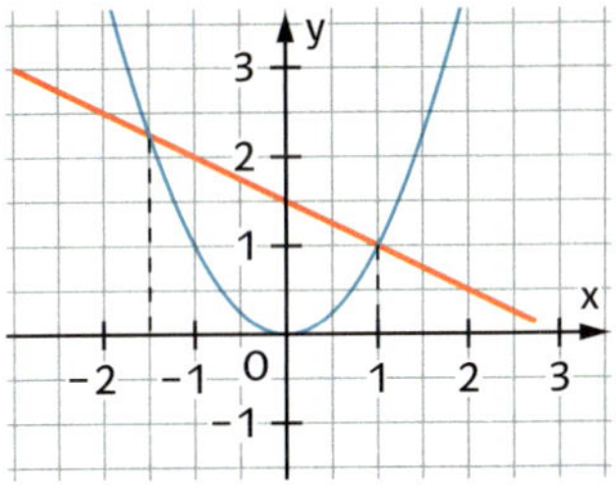

b)

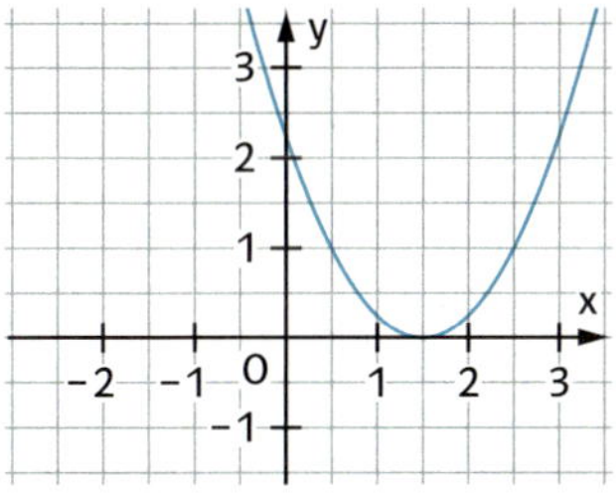

c)

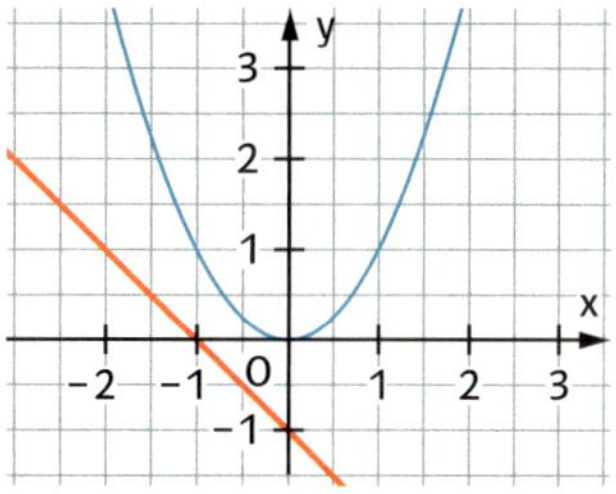

6 Kai hat sich zwei weitere grafische Lösungsverfahren ausgedacht, um z.B. die Lösungen der Gleichung $2x^2 + x - 1 = 0$ zu bestimmen.
1. Verfahren (Fig. 1).
Er zeichnet die Parabel mit der Gleichung $y = 2x^2 + x - 1$.
Anschließend liest er die x-Koordinaten der Schnittpunkte mit der x-Achse ab.
2. Verfahren (Fig. 2).
Er zeichnet die Parabel mit der Gleichung $y = 2x^2 + x$.
Dann zeichnet er die Parallele zur x-Achse durch den Punkt P(0|1) und liest dann die x-Koordinaten der Schnittpunkte ab.
Probiere diese Verfahren aus. Vergleiche sie mit den anderen Verfahren.

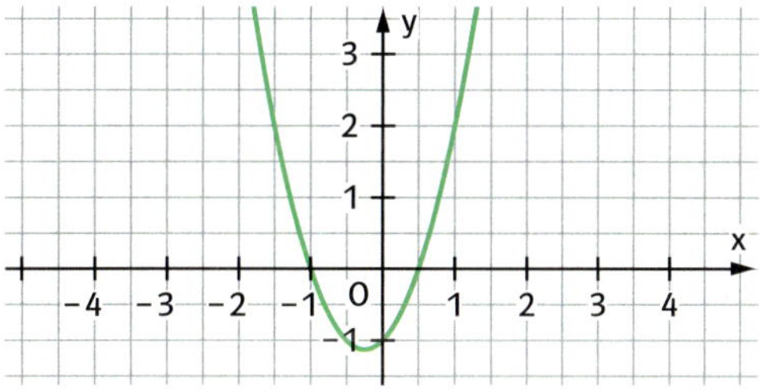

Fig. 1

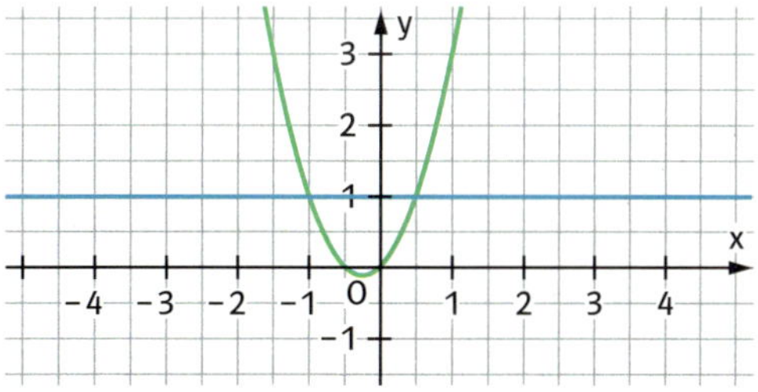

Fig. 2

7 In Fig. 3 sind die Parabeln mit den Gleichungen $y = -3x^2 - 9x - 4{,}5$ und $y = 4x^2 + 12x + 6$ abgebildet.
a) Begründe, warum beide Parabeln die gleichen Nullstellen haben.
b) Gib die Gleichungen weiterer Parabeln an, die ebenfalls diese Nullstellen haben.
c) Welche Normalparabeln haben dieselben Nullstellen?

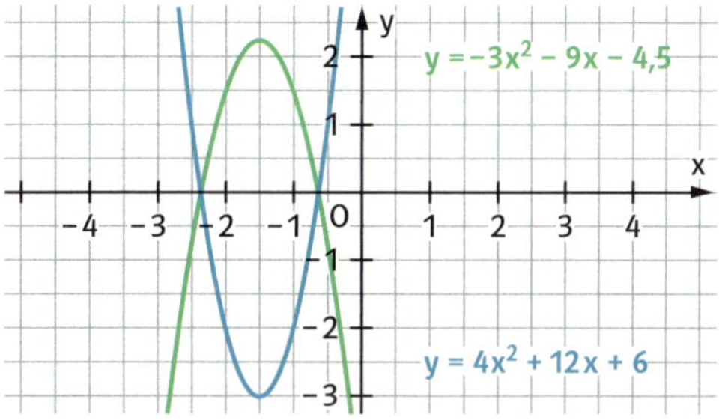

Fig. 3

6 Lösen quadratischer Gleichungen

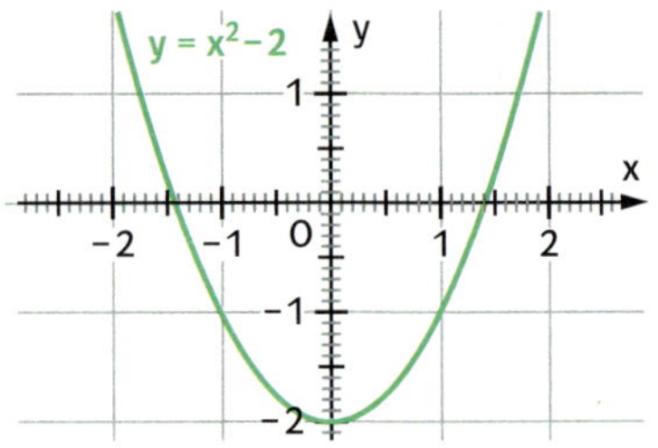

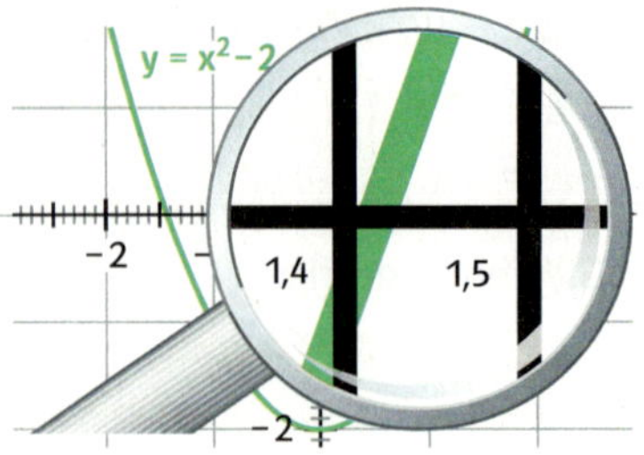

Peter: „Die Vergrößerung reicht noch nicht ganz um die Nullstelle genau zu bestimmen." Paula: „Dann vergrößere es nochmal."

Die Lösungen quadratischer Gleichungen kann man zeichnerisch oft nur näherungsweise bestimmen. Die exakten Lösungen können dann nur rechnerisch ermittelt werden.

Eine quadratische Gleichung in Normalform $x^2 + px + q = 0$ kann man durch quadratische Ergänzung lösen.

$x^2 + px + q = 0 \quad | -q$
$x^2 + px = -q$

Addiert man $\left(\frac{p}{2}\right)^2$ auf beiden Seiten der Gleichung, so kann man auf der linken Seite eine binomische Formel anwenden.

$x^2 + px + \left(\frac{p}{2}\right)^2 = \left(\frac{p}{2}\right)^2 - q$

$\left(x + \frac{p}{2}\right)^2 = \left(\frac{p}{2}\right)^2 - q$

$\left|x + \frac{p}{2}\right| = \sqrt{\left(\frac{p}{2}\right)^2 - q}$

Also gilt

$x + \frac{p}{2} = \sqrt{\left(\frac{p}{2}\right)^2 - q}$ oder $x + \frac{p}{2} = -\sqrt{\left(\frac{p}{2}\right)^2 - q}$.

Man erhält somit die Lösungen

$x_1 = -\frac{p}{2} + \sqrt{\left(\frac{p}{2}\right)^2 - q}$ und

$x_2 = -\frac{p}{2} - \sqrt{\left(\frac{p}{2}\right)^2 - q}$.

z. B. $x^2 + 5x + 6 = 0 \quad | -6$
$x^2 + 5x = -6$

Addiert man $\left(\frac{5}{2}\right)^2$ auf beiden Seiten der Gleichung, so kann man auf der linken Seite eine binomische Formel anwenden.

$x^2 + 5x + \left(\frac{5}{2}\right)^2 = \left(\frac{5}{2}\right)^2 - 6$

$\left(x + \frac{5}{2}\right)^2 = \left(\frac{5}{2}\right)^2 - 6$

$\left|x + \frac{5}{2}\right| = \sqrt{\left(\frac{5}{2}\right)^2 - 6}$

Also gilt

$x + \frac{5}{2} = \sqrt{\left(\frac{5}{2}\right)^2 - 6}$ oder $x + \frac{5}{2} = -\sqrt{\left(\frac{5}{2}\right)^2 - 6}$.

Man erhält somit die Lösungen

$x_1 = -\frac{5}{2} + \sqrt{\left(\frac{5}{2}\right)^2 - 6} = -2$ und

$x_2 = -\frac{5}{2} - \sqrt{\left(\frac{5}{2}\right)^2 - 6} = -3$.

Besitzt eine Gleichung mehrere Lösungen, werden diese häufig durchnummeriert.

pq-Formel
Die Lösungen einer quadratischen Gleichung in Normalform $x^2 + px + q = 0$ kann man durch quadratische Ergänzung berechnen. Sie lauten $x_{1/2} = -\frac{p}{2} \pm \sqrt{\left(\frac{p}{2}\right)^2 - q}$.

Da man aus einer negativen Zahl keine Wurzel ziehen kann, entscheidet das Vorzeichen des Terms $\left(\frac{p}{2}\right)^2 - q$, ob die Gleichung Lösungen besitzt. Der Term $\left(\frac{p}{2}\right)^2 - q$ heißt **Diskriminante**.

Ist $\left(\frac{p}{2}\right)^2 - q > 0$, so sind x_1 und x_2 verschieden. Es gibt **zwei** Lösungen.

Ist $\left(\frac{p}{2}\right)^2 - q = 0$, so sind x_1 und x_2 gleich. Es gibt nur **eine** Lösung.

Ist $\left(\frac{p}{2}\right)^2 - q < 0$, so ist die Diskriminante negativ. Es gibt **keine** Lösung.

Um eine in der allgemeinen Form $ax^2 + bx + c = 0$ vorliegende quadratische Gleichung zu lösen, dividiert man diese zuerst durch a und bringt sie so in Normalform $x^2 + \frac{b}{a}x + \frac{c}{a} = 0$.
$\frac{b}{a}$ entspricht nun p und $\frac{c}{a}$ entspricht q. Die Lösungen lauten damit $x_{1/2} = -\frac{b}{2a} \pm \sqrt{\left(\frac{b}{2a}\right)^2 - \frac{c}{a}}$.
Durch Termumformung erhält man die **allgemeine Lösungsformel** $x_{1/2} = \frac{-b \pm \sqrt{b^2 - 4ac}}{2a}$.

Die allgemeine Lösungsformel wird auch ***abc-Formel*** *genannt.*

Beispiel 1
Berechne die Lösungen.

a) $3x^2 - 12 = 6x$
Lösung:
Die Normalform lautet $x^2 - 2x - 4 = 0$.
Mit $p = -2$ *und* $q = -4$ *erhält man*
$x_1 = -\frac{-2}{2} + \sqrt{\left(\frac{-2}{2}\right)^2 - (-4)} = 1 + \sqrt{5} \approx 3{,}24$
$x_2 = -\frac{-2}{2} - \sqrt{\left(\frac{-2}{2}\right)^2 - (-4)} = 1 - \sqrt{5} \approx -1{,}24$

b) $4x^2 - 28x - 15 = 0$
Lösung:
Wende die allgemeine Lösungsformel für $a = 4$, $b = -28$ *und* $c = -15$ *an.*
$x_1 = \frac{28 + \sqrt{(-28)^2 - 4 \cdot 4 \cdot (-15)}}{2 \cdot 4} = \frac{28 + \sqrt{1024}}{8}$
$= \frac{60}{8} = \frac{15}{2}$
$x_2 = \frac{28 - \sqrt{(-28)^2 - 4 \cdot 4 \cdot (-15)}}{2 \cdot 4} = \frac{28 - \sqrt{1024}}{8}$
$= -\frac{4}{8} = -\frac{1}{2}$

Beispiel 2
Für welche Werte von k hat die Gleichung $x^2 + 8x + k = 0$ zwei Lösungen, genau eine Lösung oder keine Lösung?
Lösung:
Einsetzen von $p = 8$ und $q = k$ in die pq-Formel ergibt
$x_1 = -4 + \sqrt{4 - k}$ und $x_2 = -4 - \sqrt{4 - k}$.
Das Vorzeichen der Diskriminante $4 - k$ entscheidet über die Anzahl der Lösungen.
Für $4 - k > 0$, also für $k < 4$, gibt es zwei Lösungen;
für $4 - k = 0$, also für $k = 4$, gibt es eine Lösung;
für $4 - k < 0$, also für $k > 4$, gibt es keine Lösung.

Aufgaben

1 Löse die Gleichung.
a) $x^2 + 6x + 5 = 0$ b) $x^2 + 8x - 9 = 0$ c) $3x^2 - 4x - 4 = 0$ d) $2x^2 - 5x - 42 = 0$
e) $x^2 + 6x + 7 = 0$ f) $x^2 - x - 20 = 0$ g) $2x^2 - 11x - 6 = 0$ h) $x^2 - x - 56 = 0$
i) $z^2 - 13z - 48 = 0$ j) $3z^2 - 4z - 4 = 0$ k) $2z^2 + 9z + 7 = 0$ l) $3z^2 - 11z + 10 = 0$

2 a) $-x^2 + x + 6 = 0$ b) $2 + x - 15x^2 = 0$ c) $4 - 4x^2 + 15x = 0$ d) $4x - 1 - x^2 = 0$
e) $10x - 6 - 3x^2 = 0$ f) $8x - x^2 - 11 = 0$ g) $84 - 3x^2 - 9x = 0$ h) $11x - 10 - 3x^2 = 0$

3 a) $x^2 = 4x - 3$ b) $x^2 + 3x = -2$ c) $8 = x^2 + 2x$ d) $6x^2 + 6 = 13x$
e) $1 - x = 30x^2$ f) $11x = 3 + 30x^2$ g) $5x + 4x^2 = 6$ h) $34x - 15 = 15x^2$

4 a) $12x^2 + 2x = 9x^2 + 9x - 2$ b) $11x^2 - 7x = 8x^2 + 4x + 20$
c) $10z^2 - 120 + 6z = 98z - 3z^2 - 24$ d) $25u^2 - 3u + 8 - 3u^2 = 7u^2 + 25u + 3$
e) $5w - 3 - 2w(3w - 4) = 4$ f) $11x^2 + 2(x + 1) = 8x^2 + 9x$
g) $10x^2 - 7x = 7x^2 + 4x + 20$ h) $3(5 - 2z) = z(12z - 2) + 10$
i) $x(3x - 7) = (x + 2)^2 + x - 4$ j) $(3k + 5)^2 - k(7k - 3) = 29k + 45$

Zu Aufgabe 4:
Die Lösung liegt in Afrika.

5 Bestimme die Anzahl der Lösungen und gib den Graphen aus Fig. 1 an, mit dem man die Lösungen bestimmen kann.
a) $x^2 - 8x = 0$ b) $0{,}5x^2 = -50$
c) $-x^2 + 10x + 16 = 0$ d) $-2x^2 + 8x + 160 = 0$

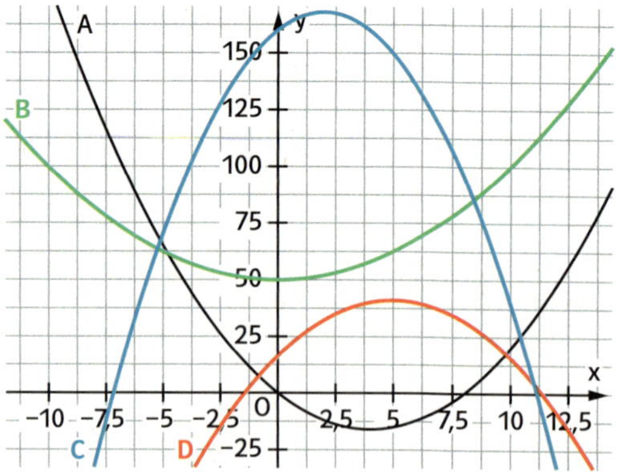

Fig. 1

6 Ermittle, wie viele Lösungen die Gleichung hat und berechne dann die Lösungen, falls vorhanden.
a) $x^2 - 9x = 0$ b) $x^2 + 18x + 81 = 0$
c) $x^2 - 10x - 24 = 0$ d) $-x^2 + 10x + 24 = 0$
e) $(x + 1)(2x + 3) = 4x^2 - 22$

Info

Manche quadratische Gleichungen lassen sich ohne quadratische Ergänzung lösen. Gleichungen wie $2x^2 - 18x = 0$ lassen sich einfach zu Produktgleichungen umformen. Bei einer Produktgleichung lassen sich die Lösungen direkt ablesen, denn ein Produkt ist gleich 0, wenn mindestens einer der Faktoren 0 ist.

$2x^2 - 18x = 0$ | : 2
$x^2 - 9x = 0$ | x ausklammern
$x \cdot (x - 9) = 0$
$x_1 = 0;\ x_2 = 9$

Eine rein quadratische Gleichung wie $8x^2 - 2 = 0$ lässt sich direkt lösen.

$8x^2 - 2 = 0$ | +2
$8x^2 = 2$ | : 8
$x^2 = \frac{1}{4}$
$|x| = \frac{1}{2}$
$x_1 = \frac{1}{2};\ x_2 = -\frac{1}{2}$

Quadratische Gleichungen, bei denen der Koeffizient $b = 0$ ist, heißen ***rein quadratische Gleichungen****.*

7 Löse die Gleichung.
a) $x^2 + 3x = 0$ b) $1{,}5x^2 - 6x = 0$ c) $u^2 = 64$ d) $y^2 - 9 = 0$
e) $-z^2 = 4z$ f) $5t^2 - 80 = 0$ g) $-4x^2 = -484$ h) $7s - 14s^2 = 0$

8 Bestimme die Lösungsmenge.
a) $x^2 + x = 2x^2 - x$ b) $(v + 7)(v - 7) = 15$ c) $3w^2 = \frac{1}{3}$ d) $\frac{1}{2}x^2 = \frac{9}{32}$
e) $9y^2 - 125 = 4y^2$ f) $u^2 + u = 8u^2$ g) $(r - 9)(r + 8) = 2r^2 - 72 + 3r$

Bist du sicher?

Vergleiche mit den Lösungen von „Bist du sicher?" auf Seite 139.

1 Bestimme die Lösungen der quadratischen Gleichung rechnerisch.
a) $6x^2 + 6x - 36 = 0$ b) $5x^2 - 10x + 5 = 0$ c) $-\frac{3}{2}x^2 + 6x - 6 = 0$ d) $x^2 - 2x = -1$

2 Berechne die Lösungen.
a) $x^2 + 6x = 0$ b) $9{,}5x^2 + 19x - 95 = 0$ c) $3x = 5x^2 + 6$ d) $-6x + 3x^2 = -3$

9 Kann man den Wert von s so wählen, dass die Gleichung zwei, eine oder keine Lösung besitzt? Gib ggf. an, wie der Wert von s jeweils gewählt werden muss. Vergleiche deine Ergebnisse mit deinem Nachbarn.
a) $4x^2 + 3x + s = 0$ b) $-4x^2 + sx + 8 = 0$ c) $sx^2 + 3x + 5 = 0$
d) $-6x^2 - 11x + s = 0$ e) $-sx^2 + 3x = 6$ f) $-x^2 = sx - 56$

10 Die Qualität eines Feuerwerks hängt sehr stark von der Höhe ab, in der es explodiert. Beispielsweise wird die Gipfelhöhe (höchster Flugbahnpunkt) der Feuerwerksrakete „Roter Stern" der Firma „Fantastica" mit 300 m (in sieben Sekunden) angegeben.
Die Gleichung $y = -0{,}488\,x^2 + 24{,}4\,x + 0{,}5$ beschreibt die Flugbahn, wobei y die Höhe und x die horizontale Entfernung zum Abschusspunkt jeweils in Metern angibt.
a) Ist die Angabe der Höhe richtig?
b) Wo könnten Reste der Rakete landen? Ist das Ergebnis realistisch? Begründe.

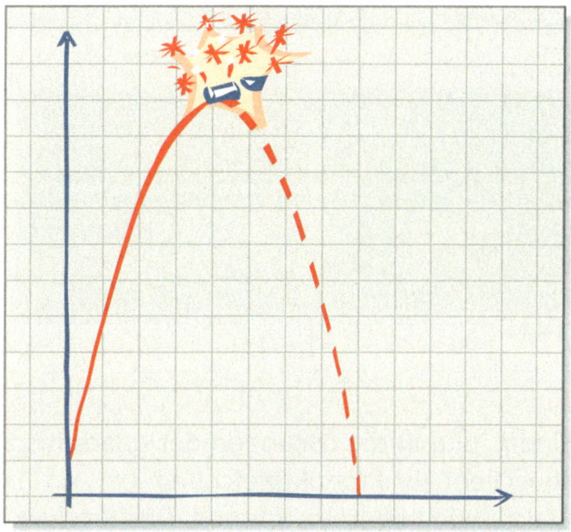

11 Stelle mit deinem Nachbarn je drei quadratische Gleichungen auf, die eine Lösung bzw. keine Lösung bzw. zwei Lösungen besitzen. Schreibt auf, wie ihr vorgegangen seid.

12 a) Eine lineare Funktion mit $f(x) = x - 4$ besitzt die Nullstelle $x = 4$. Stelle zwei quadratische Gleichungen auf, die die zwei Lösungen $x = 4$ und $x = 0$ besitzen. Warum gibt es unendlich viele quadratische Gleichungen, die diese Lösungen besitzen? Begründe.
b) Gib drei quadratische Funktionen an, deren Graphen die x-Achse nicht schneiden.

13 Begründungen suchen
a) Herr Riemer behauptet: „Eine quadratische Gleichung der Form $x^2 + px + q = 0$ besitzt immer zwei Lösungen, wenn q negativ ist." Begründe.
b) Herr Reimer sagt: „Eine quadratische Gleichung der Form $ax^2 + bx + c = 0$ besitzt immer zwei Lösungen, wenn a und c unterschiedliche Vorzeichen besitzen." Hat er Recht?

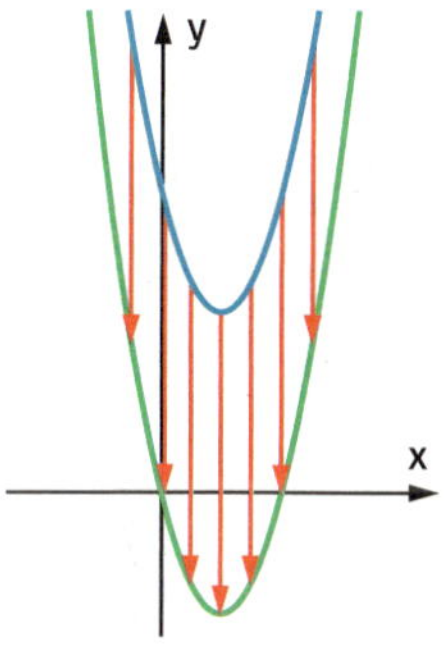

Fig. 1

14 Leite die allgemeine Lösungsformel $x_{1/2} = \frac{-b \pm \sqrt{b^2 - 4ac}}{2a}$ her
a) durch Termumformung aus der Gleichung $x_{1/2} = -\frac{b}{2a} \pm \sqrt{\left(\frac{b}{2a}\right)^2 - \frac{c}{a}}$,
b) durch Lösen der Gleichung $ax^2 + bx + c = 0$ mit quadratischer Ergänzung.

15 Die Parabel ist mit der Normalparabelschablone gezeichnet. Der Scheitel ist S. Berechne die Koordinaten der eingezeichneten Schnittpunkte.

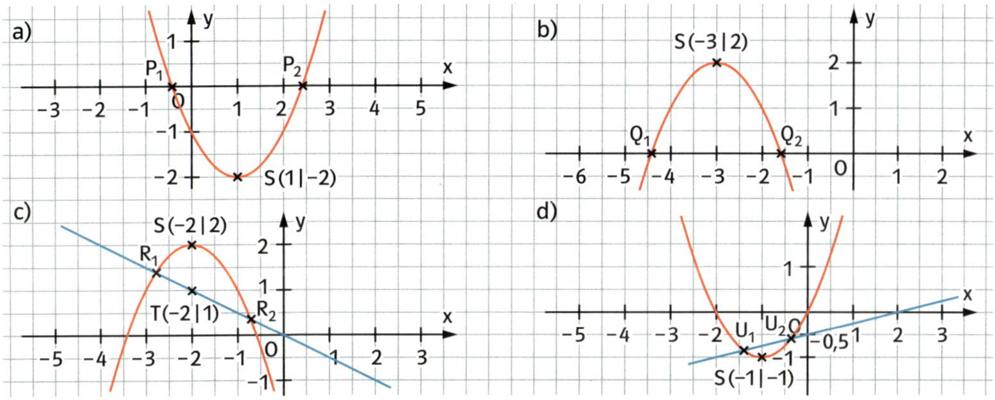

Fig. 2

7 Linearfaktorzerlegung

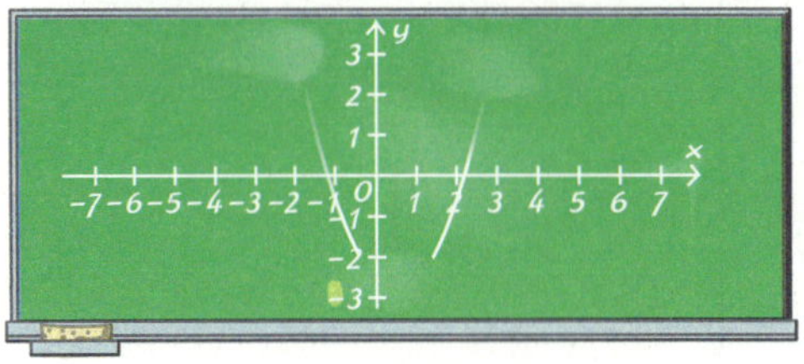

„Kennt man die Nullstellen, kennt man die Gleichung der Parabel."
„Wieso? Wir wissen doch gar nicht, ob es sich um eine Normalparabel handelt…"

Sind x_1 und x_2 die Lösungen der quadratischen Gleichung $x^2 + px + q = 0$, so ist diese äquivalent zur Produktgleichung $(x - x_1) \cdot (x - x_2) = 0$, da die Lösungsmengen beider Gleichungen übereinstimmen. Das Produkt $(x - x_1)(x - x_2)$ lässt sich durch Termumformungen in eine Summe verwandeln.

$(x - x_1) \cdot (x - x_2)$ — *ausmultiplizieren*
$= x^2 - x_1 x - x_2 x + x_1 x_2$ — *$-x$ in den Summanden $x_1 x$ und $x_2 x$ ausklammern*
$= x^2 - (x_1 + x_2)x + x_1 x_2$

Hieraus kann man ablesen: Für $p = -(x_1 + x_2)$ und $q = x_1 x_2$ sind die Terme $x^2 + px + q$ und $x^2 - (x_1 + x_2)x + x_1 x$ für jede beliebige Einsetzung für x gleichwertig. Es gilt dann

$x^2 + px + q = x^2 - (x_1 + x_2)x + x_1 x_2$ oder
$x^2 + px + q = (x - x_1) \cdot (x - x_2)$.

Die Faktoren $(x - x_1)$ und $(x - x_2)$ nennt man **Linearfaktoren**.
Die Umformung einer Summe in ein Produkt bezeichnet man als **Faktorisieren**.

François Vieta (1540–1603)

Linearfaktorzerlegung
Sind x_1 und x_2 die Lösungen einer quadratischen Gleichung $x^2 + px + q = 0$, so gilt

$$x^2 + px + q = (x - x_1) \cdot (x - x_2).$$

Satz von Vieta
Sind x_1 und x_2 die Lösungen einer quadratischen Gleichung $x^2 + px + q = 0$, so gilt

$$p = -(x_1 + x_2) \text{ und } q = x_1 x_2.$$

Beispiel 1
Prüfe mithilfe des Satzes von Vieta, ob die angegebenen Lösungsmengen richtig sind.
a) $x^2 + 5x + 6 = 0$ $L = \{2; -3\}$
b) $x^2 + 5x + 6 = 0$ $L = \{-2; -3\}$
Lösung:
a) $2 + (-3) = -1$ und nicht -5. $L = \{2; -3\}$ ist nicht die Lösungsmenge von $x^2 + 5x + 6 = 0$.
b) $(-2) + (-3) = -5$ und $(-2)(-3) = 6$. $L = \{-2, -3\}$ ist die Lösungsmenge von $x^2 + 5x + 6 = 0$.

Beispiel 2
Zerlege $x^2 + x - 12$ in Linearfaktoren.
Lösung:
Zerlege −12 so in zwei Faktoren, dass deren Summe −1 ergibt.
Durch geschicktes Probieren findet man $3 \cdot (-4) = -12$ und $3 + (-4) = -1$.
Daraus folgt $x^2 + x - 12 = (x - 3)(x + 4)$.

Aufgaben

1 Prüfe mithilfe des Satzes von Vieta, ob die angegebene Menge die Lösungsmenge der quadratischen Gleichung ist.

a) $x^2 + 7x + 12 = 0;\ \{3; 4\}$ b) $x^2 - 3x - 10 = 0;\ \{2; -5\}$ c) $x^2 - 5x - 24 = 0;\ \{-3; 8\}$
d) $x^2 - 8x + 16 = 0;\ \{4\}$ e) $u^2 + 3u + 2 = 0;\ \{-2; 1\}$ f) $u^2 + 4u + 4 = 0;\ \{2\}$
g) $z^2 - 9 = 0;\ \{3; -3\}$ h) $z^2 - 2z + \frac{3}{4} = 0;\ \left\{\frac{1}{2}; \frac{3}{2}\right\}$ i) $x^2 + px - 2p^2 = 0;\ \{p; -2p\}$

2 Gib mithilfe des Satzes von Vieta p und q in der Gleichung $x^2 + px + q = 0$ an, wenn x_1 und x_2 ihre Lösungen sind.

a) $x_1 = 2;\ x_2 = 5$ b) $x_1 = -2;\ x_2 = -5$ c) $x_1 = 0;\ x_2 = 7$
d) $x_1 = \frac{1}{2};\ x_2 = -\frac{2}{7}$ e) $x_1 = x_2 = -\frac{2}{3}$ f) $x_1 = 5;\ x_2 = \frac{3}{5}$
g) $x_1 = \sqrt{2};\ x_2 = \sqrt{3}$ h) $x_1 = \sqrt{5};\ x_2 = -\sqrt{5}$ i) $x_1 = x_2 = \sqrt{7}$
j) $x_1 = 3 + \sqrt{5};\ x_2 = 3 - \sqrt{5}$ k) $x_1 = -1 + \sqrt{3};\ x_2 = -1 - \sqrt{3}$
l) $x_1 = \frac{1}{2} + \frac{1}{2} \cdot \sqrt{3};\ x_2 = \frac{1}{2} - \frac{1}{2} \cdot \sqrt{3}$ m) $x_1 = 1 - \sqrt{2};\ x_2 = 2 + \sqrt{2}$

3 Faktorisiere durch geschicktes Probieren.

a) $x^2 - 9x + 14$ b) $x^2 - 1{,}5x + 26$ c) $x^2 - 10x + 16$
d) $x^2 + x - 6$ e) $x^2 - 3x + 10$ f) $x^2 + 7x - 18$

Bist du sicher?

1 Faktorisiere.

a) $x^2 + 5x - 6$ b) $x^2 + 6x + 8$ c) $x^2 + 12x + 20$

4 a) Zeige mithilfe der pq-Formel: Sind x_1 und x_2 die Lösungen einer quadratischen Gleichung $x^2 + px + q = 0$, so gilt $p = -(x_1 + x_2)$ und $q = x_1x_2$.
b) Zeige ebenso: Sind x_1 und x_2 die Lösungen einer quadratischen Gleichung $ax^2 + bx + c = 0$, so gilt $-a(x_1 + x_2) = b$, $ax_1x_2 = c$ und $ax^2 + bx + c = a(x - x_1) \cdot (x - x_2)$.

5 Schreibe den Term in der Form $a(x - u)(x - v)$.

a) $x^2 + 2x - 15$ b) $x^2 - 5x - 14$ c) $x^2 - 7x + 12$ d) $x^2 + 2x + \frac{3}{4}$
e) $x^2 - \frac{3}{4}x + \frac{1}{8}$ f) $x^2 - x + \frac{1}{4}$ g) $z^2 + 2{,}5z - 1{,}5$ h) $z^2 + 0{,}1z - 0{,}56$
i) $2x^2 - x - 3$ j) $3x^2 - 2x - 8$ k) $4x^2 - x - 3$ l) $6x^2 + x - 1$
m) $9x^2 + 12x + 4$ n) $5x^2 - 10x - 10$ o) $-2x^2 + 7x + 4$ p) $-7x^2 + 22x - 3$

6 Bestimme p bzw. q so, dass die angegebene x_1 Zahl eine Lösung ist. Wie lautet dann x_2?

a) $x^2 + px - 21 = 0;\ x_1 = 7$ b) $x^2 + px - 18 = 0;\ x_1 = -9$ c) $x^2 + 11x + q = 0;\ x_1 = -2$
d) $x^2 + px + 4 = 0;\ x_1 = -2$ e) $2x^2 + px - 1 = 0;\ x_1 = 1$ f) $2x^2 - 4x + q = 0;\ x_1 = 1 - \sqrt{3}$
g) $x^2 - 14x + q = 0;\ x_1 = 8$ h) $x^2 - px + 15 = 0;\ x_1 = 5$ i) $x^2 - 6x + q = 0;\ x_1 = 3 - \sqrt{5}$

7 Eine verschobene Normalparabel (eine verschobene und an der x-Achse gespiegelte Normalparabel) schneidet die y-Achse in $P(0|2)$ und die x-Achse bei $x_1 = 4$.
a) Wo schneidet die Parabel die x-Achse ein zweites Mal?
b) Wie lautet die Gleichung der Parabel?

8 Gegeben ist die Gleichung $ax^2 + bx + c = 0$ mit $a \neq 0$. Begründe: Wenn a und c in der quadratischen Gleichung $ax^2 + bx + c = 0$ verschiedene Vorzeichen haben, dann hat die Gleichung zwei Lösungen mit verschiedenen Vorzeichen.

8 Anwendungen

Zwischen Plan und Wirklichkeit: die Argentobelbrücke

Viele mathematische Fragestellungen führen auf quadratische Gleichungen. Lea und Tim sollen den Rasen mähen. Tim fängt an und mäht von außen nach innen. Lea: „Stopp, wir wollten doch fair teilen!“ Tim fragt sich, wie viele Runden er mähen darf.

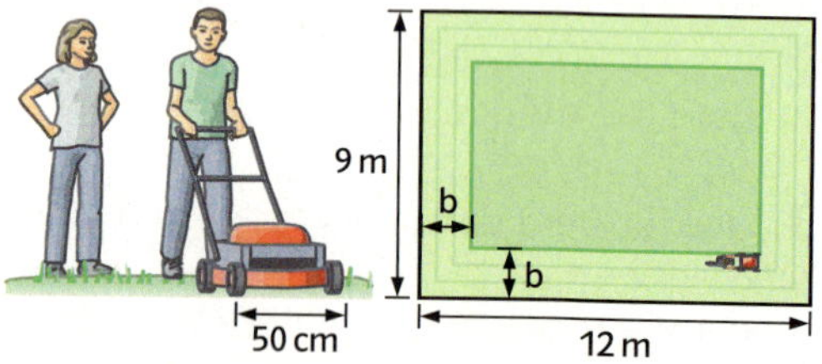

Tipp:
Fertige eine Skizze an.

1 Verstehen der Aufgabe

Was ist gegeben?
Die Fläche ist $9 \cdot 12\,\text{m}^2$ groß, die Mähbreite 50 cm. Tim mäht die halbe Fläche.

Was ist gesucht?
Die Anzahl der Runden erhält man aus der Breite des Randes.

2 Zerlegen in Teilprobleme

Plan erstellen
1. Drücke die Breite der von Tim gemähten Randfläche durch eine Variable aus.
2. Stelle für den Flächeninhalt der Randfläche eine Gleichung auf.
3. Löse die Gleichung.

3 Durchführen des Plans

1. *Einführen der Variablen*
   Die Breite des Randes heißt b.
2. *Aufstellen einer Gleichung*
   Randfläche = $\frac{1}{2} \cdot$ Gesamtfläche
   $2 \cdot 12b + 2 \cdot (9 - 2b)b = \frac{1}{2} \cdot 9 \cdot 12$,
   also $b^2 - \frac{21}{2}b + \frac{27}{2} = 0$.
3. *Lösen der Gleichung*
   Lösungen: $b_1 = 9$ und $b_2 = 1{,}5$.

4 Rückschau und Antwort

Kann das Ergebnis richtig sein?
$b = 1{,}5\,\text{m}$ entspricht 3 Bahnen; $b = 9\,\text{m}$ ist nicht sinnvoll, da $2b < 9\,\text{m}$ sein muss.

Antwortsatz:
Tim muss drei Bahnen mähen.

Schrittweises Lösen von Anwendungsaufgaben
1. **Verstehen der Aufgabe:** Was ist gegeben? Was ist gesucht?
2. **Zerlegen in Teilprobleme:** Rechenplan und Rechenreihenfolge festlegen
3. **Durchführen des Plans:** Variablen einführen, Gleichung aufstellen und lösen
4. **Rückschau und Antwort:** Ergebnis überprüfen und Antwort formulieren

Beispiel

Vergrößert man die Kanten eines Würfels um 2 cm, so vergrößert sich das Volumen um 152 cm^3. Wie lang sind die Kanten des Würfels?

Lösung:

1. Gegeben sind die Vergrößerung der Kantenlänge und die Vergrößerung des Volumens.
Gesucht ist die Kantenlänge des ursprünglichen Würfels.

2. Drücke die Kantenlänge des ursprünglichen Würfels durch eine Variable aus. Stelle je einen Term zur Berechnung des Volumens beider Würfel auf und vergleiche beide Terme. Löse die entstandene Gleichung.

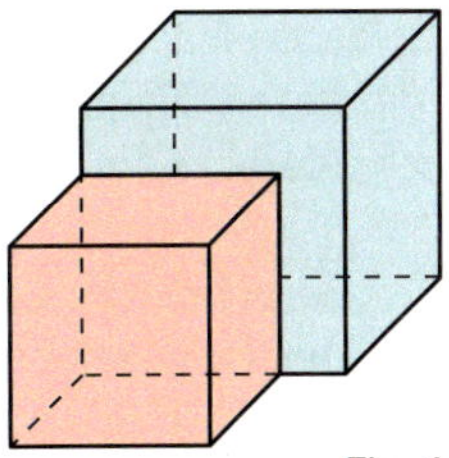

Fig. 1

3. Wählt man zur Bezeichnung der Kantenlänge des ursprünglichen Würfels die Variable k, so gilt für sein Volumen $V_1 = k^3$, für das des vergrößerten Würfels $V_2 = (k + 2)^3$. Er ist um 152 cm^3 größer, also gilt:

$$k^3 + 152 = (k + 2)^3$$
$$k^3 + 152 = (k^2 + 4k + 4)(k + 2)$$
$$k^3 + 152 = k^3 + 6k^2 + 12k + 8 \quad | - k^3$$
$$k^2 + 2k - 24 = 0$$
$$k_1 = -6, \; k_2 = 4$$

4. Die Lösung $k = -6$ ist negativ, in diesem Zusammenhang also unbrauchbar, weil es keine negativen Kantenlängen gibt. Der Würfel hat die Kantenlänge $k = 4$ cm.

Aufgaben

1 Berechne die gesuchten Zahlen.

a) Das Produkt einer Zahl und der um 4 verminderten Zahl ist 21.

b) Das Produkt zweier aufeinander folgender ganzer Zahlen ist um 55 größer als ihre Summe.

c) Die Summe der Quadrate vier aufeinander folgender natürlicher Zahlen ist 446.

2 Der Umfang eines Rechtecks beträgt 49 cm, sein Flächeninhalt 111 cm^2. Wie lang sind seine Seiten?

3 In ein quadratisches Blech werden Löcher wie in Fig. 2 gestanzt.

a) In der untersten Reihe sind n Löcher. Wie viele Löcher sind es insgesamt?

b) Es sind insgesamt 85 (265) Löcher. Wie viele Löcher sind in der untersten Reihe?

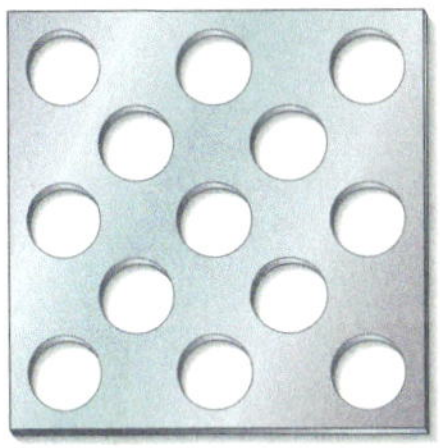

Fig. 2

4 Wie lang sind die Seiten des Rechtecks in Fig. 3, wenn die Seite b dreiviertel mal so lang ist wie die Seite a und Diagonale 2 m länger ist als die Seite b?

5 Wie lang ist die Seite c des Dreiecks in Fig. 4, wenn die Seiten a und b gleich lang sind und die Höhe h halb so lang wie die Seite a ist?

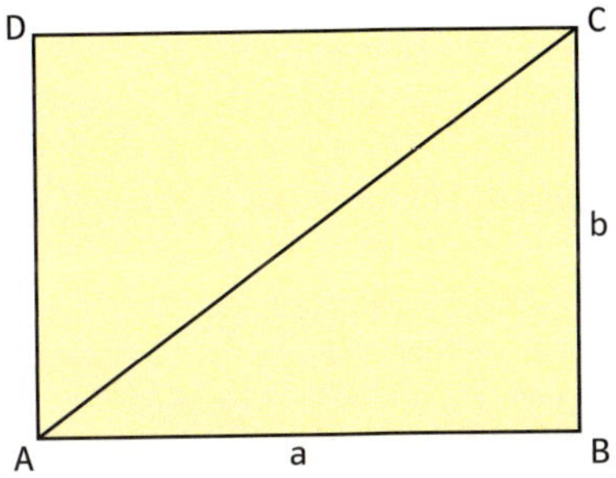

Fig. 3

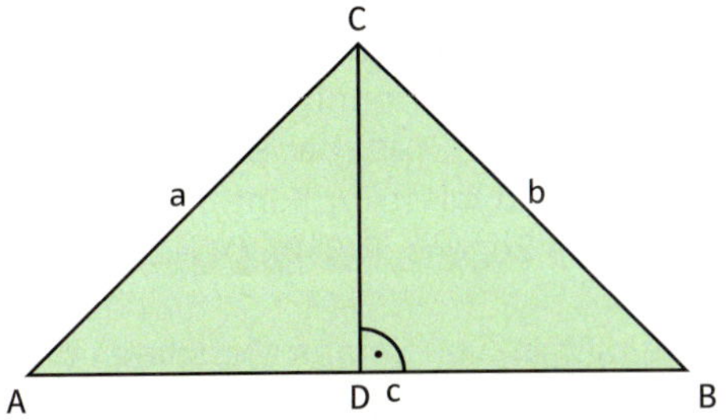

Fig. 4

6 Berechne die Seitenlängen einer Raute, deren Flächeninhalt $120\,cm^2$ beträgt und deren Diagonalen sich um 14 cm unterscheiden.

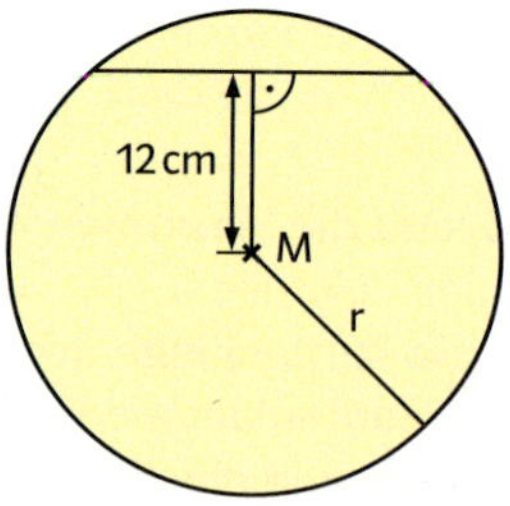

Fig. 1

7 Berechne die Länge des Kreisradius r und der eingezeichneten Sehne in Fig. 1, wenn der Radius des Kreises um 3 cm länger ist als die Länge dieser Sehne.

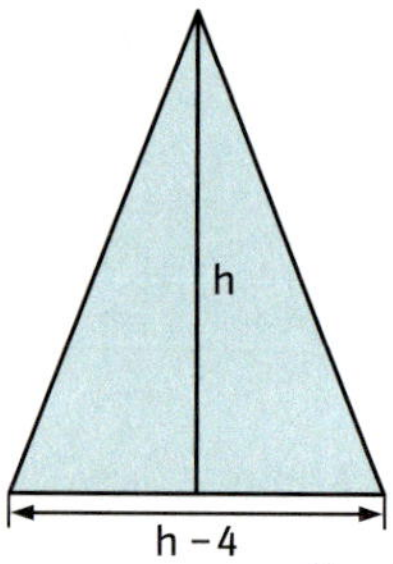

Fig. 2

8 Berechne die Seitenlängen und die Höhe h des gleichschenkligen Dreiecks in Fig. 2, wenn sein Flächeninhalt $48\,cm^2$ beträgt.

9 Wie lang sind die Seiten a und b des Dreiecks in Fig. 3, wenn die Strecke $\overline{DB}$ so lang ist wie die Seite b, und die Seite c die Länge 8 cm hat?

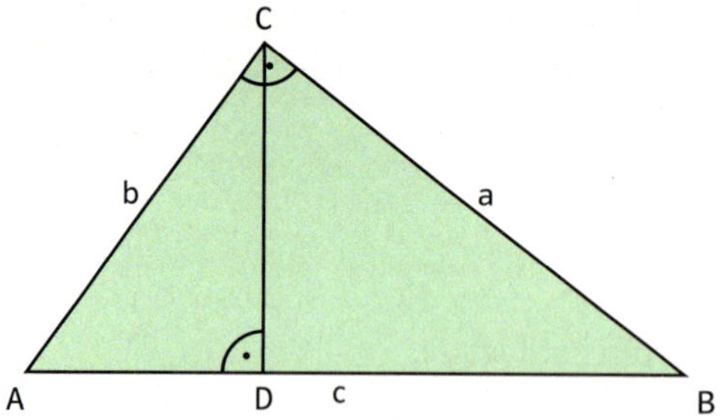

Fig. 3

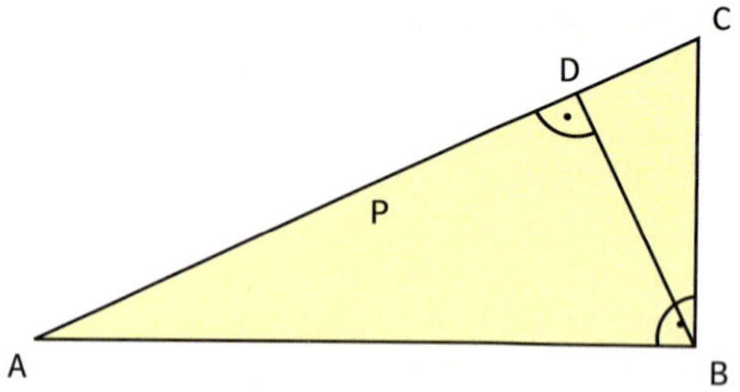

Fig. 4

10 Drücke bei dem Dreieck in Fig. 4 die Länge der Seite $\overline{AC}$ durch p aus, wenn die Seite $\overline{AC}$ viermal so lang ist wie die Strecke $\overline{DB}$.

11 Katrin ist Auszubildende eines Gartenbaubetriebes. Der Meister gibt ihr den Auftrag: „Lege im Park ein rechteckiges Beet an. Wie im Plan skizziert (Fig. 5) soll um das Beet herum ein Weg führen, der überall gleich breit ist. Der rechteckige Platz, der für Beet und Weg vorgesehen ist, soll zu zwei Dritteln für das Beet und zu einem Drittel für den Weg genutzt werden." Wie groß muss Katrin die Breite des Weges wählen?

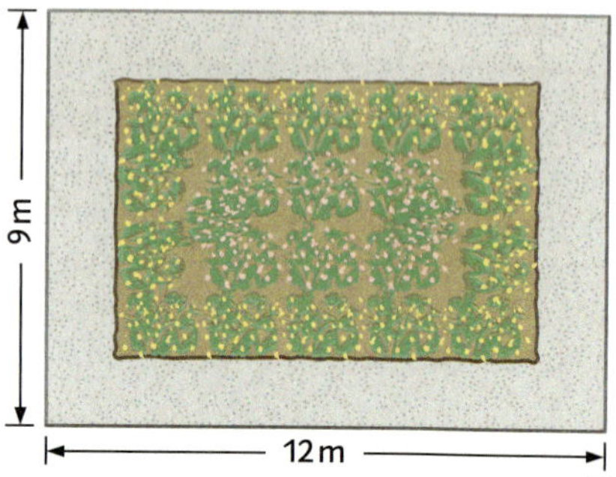

Fig. 5

12 Sarah liest im Urlaub in einer Broschüre: „Der Triumphbogen hat eine Höhe von 7 m und ist parabelförmig gebaut worden." Sarah bezweifelt, dass der Bogen parabelförmig ist und misst zur Kontrolle drei Punkte des Bogens: P(0|0); Q(1|2,2) und R(11|0).
Führe mithilfe von Sarahs Messdaten die Kontrolle durch.

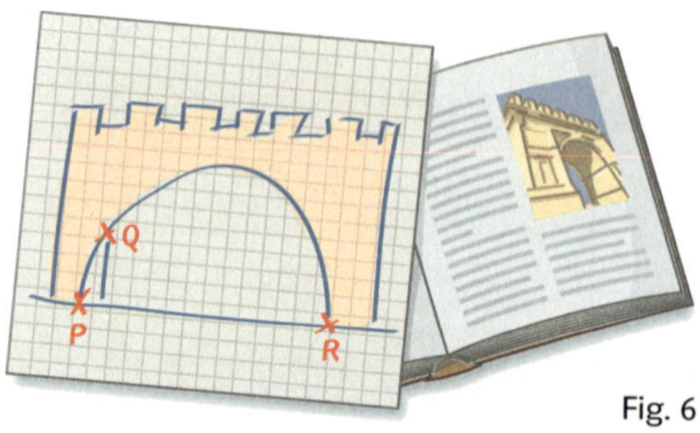

Fig. 6

13 Felix liest in seinem Biologiebuch: „Die Anordnung der Zähne in einem parabelförmigen Zahnbogen ist zusammen mit der Wölbung des Gaumens, der tiefen Lage des Kehlkopfes und der guten Beweglichkeit der Zunge wichtig für die Bildung von Sprachlauten. Die vorgeburtliche Verwachsung von Zwischen- und Oberkieferknochen verhindert eine Änderung des Zahnbogens, sodass die Sprachfähigkeit unverändert bleibt (Fig. 1)." Felix glaubt nicht, dass ein Zahnbogen parabelförmig ist.
Kontrolliere, ob der Zahnbogen des Milchgebisses und der des Erwachsenengebisses parabelförmig sind.

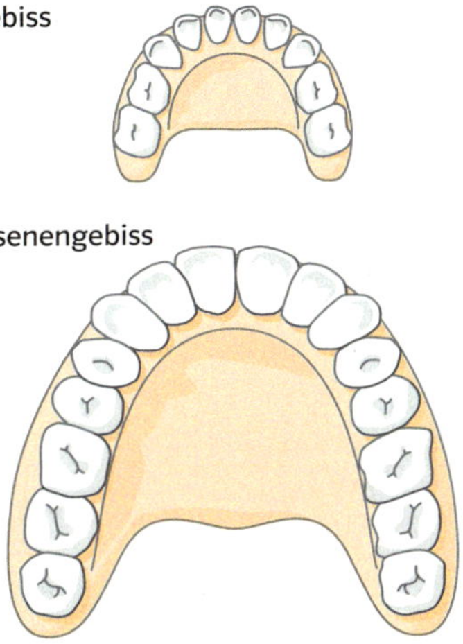

Fig. 1

14 Judith und Simon schauen eine Tierfilmsendung über Riesenkängurus an. Dabei erfahren sie, dass die Kängurus bis zu 90 km/h schnell laufen sowie bis zu 3 m hoch und 10 m weit springen können. „Dann können sie ja auch über unser Wohnmobil springen, das etwa zwei Meter breit und zweieinhalb Meter hoch ist", behauptet Simon. Judith bezweifelt dies.
a) Erstelle eine Skizze, die die Situation darstellt. Gehe davon aus, dass die Sprungbahn des Kängurus parabelförmig ist.
b) Hat Judith Recht? Begründe.

15 Bei Fallschirmspringern unterscheidet man je nach Ausbildungsgrad „Anfänger", „Fortgeschrittene" und „Experten". In der „Personalverordnung für Luftfahrtverkehr" ist gesetzlich geregelt, bei welcher Höhe der Fallschirmspringer seinen Fallschirm öffnen muss (Tab. 1). Die verlorene Höhe während des freien Falls lässt sich in den ersten vier Sekunden annähernd mit dem Term $-5t^2$ beschreiben, wobei t die Freifallzeit in Sekunden ist. Anschließend hat der Springer einen gleich bleibenden Höhenverlust von ca. 34 m pro Sekunde.
a) Ein Fortgeschrittener und eine Expertin springen gleichzeitig aus 2000 m Höhe ab. Die Expertin sagt zum Fortgeschrittenen: „Ich habe eine doppelt so lange Freifallzeit wie du." Hat sie Recht?
b) Aus welcher Höhe müsste ein Anfänger, ein Fortgeschrittener bzw. ein Experte abspringen, wenn die Freiflugzeit 10 Sekunden lang sein soll? Wäre der Flug erlaubt?
c) Welche Endgeschwindigkeit haben die Fallschirmspringer nach den ersten vier Sekunden? Gib die Geschwindigkeit in km/h an.
d) Warum verläuft der Höhenverlust nach etwa vier Sekunden linear?

Ausbildungsgrad des Fallschirmfliegers	Mindesthöhe zum Öffnen des Schirms	empfohlene Absprunghöhe
Anfänger	1200 m	ca. 1500 m
Fortgeschrittene	1200 m	ca. 2000 m
Experten	700 m	ca. 4000 m

Tab. 1

9 Gleichungen, die auf quadratische Gleichungen führen

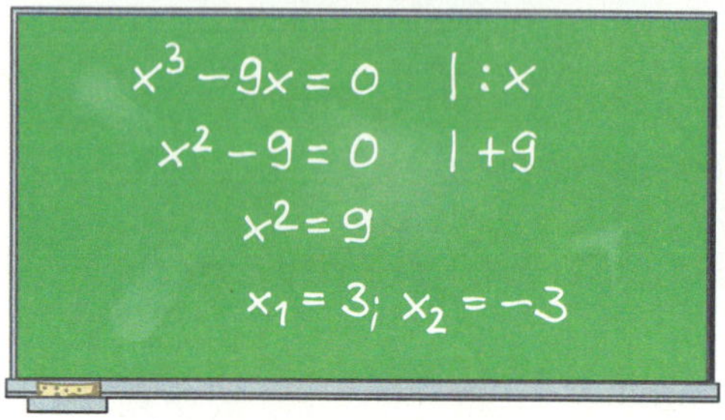

Olga: „Ich habe sogar an die negative Lösung gedacht!"
Pauline: „Und was ist mit der Null?"

Viele Gleichungen führen beim Lösen auf quadratische Gleichungen.

Eine Gleichung dritten Grades kann bis zu drei verschiedene Lösungen haben.

Gleichungen dritten Grades

Gleichungen der Form $ax^3 + bx^2 + cx + d = 0$ heißen Gleichungen dritten Grades. In der Gleichung $x^3 - 2x^2 - 8x = 0$ kommen ausschließlich Summanden mit x vor. In dem Term auf der linken Seite kann man den Faktor x ausklammern. Dabei entsteht eine Produktgleichung.

$x^3 - 2x^2 - 8x = 0 \quad |$ x ausklammern

$x \cdot (x^2 - 2x - 8) = 0$

entweder: $x_1 = 0$

oder: $x^2 - 2x - 8 = 0$

$x_2 = 1 + \sqrt{1 + 8} = 4$

$x_3 = 1 - \sqrt{1 + 8} = -2$

Lösungsmenge: $L = \{-2; 0; 4\}$

bi (lat.) = zwei

substituere (lat.) = ersetzen

Biquadratische Gleichungen

Eine Gleichung der Form $ax^4 + bx^2 + c = 0$ heißt biquadratische Gleichung, denn $(x^2)^2 = x^4$. Die Gleichung kann durch **Substitution** gelöst werden. Hierbei wird x^2 durch eine neue Variable ersetzt. Die so entstehende quadratische Gleichung wird für die neue Variable gelöst. Anschließend wird die Substitution rückgängig gemacht und die Lösungen für x werden angegeben.

$x^4 - 3x^2 - 4 = 0$

Substitution: $x^2 = z$; $z^2 - 3z - 4 = 0$

$z_1 = 1{,}5 + \sqrt{2{,}25 + 4} = 4$

$z_2 = 1{,}5 - \sqrt{2{,}25 + 4} = -1$

Setzt man z_1 und z_2 in die Gleichung $x^2 = z$ ein, erhält man für z_1 die Gleichung $x^2 = 4$, also die Lösungen $x_1 = 2$ und $x_2 = -2$.
Für $z_2 = -1$ erhält man $x^2 = -1$. Diese Gleichung hat keine Lösung.
Lösungsmenge: $L = \{-2; 2\}$

Bruchgleichungen

In der Gleichung $\frac{x}{2} + \frac{x}{x-3} = \frac{3}{x-3} - 2$ kommt die Variable x auch im Nenner eines Bruchs vor. Solche Gleichungen heißen Bruchgleichungen. Die Bruchgleichung $\frac{x}{2} + \frac{x}{x-3} = \frac{3}{x-3} - 2$ ist nur für $x \neq 3$ definiert, denn für $x = 3$ nimmt der Nenner eines Bruchs den Wert null an. Um die Lösungsmenge einer Bruchgleichung zu bestimmen, ist es sinnvoll, die Terme auf beiden Seiten der Gleichung mit dem Hauptnenner zu multiplizieren.

$\frac{x}{2} + \frac{x}{x-3} = \frac{3}{x-3} - 2 \quad | \cdot 2(x-3)$

$\frac{2x(x-3)}{2} + \frac{2x(x-3)}{x-3} = \frac{6(x-3)}{x-3} - 4(x-3) \quad |$ kürzen

$x(x-3) + 2x = 6 - 4(x-3)$

$x^2 + 3x - 18 = 0$

$x_1 = -1{,}5 + \sqrt{2{,}25 + 18} = 3$

$x_2 = -1{,}5 - \sqrt{2{,}25 + 18} = -6$

Überprüfung der Lösungen:
Die Ausgangsgleichung ist für $x = 3$ nicht definiert, da der Nenner eines Bruchs dann den Wert null annimmt. 3 gehört also nicht zur Lösungsmenge.
Lösungsmenge: $L = \{-6\}$

Wurzelgleichungen

Um eine Wurzelgleichung zu lösen, wird diese durch Quadrieren in eine Gleichung umgeformt, in der keine Wurzel mehr vorkommt. Die Gleichung $\sqrt{x-2} + 14 = x$ muss hierbei zunächst so umgeformt werden, dass die Wurzel alleine auf einer Seite steht.
Da Quadrieren keine Äquivalenzumformung ist, müssen die Lösungen der neuen Gleichung nicht Lösungen der Ausgangsgleichung sein. Also ist eine Probe erforderlich.

Die quadrierte Gleichung hat unter Umständen mehr Lösungen als die ursprüngliche, denn: Wenn $a = b$ ist, dann ist auch $a^2 = b^2$. Aber $a^2 = b^2$ kann auch dann richtig sein, wenn $a \neq b$ ist.

$\sqrt{x-2} + 14 = x \quad | -14$

$\sqrt{x-2} = x - 14 \quad |$ quadrieren

$(\sqrt{x-2})^2 = (x-14)^2$

$x - 2 = x^2 - 28x + 196$

$x^2 - 29x + 198 = 0$

$x_1 = 14{,}5 + \sqrt{210{,}25 - 198} = 18$

$x_2 = 14{,}5 - \sqrt{210{,}25 - 198} = 11$

Probe:
Setzt man 18 in die Ausgangsgleichung ein, nehmen die Terme auf beiden Seiten den gleichen Wert 18 an.
Setzt man 11 ein, nimmt der Term auf der linken Seite den Wert 17 an, der Term auf der rechten Seite den Wert 11.
18 erfüllt die Gleichung, 11 erfüllt sie nicht.
Lösungsmenge: $L = \{18\}$

Gleichungen höheren Grades kann man lösen durch
- Ausklammern, wenn dadurch ein Produkt entsteht, dessen Faktoren höchstens zweiten Grades sind,
- Substitution, wenn dadurch eine quadratische Gleichung entsteht.

Bruchgleichungen löst man durch
- Multiplizieren mit dem Hauptnenner,
- Lösen der entstandenen Gleichung,
- Überprüfen der Lösungen.

Wurzelgleichungen löst man durch
- Isolieren der Wurzel,
- Quadrieren und Lösen der entstandenen Gleichung,
- Durchführen der Probe.

Beispiel

Löse a) $2x^5 - 26x^3 + 72x = 0$, b) $\sqrt{5x-4} + \sqrt{x} = 6$

Lösung:

a) $2x^5 - 26x^3 + 72x = 0 \quad | :2$

$x^5 - 13x^3 + 36x = 0 \quad | x$ ausklammern

$x(x^4 - 13x^2 + 36) = 0$

Entweder: $x_1 = 0$

oder: $x^4 - 13x^2 + 36 = 0$

Substituiere $z = x^2$; $z^2 - 13z + 36 = 0$

$z_1 = \frac{13}{2} + \sqrt{\left(\frac{13}{2}\right)^2 - 36} = \frac{13}{2} + \sqrt{\frac{25}{4}} = \frac{18}{2} = 9$

$z_2 = \frac{13}{2} - \sqrt{\left(\frac{13}{2}\right)^2 - 36} = \frac{13}{2} - \sqrt{\frac{25}{4}} = \frac{8}{2} = 4$

Setzt man z_1 und z_2 in die Gleichung $x^2 = z$ ein, erhält man für z_1 die Gleichung $x^2 = 9$, also die Lösungen $x_2 = 3$ und $x_3 = -3$.
Für z_2 erhält man $x^2 = 4$, also die Lösungen $x_4 = 2$ und $x_5 = -2$.
Lösungsmenge: $L = \{-3; -2; 0; 2; 3\}$

b) $\sqrt{5x-4} + \sqrt{x} = 6 \quad | -\sqrt{x}$

$\sqrt{5x-4} = 6 - \sqrt{x} \quad |$ quadrieren

$5x - 4 = 36 - 12\sqrt{x} + x \quad | -x - 36$

$4x - 40 = -12\sqrt{x} \quad |$ quadrieren

$16x^2 - 320x + 1600 = 144x \quad | -144x$

$16x^2 - 464x + 1600 = 0 \quad | :16$

$x^2 - 29x + 100 = 0$

$x_1 = \frac{29}{2} + \sqrt{\left(\frac{29}{2}\right)^2 - 100} = \frac{29}{2} + \sqrt{\frac{441}{4}} = \frac{50}{2} = 25$

$x_2 = \frac{29}{2} - \sqrt{\left(\frac{29}{2}\right)^2 - 100} = \frac{29}{2} - \sqrt{\frac{441}{4}} = \frac{8}{2} = 4$

Probe: Für $x_1 = 25$ ist die Ausgangsgleichung nicht erfüllt, für $x_2 = 4$ ist sie erfüllt.
Lösungsmenge: $L = \{4\}$

Aufgaben

1 Löse die Gleichung dritten Grades.

a) $x^3 + 8x^2 - 9x = 0$ b) $x^3 - x^2 - 56x = 0$ c) $2x^3 - 5x^2 - 42x = 0$
d) $3u^3 - 4u^2 - 4u = 0$ e) $4z^3 + 9z^2 + 2z = 0$ f) $18x^4 + 39x^3 - 7x^2 = 0$

2 Löse die biquadratische Gleichung.

a) $(7x^2 + 14x + 7) = 24x(x + 1)^2$ b) $(x^3 - 2x^2 + x) = 11x^2(x - 1)^2$
c) $(25x^2 + 10x + 1)^2 + 5x(5x + 1)^3 = (1 + 5x)^3$ d) $(9x^2 - 6x + 1)(1 - 3x) = (3x - 1)^2$
e) $(9 + 25x^2 + 30x) + (5 - 8x)(5x + 3)^2 = 0$ f) $(x + 2)^2(3x - 5) = (x - 2)(2 + x)$

3 a) $(x^2 - 14)^2 = 5(6x^2 - 49)$ b) $(x^2 + 25)^2 = 111x^2 - 275$
c) $(6x^2 - 11)(6x^2 + 11) = 5(101x^2 - 181)$ d) $(2x^2 - 11)^2 - 6 = 29(x^2 - 1)$
e) $x^4 - 11x^2 + 18 = 0$ f) $5x^4 - 9x^2 + 2 = 0$
g) $(x^2 + 2)^2 + 3(2x + 1) = (3x + 1)^2$ h) $(3x^2 - 4)^2 = (2x - 1)^2 + 4(x + 3)$

4 a) $x - \frac{4}{x} = 0$ b) $\frac{x}{x - 1} = 3x$ c) $\frac{x - 9}{x + 1} = x$

5 a) $\frac{3x + 4}{3} + \frac{18}{2 - 3x} = 2$ b) $\frac{x + 3}{x} + \frac{x}{x - 2} = 5$ c) $\frac{7 - x}{x} - \frac{x}{x + 8} = 5$
d) $\frac{x + 1}{x - 1} - \frac{9}{5} = \frac{x - 2}{x + 2}$ e) $\frac{3x - 2}{x - 3} + \frac{2x - 3}{x + 7} = 5$ f) $\frac{x + 11}{2x + 1} - \frac{x + 3}{5 + x} = 0$

6 a) $\frac{x}{2x - 3} - \frac{1}{2x} = \frac{3}{4x - 6}$ b) $\frac{2x}{x - 4} + \frac{3x}{x + 4} = \frac{4(x^2 - x + 4)}{x^2 - 16}$ c) $\frac{9 + 2x}{9 - x^2} = \frac{5}{3 - x} - \frac{4 + x}{6 + 2x}$
d) $\frac{3x^2 + 25}{x^2 - 25} + \frac{5 - x}{5 + x} = \frac{2x}{x - 5}$ e) $\frac{2(2x + 1)}{2x + 3} = \frac{7x - 4}{4x - 1}$ f) $\frac{2}{2x - 3} + \frac{1}{1 + x} = \frac{3}{2x^2 - x - 3}$

7 a) $6 - \sqrt{1 - 4x} = \frac{1}{6}x$ b) $3 - \sqrt{12 - 33x} = 6x$ c) $\sqrt{13 - 4x} = 2 - x$
d) $7 - \sqrt{4x + 1} = 2x$ e) $7 + \sqrt{2x - 5} = 2x$ f) $\sqrt{13 - 4x} = 4 - x$
g) $1 - \sqrt{2x - 3} = x$ h) $x + \sqrt{25 - 10x} = 5$ i) $\sqrt{13 - 4x} = 6 - x$

8 a) $\sqrt{x - 5} = 5 - \sqrt{x}$ b) $\sqrt{x + 5} = \sqrt{x + 12} - 1$
c) $\sqrt{x - 3} - \sqrt{x + 6} = 9$ d) $\sqrt{2x + 1} - \sqrt{2x - 8} + 1 = 0$

9 a) $7 + \sqrt{3x^2 + x - 5} = 2x$ b) $3x + \sqrt{8x^2 - 9x - 20} = 4$
c) $5x - \sqrt{(6x - 2)(4x - 11)} = 11$ d) $\sqrt{(5x + 9)(3x - 1)} - 4x = 36$

10 Führe zuerst eine geeignete Substitution durch.

a) $(x^2 - 6)^2 - (x^2 - 6) - 42 = 0$ b) $(x^2 + 4)^2 - 25(x^2 + 4) + 100 = 0$

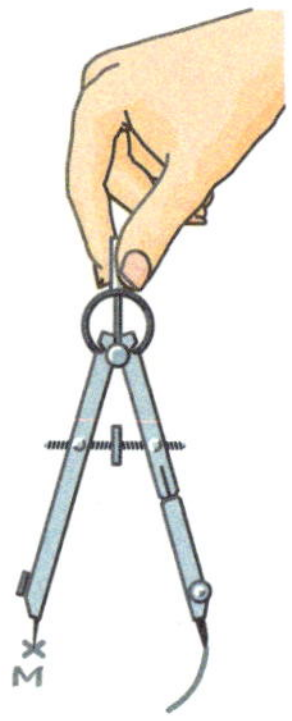

Kannst du das noch?

11 In Fig. 1 ist $g \parallel h$. Berechne die fehlenden Streckenlängen.

12 Eine Seite eines Rechtecks ist dreimal so lang wie die andere. Die Diagonalen sind 5 cm lang. Konstruiere das Rechteck, ohne zu rechnen. Überprüfe deine Konstruktion dann durch Rechnung.

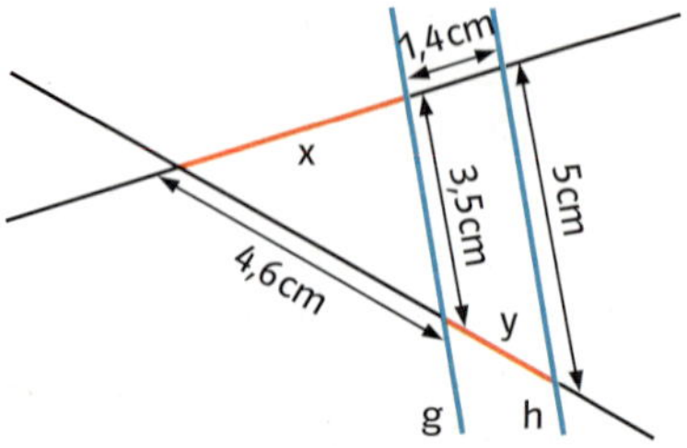

Fig. 1

1 Eine in y-Richtung verschobene Normalparabel geht durch den Punkt P. Bestimme eine Gleichung.
a) P(0|−1,5) b) P(1|5) c) P(−1|0) d) P(2|8)

2 Der Punkt P liegt auf der Parabel mit $y = x^2 - 2$. Bestimme die fehlende Koordinate.
a) P(0|y) b) P(0,3|y) c) P(x|14) d) P(x|0,25)

3 Bestimme den Scheitelpunkt der Parabel mit
a) $y = x^2 - 4x + 5$, b) $y = x^2 + 2x + 4$, c) $y = x^2 - 12x + 26$, d) $y = x^2 + x + 1{,}75$.

4 In einer Zeitschrift entdeckt Tina das in Fig. 1 abgebildete Diagramm.
a) Tina vermutet, dass die beiden Kurven Parabeln sind. Wie kann sie ihre Vermutung erhärten?
b) Überlege dir zusammen mit deinem Nachbarn zu dem Diagramm drei Aufgaben und tausche diese Aufgaben mit einer anderen Gruppe aus.

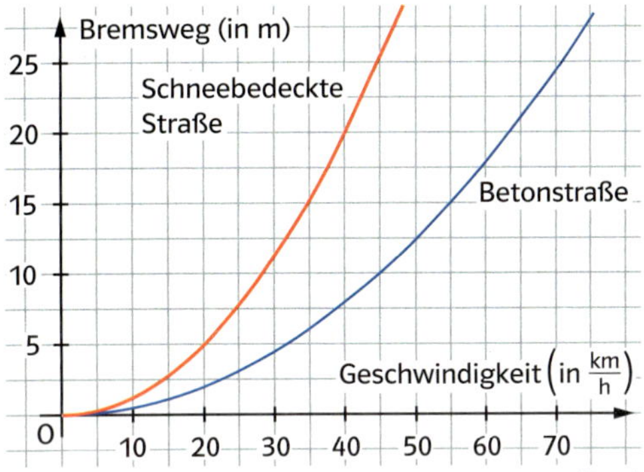

Fig. 1

5 S ist der Scheitel einer verschobenen Normalparabel. Bestimme eine Funktionsgleichung.
a) S(0|5,7) b) S(2,5|−5) c) $S\left(\frac{5}{4}\middle|1{,}1\right)$ d) $S\left(-2{,}5\middle|-\frac{3}{7}\right)$

6 Bestimme eine Gleichung zu einer quadratischen Funktion, für die gilt:
a) Der größte Funktionswert ist −3.
b) Die zugehörige Parabel verläuft durch den Punkt P(1|2).
c) Der Scheitelpunkt liegt bei S(−120|−250). d) Die Differenz der Nullstellen beträgt 6.

7 Gegeben ist eine Parabel p einer quadratischen Funktion mit $f(x) = \frac{1}{2}(x + 2)^2 - 3$.
Gib die Funktionsgleichung der quadratischen Funktion an, deren Parabel gegenüber p
a) an der y-Achse gespiegelt ist,
b) um eine Einheit nach links und um eine Einheit nach unten verschoben ist,
c) an der x-Achse gespiegelt ist,
d) am Ursprung gespiegelt ist.

8 Ermittle zunächst, wie viele Lösungen die Gleichung hat. Wenn es Lösungen gibt, bestimme sie anschließend zeichnerisch und rechnerisch.
a) $x^2 + 6x + 9 = 0$ b) $x^2 + 5x - 1 = 0$ c) $5x^2 - 9x - 2 = 0$ d) $-5x + x^2 - 42 = 0$
e) $-9x + 2x^2 = 5$ f) $-6 - 2x = -3x^2$ g) $x^2 + 7 + 9x = 3x - 2$ h) $4x^2 = x^2 + 3 - 6x$

9 Führe die Gleichung auf eine quadratische Gleichung zurück und löse sie.
a) $x^3 + 5x^2 + 7x = 0$ b) $x^3 = 169x$ c) $x^4 - 13x^2 + 36 = 0$ d) $x^4 - 29x^2 = -100$
e) $\sqrt{x - 1} = x - 1$ f) $x + \sqrt{x} = 20$ g) $\frac{9}{x - 8} = x$ h) $\frac{5}{x - 2} - 3 = \frac{2x - 4}{5}$

10 a) Das Produkt der um 2 kleineren Zahl und der um 2 größeren Zahl ist um 50 größer als der dritte Teil des Quadrats der gedachten Zahl. Wie lautet die Zahl?
b) Erfinde eigene Aufgaben wie in a), löse sie und stelle sie deinem Nachbarn.

11 a) Beschreibe, wie sich die Parabel einer quadratischen Funktion zeichnen lässt.
b) Beschreibe, unter welchen Bedingungen eine Parabel enger oder weiter als die Normalparabel ist.
c) Beschreibe, unter welchen Bedingungen eine quadratische Funktion keine Nullstellen, eine Nullstelle oder zwei Nullstellen hat.

12 a) Suche mithilfe einer Schablone drei verschiedene Lagen von verschobenen Normalparabeln, die durch den Punkt $S(1|2)$ gehen. Bestimme jeweils die zugehörige Gleichung.
b) Wo liegen allgemein die Scheitelpunkte der verschobenen Normalparabeln, die durch den Punkt $S(1|2)$ gehen?

13 Die Wertetabelle gehört zu einer quadratischen Funktion. Gib eine zugehörige Funktionsgleichung an und zeichne anschließend den Graphen.

a)

x	2	3	4
f(x)	2	0	2

b)

x	−1	0	1
f(x)	2	−1	2

c)

x	−3	−2	−1
f(x)	−2	−1	−2

d)

x	0	2	4
f(x)	2	−2	2

14 Wirft man einen Gegenstand parallel zur Erde, so hat seine Flugbahn die Form einer Parabel (Fig. 1). Wird eine Kugel mit einer Geschwindigkeit von $v = 4$ (in m/s) geworfen, so kann die Flugbahn mit folgender Parabel beschrieben werden:

$$y = -\frac{9{,}81}{32}x^2.$$

x: Entfernung vom Abwurfpunkt in waagerechter Richtung (in m); y: Höhe (in m).

Fig. 1

a) Wohin wurde der Ursprung des Koordinatensystems gelegt?
b) Wie weit würde die Kugel fliegen, wenn sie von einer Höhe von 1,4 m waagerecht geworfen wird?

15 Suche dir eines der farbigen Kärtchen aus ohne es in die Hand zu nehmen und beschreibe deinem Nachbarn ohne zu zeichnen den Verlauf der Parabel. Dieser muss nun versuchen, mit den Angaben das Kärtchen mit der passenden Gleichung zu finden. Nun ist dein Nachbar an der Reihe, eine Parabel zu beschreiben.

$y = x^2$ | $y = 1{,}5 + x^2$ | $y = (-5 + x)^2$ | $y = 0{,}1(x-2)^2 - 2$ | $y = -(x + 0{,}5)^2 - 0{,}5$

$y = 0{,}01(x-2)^2$ | $y = x^2 + 4$ | $y = (2 + x)^2$ | $y = 3 - (x + 2)^2$ | $y = \frac{1}{2}(x+4)^2 + 4$

$y = \frac{1}{2}(x+4)^2 + 4$ | $y = -2(x+1)^2 + 2$ | $y = 2x^2$ | $y = (3{,}5 + x)^2$ | $y = 1 + x^2$

16 Eine Metallplatte der Länge 5 m und der Breite 25 cm soll in der Breite so umgebogen werden, dass eine Regenrinne entsteht (Fig. 2). Wie geht man vor, damit das Fassungsvolumen maximal wird?

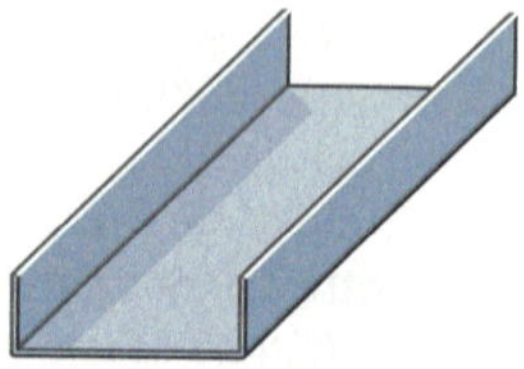

Fig. 2

17 Ein Ball wird annähernd senkrecht nach oben geworfen. Seine Höhe kann mit der Funktion h mit $h(t) = -5t^2 + 16t + 1{,}8$ ermittelt werden, wobei h(t) die Höhe des Balles in Metern und t die Zeit in Sekunden nach dem Abwurf beschreiben.
a) Woher weiß man, dass die Person, die den Ball abwirft, ca. 1,80 m groß ist?
b) Ermittle, wie lange der Ball in der Luft ist (runde sinnvoll).
c) Nach wie vielen Sekunden etwa ist der Ball am höchsten Punkt?
d) Nach wie vielen Sekunden etwa hat der Ball eine Höhe von 12,5 m erreicht?

18 Im Jahre 800 n. Chr. hat der Gelehrte Al-Chwarizmi in Bagdad aus einer geometrischen Betrachtung heraus die pq-Formeln entwickelt. Er zeichnete dazu das unterteilte Quadrat in Fig. 1. Dabei hat der Flächeninhalt der blauen Fläche die Größe q.
a) Al-Chwarizmi fand zwischen den Größen die Beziehung $q = x^2 + px$. Erläutere anhand von Fig. 1, warum die Gleichung korrekt ist.
b) Des Weiteren stellte Al-Chwarizmi die Gleichung $x = \sqrt{q + 4\left(\frac{p}{4}\right)^2} - \frac{p}{2}$ auf. Erläutere auch diese Gleichung.

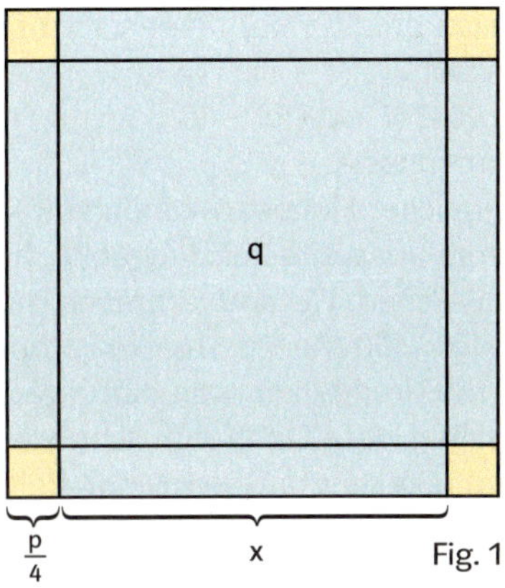

Fig. 1

c) Stelle einen Zusammenhang zwischen Al-Chwarizmis Gleichungen aus a) und b) und der pq-Formel zur Bestimmung der Lösungen der quadratischen Gleichung $x^2 + px + q = 0$ her.

19 Auf einem Markt möchte Hansi an einem Glücksspiel teilnehmen. Er überlegt sich, zweimal hintereinander zu spielen. Am Stand hängt ein Schild mit der Aufschrift: „Wer zweimal spielt, gewinnt mit einer Wahrscheinlichkeit von 70 % mindestens einmal." Nun überlegt sich Hansi, dass er dann mit einer Wahrscheinlichkeit von über 50 % schon beim ersten Spieldurchgang gewinnen müsste.
Zeichne ein beschriftetes Baumdiagramm, das die Situation beschreibt und bestimme die Wahrscheinlichkeit, mit der Hansi beim ersten Spieldurchgang gewinnt. Hat er mit seiner Überlegung Recht?

20 a) Gib für quadratische Funktionen eine allgemeine Scheitelform an.
b) Eine Parabel enthält den Punkt P(1|5) und den Scheitel S(10|15). Bestimme die Gleichung.
c) Eine Parabel besitzt den Scheitelpunkt im Ursprung und verläuft durch P(3|−2). Bestimme die Gleichung.

21 Ein Golfball wird 150 m weit geschlagen. Gib Gleichungen für verschiedene Parabeln an, die die Flugbahn beschreiben könnten. Bestimme jeweils deren maximale Höhe.

22 Charles Lindbergh (1902–1974) flog 1927 als erster Mensch allein über den Atlantik von New York nach Paris. Er überlegte, bei welcher Fluggeschwindigkeit er am wenigsten Treibstoff verbrauchen würde. Er ging davon aus, dass sich die Strecke S (in Meilen), die er mit einem Liter Treibstoff bei einer Fluggeschwindigkeit v (in Meilen pro Stunde) fliegen konnte, mit der Formel

$S = -0{,}0013\,v^2 + 0{,}25\,v - 10$

bestimmen lässt.

a) Bei welcher Fluggeschwindigkeit konnte Lindbergh am weitesten fliegen?

b) Mit welchem Gesamtverbrauch musste er auf der 3600-Meilen-Strecke rechnen?

c) Welche Gründe konnten dafür gesprochen haben, dass Lindbergh schneller als die in a) berechnete Geschwindigkeit flog?

d) Untersucht, für welche Werte von v die Formel sinnvolle Werte liefert.

23 Berechne den Flächeninhalt des Dreiecks PBQ für $x = 1\,\text{cm}$ und für $x = 2\,\text{cm}$ (Fig. 1). Für welche Lage von P und Q wird der Flächeninhalt des Dreiecks am größten?

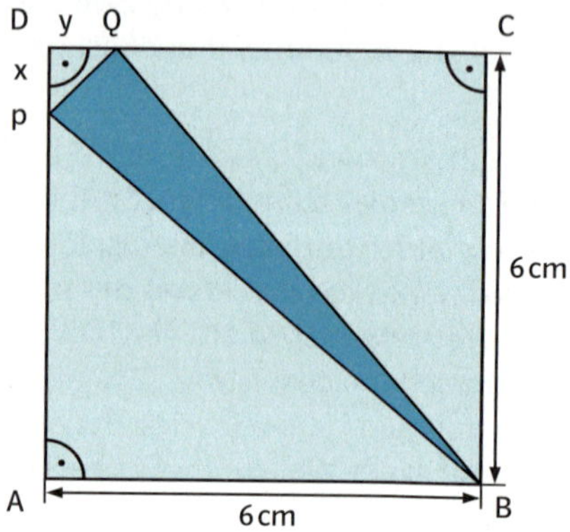

Fig. 1

24 Karin und Peter wollen für ihre Kaninchen Gehege bauen (Fig. 2). Für die Einzäunung und das Abteilen haben sie insgesamt 20 m Maschendraht. Wie sind die Abmessungen a und b zu wählen, damit der Flächeninhalt des Geheges am größten wird?

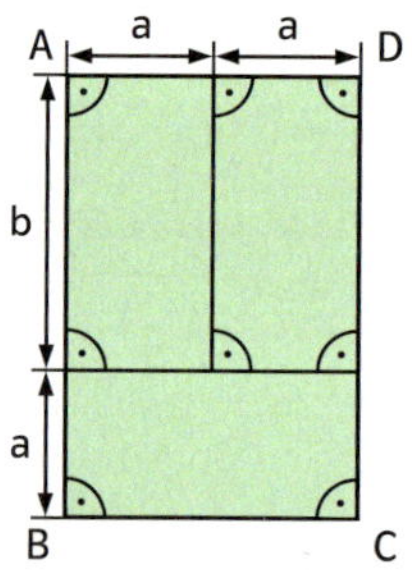

Fig. 2

25 **Geschickt zählen ...**

Guido hat aus Streichhölzern ein Muster gelegt. Als er fertig ist, überlegt er sich, wie viele Streichhölzer er verwendet hat.

a) Zählt die Anzahl der Streichhölzer in Fig. 3. Wer zählt am schnellsten?

b) Erläutert, was die Formel $a = \frac{r + 4q}{2}$ bedeutet.

c) Guido hat nun 20 Streichhölzer und will neun zusammenhängende Quadrate legen. Geht das? Begründet auch mit der Formel.

d) Überlegt euch andere Möglichkeiten für 20 Hölzer. Variiert die Anzahl der Hölzer.

e) Kann r eine ungerade Zahl sein? Begründe.

Fig. 3

Polynomdivision

Terme der Form $a_n x^n + a_{n-1}x^{n-1} + a_{n-2}x^{n-2} + \ldots + a_2x^2 + a_1x + a_0$ mit den reellen Zahlen $a_0, a_1, \ldots, a_n$ und der Variablen x heißen **Polynome n-ten Grades**. Dabei ist n der größte Exponent von x. $3x^4 + 7x^3 + x^2 + 5x + 9$ ist ein Polynom vierten Grades und $4x^5 + 2x^3$ ein Polynom fünften Grades.

Alles Polynome:

$3x^4$ $\quad -\frac{1}{2}x^2 - 7$ $\quad 16x^2 + x - 7$ $\quad 24x^3 - 16$ $\quad 0$ $\quad x - 4$ $\quad x^{100} + 1$ $\quad x^2 - 1700$

1 Vergleiche die drei Multiplikationen:

$$\begin{array}{r} 312 \cdot 21 \\ \hline 624 \\ 312 \\ \hline 6552 \end{array} \qquad \begin{array}{r} (3 \cdot 10^2 + 1 \cdot 10 + 2)(2 \cdot 10 + 1) \\ \hline 6 \cdot 10^3 + 2 \cdot 10^2 + 4 \cdot 10 \\ 3 \cdot 10^2 + 1 \cdot 10 + 2 \\ \hline 6 \cdot 10^3 + 5 \cdot 10^2 + 5 \cdot 10 + 2 \end{array} \qquad \begin{array}{r} (3x^2 + 1x + 2)(2x + 1) \\ \hline 6x^3 + 2x^2 + 4x \\ 3x^2 + 1x + 2 \\ \hline 6x^3 + 5x^2 + 5x + 2 \end{array}$$

a) Worin unterscheiden sich die erste und die zweite Multiplikation, worin unterscheiden sich die zweite und die dritte Multiplikation?
b) Multipliziere einmal mithilfe des Distributivgesetzes und einmal nach der oben vorgeführten Methode: $(2x^3 + 1x^2 + 0x + 2)(4x^3 + 3x^2 + 2x + 1)$.

2 Vergleiche die drei Divisionen.

$$\begin{array}{l} (6 \cdot 10^3 + 5 \cdot 10^2 + 5 \cdot 10 + 2) : (2 \cdot 10 + 1) = (3 \cdot 10^2 + 1 \cdot 10 + 2) \\ \underline{-(6 \cdot 10^3 + 3 \cdot 10^2)} \\ \qquad 2 \cdot 10^2 + 5 \cdot 10 \\ \qquad \underline{-(2 \cdot 10^2 + 1 \cdot 10)} \\ \qquad\qquad 4 \cdot 10 + 2 \\ \qquad\qquad \underline{-(4 \cdot 10 + 2)} \\ \qquad\qquad\qquad 0 \end{array}$$

$$\begin{array}{l} (6x^3 + 5x^2 + 5x + 2) : (2x + 1) = (3x^2 + 1x + 2) \\ \underline{-(6x^3 + 3x^2)} \\ \qquad 2x^2 + 5x \\ \qquad \underline{-(2x^2 + 1x)} \\ \qquad\qquad 4x + 2) \\ \qquad\qquad \underline{-(4x + 2)} \\ \qquad\qquad\qquad 0 \end{array}$$

$$\begin{array}{l} 6552 : 21 = 312 \\ \underline{-63} \\ \;\; 25 \\ \underline{-21} \\ \;\;\; 42 \\ \underline{-42} \\ \;\;\;\; 0 \end{array}$$

a) Worin unterscheiden sich die erste und die zweite Division, worin unterscheiden sich die zweite und die dritte Division?
b) Wie wurde bei der zweiten und dritten Division vorgegangen?

3 Berechne und mache mithilfe der Multiplikation die Probe.
a) $(3x^3 + 8x^2 + 5x + 2) : (x + 2)$
b) $(3x^3 + 8x^2 + 5x + 2) : (3x^2 + 2x + 1)$
c) $(5x^3 + 22x^2 + 9x + 4) : (5x^2 + 2x + 1)$
d) $(21x^{12} + 10x^5 - 18x^3 - 5x) : (7x^3 - 5x)$

Bei der Division von Polynomen kann auch ein Rest auftreten. Berechne $(x^2 - 5x + 6) : (x - 1)$.

4 Berechne.
a) $(x^2 + 2x + 1) : (x + 1)$
b) $(x^2 - 1) : (x - 1)$
c) $(x^3 - 1) : (x - 1)$
d) $(x^4 - 1) : (x + 1)$

5 Eine Gleichung der Form $a_n x^n + a_{n-1}x^{n-1} + \ldots + a_2x^2 + a_1x + a_0 = 0$ hat höchstens n Lösungen. Ist c eine Lösung einer solchen Gleichung, so kann man das Polynom $a_n x^n + a_{n-1}x^{n-1} + \ldots + a_2x^2 + a_1x + a_0$ als Produkt aus einem Polynom (n – 1)-ten Grades und (x – c) schreiben: $(a_n x^n + \ldots + a_1x + a_0) = (b_{n-1}x^{n-1} + \ldots + b_1x + b_0)(x - c)$. Hierbei gilt: $(a_n x^n + \ldots + a_1x + a_0) : (x - c) = (b_{n-1}x^{n-1} + \ldots + b_1x + b_0)$.
a) Die Zahl –2 ist eine Lösung der Gleichung $3x^3 + 8x^2 + 5x + 2 = 0$. Bestimme alle Lösungen dieser Gleichung.
b) Der Graph der Funktion f: $x \mapsto x^4 + 6x^3 + 7x^2 + 6x - 8$ schneidet die x-Achse in den Punkten P(–1|0), Q(2|0) und zwei weiteren Punkten. Berechne die Koordinaten dieser Punkte. Lege eine Wertetabelle an und zeichne den Graphen von f.

Entdeckungen

Funktionenscharen am PC

Die Funktionsgleichung einer quadratischen Funktion hat die allgemeine Form $f(x) = ax^2 + bx + c$. Werden nicht alle Koeffizienten a, b und c mit Zahlen belegt, sondern wählt man zum Beispiel $a = 1$, $b = t$ und $c = -3$, so lautet die Gleichung $f_t(x) = x^2 + tx - 3$.
Für jeden Wert des sogenannten **Parameters** t erhält man eine neue Parabel. Dabei muss man zusätzlich angeben, welche Werte der Parameter t annehmen darf, z. B. $t \in \mathbb{Z}$. Parabeln, die zu dieser **Parabelschar** gehören, haben z. B. die Gleichungen $y = x^2 + 2x - 3$ oder $y = x^2 - 3x - 3$. Die Gleichungen der zugehörigen Funktionen der Schar werden oft mit einem Index, dem Wert des Parameters, versehen, also $f_2(x) = x^2 + 2x - 3$ oder $f_{(-3)}(x) = x^2 - 3x - 3$. Einige Parabeln dieser Parabelschar sind in Fig. 1 abgebildet.

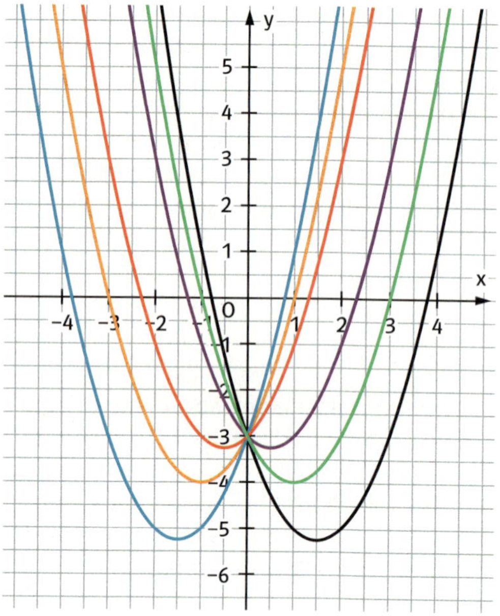

Fig. 1

Bei der Verwendung von Euklid DynaGeo findet man unter der Auswahl

Kurven

die Möglichkeit, Graphen zu zeichnen.

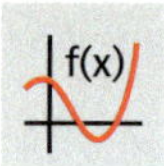

Das Zeichnen von Parabelscharen geht mithilfe von Computerprogrammen besonders schnell. Viele Programme sind dafür geeignet z. B. auch Euklid DynaGeo oder GeoNext. Die Verwendung eines Tabellenkalkulationsprogramms erlaubt das besonders einfache Verändern des Scharparameters.

1 Eine Parabelschar ist durch die Gleichung $f_t(x) = x^2 - tx + t$ mit $t \in \mathbb{R}$ gegeben.
a) Zeichne die Parabeln für $t = -3;\ -2;\ -1;\ 0;\ 1;\ 2$ und 3.
b) Durch welchen gemeinsamen Punkt P verlaufen alle Parabeln dieser Parabelschar?
c) Zeige durch Rechnung, dass P der Schnittpunkt der Graphen von $f_{(-2)}$ und f_1 ist.
d) Weise rechnerisch nach, dass alle Parabeln der Schar diesen Punkt enthalten, indem du die Schnittpunkte der Graphen zweier verschiedener Funktionen der Schar $f_k(x) = x^2 - kx + k$ und $f_r(x) = x^2 - rx + r$ bestimmst. Hierbei soll $k \neq r$ sein.

Im Tabellenkalkulationsprogramm wählt man den Diagrammtyp

Punkt (XY)

und z. B. folgenden Untertyp.

2 Gegeben ist die Parabelschar durch die Gleichung $f_a(x) = ax^2 + 4x - 13$ mit $a \in \mathbb{R}$.
a) Zeichne den Graphen der Funktion f_2 mithilfe eines Tabellenkalkulationsprogramms. Wähle dazu einige Werte für die Variable x, berechne die zugehörigen Funktionswerte und stelle das Ergebnis in einem Diagramm dar.
b) Stelle mehrere Parabeln der Schar in einem gemeinsamen Diagramm dar.
c) Welche Parabel der Schar verläuft durch den Punkt P(3 | 8)? Bestimme zunächst die Lösung mithilfe des Tabellenkalkulationsprogramms, rechne anschließend nach.
d) Bearbeite die Aufgabenteile a) bis c) für $f_b(x) = x^2 + bx + 5$.
e) Bearbeite die Aufgabenteile a) bis c) für $f_c(x) = 2x^2 - x + c$.

3 a) Bei einer bestimmten Parabelschar enthält jede Parabel die Punkte $P_1(-1 | 0)$ und $P_2(1 | 0)$. Bestimme zunächst die Gleichungen einiger Parabeln der Schar und notiere anschließend die zur Parabelschar gehörende Funktionsgleichung in allgemeiner Form.
b) Verfahre ebenso für eine Parabelschar, bei der jede Parabel durch die Punkte $Q_1(3 | 2)$ und $Q_2(5 | 2)$ verläuft.

Funktionenscharen am PC

4 Gegeben ist die Parabelschar durch $f_t(x) = x^2 + 2x + t$ mit $t \in \mathbb{R}$.
a) Wähle für t fünf verschiedene Werte, notiere die Funktionsgleichungen und zeichne die zugehörigen Parabeln der Schar.
b) Bestimme den Wert t so, dass die Parabel durch den Punkt P(2|7) verläuft.
c) Verfahre ebenso wie in a) und b) mit den Parabelscharen, die durch die Gleichungen $f_k(x) = x^2 + kx$ sowie $f_r(x) = x^2 - 2rx + (r - 1)$ gegeben sind.
d) Stelle drei eigene Funktionsgleichungen mit dem Parameter t auf. Wähle dann für t verschiedene Werte und zeichne einige Parabeln der Schar. Untersuche, ob man den Wert von t so wählen kann, dass die Parabel durch den Punkt P(2|7) verläuft.

Betrachtet man einige Parabeln der durch die Gleichung $f_t(x) = x^2 - 2tx + (t^2 + t + 1)$ gegebenen Parabelschar, so stellt man fest, dass die Scheitelpunkte aller Parabeln der Schar auf einer gemeinsamen Geraden liegen. Man nennt diese Gerade mit der Gleichung $y = x + 1$ die **Ortslinie** oder **Ortskurve** der Scheitelpunkte.

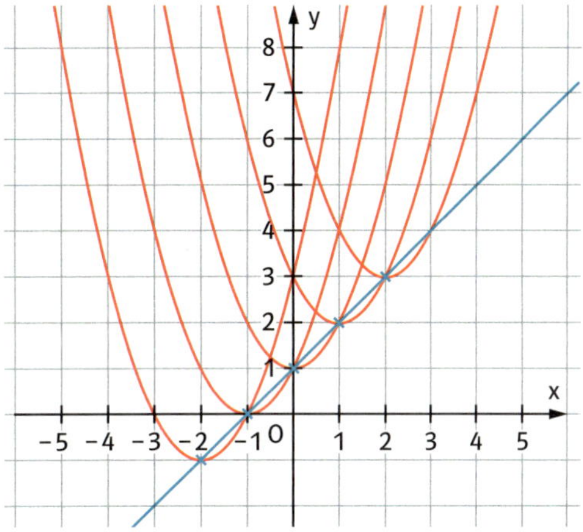

Fig. 1

5 Bestimme die Gleichung der Ortslinie der Scheitelpunkte der zugehörigen Parabelschar.
a) $f_t(x) = x^2 - 2tx + (t^2 - 2t + 1)$
b) $f_r(x) = rx^2 - 2r^2x + (r^3 - 3r + 5)$

6 Gegeben ist eine Funktionenschar durch die Gleichung $f_r(x) = x \cdot (2r - x)$.
a) Begründe ohne zu zeichnen, dass es sich um eine Parabelschar handelt.
b) Zeichne die Graphen von f_0, f_1, f_2, $f_{(-1)}$ und $f_{(-2)}$.
c) Welchen Punkt haben alle Parabeln der Schar gemeinsam?
d) Die Scheitelpunkte der Parabeln dieser Schar liegen alle auf dem Graphen einer Funktion h. Bestimme die Funktionsgleichung von h.

7 Gegeben sind die Funktionsgleichungen $f_k(x) = x^2 - kx + k$ mit $k \in \mathbb{R}$.
a) Zeichne einige Parabeln dieser Parabelschar.
b) Berechne die Scheitelpunkte der Graphen von f_3 und $f_{(-1)}$ und kontrolliere dein Ergebnis anhand der Zeichnung.
c) Bestimme den Scheitelpunkt des Graphen von f_k und zeige damit, dass die Scheitelpunkte für jeden Wert von k auf der Parabel mit der Gleichung $y = -x^2 + 2x$ liegen. Überprüfe das Ergebnis, indem du die Ortskurve der Scheitelpunkte in der Zeichnung ergänzt.

8 Zeige, dass die Scheitelpunkte der Parabeln mit $f_r(x) = x^2 - 2rx + r^2 - r$ mit $r \in \mathbb{R}$ auf der Geraden mit der Gleichung $y = -x$ liegen.

9 a) Zeichne eine Gerade g und einen Punkt P, der von g den Abstand 2 cm hat. Bestimme verschiedene Punkte, die jeweils von g und P den gleichen Abstand haben. Was fällt dir auf?
b) Verändere den Abstand von P und g. Wie beeinflusst das deine Beobachtungen?
c) Zeichne in ein Koordinatensystem eine Gerade g parallel zur x-Achse und einen Punkt P, der von g einen Abstand von 2 cm hat. Bestimme die Gleichung derjenigen Ortslinie, auf der alle Punkte liegen, die von g und P den gleichen Abstand haben.

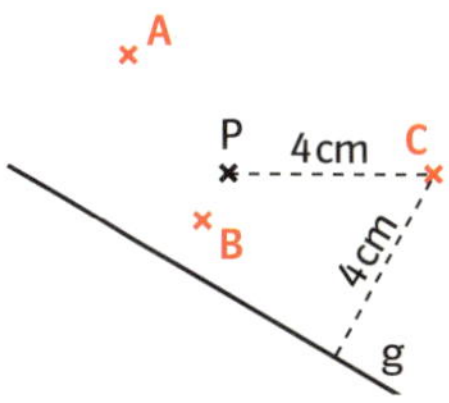

Fig. 2

Rückblick

Rein quadratische Funktionen
Eine Funktion mit der Gleichung $f(x) = ax^2$ heißt rein quadratische Funktion. Ihr Graph ist eine Parabel mit der Gleichung $y = ax^2$.
Bei einer rein quadratischen Funktion wird dem 2-, 3- bzw. n-fachen der ersten Größe das 4-, 9- bzw. n^2-fache der zweiten Größe zugeordnet. Die zugehörige Parabel hat den Scheitel $S(0|0)$.
Der Betrag des Streckfaktors a gibt an, wie weit die Parabel geöffnet ist. Für positive Werte von a ist die Parabel nach oben geöffnet, für negative Werte von a nach unten.
Die Parabel mit der Gleichung $y = x^2$ heißt Normalparabel.

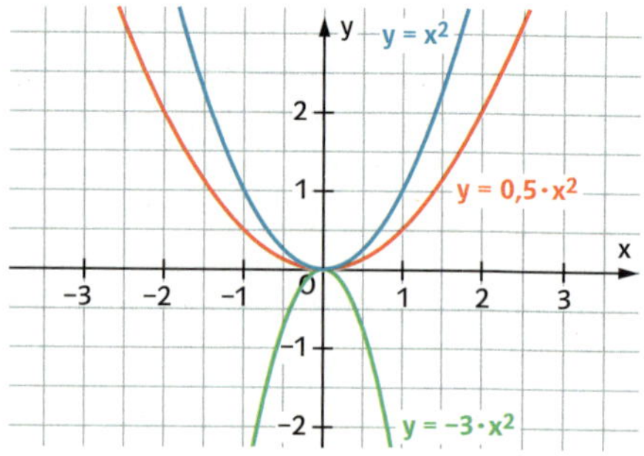

Quadratische Funktionen
Eine Funktion mit der Funktionsgleichung $f(x) = a(x - d)^2 + e$ heißt allgemeine quadratische Funktion oder kurz quadratische Funktion. Ihr Graph ist eine verschobene Parabel mit der Gleichung $y = a(x - d)^2 + e$ und dem Scheitel $S(d|e)$.

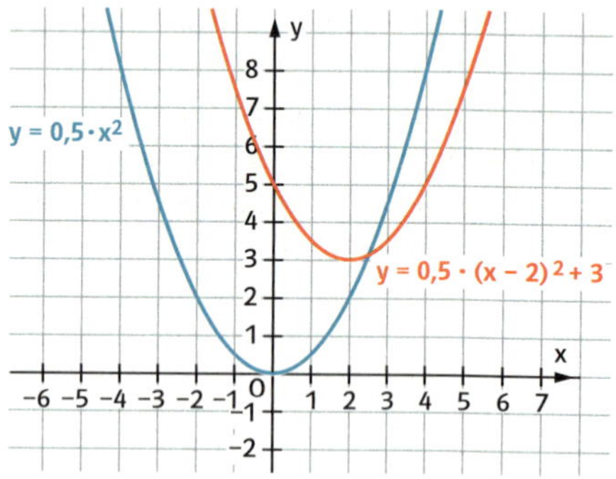

Scheitelform und allgemeine Form
Die Funktionsgleichung einer quadratischen Funktion kann in der Scheitelform $f(x) = a(x - d)^2 + e$ oder in der allgemeinen Form $f(x) = ax^2 + bx + c$ dargestellt werden.
Durch Ausmultiplizieren erhält man die allgemeine Form aus der Scheitelform. Durch quadratische Ergänzung erhält man die Scheitelform aus der allgemeinen Form.

Quadratische Gleichungen
Eine Gleichung der Form $ax^2 + bx + c = 0$ heißt quadratische Gleichung. Die Lösungen quadratischer Gleichungen sind die Nullstellen der zugehörigen quadratischen Funktion. Eine quadratische Gleichung hat entweder zwei Lösungen, eine Lösung oder keine Lösung.

Lösen quadratischer Gleichungen
Eine quadratische Gleichung in Normalform $x^2 + px + q = 0$ kann zeichnerisch (oft nur näherungsweise) oder rechnerisch (exakt) gelöst werden.
1. Zeichnerisches Lösen:
a) Nullstellen der zugehörigen quadratischen Funktion ablesen.
b) Die Gleichung $x^2 + px + q = 0$ lässt sich zu $x^2 = -px - q$ umformen. Die Lösungen der Gleichung sind die Schnittstellen der Geraden mit der Gleichung $y = -px - q$ mit der Normalparabel.
2. Rechnerisches Lösen:
Die Lösungen einer quadratischen Gleichung in Normalform $x^2 + px + q = 0$ kann man durch quadratische Ergänzung mit der **pq-Formel** berechnen.
Die Lösungen lauten $x_1 = -\frac{p}{2} + \sqrt{\left(\frac{p}{2}\right)^2 - q}$ und $x_2 = -\frac{p}{2} - \sqrt{\left(\frac{p}{2}\right)^2 - q}$.
Eine quadratische Gleichung $ax^2 + bx + c = 0$ kann man entweder vor dem Lösen auf Normalform bringen oder mithilfe der **abc-Formel** lösen: $x_1 = \frac{-b + \sqrt{b^2 - 4ac}}{2a}$ und $x_2 = \frac{-b - \sqrt{b^2 - 4ac}}{2a}$.

Gesucht sind die Lösungen der quadratischen Gleichung $x^2 + \frac{8}{3}x + \frac{4}{3} = 0$.

zu 1. a)

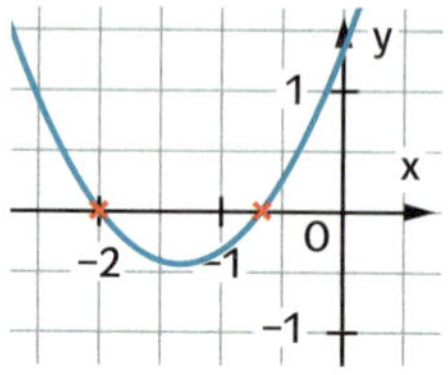

Die Lösungen sind $x \approx -2$ und $x \approx -0{,}7$.

zu 1. b)

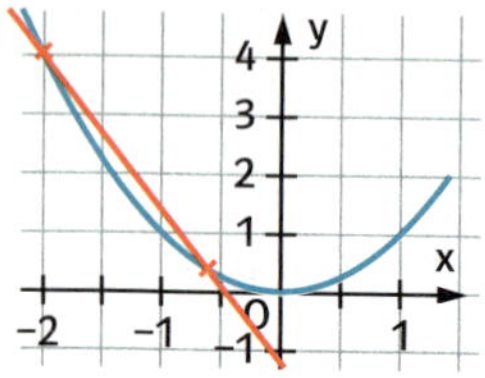

Die Lösungen sind $x \approx -2$ und $x \approx -0{,}7$.

zu 2.
$x_1 = -\frac{4}{3} + \sqrt{\left(\frac{4}{3}\right)^2 - \frac{4}{3}} = -\frac{2}{3}$ *und*
$x_2 = -\frac{4}{3} - \sqrt{\left(\frac{4}{3}\right)^2 - \frac{4}{3}} = -2$

$6x^2 - x - 7 = 0$ hat die Lösungen
$x_1 = \frac{1 + \sqrt{(-1)^2 + 4 \cdot 6 \cdot 7}}{2 \cdot 6} = \frac{1 + \sqrt{169}}{12} = \frac{14}{12} = \frac{7}{6}$
und
$x_2 = \frac{1 - \sqrt{(-1)^2 + 4 \cdot 6 \cdot 7}}{2 \cdot 6} = \frac{1 - \sqrt{169}}{12} = -\frac{12}{12} = -1.$

Training

Runde 1

1 S ist der Scheitel einer verschobenen Normalparabel. Bestimme die zugehörige Funktionsgleichung.
a) $S(0|5{,}7)$ b) $S(2{,}5|-5)$ c) $S\left(\frac{5}{4}|1{,}1\right)$ d) $S\left(-2{,}5|-\frac{2}{5}\right)$

2 Zeichne den Graphen der Funktion mit der Funktionsgleichung
a) $f(x) = \frac{1}{2}(x+2)^2$, b) $f(x) = -(x-2)^2 + 3$, c) $f(x) = 2x^2 - 2{,}5$, d) $f(x) = x(x-2)$.

3 Der Punkt $P(3|-6)$ liegt auf einer Parabel mit Scheitel $S(1|2)$.
a) Bestimme die Gleichung der Parabel.
b) Berechne die Nullstellen der Parabel.

4 Susi hat zu ihrem Geburtstag vier Kaninchen bekommen und möchte nun im Garten an der Ecke von Haus und Garage eine Fläche für ihre neuen Haustiere einzäunen (Fig. 1). Ihr Vater hat für sie noch ein altes 2 m breites Holztor und einen ca. 9 m langen Maschendrahtzaun.
Ihre Freundin hat in einer Tierzeitschrift gelesen, dass die Grünfläche pro Kaninchen mindestens 5 m² betragen sollte.

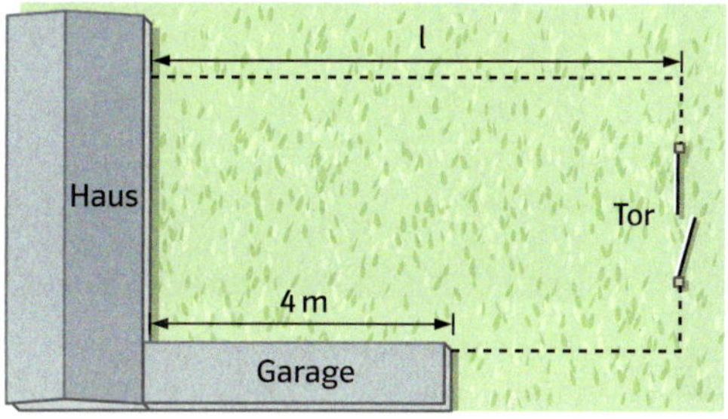

Fig. 1

a) Wie muss Susi ihr Kaninchengehege anlegen, damit alle Bedingungen erfüllt sind?
b) Ist dies die größtmögliche Fläche, die Susi einzäunen kann?
Begründe deine Antwort.

Runde 2

1 Gib zu den Parabeln in Fig. 2 jeweils die Gleichung an.

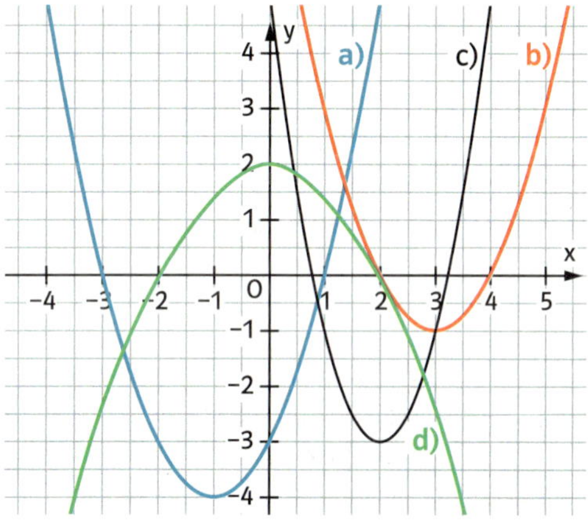

Fig. 2

2 Bestimme den Scheitel der Parabel.
a) $y = 2x - x^2$ b) $y = x^2 - 4x + 7$

3 Bestimme, falls vorhanden, die Lösungen zeichnerisch und rechnerisch.
a) $x^2 + 4 = 0$
b) $x^2 + 5x + 4 = 0$
c) $11x - x^2 + 3 = 5x - 4x^2$
d) $x + \sqrt{x} = 20$
e) $x^4 - 13x^2 + 36 = 0$

4 Beim Üben eines Vorhandschlages einer Tennisspielerin werden folgende Daten ermittelt: Der Ball wird genau über der Grundlinie in einer Höhe von 50 cm getroffen und hat seine maximale Höhe von 2 m beim Überqueren des Netzes (siehe auch Fig. 3). Trifft der Ball noch innerhalb des Tennisfeldes auf?

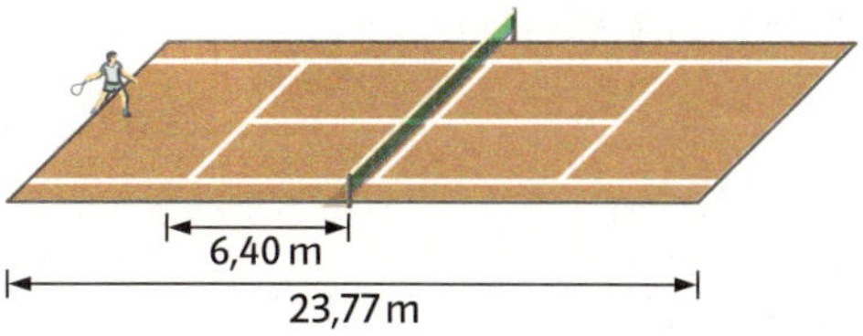

Fig. 3

Bei Aufgabe 4 soll davon ausgegangen werden, dass die Flugbahn des Balls näherungsweise parabelförmig ist.

Das kannst du schon

- Terme mit mehreren Variablen aufstellen und umformen
- Quadratische Gleichungen lösen
- Potenzen als abkürzende Schreibweise von Produkten nutzen

Universum
etwa 10^{10} Galaxien

Sonnensystem
Durchmesser der Sonne: 1400 000 km
Abstand Sonne – Erde: 1 AE = $149{,}6 \cdot 10^6$ km

Erde
Durchmesser: 12 700 km
Oberfläche: 510 100 000 km^2

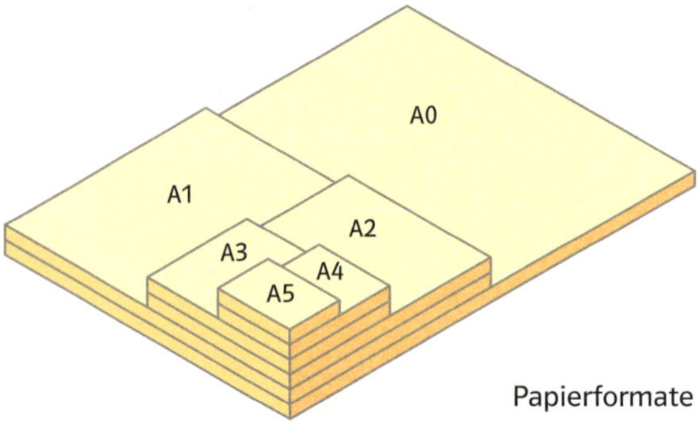

Papierformate

Vom Mikrochip zum Megaevent

Wenn man mit dem Zollstock im Nanometerbereich misst, dann sind das schon grobe Messfehler!

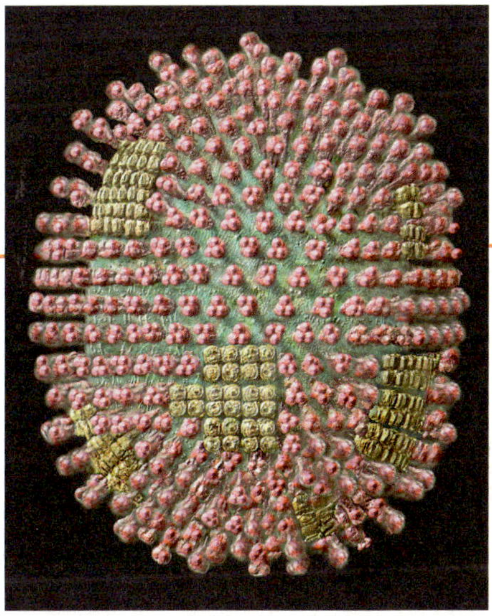

Grippevirus
Durchmesser: 0,1 µm = 100 nm = $100 \cdot 10^{-9}$ m

Mensch
100 Billionen Körperzellen
25 Billionen Blutkörperchen
100 Milliarden Nervenzellen im Gehirn
Gesamtlänge der Nervenstränge: über 100 000 km

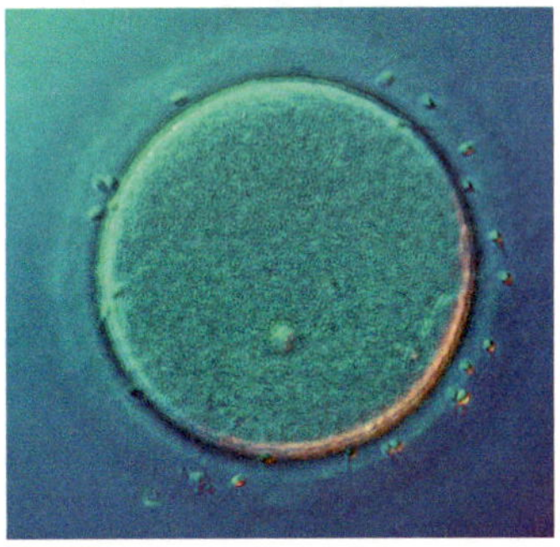

Menschliche Eizelle
Durchmesser:
0,25 mm = $250 \cdot 10^{-6}$ m = 250 µm

Das kannst du bald

- Kleine und große Zahlen in Potenzschreibweise darstellen
- Mit Potenzen rechnen
- Terme mit Potenzen umformen
- Wurzeln berechnen

1 Potenzen mit ganzzahligen Exponenten

Die 29. Top500-Liste der Supercomputer				
Rang	Rechner (Hersteller)	Land	Prozessoren	Rechenleistung
1	BlueGene/L – eServer Blue Gene Solution (IBM)	USA	131072	280,6 TFlop/s
2	Jaguar – Cray XT4/XT3 (Cray Inc.)	USA	23016	101,7 TFlop/s
3	Red Storm – Sandia / Cray Red Storm, Opteron 2,4 GHz dual core (Cray Inc.)	USA	26544	101,4 TFlop/s
4	BGW – eServer Blue Gene Solution (IBM)	USA	40960	91,29 TFlop/s
	New Year Blue – eServer	USA	36864	82,161 TFlop/s

Aus einer Pressemeldung:
„28.6.2007 – Neue Generation des Blue Gene Supercomputer – Petaflop.
IBM kündigt heute eine neue Generation des Blue Gene Supercomputers an, der erstmals die „Petaflop"-Grenze (entspricht einer Billiarde Rechenoperationen pro Sekunde) durchbrechen wird."

Bezeichnungen für große Zahlen:
deka (da): 10
hekto (h): 10^2
kilo (k): 10^3
Mega (M): 10^6
Giga (G): 10^9
Tera (T): 10^{12}
Peta (P): 10^{15}
Exa (E): 10^{18}

Bezeichnungen für kleine Zahlen:
dezi (d): 10^{-1}
zenti (c): 10^{-2}
milli (m): 10^{-3}
mikro (µ): 10^{-6}
nano (n): 10^{-9}
piko (p): 10^{-12}
femto (f): 10^{-15}
atto (a): 10^{-18}

Die Zahl 1 000 000 kann man als Zehnerpotenz 10^6 schreiben. In der folgenden Tabelle sind auch Brüche wie $\frac{1}{100}$ als Zehnerpotenz geschrieben. Die Exponenten sind dann negativ.

$$10\,000 \xrightarrow{:10} 1000 \xrightarrow{:10} 100 \xrightarrow{:10} 10 \xrightarrow{:10} 1 \xrightarrow{:10} \frac{1}{10} \xrightarrow{:10} \frac{1}{100}$$
$$= \quad = \quad = \quad = \quad = \quad = \quad =$$
$$10^4 \to 10^3 \to 10^2 \to 10^1 \to 10^0 \to 10^{-1} \to 10^{-2}$$

Also ist z. B. $\frac{1}{100} = \frac{1}{10^2} = 10^{-2}$ oder $\frac{1}{100\,000} = \frac{1}{10^5} = 10^{-5}$.

Die Potenzschreibweise kann man auch für jede andere Basis verwenden.

Basis 10	Basis 3	Basis −2	Basis a
$10^2 = 10 \cdot 10$	$3^2 = 3 \cdot 3$	$(-2)^2 = (-2) \cdot (-2)$	$a^2 = a \cdot a$
$10^1 = 10$	$3^1 = 3$	$(-2)^1 = (-2)$	$a^1 = a$
$10^0 = 1$	$3^0 = 1$	$(-2)^0 = 1$	$a^0 = 1$
$10^{-1} = \frac{1}{10^1}$	$3^{-1} = \frac{1}{3^1}$	$(-2)^{-1} = \frac{1}{(-2)^1}$	$a^{-1} = \frac{1}{a^1}$
$10^{-2} = \frac{1}{10^2}$	$3^{-2} = \frac{1}{3^2}$	$(-2)^{-2} = \frac{1}{(-2)^2}$	$a^{-2} = \frac{1}{a^2}$
…	…	…	…
$10^{-n} = \frac{1}{10^n}$	$3^{-n} = \frac{1}{3^n}$	$(-2)^{-n} = \frac{1}{(-2)^n}$	$a^{-n} = \frac{1}{a^n}$

Für alle natürlichen Zahlen n mit $n > 0$ ist $0^n = 0$. Der Term 0^{-n} ist nicht definiert, da man durch 0 nicht dividieren kann und $0^{-n} = \frac{1}{0^n} = \frac{1}{0}$ wäre.

Wegen $\frac{1}{a^n} = \underbrace{\frac{1}{a} \cdot \frac{1}{a} \cdot \frac{1}{a} \cdot \ldots \cdot \frac{1}{a}}_{n \text{ Faktoren}}$ *gilt* $a^{-n} = \left(\frac{1}{a}\right)^n$.

Ist n eine natürliche Zahl und $a \neq 0$,
so bedeutet $a^n = \underbrace{a \cdot a \cdot a \cdot \ldots \cdot a}_{n \text{ Faktoren}}$
und $a^{-n} = \frac{1}{a^n}$.
Außerdem gilt $a^0 = 1$.

Große Zahlen wie 27 000 000 000 000 und sehr kleine positive Zahlen wie 0,000 000 5 werden oft in der Form $2{,}7 \cdot 10^{13}$ bzw. $5 \cdot 10^{-7}$ angegeben, dabei steht vor dem Komma stets genau eine von null verschiedene Ziffer. Diese Darstellung nennt man wissenschaftliche Schreibweise (engl.: scientific notation).

Beispiel 1

a) Gib die Zahlen 520 000 und 0,000 78 in wissenschaftlicher Schreibweise an.

b) Schreibe die Zahlen $2{,}03 \cdot 10^4$ und $1{,}25 \cdot 10^{-6}$ ohne die Verwendung von Zehnerpotenzen.

Lösung:

a) $520\,000 = 5{,}2 \cdot 100\,000 = 5{,}2 \cdot 10^5$

$0{,}000\,78 = 7{,}8 \cdot 0{,}0001 = 7{,}8 \cdot 10^{-4}$

b) $2{,}03 \cdot 10^4 = 2{,}03 \cdot 10\,000 = 20\,300$

$1{,}25 \cdot 10^{-6} = 1{,}25 \cdot 0{,}000\,001 = 0{,}000\,001\,25$

Beispiel 2

Berechne. a) $(-5)^3$ b) -5^4 c) 5^{-3} d) $\left(\frac{3}{4}\right)^{-2}$

Lösung:

a) $(-5)^3 = (-5) \cdot (-5) \cdot (-5) = -125$

b) $-5^4 = -(5^4) = -(5 \cdot 5 \cdot 5 \cdot 5) = -625$

c) $5^{-3} = \frac{1}{5^3} = \frac{1}{5 \cdot 5 \cdot 5} = \frac{1}{125}$

d) $\left(\frac{3}{4}\right)^{-2} = \frac{1}{\left(\frac{3}{4}\right)^2} = \frac{1}{\frac{3}{4} \cdot \frac{3}{4}} = \frac{1}{\frac{9}{16}} = \frac{16}{9}$

Beispiel 3

Schreibe mit positiven Exponenten. a) $\frac{3^{-4}}{5^7}$ b) $\frac{2^3}{7^{-2}}$ c) $\frac{4^{-5}}{6^{-7}}$

Lösung:

a) $\frac{3^{-4}}{5^7} = \frac{\frac{1}{3^4}}{5^7} = \frac{1}{3^4 \cdot 5^7}$

b) $\frac{2^3}{7^{-2}} = \frac{2^3}{\frac{1}{7^2}} = 2^3 \cdot 7^2$

c) $\frac{4^{-5}}{6^{-7}} = \frac{\frac{1}{4^5}}{\frac{1}{6^7}} = \frac{6^7}{4^5}$

Den Kehrwert bilden bedeutet bei Potenzen einen Vorzeichenwechsel im Exponenten.

Aufgaben

1 Gib in wissenschaftlicher Schreibweise an.

a) 200 000 000 b) 35 400 000 c) 100 000 000 000 d) 700 Millionen
e) 0,000 004 f) 0,000 017 g) 25 Mikrometer h) 0,000 000 000 003 2

2 Schreibe ohne die Verwendung von Zehnerpotenzen sowie gegebenenfalls in wissenschaftlicher Schreibweise.

a) $4 \cdot 10^4$ b) $7{,}96 \cdot 10^3$ c) $55{,}32 \cdot 10^9$ d) $1{,}71 \cdot 10^{-3}$ e) $6{,}85 \cdot 10^{11}$
f) $13{,}87 \cdot 10^6$ g) $765 \cdot 10^{-4}$ h) 10^{-5} i) $0{,}502 \cdot 10^{-5}$ j) 10^6

3 Welche der Zahlen auf dem Rand sind gleich?

$0{,}012 \cdot 10^6$; $0{,}0012$; $120 \cdot 10^{-6}$; $120 \cdot 10^{-2}$; $0{,}012 \cdot 10^{-1}$; $1{,}2 \cdot 10^{-3}$; $1{,}2 \cdot 10^4$; $0{,}0012 \cdot 10^{-1}$; $12 \cdot 10^{-3}$; $0{,}12 \cdot 10^{-3}$; $0{,}012$

4 Ergänze die fehlende Zahl.

a) $6{,}4 \cdot 10^{\square} = 0{,}0064$ b) $0{,}0025 = 2{,}5 \cdot 10^{\square}$ c) $7{,}32 \cdot 10^{\square} = 73\,200$ d) $\square \cdot 10^5 = 23\,410$

5 Schreibe als Potenz mit einer möglichst kleinen natürlichen Zahl als Basis.

a) 100 000; 1000; 100 000 000 b) 64; 128; 512 c) 125; 625; 3125
d) 27; 243; 81; 729 e) 36; 216; 1296 f) 49; 2401; 117 649

6 Schreibe als Potenz mit negativem Exponenten.

a) $\frac{1}{2^3}$; $\frac{1}{5^4}$; $\frac{1}{3^2}$; $\frac{1}{4}$ b) $\frac{1}{25}$; $\frac{1}{100}$; $\frac{1}{32}$; $\frac{1}{81}$ c) $\frac{1}{64}$; $\frac{1}{49}$; $\frac{1}{10\,000}$; $\frac{1}{625}$
d) 0,01; 0,001; 0,1; 0,000 01 e) 0,000 001; 0,04; 0,25; 0,0004

7 Schreibe mit positiven Exponenten.

a) $4^{-3} \cdot 10^2$ b) $\frac{7^{-4}}{3^4}$ c) $5^{-2} \cdot 6^{-3}$ d) $\frac{8^3}{5^{-11}}$
e) $7^8 \cdot 12^{-5}$ f) $\frac{3^{-5}}{5^{-4}}$ g) $\frac{2^8 \cdot 3^{-5}}{5^{-4} \cdot 4^3}$ h) $\frac{5^{-3} \cdot 6^4}{7^{-2} \cdot 4^{-9}}$

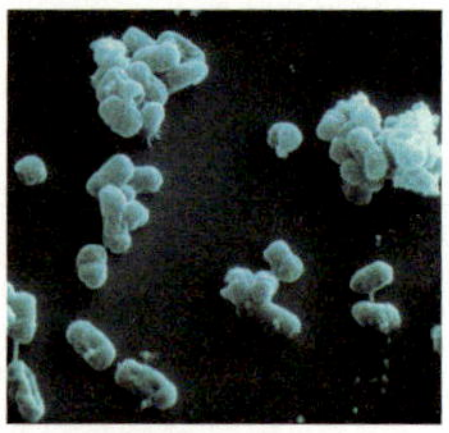

Haemophilus influenza b
Maßstab 5600 : 1

Hierarchie der Rechenoperationen:
1. Potenzen
2. Punktrechnung
3. Strichrechnung

8 Gib in wissenschaftlicher Schreibweise an.
a) Lichtgeschwindigkeit: 300 000 000 $\frac{m}{s}$
b) Fläche Europas: 9 970 000 km^2
c) Entfernung Erde – Sonne: 150 Millionen km
d) Alter des Weltalls: 13 Milliarden Jahre
e) Breite DNS-Doppelstrang: 2,5 Nanometer
f) Dicke von Alufolie: 15 µm
g) 6307 km in m
h) 0,04 g in kg
i) 800 nm in m
j) 1 µm in m

9 Schreibe in der in Klammern angegebenen Einheit.
a) Länge der Erdbahn: $9{,}4 \cdot 10^8$ km (m)
b) Durchmesser einer Zelle: 20 µm (m)
c) Entfernung Erde – Mond: $3{,}84 \cdot 10^5$ km (m)
d) Wellenlänge des blauen Lichts: 480 nm (m)
e) Leistung eines Kraftwerks: 1,8 GW (W)
f) Atomdurchmesser: 0,1 nm (m)

10 Berechne.
a) 2^3; $(-2)^3$; -2^3; 2^{-3}; $(-2)^{-3}$; -2^{-3}
b) 10^{-4}; $(-10)^4$; -10^{-4}; -10^4; 10^4; $(-10)^{-4}$
c) $\left(-\frac{1}{2}\right)^5$; $\left(\frac{1}{2}\right)^5$; $\left(-\frac{1}{2}\right)^{-5}$; $-\left(-\frac{1}{2}\right)^5$; $\left(\frac{1}{2}\right)^{-5}$; $\frac{1^{-5}}{2}$
d) $(-5)^2$; -5^{-2}; 5^2; $(-5)^{-2}$; 5^{-2}; -5^2

11 Berechne.
a) $2 \cdot 5^2$
b) $3 \cdot (-2)^4$
c) $7 \cdot 3^2$
d) $10 \cdot 4^3$
e) $3 \cdot 2^{-4}$
f) $8 \cdot 5^{-1}$
g) $7 \cdot (-10)^{-3}$
h) $3 \cdot (-10)^2$
i) $-4 \cdot (-3)^2$
j) $-6 \cdot 2^5$
k) $-500 : 10^2$
l) $-\left(\frac{1}{2}\right) : 5^2$
m) $4 + (-2)^3$
n) $-3 + 10^{-2}$
o) $1{,}5 - 2^{-3}$
p) $20 - 3 \cdot 5^2$
q) $8 : 5^{-2} + 4$
r) $5 + 4 \cdot \left(-\frac{1}{2}\right)^2$
s) $6 - \left(\frac{2}{3}\right) \cdot 5^{-1}$
t) $19 - 4 \cdot (-2)^{-3}$

Bist du sicher?

1 Gib in wissenschaftlicher Schreibweise an.
a) 420 000
b) 32 000 000
c) 0,000 02
d) 0,000 000 365
e) 0,0001

2 Schreibe, ohne Zehnerpotenzen zu verwenden.
a) $5 \cdot 10^4$
b) $1{,}234 \cdot 10^9$
c) $32 \cdot 10^{-6}$
d) 10^{-4}
e) $0{,}234 \cdot 10^{-3}$

3 Berechne.
a) $3 \cdot 2^{-5}$
b) $5 \cdot (-4)^3$
c) $6 - 4^{-2}$
d) $3 \cdot (-7)^{-1}$
e) $12 - 8 \cdot 2^{-3}$

12 Berechne.
a) $3 \cdot 0{,}5^{-2}$
b) $72 : (-6)^2$
c) $-12 : 2^2$
d) $(3 \cdot 5)^{-2}$
e) $4 \cdot 5^{-1}$
f) $-3 \cdot 0{,}5^{-3}$
g) $6 \cdot (-2)^{-3}$
h) $(-3 \cdot 2)^4$
i) $-8 : 2^{-3}$
j) $-2^5 \cdot 4^{-1}$
k) $18 - 4 \cdot 2^{-3}$
l) $8 + 2 \cdot (-5)^{-2}$
m) $6 : (-2)^3 - 9 \cdot 3^{-2}$
n) $(4 : 8)^{-2} + (-6)^3$
o) $-5^3 \cdot (-6)^{-2}$

13 Forme so um, dass keine Exponenten auftreten, die kleiner oder gleich null sind.
a) a^{-4}; $3 \cdot x^{-2}$; $a x^{-6}$; $(a x)^{-2}$
b) $(a + b)^{-1}$; $(x - y)^{-7}$; $(u - 1)^0$; $(x + y)^{-2}$
c) $1 : a^{-2}$; $a : b^{-3}$; $(a : b)^{-5}$; $a^{-2} : b^{-2}$
d) $x \cdot a^0$; $a^{-1}x$; $a^{-1}x^{-1}$; $(a - x)^{-1}$

14 In der Homöopathie verwendet man hohe Verdünnungen von Wirkstoffen als Arzneien. Die Konzentration D1 bedeutet, dass in 10 Teilen der Arznei 1 Teil des Wirkstoffs enthalten ist. D2 bedeutet, dass in 100 Teilen der Arznei 1 Teil des Wirkstoffs enthalten ist usw.
a) Wie viel Gramm Belladonna D6 (Tollkirsche) lässt sich aus 1 g des Wirkstoffs der giftigen Tollkirsche herstellen?
b) Wie viel Milliliter (ml) reines Chelidonium (Schöllkraut) sind zur Herstellung von 50 Litern Chelidonium D4 notwendig?

2 Potenzen mit gleicher Basis

Daniel hat eine Möglichkeit gefunden, zu dem Quadrat ABCD mit der Seitenlänge 10 cm ein Quadrat mit dem doppelten Flächeninhalt zu konstruieren.
„Wenn ich das nur oft genug mache, dann passt ganz Deutschland in mein Quadrat."
„Bis du damit fertig bist, habe ich schon mein Abitur", vermutet Marie.

Potenzen sind Produkte mit gleichen Faktoren. Beim Multiplizieren zweier Potenzen mit positiven Exponenten und gleicher Basis kann man das Ergebnis wieder als Potenz schreiben. Deren Exponent ist die Summe der beiden Exponenten.

$a^5 \cdot a^3 = (a \cdot a \cdot a \cdot a \cdot a) \cdot (a \cdot a \cdot a) = a \cdot a \cdot a \cdot a \cdot a \cdot a \cdot a \cdot a = a^8 = a^{5+3}$

Auf die gleiche Weise erhält man eine Regel für die Division von Potenzen mit gleicher Basis. Der Exponent des Ergebnisses ist jetzt die Differenz der beiden Exponenten.

$a^7 : a^4 = \frac{a^7}{a^4} = \frac{a \cdot a \cdot a \cdot a \cdot a \cdot a \cdot a}{a \cdot a \cdot a \cdot a} = \frac{a \cdot a \cdot a}{1} = a \cdot a \cdot a = a^3 = a^{7-4}$

Diese Regel gilt auch dann, wenn die Differenz der Exponenten negativ wird.

$a^2 : a^5 = \frac{a^2}{a^5} = \frac{a \cdot a}{a \cdot a \cdot a \cdot a \cdot a} = \frac{1}{a \cdot a \cdot a} = \frac{1}{a^3} = \frac{1}{a^{5-2}} = a^{-(5-2)} = a^{-3} = a^{2-5}$

Beide Regeln gelten auch dann, wenn die Exponenten nicht beide positiv sind.
Multiplikationsregel:

$a^3 \cdot a^{-5} = \frac{a^3}{a^5} = a^{3-5} = a^{3+(-5)}$; $\quad a^{-2} \cdot a^{-3} = \frac{1}{a^2} \cdot \frac{1}{a^3} = \frac{1}{a^{2+3}} = a^{-(2+3)} = a^{-2+(-3)}$

Divisionsregel:

$\frac{a^5}{a^{-3}} = a^5 \cdot a^3 = a^{5+3} = a^{5-(-3)}$; $\quad \frac{a^{-3}}{a^7} = \frac{1}{a^3 \cdot a^7} = \frac{1}{a^{3+7}} = a^{-3-7}$; $\quad \frac{a^{-5}}{a^{-3}} = \frac{a^3}{a^5} = a^{3-5} = a^{-5-(-3)}$

Auch eine Potenz, deren Basis selbst eine Potenz ist, kann man als Produkt mit gleichen Faktoren schreiben, wenn alle Exponenten positiv sind. Die Anzahl der Faktoren des Produkts erhält man, wenn man die beiden Exponenten miteinander multipliziert.

$(a^2)^3 = (a^2) \cdot (a^2) \cdot (a^2) = (a \cdot a) \cdot (a \cdot a) \cdot (a \cdot a) = a \cdot a \cdot a \cdot a \cdot a \cdot a = a^{2 \cdot 3}$

Diese Regel gilt auch dann, wenn die Exponenten nicht beide positiv sind.

$(a^2)^{-3} = \frac{1}{(a^2)^3} = \frac{1}{a^{2 \cdot 3}} = a^{-(2 \cdot 3)} = a^{2 \cdot (-3)}$; $\quad (a^{-2})^3 = \left(\frac{1}{a^2}\right)^3 = \frac{1}{(a^2)^3} = \frac{1}{a^{2 \cdot 3}} = a^{-(2 \cdot 3)} = a^{-2 \cdot 3}$

$(a^{-2})^{-3} = \frac{1}{(a^{-2})^3} = \frac{1}{a^{-2 \cdot 3}} = a^{2 \cdot 3} = a^{(-2) \cdot (-3)}$

Für eine Basis a ($a \neq 0$) und ganzzahlige Exponenten p und q gilt:
Potenzen mit gleicher Basis werden multipliziert (dividiert), indem man die Exponenten addiert (subtrahiert) und die Basis beibehält.

$$a^p \cdot a^q = a^{p+q}; \quad a^p : a^q = \frac{a^p}{a^q} = a^{p-q}$$

Potenzen werden potenziert, indem man die Exponenten multipliziert und die Basis beibehält. $\quad (a^p)^q = a^{p \cdot q}$

Potenzieren vor Punktrechnung:
In Termen wie $6a^4$ wird der Faktor 6 nicht potenziert:
$6a^4 = 6 \cdot a \cdot a \cdot a \cdot a$.
Soll auch der Faktor 6 potenziert werden, so müssen Klammern gesetzt werden:
$(6a)^4 = 6a \cdot 6a \cdot 6a \cdot 6a$.

Beispiel 1 Multiplizieren und Dividieren von Potenzen mit gleicher Basis

Vereinfache.

a) $6^5 \cdot 6^{-7}$ b) $a^{-4} : a^6$ c) $2^{k+1} \cdot 2^{k-2}$ d) $(6a^4) : (3a^5)$

Lösung:

a) $6^5 \cdot 6^{-7} = 6^{5+(-7)} = 6^{-2} = \frac{1}{6^2} = \frac{1}{36}$

b) $a^{-4} : a^6 = a^{-4-6} = a^{-10} = \frac{1}{a^{10}}$

c) $2^{k+1} \cdot 2^{k-2} = 2^{(k+1)+(k-2)} = 2^{2k-1}$

d) $(6a^4) : (3a^5) = \frac{6}{3} \cdot a^{4-5} = 2a^{-1} = \frac{2}{a}$

Beispiel 2 Potenzieren von Potenzen

Berechne.

a) $(3^2)^4$ b) $(5^3)^{-1}$ c) $((-1)^{-5})^{-6}$ d) $((-2)^3)^3$

Lösung:

a) $(3^2)^4 = 3^{2\cdot 4} = 3^8 = 6561$

b) $(5^3)^{-1} = 5^{3\cdot(-1)} = 5^{-3} = \frac{1}{5^3} = \frac{1}{125}$

c) $((-1)^{-5})^{-6} = (-1)^{(-5)\cdot(-6)} = (-1)^{30} = (-1)^2 \cdot \ldots \cdot (-1)^2 = 1$

d) $((-2)^3)^3 = (-2)^{3\cdot 3} = (-2)^9 = -512$

Beispiel 3 Anwenden der Potenzgesetze bei Termumformungen

Vereinfache.

a) $3x^5 \cdot (-2x^{-4})$ b) $9^7 \cdot 3^5$ c) $\frac{6x^5y^8}{2x^2y^4}$ d) $\frac{(-4)^3}{8^2}$

Lösung:

a) $3x^5 \cdot (-2x^{-4}) = (3 \cdot (-2)) \cdot (x^5 \cdot x^{-4}) = -6x$

b) $9^7 \cdot 3^5 = (3^2)^7 \cdot 3^5 = 3^{14} \cdot 3^5 = 3^{19}$

c) $\frac{6x^5y^8}{2x^2y^4} = \frac{6}{2} \cdot \frac{x^5}{x^2} \cdot \frac{y^8}{y^4} = 3x^3y^4$d)

d) $\frac{(-4)^3}{8^2} = \frac{(-2^2)^3}{(2^3)^2} = -\frac{2^6}{2^6} = -2^{6-6} = -2^0 = -1$

Aufgaben

1 Vereinfache.

a) $5^6 \cdot 5^{-7}$ b) $3^{-6} \cdot 3^{-7}$ c) $3^{-2} : 3^5$ d) $(-7)^3 \cdot (-7)^2$ e) $\left(\frac{1}{2}\right)^{-2} \cdot \left(\frac{1}{2}\right)^{-1}$

f) $\left(\frac{3}{4}\right)^{-5} \cdot \left(\frac{3}{4}\right)^4$ g) $3 \cdot 2^3 \cdot 2^{-4}$ h) $(-6)^5 : (-6)^{-3}$ i) $0{,}5^{-4} \cdot 0{,}5^5$ j) $\left(\frac{2}{5}\right)^{-3} : \left(\frac{2}{5}\right)^4$

k) $(-4)^3 : (-4)^{-2}$ l) $6^{-6} \cdot 66^0 \cdot 6^6$ m) $4^{-7} \cdot 4^4 : 4^{-5}$ n) $0{,}2^{-3} : 0{,}2^{-1}$ o) $7^{-4} : 7^{-3} \cdot 7^2$

2 a) $x^3 \cdot x^5$ b) $y^7 \cdot y$ c) $z^3 \cdot z^3$ d) $r^{-2} \cdot r^4$ e) $s^5 : s^{-3}$

f) $a^3 : a^4$ g) $b^{-2} : b^2$ h) $x^{-1} \cdot x^{-2}$ i) $u^{-2} : u$ j) $v^{-1} : v^{-2}$

k) $e^x \cdot e^x$ l) $a^x \cdot a^{-x}$ m) $a^x : a^{-x}$ n) $x^{2k} : x^k$ o) $k^{-n} \cdot k$

3 a) $(2^2)^4$ b) $(4^{-3})^2$ c) $(3^{-2})^{-3}$ d) $((-2)^3)^{-3}$

e) $((-0{,}5)^{-2})^5$ f) $(10^4)^{-5}$ g) $((2^2)^3)^4$ h) $(((-5)^{-1})^2)^{-2}$

4 a) $(x^5)^3$ b) $(y^4)^{-2}$ c) $(z^{-2})^0$ d) $(x^m)^3$ e) $(c^2)^{n+1}$ f) $(x^{q-1})^{-3}$

5 Welche Zahlenkärtchen haben das gleiche Ergebnis?

$2 \cdot 7^4 \cdot 7^{-2}$ | $2 \cdot 7^6$ | $\frac{4 \cdot 7^4}{2 \cdot 7^2}$ | $2 \cdot (7^2)^3$ | $\frac{4 \cdot 7^2}{2 \cdot 7^{-4}}$ | $8 \cdot 7^6 \cdot \left(\frac{1}{2 \cdot 7^2}\right)^2$

6 Ergänze die fehlenden Exponenten.

a) $a^{12} = a^2 \cdot a^{\square}$ b) $b^8 = (b^{\square})^2$ c) $c^{16} = \frac{c^2}{c^{\square}}$ d) $d^6 = \frac{d^{\square}}{d^{-3}}$ e) $e^{-4} = \frac{e^{\square}}{e^{-7}}$

7 a) $x^{15} = x \cdot x^{\square} = x^{-3} \cdot x^{\triangle} = (x^3)^{\bigcirc} = (x^{-1})^{\diamond}$ b) $a^{2m} = a^{m-1} \cdot a^{\square} = a^{\triangle} : a^{m+1} = (a^{-m})^{\bigcirc}$

8 Fasse zusammen.

a) $x^3 \cdot x^5$ b) $y^7 \cdot y$ c) $5^2 \cdot 5^{-4}$ d) $a^3 : a^4$ e) $b^{-2} : b^2$
f) $z^{n+1} \cdot z^{-n}$ g) $r^{2a} \cdot r^{1-a}$ h) $y^{1-k} : y^{k-1}$ i) $2 : 2^n$ j) $a^x \cdot a^x \cdot a^x$

9 Berechne.

a) $z^{n+1} \cdot z^{-n}$ b) $a^{k+1} : a^{k-1}$ c) $b^x : b^{x-1}$ d) $r^{2a} \cdot r^{1-a}$
e) $x^{3k} \cdot x^{-3k}$ f) $y^{1-k} : y^{k-1}$ g) $z : z^n$ h) $e^{-x} : e$
i) $\frac{x^5}{x^3}$ j) $\frac{a^7}{a^{-2}}$ k) $\frac{4{,}6 \cdot a^{-3} b}{23 \cdot a \cdot b^{-2}}$ l) $\frac{56 r^2 s^{-1} r^{-1}}{1{,}4 \cdot s^3 r^{-2}}$

10 Schreibe als Potenz mit möglichst kleiner natürlicher Basis.

a) 36^3 b) 8^4 c) 1000^3 d) 16^{-5} e) 125^n f) 27^k g) 9^{n-1}

11 Faltet man ein Blatt Zeitungspapier dreimal, so ist diese Lage etwa 1 mm dick. Wie hoch würde der Stapel, wenn man insgesamt 42-mal falten könnte?

Zum Vergleich: Der Mond ist von der Erde etwa $3{,}8 \cdot 10^5$ km entfernt.

12 Vereinfache.

a) $((-b)^{-2})^{-3}$ b) $(-x^{-2})^6$ c) $-(a^{-5})^{-1}$ d) $(-a^{-5})^{-1}$ e) $((-a)^3)^{-5}$

13 Vereinfache wie im Beispiel 3 auf Seite 82.

a) $\frac{a^4 \cdot b^2}{a^6 \cdot b^3}$ b) $\frac{x^6 \cdot y^{-8}}{y^5 \cdot x^3}$ c) $\frac{r^3 \cdot s^{-10}}{r \cdot s^5}$ d) $\frac{a^5 \cdot b^{12} \cdot c^{-3}}{b^{-3} \cdot c^5 \cdot a^4}$ e) $\frac{(a+b)^2 \cdot (a-b)^{-5}}{(a+b)^3 \cdot (a-b)^{-4}}$

Bist du sicher?

1 Vereinfache.

a) $x^{-5} \cdot x^3$ b) $b^8 : b^{-4}$ c) $a^{x+3} \cdot a^1$ d) $y^{k+1} : y^{1-k}$ e) $z^{2n-2} \cdot z^{n-3}$

2 a) $2^4 \cdot 8^{-2}$ b) $(-x^3)^{-2}$ c) $2a^4 \cdot 4a^{-6}$ d) $\frac{a^6 \cdot b^{-9}}{b^6 \cdot a^7}$ e) $\frac{x^5 \cdot y^{-5} \cdot z^8}{y^{-3} \cdot z^2 \cdot x^9}$

14 Berechne und vergleiche.

a) $(2^2)^2$; $2^{(2^2)}$ b) $(2^5)^3$; $2^{(5^3)}$ c) $(3^{-1})^4$; $3^{((-1)^4)}$ d) $(4^{-3})^2$; $4^{((-3)^2)}$

Bei mehrfachem Potenzieren sind Klammern unverzichtbar: $(x^2)^3 = x^6$; $x^{(2^3)} = x^8$.

15 Ordne die Potenzen $10^{\left(10^{(10^{10})}\right)}$, $(10^{10})^{(10^{10})}$, $((10^{10})^{10})^{10}$, $\left(10^{(10^{10})}\right)^{10}$, $10^{((10^{10})^{10})}$ der Größe nach.

16 Die Seitenlängen zweier Würfel verhalten sich zueinander wie 2:1.
a) Wie verhalten sich die Oberflächen zueinander?
b) Wie verhalten sich die Volumina zueinander?

17 Ida hat einen „Kettenbrief" bekommen. Am Ende sind fünf Adressen angegeben.
a) Mit welchem Betrag kann Ida rechnen, wenn alle Personen mitspielen?
b) Die Teilnahme an „Kettenbriefen" ist in Deutschland nach §286 StGB strafbar. Kannst du dir vorstellen, warum es dieses Gesetz gibt?

> *Hallo Mitspieler,*
> *möchtest du in wenigen Tagen mehrere Tausend Euro verdienen? Dann mache Folgendes:*
> *1. Sende 5 € an die erste Adresse unten auf dem Brief und streiche sie dann durch.*
> *2. Schreibe deine Adresse unter die verbliebenen vier Adressen und kopiere den Brief fünfmal.*
> *3. Sende die fünf Briefe an fünf gute Freunde.*

18 Gib die größte und die kleinste Zahl an, die man mit drei Ziffern schreiben kann.

3 Potenzen mit gleichen Exponenten

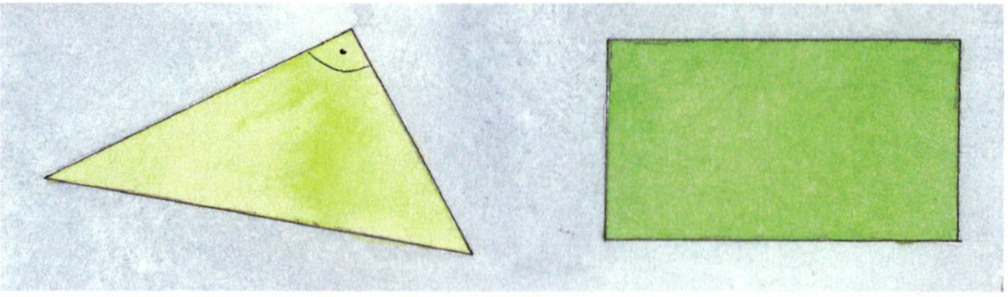

„Lea, stimmt es eigentlich, dass die Summe von zwei Quadratzahlen wieder eine Quadratzahl ist?"
„Kann schon vorkommen, Moritz. Bei Produkten gilt das, glaube ich, immer."

Ein Produkt von Potenzen mit gleichen positiven Exponenten enthält verschiedene Faktoren, die gleich oft vorkommen. Ein solches Produkt lässt sich als Potenz schreiben.

$$a^4 \cdot b^4 = (a \cdot a \cdot a \cdot a) \cdot (b \cdot b \cdot b \cdot b) = (a \cdot b) \cdot (a \cdot b) \cdot (a \cdot b) \cdot (a \cdot b) = (a \cdot b)^4$$

Auf ähnliche Weise kann man auch Quotienten von Potenzen mit gleichen positiven Exponenten vereinfachen.

$$a^2 : b^2 = \frac{a^2}{b^2} = \frac{a \cdot a}{b \cdot b} = \frac{a}{b} \cdot \frac{a}{b} = \left(\frac{a}{b}\right)^2$$

Beide Regeln lassen sich leicht auf Potenzen mit negativen Exponenten übertragen.

$$a^{-3} \cdot b^{-3} = \frac{1}{a^3} \cdot \frac{1}{b^3} = \frac{1}{(a \cdot b)^3} = (a \cdot b)^{-3} \text{ und } \frac{a^{-5}}{b^{-5}} = \frac{b^5}{a^5} = \left(\frac{b}{a}\right)^5 = \left(\left(\frac{b}{a}\right)^{-1}\right)^{-5} = \left(\frac{1}{\frac{b}{a}}\right)^{-5} = \left(\frac{a}{b}\right)^{-5}$$

Für beliebige Basen a und b ($a, b \neq 0$) und einen ganzzahligen Exponenten p gilt:
Potenzen mit gleichen Exponenten werden multipliziert (dividiert), indem man die Basen multipliziert (dividiert) und den Exponenten beibehält.

$$a^p \cdot b^p = (a \cdot b)^p \qquad a^p : b^p = \frac{a^p}{b^p} = \left(\frac{a}{b}\right)^p$$

Beispiel 1

Fasse zusammen.

a) $0{,}25^4 \cdot 12^4$ b) $15^{-2} : 5^{-2}$ c) $\frac{2^{-3}}{4^{-3}}$ d) $5^3 \cdot 8$

Lösung:

a) $0{,}25^4 \cdot 12^4 = (0{,}25 \cdot 12)^4 = 3^4 = 81$

b) $15^{-2} : 5^{-2} = (15 : 5)^{-2} = 3^{-2} = \frac{1}{3^2} = \frac{1}{9}$

c) $\frac{2^{-3}}{4^{-3}} = \left(\frac{2}{4}\right)^{-3} = \left(\frac{1}{2}\right)^{-3} = \frac{1}{\left(\frac{1}{2}\right)^3} = \frac{1^3}{\left(\frac{1}{2}\right)^3} = \left(\frac{1}{\frac{1}{2}}\right)^3 = 2^3 = 8$

d) $5^3 \cdot 8 = 5^3 \cdot 2^3 = (5 \cdot 2)^3 = 10^3 = 1000$

Beispiel 2

Forme um.

a) $125x^3$ b) $(a^2 \cdot b^{-5})^{-3}$ c) $(x^m y^2)^3$ d) $4^2 \cdot (-3)^4$

Lösung:

a) $125x^3 = 5^3 \cdot x^3 = (5x)^3$

b) $(a^2 \cdot b^{-5})^{-3} = (a^2)^{-3} \cdot (b^{-5})^{-3} = a^{-6} \cdot b^{15} = \frac{b^{15}}{a^6}$

c) $(x^m y^2)^3 = (x^m)^3 \cdot (y^2)^3 = x^{3m} y^6$

d) $4^2 \cdot (-3)^4 = (2^2)^2 \cdot (-3)^4 = 2^4 \cdot (-3)^4 = (2 \cdot (-3))^4 = (-6)^4$

Aufgaben

1 Rechne im Kopf.

a) $2^4 \cdot 5^4$ b) $15^2 : 5^2$ c) $(-0{,}5)^5 \cdot (-4)^5$ d) $2{,}5^3 : 5^3$

e) $(-18)^5 : 9^5$ f) $20^{-2} : 5^{-2}$ g) $4^3 \cdot 4^3$ h) $18^{-3} : 12^{-3}$

i) $(-12)^3 : 6^3$ j) $\left(\frac{1}{5}\right)^{-2} \cdot \left(\frac{3}{5}\right)$^–2 k) $10^{-3} \cdot \left(\frac{1}{5}\right)^{-3}$ l) $\left(\frac{2}{3}\right)^2 \cdot \left(\frac{8}{15}\right)^{-2}$

2 Vereinfache.

a) $3^a \cdot 6^a$ b) $(-0{,}5)^n \cdot 6^n$ c) $10^p : 5^p$ d) $2{,}4^x : (-0{,}8)^x$

e) $4{,}5^k : 3^k$ f) $4^a \cdot 3^{2a}$ g) $15^{-b} : 10^b$ h) $5^{3n} : 125^n$

i) $8^{2-x} : 4^{2-x}$ j) $2^{n-1} \cdot \left(\frac{1}{2}\right)^{n-1}$ k) $2^{n+1} : \left(\frac{1}{2}\right)^{n+1}$ l) $(2x)^{3-k} : x^{k-3}$

3 a) $\left(\frac{3}{4}\right)^{12} \cdot \left(\frac{4}{3}\right)^{12}$ b) $3^{2n} \cdot \left(\frac{3}{2}\right)^{-2n}$ c) $\left(\frac{2}{5}\right)^5 \cdot \left(\frac{6}{5}\right)^{-5} \cdot \left(-\frac{3}{4}\right)^5$ d) $\left(\frac{4}{3}\right)^4 \cdot \left(-\left(\frac{3}{4}\right)^4\right) \cdot \left(\frac{9}{2}\right)^4$

4 Forme um wie in Beispiel 2 auf Seite 170.

a) $32x^5$ b) $9x^2y^2$ c) $\frac{1}{8}a^3b^6$ d) $\frac{1}{25}u^4v^{-6}$

5 a) $(a^2b^3)^n$ b) $(x^3y^{-4})^{2k}$ c) $(3u^{-5}v^{n+1})^3$ d) $(x^ny^m)^{n+m}$

e) $(a^{k-1}b^k)^{k+1}$ f) $(r^xs^y)^{x-y}$ g) $(-2a^{n-1}b^{1-n})^{n+1}$ h) $(x^{-2}(x+y))^{-2}$

6 a) $16 \cdot 5^4$ b) $6^5 \cdot 3^{-5}$ c) $5^{-x} : 10^x$ d) $27 \cdot 6^{-3}$

e) $4^{-5} \cdot \left(\frac{2}{3}\right)^5$ f) $\left(\frac{2}{3}\right)^{-2} \cdot \left(\frac{3}{2}\right)^{-2}$ g) $\left(\frac{2}{5}\right)^{-k} : \left(\frac{4}{5}\right)^k$ h) $\left(\frac{3}{8}\right)^{-n} : \left(\frac{2}{3}\right)^{2n}$

Bist du sicher?

1 a) $6^4 \cdot \left(\frac{1}{3}\right)^4$ b) $\left(\frac{1}{2}\right)^{-7} \cdot 2^{-7}$ c) $\left(\frac{3}{2}\right)^3 \cdot \left(\frac{15}{4}\right)^{-3}$ d) $\left(-\frac{1}{7}\right)^{-3} \cdot \left(-\frac{5}{21}\right)^3 \cdot \left(\frac{25}{3}\right)^{-3}$

2 Vereinfache.

a) $16^{2k} : 8^{2k}$ b) $(a^2 \cdot b^2)^2$ c) $a^{-2} \cdot \left(\frac{a^{-3}}{b}\right)$ d) $\left(\frac{p}{q}\right)^{-z} : \left(\frac{p}{2q}\right)^{-z}$

7 Die Kantenlänge k eines Würfels wird um einen Faktor a vergrößert. Wie verändern sich dadurch der Oberflächeninhalt und das Volumen des Würfels?

8 a) Berechne und vergleiche: $2^3 + 2^2$ und 2^5; $3^{-2} + 3^{-4}$ und 3^{-6}; $4^{-1} - 4^3$ und 4^{-4}.
b) Warum darf man Potenzen mit gleicher Basis nicht addieren oder subtrahieren, indem man die Exponenten addiert bzw. subtrahiert?

9 Beweise oder widerlege: Man potenziert eine Summe, indem man jeden Summanden potenziert und die erhaltenen Potenzen addiert.

10 Vereinfache.

a) $(p+q)^2 \cdot (p-q)^2$ b) $(a^2 - b^2) \cdot (a-b)^2$ c) $(x+1)^{-2} \cdot (x-1)^{-2}$ d) $2x^{-3} \cdot (2xy + x^2)^3$

11 Untersuche, ob zwei Potenzen gleich sein können, wenn die beiden Basen übereinstimmen, die zwei Exponenten aber verschieden sind.

4 Wurzeln

„Das ist ja einfach", beschwert sich Johanna.
„Hier ist ein neues Rätsel: Um wie viele Leute, Katzen, Mäuse und Ähren geht es, wenn die Lösung 1024 Körner ist?"

Potenzieren (hoch 2) →

x	x^2
0	0
1	1
2	4
3	9
4	16
5	25

← 2. Wurzel ziehen

Potenzieren (hoch 3) →

x	x^3
0	0
1	1
2	8
3	27
4	64
5	125

← 3. Wurzel ziehen

Liest man die Tabellen mit Potenzen von rechts nach links, so lässt sich zu Ausdrücken wie $a = x^2$ oder $a = x^3$ jeweils die Basis x ablesen. Dies nennt man **Wurzelziehen**.
Ist $a = x^2$ mit $x \geqq 0$, dann heißt x die (zweite) Wurzel oder Quadratwurzel aus a, also $x = \sqrt{a}$.
Ist $a = x^3$ mit $x \geqq 0$, dann heißt x die **dritte Wurzel** aus a. Man schreibt $x = \sqrt[3]{a}$.
...
Ist $a = x^n$ mit $x \geqq 0$ und einer natürlichen Zahl n, dann heißt x die **n-te Wurzel** aus a. Wegen $x \geqq 0$ ist auch die Zahl a nicht negativ. Man schreibt $x = \sqrt[n]{a}$. Wie beim Ziehen der Quadratwurzel nennt man die Zahl a **Radikand** der n-ten Wurzel.

Potenzieren mit n und Ziehen der n-ten Wurzel sind also Umkehroperationen.
Für nicht negative Werte von a gilt $\left(\sqrt[n]{a}\right)^n = a$ bzw. $\sqrt[n]{a^n} = a$.
Man kann n-te Wurzeln auch als Potenzen schreiben. Verlangt man dabei, dass das Gesetz zum Potenzieren von Potenzen weiter gelten soll, so ergibt sich wegen

$$a = a^{\frac{n}{n}} = a^{\frac{1}{n}\cdot n}\left(a^{\frac{1}{n}}\right)^n \quad \text{und} \quad \left(\sqrt[n]{a}\right)^n = a;$$

für n-te Wurzeln die Schreibweise $\sqrt[n]{a} = a^{\frac{1}{n}}$.

Ebenso kann man den Kehrwert einer n-ten Wurzel als Potenz schreiben.

$$\frac{1}{\sqrt[n]{a}} = \frac{1}{a^{\frac{1}{n}}} = \left(a^{\frac{1}{n}}\right)^{-1} = a^{\frac{1}{n}\cdot(-1)} = a^{-\frac{1}{n}}$$

Ist $a \geqq 0$ eine beliebige Zahl und $n > 0$ eine natürliche Zahl, so bezeichnet man mit $x = \sqrt[n]{a}$ diejenige nicht negative Zahl, deren n-te Potenz a ergibt.
Die **n-te Wurzel** aus a lässt sich als Potenz schreiben:

$$\sqrt[n]{a} = a^{\frac{1}{n}}.$$

Außerdem gilt $\frac{1}{\sqrt[n]{a}} = \frac{1}{a^{\frac{1}{n}}} = a^{-\frac{1}{n}}$.

Beispiel 1
Schreibe als Potenz und bestimme die Lösung durch Ausprobieren:
a) $\sqrt[3]{8}$ b) $\sqrt[5]{243}$ c) $\sqrt[4]{625}$ d) $\sqrt[3]{343}$
Lösung:
a) $\sqrt[3]{8} = 8^{\frac{1}{3}} = 2$, denn $2^3 = 8$
b) $\sqrt[5]{243} = 243^{\frac{1}{5}} = 3$, denn $\frac{1}{\sqrt[5]{243}} = \frac{1}{3}$
c) $\sqrt[4]{625} = 625^{\frac{1}{4}} = 5$, denn $5^4 = 625$
d) $\sqrt[3]{343} = 343^{\frac{1}{3}} = 7$, denn $7^3 = 343$

Beispiel 2

Schreibe als Potenz mit negativem Exponenten und bestimme die Lösung: $\frac{1}{\sqrt[5]{1024}}$

Lösung:

$\frac{1}{\sqrt[5]{1024}} = 1024^{-\frac{1}{5}} = \frac{1}{(1024)^{\frac{1}{5}}} = \frac{1}{4}$, denn $4^5 = 1024$, also $\sqrt[5]{1024} = 1024^{\frac{1}{5}} = 4$ und $\frac{1}{(1024)^{\frac{1}{5}}} = \frac{1}{4}$.

Beispiel 3

Schreibe mithilfe einer Wurzel und bestimme die Lösung durch Ausprobieren.

a) $32^{\frac{1}{5}}$ b) $4^{-\frac{1}{2}}$ c) $625^{-\frac{1}{4}}$ d) $1331^{\frac{1}{3}}$

Lösung:

a) $32^{\frac{1}{5}} = \sqrt[5]{32} = 2$, denn $2^5 = 32$ b) $4^{-\frac{1}{2}} = \frac{1}{4^{\frac{1}{2}}} = \frac{1}{\sqrt{4}} = \frac{1}{2}$

c) $625^{-\frac{1}{4}} = \frac{1}{625^{\frac{1}{4}}} = \frac{1}{\sqrt[4]{625}} = \frac{1}{5}$ d)   d) $1331^{\frac{1}{3}} = \sqrt[3]{1331} = 11$, denn $11^3 = 1331$

Aufgaben

1 Berechne im Kopf.

a) $\sqrt[4]{10\,000}$ b) $\sqrt[6]{1}$ c) $\sqrt[4]{256}$ d) $\sqrt[5]{0}$ e) $\sqrt[5]{100\,000}$

f) $\sqrt[2]{0{,}000\,01}$ g) $\sqrt[4]{\frac{1}{16}}$ h) $\sqrt[4]{\frac{1}{625}}$ i) $\sqrt[4]{\frac{4}{9}}$ j) $\sqrt[4]{\frac{1}{81}}$

k) $\sqrt[6]{64}$ l) $\sqrt{0{,}01}$ m) $\sqrt[3]{0{,}064}$ n) $\sqrt[5]{0{,}002\,43}$ o) $\sqrt[10]{1024}$

2 Schreibe als Potenz und prüfe, ob die Aussage wahr ist.

a) $\sqrt[4]{64} = 4$ b) $\sqrt[4]{2401} = 7$ c) $\sqrt{0{,}0572} = 0{,}24$

d) $3{,}1 = \sqrt[3]{29{,}791}$ e) $0{,}16 = \sqrt[4]{0{,}000\,207\,36}$ f) $\sqrt[3]{0{,}216} = \frac{3}{5}$

3 Schreibe mithilfe einer Wurzel und bestimme die Lösung im Kopf.

a) $27^{\frac{1}{3}}$ b) $16^{\frac{1}{4}}$ c) $64^{-\frac{1}{6}}$ d) $25^{\frac{1}{2}}$ e) $8^{-\frac{1}{3}}$ f) $81^{-\frac{1}{4}}$ g) $\left(\frac{1}{36}\right)^{\frac{1}{2}}$ h) $125^{-\frac{1}{3}}$

4 Aus einer Zahl wurde zuerst die Quadratwurzel gezogen, dann vom Ergebnis die dritte Wurzel und von diesem Ergebnis schließlich die vierte Wurzel. Wie heißt die Zahl, wenn das letzte Ergebnis   a) 1   b) 10   c) 0,1   d) 2   ist?

5 Ein Spieler hat bei einem Glücksspiel zu Beginn 15 Punkte. Er setzt diese 15 Punkte und gewinnt. Jetzt hat er das x-Fache seines Einsatzes. Er setzt wieder alles, gewinnt wieder und besitzt nun das x-Fache des zweiten Einsatzes usw.
Auf diese Weise hat er nach sieben Spielen 245 760 Punkte. Berechne x.

6 Bei einer Bakterienkultur vermehrt sich die Anzahl der Bakterien alle 10 Minuten um einen Faktor x. Bestimme x, wenn zu Beginn 200 Bakterien vorhanden waren, und die Kultur nach zwei Stunden $4{,}882\,812\,5 \cdot 10^{10}$ Bakterien enthält.

7 Jan Louis behauptet: „a^n ist immer größer als a und $\sqrt[n]{a}$ ist immer kleiner als a.“
Katrin ist nicht sicher, ob Jan Louis Recht hat. Was meinst du dazu?
Begründe deine Antwort.

5 Potenzen mit rationalen Exponenten

Als die griechische Insel Delos von einer Seuche heimgesucht wurde, fragten deren Bewohner das Orakel von Delphi um Rat. Das Orakel riet ihnen, den würfelförmigen Altar von Delos, der dem Gott Apollo geweiht ist, in doppelter Größe zu bauen.

Ist $k = x^n$ mit $x \geqq 0$ und einer natürlichen Zahl n, dann ist x die n-te Wurzel aus k. Die Definition lässt sich auch auf den Fall übertragen, dass k selbst eine Potenz ist. Für $k = a^m$ gilt dann: Ist $a^m = x^n$ mit $x \geqq 0$ und einer natürlichen Zahl n und einer ganzen Zahl m, dann ist x die **n-te Wurzel aus a^m**. Man schreibt $x = \sqrt[n]{a^m}$. Wenn das Gesetz vom Potenzieren von Potenzen weiter gelten soll, dann lässt sich x als Potenz mit einem Bruch als Exponenten schreiben, denn es gilt $x = \sqrt[n]{a^m} = (a^m)^{\frac{1}{n}} = a^{\frac{m}{n}}$.
Die n-te Wurzel aus a^m ist also $a^{\frac{m}{n}}$. Wegen $a^{\frac{m}{n}} = a^{\frac{1}{n} \cdot m} = \left(a^{\frac{1}{n}}\right)^m = \left(\sqrt[n]{a}\right)^m$ kann man $a^{\frac{m}{n}}$ auch als m-te Potenz von $\sqrt[n]{a}$ auffassen.

Potenzen mit rationalen Exponenten
Ist $a \geqq 0$, m eine ganze Zahl und n eine natürliche Zahl größer als 0, dann gilt:
$a^{\frac{m}{n}}$ ist die n-te Wurzel aus a^m oder die m-te Potenz von $\sqrt[n]{a}$.

$$a^{\frac{m}{n}} = \sqrt[n]{a^m} = \left(\sqrt[n]{a}\right)^m$$

Mit der einzigen Forderung, dass das Gesetz zum Potenzieren von Potenzen weiter gelten soll, wurde eine Definition von Potenzen mit rationalen Exponenten ermöglicht. Man kann zeigen, dass für die so definierten Potenzen auch alle anderen Potenzgesetze gelten.

Potenzgesetze
Sind p und q rationale Zahlen und a und b positive reelle Zahlen, so gilt:

für Potenzen mit gleicher Basis	$a^p \cdot a^q = a^{p+q}$	und	$a^p : a^q = \frac{a^p}{a^q} = a^{p-q}$,
für Potenzen mit gleichen Exponenten	$a^p \cdot b^p = (a \cdot b)^p$	und	$a^p : b^p = \frac{a^p}{b^p} = \left(\frac{a}{b}\right)^p$,
für das Potenzieren von Potenzen	$(a^p)^q = a^{p \cdot q}$.		

Beispiel 1 Potenzen mit rationalen Exponenten berechnen
Berechne.

a) $100^{\frac{3}{2}}$

b) $0{,}001^{-\frac{2}{3}}$

Lösung:

a) $100^{\frac{3}{2}} = (10^2)^{\frac{3}{2}} = 10^{2 \cdot \frac{3}{2}} = 10^3 = 1000$

b) $0{,}001^{-\frac{2}{3}} = (10^{-3})^{-\frac{2}{3}} = 10^{-3 \cdot \left(-\frac{2}{3}\right)} = 10^2 = 100$

Beispiel 2

Vereinfache. Gib das Ergebnis auch in Wurzelschreibweise an.

a) $a^{\frac{1}{4}} : a^{\frac{1}{2}}$ b) $(a^5 b^{-3})^{-\frac{1}{6}}$

Lösung:

a) $a^{\frac{1}{4}} : a^{\frac{1}{2}} = a^{\frac{1}{4}-\frac{1}{2}} = a^{\frac{1}{4}-\frac{2}{4}} = a^{-\frac{1}{4}} = \frac{1}{a^{\frac{1}{4}}} = \frac{1}{\sqrt[4]{a}}$

b) $(a^5 b^{-3})^{-\frac{1}{6}} = (a^5)^{-\frac{1}{6}} \cdot (b^{-3})^{-\frac{1}{6}} = a^{5\cdot\left(-\frac{1}{6}\right)} \cdot b^{-3\cdot\left(-\frac{1}{6}\right)} = a^{-\frac{5}{6}} \cdot b^{\frac{3}{6}} = a^{-\frac{5}{6}} \cdot b^{\frac{1}{2}} = \frac{b^{\frac{1}{2}}}{a^{\frac{5}{6}}} = \frac{\sqrt{b}}{\sqrt[6]{a^5}}$

Beispiel 3

Vereinfache. a) $\sqrt[4]{a^6} \cdot \sqrt{a^5}$ b) $\sqrt[3]{\sqrt{x^5}}$

Lösung:

a) $\sqrt[4]{a^6} \cdot \sqrt{a^5} = a^{\frac{6}{4}} \cdot a^{\frac{5}{2}} = a^{\frac{3}{2}} \cdot a^{\frac{5}{2}} = a^{\frac{3}{2}+\frac{5}{2}} = a^{\frac{8}{2}} = a^4$ b) $\sqrt[3]{\sqrt{x^5}} = \left(x^{\frac{5}{2}}\right)^{\frac{1}{3}} = x^{\frac{5}{2}\cdot\frac{1}{3}} = x^{\frac{5}{6}} = \sqrt[6]{x^5}$

Aufgaben

1 Berechne. Schreibe das Ergebnis gegebenenfalls in Wurzelschreibweise.

a) $5^{\frac{1}{2}} \cdot 5^{\frac{1}{4}}$ b) $4^{-\frac{2}{3}} \cdot 4^{\frac{3}{4}}$ c) $10^{\frac{1}{2}} : 10^{\frac{1}{3}}$ d) $y^{\frac{2}{3}} : y^{-\frac{1}{3}}$

e) $12^{\frac{1}{2}} \cdot 3^{\frac{1}{2}}$ f) $2^{\frac{1}{3}} \cdot 4^{\frac{1}{3}}$ g) $3^{\frac{1}{2}} \cdot 8^{\frac{1}{2}} \cdot 6^{\frac{1}{2}}$ h) $(4a)^{\frac{1}{3}} \cdot (16a^2)^{\frac{1}{3}}$

i) $\left(5^{\frac{2}{3}}\right)^{\frac{1}{4}}$ j) $\left(4^{\frac{1}{5}}\right)^{-\frac{3}{4}}$ k) $\left(x^{\frac{4}{5}} \cdot y^{-\frac{8}{5}}\right)^{-\frac{5}{8}}$ l) $\left(x^{\frac{5}{4}} : y^{-\frac{5}{8}}\right)^{-\frac{4}{5}}$

2 Schreibe als Potenz.

a) $\sqrt[3]{9}$ b) $\sqrt[4]{2^3}$ c) $\sqrt[3]{5^2}$ d) $\frac{1}{\sqrt{3}}$ e) $\frac{1}{\sqrt[3]{6}}$ f) $\frac{1}{\sqrt[5]{13^2}}$ g) $\frac{1}{\sqrt[4]{a^3}}$ h) $\frac{1}{\sqrt[n]{x^p}}$

i) $\sqrt[6]{5^2}$ j) $\sqrt[6]{2^3}$ k) $\sqrt[10]{x^5}$ l) $\frac{1}{\sqrt[10]{2^8}}$ m) $\frac{1}{\sqrt[16]{a^{4k}}}$ n) $\frac{1}{\sqrt[15]{x^{3n}}}$ o) $\frac{1}{\sqrt[3a]{x^{12a}}}$ p) $\frac{\sqrt[3]{x}}{\sqrt[5]{x^2}}$

3 Welche der Zahlen sind gleich?

$5^{\frac{1}{3}}$ | $\frac{1}{\sqrt[3]{5}}$ | $\frac{1}{5^{-\frac{2}{3}}}$ | $5^{\frac{2}{6}}$ | $\sqrt[3]{5}$ | $\sqrt[3]{5^2}$ | $\left(\sqrt[6]{5}\right)^2$ | $5^{-\frac{2}{6}}$ | $(5^6)^{\frac{1}{9}}$

4 Bestimme die fehlenden Zahlen.

a) $3^{\frac{2}{\square}} = \sqrt[5]{3^{\triangle}}$ b) $5^{-\frac{\square}{3}} = \frac{1}{\sqrt[\circ]{5^{\square}}}$ c) $\sqrt[4]{7^8} = 7^{\frac{\circ}{\square}}$ d) $\sqrt[6]{5^3} = 5^{\square}$ e) $a^2 = \sqrt[\square]{a^{\triangle}}$ f) $\sqrt[5]{a^{\square}} = a^2 \cdot \sqrt[5]{a}$

5 Vereinfache.

a) $\frac{\sqrt{b} \cdot \sqrt[3]{b}}{\sqrt[4]{b^3}}$ b) $\frac{\sqrt[6]{a^5}}{\sqrt{a} : \sqrt[3]{a}}$ c) $\frac{\sqrt{t} : \sqrt[3]{t}}{t}$ d) $\left(\sqrt[4]{x}\right)^{-2}$ e) $\left(\sqrt[5]{y^3}\right)^{10}$ f) $\left(\sqrt{\sqrt{b^3}}\right)^{4n}$

Bist du sicher?

1 Vereinfache.

a) $3^{\frac{1}{4}} \cdot 3^{\frac{2}{3}}$ b) $5^{-\frac{3}{10}} : 5^{-\frac{2}{5}}$ c) $x^{-\frac{1}{k}} \cdot x^{-\frac{2}{k}}$ d) $\left(b^{\frac{1}{4}}\right)^{-\frac{2}{3}}$ e) $\left(\sqrt[6]{a}\right)^{-3}$ f) $\left(\frac{1}{\sqrt[3]{5}}\right)^2$

2 Schreibe als Potenz.

a) $\sqrt[3]{5}$ b) $\sqrt[9]{7^4}$ c) $\sqrt[6]{2^8}$ d) $\frac{1}{\sqrt[3]{9^2}}$ e) $\left(\sqrt[4]{2}\right)^3$ f) $\sqrt[3]{\frac{1}{4^2}}$

6 Bestimme für einen Würfel mit dem Volumen $10\,cm^3$ ($100\,cm^3$; $x\,cm^3$)
a) die Länge einer Würfelkante, b) den Oberflächeninhalt.

Johannes Kepler, deutscher Astronom und Mathematiker. Er lebte von 1571 bis 1630.

7 Das dritte Kepler'sche Gesetz lautet: Das Verhältnis der Quadrate der Umlaufzeiten T_1 bzw. T_2 um die Sonne zweier verschiedener Planeten ist genau so groß wie das Verhältnis der dritten Potenzen ihrer großen Halbachsen r_1 bzw. r_2: $\frac{T_1^2}{T_2^2} = \frac{r_1^3}{r_2^3}$.

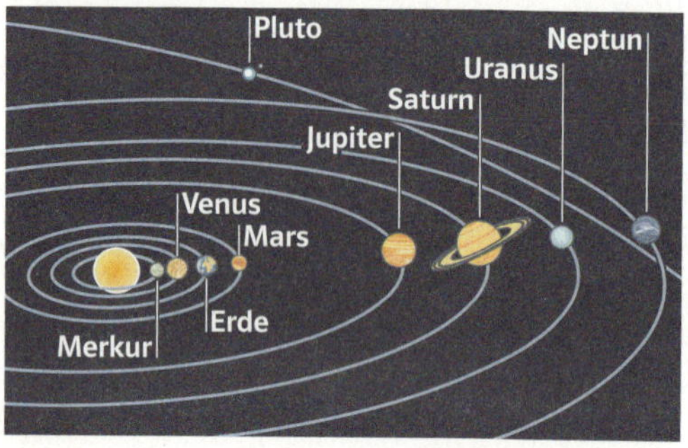

a) Die Umlaufzeit der Erde beträgt 365,26 Tage, die der Venus 224,7 Tage. Die große Halbachse der Erde beträgt ca. $149{,}6 \cdot 10^6\,km$. Bestimme die Bahngröße der Venus.
b) Die Bahngröße des Planeten Mars beträgt $227{,}9 \cdot 10^6\,km$. Berechne die Umlaufzeit des Mars um die Sonne.

8 Ein Stab ist an einer Seite fest eingespannt. Hängt man an die andere Seite eine Last, so biegt er sich nach unten. Die Strecke s, um die er sich nach unten biegt, hängt von der Last und den Maßen des Stabes (Länge l, Breite b, Dicke d) ab. Wirkt auf einen 1 Meter langen Stab die Kraft 1 N, so senkt er sich um die Strecke s mit $s = \frac{19\,000}{b \cdot d^3}$ (s, b, d in mm) ab.

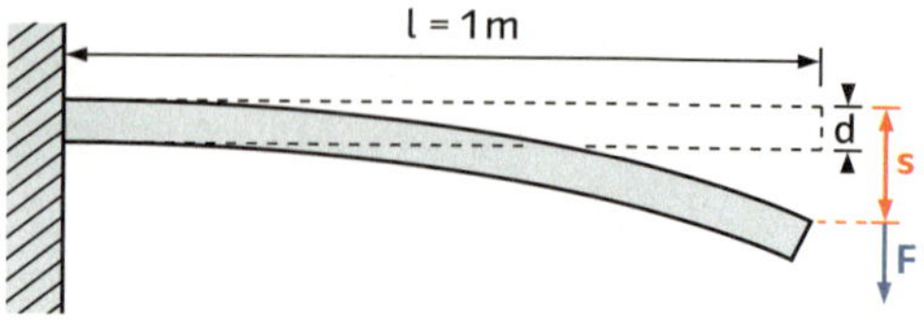

a) Wie weit senkt sich ein 5 mm breiter Stab, der 2 mm (4 mm, 5 mm) dick ist?
b) Mit welcher Formel lässt sich die Dicke des Stabes aus der Strecke s und Breite b berechnen?
c) Welche Dicke muss ein 1 cm breiter Stab haben, damit er sich bei einer Kraft von 1 N nicht mehr als 6 mm senkt?

Beim freien Fall werden sämtliche Reibungseinflüsse vernachlässigt.

9 Die Fallzeit t (in s) eines Körpers aus der Höhe h (in m) lässt sich nach der Formel $t = \left(\frac{h}{5}\right)^{\frac{1}{2}}$ berechnen.
a) Wie lange fällt ein Körper aus der Höhe 10 m (20 m, 50 m)?
b) Nach welcher Formel kann man die Höhe h aus der Fallzeit berechnen?
c) Aus welcher Höhe fiel ein Körper, dessen Fallzeit 1 s (2 s, 5 s) betrug?

***wind chill** (engl.):* *Windkühle*

Die seit November 2001 gültige empirische Formel dient zur Berechnung des Windchills mit SI-Einheiten und einer in 10 m Höhe über dem Erdboden gemessenen Windgeschwindigkeit.

10 Der Windchill beschreibt den Unterschied zwischen der gemessenen Lufttemperatur und der gefühlten Temperatur in Abhängigkeit von der Windgeschwindigkeit. Er ist damit ein Maß für die windbedingte Abkühlung eines Objektes, speziell eines Menschen und dessen Gesicht. Die Formel zur Berechnung lautet:
$WCT = 13{,}12 + 0{,}6125 \cdot T - 11{,}37 \cdot v^{0{,}16} + 0{,}3965 \cdot T \cdot v^{0{,}16}$.
(WCT: Windchill-Temperatur in °C, T: Lufttemperatur in °C, v: Windgeschwindigkeit in $\frac{km}{h}$).
Berechne die gefühlte Temperatur (WCT) für eine Lufttemperatur von 10 °C und Windgeschwindigkeiten von $10\,\frac{km}{h}$, $15\,\frac{km}{h}$, $20\,\frac{km}{h}$.

11 a) Vergleiche die folgenden Terme: $\sqrt[4]{\sqrt{x}}$, $\sqrt[6]{x}$, $\sqrt{\sqrt[4]{x}}$, $\sqrt[24]{x^3}$, $\sqrt[3]{\sqrt{x}}$, $x > 0$.
b) Welcher Term ist für $x = 256$ am größten bzw. am kleinsten?
c) Welcher Term ist für $x = 0{,}5$ am größten bzw. am kleinsten?

12 Erweitere die folgenden Brüche so, dass im Nenner keine Wurzeln mehr stehen.

a) $\frac{5}{\sqrt{7}}$ b) $\frac{3}{\sqrt[3]{5}}$ c) $\frac{2}{\sqrt[4]{x^3}}$ d) $\frac{a}{\sqrt[3]{a^2}}$ e) $\frac{2a}{(a^3)^{\frac{1}{4}}}$

Beachte:
$\frac{2}{\sqrt{3}} = \frac{2\sqrt{3}}{\sqrt{3}\sqrt{3}} = \frac{2\sqrt{3}}{3}$.

13 Vereinfache.

a) $5^{\frac{1}{2}} \cdot 5^{\frac{1}{4}}$ b) $a^{\frac{6}{5}} \cdot a^{-1}$ c) $\left(2^{\frac{1}{2}}\right)^4$ d) $10^{\frac{1}{2}} : 10^{\frac{1}{3}}$
e) $(2a)^{\frac{5}{4}} : (2a)^{\frac{3}{4}}$ f) $x^{\frac{1}{n}} \cdot x^{-\frac{1}{n}}$ g) $\left(5^{\frac{2}{3}}\right)^{\frac{1}{4}}$ h) $2^{\frac{1}{4}} \cdot 2^{\frac{1}{4}}$
i) $2^{-\frac{2}{3}} : 2^{-0{,}5}$ j) $x^{\frac{1}{4}} \cdot x^{\frac{1}{2}}$ k) $(ax)^t \cdot (ax)^{-6}$ l) $\left(3^{\frac{1}{2}}\right)^{\frac{2}{5}}$
m) $z^{-\frac{1}{n}} \cdot z^{-\frac{1}{n}}$ n) $2^{\frac{3}{5}} \cdot 2^{-0{,}3}$ o) $3^x : 3^{-\frac{1}{2}}$ p) $\left(5^{\frac{1}{x}}\right)^{\frac{x}{2}}$
q) $c^{-\frac{1}{2}} \cdot x^4$ r) $(15y)^{-2} : (15y)^{-3}$ s) $(-1)^7 \cdot (7)^{-1}$ t) $(3a)^{\frac{1}{2}} \cdot (3b)^{-\frac{1}{2}}$

14 a) $\left(x^{\frac{5}{4}} : y^{-\frac{5}{8}}\right)^{-\frac{4}{5}}$ b) $\left(x^{\frac{4}{5}} \cdot y^{-\frac{8}{5}}\right)^{-\frac{5}{8}}$ c) $\left(x^{\frac{3}{2}} - y^{\frac{3}{2}}\right)^2$ d) $\left(a^{\frac{5}{6}} + b^{\frac{1}{6}}\right)^2$

15 Vereinfache.

a) $\sqrt[4]{6} : \sqrt[3]{6}$ b) $\sqrt[3]{2x} : \sqrt[3]{x}$ c) $\sqrt[6]{4} : \sqrt[6]{6}$ d) $\sqrt[3]{4} \cdot \sqrt[4]{4}$
e) $\sqrt{\sqrt{2}}$ f) $\sqrt[4]{9} \cdot \sqrt[4]{3}$ g) $\sqrt[3]{7} \cdot \sqrt[5]{7}$ h) $\sqrt{\sqrt[3]{5}}$
i) $\sqrt[4]{2} \cdot \sqrt[4]{32}$ j) $\sqrt[n]{3} : \sqrt[2n]{3}$ k) $\sqrt[4]{10y} : \sqrt[4]{2y}$ l) $\sqrt[n]{\sqrt[3]{a}}$
m) $\sqrt[3]{\frac{1}{x}} \cdot \sqrt[3]{x^2}$ n) $\sqrt[4]{0{,}16} \cdot \sqrt[4]{0{,}01}$ o) $\sqrt[3]{5\sqrt{a^3}}$ p) $\sqrt[4]{2^9} \cdot \sqrt{2^9}$

16 a) $(\sqrt{18} - \sqrt{32}) \cdot \sqrt{2}$ b) $\frac{\sqrt[3]{54} + \sqrt[3]{128}}{\sqrt[4]{2401}} \cdot \sqrt[3]{\frac{1}{2}}$ c) $\left(\sqrt[b]{a^{2b-3}} - \sqrt[b]{a^{3-b}}\right) : \sqrt[b]{a^{b-3}}$

Kannst du das noch?

17 Das Glücksrad in Fig. 1 wird zweimal gedreht.
Wie groß ist die Wahrscheinlichkeit,
a) dass zweimal die „8“ kommt,
b) dass zuerst die „1“ und dann die „7“ kommt,
c) dass die „1“ und die „7“ kommen?

Fig. 1

18 Eva zieht aus dem Behälter in Fig. 2 zufällig drei Kugeln und legt sie in der gezogenen Reihenfolge hintereinander.
a) Zeichne ein Baumdiagramm für alle möglichen Ergebnisse.
b) Mit welcher Wahrscheinlichkeit legt Eva das Wort „EVA“?

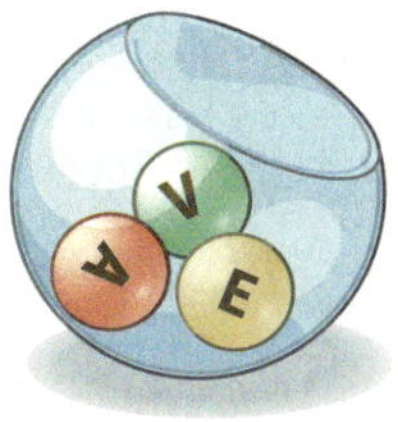

Fig. 2

19 Zeige, dass für das Rechnen mit Wurzeln gilt:

a) $\sqrt[n]{a} \cdot \sqrt[n]{b} = \sqrt[n]{a \cdot b}$, b) $\frac{\sqrt[n]{a}}{\sqrt[n]{b}} = \sqrt[n]{\frac{a}{b}}$, c) $\sqrt[n]{\sqrt[m]{a}} = \sqrt[n \cdot m]{a}$, d) $\sqrt[k \cdot n]{a^{k \cdot m}} = \sqrt[n]{a^m}$.

e) Welche Zahlen können für die Variablen jeweils eingesetzt werden?

20 Vereinfache.

a) $\left(3x^{\frac{1}{2}} + 2x^{\frac{2}{3}}\right) \cdot 4x^{\frac{3}{2}}$ b) $3a^{\frac{1}{4}}b^{\frac{2}{3}}(a^6 - 3b^3)$ c) $\left(6k^{\frac{3}{4}}m^5n^3 + 12k^2m^{\frac{1}{2}}n^{\frac{1}{4}}\right) : 3k^{-2}m^2n^{\frac{1}{2}}$

21 a) $2^{\frac{1}{3}} \cdot 4^{\frac{2}{3}}$ b) $5^{\frac{1}{3}} \cdot 25^{\frac{1}{3}}$ c) $\sqrt[3]{2} \cdot \sqrt[3]{4}$ d) $\sqrt{3} : \sqrt[5]{9}$

e) $3^{\frac{1}{4}} \cdot 9^{\frac{1}{4}} \cdot 3^{\frac{1}{4}}$ f) $a^{\frac{3}{2}}a^{\frac{5}{2}}$ g) $\sqrt[3]{x^2} \cdot \sqrt[3]{x^4}$ h) $\sqrt[3]{32x^4y^5} : \sqrt{2xy^2}$

22 Schreibe die Produkte jeweils als Potenz. Verfahre dabei wie im folgenden Beispiel:

$6 \cdot \left(\frac{2}{3}\right)^{\frac{1}{3}} = (6^3)^{\frac{1}{3}} \cdot \left(\frac{2}{3}\right)^{\frac{1}{3}} = \left(\frac{6^3 \cdot 2}{3}\right)^{\frac{1}{3}} = 144^{\frac{1}{3}} = \sqrt[3]{144}$

a) $6 \cdot \left(\frac{7}{36}\right)^{\frac{1}{3}}$ b) $x \cdot \left(\frac{x}{y}\right)^{\frac{1}{3}}$ c) $ab^2\left(\frac{4}{a^2b^3}\right)^{\frac{1}{3}}$ d) $(a + b)\left(\frac{5}{a + b}\right)^{\frac{1}{2}}$

23 Vereinfache.

a) $(u^{-3} + v^{-3})(u^{-3} - v^{-3})$ b) $\left(25^{\frac{1}{3}} - 4^{\frac{1}{3}}\right)\left(5^{\frac{1}{3}} + 2^{\frac{1}{3}}\right)$

c) $\left(a\sqrt[3]{b} + b\sqrt[3]{a}\right) : \sqrt[3]{ab}$ d) $(2x^{-2} + 3y^3)^2(2x^{-2} - 3y^3)$

24 a) $\left(a^{\frac{m}{3}}a^{\frac{m}{6}}\right) : a^{\frac{m}{4}}$ b) $\sqrt[3]{a^5b} \cdot \sqrt[3]{ab^2}$ c) $\frac{a^6}{b^{m+3}} : \frac{a^8}{b^{m+4}}$ d) $\frac{2x^2}{3y^{\frac{3}{8}}} : \frac{9x^{-3}}{4y^{-\frac{3}{4}}}$

Man „schachtelt" $\sqrt{2}$ immer weiter ein.

Info

Potenzen mit irrationalen Exponenten

Berechnet man mit dem Taschenrechner $2^{\sqrt{2}}$, so zeigt dieser 2,665144143 an.
Wie lässt sich dieser Wert erklären?
Jede irrationale Zahl wie $\sqrt{2}$ kann man auf beliebig viele Nachkommastellen bestimmen. Damit kann man einem Term wie $2^{\sqrt{2}}$ folgendermaßen einen Wert zuordnen:

$1 < \sqrt{2} < 2$	$2^1 < 2^{\sqrt{2}} < 2^2$	$2 < 2^{\sqrt{2}} < 4$
$1{,}4 < \sqrt{2} < 1{,}5$	$2^{1,4} < 2^{\sqrt{2}} < 2^{1,5}$	$2{,}639015\ldots < 2^{\sqrt{2}} < 2{,}828427\ldots$
$1{,}41 < \sqrt{2} < 1{,}42$	$2^{1,41} < 2^{\sqrt{2}} < 2^{1,42}$	$2{,}657371\ldots < 2^{\sqrt{2}} < 2{,}675855\ldots$
$1{,}414 < \sqrt{2} < 1{,}415$	$2^{1,414} < 2^{\sqrt{2}} < 2^{1,415}$	$2{,}664749\ldots < 2^{\sqrt{2}} < 2{,}666597\ldots$
...	...	...

Auf diese Weise kann man bei positiver Basis a für jeden irrationalen Exponenten x die Potenz a^x auf beliebig viele Nachkommastellen bestimmen.
Alle Potenzrechengesetze für rationale Exponenten gelten auch für irrationale und damit für alle reellen Exponenten.

25 Berechne mit dem Taschenrechner. Gib das Ergebnis auf vier Dezimalen gerundet an.

a) $2^{\sqrt{3}}$ b) $5^{\sqrt{6}}$ c) $0{,}28^{\sqrt[3]{7}}$ d) $7^{-\sqrt{2}}$ e) $(3^{\sqrt{2}})^{\sqrt{3}}$ f) $\sqrt{5}^{\sqrt{5}}$

26 Vereinfache.

a) $10^{\sqrt{2}} \cdot 10^{-\sqrt{2}}$ b) $5^{\sqrt{8}} : 5^{\sqrt{2}}$ c) $14^{\sqrt{3}} : 7^{\sqrt{3}}$ d) $(3^{\sqrt{2}})^{2\sqrt{2}}$ e) $(3^{\sqrt{4,5}})^{\sqrt{2}}$ f) $(12^{\sqrt{2}} \cdot 12^{\sqrt{3}})^{\sqrt{2}}$

27 Zeige durch Umformung.

a) $(\sqrt{2}^{\sqrt{3}}) \cdot (\sqrt{2}^{\sqrt{3}}) = 2^{\sqrt{3}}$ b) $\sqrt{3}^{\sqrt{5}} : (2\sqrt{3})^{\sqrt{5}} = 2^{-\sqrt{5}}$

c) $(\sqrt{2} \cdot \sqrt{3})^{\sqrt{12}} = 6^{\sqrt{3}}$ d) $(\sqrt[3]{4} : \sqrt[3]{2})^{6 \cdot \sqrt{2}} = 4^{\sqrt{2}}$

1 Notiere in wissenschaftlicher Schreibweise mit einer Ziffer vor dem Komma.

a) 340 000 b) 59 800 c) 0,003 62 d) 0,000 0737
e) $25 \cdot 10^4$ f) $0{,}063 \cdot 10^{-3}$ g) $0{,}008 \cdot 10^6$ h) $3456 \cdot 10^{-5}$

2 Berechne.

a) $3{,}4 \cdot (2 \cdot 10^{-4})$ b) $\frac{8 \cdot 12 \cdot 10^{-2}}{4 \cdot 10^2}$ c) $\frac{6{,}8 \cdot 10^{-2} \cdot 4}{2 \cdot 10^2}$ d) $\frac{4{,}2 \cdot 10^3 \cdot 0{,}04 \cdot 10^{-2}}{0{,}8 \cdot 10^{-3} \cdot 1{,}4}$
e) $\frac{(3 \cdot 10^{-2})^2 \cdot 1{,}21}{(11 \cdot 10^2)^2 \cdot 9}$ f) $\left(\frac{10^{-2}}{4}\right)^2 \cdot 5{,}6 \cdot 10^4$ g) $\frac{15 \cdot 10^{-2}}{2 \cdot 10^{-2}} : (3 \cdot 10^{-1})$ h) $\frac{(4 \cdot 10^{-3}) : (2 \cdot 10^{-1})}{0{,}2 \cdot 10^{-4}}$

3 Vereinfache.

a) $x^{\frac{3}{4}}x$ b) $y^{\frac{1}{2}} : y$ c) $z^{\frac{1}{2}}z^{\frac{1}{2}}$ d) $x : x^{-\frac{1}{2}}$
e) $8^3 \cdot 4^{-3}$ f) $10^k : 2^k$ g) $y^s y^{2s}$ h) $(6x)^2 k (2x)^2$
i) $(4a^2)^n \cdot 2a^{-n}$ j) $x^{\frac{1}{n}}x^{\frac{-1}{n}}$ k) $y^{\frac{-1}{n}} : y^{\frac{1}{n}}$ l) $a : a^{-n}$

4 Schreibe als Potenz und vereinfache, wenn möglich.

a) $\sqrt{5}$ b) $\sqrt[3]{6}$ c) $\sqrt[3]{24^2}$ d) $\sqrt[5]{11^6}$
e) $\frac{1}{\sqrt{2}}$ f) $\frac{1}{\sqrt[4]{12^3}}$ g) $\frac{1}{\sqrt[5]{7^2}}$ h) $\frac{1}{\sqrt[3]{a^2}}$

5 Schreibe als Potenz, vereinfache und notiere wieder als Wurzel.

a) $\sqrt[4]{3^2}$ b) $\sqrt[12]{5^4}$ c) $\sqrt[9]{t^6}$ d) $\sqrt[4]{x^6}$
e) $\frac{1}{\sqrt[10]{2^8}}$ f) $\frac{1}{\sqrt[15]{3^{10}}}$ g) $\frac{1}{\sqrt[2n]{r^n}}$ h) $\frac{1}{\sqrt[16]{a^{4k}}}$

6 Vereinfache.

a) $x^{k+1} \cdot (x-1)^{k+1}$ b) $12^x \cdot 3^{-x}$ c) $\frac{(27a)^{5x}}{a^{5x}}$ d) $\frac{10^{n-2}}{2^{2-n}}$

7 Das von der Erde am weitesten entfernte Objekt, das man mit bloßem Auge noch erkennen kann, ist die Andromeda-Galaxie. Sie ist etwa 2,7 Millionen Lichtjahre von uns entfernt; ihr größter Durchmesser beträgt etwa 163 000 Lichtjahre. Gib die Entfernung und den Durchmesser in km an. (Lichtgeschwindigkeit $300\,000 \frac{km}{s}$)

Ein Lichtjahr ist die Strecke, die das Licht in einem Jahr zurücklegt.

8 Das Volumen der Erde beträgt etwa $1{,}08 \cdot 10^{21}\,m^3$, das der Sonne etwa $1{,}41 \cdot 10^{18}\,km^3$. Wie viele Erdkugeln hätten zusammen das Volumen der Sonne?

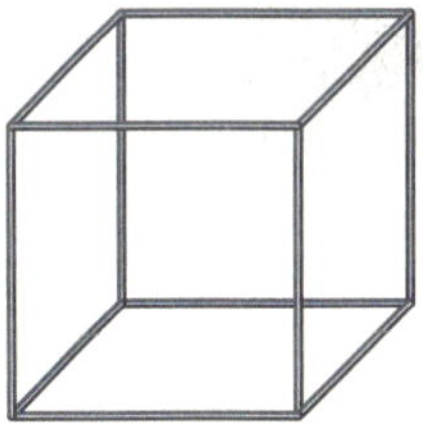

9 Aus einem 60 cm langen Draht soll das Kantenmodell eines Würfels hergestellt werden.
a) Berechne den Oberflächeninhalt und das Volumen des entstehenden Würfels.
b) Wie verändert sich der Oberflächeninhalt (das Volumen) für einen 80 cm langen Draht?
c) Wie lang müsste der Draht sein, damit der entstehende Würfel eine Oberfläche von $900\,cm^2$ (ein Volumen von $2000\,cm^3$) hat?

10 In so genannten Blasenkammern können Bahnen von Elementarteilchen sichtbar gemacht werden. Bei einem Experiment legt ein solches Teilchen während seiner „Lebensdauer" eine 10 cm lange Strecke mit Lichtgeschwindigkeit $\left(3 \cdot 10^5 \frac{km}{s}\right)$ zurück. Wie lange existiert dieses Teilchen?

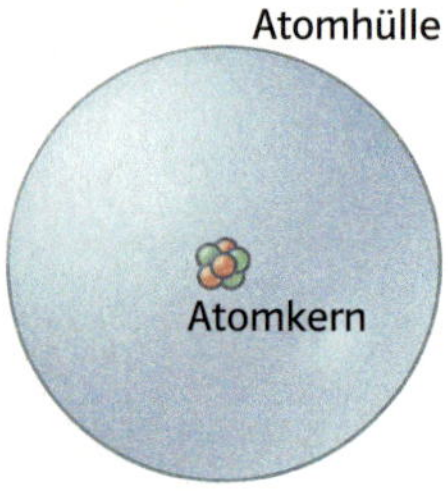

Fig. 1

11 In $1\,cm^3$ Wasser sind etwa 10^{19} Moleküle enthalten. Wie unvorstellbar groß diese Zahl ist, zeigt die folgende Aufgabe.
a) Angenommen, aus einem Flugzeug wird irgendwo über Deutschland 1 l Wasser ausgeschüttet und in diesem Moment würden die Wassermoleküle in Sandkörner (ca. 1 mm Durchmesser) verwandelt und sich gleichmäßig über Deutschland verteilen. Schätze ab, wie hoch Deutschland (Fläche ca. $3{,}5 \cdot 10^5\,km^2$) etwa mit Sand bedeckt wäre.
b) Man denkt sich die Moleküle von 1 l Wasser „gefärbt" und schüttet dieses gefärbte Wasser ins Meer. Nach einigen Jahren, wenn sich das gefärbte Wasser gut über die Weltmeere verteilt hat, nimmt man Proben von jeweils 1 l. Findet man im Durchschnitt in jeder Probe mindestens ein „gefärbtes" Molekül? (Volumen der Weltmeere ca. $10^8\,km^3$)

12 Atome haben einen Durchmesser von etwa $10^{-10}\,m$. In ihrem Inneren befindet sich der Atomkern mit einem Durchmesser von etwa $10^{-13}\,m$. Der Atomkern hat etwa 99,9 % der Masse des gesamten Atoms (Fig. 1).
a) Um welchen Faktor ist der Durchmesser des Kerns kleiner als der des Atoms?
b) Um die Größenverhältnisse zu veranschaulichen, stellen wir uns das Atom als einen Ballon mit einem Durchmesser von 10 m vor. Eine kleine Kugel im Inneren des Ballons soll den Atomkern darstellen. Welchen Durchmesser müsste sie haben?
c) Wie viel müsste die kleine Kugel wiegen, wenn der Ballon 1 t wiegt?

13 Zur Vorbereitung der Einladungen zu einer Klassenfete wird das Wort FETE mithilfe eines Kopiergerätes vergrößert. Die Kopie wird wieder vergrößert usw. Der Vergrößerungsfaktor ist immer derselbe. Fig. 2 zeigt das Original und die vierte Kopie. Berechne den Vergrößerungsfaktor.

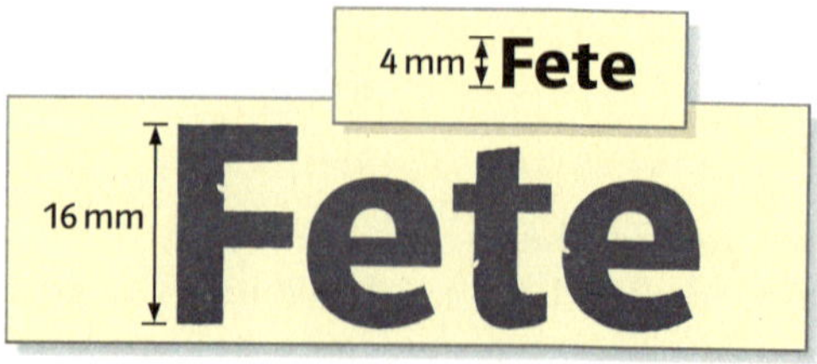

Fig. 2

14 Für die Summe von Potenzen gibt es kein Potenzrechengesetz. Bei einigen besonderen Summen kann man trotzdem eine Regelmäßigkeit feststellen. Berechne.
a) $2^0,\ 2^0 + 2^1,\ 2^0 + 2^1 + 2^2, \ldots;$ b) $3^0,\ 3^0 + 3^1,\ 3^0 + 3^1 + 3^2, \ldots$
Was stellst du fest? Wie kann man eine beliebige Anzahl von Summanden berechnen?

15 Entscheide, ob die folgende Aussage wahr ist. Wenn nicht, gib ein Gegenbeispiel an.
Für jede positive Basis a und jeden natürlichen Exponenten $n\,(n \neq 0)$ gilt:
a) Wenn $a > 1$, dann ist $a^{-n} < 1$. b) Wenn $a^{-n} < 1$, dann ist $a > 1$.
c) Wenn $a < 1$, dann ist $a^{-n} > 1$. d) Wenn $a^{-n} > 1$, dann ist $a < 1$.

16 Vergleiche die Terme $\sqrt[4]{\sqrt{x}}$, $\sqrt[6]{x}$, $\sqrt{\sqrt[4]{x}}$, $\sqrt[24]{x^3}$ und $\sqrt[3]{\sqrt{x}}$, $x > 0$. Welcher Term wird für $x = 256$ ($x = 0{,}5$; $x = 1$) am größten bzw. am kleinsten?

17 Schreibe mit einem einzigen Wurzelzeichen.
a) $\sqrt[3]{\sqrt{4096}}$ b) $\sqrt[3]{\sqrt[3]{\sqrt[3]{4^9}}}$ c) $\sqrt[5]{32 \cdot \sqrt[3]{243}}$ d) $\sqrt{\sqrt[3]{8} + \sqrt[4]{16}}$
e) $\sqrt{a} \cdot \sqrt[3]{a^2} \cdot \sqrt[4]{a^3}$ f) $\frac{a}{\sqrt{a} \cdot \sqrt[3]{a}}$ g) $\sqrt[3]{\sqrt{a}}$ h) $\sqrt[4]{a \cdot \sqrt[3]{a}}$

18 Vereinfache.
a) $\left(\sqrt[3]{25} - \sqrt[3]{4}\right) \cdot \left(\sqrt[3]{5} + \sqrt[3]{4}\right)$ b) $(u\sqrt{v} + v\sqrt{u}) \cdot \sqrt{uv}$ c) $\left(a\sqrt[3]{b} + b\sqrt[3]{a}\right) : \sqrt[3]{ab}$

19 Die durch Schall übertragende Energie empfindet man als Lautstärke. Ihre Messwerte liegen weit auseinander; sie unterscheiden sich um mehrere Zehnerpotenzen. Die Dezibelskala (dB) macht diese Werte überschaubarer. Die Angabe 60 dB bedeutet zum Beispiel, dass das Geräusch 10^6-mal so stark auf unser Gehör wirkt wie ein Geräusch, das man gerade noch wahrnehmen kann.

a) Um welchen Faktor wirkt Flüstern (lautes Rufen, ein Motorrad) stärker auf unser Gehör als Geräusche an der Hörschwelle?

b) Welches Geräusch wirkt eine Million Mal stärker auf unser Gehör als Flüstern?

c) Ein Motorrad empfindet man nur wenig lauter als lautes Rufen. Um welchen Faktor wirkt es jedoch stärker auf das Gehör?

Intensität $\left(\text{in } \frac{W}{m^2}\right)$	Lautstärke (in dB)	
10^{-12}	0	Hörschwelle
10^{-11}	10	Atmen
10^{-10}	20	Taschenuhr
10^{-9}	30	Blättergeräusch
10^{-8}	40	Flüstern
10^{-7}	50	Unterhaltung
10^{-6}	60	Büro
10^{-5}	70	lautes Rufen
10^{-4}	80	Motorrad
10^{-3}	90	laute Fabrikhalle
10^{-2}	100	Disco
10^{-1}	110	Hubschrauber
10^{0}	120	Düsentriebwerk
10^{1}	130	Schmerzgrenze

20 Die Sonne strahlt Wärme ab. Ein Körper, der sich im Abstand d von der Sonne befindet, empfängt dabei pro m^2 Körperoberfläche die Strahlungsleistung $P = \frac{1{,}3}{d^2}$ $\left(P \text{ in } \frac{kW}{m^2}\right)$; dabei wird die Entfernung d in astronomischen Einheiten AE gemessen. Am 10.12.1974 wurde die deutsche Raumsonde Helios auf eine elliptische Bahn um die Sonne geschossen, Fig. 1.

a) Am 15.3.1975 hatte sie mit $d = 0{,}31$ AE die geringste Entfernung zur Sonne. Welche Strahlungsleistung wirkte hier auf die Sonde?

b) Ein Körper, der die gesamte empfangene Strahlung in Wärme umwandelt, erwärmt sich bei einer Strahlungsleistung P $\left(\text{in } \frac{kW}{m^2}\right)$ auf die Temperatur $T = 64{,}8 \cdot \sqrt[4]{1000 \cdot P} - 273{,}15$ (T in °C). Wie heiß würde daher die Helios-Sonde höchstens im sonnennächsten Punkt?

Astronomische Einheit: 1 AE = $149{,}6 \cdot 10^9$ m

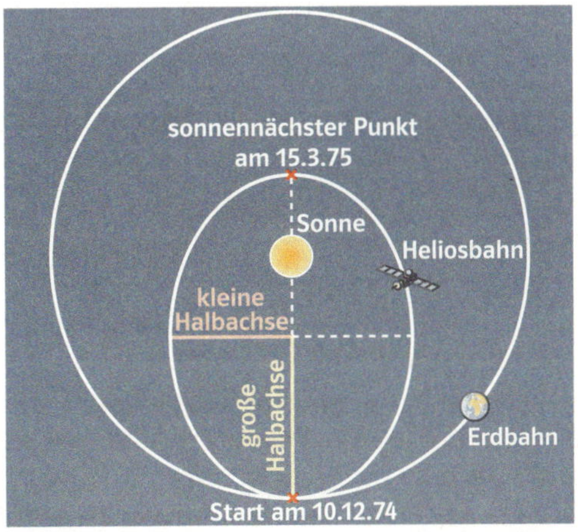

Fig. 1

21 Die Seitenmitten eines gleichseitigen Dreiecks, Fig. 2, bilden jeweils die Eckpunkte des nächstkleineren gleichseitigen Dreiecks. Das größte Dreieck hat die Seitenlänge 4 cm.

a) Gib die Seitenlänge des 10ten (des 100ten, des n-ten) Dreiecks an.

b) Schätze ab, das wievielte Dreieck die Seitenlänge $\frac{1}{1024}$ cm hat.

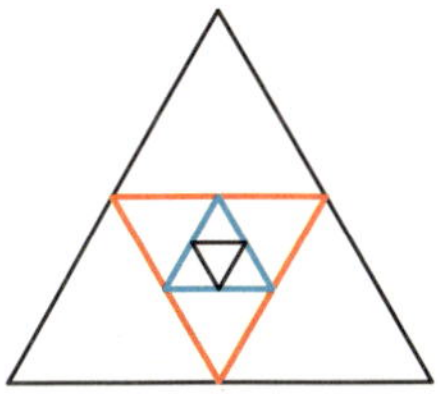
Fig. 2

Musikalische Stimmungen

Mit Saiten, wie sie zum Beispiel bei Streich- oder Zupfinstrumenten verwendet werden, kann man Töne verschiedener Höhen erzeugen. Die Höhe eines Tones hängt von der Anzahl der Schwingungen der Saite pro Sekunde, der Frequenz, ab. Die Frequenz gibt man in Hertz (Hz) an: 1 Hz = 1 Schwingung in der Sekunde. Je größer die Frequenz ist, desto höher ist der Ton. Zum Musizieren verwendet man Töne, die „gut zueinanderpassen".

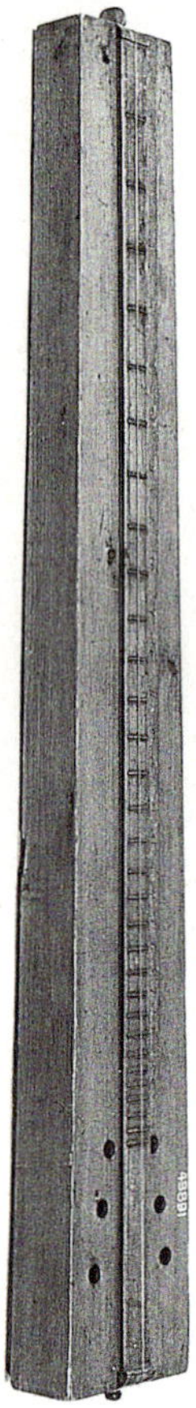
Fig. 1

Das Prinzip der pythagoreischen Stimmung

Pythagoras (etwa 580 – 500 v. Chr.) und seine Schüler untersuchten mithilfe eines Monochords (Fig. 1), welche Töne gut zusammen klingen. Sie verglichen den Ton einer Saite, den Grundton, mit den Tönen, die man erhält, wenn man jeweils nur einen Teil dieser Saite bei gleicher Spannung schwingen lässt:
Der Grundton und der Ton der halben Saite klingen besonders harmonisch zusammen. Einen guten Zusammenklang ergeben auch der Grundton und der Ton von $\frac{2}{3}$ der Saite. Gerade noch angenehm empfanden die Pythagoreer den Grundton und den Ton von $\frac{3}{4}$ der Saite. Hat der Grundton die Frequenz f_0, so haben die drei mit ihm gut klingenden Töne die Frequenzen $2f_0$, $\frac{3}{2}f_0$ und $\frac{4}{3}f_0$, da die Frequenz eines Tones umgekehrt proportional zur Länge der schwingenden Saite ist.
Das Verhältnis der Frequenzen $\frac{3}{2}f_0$ und $\frac{4}{3}f_0$ ist $\frac{9}{8}$. Die Pythagoreer nutzten das Frequenzverhältnis $\frac{9}{8}$, um weitere Töne festzulegen. Tab. 1 zeigt eine „pythagoreische Tonleiter" mit den heutigen Tonbezeichnungen c', d', e', …

Tonbezeichnung	c'	d'	e'	f'	g'	a'	h'	c''
Frequenz	f_0	$\frac{9}{8}f_0$	$\frac{81}{64}f_0$	$\frac{4}{3}f_0$	$\frac{3}{2}f_0$	$\frac{27}{16}f_0$	$\frac{243}{128}f_0$	$2f_0$
Frequenzverhältnis zum vorherigen Ton		9 : 8	9 : 8	256 : 243	9 : 8	9 : 8	9 : 8	256 : 243

Tab. 1

Der Zusammenklang von Tönen, deren Frequenzen im Verhältnis kleiner ganzer Zahlen stehen, empfindet man als besonders angenehm. Betrachtet man jedoch in der pythagoreischen Stimmung zum Beispiel den Dreiklang c'–e'–g', so erhält man das Frequenzverhältnis 64 : 81 : 96, das heißt, zu c'–e' gehört das Frequenzverhältnis 64 : 81 und zu e'–g' das Frequenzverhältnis 81 : 96.
Dem Prinzip der pythagoreischen Stimmung warf man Klangarmut vor, besonders beim Spielen von Akkorden. Didymos (etwa 63 v. Chr. – 10 n. Chr.) entwickelte ein Stimmungsprinzip, das sehr gut die Forderung nach harmonischem Zusammenklang der Töne erfüllt:

Das Prinzip der diatonischen Stimmung

Tonbezeichnung	c'	d'	e'	f'	g'	a'	h'	c''
Frequenz	f_0	$\frac{9}{8}f_0$	$\frac{5}{4}f_0$	$\frac{4}{3}f_0$	$\frac{3}{2}f_0$	$\frac{5}{3}f_0$	$\frac{15}{8}f_0$	$2f_0$
Frequenzverhältnis zum vorherigen Ton		9 : 8	10 : 9	16 : 15	9 : 8	10 : 9	9 : 8	16 : 15

Tab. 2

Dem Dreiklang c'–e'–g' entspricht nun das Frequenzverhältnis 4 : 5 : 6. Die diatonische Stimmung unterstützt im besonderen Maße den harmonischen Zusammenklang von Tönen. Aber auch die diatonische Stimmung ist keine reine Stimmung in dem Sinne, dass *alle* Intervalle rein gespielt werden können. Eine solche Stimmung gibt es nicht.
Jede reine Quinte hat das Frequenzverhältnis 3 : 2. Wählt man die Quinte d'–a' in C-Dur,

Musikalische Stimmungen

so müsste der Ton d′ die Frequenz $\frac{3}{2} \cdot \frac{9}{8} f_0 = \frac{27}{16} f_0 = 1{,}6875\, f_0$ haben. Ein Ton mit dieser Frequenz ist jedoch in Tab. 2 auf der vorherigen Seite nicht vorhanden (a hat die Frequenz $\frac{5}{3} f_0 = 1{,}\overline{6}\, f_0$). Die Abweichung in der Quinte d′–a′ wurde in der sogenannten **mitteltönigen Stimmung** gemindert und auf die anderen Intervalle verteilt. Fügte man noch die Halbtöne cis, es, fis, gis und b ein, so konnte man die Hälfte der Tonarten (B-, F-, C-, G-, D- und A-Dur sowie ihre parallelen Molltonarten) nahezu rein spielen. Wollte man eine andere als diese Tonarten spielen, so musste man das Instrument umstimmen (z. B. gis auf as für Es-Dur). Bei dieser Stimmung standen also nicht alle Halbtöne zur Verfügung. Dieses Problem versuchte man durch getrennte Tasten für gis und as, dis und es usw. zu beheben. Solche Klaviaturen (Fig. 1) bereiteten jedoch beim Bau und Spiel Schwierigkeiten.

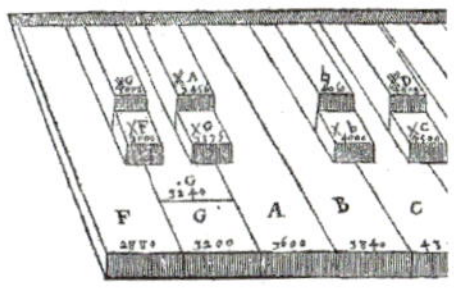

Weder beim pythagoreischen noch beim diatonischen Stimmungsprinzip stimmt die Übereinanderschichtung von zwölf Quinten mit der Übereinanderschichtung von sieben Oktaven überein: $\left(\frac{3}{2}\right)^{12} = 129{,}746\ \ldots \neq 128 = \left(\frac{2}{1}\right)^7$. Fis-Dur müsste daher geringfügig höher klingen als Ges-Dur. Diese Abweichung wird **pythagoreisches Komma** genannt. Verwendet man für die elf ersten Quinten reine Quinten, so weist nur noch die letzte Quinte eine Verstimmung auf (Wolfsquinte). Sie ist um das pythagoreische Komma vermindert und musikalisch unbrauchbar.

Marin Mersenne

Gleicht man die Unterschiede zwischen gis und as, dis und es usw. aus, so erhält man eine sogenannte **temperierte Stimmung**. Für eine solche Stimmung komponierte Johann Sebastian Bach seinen Zyklus „Das wohltemperierte Klavier".

Der Mathematiker Marin Mersenne (1588–1648) und der Orgelbauer Andreas Werckmeister (1645–1706) entwickelten schließlich eine spezielle temperierte Stimmung:

Das Prinzip der gleichmäßig temperierten Stimmung (gleichstufige Stimmung)

Bei dieser Stimmung bleiben der Grundton c′ mit der Frequenz f_0 und der Ton c″ mit der Frequenz $2 f_0$ erhalten. Die Frequenzen der übrigen Töne werden so gewählt, dass das Frequenzverhältnis k zweier benachbarter Töne stets gleich ist (Tab. 1).

Tonbezeichnung	c′	cis′ des′	d′	dis′ es′	e′	f′	fis′ ges′	g′	gis′ as′	a′	ais′ b′	h′	c″
Frequenz	f_0	$k f_0$	$k^2 f_0$	$k^3 f_0$	$k^4 f_0$	$k^5 f_0$	$k^6 f_0$	$k^7 f_0$	$k^8 f_0$	$k^9 f_0$	$k^{10} f_0$	$k^{11} f_0$	$2 f_0$

Tab. 1

Also ist $k^{12} f_0 = 2 f_0$ und somit $k = \sqrt[12]{2}$.

Das Frequenzverhältnis der Quinte $\left(\sqrt[12]{2}\right)^7 = 1{,}498\ \ldots$ ist bei der gleichstufigen Stimmung geringfügig kleiner als das einer reinen Quinte (3 : 2). Zwölf solche temperierte Quinten sind genauso groß wie sieben Oktaven: Das pythagoreische Komma ist damit beseitigt. Die gleichmäßig temperierte Stimmung liegt vermittelnd zwischen den beiden anderen Stimmungen. So ist zum Beispiel die Frequenz des Tones e′ in den verschiedenen Stimmungen:

pythagoreische Stimmung	diatonische Stimmung	gleichmäßig temperierte Stimmung
$\frac{81}{64} f_0 = 1{,}265\,625\, f_0$	$\frac{5}{4} f_0 = 1{,}25\, f_0$	$\left(\sqrt[12]{2}\right)^4 f_0 = \sqrt[3]{2}\, f_0 = 1{,}259\,921\, f_0$.

Um eine Stimmung komplett anzugeben, muss man auch die Frequenz eines Bezugstones benennen. Im Jahr 1939 wurde auf einer Konferenz in London die Frequenz 440 Hz für den sogenannten Kammerton a′ festgelegt.

Die gleichmäßig temperierte Stimmung hat gegenüber der diatonischen Stimmung den Vorteil, dass jeder Ton Grundton einer Tonleiter sein kann. Sie hat jedoch den Nachteil, dass alle Intervalle bis auf die Oktave ein wenig verstimmt sind.

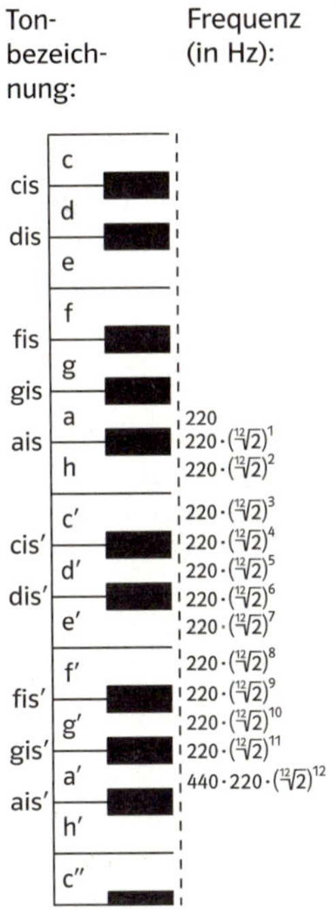

Rückblick

Wissenschaftliche Schreibweise
In dieser Darstellung werden Zahlen als Produkt eines Dezimalbruchs mit einer Zehnerpotenz angegeben. Die Zehnerpotenz wird dabei so gewählt, dass der Dezimalbruch genau eine von null verschiedene Ziffer vor dem Komma hat.

$3\,480\,000 = 3{,}48 \cdot 10^6$
$0{,}000\,75 = 7{,}5 \cdot 10^{-4}$

Potenzen mit ganzzahligen Exponenten
Bei einer Potenz a^n nennt man a die Basis und n den Exponenten.
Für jede Zahl a ($a \neq 0$) und jede natürliche Zahl n ($n \geqq 1$) gilt:
$a^0 = 1$
$a^n = \underbrace{a \cdot a \cdot \ldots \cdot a}_{n\ \text{Faktoren}}$ und $a^{-n} = \frac{1}{a^n}$.

$5^0 = 1,\ 5^1 = 5$
$(-5)^3 = (-5) \cdot (-5) \cdot (-5) = -125$
$5^{-3} = \frac{1}{5^3} = \frac{1}{125}$

Wurzeln
Für $a \geqq 0$ und $n \in \mathbb{N}$ ($n \geqq 1$) gilt:
$a^{\frac{1}{n}} = \sqrt[n]{a}$ und $a^{-\frac{1}{n}} = \frac{1}{a^{\frac{1}{n}}} = \frac{1}{\sqrt[n]{a}}$.

$343^{\frac{1}{3}} = \sqrt[3]{343} = 7$
$243^{-\frac{1}{5}} = \frac{1}{243^{\frac{1}{5}}} = \frac{1}{\sqrt[5]{243}} = \frac{1}{3}$

Potenzen mit rationalen Exponenten
Für $a \geqq 0$, $m \in \mathbb{Z}$ und $n \in \mathbb{N}$ ($n \geqq 1$) gilt:
$a^{\frac{m}{n}} = \sqrt[n]{a^m} = (\sqrt[n]{a})^m$ und $a^{-\frac{m}{n}} = \frac{1}{a^{\frac{m}{n}}} = \frac{1}{\sqrt[n]{a^m}} = \frac{1}{(\sqrt[n]{a})^m}$.

$8^{\frac{5}{3}} = \sqrt[3]{8^5} = (\sqrt[3]{8})^5 = 2^5 = 32$
$64^{-\frac{2}{3}} = \frac{1}{64^{\frac{2}{3}}} = \frac{1}{\sqrt[3]{64^2}} = \frac{1}{(\sqrt[3]{64})^2} = \frac{1}{16}$

Potenzgesetze
Sind p und q rationale Zahlen und sind a und b positive reelle Zahlen, so gilt:
- Potenzen mit gleicher Basis werden multipliziert (dividiert), indem man die Exponenten addiert (subtrahiert) und die Basis beibehält.
  $a^p \cdot a^q = a^{p+q}$; $\quad a^p : a^q = \frac{a^p}{a^q} = a^{p-q}$
- Potenzen mit gleichen Exponenten werden multipliziert (dividiert), indem man die Basen multipliziert (dividiert) und den Exponenten beibehält.
  $a^p \cdot b^p = (a \cdot b)^p$; $\quad a^p : b^p = \frac{a^p}{b^p} = \left(\frac{a}{b}\right)^p$
- Potenzen werden potenziert, indem man die Exponenten multipliziert.
  $(a^p)^q = a^{p \cdot q}$

$x^5 \cdot x^4 = x^{5+4} = x^9$
$y^{\frac{3}{5}} \cdot y^{\frac{1}{5}} = y^{\frac{3}{5} + \frac{1}{5}} = y^{\frac{4}{5}}$
$x^{-2} : x^6 = x^{-2-6} = x^{-8}$
$y^{\frac{2}{3}} : y^{-\frac{1}{6}} = y^{\frac{2}{3} - \left(-\frac{1}{6}\right)} = y^{\frac{4}{6} + \frac{1}{6}} = y^{\frac{5}{6}}$

$a^3 \cdot b^3 = (a \cdot b)^3$
$c^{-\frac{2}{5}} \cdot d^{-\frac{2}{5}} = (c \cdot d)^{-\frac{2}{5}}$
$a^{-4} : b^{-4} = (a : b)^{-4} = \left(\frac{a}{b}\right)^{-4} = \left(\frac{b}{a}\right)^4$
$c^{\frac{1}{3}} : d^{\frac{1}{3}} = (c : d)^{\frac{1}{3}} = \left(\frac{c}{d}\right)^{\frac{1}{3}}$

$(x^3)^4 = x^{3 \cdot 4} = x^{12}$
$\left(y^{-\frac{3}{4}}\right)^{\frac{8}{9}} = y^{-\frac{3}{4} \cdot \frac{8}{9}} = y^{-\frac{2}{3}}$

Training

Runde 1

1 Gib in wissenschaftlicher Schreibweise an.

a) 25 300 000 b) 0,000 024 c) 54 Mikrometer d) 380 Millionen

2 Berechne.

a) $5 \cdot 3^{-2}$ b) $4^2 \cdot (-8)$ c) $5 + 2 \cdot (-3)^4$ d) $10 + 4 \cdot (-2)^{-3}$ e) $14 - 3 \cdot \left(\frac{3}{5}\right)^{-3}$

3 Vereinfache.

a) $a^4 \cdot a^5$ b) $(-2x^2y^{-3})^3$ c) $\frac{u^5 \cdot v^{-2}}{v^5 \cdot u^3}$ d) $\left(a^{\frac{5}{4}} : y^{-\frac{5}{8}}\right)^{-\frac{4}{5}}$

4 Schreibe als Potenz und vereinfache so weit wie möglich.

a) $\sqrt[4]{4^2}$ b) $\sqrt[3]{6^{-6}}$ c) $\sqrt[4]{\sqrt[3]{9}}$ d) $\sqrt{2\sqrt{2}}$ e) $\sqrt[3]{\sqrt{\frac{1}{25}}}$

5 Luises kleiner Bruder hat drei seiner würfelförmigen Bauklötze aufeinandergestellt. Sie haben ein Volumen von $300\,cm^3$, $120\,cm^3$ und $60\,cm^3$. Luise berechnet die Höhe des Turms anstatt sie zu messen. Welche Höhe hat der Turm?

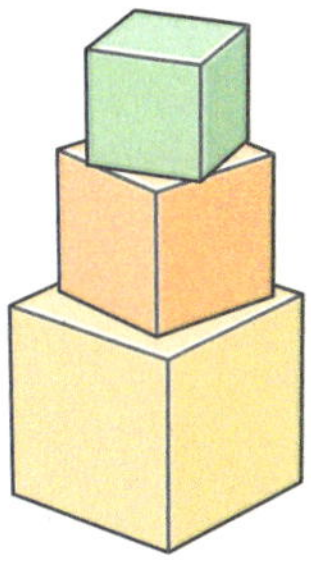
Fig. 1

6 Vereinfache.

a) $(a^2 - 2ab) \cdot 3ab^2$ b) $(x^{-3}y + xy^{-3})(x^{-3}y - xy^{-3})$

c) $\left(\sqrt{3p^3q} + \sqrt[3]{9pq^2}\right) : \sqrt[4]{3pq}$ d) $\left(5x^{-\frac{3}{2}}y - 7x^{\frac{1}{2}}y^{-1}\right)^2$

Runde 2

1 Schreibe, ohne Zehnerpotenzen zu verwenden.

a) $3{,}5 \cdot 10^4$ b) $1{,}25 \cdot 10^{-5}$ c) $-4{,}86 \cdot 10^7$ d) $-2{,}718 \cdot 10^{-3}$

2 Berechne.

a) $24 : 2^{-3}$ b) $-3 \cdot (-4)^2$ c) $3 \cdot (-2)^5 + 4 \cdot 5^{-1}$ d) $4 - (8 \cdot 10)^{-2}$

3 Vereinfache.

a) $3^4 \cdot 3^{-4}$ b) $4^{-\frac{2}{3}} \cdot 4^{\frac{3}{4}}$ c) $\left(5^{\frac{2}{5}}\right)^{-\frac{3}{4}}$ d) $\frac{(3u^4v^{-1})^2}{(9u^{-2}v^{-3})^{-1}}$

4 Gib in Wurzelschreibweise an.

a) $5^{\frac{2}{3}}$ b) $3^{-\frac{2}{7}}$ c) $(2x^2y)^{\frac{3}{4}}$ d) $\frac{1}{(4a^3)^{-\frac{1}{5}}}$

5 Die Seitenmitten eines Quadrates bilden jeweils die Eckpunkte des nächstkleineren Quadrates (Fig. 2). Das große Quadrat hat die Seitenlänge 8 cm.
a) Gib die Seitenlänge des 10ten (des 100ten, des n-ten) Quadrates an.
b) Schätze, beim wievielten Quadrat die Seitenlänge zum ersten Mal kleiner als 2 cm; 0,2 cm; 0,02 cm bzw. 0,002 cm ist.

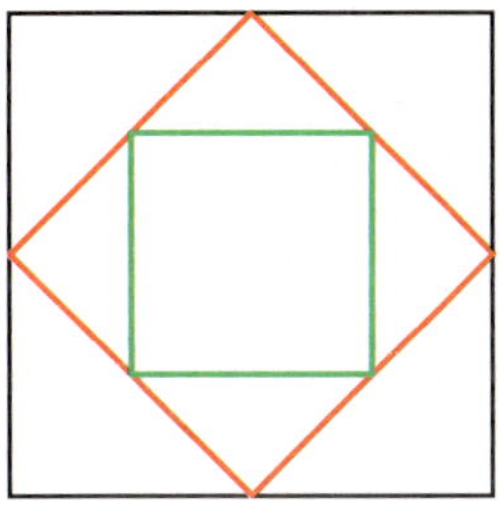
Fig. 2

6 Vereinfache.

a) $\left(b^{\frac{n}{4}}b^{\frac{n}{2}}\right) : b^{\frac{n}{8}}$ b) $\sqrt[3]{4z^5} \cdot \sqrt[5]{8z^3}$ c) $\frac{(2x)^6}{(3y^{-5})^2} : \frac{(2x^3)^{-2}}{(9y^3)^2}$ d) $\frac{(4x)^{\frac{2}{3}}}{(6y)^{-\frac{1}{2}}} \cdot \frac{\sqrt{6}y^{\frac{5}{2}}}{\sqrt[3]{2}x^{-\frac{1}{3}}}$

Lösungen auf den Seiten 233 – 234.

Das kannst du schon

- Lineare und quadratische Funktionen grafisch darstellen
- Lineare und quadratische Gleichungen lösen
- Mit Potenzen rechnen und Terme mit Potenzen umformen

kleine Ursache

GROSSE Wirkung

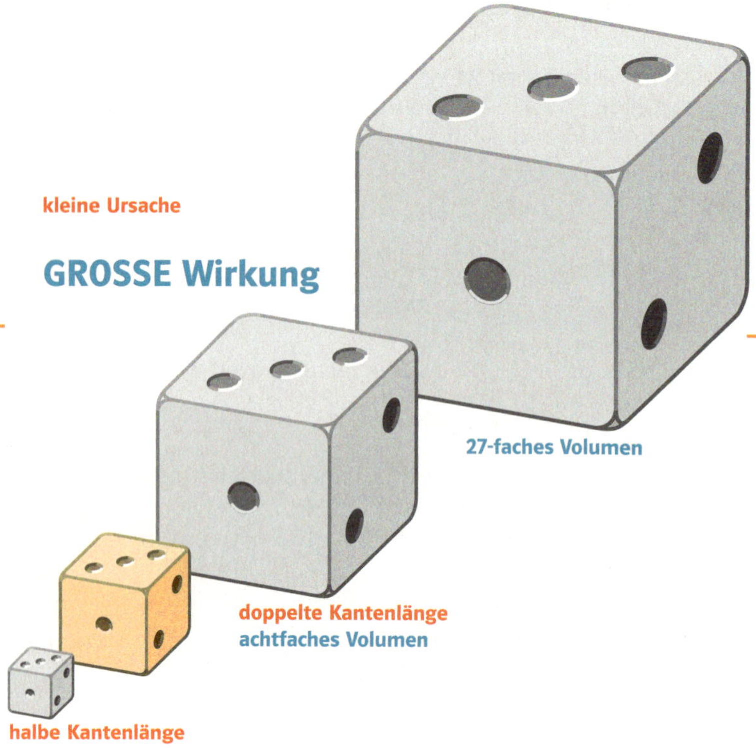

D12 bedeutet, dass der Wirkstoff mit einem Faktor $1:10^{12}$ enthalten ist.

Zahl

Messen

Raum und Form

Funktionaler Zusammenhang

Daten und Zufall

Potenzen in Funktion – Exponenten im Blickpunkt

Linear, quadratisch, kubisch, … .
Der Vorrat an möglichen Exponenten ist unerschöpflich.

Caspar David Friedrich: Kreidefelsen auf Rügen, 1819

„Hyperbolisches Schema": Die Landschaft wird durch gegenläufige Hyperbelformen konstruiert.

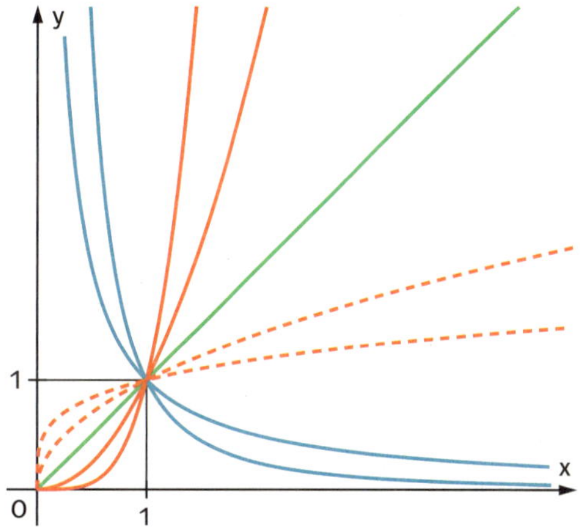

Das kannst du bald

- Potenzfunktionen grafisch darstellen
- Umkehrfunktionen bestimmen
- Potenzgleichungen lösen

1 Potenzfunktionen mit ganzzahligen Exponenten

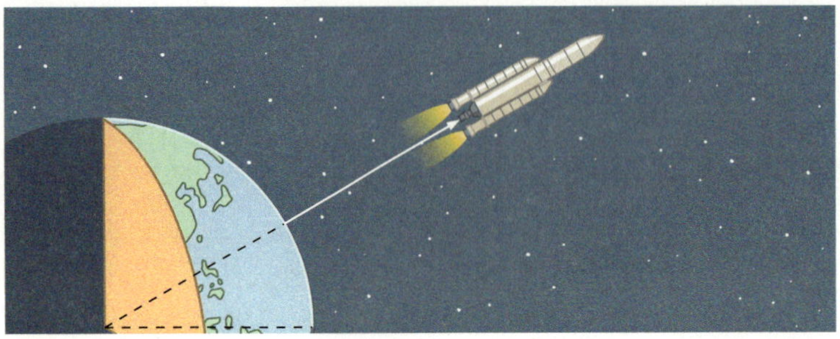

Die Anziehungskraft der Erde nimmt mit zunehmender Entfernung vom Erdmittelpunkt ab. Verdoppelt man diese Entfernung, so reduziert sich die Anziehungskraft auf ein Viertel.
Wenn man ein Loch zum Erdmittelpunkt bohren könnte, müsste sich die Anziehungskraft auf dem Weg dorthin eigentlich auch verändern …

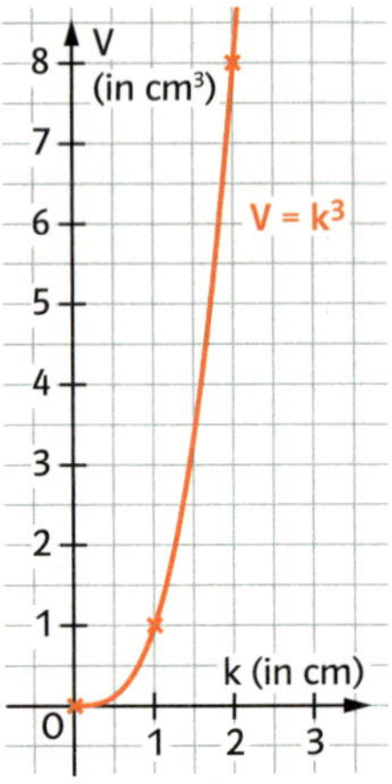

Der 2-fachen, 3-fachen, 4-fachen, …, k-fachen Kantenlänge wird das 8-fache, 27-fache, 64-fache, … k^3-fache Volumen zugeordnet.

Beim Würfel kann man für jede Kantenlänge k das Volumen V berechnen. Dieser Zusammenhang lässt sich durch die Funktionsgleichung $V(k) = k^3$ beschreiben. Allgemein heißt eine Funktion f mit einer Funktionsgleichung wie $f(x) = 2x^3$, $f(x) = -5x^3$ oder $f(x) = \frac{3}{4}x^3$ **Potenzfunktion dritten Grades**.

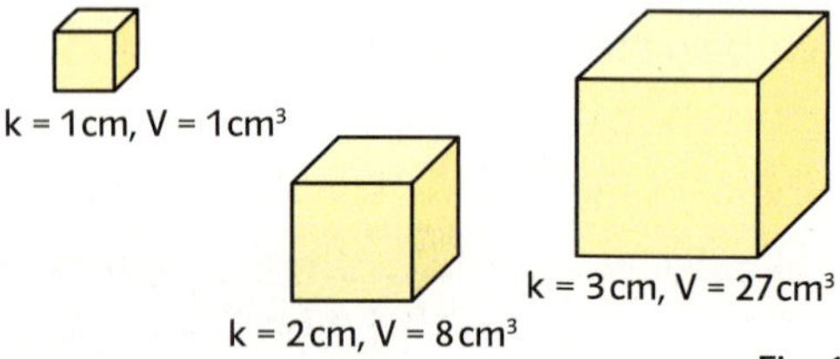

Fig. 1

Entsprechend gibt es auch Potenzfunktionen vierten, fünften oder noch höheren Grades. Der Grad ist durch den Exponenten festgelegt. Die Graphen dieser Potenzfunktionen heißen entsprechend Parabeln dritter, vierter oder fünfter Ordnung.
Auch rein quadratische Funktionen mit den Gleichungen $f(x) = ax^2$ sowie proportionale Funktionen mit $f(x) = ax^1$ sind Potenzfunktionen. Sie haben den Grad 2 bzw. 1.

Für jeden natürlichen Exponenten n ($n > 0$) und jedes a ($a \neq 0$) heißt die Funktion $f\colon x \to a \cdot x^n$ **Potenzfunktion n-ten Grades**.
Der Graph einer Potenzfunktion n-ten Grades ($n > 1$) heißt **Parabel n-ter Ordnung**.

x	x^2	x^4	x^6
−3	9	81	729
−2	4	16	64
−1	1	1	1
0	0	0	0
1	1	1	1
2	4	16	64
3	9	81	729

x	x^3	x^5	x^7
−3	−27	−243	−2187
−2	−8	−32	−128
−1	−1	−1	−1
0	0	0	0
1	1	1	1
2	8	32	128
3	27	243	2187

Häufig verwendet man anstelle der Funktionsgleichung $f(x) = a \cdot x^n$ auch $y = a \cdot x^n$. Diese Schreibweise heißt Parabelgleichung.

Eigenschaften der Potenzfunktionen mit positiven ganzzahligen Exponenten $p\colon x \to x^n$

Funktionen $p\colon x \to x^n$ mit geradem Exponenten

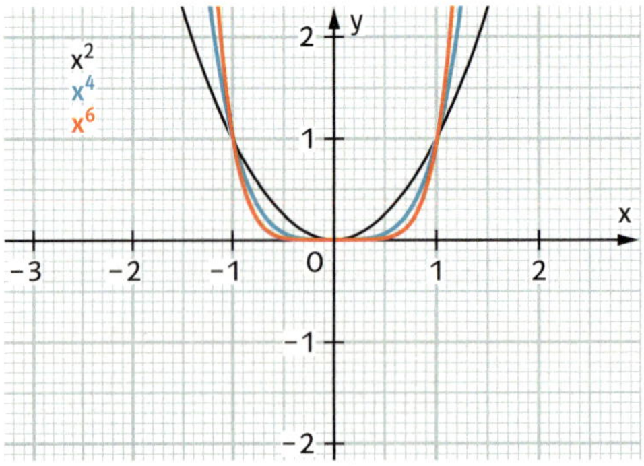

Fig. 2

Funktionen $p\colon x \to x^n$ mit ungeradem Exponenten

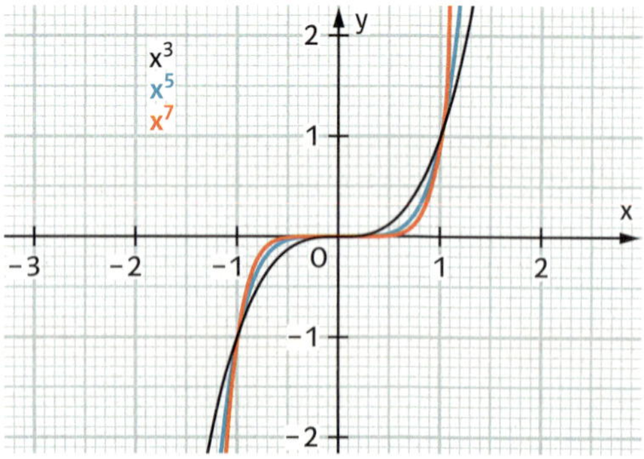

Fig. 3

1. Für alle betrachteten Funktionen gilt $p(0) = 0$. Alle Graphen verlaufen also durch den Ursprung (0 | 0).
2. Bei geraden Exponenten sind die Funktionswerte zu betragsgleichen x-Werten wie zum Beispiel zu $x = 3$ und $x = -3$ jeweils gleich groß: $p(-x) = p(x)$. Die Graphen sind **achsensymmetrisch** zur y-Achse.
3. Bei ungeraden Exponenten unterscheiden sich die Funktionswerte zu betragsgleichen x-Werten jeweils nur um das Vorzeichen: $p(-x) = -p(x)$. Die Graphen sind **punktsymmetrisch** zum Ursprung.

Die Funktionsterme von antiproportionalen Funktionen wie z. B. $f(x) = \frac{6}{x} = 6x^{-1}$ oder $f(x) = \frac{1}{2x} = \frac{1}{2}x^{-1}$ kann man ebenfalls in Potenzschreibweise angeben. Sie sind Potenzfunktionen mit dem Exponenten −1. Die Graphen dieser Funktionen heißen **Hyperbeln**.
Auch für alle anderen ganzzahligen negativen Exponenten bezeichnet man die Graphen als Hyperbeln, also z. B. auch die Graphen von $f(x) = ax^{-2}$ oder $f(x) = ax^{-3}$.

Für jede natürliche Zahl $n > 0$ und jedes $a \neq 0$ heißt der Graph der Potenzfunktion $f: x \to a \cdot x^{-n}$ **Hyperbel n-ter Ordnung**.

Neben der Funktionsgleichung $f(x) = a \cdot x^{-n}$ wird auch die Hyperbelgleichung $y = a \cdot x^{-n}$ verwendet.

Eigenschaften der Potenzfunktionen mit negativen ganzzahligen Exponenten $h: x \to x^{-n}$

Funktionen $h: x \to x^{-n}$ mit geradem Exponenten

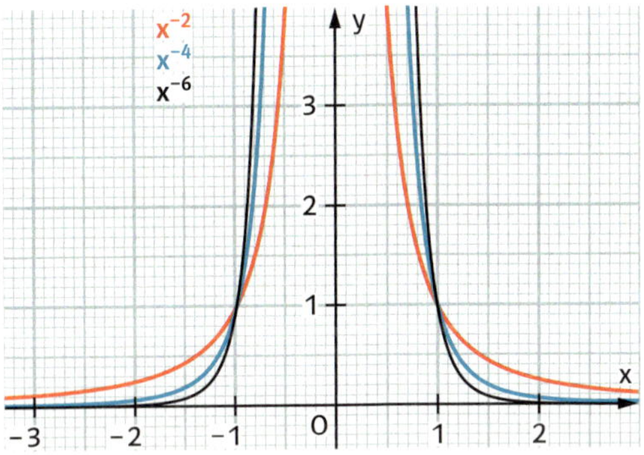

Fig. 1

Funktionen $h: x \to x^{-n}$ mit ungeradem Exponenten

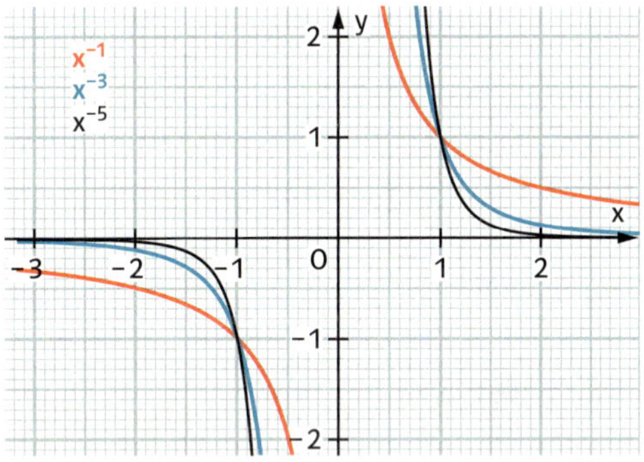

Fig. 2

x	x^{-2}	x^{-4}	x^{-6}
−3	$\frac{1}{9}$	$\frac{1}{81}$	$\frac{1}{729}$
−2	$\frac{1}{4}$	$\frac{1}{16}$	$\frac{1}{64}$
−1	1	1	1
0	nicht definiert		
1	1	1	1
2	$\frac{1}{4}$	$\frac{1}{16}$	$\frac{1}{64}$
3	$\frac{1}{9}$	$\frac{1}{81}$	$\frac{1}{729}$

x	x^{-1}	x^{-3}	x^{-5}
−3	$-\frac{1}{3}$	$-\frac{1}{27}$	$-\frac{1}{243}$
−2	$-\frac{1}{2}$	$-\frac{1}{8}$	$-\frac{1}{32}$
−1	−1	−1	−1
0	nicht definiert		
1	1	1	1
2	$\frac{1}{2}$	$\frac{1}{8}$	$\frac{1}{32}$
3	$\frac{1}{3}$	$\frac{1}{27}$	$\frac{1}{243}$

1. Für alle betrachteten Funktionen ist $h(0)$ nicht definiert. Der Graph von h ist eine Hyperbel. Hyperbeln bestehen aus zwei nicht zusammenhängenden Teilen, den Hyperbelästen.
2. Nähern sich die x-Werte immer mehr der Zahl 0, so werden die Beträge der Funktionswerte beliebig groß. Die Hyperbeläste schmiegen sich jeweils an die y-Achse an.
3. Wird $|x|$ immer größer, so nähert sich $h(x)$ der Zahl 0 immer weiter an. Die Hyperbeläste schmiegen sich jeweils an die x-Achse an.
4. Bei geraden Exponenten sind alle Funktionswerte positiv. Die Funktionswerte zu betragsgleichen x-Werten sind jeweils gleich groß: $h(x) = h(-x)$. Die Graphen sind **achsensymmetrisch** zur y-Achse.
5. Bei ungeraden Exponenten unterscheiden sich die Funktionswerte zu betragsgleichen x-Werten jeweils nur im Vorzeichen: $h(-x) = -h(x)$. Die Graphen sind **punktsymmetrisch** zum Ursprung.

*Eine Gerade, an die sich der Graph einer Funktion anschmiegt, heißt **Asymptote** des Graphen. **asymptiptein** (griech.): nicht zusammenfallen*

x	$f(x) = -2x^{-1}$
−4	0,5
−3	$\frac{2}{3}$
−2	1
−1	2
−0,5	4
0,5	−4
1	−2
2	−1
3	$-\frac{2}{3}$
4	−0,5

Beispiel 1

a) Zeichne den Graphen von f: $x \rightarrow -2x^{-1}$.
b) Prüfe, ob die Punkte $P(-4\,|\,0{,}5)$ und $Q(5\,|\,1)$ auf dem Graphen von f liegen.

Lösung:

a) *Man zeichnet den Graphen mithilfe einer Wertetabelle.*

b) $f(-4) = -2 \cdot (-4)^{-1} = -2 \cdot \frac{1}{-4} = 0{,}5$

$f(5) = -2 \cdot (5)^{-1} = -2 \cdot \frac{1}{5} = -0{,}4 \neq 1$

P liegt auf dem Graphen von f, Q ist kein Punkt des Graphen von f.

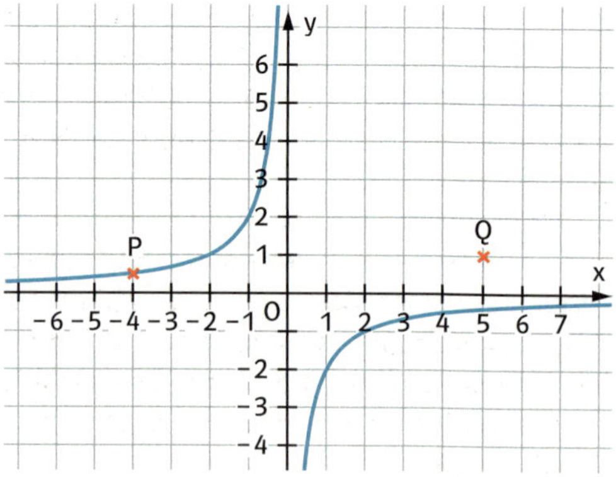

Fig. 1

Beispiel 2

Bestimme die Gleichung einer Potenzfunktion fünften Grades, deren Graph durch den Punkt $P(3\,|\,-972)$ verläuft.

Lösung:

Die gesuchte Funktion f hat die Gleichung $f(x) = a \cdot x^5$ und es gilt $f(3) = a \cdot 3^5 = -972$.
Damit ist $243a = -972$, also $a = -4$. Die gesuchte Funktionsgleichung lautet $f(x) = -4 \cdot x^5$.

Aufgaben

1 Zeichne den Graphen der Potenzfunktion f mithilfe einer Wertetabelle. Berechne zusätzlich die Funktionswerte für $x = 0{,}1$ und $x = 10$.

a) f: $x \rightarrow 0{,}5x^3$ b) f: $x \rightarrow -x^4$ c) f: $x \rightarrow 0{,}1x^5$ d) f: $x \rightarrow -0{,}25x^3$

2 Ordne den Parabeln aus Fig. 2 eine der folgenden Funktionsgleichungen zu.
$f(x) = 0{,}01x^4$; $g(x) = 0{,}5x^3$; $h(x) = x^{11}$; $k(x) = x^{10}$. Begründe deine Entscheidung.

a) b) c) d)

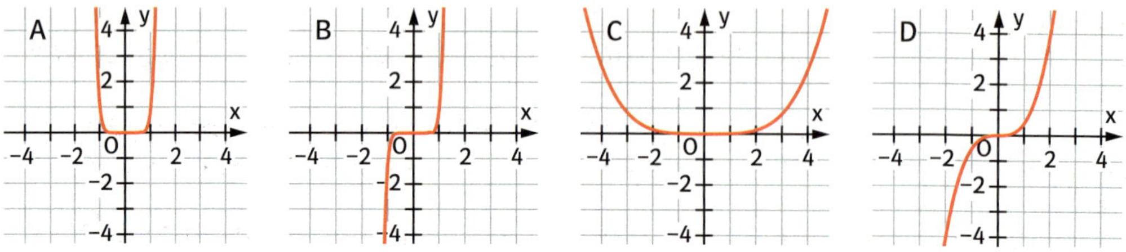

Fig. 2

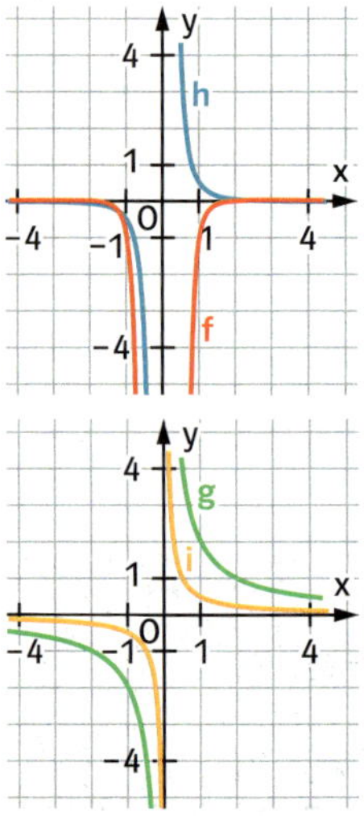

Fig. 3

3 Zeichne den Graphen der Potenzfunktion f mithilfe einer Wertetabelle.

a) f: $x \rightarrow 4x^{-1}$ b) f: $x \rightarrow -2x^{-2}$ c) f: $x \rightarrow 8x^{-3}$ d) f: $x \rightarrow \frac{1}{2x^2}$

4 Ordne jeder Gleichung die passende Hyperbel aus Fig. 3 zu.

a) $y = 0{,}5x^{-3}$ b) $y = 2x^{-1}$ c) $y = 0{,}5x^{-1}$ d) $y = -x^{-6}$

5 Wie ändert sich der Funktionswert, wenn man den Wert für x verdoppelt (halbiert)?

$f(x) = 4x^4$; $g(x) = 5x^{-4}$; $h(x) = -5x^2$; $k(x) = 4x^{-2}$;
$r(x) = -\frac{3}{2}x^{10}$; $s(x) = -x^{-10}$; $t(x) = \frac{1}{2\pi}x^3$; $u(x) = \frac{2}{x^3}$

Verwende für Aufgabe 6 ein gemeinsames Koordinatensystem für alle Graphen.

6 Zeichne die Graphen der Potenzfunktionen $f(x) = a \cdot x^4$ für $a = 1$, $a = -2$ und $a = 0{,}25$. Erläutere, welche Auswirkung der Faktor a auf die Form des Graphen hat.

7 a) Die Punkte $P(2|p)$, $Q(-1|q)$, $R(r|0{,}00002)$ und $S(s|-64)$ liegen auf dem Graphen der Potenzfunktion $f: x \to 2x^5$. Bestimme jeweils die fehlenden Koordinaten.
b) Die Punkte $A(2|a)$, $B(-5|b)$, $C(c|160)$ und $D(d|0{,}001)$ liegen auf dem Graphen der Potenzfunktion $f: x \to 2x^{-5}$. Bestimme jeweils die fehlenden Koordinaten.

Bist du sicher?

1 Gib die Funktionsgleichung einer Potenzfunktion an, zu der die Aussage passt.
a) Der zugehörige Graph ist symmetrisch zur y-Achse.
b) Der zugehörige Graph verläuft durch den Punkt $(1|3)$.
c) Keiner der zugehörigen Funktionswerte ist negativ.
d) Verdoppelt man den Wert für x, so verachtfacht sich der zugehörige Funktionswert.

2 Gib die Gleichung einer Hyperbel an, zu der die Aussage passt.
a) Der Ursprung ist Symmetriezentrum. b) Der Punkt $(1|-5)$ ist Hyperbelpunkt.
c) Halbiert man den Wert für x, so wird der zugehörige y-Wert viermal so groß.

8 Ein Holzwürfel mit der Kantenlänge 1,5 cm wiegt 3 g. Wie schwer ist ein Würfel aus gleichem Holz mit der Kantenlänge 3 cm, wie schwer bei einer Kantenlänge von 1,5 m?

9 Bestimme jeweils die Gleichung einer Potenzfunktion vierten Grades, deren Graph durch den Punkt P verläuft.
a) $P(4|4)$ b) $P(-2|80)$ c) $P(10|-10)$ d) $(-0{,}5|-2)$

10 Der Graph der Funktion $f: x \to a \cdot x^{-4}$ verläuft durch den Punkt $P(2|-1)$.
a) Bestimme den Wert von a.
b) Prüfe, ob auch die Punkte $Q(-1|16)$ und $R(0{,}5|-256)$ auf dem Graphen von f liegen.

11 Der Graph einer Potenzfunktion f verläuft durch die Punkte A und B. Bestimme jeweils die Funktionsgleichung. Überprüfe dein Ergebnis mithilfe eines geeigneten Programms.
a) $A(1|1)$; $B(2|8)$ b) $A(1|0{,}5)$; $B(2|4)$ c) $A(1|-2)$; $B(2|-32)$ d) $A(1|3)$; $B(3|27)$

12 Eine Hyperbel verläuft durch die Punkte A und B. Bestimme die Gleichung der zugehörigen Potenzfunktion und überprüfe deine Lösung mit einem geeigneten Programm.
a) $A(1|-1)$; $B\left(2\middle|-\frac{1}{2}\right)$ b) $A(1|4)$; $B\left(\frac{1}{2}\middle|16\right)$ c) $A\left(1\middle|\frac{1}{5}\right)$; $B\left(\frac{1}{5}\middle|25\right)$ d) $A(1|3)$; $B\left(3\middle|\frac{1}{9}\right)$

13 Zu einer Windkraftanlage lässt sich die Leistung P (in W) bei der Windgeschwindigkeit v (in m/s) näherungsweise durch die Formel $P = 1000v^3$ bestimmen.
a) Stelle die Funktion $v \to P$ in einem geeigneten Koordinatensystem dar.
b) Ermittle grafisch und rechnerisch bei welcher Windgeschwindigkeit die Leistung $5 \cdot 10^5$ W beträgt.

14 Für welche Werte von x liegen die Funktionswerte zwischen 0,25 und 9?
a) $f: x \to x^{-1}$ b) $f: x \to x^{-2}$ c) $f: x \to 4x^{-1}$ d) $f: x \to x^{-4}$

15 Für welche Werte von x sind die Beträge der Funktionswerte dem Betrag nach größer als 1000, für welche Werte sind sie kleiner als 0,001?
a) $f(x) = x^{-3}$ b) $f(x) = \frac{1}{8}x^{-3}$ c) $f(x) = 10x^{-2}$ d) $f(x) = \frac{1}{10}x^{-4}$

2 Wurzelfunktionen

„Du bist mein Vater, aber ich bin nicht dein Sohn." Wer sagt das?

Das Volumen eines Würfels wird bei gegebener Kantenlänge mithilfe der Funktionsgleichung $V(k) = k^3$ berechnet. Umgekehrt kann man bei einem Würfel zu jedem Volumen V die zugehörige Kantenlänge k berechnen. Die Gleichung der Zuordnung $V \rightarrow k$ lässt sich in Wurzel- oder Potenzschreibweise angeben: $k(V) = \sqrt[3]{V} = V^{\frac{1}{3}}$.
Diese Zuordnung $V \rightarrow k$ ist die **Umkehrzuordnung** der Funktion $k \rightarrow V$.

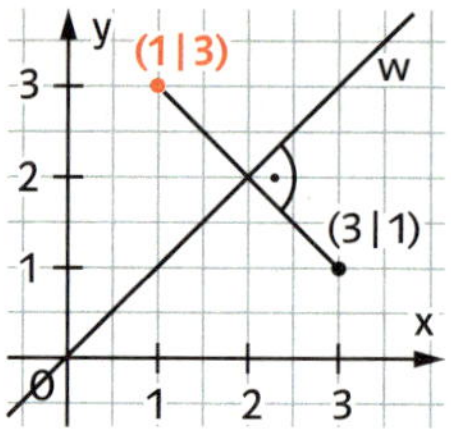

Fig. 2

Die Umkehrung der Zuordnungsrichtung bewirkt einen Tausch der Koordinaten jedes Punktes des Graphen (vgl. Fig. 1).
Ist beispielsweise A(3 | 1) ein Punkt des Graphen der Funktion, dann ist B(1 | 3) ein Punkt der Umkehrzuordnung (Fig. 2).
Ist allgemein P(a | b) ein Punkt des Graphen der Funktion, so ist Q(b | a) ein Punkt des Graphen der Umkehrzuordnung. Der Punkt wird dadurch an der ersten Winkelhalbierenden des Koordinatensystems gespiegelt. Die Graphen von Funktion und Umkehrzuordnung liegen folglich spiegelbildlich zu w (Fig. 3).

Funktion $k \rightarrow V$	Umkehrzuordnung $V \rightarrow k$
(k in cm; V in cm^3)	
$0 \rightarrow 0$	$0 \rightarrow 0$
$0{,}5 \rightarrow 0{,}125$	$0{,}125 \rightarrow 0{,}5$
$1 \rightarrow 1$	$1 \rightarrow 1$
$\sqrt[3]{2} \rightarrow 2$	$2 \rightarrow \sqrt[3]{2}$
$\sqrt[3]{5} \rightarrow 5$	$5 \rightarrow \sqrt[3]{5}$
$2 \rightarrow 8$	$8 \rightarrow 2$
$3 \rightarrow 27$	$27 \rightarrow 3$

Fig. 1

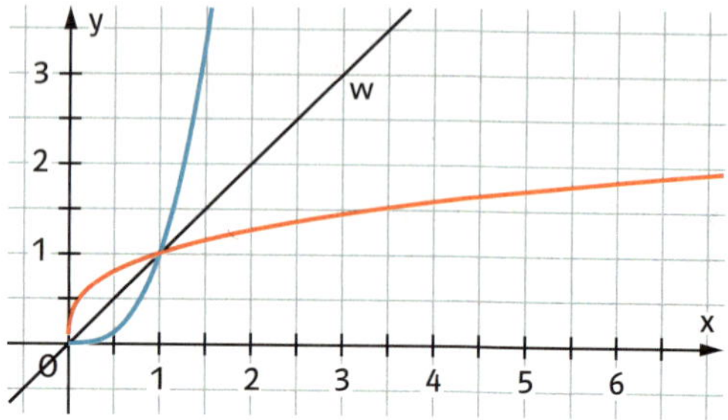

Fig. 3

Für gerade Zahlen n gilt: $(-a)^n = a^n$.
Für ungerade Zahlen n gilt:
$(-a)^n = -a^n \neq a^n$.

Nicht jede Umkehrzuordnung ist wieder eine Funktion. Eine Potenzfunktion $x \rightarrow x^n$ mit geradem Exponenten n ordnet a und −a die Zahl a^n zu. Beispielsweise ordnet die Umkehrzuordnung von $x \rightarrow x^2$ der Zahl 4 die Zahlen 2 und −2 zu. Die Umkehrzuordnung ist also keine Funktion (Fig. 4).
Ist n ungerade, so werden verschiedenen x-Werten auch verschiedene Funktionswerte zugeordnet. Deshalb ist die Umkehrzuordnung der Funktion $x \rightarrow x^3$ wieder eine Funktion (Fig. 5).
Betrachtet man bei $f: x \rightarrow x^2$ nur positive x-Werte, so ist auch die Umkehrung von f eine Funktion.

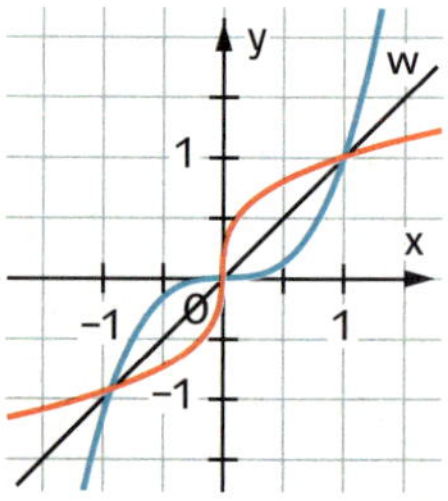

Fig. 5

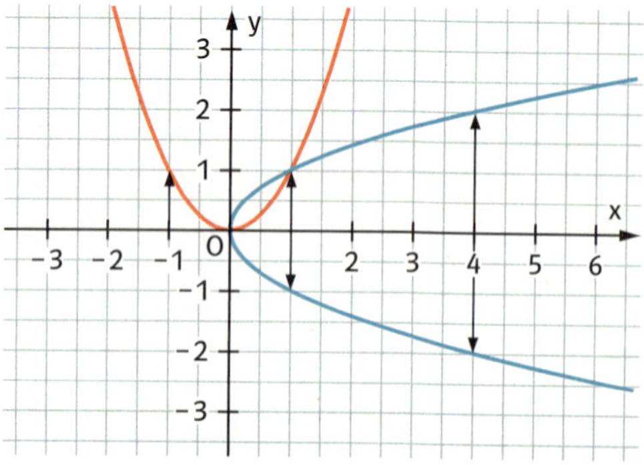

Fig. 4

Man erhält die Funktionsgleichung der Umkehrfunktion $\bar{f}$ zu einer gegebenen Funktion f, indem man in der zu f gehörenden Gleichung die Variablen x und y vertauscht und die entstehende Gleichung nach y auflöst.

Aufschreiben der Gleichung:	$y = x^n$
Vertauschen der Variablen:	$x = y^n$
Auflösen nach y:	$y = x^{\frac{1}{n}} = \sqrt[n]{x}$
Umkehrfunktion:	$\bar{f}: x \rightarrow \sqrt[n]{x}$

Ist die Umkehrzuordnung einer Funktion f wieder eine Funktion, so ist die Funktion f **umkehrbar**. Ihre Umkehrzuordnung heißt **Umkehrfunktion $\bar{f}$**.
Jede auf $x \geqq 0$ beschränkte Potenzfunktion $f: x \rightarrow x^n (n \in \mathbb{N}, n \neq 0)$ ist umkehrbar. Ihre Umkehrfunktion ist die **Wurzelfunktion** $\bar{f}: x \rightarrow x^{\frac{1}{n}}$ bzw. $x \rightarrow \sqrt[n]{x}$ $(x \geqq 0)$. Die Graphen von f und $\bar{f}$ liegen spiegelbildlich zur Winkelhalbierenden des ersten Quadranten.

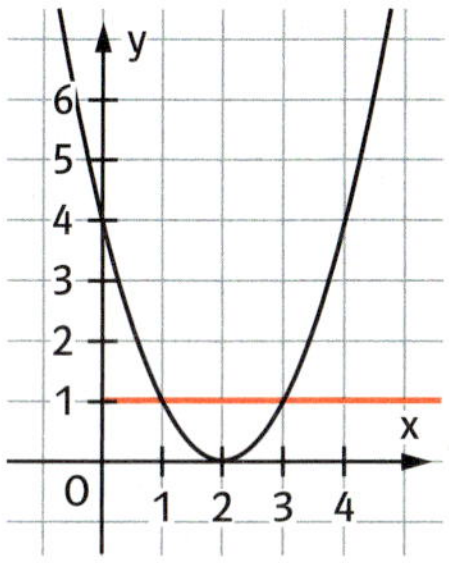

Fig. 1

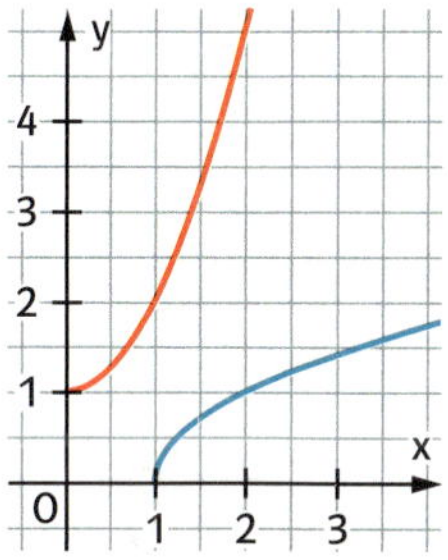

Fig. 2

Beispiel 1 Umkehrbarkeit prüfen
Skizziere den Graphen der Funktion f. Entscheide anhand des Graphen, ob die Funktion umkehrbar ist. Bestimme ggf. die Gleichung der Umkehrfunktion $\bar{f}$ sowie deren Definitionsbereich und skizziere ihren Graphen.

a) $f: x \rightarrow (x-2)^2$; $(x \geqq 0)$
Lösung:
a) *Die eingezeichnete Parallele zur x-Achse (Fig. 1) schneidet den Graphen in den Punkten (1 | 1) und (3 | 1). Den Zahlen 1 und 3 wird also derselbe y-Wert 1 zugeordnet. Die Umkehrzuordnung ordnet deshalb der Zahl 1 die Zahlen 1 und 3 zu.*
Die Umkehrzuordnung ist keine Funktion.

b) $f: x \rightarrow x^2 + 1$; $(x \geqq 0)$
Lösung:
b) *Es gibt keine Parallele zur x-Achse, die den Graphen zweimal schneidet (Fig. 2). Die Funktion ist umkehrbar.*

$y = x^2 + 1$ | Variablen tauschen
$x = y^2 + 1$ | -1
$x - 1 = y^2$ | $(\ )^{\frac{1}{2}}$
$\sqrt{x-1} = y$
$\bar{f}: x \rightarrow \sqrt{x-1}$ $(x \geqq 1)$

Beispiel 2 Umkehrfunktion bestimmen
Bestimme für $x \geqq 0$ jeweils die Gleichung der Umkehrfunktion $\bar{f}$ zur Funktion f mit
a) $f(x) = x^5$;
b) $f(x) = \frac{1}{3}x^4$;
c) $f(x) = 2 \cdot \sqrt{x}$.

Lösung:

a) $y = x^5$
$x = y^5$ | $(\ )^{\frac{1}{5}}$
$x^{\frac{1}{5}} = y$
$\bar{f}(x) = \sqrt[5]{x}$; $(x \geqq 0)$

b) $y = \frac{1}{3}x^4$ | *Vertauschen der Variablen*
$x = \frac{1}{3}y^4$ | $\cdot 3$
$3x = y^4$ | $(\ )^{\frac{1}{4}}$
$(3x)^{\frac{1}{4}} = (y^4)^{\frac{1}{4}}$
$(3x)^{\frac{1}{4}} = y$
$\bar{f}(x) = (3x)^{\frac{1}{4}} = \sqrt[4]{3x}$; $(x \geqq 0)$

c) $y = 2\sqrt{x}$
$y = 2 \cdot x^{\frac{1}{2}}$ | *Vertauschen der Variablen*
$x = 2 \cdot y^{\frac{1}{2}}$ | $:2$
$\frac{1}{2}x = y^{\frac{1}{2}}$ | $(\ )^2$
$\left(\frac{1}{2}x\right)^2 = \left(y^{\frac{1}{2}}\right)^2$
$\frac{1}{4}x^2 = y$; d.h. $\bar{f}(x) = \frac{1}{4}x^2$

Aufgaben

1 Bestimme zur Funktion f die Gleichung der Umkehrfunktion $\bar{f}$. Zeichne f und $\bar{f}$.

a) f: $x \to x^4$; $(x \geqq 0)$

b) f: $x \to \frac{1}{5}x^3$; $(x \geqq 0)$

c) f: $x \to x^{\frac{1}{2}}$; $(x \geqq 0)$

d) f: $x \to -2 \cdot x^{\frac{1}{2}}$; $(x \geqq 0)$

2 In Fig. 1 sind für verschiedene Exponenten z die Graphen der Funktionen $x \to x^z$ im 1. Quadranten gezeichnet.

a) Welche der Funktionen sind Umkehrfunktionen zueinander? Was kannst du über die beiden Exponenten aussagen?

b) Welche Punkte haben alle Graphen gemeinsam? Begründe.

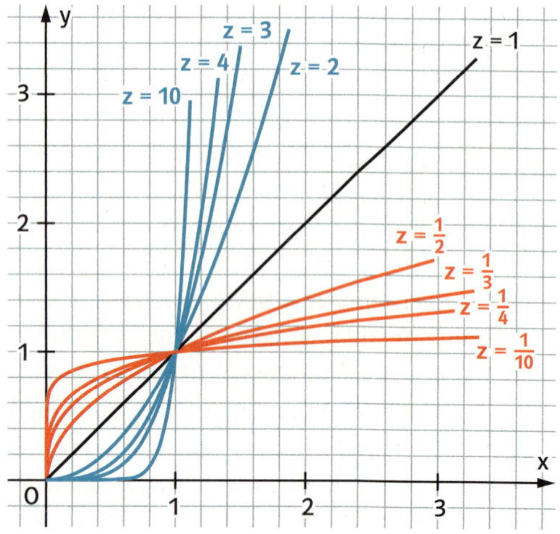

Fig. 1

3 a) Begründe: Die Funktion f: $x \to 3x^2 - 5$ mit der Definitionsmenge $\mathbb{R}$ ist nicht umkehrbar.

b) Ist die Funktion f: $x \to 3x^2 - 5$ für $x \geqq 0$ umkehrbar? Gib in diesem Fall die Gleichung der Umkehrfunktion an und skizziere beide Graphen.

4 Entscheide anhand der Graphen in Fig. 2, ob die zugehörigen Funktionen umkehrbar sind. Schreibe die Funktionsgleichung und ggf. die Gleichung der Umkehrfunktion auf.

5 Zeichne den Graphen der Funktion. Schränke, falls nötig, die Definitionsmenge so ein, dass eine umkehrbare Funktion entsteht. Bestimme dann die Gleichung der Umkehrfunktion.

a) $f(x) = 0{,}5x^2$
b) $f(x) = x^2 - 2$
c) $f(x) = 0{,}5x^2 - 2$
d) $f(x) = (x + 1)^2$
e) $f(x) = (x - 3)^2$
f) $f(x) = 2(x - 1)^2$

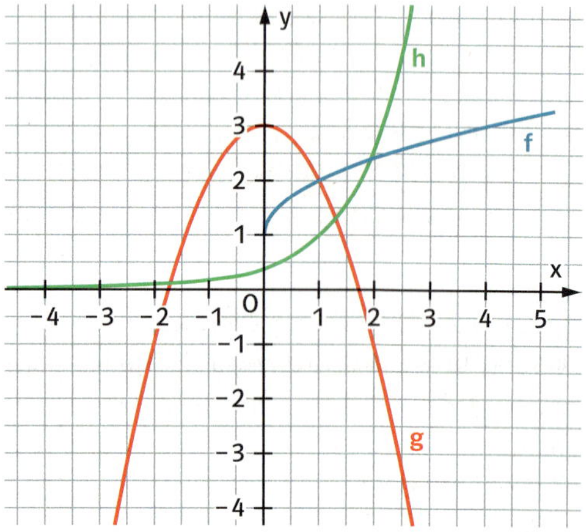

Fig. 2

6 Zu welcher Funktion f ist $\bar{f}$ die Umkehrfunktion?

a) $\bar{f}$: $x \to \sqrt{x}$
b) $\bar{f}$: $x \to x^{\frac{1}{4}}$
c) $\bar{f}$: $x \to x^{\frac{3}{2}}$
d) $\bar{f}$: $x \to x - 1$
e) $\bar{f}$: $x \to \sqrt{x - 2}$
f) $\bar{f}$: $x \to x$
g) $\bar{f}$: $x \to x^2$
h) $\bar{f}$: $x \to (x - 2)^2$

7 **Umkehrfunktionen bei linearen Funktionen**

a) Gib deinem Nachbarn die Gleichung einer linearen Funktion und lasse ihn die Gleichung der zugehörigen Umkehrfunktion bestimmen.

b) Zeichne die Graphen beider Funktionen in ein Koordinatensystem. Kannst du so überprüfen, ob die Gleichung der Umkehrfunktion richtig bestimmt ist?

c) Betrachtet gemeinsam weitere Beispiele. Bestimmt dann allgemein zur linearen Funktion f: $x \to mx + b$; $(m \neq 0)$ die Gleichung der Umkehrfunktion $\bar{f}$.

3 Potenzgleichungen

Leonie träumt von späteren Reichtümern und überlegt, ob sich ihr Geld in 20 Jahren wohl verdoppelt hat.
Dana ist sich sicher: „Mit einem Sparbuch wirst du das nicht schaffen, selbst wenn die Zinsen wieder steigen."

Gleichungen der Form $x^3 = 8$, $x^5 = 243$ oder allgemein $x^n = a$, bei denen die Basis x gesucht ist, heißen **Potenzgleichungen**.
Man kann Potenzgleichungen näherungsweise lösen, indem man die Gleichung auf die Form $x^n - a = 0$ bringt, den Graphen der Funktion $x \rightarrow x^n - a$ zeichnet und die Stellen abliest, an denen der Graph die x-Achse schneidet. Fig. 1 und Fig. 2 zeigen die Vorgehensweise für Potenzfunktionen mit geraden und ungeraden Exponenten. Man erkennt, dass Potenzgleichungen mit geraden Exponenten bis zu zwei Lösungen haben können. Potenzgleichungen mit ungeraden Exponenten haben immer genau eine Lösung.

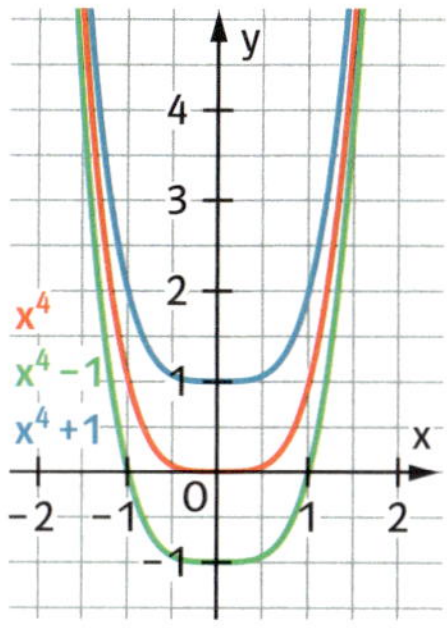

Fig. 1

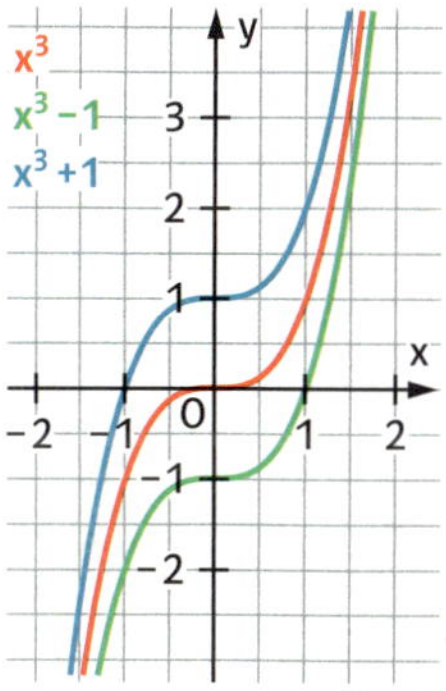

Fig. 2

Da sich die exakten Lösungen einer Potenzgleichung nur in wenigen Fällen mithilfe der grafischen Lösungsmethode bestimmen lassen, werden sie im Allgemeinen mit rechnerischen Lösungsverfahren bestimmt.

Gerade Exponenten
$x^n = 3$ hat für $x \geqq 0$ die Lösung $x_1 = \sqrt[n]{3}$.
Wegen $(-x)^n = x^n$ ist auch $x_2 = -\sqrt[n]{3}$ eine Lösung der Gleichung $x^n = 3$.
$x^n = -5$ hat keine Lösung, da x^n für gerades n nicht negativ werden kann.

Ungerade Exponenten
$x^n = 6$ hat für $x \geqq 0$ die Lösung $x = \sqrt[n]{6}$.
Es gibt keine weitere Lösung, denn x^n ist für $x < 0$ negativ.
Wenn die Gleichung $x^n = -6$ eine Lösung hat, dann ist diese negativ.
Wegen $(-x)^n = -x^n$ ist $x^n = -6$ äquivalent zu $(-x)^n = 6$.
Da $-x$ eine positive Zahl ist, gilt $-x = \sqrt[n]{6}$.
Also ist $x = -\sqrt[n]{6}$ die Lösung der Gleichung $x^n = -6$.

Eine Potenzgleichung der Form $x^n = a$ mit $n \in \mathbb{N}$ und $a \in \mathbb{R}$ kann zwei Lösungen, genau eine Lösung oder keine Lösung haben:

	n gerade	n ungerade
$a > 0$	$x_1 = \sqrt[n]{a}$; $x_2 = -\sqrt[n]{a}$	$x = -\sqrt[n]{a}$
$a = 0$	$x = 0$	$x = 0$
$a < 0$	keine Lösung	$x = -\sqrt[n]{-a}$

$x^{\frac{1}{p}} = \sqrt[p]{x}$

$x^{\frac{p}{q}} = \sqrt[q]{x^p}$

Gleichungen der Form $x^{\frac{p}{q}} = a$ nennt man ebenfalls Potenzgleichungen. Sie sind nur für $x \geqq 0$ definiert.

Positive Exponenten

$x^{\frac{4}{7}} = a$

Wegen $x^{\frac{4}{7}} = \left(x^{\frac{1}{7}}\right)^4$ gilt $x^{\frac{1}{7}} = \sqrt[4]{a}$, also $x = (\sqrt[4]{a})^7 = \sqrt[4]{a^7}$.

Negative Exponenten

$x^{-\frac{3}{5}} = a$

Das bedeutet $x^{\frac{3}{5}} = a^{-1}$, also $x = \sqrt[3]{a^{-5}}$.

Beispiel 1

Bestimme die Lösungsmenge der Potenzgleichungen.

a) $x^6 = 64$

b) $x^6 = -64$

c) $x^5 = -1024$

Lösung:

a) $x_1 = \sqrt[6]{64} = 2;\ x_2 = -\sqrt[6]{64} = -2;\ L = \{2; -2\}$

b) $L = \{\ \}$, da x^n für gerades n nicht negativ werden kann.

c) $x = -\sqrt[5]{1024} = -4;\ L = \{-4\}$

Beispiel 2

Bestimme die Lösungsmenge der Potenzgleichungen.

a) $x^{\frac{3}{2}} = 8$

b) $\sqrt[5]{x^3} = -8$

c) $x^{-3} = 8$

Lösung:

a) $x = 8^{\frac{2}{3}} = \sqrt[3]{8^2} = \sqrt[3]{64} = 4;\ L = \{4\}$

b) $L = \{\ \}$, denn $\sqrt[5]{x^3}$ kann nicht negativ werden.

c) $x^3 = 8^{-1} = \frac{1}{8}$, also $x = \sqrt[3]{\frac{1}{8}} = \frac{1}{2};\ L = \left\{\frac{1}{2}\right\}$

Aufgaben

1 Welche Lösungen hat die Potenzgleichung?

a) $x^6 = 20$ b) $x^6 = -20$ c) $x^5 = 32$ d) $x^{-5} = -32$

e) $x^4 = 625$ f) $x^5 + 1024 = 0$ g) $500 + x^3 = 157$ h) $2x^{-3} + 12 = 66$

2 Schreibe die Wurzel als Potenz und löse die Potenzgleichung.

a) $\sqrt{x} = 11$ b) $\sqrt[3]{x} - 8 = 0$ c) $1 - \sqrt[3]{2x} = 0$ d) $\sqrt[3]{5 - x} = 2$

e) $\sqrt{x^3} = 2$ f) $\sqrt[3]{x^2} + 2 = 0$ g) $2\sqrt[3]{x + 4} = 6$ h) $4 - \sqrt[4]{x^3} = 5$

3 Bestimme die Lösungen der folgenden Potenzgleichungen.

a) $5x^3 - 20 = 7 - 3x^3$ b) $55 - 3x^2 = 6 + 97x^2$ c) $1{,}2x^5 + 243 = 0{,}2x^5$ d) $5x^4 + 32 = 3x^4$

Bist du sicher?

1 Bestimme die Lösungen der folgenden Potenzgleichungen.

a) $x^5 = 20$ b) $x^4 = -81$ c) $x^3 = -64$ d) $x^6 = \frac{1}{64}$

2 Löse die Potenzgleichungen, schreibe Wurzeln vorher als Potenzen.

a) $\sqrt[3]{x^2} = 4$ b) $x^{\frac{5}{9}} = 11$ c) $x^{-\frac{4}{5}} = 5$ d) $\sqrt[5]{x^8} = -2$

4 Gib die Lösungen auf zwei Nachkommastellen genau an.

a) $x^3 = 100$ b) $x^5 = -15$ c) $x^4 = 13{,}5$ d) $x^6 = 18{,}2$
e) $x^3 = -7{,}5$ f) $1{,}2x^4 = 4{,}9$ g) $0{,}3x^3 = 0{,}68$ h) $23{,}4x^4 = 3{,}8$

5 Bestimme die Lösungsmenge.

a) $(x-3)^3 = 8$ b) $(2x-1)^4 = 16$ c) $(0{,}4x+1)^5 = 243$
d) $(7x-3)^3 = 216$ e) $(5x-3)^3 - 8 = 0$ f) $(9-5x)^7 - 2 = 0$
g) $(84x-81)^4 = 81$ h) $(7x-23)^8 = 10^{-8}$ i) $(10^7 \cdot x - 23)^9 = 10^{18}$
j) $125 \cdot 100^2 = (12 - 0{,}1x)^4$ k) $(6{,}5x - 6{,}5)^6 + 36^3 = 0$ l) $(x-7{,}3)^4 = 256$

6 a) $x^{\frac{1}{2}} = 11$ b) $x^{\frac{1}{5}} = -7$ c) $x^{\frac{1}{3}} = 8$ d) $x^{-\frac{1}{5}} = 2$
e) $\sqrt[3]{2x} = 1$ f) $\sqrt[3]{2x} = 4$ g) $\sqrt[3]{x-1} = 2$ h) $\sqrt[3]{1-2x} = -0{,}1$

7 a) $\sqrt{x^3} = 2$ b) $\sqrt[3]{x^2} = 2$ c) $\sqrt[5]{x^2} = 2$ d) $\sqrt[6]{x^5} = 10^{-5}$
e) $x^{\frac{2}{3}} = 3$ f) $x^{-\frac{2}{5}} = 2$ g) $x^{\frac{5}{2}} = -1$ h) $x^{-\frac{9}{2}} = 0{,}001$

8 a) $\sqrt[3]{x^2+3} - 1 = 0$ b) $\sqrt[4]{x^3 - \sqrt{2}} = -1$
c) $5 - (x^3 - 5)^5 = -238$ d) $\sqrt[3]{x^4 - 3x^3 - 4x^2} = 0$

9 Gib eine Potenzgleichung an, die die angegebenen Lösungen hat.

a) 5 b) $-\sqrt[3]{3}$ c) $-\sqrt{2};\ \sqrt{2}$ d) $\sqrt[3]{25}$

10 a) Gib zwei verschiedene Potenzgleichungen mit der Lösung -1 an.
b) Kann die Potenzgleichung $x^q = a$ die Lösungen -3 und 2 haben? Erläutere.

11 Löse die Gleichung. Unterscheide die Fälle $a > 0$ und $a < 0$.

a) $x^2 = a$ b) $x^2 = -a$ c) $x^3 = -a$ d) $x^3 = -a^3$

12 Berechne die x-Koordinaten der Schnittpunkte der Graphen von g und f.

a) $g: x \to x^3;\ f: x \to 6x$ b) $g: x \to x^7;\ f: x \to 6x^6 + x^5$ c) $g: x \to x^3 + 2x^2;\ f: x \to x^4 + 2x^2$

13 a) Löse mithilfe von Fig. 1 die Ungleichung $8x^{-\frac{3}{2}} \leqq 1$.
b) Löse entsprechend die Ungleichung $8x^{-\frac{3}{2}} \leqq a$ für $a = 0{,}001$; $a = 10^{-6}$; $a = 10^{-12}$.
c) Welche Bedeutung hat die x-Achse für den Graphen der Funktion $f: x \to 8x^{-\frac{3}{2}}$?

Fig. 1

Kannst du das noch?

14 Ein Prisma hat als Grundfläche ein regelmäßiges Sechseck mit der Seite a (Fig. 2). Berechne das Volumen und den Oberflächeninhalt des Prismas mit der Höhe $h = 12\,\text{cm}$ und der Seitenlänge $a = 5\,\text{cm}$.

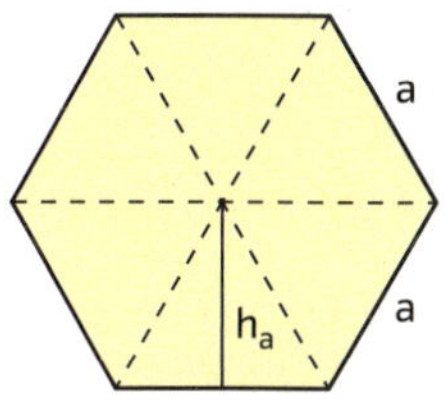

Fig. 2

15 Die Grundfläche eines Zylinders hat den Radius $r = 4\,\text{cm}$, die Mantelfläche hat den Flächeninhalt $M = 650\,\text{cm}^2$. Berechne die Höhe, das Volumen und den Oberflächeninhalt des Zylinders.

4 Exponentialgleichungen und Logarithmen

Felicitas erfährt um 9 Uhr eine tolle Neuigkeit. Nach einer Minute erzählt sie diese ganz vertraulich einer Freundin weiter. Nach einer weiteren Minute erzählen beide wieder ganz vertraulich die Neuigkeit jeweils einem weiteren Mitschüler. Felicitas glaubt, dass bis Schulschluss alle 1000 Schülerinnen und Schüler ihrer Schule die Neuigkeit kennen.

Ist in einer Gleichung der Form $a^b = c$ die Basis gesucht, so muss eine Potenzgleichung gelöst werden. Es treten jedoch auch Gleichungen mit Potenzen auf, bei denen der Exponent gesucht wird. Solche Gleichungen nennt man **Exponentialgleichungen**.

Die Gleichung $2^x = 16$ lässt sich leicht lösen, da 16 eine Potenz von 2 ist: $2^x = 16 = 2^4$, also $x = 4$. Die Lösung der Gleichung $2^x = 5$ ist auf diese Weise nicht möglich, weil sich 5 nicht als Zweierpotenz mit rationalem Exponenten schreiben lässt. Also zeichnet man die Graphen der Funktionen $x \to 2^x$ und $x \to 5$ und liest die x-Koordinate des Schnittpunktes ab. Als Näherungslösung ergibt sich etwa 2,3 (Fig. 1).

logos arithmos *(griech.): Verhältniszahl*

Für die Lösung der Exponentialgleichung $2^x = 5$, also für die Zahl x, mit der man 2 potenzieren muss, um 5 zu erhalten, schreibt man $x = \log_2(5)$, gelesen **Logarithmus** von 5 zur Basis 2.

Die Bezeichnung Logarithmus wurde von dem schottischen Mathematiker John Napier (1550 bis 1617) eingeführt.

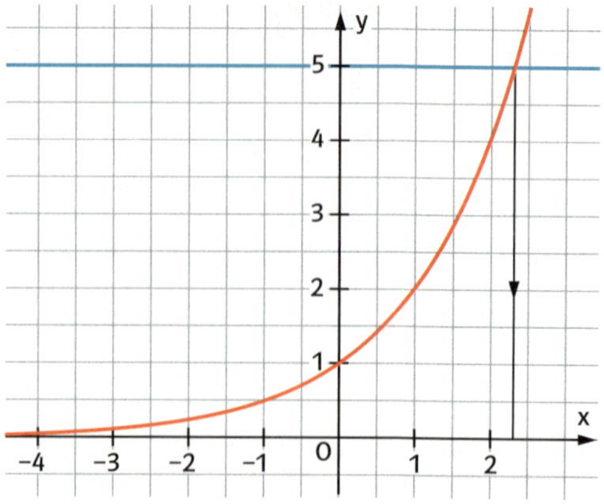

Fig. 1

Entsprechend lässt sich die Lösung der Exponentialgleichung $b^x = a$ für beliebige positive Zahlen a und b als Logarithmus schreiben.

Die Exponentialgleichung $b^x = a$ $(a, b > 0;\ b \neq 1)$ hat genau eine Lösung, die man als Logarithmus von a zur Basis b bezeichnet. Man schreibt $x = \log_b(a)$.

Nach der Festlegung des Logarithmus gilt $\log_b(b^q) = q$ und $b^{\log_b(a)} = a$. Die Operationen Potenzieren und Logarithmieren heben sich also gegenseitig auf, sind damit Umkehroperationen zueinander wie zum Beispiel die Operationen Quadrieren und Wurzelziehen. Für eine Potenz a^q ergibt sich daraus einerseits $a^q = b^{\log_b(a^q)}$, andererseits nach den Gesetzen der Potenzrechnung $a^q = (b^{\log_b(a)})^q = b^{q \cdot \log_b(a)}$. Mit der Gleichheit der Potenzen $b^{\log_b(a^q)}$ und $b^{q \cdot \log_b(a)}$ und ihrer Basen stimmen auch die Exponenten $\log_b(a^q)$ und $q \cdot \log_b(a)$ überein.

Darüber hinaus lässt sich aus der Gleichung $a = b^{\log_b(a)}$ ein Zusammenhang zwischen den Logarithmen zu verschiedenen Basen herleiten. Insbesondere können Logarithmen zu beliebiger Basis b mithilfe von Logarithmen zur Basis 10 (**dekadische Logarithmen**) berechnet werden, denn für $a, b > 0$ gilt:
$a = 10^{\log_{10}(a)} = b^{\log_b(a)}$, $b = 10^{\log_{10}(b)}$ und damit $10^{\log_{10}(a)} = \left(10^{\log_{10}(b)}\right)^{\log_b(a)} = 10^{\log_{10}(b)\cdot\log_b(a)}$.
Also ist $\log_{10}(a) = \log_{10}(b)\cdot\log_b(a)$, und es folgt $\log_b(a) = \frac{\log_{10}(a)}{\log_{10}(b)}$.
Der Logarithmus einer Zahl a zu einer beliebigen Basis b kann somit bestimmt werden, indem man den dekadischen Logarithmus von a durch den dekadischen Logarithmus der Basis b dividiert. Anstelle von $\log_{10}$ schreibt man auch kurz lg und erhält zusammengefasst:

Dekadische Logarithmen werden nach Henry Briggs (1561–1630) auch als Briggs'sche Logarithmen bezeichnet. Mit Taschenrechnern sind dekadische Logarithmen über die Taste LOG direkt abrufbar.

> Für das Rechnen mit Logarithmen gilt:
> 1. $\log_b(a^q) = q\cdot\log_b(a)$; 2. $\log_b(a) = \frac{\lg(a)}{\lg(b)}$; $(a, b > 0;\ b \neq 1)$.

Exponentialgleichungen wie $3^x = 5$ können damit auf zwei Arten gelöst werden:

Lösung mithilfe der Logarithmusdefinition

$3^x = 5$
$x = \log_3(5)$
Mit 2. folgt:
$x = \frac{\lg(5)}{\lg(3)} \approx 1{,}465$

Lösung durch Logarithmieren

$3^x = 5$ | Logarithmieren, z. B. lg
$\lg(3^x) = \lg(5)$
Mit 1. folgt:
$x\cdot\lg(3) = \lg(5)$, also $x = \frac{\lg(5)}{\lg(3)} \approx 1{,}465$

Beispiel 1 Logarithmen bestimmen
Bestimme den Logarithmus. Begründe dein Ergebnis.
a) $\log_2(8)$ b) $\lg(100\,000)$ c) $\log_9\left(\frac{1}{81}\right)$ d) $\log_3(\sqrt{27})$
Lösung:
a) $\log_2(8) = 3$, denn $2^3 = 8$ oder $\log_2(8) = \log_2(2^3) = 3$
b) $\lg(100\,000) = 5$, denn $10^5 = 100\,000$ oder $\lg(100\,000) = \lg(10^5) = 5$
c) $\log_9\left(\frac{1}{81}\right) = -2$, denn $9^{-2} = \frac{1}{9^2} = \frac{1}{81}$ oder $\log_9\left(\frac{1}{81}\right) = \log_9(9^{-2}) = -2$
d) $\log_3(\sqrt{27}) = \frac{3}{2}$, denn $3^{\frac{3}{2}} = (3^3)^{\frac{1}{2}} = \sqrt{27}$ oder $\log_3(\sqrt{27}) = \log_3\left(3^{\frac{3}{2}}\right) = \frac{3}{2}$

Die erste Begründung benutzt die Logarithmusdefinition, die zweite die Tatsache, dass sich Potenzieren und Logarithmieren gegenseitig aufheben.

Beispiel 2 Beliebige Logarithmen mithilfe dekadischer Logarithmen berechnen
Berechne den Logarithmus. Runde, falls erforderlich, auf zwei Dezimalen.
a) $\log_5(10)$ b) $\log_2(200)$ c) $\log_3(5^4)$ d) $\log_{\sqrt{10}}(0{,}01)$
Lösung:
a) $\log_5(10) = \frac{\lg(10)}{\lg(5)} \approx 1{,}43$
b) $\log_2(200) = \frac{\lg(200)}{\lg(2)} \approx 7{,}64$
c) $\log_3(5^4) = 4\cdot\log_3(5) = \frac{4\cdot\lg(5)}{\lg(3)} \approx 5{,}86$
d) $\log_{\sqrt{10}}(0{,}01) = \frac{\lg(0{,}01)}{\lg(\sqrt{10})} = \frac{-2}{0{,}5} = -4$

Beispiel 3 Exponentialgleichungen lösen
Bestimme die Lösung der Exponentialgleichung.
a) $2^x = 32$ b) $10^x = -1$ c) $3\cdot 5^x = 225 - 6\cdot 5^x$ d) $2^{3x} = 100$
Lösung:
a) $x = \log_2(32) = \log_2(2^5) = 5$
b) keine Lösung, da 10^x stets positiv ist
c) Umordnen liefert $9\cdot 5^x = 225$, also $5^x = 25$ und damit $x = \log_5(25) = \log_5(5^2) = 2$.
d) Es ist $3x = \log_2(100) = \frac{\lg(100)}{\lg(2)}$ und damit $x = \frac{2}{3\cdot\lg(2)} \approx 2{,}215$.

Bei der Lösung wurde die Logarithmusdefinition verwendet, zur Lösung durch Logarithmieren vergleiche Aufgabe 6.

Aufgaben

Beispiel zu Aufgabe 1:
$2^5 = 32$; $5 = \log_2(32)$

1 Schreibe als Logarithmus wie im Beispiel auf dem Rand.

a) $4^3 = 64$ b) $7^2 = 49$ c) $3^{-2} = \frac{1}{9}$ d) $\left(\frac{1}{3}\right)^{-3} = \frac{1}{27}$
e) $36^{0,5} = 6$ f) $8^0 = 1$ g) $(\sqrt{10})^{-6} = \frac{1}{1000}$ h) $x^y = z$

Beispiel zu Aufgabe 2:
$\log_4(16) = 2$; $4^2 = 16$

2 Schreibe als Potenzgleichung wie im Beispiel auf dem Rand

a) $\log_5(125) = 3$ b) $\log_5(0,2) = -1$ c) $\log_5(5) = 1$ d) $\log_5(1) = 0$
e) $\log_{0,5}(8) = -3$ f) $\log_{0,2}(0,04) = 2$ g) $\log_{\sqrt{2}}(0,25) = -4$ h) $\log_b(a) = c$

3 Bestimme den Logarithmus. Begründe dein Ergebnis.

a) $\log_2(64)$ b) $\lg(1)$ c) $\log_3(\sqrt{3})$ d) $\log_7(7)$
e) $\log_2\left(\frac{1}{16}\right)$ f) $\log_5\left(\frac{1}{\sqrt{5}}\right)$ g) $\log_6\left(\frac{1}{\sqrt[3]{6}}\right)$ h) $\log_{\sqrt[3]{6}}\left(\frac{1}{6}\right)$

4 Berechne ohne Verwendung eines Taschenrechners.

a) $\log_3(9^4)$ b) $\lg(10^{1,5})$ c) $\log_5(125^{-1})$ d) $\log_a(a^3)$
e) $\log_4(2^{200})$ f) $\lg(10^{-120})$ g) $\log_{0,5}(2^5)$ h) $\log_3(\sqrt{27}^{-1})$

5 Berechne näherungsweise mit dem Taschenrechner. Runde auf zwei Dezimalen.

a) $\lg(6)$ b) $\lg(60)$ c) $\lg(600)$ d) $\log_2(5^4)$
e) $\log_5(4^2)$ f) $\log_{0,5}(0,1)$ g) $\log_{0,5}(10)$ h) $\log_2(10)$

6 Löse die Exponentialgleichungen aus Beispiel 3 durch Logarithmieren. Vergleiche mit den Lösungen von Seite 199.

7 Löse die Exponentialgleichung mit einem geeigneten Verfahren.

a) $2^x = 4\sqrt{2}$ b) $10^x = \sqrt[3]{0,01}$ c) $4^{3+2x} = 0,25$ d) $5^{x+2} = 30 - 5^{x+1}$

8 Bestimme die Lösung der Exponentialgleichung mithilfe der Logarithmusdefinition. Dein Banknachbar bestimmt die Lösung durch Logarithmieren. Vergleicht eure Ergebnisse.

a) $4^x = 128$ b) $10^{x+1} = 0,01$ c) $7 \cdot 2^x - 210 = 4 \cdot 2^x$ d) $3^{2x} = 0,75$

9 Bestimme näherungsweise mithilfe des Graphen der Funktion $x \to 2^x$.

a) $\log_2(3)$ b) $\log_2(6)$ c) $\log_2(1,5)$ d) $\log_2\left(\frac{1}{3}\right)$

10 Bestimme näherungsweise mithilfe eines geeigneten Graphen.

a) $\log_3(2)$ b) $\log_3(10)$ c) $\log_5(2)$ d) $\log_5(10)$

Bist du sicher?

1 Bestimme den Logarithmus ohne Verwendung eines Taschenrechners.

a) $\log_3(81)$ b) $\log_7(\sqrt{7})$ c) $\log_2(0,25)$ d) $\lg(1)$

2 Berechne näherungsweise mit dem Taschenrechner. Runde auf zwei Dezimalen.

a) $\lg(4)$ b) $\lg(0,25)$ c) $\log_4(30)$ d) $\log_{0,25}(30)$
e) $\log_4\left(\frac{1}{30}\right)$ f) $\log_3(2)$ g) $\log_3(6)$ h) $\log_3(18)$

3 Bestimme die Lösung der Exponentialgleichung.

a) $3^x = \frac{1}{81}$ b) $10^{1-x} = 2,5$ c) $5^x + 3 = 8 - 3 \cdot 5^x$ d) $6^{-x} = -36$

11 Berechne die Basis b.

a) $\log_b(25) = 2$ b) $\log_b\left(\frac{1}{49}\right) = -2$ c) $\log_b(16) = -4$ d) $\log_b(\sqrt{125}) = \frac{3}{2}$

12 Berechne die Zahl a.

a) $\log_3(a) = 4$ b) $\log_4(a) = 3$ c) $\log_9(a) = 1{,}5$ d) $\lg(a) = -4$

*Die Zahl a, von der der Logarithmus gebildet wird, wird auch als **Numerus** bezeichnet.*

13 Logarithmen können näherungsweise bestimmt werden, indem man den gesuchten Wert einschachtelt. Um zum Beispiel den Logarithmus $x = \log_2(5)$ zu bestimmen, muss die Zahl x gefunden werden, für die $2^x = 5$ ist. Durch gezieltes Probieren ergibt sich die Intervallschachtelung $2^2 < 5 < 2^3$; $2^{2,3} < 5 < 2^{2,4}$; $2^{2,32} < 5 < 2^{2,33}$; $2^{2,321} < 5 < 2^{2,322}$.
Damit erhält man eine Näherung $\log_2(5) \approx 2{,}32$.
Gib eine entsprechende Schachtelung an für

a) $\log_4(10)$, b) $\log_8(30)$, c) $\log_5(2{,}5)$, d) $\log_5(100)$.

Vergleiche mit dem jeweiligen Näherungswert, den das grafische Verfahren liefert.

14 Bestimme die Lösung ohne Verwendung eines Taschenrechners.

a) $2^x = 128$ b) $2 \cdot 3^x = 162$ c) $4 + 4 \cdot 2^x = 4100$ d) $7 \cdot 8^{-x-2} = 28$

15 Löse die Exponentialgleichung durch Logarithmieren.

a) $5^{1-2x} = 17$ b) $(7^{2x-1})^2 = 36$ c) $10^x - 25 = 975$ d) $4^{2x+1} = 64$
e) $\frac{4}{3} \cdot 6^x + 62 = 350$ f) $25^{x+1} = 0{,}2$ g) $7^{x-2} - \sqrt{7} = 0$ h) $3^{5x} = \sqrt[3]{9}$

16 Forme mithilfe der Potenzrechengesetze in eine Gleichung der Form $b^x = a$ um. Löse die erhaltene Gleichung.

a) $2^x + 3 = 2^{x+1}$ b) $7 \cdot 2^x = 13 \cdot 3^x$ c) $3^{2x} \cdot 9^{-x} = 5$ d) $2^{x+1} + 2^{x+2} = 48$

17 Begründe, dass die Exponentialgleichung keine Lösung hat.

a) $2^x = -3$ b) $2^x = -\frac{1}{3}$ c) $2^x = 0$ d) $1^x = 3$

18 Der Luftdruck nimmt mit zunehmender Höhe ab. Lässt man den Einfluss der Temperatur außer Acht, so lässt sich der von der Höhe abhängige Luftdruck mit der Näherungsformel $p = 1013 \cdot 0{,}8825^h$ berechnen (h: Höhe über dem Meeresspiegel (in km); p: Luftdruck (in hPa)).
a) Berechne den Luftdruck, der in einer Höhe von 10 km (20 km; 40 km) herrscht.
b) Zeige, dass der Luftdruck nach jeweils etwa 5,5 km auf die Hälfte absinkt.

Druckeinheiten:
1 Pascal $= 1\,\text{Pa} = 1\,\frac{\text{N}}{\text{m}^2}$
1 Hektopascal $= 1\,\text{hPa} = 1\,\text{mbar} = 1\,\frac{\text{N}}{\text{dm}^2}$
1000 mbar $= 1\,\text{bar} = 10\,\frac{\text{N}}{\text{cm}^2}$

19 a) Berechne $\log_5(125)$, $\log_{\frac{1}{5}}(125)$ und $\log_5\left(\frac{1}{125}\right)$. Was stellst du fest?
b) Lass deinen Banknachbarn $\log_3(\sqrt{3})$, $\log_{\frac{1}{3}}(\sqrt{3})$ und $\log_3\left(\frac{1}{\sqrt{3}}\right)$ bestimmen.
c) Sucht gemeinsam vergleichbare Beispiele und begründet eure Beobachtung allgemein.

20 a) Berechne $\log_2(32)$, $\log_2(8)$, $\log_2(32 \cdot 8)$ und $\log_2\left(\frac{32}{8}\right)$. Was stellst du fest?
b) Lass deinen Banknachbarn $\lg(0{,}1)$, $\lg(\sqrt[3]{100})$, $\lg(0{,}1 \cdot \sqrt[3]{100})$ und $\log_3\left(\frac{0{,}1}{\sqrt[3]{100}}\right)$ bestimmen.
c) Sucht gemeinsam vergleichbare Beispiele und begründet eure Beobachtung allgemein.

Wiederholen – Vertiefen – Vernetzen

1 Prüfe rechnerisch, ob die Punkte auf dem Graphen der Funktion, oberhalb oder aber unterhalb liegen. Kontrolliere dein Ergebnis mithilfe eines geeigneten Programms.

a) $f: x \to 0{,}2x^3$; $P(-2|-1{,}6)$; $Q(2{,}5|3{,}1)$
b) $f: x \to 5x^{-2}$; $P(-6|0{,}14)$; $Q(0{,}5|20)$
c) $f: x \to \sqrt[4]{2x^3}$; $P(2|2)$; $Q\left(\frac{1}{32}\middle|\frac{1}{2}\right)$
d) $f: x \to 3x^{-\frac{1}{3}}$; $P(0{,}1|6{,}5)$; $Q(8|1{,}4)$

2 Zeichne die Graphen der Funktionen $f: x \to x^{-2}$, $g: x \to x^0$, $h: x \to x^2$ und $k: x \to x^4$ in ein gemeinsames Koordinatensystem. Welche Gemeinsamkeiten haben die Graphen? Worin unterscheiden sie sich? Welche Aussagen ergeben sich allgemein für Potenzfunktionen mit geraden Exponenten?

3 In Fig. 1 sind die Graphen von vier Potenzfunktionen $x \to x^z$ gezeichnet.
a) Ordne jedem der Graphen den passenden Exponenten z zu.
b) Welche Aussagen lassen sich für Potenzfunktionen mit ungeraden Exponenten aus Fig. 1 ablesen? Erläutere.

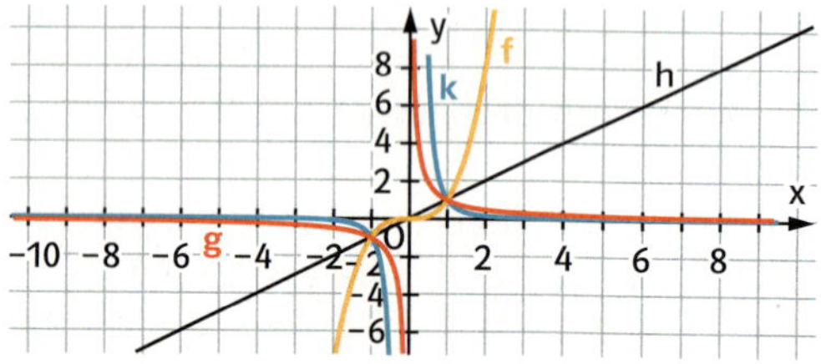

Fig. 1

4 Bestimme die Funktionswerte f(1) und f(5). Berechne, an welcher Stelle x der Funktionswert −25 angenommen wird.

a) $f: x \to -0{,}2x^3$
b) $f: x \to 3x^{-2}$
c) $f: x \to -4x + 1$
d) $f: x \to -\sqrt{5x}$

Funktionsgraphen verschieben, strecken, spiegeln und drehen

5 Skizziere jeweils den Funktionsgraphen.
$f(x) = x^{-3} + 2$; $g(x) = (x+1)^{-3}$; $h(x) = (x-2)^{-3} - 1$; $k(x) = 0{,}5x^{-3}$; $l(x) = 2x^{-3} + 1$; $m(x) = \frac{4}{x^3} - 4$

6 Zeichne die Graphen der Funktionen $f: x \to -2x^{-2}$ und $g: x \to (-2x)^{-2}$ in ein gemeinsames Koordinatensystem. Durch welche Abbildungen lassen sich die Graphen von f und g aufeinander abbilden?

Hinweis:
Für die Beschreibung der durch Vierteldrehung entstehenden Graphen können zwei Gleichungen erforderlich sein.

7 Der Graph der Funktion $g: x \to \frac{1}{4}x^3$ wird abgebildet. Bestimme die Gleichung des Bildgraphen bei einer

a) Spiegelung an der x-Achse,
b) Spiegelung an der y-Achse,
c) Punktspiegelung am Punkt (0 | 0),
d) 90°-Drehung um den Punkt (0 | 0).

8 Der Graph von g wird durch die in Aufgabe 7 genannten Abbildungen abgebildet. Bestimme die Gleichung der Bildgraphen.

a) $g: x \to \frac{3}{4}x$
b) $g: x \to \frac{1}{2}x - 2$
c) $g: x \to \frac{1}{2}x^2 + 1$
d) $g: x \to \frac{1}{2x^3}$

9 Begründe: Die Graphen (Fig. 2) von $f: x \to \frac{1}{2x}$ und $g: x \to \frac{2}{x}$ lassen sich sowohl durch zentrische Streckung als auch durch Streckungen senkrecht zur x-Achse oder zur y-Achse aufeinander abbilden.
Mit welchem Faktor müssen die Funktionswerte dazu jeweils multipliziert werden?

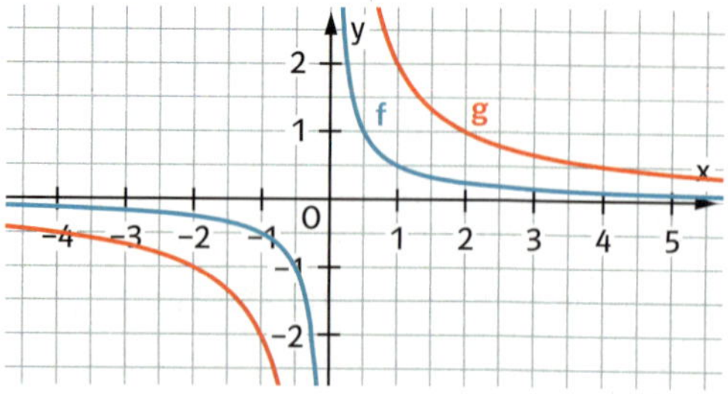

Fig. 2

10 Bestimme zur gegebenen Funktion für $x \geqq 0$ jeweils die Gleichung der Umkehrfunktion. Berechne, welche Punkte die Graphen von f und $\bar{f}$ jeweils gemeinsam haben.

a) $f(x) = 0{,}5x^2$ b) $f(x) = (2x)^{\frac{1}{4}}$ c) $f(x) = (x + 4)^2$ d) $f(x) = x^3 - 2$

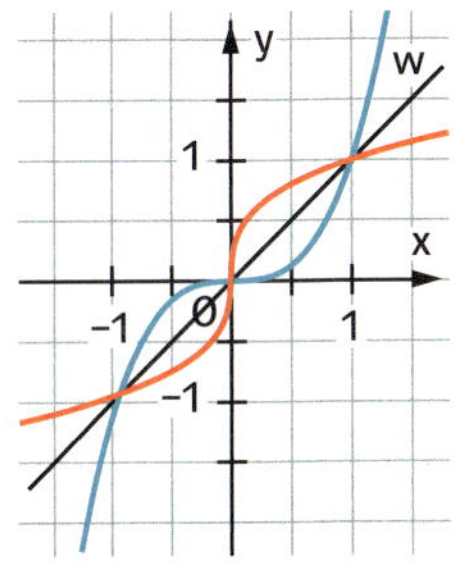

Fig. 1

11 Bei der Bildung der Umkehrfunktion von $p: x \to x^3$ kann die Beschränkung $x \geqq 0$ aufgehoben werden (Fig. 1). Die Gleichung der Umkehrfunktion $\bar{p}$ muss dann bereichsweise angegeben werden: $\bar{p}(x) = \sqrt[3]{x}$ für $x \geqq 0$ und $\bar{p}(x) = -\sqrt[3]{-x}$ für $x < 0$.
Gib entsprechend zur Funktion f die Gleichung der Umkehrfunktion $\bar{f}$ bereichsweise an.

a) $f: x \to -x^3$ b) $f: x \to 0{,}1x^5$ c) $f: x \to x^{-3}$ d) $f: x \to -\frac{2}{x^3}$

12 Eine Studie zum Schwerlastverkehr hat ergeben, dass das Gewicht eines LKWs mit der vierten Potenz in das Ausmaß der Straßenschädigung eingeht.
a) Wie erhöht sich der schädigende Einfluss eines LKWs, wenn das Gewicht zum Beispiel durch Beladen verdoppelt wird?
b) Früher war in Deutschland eine Achslast von 10t erlaubt. Heute liegt der zulässige Wert bei 11,5t. Um wie viel Prozent kann das Ausmaß an Straßenschädigungen ansteigen, wenn die Erhöhung der zulässigen Achslast tatsächlich ausgeschöpft wird?
c) Welche Erhöhung der Achslast darf man höchstens vornehmen, wenn das Ausmaß der Schädigungen auf das Doppelte des ursprünglichen Wertes begrenzt werden soll?

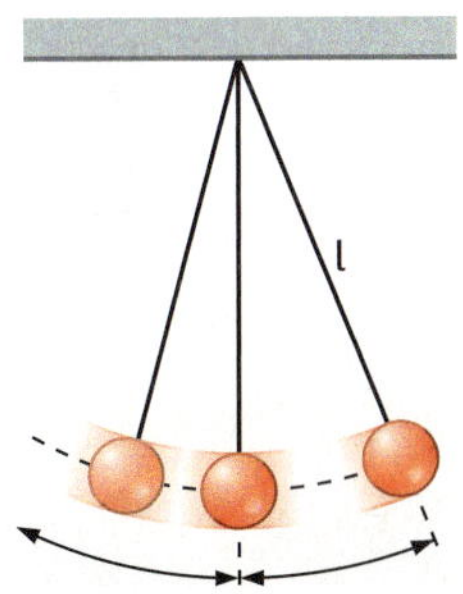

13 Die Schwingungsdauer T eines Fadenpendels ist von der pendelnden Masse m unabhängig und kann für kleine Auslenkungen mit der Gleichung $T = 2\pi\sqrt{\frac{l}{g}}$ (l: Fadenlänge; $g = 9{,}81\,\frac{m}{s^2}$: Ortsfaktor) berechnet werden.
a) Berechne die Schwingungsdauer T für ein Fadenpendel mit der Fadenlänge $l = 1$ m.
b) Wie verändert sich die Schwingungsdauer, wenn die Fadenlänge l verdoppelt (verdreifacht; vervierfacht) wird?
c) Auf das Wievielfache muss der Faden verlängert werden, damit sich die Schwingungsdauer T um 50% (10%; 75%) vergrößert?

14 Ein Satellit umkreist die Erde über dem Äquator. Ist die Umlaufzeit T (in Tagen) bekannt, so kann man die Höhe der Satellitenbahn über der Erdoberfläche (in km) mit der Gleichung $h = 42\,070 \cdot T^{\frac{2}{3}} - 6370$ berechnen.
a) Zeichne den Graphen der Funktion $T \to h$ für Umlaufzeiten von bis zu zwei Tagen. Wähle eine geeignete Einteilung der Achsen.
b) Für die Nachrichtenübermittlung werden geostationäre Satelliten benötigt. Wie hoch muss ein geostationärer Satellit etwa stehen? Lies am Graphen ab und berechne.

15 Ein frei fallender Körper erreicht mit zunehmender Fallhöhe eine immer größere Geschwindigkeit. Lässt man den Einfluss der Luftreibung unberücksichtigt, so kann man die Geschwindigkeit v mithilfe der Gleichung $v = \sqrt{2g \cdot h}$ berechnen. Hierbei ist $g = 9{,}81\,\frac{m}{s^2}$ die Fallbeschleunigung und h die Fallhöhe in m.
a) Welche Endgeschwindigkeit kann bei einem 71m hohen „Drop-Tower" erreicht werden? Gib das Ergebnis auch in km/h an.
b) Aus welcher Höhe ist eine Birne gefallen, die mit einer Geschwindigkeit von $15\,\frac{m}{s}$ auf dem Boden aufschlägt?
c) Wie erklärst du, dass Fallschirmspringer, die vor dem Öffnen des Schirms mehrere Tausend Meter frei fallen, eine Grenzgeschwindigkeit von etwa 200km/h nicht überschreiten?

Ellipsen und Kepler'sche Gesetze

In der Antike nahm man an, die Erde sei der Mittelpunkt der Welt und die Sterne würden sich an einem „Firmament" bewegen (geozentrisches Weltbild).
Nikolaus Kopernikus stellte die Theorie auf, das Zentrum der Welt sei nicht die Erde, sondern die Sonne, um die sich die Planeten auf Kreisen bewegen (heliozentrisches Weltbild). Mithilfe der Messungen von **Tycho Brahe** versuchte **Johannes Kepler**, die Theorie von Kopernikus zu prüfen. Dabei erkannte er unter anderem, dass die Bahn des Planeten Mars kein Kreis, sondern eine **Ellipse** ist. In seinem Buch *Astronomia nova* (Neue Astronomie) stellte Kepler im Jahre 1609 die Behauptung auf, dass sich nicht nur der Mars, sondern alle Planeten auf Ellipsenbahnen um die Sonne bewegen.

elleipsis *(griech.): Mangel, Unvollkommenheit*

Nikolaus Kopernikus (1473–1543), polnischer Astronom

Tycho Brahe (1546–1601), dänischer Astronom

Friedrich Johannes Kepler (1571–1630), deutscher Astronom

Ellipsen erhält man zum Beispiel, indem man einen Kreis senkrecht zu einem Durchmesser streckt. In Fig. 1 ist dabei der Streckfaktor $k = 0{,}5$ gewählt. Ebenso erhält man eine Ellipse, indem man alle die Punkte betrachtet, für die die Summe der Entfernungen zu zwei gegebenen **Brennpunkten** F_1 und F_2 einen konstanten Wert d hat ($d > \overline{F_1F_2} = 2e$). So ist in Fig. 2 die Ellipse zu $2e = 6\,\text{cm}$ und $d = 10\,\text{cm}$ gezeichnet.
Die Strecke a vom Mittelpunkt zu einem der beiden am weitesten voneinander entfernten Ellipsenpunkten heißt **große Halbachse**, entsprechend ist die **kleine Halbachse** b die Strecke vom Mittelpunkt zu einem der beiden am nächsten liegenden Ellipsenpunkten.

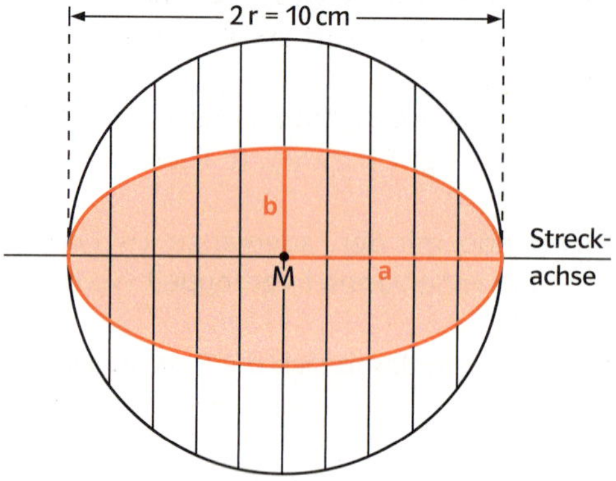

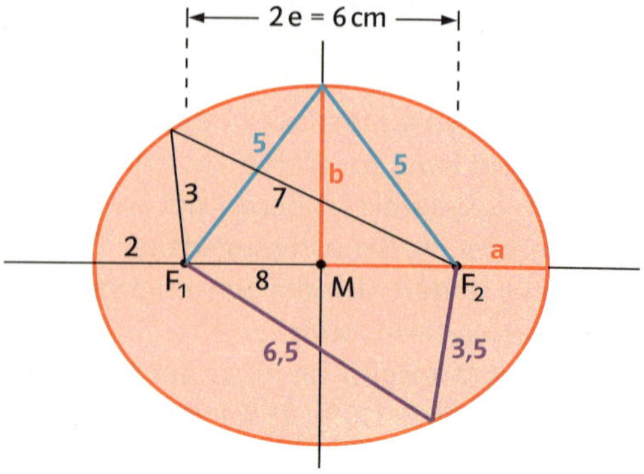

Die Ellipse in Fig. 1 hat die Halbachsen $a = r = 5\,\text{cm}$ und $b = \frac{r}{2} = 2{,}5\,\text{cm}$.
Mit $2a = d$ und $b^2 = \left(\frac{d}{2}\right)^2 - e^2 = a^2 - e^2$ ergeben sich auch die Halbachsen der Ellipse in Fig. 2: $a = \frac{d}{2} = 5\,\text{cm}$ und $b = \sqrt{5^2 - 3^2}\,\text{cm} = 4\,\text{cm}$.

1 a) Bestimme zur Ellipse in Fig. 1 die Lage der Brennpunkte F_1 und F_2, indem du den Abstand $e = \overline{MF_1} = \overline{MF_2}$ berechnest.
b) Zeichne einen Kreis mit dem Radius 6 cm. Entwickle daraus durch senkrechte Achsenstreckung eine Ellipse mit den Halbachsen $a = 6\,\text{cm}$ und $b = 4\,\text{cm}$. Wo liegen die Brennpunkte der Ellipse?

2 a) Zwei Punkte F_1 und F_2 sind 10 cm voneinander entfernt. Zeichne zehn Punkte P, für die jeweils $\overline{PF_1} + \overline{PF_2} = 12\,\text{cm}$ ist. Verbinde die Punkte zu einer Ellipse.
b) Wie lang sind die Halbachsen der in a) gezeichneten Ellipse?

Die von Kepler 1609 veröffentlichen Aussagen zur Planetenbewegung sind heute als die beiden ersten **Kepler'schen Gesetze** bekannt. Die Aussagen können völlig gleichlautend auch auf Bewegungen wie die eines Satelliten um ein Zentralgestirn übertragen werden.

Ellipsen und Kepler'sche Gesetze

Erstes Kepler'sches Gesetz
Die Planeten bewegen sich auf Ellipsen, in deren einem Brennpunkt die Sonne steht.

Zweites Kepler'sches Gesetz
Der Leitstrahl eines Planeten überstreicht in gleichen Zeiten gleiche Flächen.

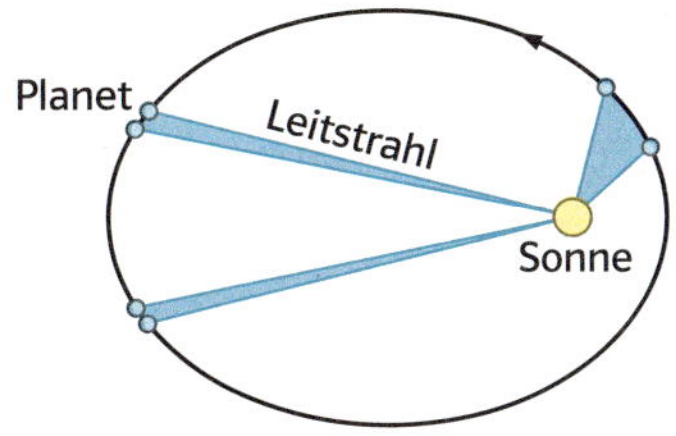

Fig. 1

Welche Folgerung ergibt sich aus dem zweiten Kepler'schen Gesetz für die Geschwindigkeit, mit der sich ein Planet auf seiner Ellipsenbahn bewegt?

Kepler vermutete zusätzlich einen Zusammenhang zwischen den mittleren Entfernungen r der Planeten von der Sonne und ihren Umlaufzeiten T. Die ihm zur Verfügung stehenden Messwerte sind in Tab. 1 in der heute üblichen Form zusammengestellt. Als astronomische Längeneinheit (AE) ist die mittlere Entfernung der Erde von der Sonne zugrunde gelegt.

$1\,AE = 149{,}6 \cdot 10^6\,km$

Planet	Merkur	Venus	Erde	Mars	Jupiter	Saturn
r (in AE)	0,3871	0,7233	1,000	1,5237	5,2028	9,5389
T (in Jahren)	0,2408	0,6152	1,000	1,8808	11,8616	29,4563

Tab. 1

Lässt sich die Funktion $r \to T$ mathematisch beschreiben? Um eine proportionale Funktion kann es sich nicht handeln, denn dann müsste für die mittlere Sonnenentfernungen r_1 und r_2 zweier Planeten und die zugehörigen Umlaufzeiten $T_1 : T_2 = r_1 : r_2$ sein.
Auch die „doppelte Proportion", also ein quadratischer Zusammenhang kommt nicht in Betracht, weil $T_1 : T_2$ nicht mit $(r_1 : r_2)^2$ übereinstimmt.

In den *Harmonice mundi* (Harmonie der Welt) beschreibt Kepler, wie er 1618 die Gesetzmäßigkeit entdeckte, die heute als **drittes Kepler'sches Gesetz** bekannt ist.
Mit dem „Anderthalbfachen der Proportion" meint Kepler, dass $T_1 : T_2 = (r_1 : r_2)^{1,5}$ ist.
Also ist die Funktion $r \to T$ eine Potenzfunktion mit der Gleichung $T = c \cdot r^{1,5}$ mit einer passenden Konstanten c.

Drittes Kepler'sches Gesetz
Die Quadrate der Umlaufzeiten zweier Planeten verhalten sich zueinander wie die dritten Potenzen der großen Halbachsen ihrer Bahnen: $T_1^2 : T_2^2 = a_1^3 : a_2^3$.

Man kann zeigen, dass die mittleren Entfernungen r der Planeten von der Sonne mit den großen Halbachsen a der Bahnen übereinstimmen.

3 Prüfe das dritte Kepler'sche Gesetz für verschiedene Planetenpaare aus Tab. 1.

4 Der Planet Uranus hat die mittlere Entfernung $r = 19{,}2809\,AE$ von der Sonne, der noch sonnenfernere Planet Neptun die Umlaufzeit $T = 165{,}49$ Jahre. Berechne
a) die mittlere Sonnenentfernung des Neptun, b) die Umlaufzeit des Uranus.

Aus *Harmonice mundi* von Johannes Kepler, übersetzt von Max Caspar
Nachdem ich [...] die wahren Intervalle der Bahnen mithilfe der Beobachtungen Brahes ermittelt hatte, zeigte sich mir endlich, endlich die wahre Proportion der Umlaufzeiten in ihrer Beziehung zu der Proportion der Bahnen: [...] Am 8. März dieses Jahres 1618 [...] ist sie in meinem Kopf aufgetaucht. [...] Allein es ist ganz sicher [...], dass die ***Proportion, die zwischen den Umlaufzeiten irgend zweier Planeten besteht, genau das Anderthalbfache der Proportion der mittleren Abstände [...] ist.***

Rückblick

Potenzfunktionen mit ganzzahligen Exponenten
Für jeden natürlichen Exponenten n (n > 0) und jedes a ($a \neq 0$) heißt die Funktion f: $x \to a \cdot x^n$ **Potenzfunktion n-ten Grades.**
Der Graph einer Potenzfunktion n-ten Grades (n > 1) heißt **Parabel n-ter Ordnung**.

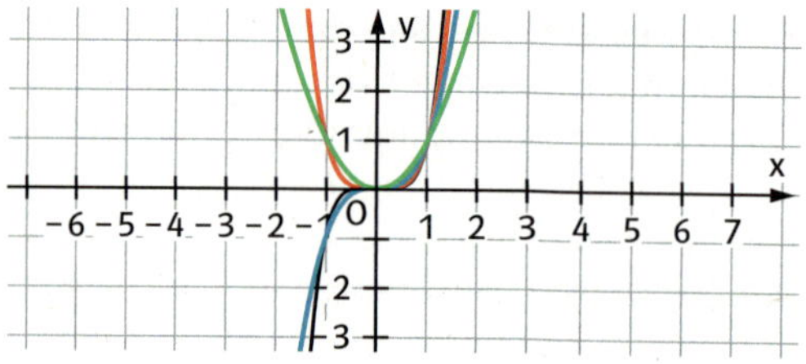

Für jede natürliche Zahl n > 0 und jedes $a \neq 0$ heißt der Graph der Potenzfunktion f: $x \to a \cdot x^{-n}$ **Hyperbel n-ter Ordnung.**

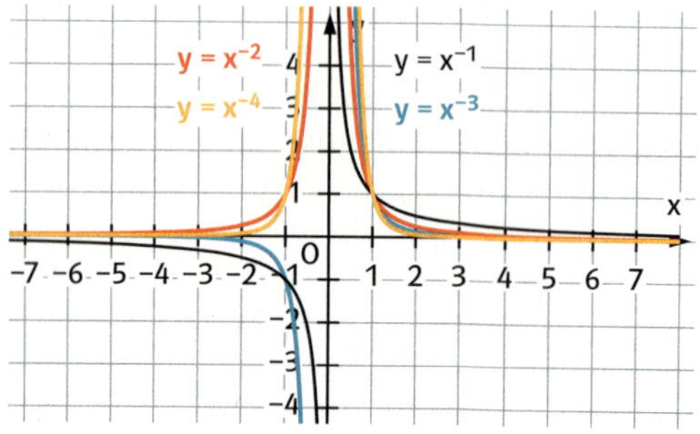

Funktion und Umkehrfunktion
Ist die Umkehrzuordnung einer Funktion f wieder eine Funktion, so ist die Funktion f **umkehrbar**. Ihre Umkehrzuordnung heißt **Umkehrfunktion $\bar{f}$.**
Die Graphen von f und $\bar{f}$ liegen spiegelbildlich zur Winkelhalbierenden des ersten Quadranten.
Man erhält die Funktionsgleichung der Umkehrfunktion $\bar{f}$ zu einer gegebenen Funktion f, indem man in der zu f gehörenden Gleichung die Variablen x und y vertauscht und die entstehende Gleichung nach y auflöst.

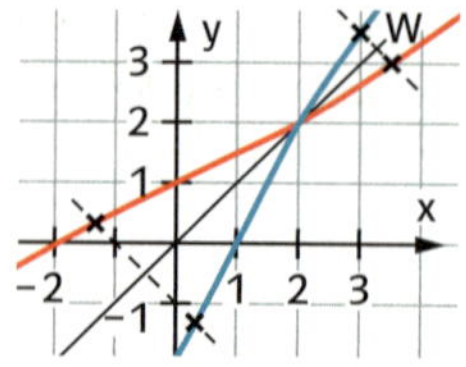

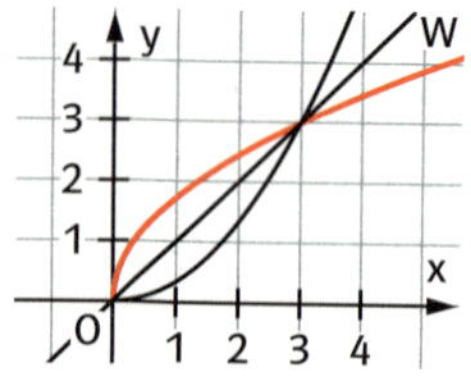

f: $x \to 0{,}5x^2$, $x \geqq 0$, mit Umkehrfunktion $\bar{f}$
f: $x \to 0{,}5x^2$
$y = 0{,}5x^2$ | Variablen tauschen
$x = 0{,}5y^2$ | $\cdot 2$
$2x = y^2$ | $(\ )^{\frac{1}{2}}$
$\sqrt{2x} = y$
$\bar{f}: x \to \sqrt{2x}$; $(x \geqq 0)$

Wurzelfunktionen
Jede auf $x \geqq 0$ beschränkte Potenzfunktion f: $x \to x^n$; ($n \in \mathbb{N}$, $n \neq 0$) ist umkehrbar. Ihre Umkehrfunktion ist die **Wurzelfunktion** $\bar{f}: x \to x^{\frac{1}{n}}$ bzw. $x \to \sqrt[n]{x}$ $(x \geqq 0)$.

Potenzgleichungen
Eine Potenzgleichung der Form $x^n = a$ mit $n \in \mathbb{N}$ $(n \geqq 0)$ und $a \in \mathbb{R}$ kann zwei Lösungen, genau eine Lösung oder keine Lösung haben.

$x^4 = 81$ — $L = \{-3; 3\}$
$x^3 = 125$ — $L = \{5\}$
$x^2 = -36$ — $L = \{\ \}$

Logarithmen
Die Gleichung $b^x = a$ ($a, b > 0$; $b \neq 1$) hat genau eine Lösung, die man als $\log_b(a)$ bezeichnet. Der Logarithmus von a zur Basis b ist somit diejenige Zahl, mit der man b potenzieren muss, um a zu erhalten.
Der Logarithmus zur Basis 10 wird kurz mit lg bezeichnet.
Für das Rechnen mit Logarithmen gilt:
$\log_b(a^q) = q \cdot \log_b(a)$ und $\log_b(a) = \frac{\lg(a)}{\lg(b)}$ ($a, b > 0$; $b \neq 1$).

Aus $2^x = 32$ folgt $x = \log_2(32) = 5$.
$\lg(1000) = 3$, denn $10^3 = 1000$

$\log_2(0{,}25) = \log_2(2^{-2}) = -2 \cdot \log_2(2)$
$= -2 \cdot 1 = -2$

$\log_5(100) = \frac{\lg(100)}{\lg(5)} = \frac{2}{\lg(5)} \approx 2{,}86$

Training

Runde 1

1 Ordne den Graphen in Fig. 1 eine der folgenden Gleichungen zu.

a) $y = -x^4$ b) $y = \frac{5}{x}$

c) $y = 0{,}5\,x^3$ d) $y = 2\,x^{-4}$

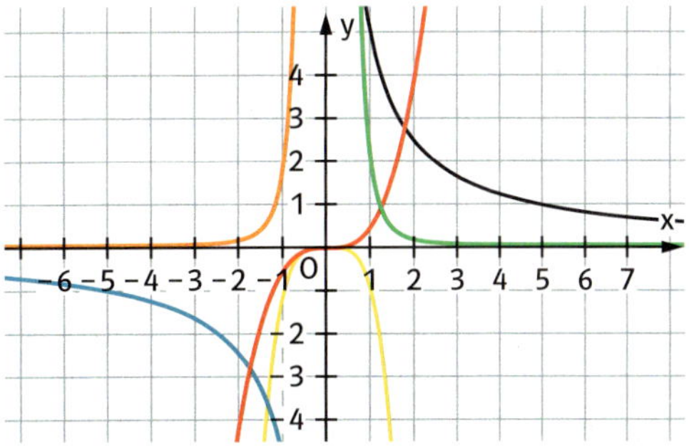

Fig. 1

2 Der Graph der Potenzfunktion $h: x \to a \cdot x^{-2}$ verläuft durch den Punkt $P(5\,|\,4)$.
Bestimme den Wert von a und zeichne den Graphen von h.

3 Bestimme zur Funktion f die Gleichung der Umkehrfunktion $\bar{f}$.

a) $f: x \to 7 - 4x$ b) $f: x \to 0{,}2\,x^4$ c) $f: x \to -3\,x^{-1}$ d) $f: x \to 4\,x^{\frac{1}{4}}$

4 Bestimme jeweils die Lösungsmenge der Potenzgleichung.

a) $x^4 = 25$ b) $2x^3 + 5 = 1$ c) $3x^{-2} - 1 = 0$ d) $9x^3 = 3x^3 + 2$

5 Zeichne den Graphen der Funktion $x \to \sqrt[3]{x}$. Spiegele diese Graphen

a) an der x-Achse, b) am Ursprung,

c) an der y-Achse, d) an der Geraden mit der Gleichung $y = x$.

Gib zu dem durch Spiegelung entstandenen Graphen die Funktionsgleichung an. Auf welchen Definitionsbereich sind die Werte für x dabei beschränkt?

Runde 2

1 Der Graph der Funktion $f: x \to a \cdot x^{\frac{1}{4}}$ verläuft durch den Punkt $(10\,000\,|\,5)$.

a) Berechne den Wert von a und bestimme die Gleichung der Umkehrfunktion $\bar{f}$.

b) Begründe: Der Graph von $\bar{f}$ verläuft durch den Punkt $(5\,|\,10\,000)$.

2 a) Bei den Graphen in Fig. 2 handelt es sich um Parabeln 3. Ordnung. Bestimme jeweils die zugehörige Funktionsgleichung.
b) Löse die Gleichungen $f(x) = 2$; $g(x) = 2$ und $h(x) = 2$ näherungsweise mithilfe von Fig. 2. Welche Lösungen ergeben sich durch Rechnung?

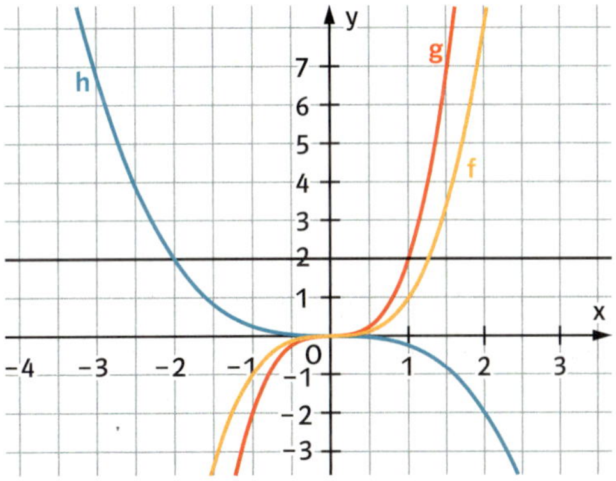

Fig. 2

3 a) Zeichne die Graphen der Funktionen $h(x) = x^{-2}$; $k(x) = x^{-2} - 1$; $l(x) = (x+3)^{-2}$; $m(x) = (x+3)^{-2} - 2$; $p(x) = -0{,}5\,x^{-2}$.
b) Prüfe, ob die Punkte $P(0{,}5\,|\,-2)$ und $Q(5\,|\,-0{,}1)$ auf dem Graphen von p liegen.

4 Bestimme jeweils die Gleichung der Umkehrfunktion.

a) $f(x) = 0{,}5\,x^2$ b) $g(x) = -4\,x^3$ c) $h(x) = 2\,x^{-1}$ d) $k(x) = 2{,}5\,x^{-4}$

5 Schreibe die Wurzel als Potenz und löse die Potenzgleichung.

a) $3\sqrt{x^2} = 4$ b) $\sqrt{3x} - 5 = 0$ c) $\sqrt[3]{x} - 2 = 3$ d) $\frac{10}{\sqrt[4]{8x}} = 5$

Lösungen auf der Seite 235.

Sachthema

Mathematik gibt es nicht nur im Mathematikunterricht oder in Mathematikbüchern. Wer mit offenen Augen herumgeht, wird fast überall in seiner Umgebung Mathematik entdecken. Mithilfe der Mathematik lassen sich viele Dinge im Alltag besser verstehen – für manche Sachverhalte ist die Mathematik sogar unentbehrlich.

Auf den folgenden Seiten wird am Beispiel von Freiburg verdeutlicht, wie sich eine Stadt mithilfe der Mathematik genauer und von einer ganz neuen Perspektive betrachten lässt. Viele der Überlegungen lassen sich auch auf andere Städte übertragen. In diesem Sinne soll das Sachthema auch als Anregung gesehen werden, eure eigene oder eine nahe gelegene Stadt einmal „mathematisch" zu untersuchen und sich überraschen zu lassen, was man dabei alles entdecken kann...

Mit Atlas und Lexikon

Freiburg im Breisgau liegt im Südwesten von Baden-Württemberg. Wenn man die Stadt noch nicht kennt, kann man zunächst einmal im Atlas nachschlagen, wo sie liegt. Weitere Informationen findet man beispielsweise in einem Lexikon:

> Freiburg im Breisgau, Stadt in Bad.-Württ., 191600 Ew., an den Hängen des Schwarzwaldes und in der Oberrhein. Tiefebene, Erzbischofssitz, Münster (13. Jh.), Univ., viele wiss. und kulturelle Einrichtungen; Fremdenverkehr; vielseitige Ind. – F., 1120 von den Zähringern gegründet, seit 1368 habsburgisch, kam 1805 nach Baden.

Brockhaus, 1994

Findest du die Lösung?

Bei einem Lexikon muss man allerdings damit rechnen, dass einige der Angaben nicht mehr ganz aktuell sind. Welche Angaben des Lexikons könnten inzwischen überholt sein und sollten daher überprüft werden?

Sehr aktuelle Angaben findet man z. B. im Internet. Recherchiere die aktuelle Einwohnerzahl von Freiburg und von deiner Stadt und bestimme, um wie viel Prozent der aktuelle Wert von dem im Lexikon angegebenen Wert abweicht.

Recherchiere, wie viele Studenten in Freiburg leben. Wie groß ist die Wahrscheinlichkeit, dass sich unter den ersten 10 Menschen, denen man in Freiburg begegnet, kein Student befindet? Wie groß wäre die Wahrscheinlichkeit in deiner Stadt? Welche Annahmen müssen hierbei getroffen werden?

Fig. 1

Bauwerke einer Stadt
Das Stadtbild von Freiburg wird von dem großen Münster geprägt, das schon von weitem zu sehen ist. Im Internet erfährt man, dass das Münster als Pfarrkirche und Grablege der Zähringer um 1200 begonnen wurde und dass es um 1330 mit einer Höhe von 113,4 m vollendet wurde.

Zu der Zeit, als das Münster gebaut wurde, wurden Längen noch nicht in Meter gemessen. Viele Städte hatten ihre eigene Längeneinheit. So wurden in Freiburg Längen in „Ellen" gemessen. In die Außenmauer des Münsters ist ein Metallstab mit der Länge 1 Elle eingelassen. Er misst 54 cm.

Findest du die Lösung?

Erläutere, wieso die Erbauer des Münsters eine so „krumme" Höhe von 113,4 m wählten.

Sobald man vor dem Westtor des Münsters steht, ist man von der Größe und der Schönheit des Münsterturms beeindruckt. Der Basler Historiker und Schriftsteller Carl Jakob Burckhardt hat ihn als „den schönsten Turm der Christenheit" bezeichnet. Ein Grund für die Schönheit des Münsters liegt in der Berücksichtigung des Goldenen Schnitts.

Der Goldene Schnitt teilt eine Strecke in zwei Teilstrecken a und b, sodass gilt:

$$\frac{a+b}{a} = \frac{a}{b}$$

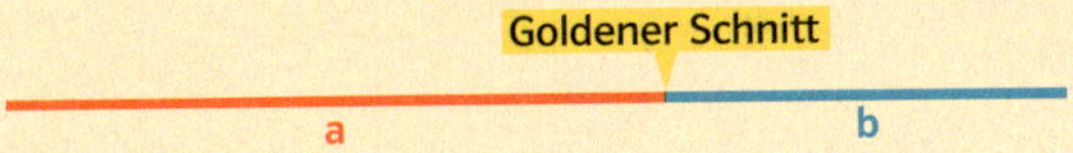

Dabei ist a die längere der beiden Teilstrecken.

Findest du die Lösung?

Überprüfe an der Abbildung in Fig. 1, in welcher Form der Goldene Schnitt beim Bau des Freiburger Münsters berücksichtigt wurde.

Suche im Internet oder in Fachzeitschriften nach mindestens drei weiteren Beispielen, in denen der Goldene Schnitt vorkommt.

Beim goldenen Schnitt ist das Verhältnis $\frac{a}{b}$ irrational. Schreibe in einem kleinen Aufsatz, was rationale, irrationale und reelle Zahlen sind.

Bestimme rechnerisch das Verhältnis $\frac{a}{b}$ und begründe, dass dieses Verhältnis irrational ist.
Tipp: Zeige zunächst, dass für den Goldenen Schnitt die Gleichung $\frac{a}{b} = 1 + \frac{1}{\frac{a}{b}}$ gilt.

Ersetze dann das gesuchte Teilverhältnis $\frac{a}{b}$ durch x und berechne x.

Findest du die Lösung?

Teile die Strecke $\overline{PQ}$ der Länge s nach folgender Konstruktionsvorschrift im goldenen Schnitt:

1. Konstruiere in einem Endpunkt (z.B. Q) der Strecke s eine senkrechte Strecke der Länge $\frac{s}{2}$. Nenne den Endpunkt M.
2. Verbinde P mit M; trage von M ausgehend auf dieser Verbindungsstrecke $\frac{s}{2}$ ab. Man erhält den Punkt R.
3. Trage die Länge PR von P ausgehend auf $\overline{PQ}$ ab. Man erhält den Punkt T.

Der Punkt T teilt $\overline{PQ}$ im goldenen Schnitt.

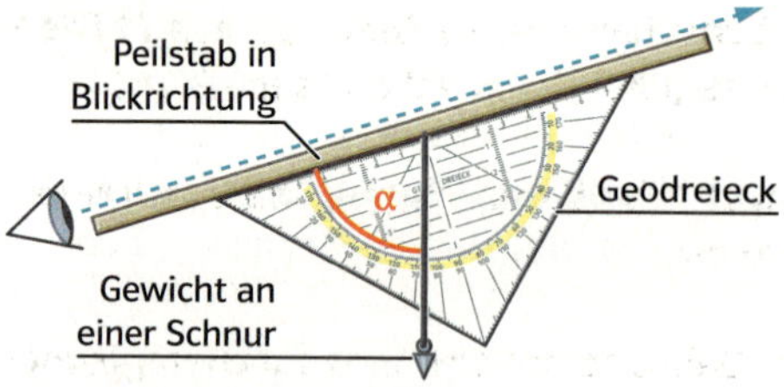

Peilt man entlang des Stabes ein Gebäude an, so kann man den Winkel α an der Schnur ablesen.

Die Höhe des Münsterturms ließe sich auch geometrisch bestimmen: Ein einfaches „Försterdreieck" lässt sich mit einem Geodreieck, einem Peilstab, einer Schnur und einem Gewicht leicht herstellen. Mit ihm können die Winkel gemessen werden, unter denen eine bestimmte Stelle des Turms gegenüber der Senkrechten zu sehen ist.

Findest du die Lösung?

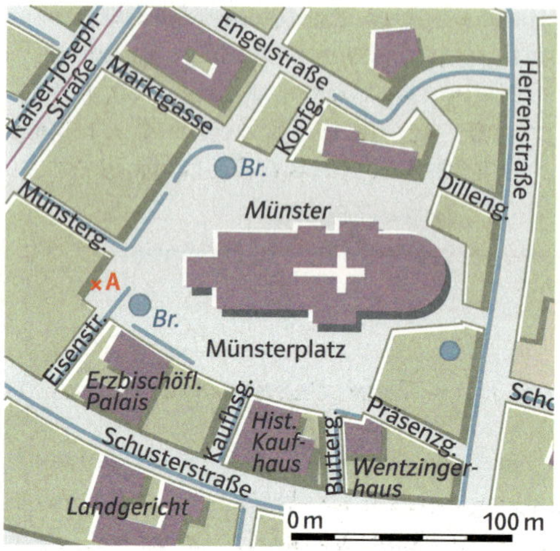

Die nebenstehende Abbildung zeigt den Freiburger Münsterplatz auf einer Karte. Bestimme den Winkel α gegenüber der Senkrechten, wenn man im Punkt A die Turmspitze anpeilt.

Wie hoch ist die höchste begehbare Höhe des Münsters in Meter und Ellen, wenn man von A aus diese Stelle unter einem Winkel von 30° gegenüber der Senkrechten sehen kann?

Fertigt euch ein eigenes Försterdreieck an und bestimmt damit in eurer Stadt verschiedene Höhen von Gebäuden.

Die Höhe eines Gebäudes ließe sich theoretisch auch mit der Flugzeit eines herunterfallenden Gegenstandes bestimmen. Erläutere, warum man die Höhenbestimmung nur theoretisch und auf keinen Fall wirklich durchführen darf.

Von welcher Höhe wäre ein Gegenstand gefallen, wenn die Flugzeit 3 Sekunden betragen würde? Verwende dazu die Formel auf Seite 125. Wie lang wäre die Flugzeit des Gegenstandes, wenn er vom Münsterturm fallen würde? Berechne die entsprechende Flugzeit bei dem höchsten Gebäude deiner Stadt.

Betrachtet man das Freiburger Münster unter geometrischen Gesichtspunkten, so erkennt man, dass der obere Teil des Turmes, der so genannte „Turmhelm", eine Pyramide mit achteckiger Grundfläche ist, während der untere Teil ein Quader mit quadratischer Grundfläche ist.

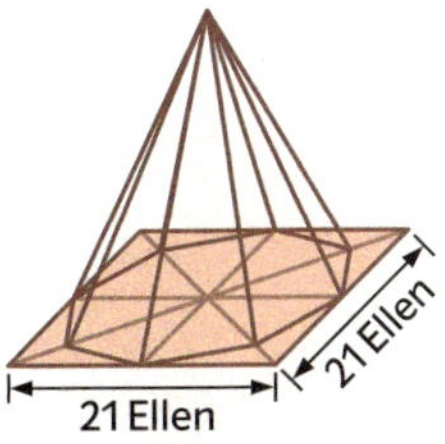

Findest du die Lösung?

Der quadratische Quader des unteren Teiles des Turms hat eine Kantenlänge von 21 Ellen. Bestimme durch Konstruktion die Seitenlänge des regelmäßigen Achtecks in Meter.

Von jeder Ecke des Achtecks geht eine Verbindungsstrebe bis zur Turmspitze. Bestimme die Länge der Verbindungsstreben in Meter und Ellen.

Sucht in eurer Stadt möglichst viele verschiedene Gebäude mit unterschiedlichen geometrischen Körpern. Dokumentiert eure Ergebnisse schriftlich.

Tipp:
Konstruiere das Achteck mithilfe eines Quadrates, seinen Diagonale und mithilfe eines Kreises.

Tipp:
Die Höhe des Turmhelms kannst du mit Fig. 1 auf Seite 209 bestimmen.

Straßen und Wege
Annähernd alle Gassen im Freiburger Innenstadtbereich sind mit Pflastersteinen bedeckt. Es scheinen unzählig viele Steine zu sein. Trotzdem lässt sich die Anzahl der Steine zumindest ungefähr abschätzen.

Findest du die Lösung?

Welchen Schätzwert kann man für die Oberfläche eines Pflastersteines annehmen, wenn man 465 Steine auf einer Fläche von 2 m^2 zählt?

Gib mit dem berechneten Schätzwert die Funktionsgleichung für die Funktion *Fläche des Platzes ↦ Anzahl der Pflastersteine* an. Um welchen Funktionstyp handelt es sich? Zeichne den dazugehörigen Graphen und lies am Graphen ab, welche Fläche sich mit 100 000 Steinen bepflastern ließe. Überprüfe das Ergebnis rechnerisch.

Bestimme mithilfe der Karte auf Seite 210, wie viele Pflastersteine dieser Größe man ungefähr für den Münsterplatz benötigt, wenn dieser vollständig mit Pflastersteinen gepflastert ist.

Sucht in eurer Stadt einen gepflasterten Platz und bestimmt, wie viele Steine man für den gesamten Platz ungefähr benötigt.

Fig. 1

Brücken
Viele Brücken haben aus statischen Gründen einen parabelförmigen Brückenbogen. Dieser kann entweder wie bei einer Hängebrücke nach oben oder – wie bei der Abbildung einer Freiburger Brücke – nach unten geöffnet sein.

Findest du die Lösung?

Bestimme mit den Angaben in Fig. 1 die Höhe h des Brückenbogens, wenn der Bogen parabelförmig ist.

Untersuche, ob ein 4,65 m hoher und 3,10 m breiter Schwertransporter unter der Brücke aus Fig. 1 durchfahren kann, ohne über den Mittelstreifen zu fahren.

Sucht in eurer Stadt nach einer Brücke, bei der sich ein parabelförmiger Brückenbogen vermuten lässt. Macht ein Foto von der Brücke und überprüft, ob der Bogen wirklich die Form einer Parabel hat. Bestimmt mit geeigneten Vergleichsgrößen (Höhe eines Menschen oder eines Autos) die Höhe und Breite der Brücke und stellt euch gegenseitig mathematische Aufgaben.

Flüsse und Bäche in einer Stadt
Durch fast jede Stadt fließt ein Fluss oder ein Bach. In Freiburg gibt es hier sogar etwas ganz Besonderes: Die Freiburger „Bächle“. Sie sind kleine Kanäle, die sich entlang der Gassen durch die gesamte Altstadt ziehen. Ursprünglich waren sie für die Versorgung mit Brauchwasser und als Schmutzwasserkanäle gedacht.

Findest du die Lösung?

Im Sommer fließt durch die Bächle jeden Tag ununterbrochen Wasser. Mit der Formel $V = A \cdot v$ lässt sich mit der Fließgeschwindigkeit v (in m/s) und dem Wasserquerschnitt A (in m^2) das Wasservolumen V (in m^3) bestimmen, das pro Sekunde durch ein Bächle fließt. Bestimme, wie viel Kubikmeter Wasser pro Tag bei einer Fließgeschwindigkeit von 0,6 m/s durch ein Bächle fließt, wenn es 30 cm breit ist und die Wasserhöhe 10 cm beträgt.

Wie tief müsste das Bächle bei gleicher Breite und gleicher Fließgeschwindigkeit mindestens sein, damit pro Tag etwa 4 Mio. Liter Wasser durch das Bächle fließen können?

Ein Bächle mit einer Breite und einer Tiefe von je 20 cm soll um x cm verbreitert und gleichzeitig die Tiefe um x cm verringert werden. Bestimme x so, dass sich das Fassungsvermögen des Bächles halbiert.

Hinweis:
Das Wasservolumen, das pro Zeit durch einen Fluss fließt, wird auch „Abfluss“ genannt.

Erkundigt euch im Internet, wie groß das Wasservolumen ist, das pro Tag durch den Fluss in eurer Stadt fließt. Bestimmt anschließend durch einen geeigneten Versuch die Fließgeschwindigkeit des Wassers. Berechne mit diesen Angaben den Querschnitt des Flusses.

Straßen- und Schienenverkehr

Wenn man in einer Stadt wie Freiburg von A nach B kommen will, so hat man verschiedene Möglichkeiten. Am günstigsten fährt man kurze Strecken natürlich mit dem Fahrrad. Mit einem Fahrrad läuft man nicht Gefahr, in einen Stau zu geraten. Lediglich an Ampeln muss man halten.

Findest du die Lösung?

In der nebenstehenden Karte sind alle Ampeln auf dem Werder- bzw. dem Rotteckring in Freiburg eingezeichnet. Alle Ampeln sollen unabhängig voneinander entsprechend der Grafik geschaltet sein. Berechne die Wahrscheinlichkeit, dass man auf dem Weg von der Kronenbrücke bis zum Fahnenplatz an allen Ampeln höchstens einmal „rot" vorfindet.

Überlege dir, wie lange die Grünphasen an zwei unabhängig hintereinander geschaltet Ampeln sein müssten, damit man mit einer Wahrscheinlichkeit von 50 % bei beiden Ampeln grün vorfindet.

Bei schlechtem Wetter oder wenn man schwere Sachen transportieren will, bietet die Straßenbahn Vorteile. Die Fahrtarife von Freiburg sind in der Tabelle dargestellt.

Wie viele Fahrten muss man mindestens mit der Straßenbahn fahren, damit sich eine Punktekarte für Erwachsene (für Kinder) gegenüber Einzelfahrscheinen lohnt?

Eine Mutter möchte mit ihren zwei Kindern mit der Straßenbahn in die Stadt fahren. Welche Fahrkarte(n) würdet ihr empfehlen?

Fahrschein	Preis	
Einzelfahrschein	Erwachsene	1,90 €
	Kinder	0,90 €
2 x 4-Fahrten-Karte	Erwachsene	12,70 €
	Kinder	6,80 €
Punktekarte 60 Punkte = 13,60 €	Erwachsene	7 Punkte
	Kinder	4 Punkte
REGIO24 (gültig 24 Stunden ab Entwertung)	1 Person und 4 Kinder	4,60 €
	5 Personen	6,50 €

Bequemer und auch oft schneller kann man mit dem Taxi fahren. Bei einer Taxifahrt muss man pro gefahrenen Kilometer mit 1,40 € rechnen. Hinzu kommen 3,10 € Grundgebühr.

Bei welchen Fahrtstrecken ist ein Taxi gegenüber der Straßenbahn (Einzelfahrschein) günstiger, wenn man zu viert unterwegs ist?

Die längste Strecke, die man in Freiburg mit der Straßenbahn fahren kann, beträgt etwa 10 km. Wie viele Fahrgäste müssten im Taxi mitfahren, damit das Taxi auch bei solch einer 10 km langen Fahrt günstiger als die Straßenbahn ist?

Energie und Umwelt

Für die privaten Haushalte, die öffentlichen Einrichtungen, den Straßenverkehr und die verschiedenen Industrien benötigt die Stadt Freiburg pro Tag im Jahresdurchschnitt insgesamt eine Energiemenge von etwa 2,5 Millionen kWh (Kilowattstunden). Um die Umwelt zu schonen, versucht die Stadt, die Nutzung der erneuerbaren Energien zu verstärken. Zu den erneuerbaren Energien zählen in Freiburg neben der Wasser- und der Bioenergie vor allem die Wind- und Sonnenenergie.

Auf einem bei Freiburg gelegenen Berg stehen vier baugleiche Windkrafträder. Die Rotorblätter haben eine Länge von r = 35 m. Ab einer Windgeschwindigkeit von 2,5 m/s werden die Windkrafträder eingeschaltet. Eine Sturmabschaltung erfolgt ab einer Windgeschwindigkeit von 30 m/s.

Windenergie

Für die Energie E (in kWh), die ein Windrad pro Stunde leisten kann, gilt die Formel:

$E = 0{,}0003 \cdot F \cdot v^3$

F: Von den Rotorblättern überstrichene Fläche (in m^2), (vgl. auch Fig. 1)

v: Windgeschwindigkeit (in m/s)

Findest du die Lösung?

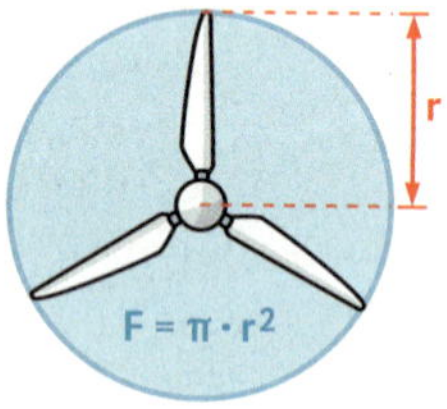

Fig. 1

Wie groß ist die maximale Energie, die man mit allen vier Windrädern pro Jahr gewinnen kann?

Pro Windkraftrad rechnet man im Jahr etwa mit einem Energieertrag von 3 000 000 kWh. Von welcher mittleren Windgeschwindigkeit geht man dabei aus?

Wie viele Windkrafträder würde man in Freiburg benötigen, um den gesamten Energiebedarf von Freiburg zu decken?

Sonnenenergie

Bei modernen Photovoltaikanlagen kann man pro Jahr und pro m^2 mit einer elektrische Energie von E = 120 kWh rechnen. Die Anschaffungskosten liegen bei etwa 750 € pro m^2.

In Freiburg wird mit Photovoltaikanlagen pro Jahr eine elektrische Energie von 3,5 Millionen kWh erzielt. Überschlage die Gesamtfläche aller Photovoltaikanlagen von Freiburg.

Von der Sonne trifft im Jahr eine Energiemenge von etwa $1{,}08 \cdot 10^{18}$ kWh auf der Erdoberfläche ein. Dies entspricht etwa dem 10 000fachen des Weltprimärenergiebedarfs und damit weit mehr als alle verfügbaren Energiereserven. Wie groß wäre eine Photovoltaikanlage, die den gesamten Energiebedarf der Menschen decken würde?

Welche Vor- und Nachteile hätte eine ausschließliche Energiegewinnung durch Windkrafträder und Photovoltaikanlagen?

Erkundige dich, welche regenerativen Energieformen in deiner Stadt genutzt werden.

Kunst in einer Stadt
In den meisten Städten findet man auf Plätzen Denkmäler oder auch Kunstplastiken. Im Freiburger Eschholzpark steht ein mehrere Meter großer Wasserhahn mit einem angeschlossenen „Schlauch" in der dazu passenden Größe. Auf dem Foto kann man anhand der Personen bei dem Schlauch verschiedene Größen im Bild schätzen.

Findest du die Lösung?

Wie hoch wird der Hahn ungefähr sein? Wie lange ist vermutlich der dazugehörige „Schlauch"?

Wie groß wäre ungefähr ein Mensch, der den Hahn aufdrehen würde? Welche Schuhgröße hätte der Mensch?

Wie viel Wasser würde ungefähr durch den Schlauch pro Tag fließen, wenn die Fließgeschwindigkeit 1 m/s beträgt?

Der Tabelle kann man entnehmen, wie viel Wasser durch den Freiburger Fluss, die Dreisam, pro Sekunde fließt. Mit welcher Fließgeschwindigkeit müsste das Wasser durch den Schlauch fließen, wenn das gesamte Wasser der Dreisam durch den Schlauch der Plastik fließen würde? (Verwende hierzu die Formel $V = A \cdot v$ von Seite 212.)

Fluss Dreisam					
Länge	darunter schiffbar	Niederschlagsgebiet	höchster	niedrigster	mittlerer
km		km^2	beobachteter Abfluss in m^3/s		
43	–	1141	355	0,5	21,3

Suche in deiner Stadt nach geeigneten Plastiken oder Denkmälern. Ist bei einem Denkmal ein bedeutender Mensch überlebensgroß dargestellt, so bieten sich folgende Fragen an:
- Wie groß ist der dargestellte Mensch?
- Wie viel wird der dargestellte Mensch ungefähr wiegen?
- Welche Schuhgröße wird der dargestellte Mensch haben?

Besonders spannend sind solche Fragen, wenn das Denkmal nur einen Teil des Menschen zeigt (z.B. nur den Kopf).

Welche Schuhgröße hätte Konrad Adenauer?

1 Bestimme den Scheitel der Parabel.

a) $y = x^2 - 6x + 9$ b) $y = x^2 + 18x + 81$ c) $y = 49 - 14x + x^2$ d) $y = x^2 - 1{,}2x + 0{,}36$
e) $y = 3x^2 + 12x + 5$ f) $y = 0{,}2x^2 - 1{,}6x - 9{,}1$ g) $y = -x^2 - 6x + 1$ h) $y = \frac{1}{5}x^2 - \frac{6}{5}x + 4$

2 Berechne die Schnittpunkte der Parabeln.

a) $y = (x + 2)^2$, $y = (x - 6)^2$ b) $y = 81 - 18x + x^2$, $y = (x + 1)^2$ c) $y = x^2 - 5$, $y = (x - 5)^2$ d) $y = x^2 + 0{,}6x + 0{,}09$, $y = (x - 2{,}3)^2$
e) $y = x^2 + 3x - 8$, $y = x^2 - 7x - 3$ f) $y = -x^2 + 4x - 9$, $y = 5 - 3x - x^2$ g) $y = 3x^2 + 4x + 7$, $y = 3x^2 + 3x - 2$ h) $y = 0{,}6x^2 - 1{,}2x - 2{,}1$, $y = 0{,}6x^2 + 0{,}8x + 0{,}9$

3 Zeichne die Graphen der quadratischen und der linearen Funktion in dasselbe Koordinatensystem. Haben sie gemeinsame Punkte? Prüfe die abgelesenen Werte rechnerisch nach.

a) $y = x^2 - 2$, $y = -4x - 6$ b) $y = x^2 - 3x$, $y = 2x - 4$ c) $y = \frac{1}{2}(x + 3)^2 - 1$, $y = 2x + 3$ d) $y = -x^2 + 4x$, $y = 2x + 1{,}5$

4 Berechne die Lösungen.

a) $x^2 - 5x - 14 = 0$ b) $y^2 - 8y + 15 = 0$ c) $x^2 + 13x + 36 = 0$
d) $y^2 - y - 30 = 0$ e) $2u^2 + u - 6 = 0$ f) $4v^2 - 17v + 4 = 0$
g) $5w^2 + 22w + 8 = 0$ h) $3z^2 - 7z + 2 = 0$ i) $6t^2 + 17t - 3 = 0$

5 Bringe die Gleichung zuerst in die Normalform und löse sie dann.

a) $3x^2 + 7x + 31 = 2x^2 + 11x - 46$ b) $4x^2 - 5x + 15 = -2x^2 - 8x + 29$
c) $8y - 3y^2 - 3 = 5 + 2y(4 - y)$ d) $4(u + 1)^2 = 3(u^2 - 2) + u$
e) $(2z + 1)^2 + 5 = 3z(z + 3)$ f) $(4v - 3)^2 = 23 + (1 - 3v)(1 - 2v)$
g) $(3x - 1)^2 - 2 = (2x - 1)^2 + (2x - 3)^2$
h) $(4y + 3)^2 + (2 - 3y)^2 = (7y + 2)^2 - (5y - 3)(5y + 3)$

6 Zerlege den linken Term in ein Produkt; lies daraus die Lösungen der Gleichung direkt ab. Warum darf die Gleichung nicht ohne Weiteres durch die Variable dividiert werden?

a) $x^2 - 7x = 0$ b) $3y^2 + 15y = 0$ c) $5u - 4u^2 = 0$ d) $12v + 8v^2 = 0$

7 Prüfe mit dem Satz von Vieta, ob die Gleichung die gegebene Menge als Lösungsmenge hat. Bringe bei f) bis i) die Gleichung zuerst in die Form, welche beim Satz von Vieta vorausgesetzt wird.

a) $x^2 - 8x + 15 = 0$; $\{3; 5\}$ b) $x^2 + 2x - 24 = 0$; $\{-4; -6\}$
c) $x^2 + 16x + 55 = 0$; $\{-5; -11\}$ d) $x^2 + 1{,}3x - 3 = 0$; $\{1{,}2; -2{,}5\}$
e) $x^2 + 6x - 7 = 0$; $\{-3 + \sqrt{2}; -3 - \sqrt{2}\}$
f) $10x^2 = x + 2$; $\{-0{,}5; 0{,}4\}$ g) $4x^2 - 8x - 21 = 0$; $\left\{\frac{7}{2}; -\frac{3}{2}\right\}$
h) $3x^2 - 5x - 12 = 0$; $\left\{-\frac{4}{3}; 3\right\}$ i) $4x^2 + 12x + 9 = 0$; $\left\{-\frac{3}{2}\right\}$

8 Gib den quadratischen Term als Produkt linearer Terme an.

a) $x^2 - 10x + 16$ b) $y^2 + 10y + 21$ c) $4z^2 - 9z$ d) $4v^2 - 9$
e) $x^2 + \frac{1}{4}x - \frac{1}{8}$ f) $8y^2 + 2y - 1$ g) $z^2 + 2z + \frac{16}{25}$ h) $25v^2 + 50v + 16$
i) $x^2 - 6x + 4$ j) $y^2 + 10y - 20$ k) $z^2 + \sqrt{2}z - 4$ l) $v^2 + 5\sqrt{5}v + 20$

9

a) $x + 4 = 5\sqrt{x}$ b) $x - \sqrt{x} = 2$ c) $3 + \sqrt{x + 3} = x$
d) $x - 17 = -\sqrt{x + 3}$ e) $5 - 2x = \sqrt{16x^2 - 20x - 23}$ f) $x + \sqrt{5x^2 - 2x} = 1$

Rechentraining

Kapitel V

10 Gib die Lösungsmenge an.

a) $x - \frac{9}{x} = 0$
b) $2x = \frac{25}{2x}$
c) $\frac{x}{2x-1} = 3x$
d) $\frac{x+4}{x+1} = x$
e) $\frac{3}{x-2} + 2 = \frac{1}{x+2}$
f) $\frac{2}{x+1} - \frac{1}{1-x} = 1$

11 Berechne alle Lösungen.

a) $x^4 - 10x^2 + 9 = 0$
b) $x^4 - 24x^2 - 25 = 0$
c) $x^4 - 7x^2 - 18 = 0$
d) $x^4 - 5x^2 = 0$
e) $x^4 + 5x^2 + 4 = 0$
f) $x^4 - 9x^2 + 20 = 0$

Rechentraining

Kapitel VI

Potenzen mit ganzzahligen Exponenten

1 Notiere die Zahl mithilfe von Zehnerpotenzen.

a) 34 000 000
b) 0,0007
c) 300 000
d) 0,0043
e) 0,000 06
f) 90 Millionen
g) 58 Mikrometer
h) 0,000 000 000 011
i) 12 Billiarden
j) 0,4 Nanometer
k) 87 000 000 000
l) 0,000 000 0567

2 Schreibe ohne die Verwendung von Zehnerpotenzen und ggf. in wissenschaftlicher Schreibweise.

a) $1{,}4 \cdot 10^5$
b) $0{,}08 \cdot 10^6$
c) $25 \cdot 10^{-7}$
d) $3{,}1 \cdot 10^{-4}$
e) $4300 \cdot 10^{-4}$
f) $0{,}7 \cdot 10^{-2}$
g) $0{,}05 \cdot 10^5$
h) $5{,}7 \cdot 10^{-3}$
i) $8 \cdot 10^{-3}$
j) $0{,}0001 \cdot 10^8$
k) $4{,}2 \cdot 10^{-3}$
l) $270 \cdot 10^3$

3 Berechne.

a) 7^4
b) $(-2)^3$
c) $(-1)^5$
d) 2^{-3}
e) 1^{-4}
f) -3^2
g) 3^{-2}
h) $\left(\frac{1}{4}\right)^2$
i) $\left(\frac{1}{3}\right)^{-2}$
j) $(-10)^{-4}$
k) -5^3
l) -1^{12}
m) $\left(-\frac{1}{3}\right)^{-4}$
n) $-\left(\frac{1}{5}\right)^3$
o) $(-4)^{-4}$
p) $(-1000)^0$

4 Berechne und schreibe das Ergebnis mithilfe von Zehnerpotenzen.

a) $3{,}4 \cdot (2 \cdot 10^{-4})$
b) $\frac{8 \cdot 12 \cdot 10^{-2}}{4 \cdot 10^2}$
c) $\frac{6{,}8 \cdot 10^{-2} \cdot 4}{2 \cdot 10^2}$
d) $\frac{4{,}2 \cdot 10^3 \cdot 0{,}04 \cdot 10^{-2}}{0{,}8 \cdot 10^{-3} \cdot 1{,}4}$
e) $\frac{(3 \cdot 10^{-2})^2 \cdot 1{,}21}{(11 \cdot 10^2)^2 \cdot 9}$
f) $\left(\frac{10^{-2}}{4}\right)^2 \cdot 5{,}6 \cdot 10^4$
g) $\frac{15 \cdot 10^{-2}}{2 \cdot 10^2} : (3 \cdot 10^{-1})$
h) $\frac{(4 \cdot 10^{-3}) : (2 \cdot 10^{-1})^{-2}}{0{,}2 \cdot 10^{-4}}$

Potenzgesetze

5 Fasse zusammen.

a) $5^2 \cdot 5^8$
b) $(-3)^4 \cdot (-3)^1$
c) $4^6 : 4^{-1}$
d) $(-3)^7 : (-3)^5$
e) $(-2)^{-2} : (-2)^4$
f) $4^{-3} \cdot 4^5$
g) $(-4)^3 : (-4)^{-5}$
h) $8^{-2} \cdot 8^2$

6 a) $x^4 : x^{-2}$
b) $y^{-3} \cdot y^{-5}$
c) $a^k \cdot a^{k+1}$
d) $b^{-z} \cdot b^z$
e) $e^{11} : e^{-5}$
f) $r^x : r^{2x}$
g) $k : k^n$
h) $f^{-x} \cdot f$

7 a) $(x^3)^4$
b) $(y^{-1})^5$
c) $(10^5)^{-2}$
d) $(2^3)^{-4}$
e) $(4^k)^k$
f) $((-5)^2)^2$
g) $(z^{2x})^{-x}$
h) $(r^{-3})^v$
i) $(1^{-6})^{-8}$
j) $(p^q)^{2q}$

8 a) $3^4 \cdot (-5)^4$ b) $x^7 : y^7$ c) $10^{-2} : (-2)^{-2}$ d) $a^{-4} : (2a)^{-4}$
e) $(a+b)^5 \cdot (a-b)^5$ f) $p^{10} \cdot (p+2)^{10}$ g) $169^{-8} : (-13)^{-8}$ h) $5^x \cdot (-2)^x$
i) $x^y \cdot (-x)^y$ j) $8^{-x} : 16^x$ k) $5^y \cdot 4^{2y}$ l) $3^{3n} : 27^n$

9 a) $\frac{(15x^2y^{-3})^{-4}}{(25x^3y^{-6})^{-2}}$ b) $\frac{(8a^3b^{-3})^{-2}}{(12a^{-2}b^{-4})^{-3}}$ c) $\frac{(3u^4v^{-1})^2}{(9u^{-2}v^{-3})^{-1}}$ d) $\frac{(2p^{-6}q^3)^{-3}}{(2p^5q^{-2})^4}$

Potenzen mit rationalen Exponenten

10 Vereinfache.
a) $3^{\frac{1}{3}} \cdot 3^{\frac{1}{4}}$ b) $b^{\frac{2}{3}} : b$ c) $6^{-\frac{1}{2}} : 6^{\frac{2}{3}}$ d) $(5b)^{-2} : b^{-3}$ e) $y^{\frac{1}{q}} : y^{\frac{1}{q}}$
f) $4^{-\frac{2}{3}} \cdot 4^{\frac{3}{4}}$ g) $y^{\frac{2}{3}} : y^{-\frac{1}{3}}$ h) $a^{-\frac{1}{2}} : a$ i) $(8x^2)^{\frac{3}{2}} \cdot (8x)^2$ j) $(15y)^{-2}$:
$(15y)^{-3}$

11 a) $\sqrt{3} \cdot \sqrt{}^{27}$ b) $\sqrt[6]{5} : \sqrt[3]{5}$ c) $\sqrt{11} : \sqrt[5]{11}$ d) $\sqrt{x} \cdot \sqrt{}^{4x}$ e) $\sqrt{2} \cdot 3—2$
f) $\sqrt[3]{25} : \sqrt[3]{5}$ g) $\sqrt{x} : \sqrt[4]{x}$ h) $\sqrt[3]{\sqrt{2}}$ i) $\sqrt[5]{x^2} \cdot 5—x^3$ j) $\sqrt[3]{\sqrt[4]{x}}$
k) $\frac{1}{\sqrt[4]{12}} \cdot 1^{\sqrt[4]{4}}$ l) $\sqrt[n]{5} \cdot 2n–5$ m) $\sqrt[4]{0{,}16} \cdot 4$——$0{,}01$ n) $\sqrt[n]{e^x} \cdot n—e^x$ o)
$\sqrt[3]{5\sqrt{a^3}}$

12 Vereinfache.
a) $\sqrt[3]{\sqrt[3]{\sqrt{4^9}}}$ b) $\sqrt{\sqrt[3]{\sqrt{8^4}}}$ c) $\sqrt[4]{\sqrt[3]{216}}$ d) $\sqrt[3]{\sqrt[4]{256}}$ e) $\sqrt[3]{\sqrt[5]{32768}}$

13
a) $\sqrt{b} \cdot \sqrt[3]{b} / \sqrt[4]{b^3}$ b) $\frac{x}{\sqrt[3]{x^2} \cdot 4—}x$ c) $\frac{\sqrt[6]{a^5}}{\sqrt{a} : \sqrt[3]{a}}$ d) $\frac{\sqrt[3]{2y} : \sqrt[3]{y}}{\sqrt{y} : \sqrt[4]{y}}$ e) $\frac{\sqrt{t} : \sqrt[3]{t}}{t}$ f)
$\left(\frac{10^n : 2^n}{\sqrt{5}}\right)^2$

14
a) $(\sqrt[3]{5})^6$ b) $(\sqrt[5]{2})^{-10}$ c) $(\sqrt[6]{x})^4$ d) $(\sqrt[4]{x})^{-2}$ e) $(\sqrt{x^3})^4$ f) $(\sqrt[10]{y^3})^5$
g) $(\sqrt{s})^{2n}$ h) $(\sqrt[3]{s^4})^{3n}$ i) $(\sqrt[n]{t^3})^{2n}$ j) $(\sqrt[2n]{x})^n$ k) $(\sqrt{\sqrt{3}})^8$ l) $(\sqrt{\sqrt{b^3}})^{4n}$

Rechentraining – Lösungen

Quadratische Funktionen, Kapitel V

1 a) $S(3|0)$, $x = 3$ b) $S(-9|0)$, $x = -9$
c) $S(7|0)$, $t = 7$ d) $S(0{,}6|0)$, $x = 0{,}6$
e) $S(-2|-7)$, $x = -2$ f) $S(4|-12{,}3)$, $x = 4$
g) $S(-3|10)$, $x = -3$ h) $S\left(3\left|\frac{11}{5}\right.\right)$, $x = 3$

2 a) $P(2|16)$ b) $P(4|25)$ c) $P(3|4)$ d) $P(1|1{,}69)$
e) $P(0{,}5|-6{,}25)$ f) $P(2|-5)$ g) $P(-9|214)$ h) $P(-1{,}5|1{,}05)$

3 a) Fig. 1; $B(-2|2)$ b) Fig. 2; $S_1(1|-2)$, $S_2(4|4)$
c) Fig. 3; $B(-1|1)$ d) Fig. 4; kein gemeinsamer Punkt

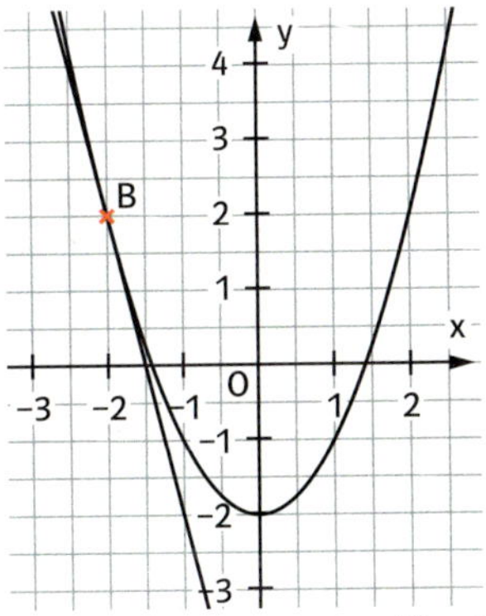

Fig. 1

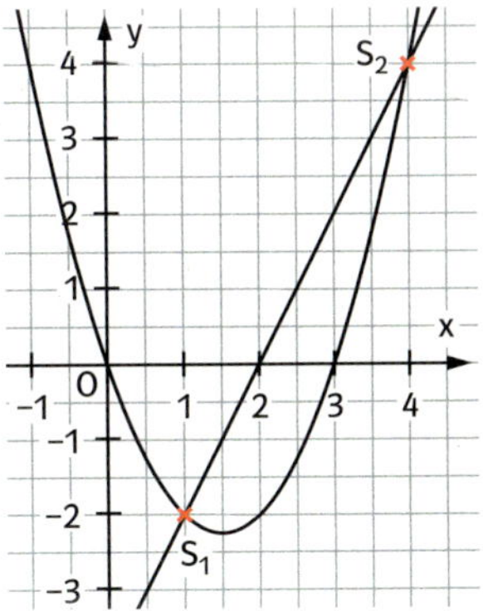

Fig. 2

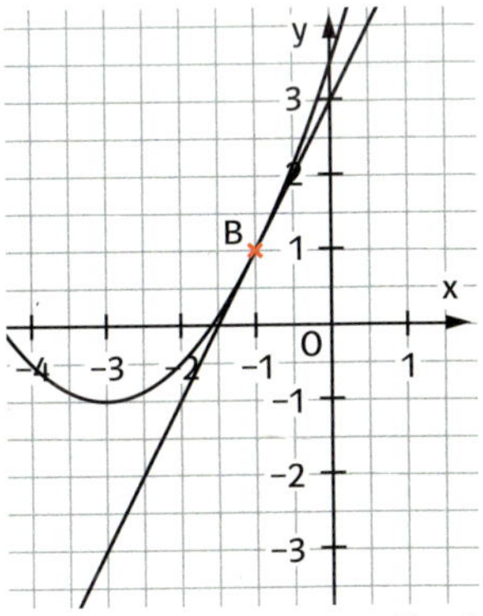

Fig. 3

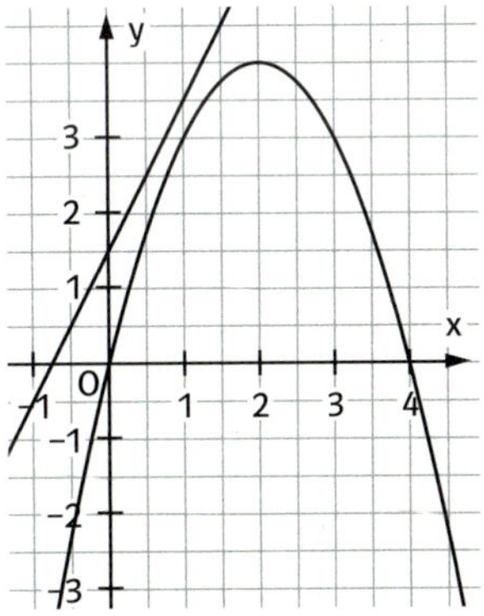

Fig. 4

4 a) $\{7; -2\}$ b) $\{5; 3\}$ c) $\{-4; -9\}$
d) $\{6; -5\}$ e) $\left\{\frac{3}{2}; -2\right\}$ f) $\left\{4; \frac{1}{4}\right\}$
g) $\{-0{,}4; -4\}$ h) $\left\{2; \frac{1}{3}\right\}$ i) $\left\{\frac{1}{6}; -3\right\}$

5 a) $\{11; 7\}$ b) $\left\{\frac{4}{3}; -\frac{7}{2}\right\}$ c) $\left\{\frac{2}{5}\sqrt{10}; -\frac{2}{5}\sqrt{10}\right\}$
d) $\{-2; -5\}$ e) $\{3; 2\}$ f) $\{2{,}5; -0{,}6\}$
g) $\{1; -11\}$ h) $\{0; 16\}$

6 a) $\{0; 7\}$ b) $\{0; -5\}$ c) $\{0; 1{,}25\}$ d) $\{0; -1{,}5\}$

7 a) $\{3; 5\} = L$ b) $\{-4; -6\} \neq L$
c) $\{-5; -11\} = L$ d) $\{1{,}2; -2{,}5\} = L$
e) $\{-3 + \sqrt{2}; -3 - \sqrt{2}\} \neq L$ f) $\{-0{,}5; 0{,}4\} \neq L$
g) $\left\{\frac{7}{2}; -\frac{3}{2}\right\} = L$ h) $\left\{-\frac{4}{3}; 3\right\} = L$
i) $\left\{-\frac{3}{2}\right\} = L$

8 a) $(x - 8)(x - 2)$ b) $(y + 3)(y + 7)$
c) $z(4z - 9)$ d) $(2v - 3)(2v + 3)$
e) $\left(x - \frac{1}{4}\right)\left(x + \frac{1}{2}\right)$ f) $(4y - 1)(2y + 1)$
g) $\left(\frac{2}{5} + z\right)\left(\frac{8}{5} + z\right)$ h) $(5v + 2)(5v + 8)$
i) $(x - 3 - \sqrt{5})(x - 3 + \sqrt{5})$ j) $(y + 5 - 3\sqrt{5})(y + 5 + 3\sqrt{5})$
k) $(z - \sqrt{2})(z + 2\sqrt{2})$ l) $(v + \sqrt{5})(v + 4\sqrt{5})$

9 a) $\{16; 1\}$ b) $\{4\}$ c) $\{6\}$
d) $\{13\}$ e) $\{2; -2\}$ f) $\left\{\frac{1}{2}; -\frac{1}{2}\right\}$

10 a) $x \neq 0$; $\{3; -3\}$ b) $x \neq 0$; $\left\{\frac{5}{2}; -\frac{5}{2}\right\}$
c) $x \neq \frac{1}{2}$; $\left\{0; \frac{2}{3}\right\}$ d) $x \neq -1$; $\{2; -2\}$
e) $D = \mathbb{R}\setminus\{2; -2\}$; $\{0; -1\}$ f) $D = \mathbb{R}\setminus\{-1; 1\}$; $\{0; 3\}$

11 a) $\{3; -3; 1; -1\}$ b) $\{5; -5\}$ c) $\{3; -3\}$
d) $\{0; \sqrt{5}; -\sqrt{5}\}$ e) $\{\ \}$ f) $\{\sqrt{5}; -\sqrt{5}; 2; -2\}$

Potenzen mit ganzzahligen Exponenten, Kapitel VI

1 a) $3{,}4 \cdot 10^{7}$ b) $7 \cdot 10^{-4}$ c) $3 \cdot 10^{5}$
d) $4{,}3 \cdot 10^{-3}$ e) $6 \cdot 10^{-5}$ f) $9 \cdot 10^{7}$
g) $5{,}8 \cdot 10^{-5}$ h) $1{,}1 \cdot 10^{-11}$ i) $1{,}2 \cdot 10^{16}$
j) $4 \cdot 10^{-10}$ k) $8{,}7 \cdot 10^{10}$ l) $5{,}67 \cdot 10^{-8}$

2 a) $140\,000 = 1{,}4 \cdot 10^{5}$ b) $80\,000 = 8 \cdot 10^{4}$
c) $0{,}000\,002\,5 = 2{,}5 \cdot 10^{-6}$ d) $0{,}000\,31 = 3{,}1 \cdot 10^{-4}$
e) $0{,}43 = 4{,}3 \cdot 10^{-1}$ f) $0{,}007 = 7 \cdot 10^{-3}$
g) $5000 = 5 \cdot 10^{3}$ h) $0{,}0057 = 5{,}7 \cdot 10^{-3}$
i) $0{,}008 = 8 \cdot 10^{-3}$ j) $10\,000 = 10^{4}$
k) $0{,}0042 = 4{,}2 \cdot 10^{-3}$ l) $270\,000 = 2{,}7 \cdot 10^{5}$

3 a) 2401 b) -8 c) -1 d) $\frac{1}{8}$
e) 1 f) -9 g) $\frac{1}{9}$ h) $\frac{1}{16}$
i) 9 j) $\frac{1}{10\,000}$ k) -125 l) -1
m) 81 n) $-\frac{1}{125}$ o) $\frac{1}{256}$

4 a) $6{,}8 \cdot 10^{-4}$ b) $2{,}4 \cdot 10^{-3}$ c) $1{,}36 \cdot 10^{-3}$ d) $1{,}5 \cdot 10^{3}$
e) 10^{-10} f) $0{,}35$ g) $2{,}5 \cdot 10^{-3}$ h) 8

Potenzgesetze, Kapitel VI

5 a) 5^{10} b) $(-3)^5$ c) 4^7 d) $(-3)^2$
e) $(-2)^{-6} = \frac{1}{64}$ f) 4^2 g) $(-4)^8$ h) 1

6 a) x^6 b) y^{-8} c) a^{2k+1} d) 1
e) e^{16} f) $r^{-x} = \frac{1}{r^x}$ g) k^{1-n} h) f^{1-x}

7 a) x^{12} b) y^{-5} c) 10^{-10} d) 2^{-12}
e) $4^{k \cdot k} = 4^{(k^2)}$ f) $(-5)^{-4}$ g) $z^{2x \cdot (-x)} = z^{(-2x^2)}$
h) r^{-3v} i) 1 j) $p^{q \cdot 2q} = p^{(2q^2)}$

8 a) $(-15)^4$ b) $\left(\frac{x}{y}\right)^7$ c) $(-5)^{-2}$
d) 16 e) $(a^2 - b^2)^5$ f) $(p^2 + 2p)^{10}$
g) $(-13)^{-8}$ h) $(-10)^x$ i) $(-x^2)^y$
j) $\left(\frac{1}{128}\right)^x$ k) 80^y l) 1

9 a) $\frac{15^{-4} \cdot x^{-8} \cdot y^{12}}{25^{-2} \cdot x^{-6} \cdot y^{12}} = \frac{1}{81} \cdot x^{-2}$ b) $\frac{8^{-2} \cdot a^{-6} \cdot b^6}{12^{-3} \cdot a^6 \cdot b^{12}} = 27a^{-12} \cdot b^{-6}$
c) $\frac{9u^8 \cdot v^{-2}}{9^{-1} \cdot u^2 \cdot v^3} = 81u^6 \cdot v^{-5}$ d) $\frac{2^{-3} \cdot p^{18} \cdot q^{-9}}{2^4 \cdot p^{20} \cdot q^{-8}} = \frac{1}{128p^2 \cdot q}$

Potenzen mit rationalen Exponenten, Kapitel VI

10 a) $3^{\frac{7}{12}}$ b) $b^{-\frac{1}{3}}$ c) $6^{-\frac{7}{6}}$ d) $\frac{b}{25}$ e) 1
f) $4^{\frac{1}{12}}$ g) y h) $a^{-\frac{3}{2}}$ i) $8^{\frac{7}{2}} \cdot x^5$ j) 15y

11 a) 9 b) $\frac{1}{\sqrt[6]{5}}$ c) $\sqrt[10]{11^3}$ d) 2x e) $\sqrt[6]{2^5}$
f) $\sqrt[3]{5}$ g) $\sqrt[4]{x}$ h) $\sqrt[6]{2}$ i) x j) $\sqrt[12]{x}$
k) $\frac{1}{2 \cdot \sqrt[4]{3}}$ l) $\sqrt[2n]{5^3}$ m) 0,2 n) $\sqrt[n]{e^{2x}}$ o) $\sqrt[3]{5} \cdot \sqrt{a}$

12 a) $\sqrt[18]{4^9} = \sqrt{4} = 2$ b) $\sqrt[12]{8^4} = \sqrt[3]{8} = 2$ c) $\sqrt[12]{216} = \sqrt[4]{6}$
d) $\sqrt[12]{256} = \sqrt[3]{4}$ e) $\sqrt[15]{32768} = 2$

13 a) $\frac{b^{\frac{1}{2}} \cdot b^{\frac{1}{3}}}{b^{\frac{3}{4}}} = b^{\frac{1}{12}} = \sqrt[12]{b}$ b) $\frac{x}{x^{\frac{2}{3}} \cdot x^{\frac{1}{4}}} = x^{\frac{1}{12}} = \sqrt[12]{x}$
c) $\frac{a^{\frac{5}{6}}}{a^{\frac{1}{2}} : a^{\frac{1}{3}}} = a^{\frac{2}{3}} = \sqrt[3]{a^2}$ d) $\frac{2^{\frac{1}{3}}}{y^{\frac{1}{2}} : y^{\frac{1}{4}}} = \frac{\sqrt[3]{2}}{\sqrt[4]{y}}$
e) $\frac{t^{\frac{1}{2}} : t^{\frac{1}{3}}}{t} = t^{-\frac{5}{6}} = \frac{1}{\sqrt[6]{t^5}}$ f) $\left(\frac{10^n : 2^n}{5}\right)^2 = \frac{(10 : 2)^{2n}}{5} = \frac{5^{2n}}{5} = 5^{2n-1}$

14 a) $5^2 = 25$ b) $2^{-2} = 0{,}25$ c) $x^{\frac{2}{3}} = \sqrt[3]{x^2}$
d) $x^{-\frac{1}{2}} = \frac{1}{\sqrt{x}}$ e) $(x^3)^2 = x^6$ f) $(y^3)^{\frac{1}{2}} = \sqrt{y^3}$
g) s^n h) $(s^4)^n = s^{4n}$ i) $(t^3)^2 = t^6$
j) $x^{\frac{1}{2}} = \sqrt{x}$ k) $\left(\sqrt[4]{3}\right)^8 = 3^2 = 9$ l) $\left(\sqrt[4]{b^3}\right)^{4n} = b^{3n}$

Lösungen

Kapitel I, Bist du sicher? Seite 15

1

a) 9 b) 0,1 c) 1,7 d) 3

2

a) −3; 3 b) − 0,3; 0,3
c) −0,03; 0,03 d) ≈ −0,095; ≈ 0,095

Kapitel I, Bist du sicher? Seite 25

1

a) $-\sqrt{3}$
b) 0
c) $\frac{1}{5}(\sqrt{15}-\sqrt{3})$ oder $\frac{1}{5}\sqrt{3}(\sqrt{5}-1)$
d) keine Vereinfachung möglich

Kapitel I, Kannst du das noch? Seite 25

10

a) Satz des Thales

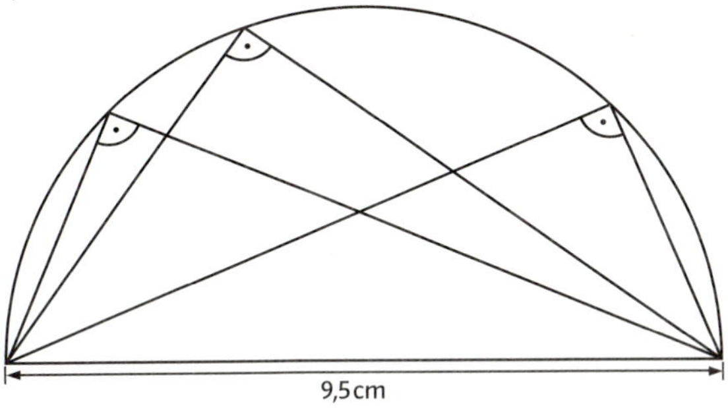

b)

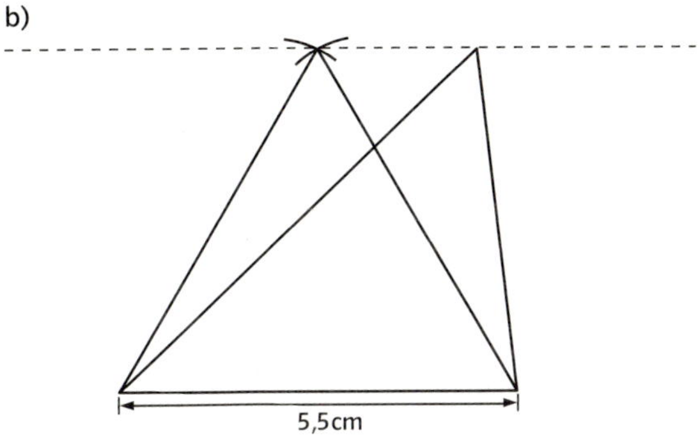

Grundseite und Höhe beider Dreiecke stimmen überein. Die Zeichnung zeigt eine mögliche Lösung.

11

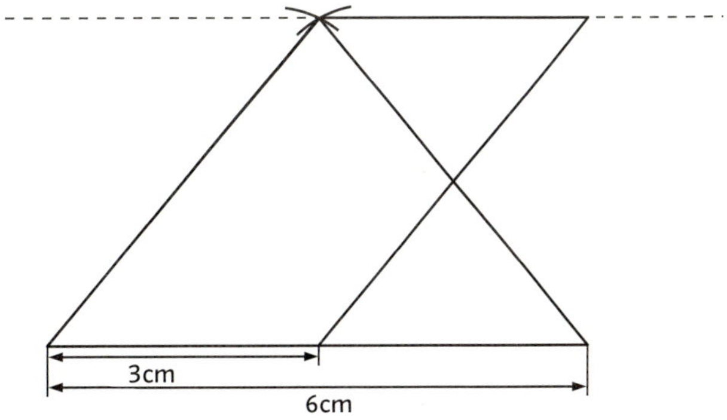

Eine Seite des Parallelogramms ist halb so lang wie die Grundseite des Dreiecks. Die Höhe des Dreiecks stimmt mit der Höhe des Parallelogramms überein.

Kapitel I, Training Runde 1, Seite 37

1

a) 1,732; −1,732 b) 4; −4
c) 15,811; −15,811 d) 26,926; −26,926
e) 316,228; −316,228

2

a) 1,305 003 000 500 003 000 005 000 0
b) Zu jedem Zeitpunkt kann man immer noch Stellen anfügen, deshalb hat die Zahl unendlich viele Stellen nach dem Komma. Da die Anzahl der Nullen zwischen den abwechselnden Ziffern 3 und 5 immer größer wird, liegt auch keine Periode vor. Die Zahl ist also nicht rational.

3

a) Ja, zum Beispiel die Zahl, die in der Aufgabe 2 beschrieben wird.
b) Nein. Jede Bruchzahl kann man in eine Dezimalzahl umwandeln; man kann hierzu den Zähler durch den Nenner dividieren.

4

Das Quadrat über der Diagonale d hat den doppelten Flächeninhalt wie das Quadrat mit der Seitenlänge 6 cm.
Es gilt also:
$d^2 = 2 \cdot 6^2\,cm^2$; $d = \sqrt{72}\,cm = 6\sqrt{2}\,cm \approx 8{,}5\,cm$.

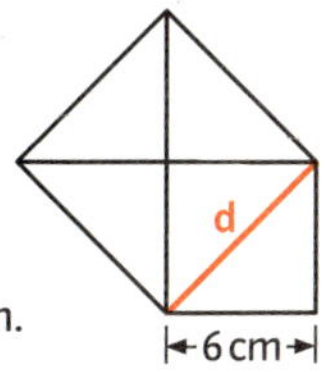

5

a) $-58\sqrt{13} \approx -209{,}12$ b) $11\sqrt{3} + 9\sqrt{5} \approx 39{,}18$

Kapitel I, Training Runde 2, Seite 37

1

a) $1,\overline{5}$; $\frac{5}{3} = 1,\overline{6}$; $\sqrt{2,5} \approx 1,581139$; 1,6

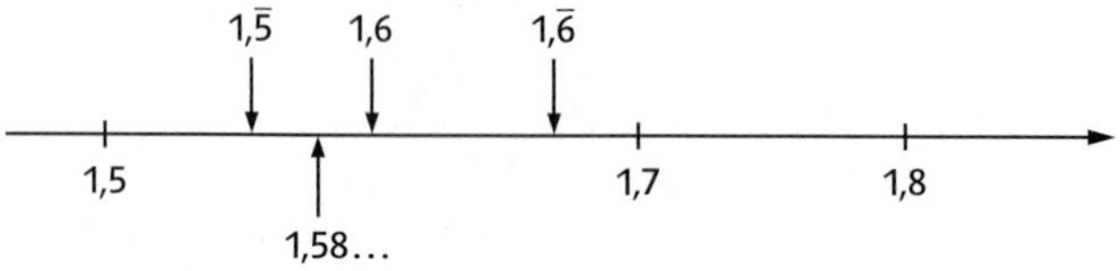

b) 0,3; $0,\overline{3}$; $0,\overline{3}$; 0,3; 0,316228

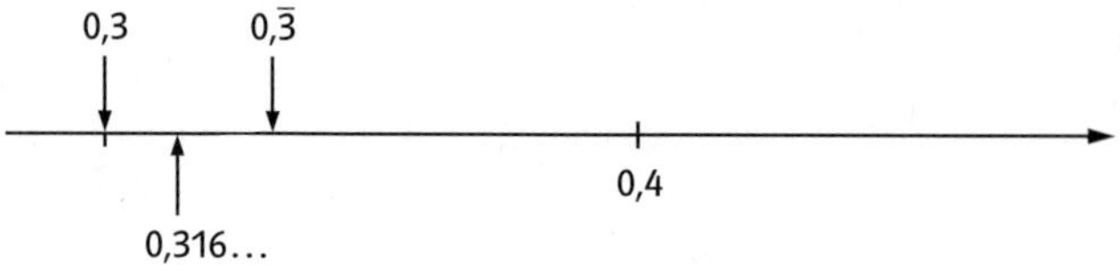

2

a) 1,5 b) -3 c) $-\frac{2}{3}$ d) 0 e) $-\sqrt{2}$

3

Es wurde die Zahl $1 - \sqrt{2} \approx -0,4142$ bestimmt.

4

a) $b = \frac{\sqrt{10}}{2,5}\,cm = \frac{2}{5}\sqrt{10}\,cm \approx 1,26\,cm$

b) $a = \frac{\sqrt{24}}{\sqrt{6}}\,cm = \sqrt{\frac{24}{6}}\,cm = 2\,cm$

5

Die Gesamtlänge der roten Striche beträgt 12 dm.

Kapitel II, Bist du sicher? Seite 42

1

$c = 11\,cm$; $a = \sqrt{22}\,cm \approx 4,69\,cm$;
$\sqrt{99}\,cm = 3\sqrt{11}\,cm \approx 9,95\,cm$

2

Konstruktion:
1. Gegeben ist das Rechteck ABCD mit den Seitenlängen $\overline{AD} = 3,4\,cm$ und $\overline{AB} = 7\,cm$. Verlängere die kürzere Seite $\overline{AD}$ bis zu einem Punkt E, sodass $\overline{AE} = \overline{AB}$.
2. Zeichne den Thaleskreis über $\overline{AE}$. Die Verlängerung von $\overline{CD}$ schneidet den Thaleskreis in F.
3. Zeichne das rechtwinklige Dreieck AEF.
4. Zeichne das Quadrat über der Kathete $\overline{AF}$.

Das Kathetenquadrat ist flächengleich zum Rechteck ABCD, hat also den Flächeninhalt $3,4 \cdot 7\,cm^2$.
Maßstab 1:2

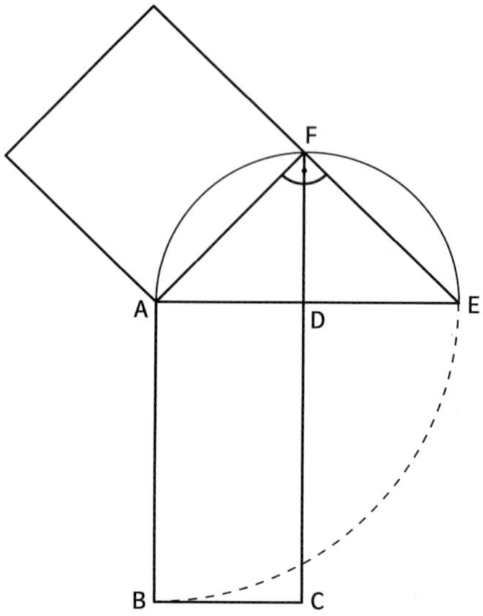

3

Konstruktion:
1. Zeichne ein Rechteck ABCD mit dem Flächeninhalt $10\,cm^2$, also zum Beispiel mit den Seitenlängen $\overline{AD} = 2\,cm$ und $\overline{AB} = 5\,cm$. Verlängere die kürzere Seite $\overline{AD}$ bis zu einem Punkt E, sodass $\overline{AE} = \overline{AB}$.
2. Zeichne den Thaleskreis über $\overline{AE}$. Die Verlängerung von $\overline{CD}$ schneidet den Thaleskreis in F.
3. Zeichne das rechtwinklige Dreieck AEF.
4. Zeichne das Quadrat über der Kathete $\overline{AF}$.

Das Kathetenquadrat ist flächengleich zum Rechteck ABCD, hat also den Flächeninhalt $10\,cm^2$.

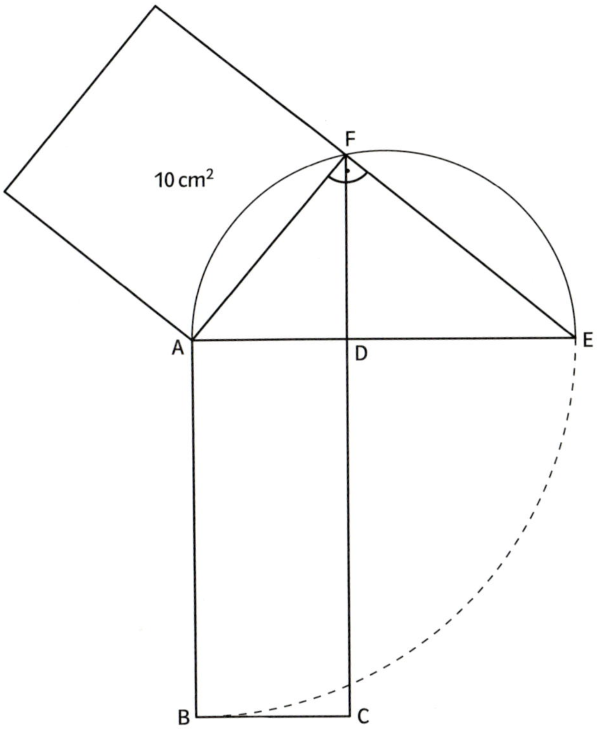

Kapitel II, Bist du sicher? Seite 45

1

a) $c = \sqrt{6{,}5^2 + 15{,}6^2}\,\text{cm} = 16{,}9\,\text{cm}$

b) $x = \sqrt{15{,}6^2 - 6{,}5^2}\,\text{cm} \approx 14{,}2\,\text{cm}$

2

21,8 cm

Kapitel II, Bist du sicher? Seite 54

1

16,82 m

2

Ja. Die Diagonale der Tür ist etwa 2,15 m lang.

3

$6\sqrt{41}\,\text{cm}^2 \approx 38{,}4\,\text{cm}^2$

Kapitel II, Kannst du das noch? Seite 56

24

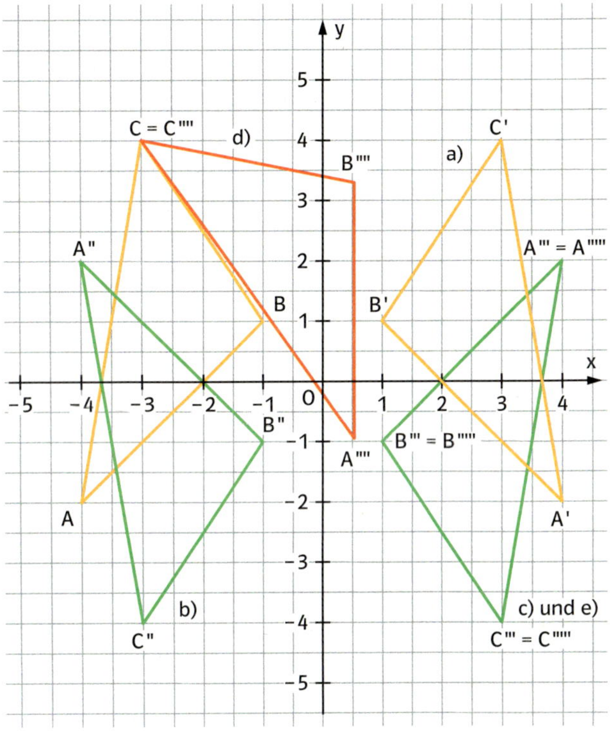

Kapitel II, Training Runde 1, Seite 65

1

Konstruktion:

1. Gegeben ist das Rechteck ABCD mit den Seitenlängen $\overline{AD} = 2{,}5\,\text{cm}$ und $\overline{AB} = 4{,}8\,\text{cm}$. Verlängere die kürzere Seite $\overline{AD}$ bis zu einem Punkt E, sodass $\overline{AE} = \overline{AD}$.
2. Zeichne den Thaleskreis über $\overline{AE}$. Die Verlängerung von $\overline{CD}$ schneidet den Thaleskreis in F.
3. Zeichne das rechtwinklige Dreieck AEF.
4. Zeichne das Quadrat über der Kathete $\overline{AF}$.

Das Kathetenquadrat ist flächengleich zum Rechteck ABCD, hat also den Flächeninhalt $2{,}5 \cdot 4{,}8\,\text{cm}^2$.

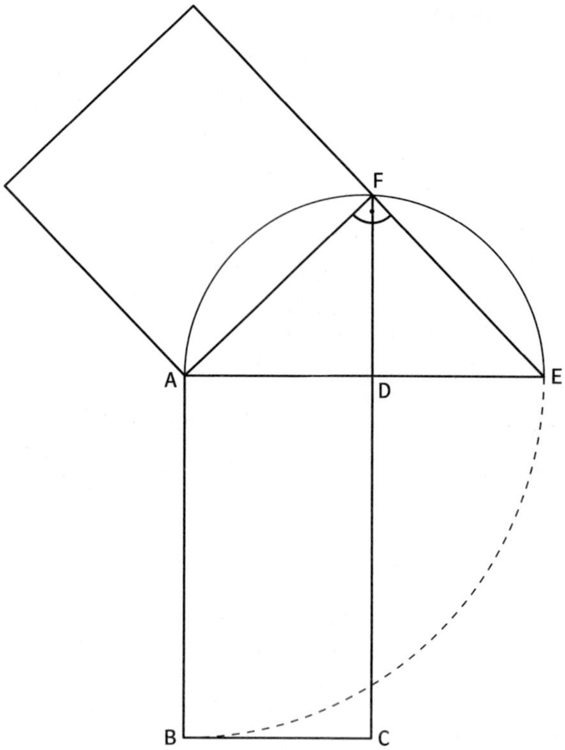

Seitenlänge des Quadrats: $x = \sqrt{12}\,\text{cm} \approx 3{,}46\,\text{cm}$

2

rechtwinkliges Dreieck für $x = 30\,\text{cm}$,
spitzwinkliges Dreieck für $x < 30\,\text{cm}$
oder
rechtwinkliges Dreieck für $x = \sqrt{252}\,\text{cm} \approx 15{,}87\,\text{cm}$,
spitzwinkliges Dreieck für $x > \sqrt{252}\,\text{cm}$

3

Für die Hypotenuse gilt $c = \frac{90{,}25}{3{,}5}\,\text{cm} \approx 25{,}79\,\text{cm}$.

4

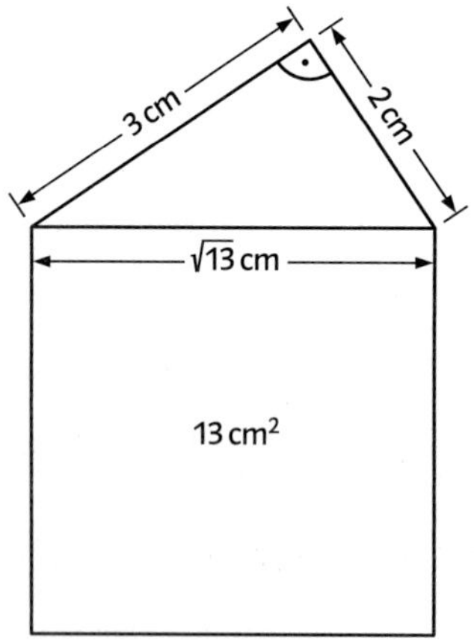

5

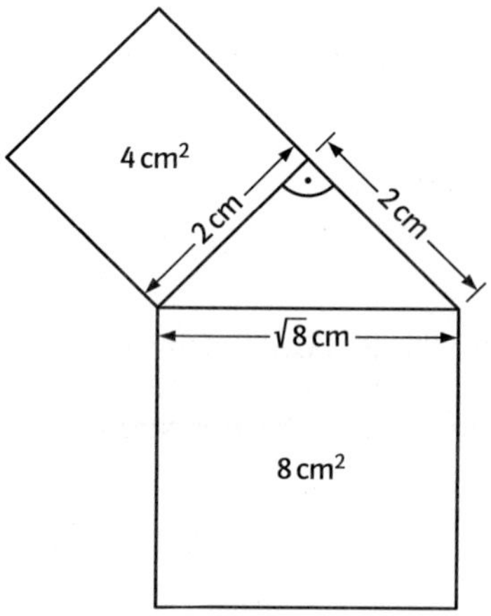

6

Konstruktion:
1. Gegeben ist das Rechteck ABCD mit den Seitenlängen $\overline{AD} = 4{,}4\,\text{cm}$ und $\overline{AB} = 3{,}6\,\text{cm}$.
2. Verlängere die Seite $\overline{AD}$ bis zu einem Punkt E, sodass $\overline{AE} = \overline{AD} + \overline{CD}$.
3. Zeichne den Thaleskreis über $\overline{AE}$.
4. Die Verlängerung von $\overline{CD}$ schneidet den Thaleskreis in F.
5. Zeichne das rechtwinklige Dreieck AEF.
6. Die Höhe dieses Dreiecks ist die gesuchte Quadratseite.

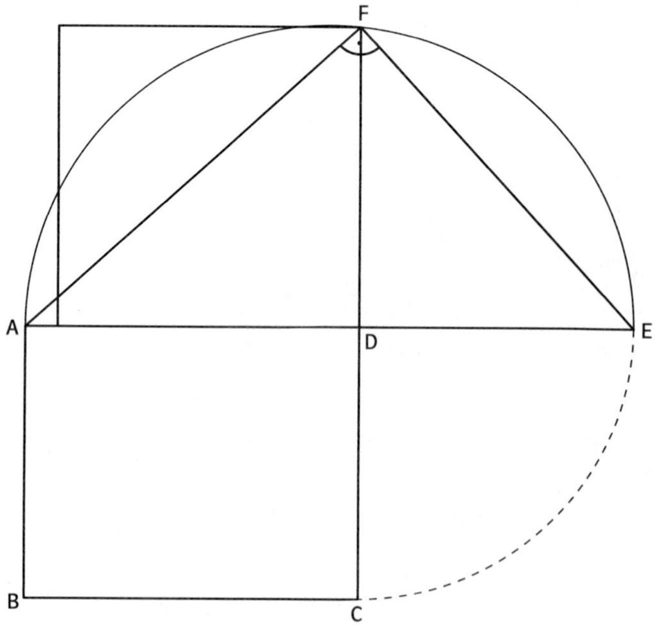

Seitenlänge des Quadrats: $x = \sqrt{15{,}84}\,\text{cm} \approx 3{,}97\,\text{cm}$

7

a) 23,1 cm

b) Das Dreieck mit den Seiten s, s und e ist gleichseitig.

c) $115{,}5\,cm^2$

Kapitel II, Training Runde 2, Seite 65

1

Konstruktion:

1. Gegeben ist das Rechteck ABCD mit den Seitenlängen $\overline{AD} = 4{,}8\,cm$ und $\overline{AB} = 2{,}5\,cm$.
2. Verlängere die Seite $\overline{AD}$ bis zu einem Punkt E, sodass $\overline{AE} = \overline{AD} + \overline{CD}$.
3. Zeichne den Thaleskreis über $\overline{AE}$.
4. Die Verlängerung von $\overline{CD}$ schneidet den Thaleskreis in F.
5. Zeichne das rechtwinklige Dreieck AEF.
6. Die Höhe dieses Dreiecks ist die gesuchte Quadratseite.

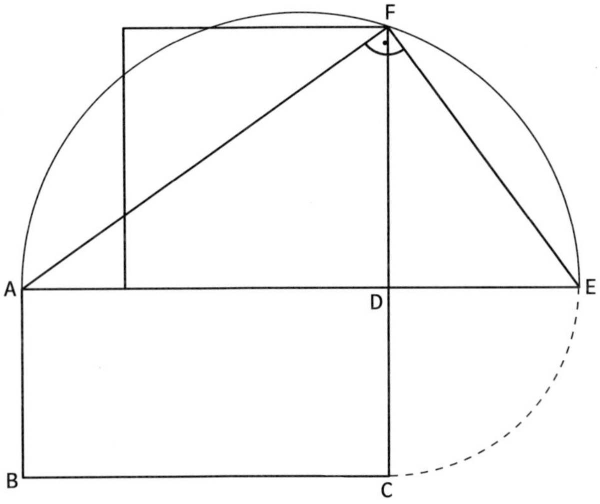

Seitenlänge des Quadrats: $x = \sqrt{12}\,cm \approx 3{,}46\,cm$

2

rechtwinkliges Dreieck für $x = \sqrt{274}\,cm \approx 16{,}55\,cm$,

stumpfwinkliges Dreieck für $x > \sqrt{274}\,cm$

oder

rechtwinkliges Dreieck für $x = \sqrt{176}\,cm \approx 13{,}27\,cm$,

stumpfwinkliges Dreieck für $x < \sqrt{176}\,cm$

3

$A = \frac{c}{2}h_c = h_c\sqrt{a^2 - h_c^2}$

a) $A = 60\,cm^2$ b) $A = 120\,cm^2$

4

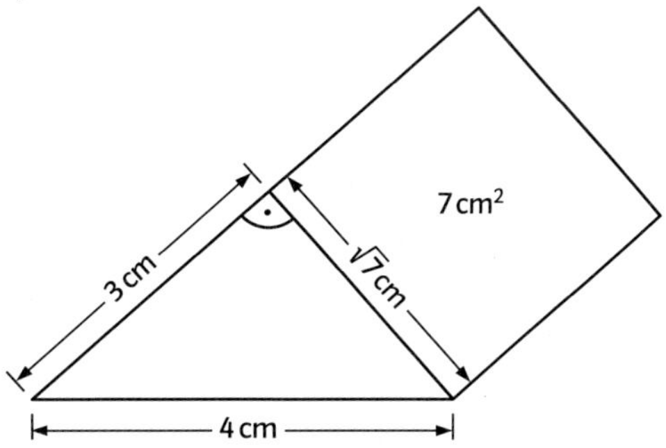

5

Für den Abstand x gilt $r^2 = x^2 + \left(\frac{1}{2}s\right)^2$; $x = \sqrt{r^2 - \frac{1}{4}s^2}$.

Eingesetzt ergibt sich $x = \sqrt{32{,}3275} \approx 5{,}69$. Der Abstand beträgt ungefähr 5,69 cm.

6

Konstruktion:

1. Gegeben ist das Rechteck ABCD mit den Seitenlängen $\overline{AB} = 2{,}2\,cm$ und $\overline{BC} = 3{,}5\,cm$. Verlängere die kürzere Seite $\overline{AB}$ bis zu einem Punkt E, sodass $\overline{AE} = \overline{AD}$.
2. Zeichne den Thaleskreis über $\overline{AE}$. Die Verlängerung von $\overline{BC}$ schneidet den Thaleskreis in F.
3. Zeichne das rechtwinklige Dreieck AEF.
4. Zeichne das Quadrat über der Kathete $\overline{AF}$.

Das Kathetenquadrat ist flächengleich zum Rechteck ABCD, hat also den Flächeninhalt $2{,}2 \cdot 3{,}5\,cm^2$.

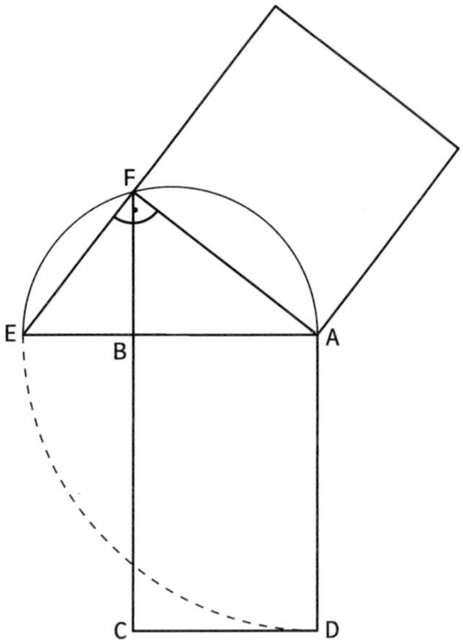

Seitenlänge des Quadrats: $x = \sqrt{7{,}7}\,cm \approx 2{,}77\,cm$

7

a) 20,6 cm   b) 84 cm

Kapitel III, Bist du sicher? Seite 70

1

Die Figuren sind nicht ähnlich. Dies erkennt man z. B. an den unterschiedlichen Winkeln $\alpha \neq \alpha'$ und $\beta \neq \beta'$.

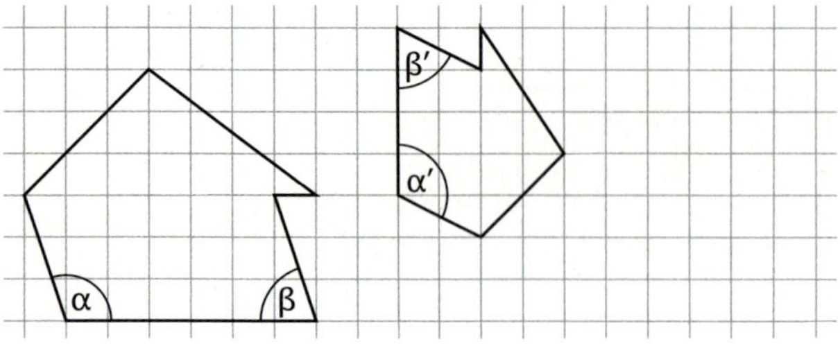

2

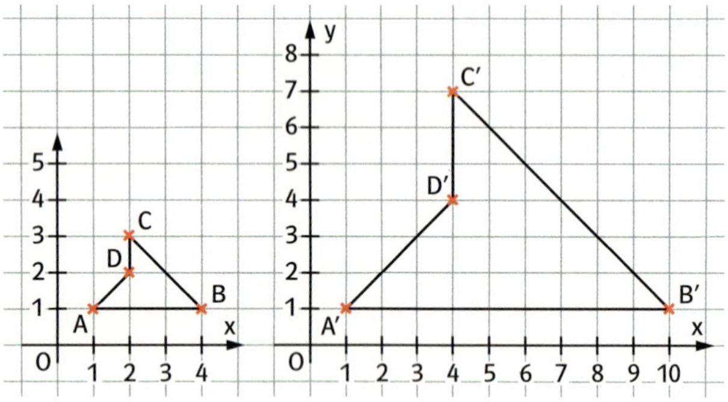

Kapitel III, Bist du sicher? Seite 73

1

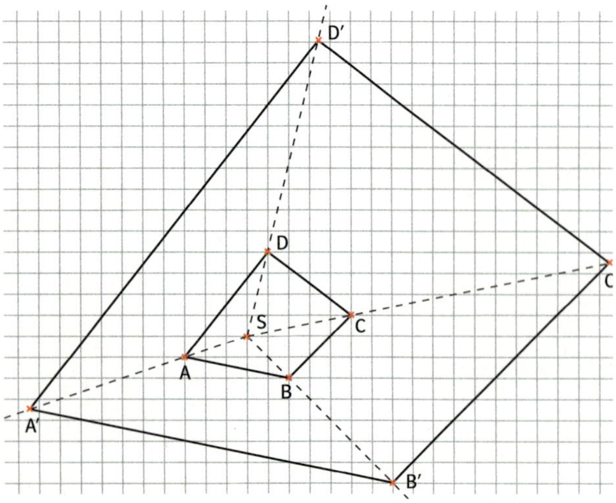

2

Das Streckzentrum ist S(0|0) und der Streckfaktor beträgt k = 3.

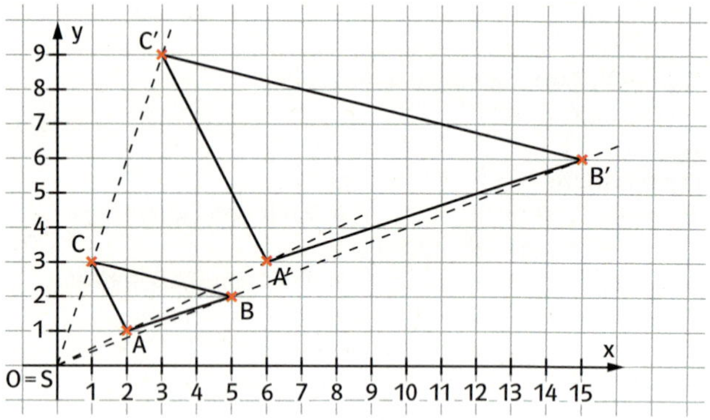

Kapitel III, Kannst du das noch? Seite 76

8

a) $x = 3$ b) $x = \frac{3}{2}$ c) $x = \pm 2$ d) $x = \frac{5}{4}$

9

a) Kongruenzsatz sss

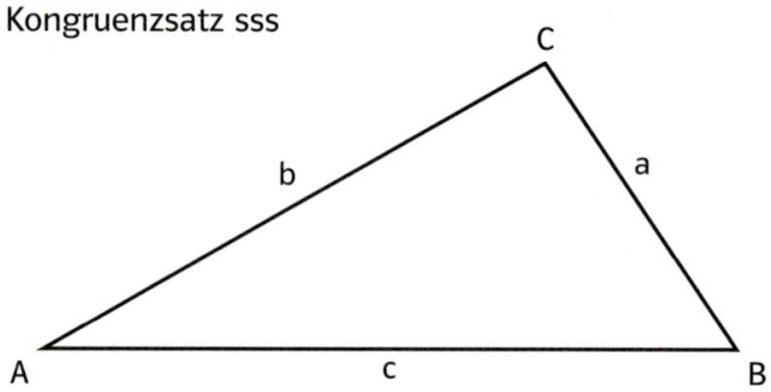

b) Kongruenzsatz wsw

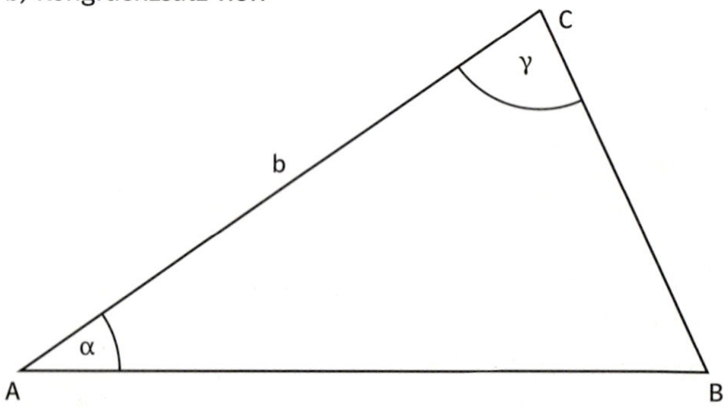

Kapitel III, Bist du sicher? Seite 79

1

a = 2,47 cm   b = 1,125 cm

2

Der Fernsehturm hat eine Höhe von 73,125 m.

Kapitel III, Bist du sicher? Seite 83

1
x = 3 cm　　y = 0,8 cm　　z = 0,75 cm

2
Die Flussbreite beträgt 12 m.

Kapitel III, Bist du sicher? Seite 88

1
a) Zwei Dreiecke sind ähnlich, wenn sie in allen Winkeln übereinstimmen. ∢ BCA und ∢ DCE sind Scheitelwinkel, also gleich groß. Da ein zweiter Winkel in beiden Dreiecken 100° groß ist, stimmen die Dreiecke nach dem Winkelsummensatz auch im dritten Winkel überein. Die Dreiecke sind also ähnlich.
b) Da die Dreiecke ähnlich sind, sind die Verhältnisse einander entsprechender Seiten gleich. Man erhält damit
$\frac{\overline{AC}}{\overline{CD}} = \frac{\overline{AB}}{\overline{DE}}$, also $\overline{AC} = 18\,m$ sowie
$\frac{\overline{CE}}{\overline{BC}} = \frac{\overline{DE}}{\overline{AB}}$, also $\overline{CE} = 11{,}7\,m$.

Kapitel III, Training Runde 1, Seite 97

1

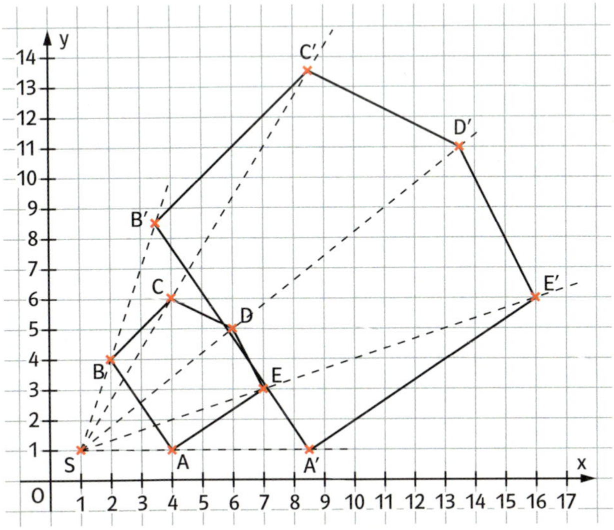

2
$x = \frac{5}{2}$ cm; y = 3 cm; $z = \frac{4}{3}$ cm; $w = \frac{20}{3}$ cm

3
a) Δ AED ist ähnlich Δ DEC
∢ CED = ∢ EAD = 90° nach Voraussetzung
∢ DEA = 90° − ∢ ADE Innenwinkelsumme im Dreieck
∢ EDC = 90° − ∢ ADE rechter Winkel im Viereck ABCD
Damit ergibt sich: ∢ DEA = ∢ EDC.
∢ ADE = ∢ DCE Innenwinkelsumme im Dreieck
Da entsprechende Winkel der Dreiecke gleich groß sind, sind die Dreiecke ähnlich.

Δ DEC ist ähnlich Δ EBC
∢ CED = ∢ CBE = 90° nach Voraussetzung
∢ DCE = ∢ BEC Wechselwinkel an geschnittenen Parallelen
∢ EDC = ∢ ECB Innenwinkelsumme im Dreieck
Da entsprechende Winkel der Dreiecke gleich groß sind, sind die Dreiecke ähnlich.

Δ AED ist ähnlich Δ EBC
∢ EAD = ∢ CBE = 90° nach Voraussetzung
∢ DEA + 90° + ∢ BEC = 180° gestreckter Winkel
∢ DEA + ∢ BEC = 90°
∢ DEA = 90° − ∢ BEC
∢ ECB = 90° − ∢ BEC Innenwinkelsumme im Dreieck
Damit ergibt sich: ∢ DEA = ∢ ECB.
∢ ADE = ∢ BEC Innenwinkelsumme im Dreieck
Da entsprechende Winkel der Dreiecke gleich groß sind, sind die Dreiecke ähnlich.
b) w = 3,75 cm; x = 6,25 cm; y = 3 cm; z = 2,25 cm

4
Der Lichtmast hat eine Entfernung von etwa 10,9 m vom Haus.

Kapitel III, Training Runde 2, Seite 97

1
Bezeichnet man die 3,5 cm lange rot beschriftete Strecke mit x und die 3 cm lange rot beschriftete Strecke mit y, ergibt sich
$\frac{5\,cm}{3\,cm} = \frac{x}{1{,}5\,cm}$, also x = 2,5 cm und
$\frac{5\,cm}{3\,cm} = \frac{4\,cm + y}{y}$, also $y = \frac{8}{3}$ cm.

2
Das Polizeifahrzeug darf höchstens in einer Entfernung von etwa 5,9 m von der Toreinfahrt stehen.

3
a) Der Flächeninhalt wird auf ein Neuntel verkleinert.
b) Der Flächeninhalt hat sich auf 4 % verkleinert.
c) Die Längen vergrößern sich um den Faktor 1,5.

Kapitel IV, Bist du sicher? Seite 103

1
Der Modalwert ist 3, der Median ist 3 und das arithmetische Mittel etwa 3,17.

Kapitel IV, Bist du sicher? Seite 106

1
a) Der Median ist 6, die Box geht von 4 (unteres Quartil) bis 7 (oberes Quartil).
Die Antennen reichen bis −1 und 20.
b) Der Median liegt immer in der Box, weil das untere Quartil nicht größer und das obere Quartil nicht kleiner ist als der Median.
c) Wenn der Median der untern Hälfte dem Minimum gleicht, gibt es keine untere Antenne,
wenn der Median der oberen Hälfte dem Maximum gleicht, dann gibt es keine obere Antenne.
Bei der Liste 3, 3, 3, 3, 3, 4, 4, 4, 4, 4 geht die Box von 3 bis 4, der Median ist 3,5. Es gibt keine Atennen.

Kapitel IV, Training Runde 1, Seite 119

1
2; 2; 2; 2; 4; 4; 4; 4; 4; 4; 6; 6; 6; 6; 6; 6; 8; 8; 8; 8; 8; 8; 10; 10; 10; 10; 10; 12
Modalwert = 6; Median: $z = 6$; $s = 12 - 2 = 10$; $\bar{x} = 6{,}3$

2
Modalwert = 40; $z = 40$; $\bar{x} = 4240 : 110 \approx 38{,}5$

3
a)

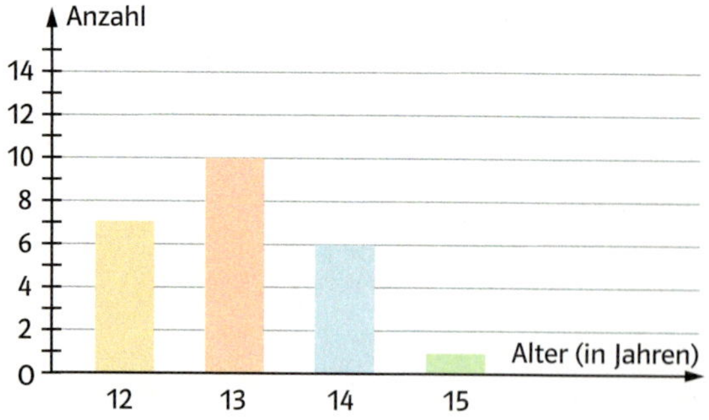

Fig. 1

b)

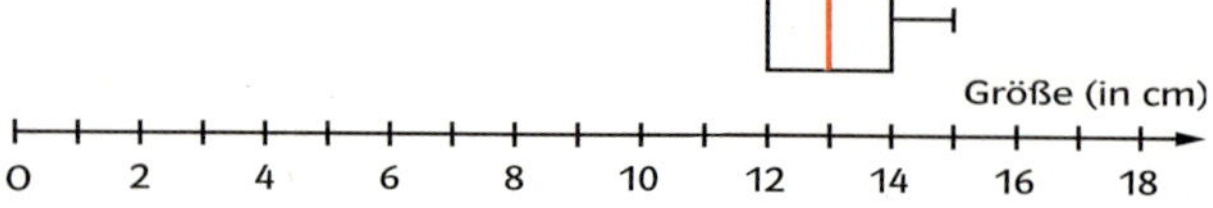

Fig. 2

c) Der Modalwert gibt das am häufigsten vorkommende Alter an, hier 13 Jahre, d.h. dass die meisten Schüler dieser Klasse 13 Jahre alt sind. Der Median ($z = 13$) gibt an, dass genauso viele Schüler älter bzw. jünger als 13 Jahre sind.
Das arithmetische Mittel (≈ 13,04) gibt das durchschnittliche Alter der Schüler an. Zu beachten ist, dass die Ausgangsdaten nur auf volle Jahre angegeben sind.

4
a)

Fahrrad	12	$\frac{2}{5}$	40 %
Bus	9	$\frac{3}{10}$	30 %
zu Fuß	6	$\frac{1}{5}$	20 %
Auto	3	$\frac{1}{10}$	10 %
Summe	30	1	100 %

b) Säulendiagramm:

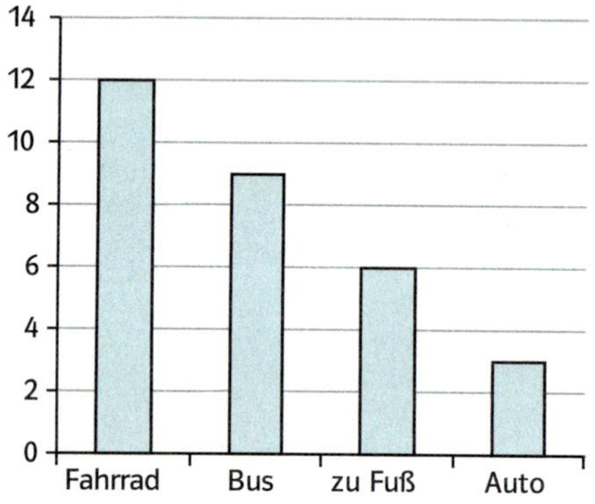

Fig. 3

c) Kreisdiagramm:

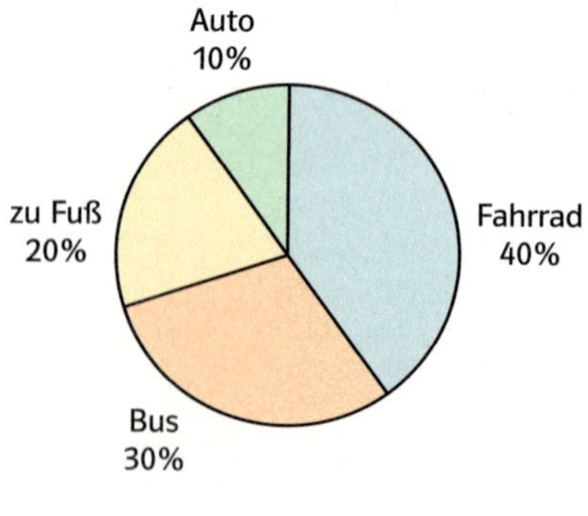

Fig. 4

Kapitel IV, Training Runde 2, Seite 119

1

a) Schneller als $50\,\frac{km}{h}$ fuhren 214 von 1198, also ca. 17,9 %.

b)

Überschreitung bis	Anzahl	Höhe des Bußgeldes	Einnahmen	
$5\,\frac{km}{h}$	100	15 €	1800 €	48,5 %
$10\,\frac{km}{h}$	61	15 €	915 €	24,7 %
$15\,\frac{km}{h}$	20	25 €	500 €	13,5 %
$20\,\frac{km}{h}$	7	25 €	175 €	4,7 %
$25\,\frac{km}{h}$	3	25 €	75 €	2,0 %
$30\,\frac{km}{h}$	2	60 €	120 €	3,2 %
$35\,\frac{km}{h}$	0	100 €	0 €	0,0 %
$40\,\frac{km}{h}$	0	100 €	0 €	0,0 %
$45\,\frac{km}{h}$	1	125 €	125 €	3,3 %
		Summe	3710 €	

Man würde 3710 € einnehmen.

c) Man könnte darstellen, wie viel Prozent der Gesamteinnahmen auf die einzelnen Geschwindigkeitsklassen entfallen.

Überschreitung um … $\frac{km}{h}$ erbringen … % der eingenommenen Bußgelder (Werte gerundet):

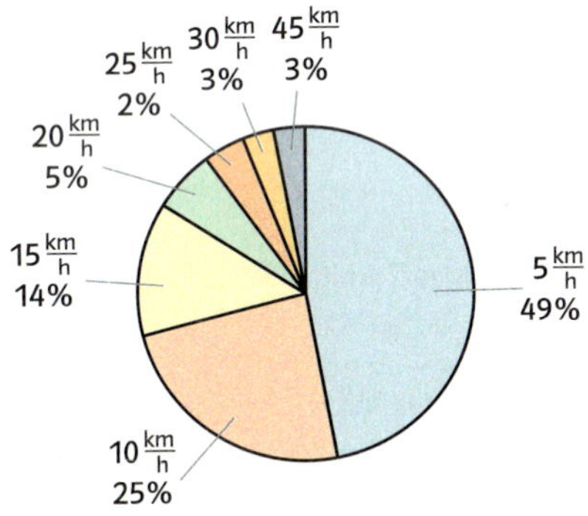

Fig. 5

2

a) z. B.:

	Zuschauer
Spiel 1	25 928
Spiel 2	27 276
Spiel 3	22 756
Spiel 4	28 040
Mittelwert	26 000

b) z. B.:

	Fehlerzahl
Schüler 1	4
Schüler 2	6
Schüler 3	8
Schüler 4	6
Schüler 5	7
	6,2

c) z. B.:

Beleuchtung O.K. 12

Beleuchtung defekt 12

3

Körpergröße in cm, sortiert

$a_1)$ Jungen	$b_1)$ Mädchen
140	138
143	140
144	142
147	143
149	147
152	147
154	149
154	149
156	153
160	156
166	156
	156
	157
	157
	158
	162
	166
	170
	170

	$a_2)$ Jungen	$b_2)$ Mädchen
unteres Quartil	144	147
Minimum	140	138
Median	152	156
Mittelwert	151,4	153,5
Maximum	166	170
oberes Quartil	156	158

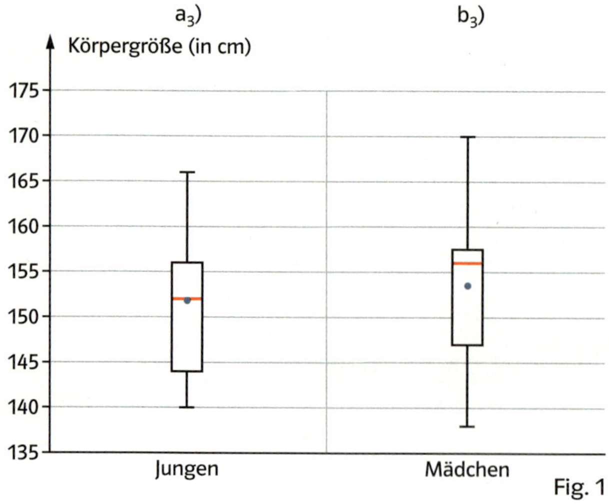

Fig. 1

Die Mädchen sind in dieser Klasse im Mittel etwas größer als die Jungen.
Die Körpergrößen streuen bei den Mädchen in der mittleren Hälfte etwas mehr als bei den Jungen.

Kapitel V, Bist du sicher? Seite 125

1

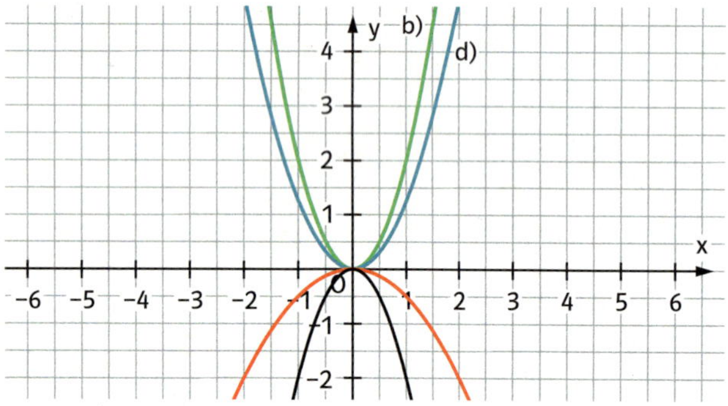

2

a) P(2 | 8) b) R(10 | −50) c) $A\left(1 \middle| \frac{5}{2}\right)$ d) G(3 | −36)
Lösungswort: PRAG

Kapitel V, Kannst du das noch? Seite 125

12

a) $(a + b)^2$ b) $(c - d)^2$ c) $(x - 2)^2$ d) $(3x + 5)^2$

13

a) $y = -\frac{1}{2}x - 1$ b) $y = \frac{1}{3}x - \frac{1}{3}$ c) $y = \frac{3}{2}x$

Kapitel V, Bist du sicher? Seite 129

1

a) $y = x^2 + 3$ b) $y = (x - 2)^2$ c) $y = (x + 5)^2 - 1$

2

a) $y = 3x^2 - 3$ b) $y = 0{,}5(x - 3{,}5)^2$
c) $y = (x + 1{,}5)^2 - 1$ d) $y = -(x + 3)^2 + 3$

3

Die Nullstellen sind:
a) x = −1,5 und x = 1,5; b) x = 0,5;
c) x = −3,5 und x = −1,5; d) keine.

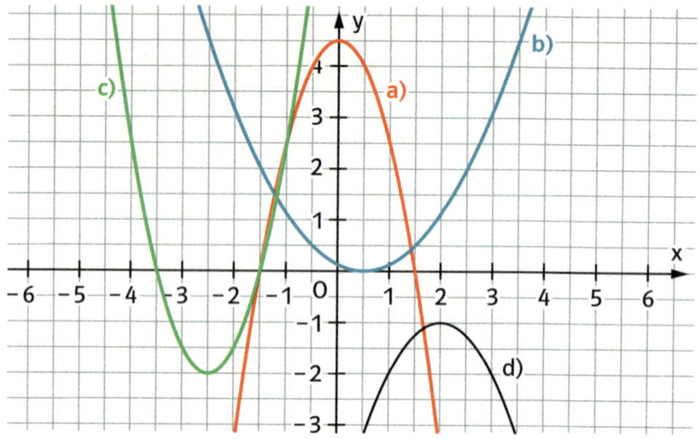

Kapitel V, Bist du sicher? Seite 132

1

a) $x^2 + 6x + 9$ b) $4x^2 - 18x + 20{,}25$
c) $k^2 + 5k + 6{,}25$ d) $25x^2 - 20xy + 2y^2$

2

a) S(3 | 11) b) S(5 | −44) c) S(8 | 56) d) $S\left(\frac{2}{3} \middle| -9\right)$

Kapitel V, Bist du sicher? Seite 139

1

a) Die Nullstellen der Funktion mit der Gleichung $f(x) = 6x^2 + 6x - 36$ liegen etwa bei x = −3 und x = 2. Dies sind auch die Lösungen der Gleichung.

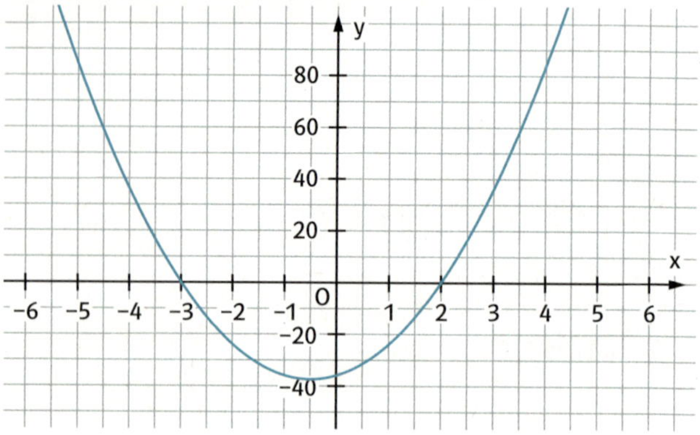

b) Die Nullstelle der Funktion mit der Gleichung

$f(x) = 5x^2 - 10x + 5$ liegt etwa bei $x = 1$.
Dies ist demnach auch die Lösung der Gleichung.

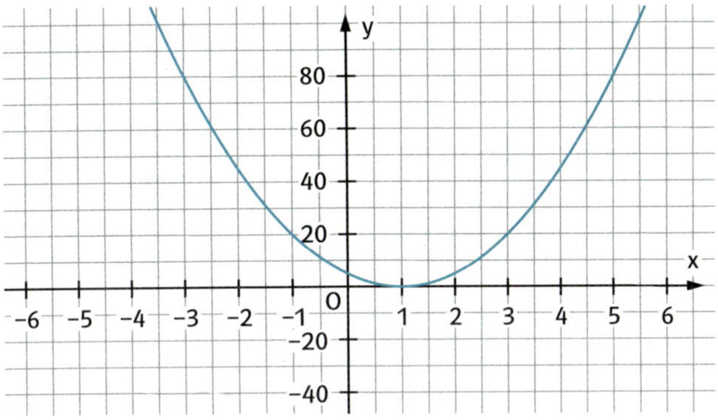

c) Die Nullstelle der Funktion mit der Gleichung
$f(x) = -\frac{3}{2}x^2 + 6x - 6$ liegt etwa bei $x = 2$.
Dies ist die Lösung der Gleichung.

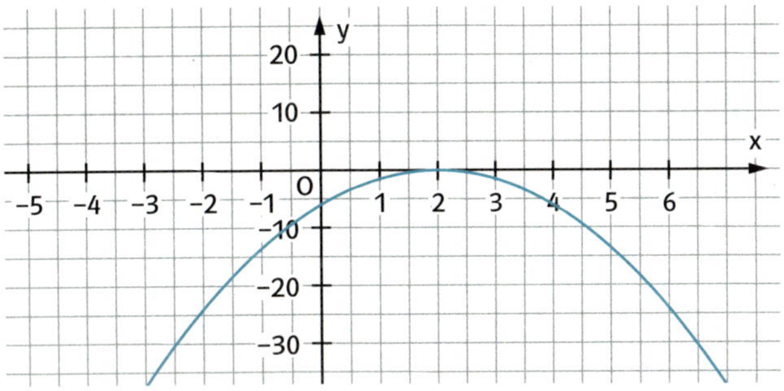

d) Die Nullstelle der Funktion mit der Gleichung
$f(x) = x^2 - 2x + 1$ liegt bei $x = 1$.
Dies ist die Lösung der Gleichung.

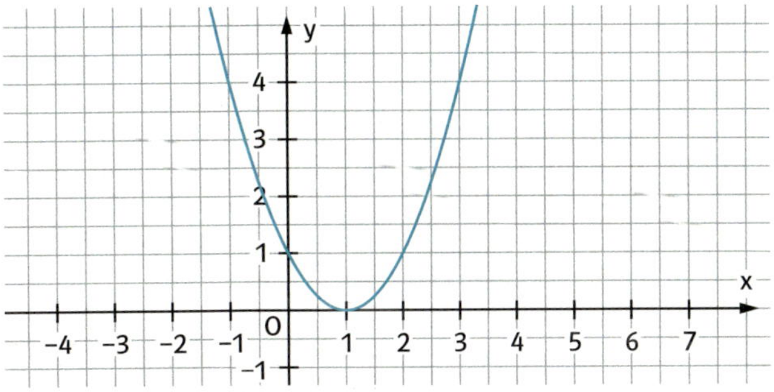

Kapitel V, Bist du sicher? Seite 142

1
Das Einsetzen in die pq-Formel liefert:
a) $x_1 = -3$; $x_2 = 2$; b) $x = 1$;
c) $x = 2$; d) $x = 1$.

2
a) $x^2 + 6x = 0$; $p = 6$, $q = 0$
$x = -\frac{6}{2} + \sqrt{\left(\frac{6}{2}\right)^2} = -3 + 3 = 0$ und
$x = -\frac{6}{2} - \sqrt{\left(\frac{6}{2}\right)^2} = -3 - 3 = -6$
b) $9{,}5x^2 + 19x - 95 = 0$ bzw.
$x^2 + 2x - 10 = 0$; $p = 2$, $q = -10$
$x = -\frac{2}{2} + \sqrt{\left(\frac{2}{2}\right)^2 + 10} = -1 + \sqrt{11} \approx 2{,}3166$ und
$x = -\frac{2}{2} - \sqrt{\left(\frac{2}{2}\right)^2 + 10} = -1 - \sqrt{11} \approx 4{,}3166$
c) $5x^2 - 3x + 6 = 0$ bzw.
$x^2 - \frac{3}{5}x + \frac{6}{5} = 0$; $p = -\frac{3}{5}$, $q = \frac{6}{5}$
$x = \frac{3}{10} + \sqrt{\left(\frac{3}{10}\right)^2 - \frac{6}{5}} = \frac{3}{10} + \sqrt{-\frac{111}{100}}$ und
$x = \frac{3}{10} - \sqrt{\left(\frac{3}{10}\right)^2 - \frac{6}{5}} = \frac{3}{10} - \sqrt{-\frac{111}{100}}$
Es gibt keine Lösungen, da die Diskriminante negativ ist.
d) $3x^2 - 6x + 3 = 0$ bzw.
$x^2 - 2x + 1 = 0$; $p = -2$, $q = 1$
$x = \frac{2}{2} + \sqrt{\left(\frac{2}{2}\right)^2 - 1} = 1$ und
$x = \frac{2}{2} - \sqrt{\left(\frac{2}{2}\right)^2 - 1} = 1$
Es gibt nur eine Lösung ($x = 1$), weil die Diskriminante den Wert 0 annimmt.

Kapitel V, Bist du sicher? Seite 145

1
a) $(x + 6)(x - 1)$ b) $(x + 4)(x + 2)$ c) $(x + 10)(x + 2)$

Kapitel V, Kannst du das noch? Seite 152

11
$x \approx 3{,}3\,\text{cm}$; $y \approx 2{,}0\,\text{cm}$

12
Der Satz von Pythagoras ergibt $a \approx 1{,}58\,\text{cm}$ und $b \approx 4{,}74\,\text{cm}$.

Kapitel V, Training Runde 1, Seite 161

1
a) $f(x) = x^2 + 5{,}7$ b) $f(x) = (x - 2{,}5)^2 - 5$
c) $f(x) = \left(x - \frac{5}{4}\right)^2 + 1{,}1$ d) $f(x) = (x + 2{,}5)^2 - \frac{2}{5}$

2

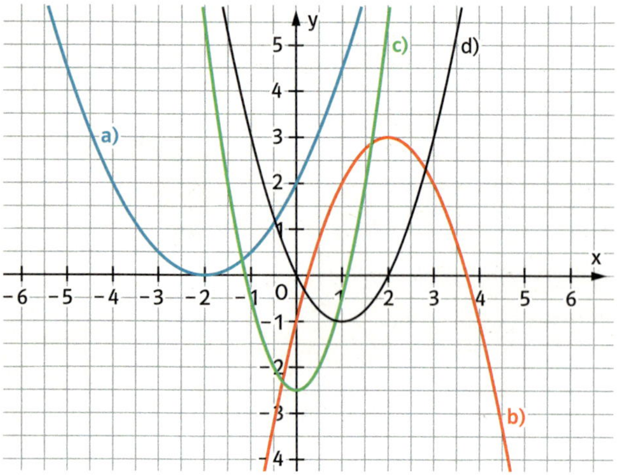

3

a) $y = -2(x - 1)^2 + 2$ b) $x_1 = 0$ und $x_2 = 2$

4

a) Jedes Kaninchen benötigt mindestens eine Fläche von $5\,m^2$, vier Kaninchen also $20\,m^2$.
Bezeichnet man die Breite mit b (inklusive des Holztores), so gilt für die Länge l des Zaunes $9 = l + (l - 4) + (b - 2)$; also ist $b = 15 - 2l$.
Der Term für die Fläche ist $A = l\,b$.
Durch Einsetzen des Terms für b ergibt sich $A = l(15 - 2l) = 15l - 2l^2$.
Diese Fläche soll nun $20\,m^2$ groß sein. Daraus ergibt sich die quadratische Gleichung
$15l - 2l^2 = 20$, also $-2l^2 + 15l - 20 = 0$.
Als Lösungen erhält man $l \approx 5{,}77$ und $l \approx 1{,}73$. Für die Breite ergibt sich damit $b \approx 3{,}47$ und $b \approx 11{,}53$.
Die Länge 1,74 m ist nicht möglich, da die Länge aufgrund der Garagenwand mindestens 4 m betragen muss.
Die Maße des Geheges sind somit:
Länge 5,77 m, Breite 3,47 m
b) Dazu muss man prüfen, ob die eingeschlossene Fläche $l(15 - 2l)$ noch größere Werte als 20 annehmen kann.
Man kann dazu den Graphen der quadratischen Funktion $y = -2x^2 + 15x$ betrachten.
Am Graphen erkennt man, dass z. B. zu $x = 5$ der Funktionswert 25 gehört.
Der größte Funktionswert beträgt 28,125 und gehört zu $x = 3{,}75$.
Damit tritt der maximale Flächeninhalt von $28{,}125\,m^2$ bei einer Länge von 3,75 m auf.

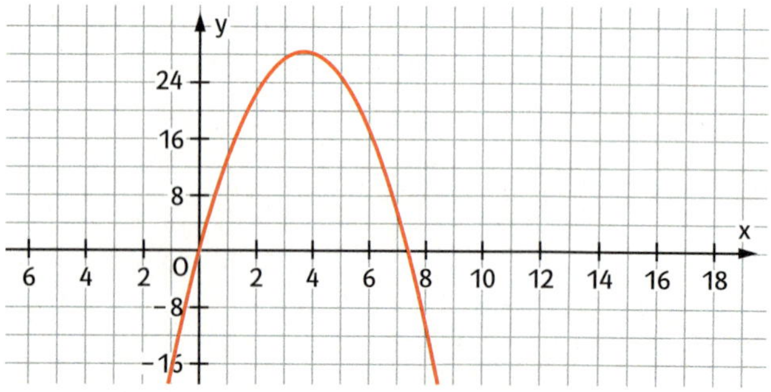

Kapitel V, Training Runde 2, Seite 161

1

a) $y = (x + 1)^2 - 4$ b) $y = (x - 3)^2 - 1$
c) $y = 2(x - 2)^2 - 3$ d) $y = -\frac{1}{2}x^2 + 2$

2

a) $y = -x^2 + 2x$
$= -(x^2 - 2x + 1 - 1)$
$= -((x - 1)^2 - 1)$
$= -(x - 1)^2 + 1$
$S(1|1)$

b) $y = x^2 - 4x + 7$
$= x^2 - 4x + 4 - 4 + 7$
$= (x - 2)^2 + 3$
$S(2|3)$

3

a) $x_1 = +2$ und $x_2 = -2$ b) $x_1 = -4$ und $x_2 = -1$
c) $x = -1$ d) $x = 16$
e) $x_1 = -3$; $x_2 = -2$ und $x_3 = 3$; $x_4 = 2$

4

Durch geschickte Wahl des Koordinatensystems kann man die Aufgabe ohne Rechnung lösen. Legt man das Koordinatensystem so, dass der Ursprung beim Netz liegt und nimmt an, dass die Flugbahn des Balles parabelförmig ist, so ist der Scheitelpunkt dieser Bahn über dem Netz. Die Parabel ist beim gewählten Koordinatensystem symmetrisch zur y-Achse. Daher muss die Höhe des Balles über der Grundlinie auf der gegnerischen Seite wie beim Schlag 0,5 m betragen. Somit landet der Ball außerhalb des Spielfeldes.
Das gleiche Ergebnis erhält man auch rechnerisch.
Die Flugbahn wird durch eine gestauchte, nach oben verschobene Parabel beschrieben, deren Gleichung von der Form $y = ax^2 + b$ sein muss.
Als Punkte hat man $P(-11{,}885\,|\,0{,}5)$ (Abschlag von der Grundlinie in 0,5 m Höhe) und $S(0\,|\,2)$ (maximale Höhe über dem Netz).
Damit ergeben sich die Gleichungen $2 = b$ und $0{,}5 = a(-11{,}885)^2 + b$.
Man erhält $a = -0{,}0106$. Damit lautet die Gleichung für die Flugbahn $y = -0{,}0106x^2 + 2$.
Die Nullstellen (Auftreffpunkt des Balles) sind $x = -13{,}736$

und $x = 13{,}736$.
Der Ball landet also außerhalb des Spielfelds, da dieses bei $x = 11{,}885$ endet.

Kapitel VI, Bist du sicher? Seite 166

1
a) $4{,}2 \cdot 10^5$ b) $3{,}2 \cdot 10^7$ c) $2 \cdot 10^{-5}$
d) $3{,}65 \cdot 10^{-7}$ e) 10^{-4}

2
a) 50 000 b) 1 234 000 000 c) 0,000 032
d) 0,001 e) 0,000 234

3
a) $\frac{3}{32}$ b) -320 c) $\frac{95}{16}$ d) $-\frac{3}{7}$ e) 11

Kapitel VI, Bist du sicher? Seite 169

1
a) $x^{-2} = \frac{1}{x^2}$ b) b^{12} c) a^{x+4} d) y^{2k} e) z^{3n-5}

2
a) $2^{-2} = \frac{1}{4}$ b) $x^{-6} = \frac{1}{x^6}$ c) $8a^{-2} = \frac{8}{a^2}$
d) $a^{-1} \cdot b^{-15} = \frac{1}{ab^{15}}$ e) $x^{-4}y^{-2}z^6 = \frac{z^6}{x^4y^2}$

Kapitel VI, Bist du sicher? Seite 171

1
a) $2^4 = 16$ b) $1^{-7} = 1$ c) $\left(\frac{2}{5}\right)^3 = \frac{8}{125}$
d) $\left(\frac{1}{5}\right)^3 = \frac{1}{125}$

2
a) $2^{2k} = 4^k$ b) $a^4b^4 = (ab)^4$
c) $a^{-5}b^{-1} = \frac{1}{a^5b}$ d) $2^{-z} = \frac{1}{2^z}$

Kapitel VI, Bist du sicher? Seite 175

1
a) $3^{\frac{11}{12}}$ b) $5^{\frac{1}{10}}$ c) $x^{-\frac{3}{k}}$
d) $b^{-\frac{1}{6}}$ e) $a^{-\frac{1}{2}}$ f) $5^{-\frac{2}{3}}$

2
a) $5^{\frac{1}{3}}$ b) $7^{\frac{4}{9}}$ c) $2^{\frac{4}{3}}$
d) $9^{-\frac{2}{3}} = 3^{-\frac{4}{3}}$ e) $2^{\frac{3}{4}}$ f) $4^{-\frac{2}{3}} = 2^{-\frac{4}{3}}$

Kapitel VI, Kannst du das noch? Seite 177

17
a) $\frac{1}{8} \cdot \frac{1}{8} = \frac{1}{64}$ b) $\frac{1}{64}$ c) $\frac{2}{8} \cdot \frac{1}{8} = \frac{1}{32}$

18
a)

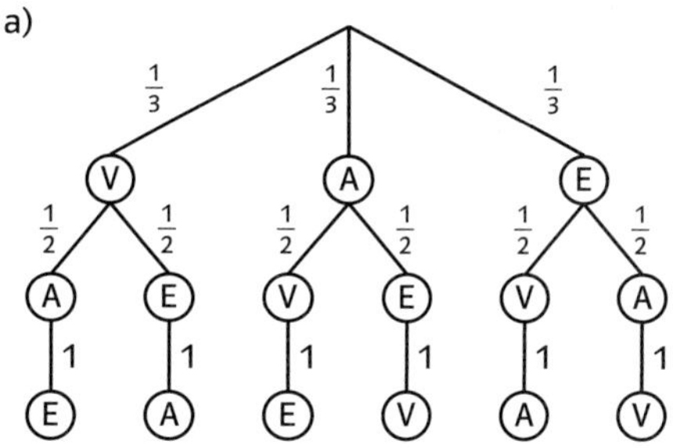

b) $\frac{1}{3} \cdot \frac{1}{2} \cdot 1 = \frac{1}{6}$

Kapitel VI, Training Runde 1, Seite 185

1
a) $2{,}53 \cdot 10^7$ b) $2{,}4 \cdot 10^{-5}$ c) $5{,}4 \cdot 10^{-5}$ d) $3{,}8 \cdot 10^8$

2
a) $\frac{5}{9}$ b) -128 c) 167 d) $\frac{19}{2}$ e) $\frac{1}{9}$

3
a) a^9 b) $-8x^6y^{-9}$ c) u^2v^{-7} d) $a^{-1}y^{-\frac{1}{2}}$

4
a) 2 b) $6^{-2} = \frac{1}{36}$ c) $3^{\frac{1}{6}} = \sqrt[6]{3}$ d) $2^{\frac{3}{4}} = \sqrt[4]{8}$ e) $\frac{1}{\sqrt[3]{5}}$

5
$h = \sqrt[3]{300\,cm^3} + \sqrt[3]{120\,cm^3} + \sqrt[3]{60\,cm^3} \approx 15{,}54\,cm$

6
a) $3a^3b^2 - 6a^2b^3$ b) $x^{-6}y^2 - x^2y^{-6}$
c) $3^{\frac{1}{4}}p^{\frac{5}{4}}q^{\frac{1}{4}} + 3^{\frac{5}{12}}p^{\frac{1}{12}}q^{\frac{5}{12}} = \sqrt[4]{3p^5q} + \sqrt[12]{243pq^5}$
d) $25x^{-3}y^2 - 70x^{-1} + 49xy^{-2}$

Kapitel VI, Training Runde 2, Seite 185

1
a) 35 000 b) 0,000 012 5 c) −48 600 000
d) −0,002 718

2

a) 192 b) −48 c) $-\frac{476}{5} = -95{,}2$

d) $\frac{25\,599}{6400} \approx 4{,}0$

3

a) 1 b) $\sqrt[6]{2}$ c) $\frac{1}{\sqrt[10]{125}}$ d) $81u^6v^{-5}$

4

a) $\sqrt[3]{25}$ b) $\frac{1}{\sqrt[7]{9}}$ c) $\sqrt[4]{8x^6y^3}$ d) $\sqrt[5]{4a^3}$

5

a) Mit dem Satz des Pythagoras erhält man für die Seitenlänge s_2 des zweiten Quadrates

$s_2 = \sqrt{\left(\frac{1}{2}\cdot 8\right)^2 + \left(\frac{1}{2}\cdot 8\right)^2}\,\text{cm} = \sqrt{\frac{1}{2}\cdot 8^2}\,\text{cm} = \frac{8}{\sqrt{2}}\,\text{cm} = 4\sqrt{2}\,\text{cm}$,

für die Seitenlänge s_3 des dritten Quadrates

$s_3 = \sqrt{\left(\frac{1}{2}\cdot\frac{8}{\sqrt{2}}\right)^2 + \left(\frac{1}{2}\cdot\frac{8}{\sqrt{2}}\right)^2}\,\text{cm} = \sqrt{\frac{1}{2}\cdot\left(\frac{8}{\sqrt{2}}\right)^2}\,\text{cm} = \frac{8}{(\sqrt{2})^2}\,\text{cm} =$ 4 cm.

Entsprechend ergibt sich für die Seitenlänge s_{10} des zehnten Quadrats $s_{10} = \frac{8}{(\sqrt{2})^9}\,\text{cm} \approx 0{,}35\,\text{cm}$, und allgemein gilt für die Kantenlänge s_n des n-ten Quadrates $s_n = \frac{8}{(\sqrt{2})^{n-1}}\,\text{cm}$.

b) Formt man die Ungleichung $\frac{8}{(\sqrt{2})^{n-1}} < 0{,}002\,\text{cm}$ um, so erhält man $4000 < (\sqrt{2})^{n-1}$. Durch Probieren erhält man, dies gilt erst für $n = 25$. Folglich ist die Seitenlänge ab dem 25-ten Quadrat kleiner als 0,002 cm.

6

a) $b^{\frac{5n}{8}}$

b) $2^{\frac{19}{15}}z^{\frac{34}{15}} = \sqrt[15]{2^{19}z^{34}}$

c) $2^8\cdot 3^2\cdot x^{12}\cdot y^{16} = 2304x^{12}y^{16}$

d) $12xy^3$

Kapitel VII, Bist du sicher? Seite 191

1

a) $f(x) = a\cdot x^{2n}$ für alle $n \geqq 1$; $a \neq 0$

oder $f(x) = a\cdot x^{-2n}$ für alle $n \geqq 1$; $a \neq 0$

b) z. B.: $f(x) = 3x^2$

c) z. B.: $f(x) = x^2$

allgemein: $f(x) = a\cdot x^{2n}$ für $n \geqq 1$ und $a > 0$

oder $f(x) = a\cdot x^{-2n}$ für $n \geqq 1$ und $a > 0$

d) z. B.: $f(x) = x^3$

2

a) $f(x) = a\cdot x^{-2n+1}$ für $n \geqq 1$, $a \neq 0$

z. B. $f(x) = \frac{4}{x^3}$

b) z. B. $f(x) = -\frac{5}{x}$ c) z. B. $f(x) = \frac{1}{x^2}$

Kapitel VII, Bist du sicher? Seite 196

1

a) $x = \sqrt[5]{20}$ b) $L = \{\,\}$ c) $x = -4$ d) $x_1 = \frac{1}{2}$; $x_2 = -\frac{1}{2}$

2

a) $x = 8$ b) $x = \sqrt[5]{11^9}$ c) $x = \sqrt[4]{\left(\frac{1}{5}\right)^5}$ d) $L = \{\,\}$

Kapitel VII, Kannst du das noch? Seite 197

14

$V \approx 779{,}4\,\text{cm}^3$

$O \approx 489{,}9\,\text{cm}^2$

15

$h \approx 25{,}9\,\text{cm}$

$V \approx 1301{,}9\,\text{cm}^3$

$O = 2\cdot r^2\pi + M = 750{,}53\,\text{cm}^2$

Kapitel VII, Bist du sicher? Seite 200

1

a) $\log_3(81) = \log_3(3^4) = 4\cdot\log_3(3) = 4$

b) $\log_7(\sqrt{7}) = \log_7\left(7^{\frac{1}{2}}\right) = \frac{1}{2}\cdot\log_7(7) = \frac{1}{2}$

c) $\log_2(0{,}25) = \log_2(2^{-2}) = (-2)\cdot\log_2(2) = -2$

d) $\lg(1) = \log_{10}(10^0) = 0\cdot\log_{10}(10) = 0\cdot 1 = 0$

2

a) $\lg(4) \approx 0{,}60$

b) $\lg(0{,}25) = -\lg(4) \approx -0{,}60$

c) $\log_4(30) = \frac{\lg(30)}{\lg(4)} \approx 2{,}45$

d) $\log_{0,25}(30) = -\log_4(30) \approx -2{,}45$

e) $\log_4\left(\frac{1}{30}\right) = -\log_4(30) \approx -2{,}45$

f) $\log_3(2) = \frac{\lg(2)}{\lg(3)} \approx 0{,}63$

g) $\log_3(6) = \frac{\lg(6)}{\lg(3)} \approx 1{,}63$

h) $\log_3(18) = \frac{\lg(18)}{\lg(3)} \approx 2{,}63$

3

a) Die Gleichung $3^x = \frac{1}{81}$ hat die Lösung $\log_3\left(\frac{1}{81}\right) = -4$.

b) Umgeformt ergibt sich $1 - x = \lg(2{,}5)$ und damit die Lösung $1 - \lg(2{,}5) \approx 0{,}602$.

c) Umgeformt ergibt sich $4\cdot 5^x = 5$, also $5^x = 1{,}25$.

Die Lösung ist $\log_5(1{,}25) = \frac{\lg(1{,}25)}{\lg(5)} \approx 0{,}139$.

d) Die Gleichung $6^{-x} = -36$ hat keine Lösung, weil 6^{-x} stets positiv ist.

Kapitel VII, Training Runde 1, Seite 207

1

f: $y = 0{,}5x^3$; g: $y = -x^4$;
h: $y = 2x^{-4}$; k: $y = \frac{5}{x}$

2

$h(x) = \frac{100}{x^2}$

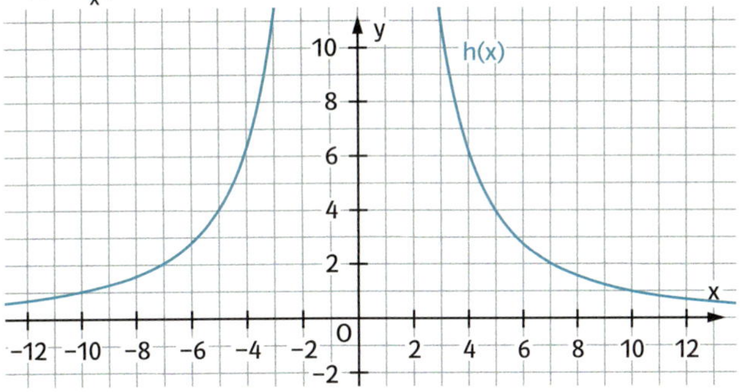

3

a) $\bar{f}(x) = \frac{7-x}{4}$ b) $\bar{f}(x) = \sqrt[4]{5x}$

c) $\bar{f}(x) = f(x) = -\frac{3}{x}$ d) $\bar{f}(x) = \frac{x^4}{256}$

4

a) $L = \{-\sqrt{5};\ +\sqrt{5}\}$ b) $L = \{-\sqrt[3]{2}\}$

c) $L = \{-\sqrt{3};\ +\sqrt{3}\}$ d) $L = \left\{\frac{1}{\sqrt[3]{3}}\right\}$

5

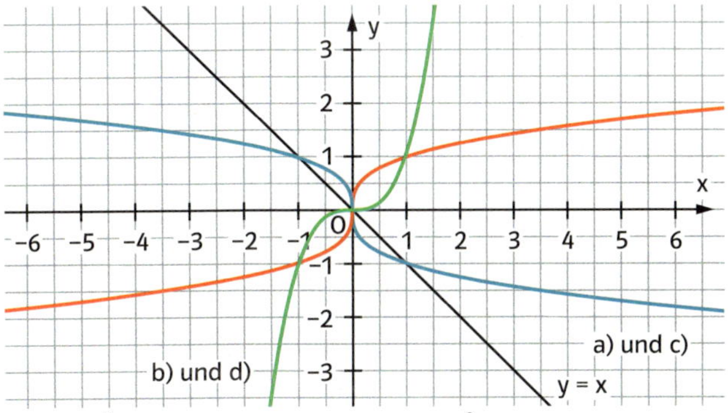

a) $x \to -\sqrt[3]{x}$; $x \geqq 0$ b) $x \to -\sqrt[3]{-x}$; $x \leqq 0$

c) $x \to \sqrt[3]{-x}$; $x \leqq 0$ d) $x \to x^3$; $x \geqq 0$

Kapitel VII, Training Runde 2, Seite 207

1

a) $a = \frac{1}{2}$; $\bar{f}$: $x \to 16x^4$

b) f(x) und $\bar{f}(x)$ liegen spiegelbildlich zur Winkelhalbierenden des ersten Quadranten. Daher kehren sich die Werte um.

2

a) $f(x) = x^3$; $g(x) = 2x^3$; $h(x) = -\frac{1}{4}x^3$

b) $f(x) = 2$ für $x = \sqrt[3]{2} \approx 1{,}26$

$g(x) = 2$ für $x = 1$

$h(x) = 2$ für $x = -2$

3

a)

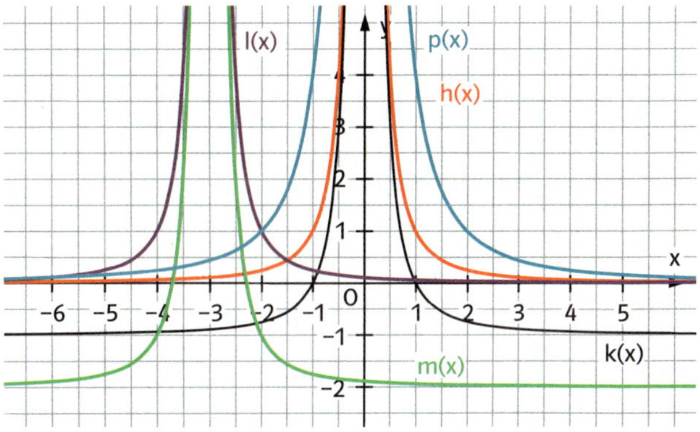

b) P liegt auf p(x), Q nicht.

4

a) $\bar{f}(x) = \sqrt{2x}$ b) $\bar{g}(x) = \left(-\frac{1}{4}x\right)^{\frac{1}{3}}$

c) $\bar{h}(x) = \frac{2}{x}$ d) $\bar{k}(x) = \left(2{,}5 \cdot \frac{1}{x}\right)^{\frac{1}{4}}$

5

a) $x = \frac{4}{3}$ b) $x = 8\frac{1}{3}$ c) $x = 125$ d) $x = 2$

Register

Q

R

S

T

U

V

W

Z

Bildquellen

S. 4.1: ddp Deutscher Depeschendienst GmbH (mecom/Lohnes), Berlin – **S. 4.3:** FOCUS (Roloff), Hamburg – **S. 4.4:** Avenue Images GmbH (Brand X Pictures), Hamburg – **S. 5.1:** Getty Images (Science Faction), München – **S. 5.2:** FOCUS (Russell Kightley), Hamburg – **S. 5.3:** AKG, Berlin – **S. 8.1:** Avenue Images GmbH (image 100), Hamburg – **S. 9.1:** ddp Deutscher Depeschendienst GmbH (mecom/Lohnes), Berlin – **S. 16.1:** AKG, Berlin – S. 17.1: Klett-Archiv, Stuttgart – **S. 23.1:** Klett-Archiv (Edmund Herd), Stuttgart – **S. 32.1:** Artothek (Joseph S. Martin), Weilheim – **S. 33.1:** Corbis, Düsseldorf – **S. 33.2:** Ullstein Bild GmbH (Roger Viollet), Berlin – **S. 34.1:** Corbis (Gianni Dagli Orti), Düsseldorf – **S. 35.1:** jugend und musik, Rastatt – **S. 35.4:** Keystone, Hamburg – **S. 38.3:** Bridgeman Art Library Ltd. (Held Collection), Berlin – **S. 52.1:** Mauritius (Pigneter), Mittenwald – **S. 55.5:** Wendelsteinbahn GmbH, Brannenburg – **S. 60.5:** aus: Rechenbuch des Fillipo Calandri, 1491 – **S. 60.6:** aus: Rechenbuch des Fillipo Calandri, 1491 – **S. 62.1:** Corbis, Düsseldorf – **S. 63.3:** Deutsches Museum, München – **S. 66.1:** iStockphoto (RF/Lavrenov), Calgary, Alberta – **S. 66.2:** Arco Images GmbH (TUNS), Lünen – **S. 66.3:** www.reinsch-fotodesign.de – **S. 67.1:** FOCUS (Roloff), Hamburg – **S. 67.2:** Picture-Alliance (akg-images), Frankfurt – **S. 67.3:** Klett-Archiv (Simianer&Blühdorn), Stuttgart – **S. 70.4:** Corbis (Robert Holmes), Düsseldorf – **S. 70.5:** Corbis (Robert Holmes), Düsseldorf – **S. 71.1:** Klett-Archiv (Simianer&Blühdorn), Stuttgart – **S. 81.1:** Picture-Alliance, Frankfurt – **S. 84.1:** Klett-Archiv, Stuttgart – **S. 89.1:** Klett-Archiv (Aribert Jung), Stuttgart – **S. 94.1:** Getty Images RF, München – **S. 94.2:** Klett-Archiv, Stuttgart – **S. 95.1:** Fotosearch Stock Photography (EyeWire), Waukesha, WI – **S. 95.2:** creativ collection Verlag GmbH, Freiburg – **S. 95.3:** BPK (Lutz Braun), Berlin – **S. 95.4:** creativ collection Verlag GmbH, Freiburg – **S. 95.5:** Klett-Archiv, Stuttgart – **S. 95.6:** Corbis (Francis G. Mayer), Düsseldorf – **S. 98.1:** Klett-Archiv (Andreas Staiger), Stuttgart – **S. 98.2:** Picture-Alliance (Anja Niedringhaus), Frankfurt – **S. 98.3:** Avenue Images GmbH (Brand X Pictures), Hamburg – **S. 99.1:** Kulka, Matthias, Düsseldorf – **S. 99.2:** Corbis (Staffan Widstrand), Düsseldorf – **S. 100.1:** Ullstein Bild GmbH, Berlin – **S. 101.1:** Ulrich Niehoff Fotoproduktionen und Bildarchiv, Bienenbüttel – **S. 112.2:** Ulrich Niehoff Fotoproduktionen und Bildarchiv, Bienenbüttel – **S. 113.2:** Klett-Archiv (Simianer & Blühdorn), Stuttgart – **S. 120.1:** Getty Images (Science Faction), München – **S. 120.2:** Getty Images (Image Bank), München – **S. 120.3:** Werner Otto Reisefotografie - Bildarchiv, Oberhausen – **S. 120.4:** Mauritius (Bryan Reinhart), Mittenwald – **S. 121.1:** iStockphoto (RF/Victor Kapas), Calgary, Alberta – **S. 122.1:** MPI-Fotoservice (Seufert), Stuttgart – **S. 123.2:** Klett-Archiv (Simianer&Blühdorn), Stuttgart – **S. 126.1:** Claudia Mirus, Wesseling – **S. 130.1:** Klett-Archiv (Simianer&Blühdorn), Stuttgart – **S. 131.1:** Oberammergau Tourismus, Oberammergau – **S. 132.2:** Mauritius, Mittenwald – **S. 134.1:** Corel Corporation D, Unterschleissheim – **S. 134.2:** MPI-Fotoservice, Stuttgart – **S. 137.1:** MEV Verlag GmbH, Augsburg – **S. 137.2:** Klett-Archiv (Simianer&Blühdorn), Stuttgart – **S. 144.2:** Corbis, Düsseldorf – **S. 146.1:** www.deinallgaeu.de – **S. 146.3:** www.deinallgaeu.de – **S. 146.4:** www.bernd-nebel.de – **S. 149.2:** Avenue Images GmbH (Brand X Pictures), Hamburg – **S. 149.3:** MEV Verlag GmbH, Augsburg – **S. 155.3:** Corbis (Spichtinger/zefa), Düsseldorf – **S. 156.1:** Corbis (Bettmann), Düsseldorf – **S. 159.1:** Corbis (RF), Düsseldorf – **S. 162.1:** Klett-Archiv, Stuttgart – **S. 162.2:** ESA/ESOC, Darmstadt – **S. 162.3:** Avenue Images GmbH (Digital Vision), Hamburg – **S. 163.1:** Avenue Images GmbH (Digital Vision), Hamburg – **S. 163.1:** FOCUS (Russell Kightley), Hamburg – **S. 163.2:** Avenue Images GmbH, Hamburg – **S. 163.3:** Okapia (Mantis Wildlife Films/OSF), Frankfurt – **S. 166.1:** Kage Mikrofotografie, Lauterstein – **S. 173.1:** Avenue Images GmbH (Corbis), Hamburg – **S. 174.1:** iStockphoto (RF/Ben van der Zee), Calgary, Alberta – **S. 176.1:** PIXTAL, New York NY – **S. 179.1:** Getty Images RF (Photodisc), München – **S. 180.1:** Corbis (Joseph Sohm, ChromoSohm Inc.), Düsseldorf – **S. 181.1:** Wikimedia Foundation Inc. (Public domain), St. Petersburg FL – **S. 182.1:** Deutsches Museum, München – **S. 183.2:** Deutsches Museum, München – **S. 186.2:** Freelens Media GmbH (Hardy Haenel), Hamburg – **S. 187.1:** AKG, Berlin – **S. 191.1:** Corbis (Sidney/zefa), Düsseldorf – **S. 192.1:** Fotosearch Stock Photography (Stock Disc), Waukesha, WI – **S. 195.1:** iStockphoto (RF/Robert Kohlhuber), Calgary, Alberta – **S. 198.1:** Imageshop, Düsseldorf – **S. 201.1:** Corbis (Staffan Widstrand), Düsseldorf – **S. 203.3:** NASA, Washington, D.C. – **S. 203.4:** Heidepark (Uwe Aufderheide), Soltau – **S. 203.5:** iStockphoto (Jeff McDonald), Calgary, Alberta – **S. 204.1:** PIXTAL, New York NY – **S. 204.2:** JupiterImages photos.com (photos.com), Tucson, AZ – **S. 204.5:** Getty Images (Hulton Archive), München – **S. 208.1:** Picture-Alliance (dpa/Fischer), Frankfurt – **S. 211.1:** Bildarchiv Monheim GmbH, Krefeld – **S. 211.3:** PantherMedia GmbH (Dirk Witteck), München – **S. 212.1:** Klett-Archiv (Reinhard Schmitt-Hartmann), Stuttgart – **S. 212.2:** STOCK4B, München – **S. 214.1:** Getty Images (Photonica), München – **S. 214.3:** MEV Verlag GmbH, Augsburg – **S. 215.1:** Klett-Archiv (Reinhard Schmitt-Hartmann), Stuttgart – **S. 215.2:** Klett-Archiv (Reinhard Schmitt-Hartmann), Stuttgart – **S. U1.1:** Corbis (Diego Lezama Orezzoli), Düsseldorf – **S. U1.2:** Getty Images (Image Bank), München

Nicht in allen Fällen war es uns möglich, den Rechteinhaber ausfindig zu machen. Berechtigte Ansprüche werden selbstverständlich im Rahmen der üblichen Vereinbarungen abgegolten.